DICTIONNAIRE TOPOGRAPHIQUE

DE

LA FRANCE

COMPRENANT

LES NOMS DE LIEU ANCIENS ET MODERNES

PUBLIÉ

PAR ORDRE DU MINISTRE DE L'INSTRUCTION PUBLIQUE

ET SOUS LA DIRECTION

DU COMITÉ DES TRAVAUX HISTORIQUES ET DES SOCIÉTÉS SAVANTES

DICTIONNAIRE TOPOGRAPHIQUE

DU

DÉPARTEMENT DE L'YONNE

COMPRENANT

LES NOMS DE LIEU ANCIENS ET MODERNES

RÉDIGÉ SOUS LES AUSPICES

DE LA SOCIÉTÉ DES SCIENCES HISTORIQUES ET NATURELLES DE L'YONNE

PAR M. MAX. QUANTIN

VICE-PRÉSIDENT DE CETTE SOCIÉTÉ, CHEVALIER DE LA LÉGION D'HONNEUR,
CORRESPONDANT DU MINISTÈRE DE L'INSTRUCTION PUBLIQUE POUR LES TRAVAUX HISTORIQUES,
ARCHIVISTE DU DÉPARTEMENT

PARIS

IMPRIMERIE IMPÉRIALE

M DCCC LXII

PRÉFACE.

La composition du Dictionnaire topographique du département de l'Yonne nous a amené à faire des recherches très-étendues non-seulement dans la collection d'archives publiques de ce département, mais encore à Paris et aux archives de la Côte-d'Or. Sans doute les sources nombreuses qui ont été consultées ont favorisé le développement du Dictionnaire et l'ont beaucoup enrichi; toutefois il est certain qu'il y restera encore bien des lacunes, que la visite de certaines archives particulières pourrait seule combler.

Un travail intitulé *Statistique géographique des communes, hameaux, fermes, etc. du département de l'Yonne*, publié en 1855 dans l'Annuaire statistique du département par M. Ch. Augé, a servi de cadre pour y inscrire les notes de géographie ancienne. A l'aide d'autres listes rédigées par les instituteurs du département et avec les recensements de la population des communes dressés en 1851 et 1856, nous avons pu fixer exactement l'existence et l'orthographe des noms de lieux et leur véritable qualification, soit comme hameaux, soit comme fermes ou maisons isolées, etc.

Pour satisfaire à l'une des prescriptions du programme, il a été fait à l'Administration des forêts un relevé des noms des principales masses de bois du département, qui ont été consignées à leur ordre dans le Dictionnaire; cependant on a dû écarter de la liste beaucoup de noms de bois qui n'ont aucune importance.

Il a paru utile d'ajouter au nombre des documents de géographie ancienne les indications sommaires des *diocèse, province, élection* et *bailliage* dont chaque commune dépendait avant 1790.

Les *Fonds* des archives de l'Yonne sont cités très-souvent comme ayant fourni des noms anciens; on remarquera qu'ils le sont succinctement et sans indication du numéro de la liasse, etc..

Il a semblé superflu d'entrer dans ce détail et de surcharger ainsi le Dictionnaire. Les archives de l'Yonne étant classées par fonds, et chaque fonds classé en titres généraux et par noms de lieux, on pourra toujours y retrouver facilement un nom quelconque à son ordre alphabétique. Il est à remarquer que tout fonds cité sans indication de lieu de dépôt fait partie des archives de l'Yonne. La *Liste des sources consultées* indique suffisamment les autres dépôts où sont conservées actuellement les collections d'archives ou de manuscrits cités.

Enfin nous compléterons ces observations en ajoutant que, pour plus d'uniformité et pour éviter de répéter plusieurs fois un nom qui est le même au fond, et qui ne varie que par sa terminaison accidentelle, les mots latins ont été reproduits au *nominatif.* Les noms en *e* ou *æ* sont tous écrits *æ*, à quelque époque qu'ils appartiennent.

Auxerre, 25 novembre 1860.

INTRODUCTION.

DESCRIPTION PHYSIQUE DU DÉPARTEMENT DE L'YONNE.

Le département de l'Yonne appartient pour la plus grande partie au bassin hydrographique de la Seine et pour une très-petite portion au bassin de la Loire. Son sol est essentiellement calcaire, à l'exception de l'arrondissement d'Avallon, dans lequel se montrent les terrains granitiques. Les vallées sont remplies par un terrain d'alluvion le plus souvent très-favorable à l'agriculture.

Le département est compris entre les 0° 29′ et 2° 0′ 20″ de longitude orientale du méridien de Paris et les 47° 18′ 40″ et 48° 24′ 10″ de latitude boréale. Il est limité au nord-est par le département de l'Aube; à l'est, par celui de la Côte-d'Or; au sud, par celui de la Nièvre; à l'ouest, par celui du Loiret, et au nord-ouest, par celui de Seine-et-Marne.

D'après le cadastre, l'étendue de sa superficie est de 742,804 hectares, qui se subdivisent de la manière suivante :

Terres labourables	455,422
Prés	32,117
Vignes	37,421
Bois et forêts	172,696
Vergers, pépinières, jardins	5,564
Cerisaies, aunaies, saussaies	1,219
Carrières et mines	44
Mares, canaux d'irrigation, abreuvoirs	159
Canaux de navigation	277
Landes, pâtis, marais	15,910
Étangs	1,325
Plantations et châtaigneraies	546
Cours et sol des bâtiments	3,200
Routes, chemins, rues, etc	14,905
Rivières et ruisseaux	1,830
Cimetières, églises, bâtiments d'utilité publique	169

A.

Le sol du département de l'Yonne, quoique assez accidenté, ne renferme pas cependant de véritables montagnes. La portion la plus élevée se trouve à l'extrémité de l'arrondissement d'Avallon et fait partie du plateau granitique qui occupe à peu près le centre de la France. Les vallées principales qu'on y trouve sont désignées par les noms des rivières qui les arrosent, savoir : celles de l'Yonne, de la Cure, du Cousin, du Serain, de l'Armançon, de la Vanne, de l'Ouanne et du Loing. Toutes ces rivières et ces ruisseaux sont dans le bassin de la Seine.

Les ruisseaux de Nohain, de la Vrille, de Bonny et de Briare sont seuls dans le bassin de la Loire.

Les étangs et les marais sont en petit nombre dans le département.

Le canal de Bourgogne traverse le département de l'est au nord-ouest par la vallée de l'Armançon; le canal du Nivernais le traverse du sud au nord par la vallée de l'Yonne, et le canal de Briare le touche à peine à l'ouest, dans la vallée du Loing, à Rogny.

Les diverses parties du sol qui composent le département de l'Yonne sont désignées sous les noms suivants :

Le *Morvan*, territoire accidenté et pittoresque, divisé par de nombreux vallons et situé presque entièrement entre le Cousin et la Cure (arrondissement d'Avallon);

La *Puisaye*, contrée divisée aujourd'hui entre les deux départements de l'Yonne et de la Nièvre et placée, pour celui de l'Yonne, dans les arrondissements d'Auxerre et de Joigny; elle est très-boisée et semée de nombreux hameaux et de maisons isolées; le sol, peu morcelé, est entouré de haies fort élevées;

Le *Gâtinais*, pour une petite partie des arrondissements de Joigny et de Sens, limitrophe du département du Loiret, pays boisé et de prairies, où les habitations sont disséminées;

Le *Sénonais*, vaste plateau séparé en deux par la vallée de la Vanne, pays boisé sur les hauteurs;

L'*Auxerrois*, pays arrosé par l'Yonne, à sol varié, où sont cultivées particulièrement la vigne et les céréales;

Le *Tonnerrois*, contrée arrosée par l'Armançon, couverte de bois dans la partie qui touche à la Côte-d'Or et très-fertile en céréales et en vignes dans la partie inférieure; les habitations y sont agglomérées;

Enfin, une partie de la *vallée d'Époisses* se prolonge du département de la Côte-d'Or dans celui de l'Yonne par le bassin du Serain et présente des plaines bien cultivées.

Les vastes forêts qui couvraient le sol du département sous les Romains et pendant le moyen âge ont subi de nombreux défrichements par suite de l'établissement de colonies monastiques ou laïques. Les chartes et les chroniques font mention de plusieurs de ces forêts.

La première, par rang d'importance, est la forêt d'Othe, *Utta saltus* ou *Otha*, qui occupait jadis tout le territoire compris entre la rive droite de l'Yonne, l'Armançon et la Vanne, et se divisait en plusieurs forêts secondaires, telles que celles de Rajeuse, de Saint-Loup, de Lancy, etc.

La deuxième, la forêt d'Hervaux, *Erviel*, située dans le canton de Guillon;

La troisième, la forêt de Fretoy, *Freteium*, qui occupe le territoire des communes de Mailly-le-Château, Mailly-la-Ville et Coulanges-sur-Yonne;

La quatrième, la forêt de Maune, *Maulna*, canton de Crusy;

La cinquième, la forêt du Bar, *Barrus sylva*, communes d'Auxerre et de Monéteau.

Les bois dont la Puisaye est couverte n'ont pas, dans les chartes anciennes, de noms particuliers; cependant leur importance est encore aujourd'hui considérable, ainsi que celle d'autres forêts qui portent le nom des communes sur lesquelles elles sont situées.

TABLEAU DES ANCIENNES CIRCONSCRIPTIONS DU DÉPARTEMENT.

Le département de l'Yonne est composé de parties de territoire empruntées à plusieurs anciennes circonscriptions politiques et religieuses; nous les décrirons successivement.

Peuples gaulois.

En jetant un coup d'œil sur la carte des Gaules pour y tracer le périmètre du département de l'Yonne, on rencontre d'abord au nord *Agendicum*, Sens, capitale du peuple des *Senones*. Cette ville est placée au confluent de l'Yonne et de la Vanne. Le territoire des Sénonais s'étendait sur les bords de ces deux rivières et fort loin des limites actuelles du département.

Ensuite, en remontant le cours de l'Yonne, on trouve *Autricus,* aujourd'hui Auxerre, capitale du peuple auxerrois, assise sur la rive gauche de cette rivière, à la frontière du pays Sénonais. De ce point, le pays auxerrois s'étendait au sud-ouest et à l'ouest jusqu'à la Loire. Le nom gaulois de ce peuple a disparu dans les changements successifs apportés par les empereurs dans les divisions de la Gaule.

Les *Lingones* poussaient une pointe dans le territoire de l'arrondissement actuel de Tonnerre et sur une portion de celui d'Auxerre : c'était le *pagus Tornodorensis*. Les *Ædui* occupaient le pagus d'Avallon, l'*Aballo* celtique. La description du département sous l'administration romaine complétera ce premier aperçu.

Administration romaine.

Sous les Romains, le département de l'Yonne fit successivement partie de provinces différentes. Au temps d'Auguste, il fut compris dans la province Lyonnaise, à l'exception de la portion du territoire qui dépendait des Lingons. Au iiie siècle, la province Lyonnaise ou Celtique fut partagée en deux, puis en quatre. Les deux cités de Sens et d'Auxerre entrèrent en dernier lieu dans la quatrième Lyonnaise. Vers la fin du ive siècle, sous Honorius, Sens devint la capitale de la quatrième Lyonnaise, dont Auxerre fit également partie. Les pays d'Avallon et de Tonnerre passèrent de la province Belgique dans la première Lyonnaise. Les *pagus,* ou pays, furent déterminés et eurent pour chefs-lieux les villes les plus importantes. On trouve alors dans les limites du département de l'Yonne les pagus d'Auxerre, d'Avallon, de Sens et de Tonnerre; toutefois ces circonscriptions n'y sont pas intégralement comprises, comme on va le voir.

Le *pagus d'Auxerre* était borné, au nord, par le Sénonais, qui venait jusqu'à deux lieues d'Auxerre. De ce côté, la rivière de Serain lui servait de limites; à l'est, il était borné par le pagus de Tonnerre, et ses lieux frontières étaient Lignoreilles, Beine, Préhy, Nitry. Au sud était le pagus d'Avallon, et la limite extrême du pagus d'Auxerre était Corævicus ou Saint-Moré; puis, en se dirigeant vers l'ouest, la rivière d'Yonne le séparait encore du pagus d'Avallon. Le pagus d'Auxerre s'étendait ensuite dans le Nivernais, ne s'arrêtait qu'à la Loire, au-dessus de la Charité, et descendait ce fleuve jusqu'à Neuvy. De Neuvy à Chichery, il était borné par le pagus de Sens, et ses points extrêmes étaient Bléneau, Mézilles, Toucy, Arthé et Charbuy.

Le *pagus de Sens* était très-considérable; il s'étendait, au nord de Sens, jusqu'à la Seine, entre la Mothe-Tilly et Montereau (Seine-et-Marne). A l'est, il touchait au pagus de Troyes, et ses lieux frontières étaient Sognes, *Clanum,* près Villeneuve-l'Archevêque, Cérilly, Vosnon, Auxon, sur la voie d'Agrippa. Au sud, il était limitrophe du pagus de Tonnerre, par Germigny, Chéu, Jaulges, et de l'Auxerrois, comme nous l'avons vu plus haut. A l'ouest, il touchait au pagus du Gâtinais, par Champignelles, Courtenay, Chevry-en-Seraine, Thoury et Cannes.

Le *pagus de Tonnerre* s'étendait sur les trois départements actuels de la Côte-d'Or, de l'Aube et de l'Yonne. Ses limites extrêmes étaient : au nord, Chessy, Bagneux, touchant au pagus de Troyes; à l'est, Pothières, Griselles, Étais; au sud, Montbard, Moutiers-Saint-Jean, touchant aux pagus du Lassois et de l'Auxerrois; puis, en remontant vers le sud, il rencontrait les pagus d'Avallon et d'Auxerre, qu'il limitait par Marmeaux, Grimault, Saintes-Vertus, Chichée, Chablis et Méré, et enfin il confinait au Sénonais par Percey et Flogny.

Le *pagus d'Avallon*, dont les limites sont peu connues, confinait vers le nord au pagus d'Auxerre, par Fontenay et Châtel-Censoir, en tirant à l'ouest. De là, il s'étendait à Dornecy (Nièvre) et, vers le sud, à Corbigny; puis, en se dirigeant vers l'est, par Dhun et Quarré-les-Tombes (Yonne), il touchait aux pagus de l'Auxois et de Tonnerre par Rouvray, Sainte-Magnance, Guillon, l'Isle et Dissangis.

Le département fut alors sillonné de voies nombreuses. La première était celle de Lyon à Boulogne-sur-Mer, qui passait par Autun, Sainte-Magnance (Yonne), Avallon, Saint-Moré (*Cora*), Bazarne, Auxerre, Héry, Avrolles (*Eburobriga*), et se dirigeait sur Troyes.

Des cités de Sens et d'Auxerre rayonnaient d'autres routes, qui formaient un réseau considérable. En voici l'énumération :

1º Voie de Sens à Orléans, par Villeroy, Saint-Valérien, Montacher, Jouy, Branles, etc. appelée *via Aureliana* au xiv⁵ siècle [1] ;

2º Voie de Sens à Troyes, sortant de Sens et se dirigeant à gauche de Malay-le-Roi et de Foissy, passant à Villeneuve-l'Archevêque, *Clanum*, Villemaur, etc. et qui est comme le prolongement de la précédente;

3º Voie de Sens à Alise, par Malay-le-Vicomte, Vaumort, Cerisiers, Chéu, Dyé, Tonnerre, Mareuil (*Merula*) près Fulvy, etc.

4º Voie de Sens à Orléans, se dirigeant sur Courtenay (Loiret) par Paron, Gron, Égriselles, et passant à gauche de Vernoy et de Savigny, etc.

5º Voie de Sens à Meaux, par Saint-Clément, la vallée de Sergines, Jaulne, *Riobe* (Orbi [?]), etc.

6º Voie d'Auxerre à Sens, et de là à Paris, par Appoigny, Bassou (*Bandritum?*), Charmoy, Champlay, les Péages de Cézy, la maladrerie de Saint-Julien, Villefolle, Sérilly, Paron, Sens, Villeperrot, Pont, Champigny, Villeneuve-la-Guyard, etc.

7º Voie d'Auxerre à Entrains et Mesves-sur-Loire, par Serin (commune de Chevannes), Escamps, Ouanne, Thury, les Barres, Entrains, etc.

8º Voie de Tonnerre à Langres, par Tanlay, Paisson, la Vesvre-près-Gigny, Laignes, etc.

9º Voie de Tonnerre à *Landunum*, ville détruite, située au-dessus de Vertaut (Côte-d'Or), se bifurquant sur celle de Langres à la limite des communes de Tanlay et de Saint-Vinnemer, au climat de *la Levée;* puis se continuant par les bois de Cruzy, la forêt de Maulne et Vertaut.

[1] *Cart. gén. de l'Yonne,* I, 279.

La colonisation des riches vallées du département de l'Yonne fut très-développée du temps des Romains. Le nombre des lieux existant au v° siècle, et faciles à reconnaître à leur forme orthographique, les vestiges de *villas* et même de lieux plus importants qu'on y découvre, montrent que le pays était déjà très-peuplé à cette époque. -

Divisions ecclésiastiques.

On y trouve, sous le rapport religieux : 1° une partie du vaste diocèse de Sens, qui était divisé en cinq archidiaconés ; l'une de ces subdivisions était l'archidiaconé de Sens ou le grand archidiaconé. Il s'étendait dans les vallées de l'Yonne et de la Vanne, au territoire actuel du département de l'Yonne, et émergeait sur les pays qui forment les départements voisins.

L'archidiaconé de Sens était partagé en cinq doyennés, savoir :

Courtenay (Loiret)......................	70 paroisses.
Trainel (Aube)......................	27
Marolles (Seine-et-Marne)...............	40
Saint-Florentin (Yonne).................	39
Rivière de Vanne (Yonne)...............	24

2° L'évêché d'Auxerre, qui ne formait dans l'origine qu'un seul archidiaconé, celui d'Auxerre, lequel se divisait en quatre archiprêtrés, savoir : ceux d'Auxerre, de Saint-Bris, de Puisaye et de Varzy. L'évêché, qui s'étendait de la rivière du Serain, au-dessous d'Auxerre, jusqu'à la Loire, de la Charité à Gien, comprenait 212 paroisses.

3° L'évêché de Langres, pour un de ses six archidiaconés, celui de Tonnerre, qui se divisait en quatre doyennés, savoir :

Tonnerre (Yonne)......................	32 paroisses.
Molême (Côte-d'Or).....................	28
Moutier-Saint-Jean (Côte-d'Or)...........	29
Saint-Vinnemer (Yonne).................	25

4° L'évêché d'Autun, pour l'archidiaconé d'Avallon, divisé en deux archiprêtrés, savoir :

Avallon (Yonne)......................	34 paroisses.
Quarré (Yonne).......................	25

Gouvernement des Francs.

Dans les chefs-lieux des cités et des pagus romains furent établis, sous le gouvernement des rois francs, des comtes chargés de l'administration civile et militaire. Sens, Auxerre, Avallon et Tonnerre furent les chefs-lieux de comtés dont l'étendue correspondait à celle des pagus.

Féodalité.

Au IX⁰ siècle, les comtes administrateurs amovibles des comtés se sont approprié leurs fiefs; la hiérarchie des possesseurs de fiefs secondaires s'établit, et les vassaux relevèrent des comtes d'Auxerre, de Sens, de Tonnerre et d'Avallon. On vit au x⁰ siècle s'établir le comté de Joigny, démembré du comté de Sens et qui releva du comté de Champagne. La durée des grands fiefs que nous venons d'énumérer fut diverse.

Le comté de Sens fut réuni à la couronne par le roi Robert en 1015; le comté d'Auxerre fut acheté par Charles V en 1371; les comtés de Joigny et de Tonnerre subsistèrent jusqu'en 1789; le comté d'Avallon fut réuni au duché de Bourgogne au milieu du XI⁰ siècle.

Capétiens. — Administrations judiciaire, civile et financière.

Le développement de la puissance royale amena, à partir du XIII⁰ siècle, la création d'institutions générales qui devaient absorber peu à peu la puissance féodale.

1° ADMINISTRATION JUDICIAIRE. — La première création fut celle des grands bailliages: celui de Sens fut érigé sous Philippe-Auguste; sa juridiction était fort étendue, et le bailli de Sens, comme bailli royal, venait alors tenir ses assises à Auxerre. Cependant cette dernière ville, ayant été réunie à la couronne en 1371, fut érigée en bailliage dont le ressort s'étendait jusqu'à la Loire et dont les appels étaient portés directement à Paris.

Avallon était le siége d'un bailliage particulier, qui ressortissait à Semur-en-Auxois.

Joigny avait une justice royale qui ressortissait, dans l'origine, au bailliage de Troyes. En 1642, l'appel des jugements du bailli de Joigny fut porté au bailliage royal de Montargis.

Le comté de Tonnerre avait un bailliage particulier; mais les appels des jugements en étaient portés devant le bailli royal de Sens.

Nous mentionnerons, pour compléter ce résumé, la création, au XVI⁰ siècle, de siéges présidiaux à Auxerre et à Sens.

2° ADMINISTRATION CIVILE. — A l'époque des guerres des Anglais, au XIV⁰ siècle, Charles V créa des *élections,* bureaux de finances, chargés du recouvrement des impôts mis sur les paroisses pour subvenir aux dépenses de la guerre. Ce fut la première mesure administrative générale appliquée par l'autorité royale sur les vassaux des seigneurs. On établit alors, dans les limites du département de l'Yonne, les élections d'Auxerre, de Sens et de Tonnerre.

Après la réunion des grands fiefs de la Champagne et de la Bourgogne à la couronne, on continua de distinguer les contrées qui y avaient été comprises par les appellations de province de Champagne et de province de Bourgogne. Cet usage, plus ou moins conventionnel, dura jusqu'au xviii° siècle [1].

Le département de l'Yonne, formé, comme on l'a vu précédemment, de portions de territoires empruntées à des provinces différentes, se composait ainsi :

Province de Bourgogne, l'arrondissement d'Avallon et partie de celui d'Auxerre;

Province de Champagne, l'arrondissement de Sens (l'ancien Sénonais), les arrondissements de Joigny et de Tonnerre et la partie *est* de celui d'Auxerre;

Province de Nivernais, les portions des arrondissements d'Auxerre et d'Avallon limitrophes du département de la Nièvre, et qui sont comprises dans les cantons de Saint-Sauveur et de Vézelay;

Pays de Puisaye, les cantons de Bléneau, de Saint-Fargeau et de Toucy.

La création des intendances, faite par Louis XIII en 1635, plaça nos pays dans des généralités différentes : Auxerre, son comté et le bailliage d'Avallon dépendirent de la généralité de Dijon; Joigny, Sens, Tonnerre et les paroisses de leurs bailliages respectifs furent placés dans la généralité de Paris, province de l'Île-de-France; enfin, les cantons de Saint-Sauveur, de Toucy et de Courson, en partie, et ceux de Bléneau et de Saint-Fargeau furent englobés dans la généralité d'Orléans et divisés entre les élections de Clamecy et de Gien.

Des subdélégués des intendants respectifs, placés ordinairement dans les villes d'élections, administraient le pays.

Aux xvi°, xvii° et xviii° siècles, le comté d'Auxerre et le bailliage d'Avallon, qui avaient toujours été regardés comme bourguignons, envoyaient des députés aux États de Bourgogne. Les autres pays qui forment le département de l'Yonne n'étaient pas *pays d'États.*

En 1787, par un édit du mois de juin, Louis XVI créa, dans les provinces qui n'avaient pas d'États particuliers, des assemblées pour les administrer. Chaque province fut divisée en *départements,* dont une assemblée de douze notables, élus par l'assemblée provinciale, formait l'administration supérieure temporaire, et un bureau dit *intermédiaire,* l'administration permanente.

_____

[1] Voy. les Cartes générales de Sanson, Robert, etc.

Les pays de l'ancienne Champagne, avec l'élection de Vézelay, ancienne dépendance du Nivernais, alors tous de la généralité de Paris, province de l'Île-de-France, et aujourd'hui du département de l'Yonne, furent divisés de la manière suivante :

Département de Sens ;

Département de Joigny et Saint-Florentin ;

Département de Tonnerre et Vézelay.

Le pays de Puisaye et quelques communes comprises dans les élections de Clamecy et de Gien furent réunis sous le titre de département de Saint-Fargeau, dont le chef-lieu était dans cette dernière ville.

Les administrations provinciales fonctionnèrent avec beaucoup de zèle et préparèrent la voie aux réformes radicales que les États généraux de 1789 devaient opérer.

Par une loi du 27 janvier 1790, le département de l'Auxerrois ou de l'Yonne fut établi dans ses limites actuelles et divisé en sept districts, chaque district en plusieurs cantons et chaque canton en un certain nombre de communes. Les districts étaient ceux d'Auxerre, d'Avallon, de Joigny, de Saint-Fargeau, de Saint-Florentin, de Sens et de Tonnerre ; le nombre des cantons était de soixante-neuf et celui des communes de quatre cent quatre-vingt-dix.

La constitution de l'an III supprima les districts et conserva la division cantonale. Cette situation fut encore modifiée par la Constitution de l'an VIII, et une loi du 28 pluviôse de la même année créa, dans le département de l'Yonne, les cinq arrondissements d'Auxerre, d'Avallon, de Joigny, de Sens et de Tonnerre, composés alors de soixante-huit cantons. Un arrêté consulaire du 15 vendémiaire an X, réorganisant les justices de paix, refondit le département en trente-quatre cantons, en conservant les cinq arrondissements ci-dessus. Enfin de nouvelles modifications ont porté depuis lors le chiffre des cantons à trente-sept, subdivisés en quatre cent quatre-vingt-trois communes. Cet état de choses subsiste encore aujourd'hui ; en voici le développement :

I. ARRONDISSEMENT D'AUXERRE.

(12 cantons, 134 communes, 117,999 habitants.)

––––––

1° CANTON D'AUXERRE (EST).

(6 communes, 12,004 habitants.)

Augy, Auxerre (est), Champs, Quenne, Saint-Bris, Venoy.

2° CANTON D'AUXERRE (OUEST).

(10 communes, 15,554 habitants.)

Appoigny, Auxerre (ouest), Charbuy, Chevannes, Monéteau, Perrigny, Saint-Georges, Vallan, Vaux, Villefargeau.

3° CANTON DE CHABLIS.

(14 communes, 7,802 habitants.)

Aigremont, Beine, Chablis, Chemilly-sur-Serain, Chichée, Chitry, Courgis, Fontenay-près-Chablis, Fyé, Lichères, Milly, Poinchy, Préhy, Saint-Cyr-les-Colons.

4° CANTON DE COULANGES-LES-VINEUSES.

(12 communes, 9,032 habitants.)

Charantenay, Coulangeron, Coulanges-les-Vineuses, Escamps, Escolives, Gy-l'Évêque, Irancy, Jussy, Migé, Val-de-Mercy, Vincelles, Vincelottes.

5° CANTON DE COULANGES-SUR-YONNE.

(10 communes, 7,943 habitants.)

Andryes, Coulanges-sur-Yonne, Crain, Étais, Festigny, Fontenay-sous-Fouronnes, Lucy-sur-Yonne, Mailly-Château, Merry-sur-Yonne, Trucy-sur-Yonne.

6° CANTON DE COURSON.

(12 communes, 7,718 habitants.)

Chastenay, Courson, Druyes, Fontenailles, Fouronnes, Lain, Merry-Sec, Molesme, Mouffy, Ouanne, Sementron, Taingy.

7° CANTON DE LIGNY.

(13 communes, 7,188 habitants.)

Bleigny-le-Carreau, la Chapelle-Vaupelleteigne, Lignorelles, Ligny-le-Châtel, Maligny, Mérey, Montigny-le-Roi, Pontigny, Rouvray, Varennes, Venouse, Villeneuve-Saint-Salve, Villy.

8° CANTON DE SAINT-FLORENTIN.

(8 communes, 6,170 habitants.)

Avrolles, Bouilly, Chéu, Germigny, Jaulges, Rebourseaux, Saint-Florentin, Vergigny.

9° CANTON DE SAINT-SAUVEUR.

(11 communes, 13,071 habitants.)

Fontenoy, Lainsecq, Moutiers, Perreuse, Sainpuits, Sainte-Colombe, Saints, Saint-Sauveur, Sougères, Thury, Treigny.

10° CANTON DE SEIGNELAY.

(10 communes, 8,750 habitants.)

Beaumont, Chemilly-près-Seignelay, Cheny, Chichy, Gurgy, Hauterive, Héry, Mont-Saint-Sulpice, Ormoy, Seignelay.

11° CANTON DE TOUCY.

(12 communes, 11,965 habitants.)

Beauvoir, Diges, Dracy, Églény, Lalande, Leugny, Levis, Lindry, Moulins-sur-Ouanne, Parly, Pourrain, Toucy.

12° CANTON DE VERMANTON.

(14 communes, 10,802 habitants.)

Accolay, Arcy-sur-Cure, Bazarnes, Bessy, Bois-d'Arcy, Cravan, Essert, Lucy-sur-Cure, Mailly-la-Ville, Prégilbert, Sacy, Sainte-Pallaye, Sery, Vermanton.

II. ARRONDISSEMENT D'AVALLON.

(5 cantons, 71 communes, 44,672 habitants.)

1° CANTON D'AVALLON.

(15 communes, 12,651 habitants.)

Annay-la-Côte, Annéot, Avallon, Domecy-sur-le-Vault, Étaules, Girolles, Island, Lucy-le-Bois, Magny, Menades, Pontaubert, Sauvigny-le-Bois, Sermizelles, Tharot, Vault-de-Lugny.

2° CANTON DE GUILLON.

(16 communes, 6,145 habitants.)

Anstrude, Cisery, Cussy-les-Forges, Guillon, Marmeaux, Montréal, Pizy, Saint-André, Santigny, Sauvigny-en-Terre-Plaine, Sauvigny-le-Beuréal, Sceaux, Thizy, Trévilly, Vassy, Vignes.

3° CANTON DE L'ISLE-SUR-SERAIN.

(14 communes, 6,609 habitants.)

Angely, Annoux, Athie, Blacy, Civry, Coutarnoux, Dissangis, l'Isle-sur-Serain, Joux, Massangis, Précy-le-Sec, Provency, Sainte-Colombe, Talcy.

4° CANTON DE QUARRÉ-LES-TOMBES.

(8 communes, 7,586 habitants.)

Beauvilliers, Bussières, Chastellux, Quarré-les-Tombes, Saint-Brancher, Sainte-Magnance, Saint-Germain-des-Champs, Saint-Léger.

5° CANTON DE VÉZELAY.

(18 communes, 11,681 habitants.)

Asnières, Asquins, Blannay, Brosses, Chamoux, Châtel-Censoir, Domecy-sur-Cure, Foissy-lez-Vézelay, Fontenay-près-Vézelay, Givry, Lichères, Montillot, Pierre-Perthuis, Saint-Moré, Saint-Père, Tharoiseau, Vézelay, Voutenay.

III. ARRONDISSEMENT DE JOIGNY.

(9 cantons, 108 communes, 97,387 habitants.)

———

1° CANTON D'AILLANT.

(22 communes, 16,363 habitants.)

Aillant, Branches, Champvallon, Chassy, Fleury, Guerchy, Laduz, Merry-la-Vallée, Neuilly, les Ormes, Poilly, Saint-Aubin-Château-Neuf, Saint-Martin-sur-Ocre, Saint-Maurice-le-Vieil, Saint-Maurice-Tizouaille, Senan, Sommecaise, Villemer, Villiers-Saint-Benoît, Villiers-sur-Tholon, la Villotte, Volgré.

2° CANTON DE BLÉNEAU.

(8 communes, 8,939 habitants.)

Bléneau, Champcevrais, Champignelles, Louesme, Rogny, Saint-Privé, Tannerre, Villeneuve-les-Genêts.

3° CANTON DE BRIENON.

(11 communes, 11,172 habitants.)

Belle-Chaume, Bligny-en-Othe, Brienon, Bussy-en-Othe, Chailley, Champlost, Esnon, Mercy, Paroy-en-Othe, Turny, Vénizy.

4° CANTON DE CERISIERS.

(9 communes, 6,036 habitants.)

Arces, Bœurs, Cérilly, Cerisiers, Coulours, Dilo, Fournaudin, Vaudeurs, Ville-Chétive.

5° CANTON DE CHARNY.

(16 communes, 11,103 habitants.)

Chambeugle, Charny, Chêne-Arnoult, Chevillon, Dicy, la Ferté-Loupière, Fontenouille, Grandchamp, Malicorne, Marchais-Beton, la Mothe-aux-Aulnais, Perreux, Prunoy. Saint-Denis-sur-Ouanne, Saint-Martin-sur-Ouanne, Villefranche.

6° CANTON DE JOIGNY.

(18 communes, 16,244 habitants.)

Bassou, Béon, Bonnard, Brion, Cézy, Champlay, Chanvres, Charmoy, Chichery, Épineau-les-Voves, Joigny, Looze, Migennes, Paroy-sur-Tholon, Saint-Aubin-sur-Yonne, Saint-Cydroine, Villecien, Villevallier.

7° CANTON DE SAINT-FARGEAU.

(7 communes, 7,697 habitants.)

Fontaines, Lavau, Mézilles, Ronchères, Saint-Fargeau, Saint-Martin-des-Champs, Sept-Fonds.

8° CANTON DE SAINT-JULIEN-DU-SAULT.

(9 communes, 8,410 habitants.)

La Celle-Saint-Cyr, Cudot, Précy, Saint-Julien-du-Sault, Saint-Loup-d'Ordon, Saint-Martin-d'Ordon, Saint-Romain-le-Preux, Sépaux, Verlin.

9° CANTON DE VILLENEUVE-SUR-YONNE.

(8 communes, 11,423 habitants.)

Armeau, les Bordes, Bussy-le-Repos, Chaumot, Dixmont, Piffonds, Rousson, Villeneuve-sur-Yonne.

IV. ARRONDISSEMENT DE SENS.

(6 cantons, 91 communes, 66,647 habitants.)

1° CANTON DE CHÉROY.

(18 communes, 9,472 habitants.)

La Belliole, Brannay, Chéroy, Courtoin, Dollot, Domats, Fouchères; Jouy, Montacher, Saint-Valérien, Savigny, Subligny, Valery, Vernoy, Villebougis, Villegardin, Villeneuve-la-Dondagre, Villeroy.

2° CANTON DE PONT-SUR-YONNE.

(16 communes, 12,037 habitants.)

Champigny, Chaumont, Cuy, Évry, Gisy-les-Nobles, Lixy, Michery, Pont-sur-Yonne, Saint-Agnan, Saint-Sérotin, Villeblevin, Villemanoche, Villenavotte, Villeneuve-la-Guyard, Villeperrot, Villethierry.

3° CANTON DE SENS (NORD).

(13 communes, 12,030 habitants.)

Fontaine-la-Gaillarde, Maillot, Malay-le-Roi, Malay-le-Vicomte, Noé, Passy, Rosoy, Saint-Clément, Saligny, Sens (nord), Soucy, Vaumort, Véron.

4° CANTON DE SENS (SUD).

(12 communes, 12,552 habitants.)

Collemiers, Cornant, Courtois, Égriselles-le-Bocage, Étigny, Gron, Marsangis, Nailly, Paron, Saint-Denis, Saint-Martin-du-Tertre, Sens (sud).

5° CANTON DE SERGINES.

(17 communes, 10,369 habitants.)

La Chapelle-sur-Oreuse, Compigny, Courceaux, Courlon, Fleurigny, Grange-le-Bocage, Pailly, Plessis-du-Mée, Plessis-Saint-Jean, Saint-Martin-sur-Oreuse, Saint-Maurice-aux-Riches-Hommes, Serbonnes, Sergines, Sognes, Vertilly, Villiers-Bonneux, Vinneuf.

6° CANTON DE VILLENEUVE–L'ARCHEVÊQUE.

(16 communes, 10,187 habitants.)

Bagneaux, Chigy, Courgenay, Flacy, Foissy, Lailly, Molinons, Pont-sur-Vanne, la Postole, les Siéges, Theil, Thorigny, Vareilles, Villeneuve-l'Archevêque, Villiers-Louis, Voisines.

V. ARRONDISSEMENT DE TONNERRE.

(5 cantons, 82 communes, 42,529 habitants.)

———

1° CANTON D'ANCY–LE–FRANC.

(19 communes, 9,624 habitants.)

Aisy, Ancy-le-Franc, Ancy-le-Serveux, Argentenay, Argenteuil, Chassignelles, Cry, Cusy, Fulvy, Jully, Lézinnes, Nuits, Passy, Perrigny, Ravières, Sambourg, Stigny, Villiers-les-Hauts, Vireaux.

2° CANTON DE CRUZY.

(18 communes, 7,671 habitants.)

Arthonnay, Baon, Commissey, Cruzy, Gigny, Gland, Mélisey, Pimelles, Quincerot, Rugny, Saint-Martin, Saint-Vinnemer, Sennevoy-le-Bas, Sennevoy-le-Haut, Tanlay, Thorey, Trichey, Villon.

3° CANTON DE FLOGNY.

(15 communes, 7,886 habitants.)

Bernouil, Beugnon, Butteaux, Carisey, la Chapelle-Vieille-Forêt, Dyé, Flogny, Lasson, Neuvy-Saultour, Percey, Roffey, Sormery, Soumaintrain, Tronchoy, Villiers-Vineux.

4° CANTON DE NOYERS.

(15 communes, 7,246 habitants.)

Annay, Censy, Châtel-Gérard, Étivey, Fresnes, Grimault, Jouancy, Môlay, Moulins, Nitry, Noyers, Pasilly, Poilly, Saintes-Vertus, Sarry.

5° CANTON DE TONNERRE.

(15 communes, 10,102 habitants.)

Béru, Cheney, Collan, Dannemoine, Épineuil, Fley, Junay, Molosme, Serrigny, Tissé, Tonnerre, Vezannes, Vezinnes, Viviers, Yrouerre.

OBSERVATIONS GÉOGRAPHIQUES COMPLÉMENTAIRES.

En passant en revue la liste nombreuse des communes, hameaux, fermes et maisons isolées du département de l'Yonne, et en étudiant les formes variées que les noms de ces lieux affectent, on y constate des différences tranchées et on reconnaît évidemment qu'ils sont le produit d'époques et de civilisations distinctes. Il nous a paru à propos de consigner ici quelques remarques que cet état de choses nous a suggérées; lesquelles, étant réunies à d'autres faits analogues, pourront servir à l'histoire des origines de la France.

Nous avons constaté la présence d'au moins six espèces de lieux, nées de six grandes causes différentes, et qui sont représentées par des noms très-distincts :

1° Les noms celtiques;

2° Les noms romains;

3° Les noms des saints;

4° Les noms tirés de la nature des établissements qui existent ou qui ont existé;

5° Les noms empruntés à la topographie;

6° Les noms d'hommes.

1° Noms celtiques.

En remontant aux temps primitifs où les vieux Gaulois parcouraient librement le sol de la patrie, nous constaterons l'existence de villes et de villages nombreux dont les noms portent un cachet d'antiquité irrécusable, dont la signification est à peu près inconnue : ces noms, qui ont traversé, sans être entamés, les civilisations romaine et chrétienne, apparaissent comme les témoins des premiers âges et les preuves vivantes de la situation de la Gaule. Citons-en seulement quelques-uns :

Aillant, Appoigny, Auxerre, Avallon, Bassou, Béru, Brannay, Cornant, Courson, Domats, Guerchy, Guillon, Laduz, Lain, Migennes, Ouanne, les Riots, Ronchères, les Rups, Sens, Tonnerre, Vermanton.

2° Noms romains.

Les conquérants des Gaules ont laissé dans nos contrées de nombreuses traces de leur passage. Sur le bord des routes dont ils les ont sillonnées, s'élèvent encore des villages qui leur doivent leur origine ; dans les pays fertiles des vallées de l'Yonne, du Serain, de la Vanne et de l'Armançon, les Romains ont construit des bourgs et des villas dont beaucoup ont disparu, détruits par les barbares. Tels sont : les Coulanges, les Coulons, Étrée, Fontaines, Frênes, Germigny, Hauterive, l'Isle, les Meix, Neuvy, Pêchoir, Pont et Sixte, les Vaux, Vignes, les Villiers, Vincelles, Vinneuf, etc. Tous ces noms, tirés du latin, présentent une qualification intelligible.

3° Noms des saints.

L'Église, en érigeant des paroisses, a souvent détrôné les vieux noms gaulois, comme Saint-Cydroine, qui a remplacé *Calosenagus ;* Saintes-Vertus, *Silviniacus ;* Saint-Georges, *Bercuiacum ;* Saint-Moré, *Cora ;* Saints, *Coucy ;* et souvent aussi les noms des saints ont été donnés à l'occasion de la fondation des nouveaux villages, ou bien encore à cause de la célébrité des saints personnages vénérés en ces lieux, comme à Saint-Bris, Sainte-Magnance, Sainte-Pallaye, Sainte-Radegonde.

4° Noms d'établissements religieux, militaires, agricoles, etc.

Le moyen âge a peuplé nos contrées d'habitations isolées ou agglomérées auxquelles il a donné des noms qui les caractérisent encore aujourd'hui par leur destination. Tels sont : les Abbayes, les Bergeries, les Bordes, les Chapelles, les Châteaux et les Mothes, les Clos, les Cours, les Croix, les Fermes, les Fertés ou Fermetés, les Forges, les Fours et les Fourneaux, les Granges, les Métairies, les Moulins, les Parcs, les Plessis, les Rues, les Touchebœufs, les Tours, les Vachers, les Villefranches et les Villeneuves.

5° Noms empruntés à la topographie.

Une autre espèce de ces lieux est celle dont les noms ont été empruntés à la posi-

tion des habitations sur tel ou tel sol, marécageux, boisé, montagneux ou en plaine;
ou à la nature du sol, ou à ses produits. Tels sont : les Ardilliers, les Bois, les Breuilles,
les Brosses, les Bruyères, les Buissons, les Carrières, les Champs, les Chaumes, les
Chênes, les Coudres, les Étangs, les Fays, les Fontaines, les Forêts, les Loges, les
Marchais, les Montagnes, les Ormes, les Perrières, les Puits, les Roches, les Saules,
les Saussaies, les Tremblats, les Varennes, les Vaux, les Vernes.

6° Noms d'hommes.

Les parties ouest et nord-ouest du département sont couvertes d'innombrables
fermes, maisons isolées et petits hameaux dispersés dans les campagnes boisées ou
bocagères. Cet état de choses a fourni au dictionnaire une masse considérable de
noms de lieux sans importance et sans valeur historique. Ces lieux sont rarement
mentionnés dans les documents anciens. La plupart tirent leur origine des concessions
de portions de leurs domaines faites par les seigneurs féodaux ou par les monastères
à des particuliers, moyennant des rentes foncières et à cens, et à charge d'y bâtir
une ou plusieurs maisons.

La révolution de 1789, en déclarant remboursées toutes les rentes entachées de
cens, a rendu tous ces possesseurs propriétaires des terres qu'ils cultivaient, de père
en fils, depuis deux ou trois siècles. Les noms que portent les hameaux et les fermes
ou maisons isolées dont nous parlons sont ordinairement ceux de leurs premiers possesseurs : aussi voit-on à chaque nom, souvent écrit au pluriel, s'ajouter l'article *les*.
Tels sont : les Anceaux, les Angevins, les Annins, les Arraults, les Bablots, les Bache-
lets, les Barbets, les Bazins, les Bénards, les Blins, les Bonneaux, les Champions,
les Davids, les Laurents, les Martins, les Rémonds, les Siméons, etc.

L'âge des espèces d'habitations nᵒˢ 4 et 5 est difficile à préciser; cependant, par
cela même que nous comprenons le sens que leurs noms expriment, elles ne doivent
pas être antérieures au moyen âge.

Il y aurait encore à ajouter à cette nomenclature la classe des noms singuliers, dus
à la fantaisie ou à des circonstances accidentelles, et qui n'ont pas un caractère général et permanent : tels sont les Folies, les Maisons blanches ou rouges, etc.

USAGE DU FRANÇAIS DANS LES NOMS DE LIEUX; DÉSINENCES FINALES.

Au milieu du xvᵉ siècle au moins, l'orthographe des noms de lieux était fixée et
semblable à celle qui est en usage aujourd'hui. Un document du diocèse de Sens, de
l'an 1453, nous permet de constater ce fait d'une manière positive.

Ainsi on y trouve[1] : Aillant, Arcy, Belle-Chaume, Béon, Bleigny, Branches, Brannay, Brienon, etc. Les noms les moins conformes à l'orthographe actuelle ont conservé des traces de leur origine. Tels sont : Ermeau, Évroles, Florigny, Nully, Socy, etc. L'usage et le temps ont amené une légère atténuation dans la forme de ces noms, mais ils sont toujours reconnaissables.

Un autre usage remarquable, c'est celui de l'emploi de la forme *i* à la fin des noms français, au XIIᵉ et au XIIIᵉ siècle, comme : Appoini, Arsi, Chistri, Joegni, Malli, etc. Cette orthographe est alors permanente et exclusive de l'*y*. Cette dernière lettre ne commence à se substituer à l'*i* qu'à la fin du XIIIᵉ siècle, et la remplace tout à fait au XVᵉ.

Enfin, les noms latins terminés en *iacum* et *eium*, comme Pontiniacum, Sociacum, Toceium, etc. repassant dans la langue française, ont perdu la finale *acum* ou *eium*, et n'ont conservé que leur radical, Pontigni, Souci; tandis que dans le midi de la France les noms en *iacum* ont reçu la finale *iac* et n'ont perdu que la désinence *um*.

Le *Liber sacramentorum*, manuscrit de la bibliothèque de Stockholm, du IXᵉ siècle, où nous avons puisé un grand nombre de noms de lieux de l'arrondissement de Sens, est la preuve de l'existence de l'orthographe usuelle des noms de lieux terminés par *i*. On peut en inférer que les formes latines ne sont venues que dans la langue officielle se superposer au vieux fond celtique.

---

[1] Registre des taxes sur les cures du diocèse, pour la *maille* de la chrétienté. (Arch. de l'archev. Bibl. de Sens.)

LISTE ALPHABÉTIQUE

DES SOURCES

OÙ L'ON A PUISÉ LES RENSEIGNEMENTS CONTENUS DANS CE DICTIONNAIRE.

COLLECTIONS ET FONDS MANUSCRITS.

Abbayes de Saint-Germain; Saint-Julien; Saint-Marien; des Isles; et de Saint-Père d'Auxerre; Chore; Dilo; Escharlis; la Pommeraye; Pontigny; Quincy; Reigny; Sainte-Colombe; Saint-Jean; Saint-Pierre-le-Vif; Saint-Remy de Sens; Vauluisant; Vézelay : Archives de l'Yonne.

Abbayes de Sainte-Colombe; Saint-Jean; Saint-Pierre-le-Vif; Saint-Remy de Sens; la Pommeraye; Preuilly; archevéché de Sens : Bibliothèque de la ville de Sens.

Archevéché de Sens : Archives de l'Yonne.

Archives de la ville d'Avallon : Ville d'Avallon.

Archives des châteaux de Maligny; Prunoy; Sauvigny-le-Bois; Senan; Vausse : Dans les châteaux respectifs.

Armant, notaire à Auxerre : Archives de l'Yonne.

Cadastre C. Plans : Archives de l'Yonne.

Cartulaire de l'abbaye de Crisenon : Bibliothèque impériale, n° 154.

Cartulaire de l'abbaye de Molême, 2 vol. in-f° : Archives de la Côte-d'Or.

Cartulaire de l'abbaye de Pontigny : Bibliothèque impériale, n° 153.

Cartulaire de l'abbaye de Saint-Germain d'Auxerre : Bibliothèque d'Auxerre.

Cartulaire de l'abbaye de Saint-Michel de Tonnerre : Bibliothèque de Tonnerre.

Cartulaire de l'archevéché de Sens, 3 vol. in-f° : Bibliothèque impériale, n° 168.

Cartulaire de la commanderie du Temple d'Auxerre : Archives de l'Empire, S. 5235, carton 290.

Cartulaire du comté d'Auxerre; du comté de Tonnerre : Archives de la Côte-d'Or.

Célestins de Sens; Chapitre cathédral d'Auxerre, de Sens : Archives de l'Yonne.

Chapitre cathédral de Sens : Bibliothèque de Sens.

Chapitres de Brienon; Montréal; Saint-Fargeau; Saint-Julien-du-Sault; Chartreux de Béon; Collégiale de Châtel-Censoir; Commanderies d'Auxerre et de Saint-Marc : Archives de l'Yonne.

Chronique de Vézelay, XII° siècle : Bibliothèque d'Auxerre.

Davier, *Mém. pour l'Histoire de la ville et du comté de Joigny, 1723, 2 vol. in-4°* : Bibliothèque de Joigny et 1 ex. appart. à M. de Massol.

Dénombrements des Terres des bailliages de Sens, Troyes, Auxerre : Archives de l'Empire, sect. domaniale.

Émigrés (Fonds des); Évêché d'Auxerre : Archives de l'Yonne.

Éphémérides avallonnaises, XVIII° siècle : Bibliothèque d'Avallon.

Fonds Bernard; de Courtenay; Megret d'Étigny; Quinquet; Texier d'Hautefeuille : Archives de l'Yonne.

Gaignières, n° 203. *Cartulaire de l'abbaye des Escharlis* : Bibliothèque impériale.

Hospice d'Auxerre, état de biens en 1339 : Hospice d'Auxerre.

Hospices de Joigny, Sens et le Popelin, Tonnerre : Hospices respectifs.

Inventaire des archives de l'évêché d'Auxerre au XVII° siècle : Bibliothèque impériale, F. Saint-Germain, fr. 1595.

Inventaire des archives du comté de Tonnerre au XVII° siècle : Archives de l'Yonne.

Lazaristes de Vincellottes : Archives de l'Yonne.

Liber Sacramentorum, ms in-4°, IX° siècle, contenant une liste des paroisses d'une partie de l'archevêché de Sens (publié par M. Geffroy, *Notices et Extraits de manuscrits*, etc.

1855) : Bibliothèque de Stockholm.

Maladerie d'Avallon : Ville d'Avallon.

Minutes des justices seigneuriales : Greffe du tribunal civil d'Auxerre.

Miracula Sancti Edmundi, XIV° siècle : Bibliothèque d'Auxerre.

Pouillé du diocèse de Langres en 1536 : Bibliothèque de Tonnerre, Cart. de Saint-Michel, t. VII.

Pouillé du diocèse de Sens, XVI° siècle : Archives de l'Yonne.

Pouillé du diocèse de Sens, de 1695 : Bibliothèque d'Auxerre.

Pouillés du diocèse d'Autun, XIV° et XV° siècle : Évêché d'Autun.

Prévôté de Saint-Martin de Tours, à Chablis : Archives de l'Yonne.

Prieurés de Jully; de la Court-Notre-Dame, à Michery; de Saint-Eusèbe d'Auxerre; de Vieupou : Archives de l'Yonne.

Recette d'Avallon, XVI° siècle : Archives de l'Yonne.

Recherches des feux du comté d'Auxerre aux XVI° et XVII° siècles : Archives de la Côte-d'Or.

Registres de l'État civil des communes : Archives de chaque commune[1].

Rôles des feux du bailliage d'Auxerre : Archives de l'Yonne.

Rôles des feux du bailliage d'Avallon, XVI° et XVII° siècle : Archives de la Côte-d'Or.

Seigneurie de Dollot : Bibliothèque de Sens.

Seigneurie de Tannerre : Archives de l'Yonne.

Tabellionage d'Auxerre : Archives de l'Yonne.

Tarbé : Archives de l'Yonne.

Terrier d'Avallon, de 1486 : Archives de la Côte-d'Or.

Titres communaux, série E : Archives de l'Yonne.

Trésor des Chartes (registres et cartons) : Archives de l'Empire.

---

[1] N. B. Quand le nom de la commune n'est pas désigné, c'est qu'il est le même que celui de la commune portée en tête de l'article.

OUVRAGES IMPRIMÉS.

Annales bénédictines de D. Mabillon.

Bibliothèque historique de l'Yonne, Auxerre, 1850-1861, 2 vol. in-4°.

Bolland, *Acta Sanctorum*.

Bulletin de la Société des sciences historiques et naturelles de l'Yonne, 1858.

Bulliot, *Essai sur l'histoire de l'abbaye de Saint-Martin d'Autun*, 1849, 2 vol. in-8°.

Cartulaire général de l'Yonne, Auxerre, 1854 et 1860, 2 vol. in-4°.

Cassini (*Carte de*).

Chantereau-Lefebvre, *Traité des fiefs*, 1 vol. in-f°.

Courtépée, *Description de la Bourgogne*, 7 vol. in-12, 1ᵉ édition.

Coutume d'Auxerre, 1563, 1 vol. in-4°.

Coutume de Troyes, 1628, 1 vol. in-4°.

État (*Nouvel*) *général des villes, bourgs, etc. du duché de Bourgogne*, 1783, 1 vol. in-4°.

Gesta Pontificum Autissidor. publiés dans la *Bibl. hist. de l'Yonne*, t. I, et Labbe, *Bibl. nova mss.* t. I.

Histoire généalogique de la maison de Courtenay, 1 vol. in-f°, 1661.

Labbe, *Bibl. nova mss.* 2 vol. in-f°.

Lebeuf, *Mém. sur l'hist. d'Auxerre, etc.* 1848, 2ᵉ édition, 4 vol. in-8°.

Legrand, *État général du bailliage de Troyes*, 1553.

Mémoires de Cl. Haton, Collection des documents inédits sur l'histoire de France, 2 vol. in-4°.

D. Plancher, *Histoire de Bourgogne*, 4 vol. in-f°.

Pouillé du diocèse d'Auxerre, Lebeuf, *Mémoires sur l'histoire d'Auxerre*, t. IV, 2ᵉ édition.

Tarbé, *Détails historiques sur le bailliage de Sens, à la suite de la Coutume de ce bailliage, publiée en 1787 par Pélée de Chenouteau*, 1 vol. in-4°.

EXPLICATION

DES

MOTS ABRÉGÉS EMPLOYÉS DANS LE DICTIONNAIRE.

abb.	abbaye.	f°	ferme [1].
archev.	archevêché.	f.	fonds.
arch.	archives.	h.	hameau [2].
auj.	aujourd'hui.	h. dép. des comm.	hameau dépendant des communes.
autref.	autrefois.	inv.	inventaire.
Aux.	Auxerre.	m. b.	maison bourgeoise.
baill.	bailliage.	m. de camp.	maison de campagne.
bibl.	bibliothèque.	m. i.	maison isolée.
Bibl. hist.	Bibliothèque historique.	manœuv.	manœuvrerie [3].
b[in]	bulletin.	ms	manuscrit.
c[on]	canton.	m[in]	moulin.
cart.	cartulaire.	obit.	obituaire.
cart. gén. de l'Yonne.	cartulaire général de l'Yonne.	pr.	preuves.
chap.	chapitre.	prov.	province.
ch.	château.	reg. de l'état civil.	registre de l'état civil.
comm[tie].	commanderie.	relev.	relevait, relevant.
c[ne]	commune.	ressort.	ressortissant, ressortissait.
dép.	dépendant.	ruiss.	ruisseau.
dioc.	diocèse.	s°	siècle.
ém.	émigré.	tabell.	tabellionage.
Éphém. avall.	Éphémérides avallonnaises.	tuil.	tuilerie.
év.	évêché.	vill.	village.

[1] La *ferme* ou *métairie* est une exploitation agricole isolée, d'une importance plus ou moins grande.

[2] Un *hameau* est la réunion d'un certain nombre de maisons qui ont un nom collectif et dépendent d'une commune. On a qualifié, dans le corps du Dictionnaire, du nom de *hameau* toute réunion de deux maisons et au-dessus, habitées par deux ou plusieurs ménages distincts et indépendants.

[3] La *manœuvrerie* est une habitation isolée composée d'une maison et d'un petit jardin destinés à un individu nommé *manœuvre*, qui travaille à la culture des fermes disséminées dans la Puisaye.

DICTIONNAIRE TOPOGRAPHIQUE

DE

LA FRANCE.

DÉPARTEMENT

DE L'YONNE.

A

ABBAYE (L'), h. c^{be} de Gurgy.

ABBAYE (L'), f^e, c^{be} de Saint-Martin-sur-Armançon.

ABBÉS (LES), h. c^{ne} de Tannerre.

ABBESSE (L'), forêt, c^{ne} de Bussy-en-Othe, partie de la forêt d'Othe, qui dépendait autrefois de l'abbaye Saint-Julien d'Auxerre.

ABÎME (L'), f^e, c^{ne} de Malicorne.

ABÎMES (LES), h. c^{ne} de Treigny.

ABREUVOIR (L'), ruiss. prend sa source à Civry, où il se jette dans le Serain.

ACCOLAY, c^{ne} de Vermanton. — *Accolatus*, VIIe siècle (Bibl. hist. de l'Yonne, I, 339). — *Acolaium*, 1215 (chap. d'Aux.). — *Acolacum*, 1229; *Ascolayum*, 1293 (*ibid.*). — *Escolayum*, XVe siècle (pouillé du dioc. d'Aux.). — *Écolai*, XIIIe siècle (chap. d'Aux.). — *Escolay*, 1403 (abb. Saint-Germain). — *Ascolay*, 1334 (chap. d'Aux.). — *Acolay*, 1739 (élection de Tonnerre, seigneurie du chap. cathédral d'Auxerre).

Accolay était autrefois du pagus et du dioc. d'Auxerre, et, au XVIIIe siècle, de la généralité de Paris et enclavé dans le comté d'Auxerre, siège d'un baill. ressort. à celui d'Auxerre.

ADAMS (LES), h. c^{ne} de Bléneau.

AFFICHOT (L'), f^e, c^{ne} d'Annay-sur-Serain.

AFFICHOT (L'), bois, c^{ne} de Fresne.

AGRÉAU (L'), f^e, c^{be} de Tannerre.

AIGREMONT, c^{on} de Chablis. — *Acrimonte (Grangia de)*, 1156 (cart. gén. de l'Yonne, I, 542), grange bâtie par l'abb. de Pontigny. — *Agermons*, 1157 (*ibid.* II, 83). — *Acermons*, 1291 (cart. du comté de Tonnerre, arch. de la Côte-d'Or). — *Égremont*, 1782 (carte du duché de Bourgogne).

Aigremont était, en 1789, du dioc. de Langres, de la généralité de Paris et du baill. de Villeneuve-le-Roi, en appel de sa prévôté.

AIGREMONT, f^e, c^{ne} d'Étivey, 1600 (reg. de l'état civil); auj. détruite.

AIGREMONT, h. et m^{in}. c^{ne} de Saint-Agnan. — *Acermons*, an 1130 (cart. gén. de l'Yonne, I, 278).

AILLANT, arrond. de Joigny. — *Alientus*, 863 (cart. gén. de l'Yonne, I, 78). — *Aillant*, 1226 (prieuré de Vieupou). — *Aiglant*, 1619 (prieuré de Vieupou); fief relev. du comté de Joigny (arch. de la c^{ne}), autref. du domaine des comtes, et aliéné en 1709.

Aillant était, en 1789, du dioc. de Sens, de la prov. de l'Île-de-France et du présidial de Montargis.

AILLOTES (LES), m. i. c^{ne} de Chichery.

AISY, c^{on} d'Ancy-le-Franc. — *Asiacus*, 1126 (cart. gén. de l'Yonne, I, 263). — *Aisei*, 1146 (*ibid.* 417). — *Ayseyum*, 1536 (pouillé du dioc. de

1

Langres). — *Aisé, Aisé-souz-Roigemont*, 1343 (cart. du comté de Tonnerre, arch. de la Côte-d'Or).

Aisy était, en 1789, du dioc. de Langres, de la prov. de l'Île-de-France et du baill. de Rochefort, avec appel à celui de Crusy. Le fief relevait du ch. de Crusy.

AISY-LEZ-AVALLON, vill. détruit au xv⁰ siècle. Au xiv⁰ siècle, il était de la cⁿᵉ d'Étaules-le-Bas ; l'église seule subsiste et sert de paroisse à Étaules. — *Asiacum*, 1134 (Courtépée, VI, 15).

ALBONNA, *in comitatu Tornodorensi*, 937 (cart. gén. de l'Yonne, II, 9). — Lieu inconnu.

ALGNÈS (LES), f⁰, cⁿᵉ de Lavau.

ALLANTS (LES), h. cⁿᵉ de Cornant.

ALLANTS (LES), f⁰, cⁿᵉ de Saint-Sauveur.

ALLANTS (LES), h. cⁿᵉ de Saint-Valérien.

ALLEUX (LES), m. b. cⁿᵉ d'Avallon, sur l'emplacement d'un camp romain.

ALLINS (LES), f⁰, cⁿᵉ de Moulins-sur-Ouanne.

ALLOUETTES (LES), f⁰, cⁿᵉ de Brienon.

ALLOUETTES (LES), mⁱⁿ, cⁿᵉ de Châtel-Censoir.

ALLOUETTES (LES), m. i. cⁿᵉ de Chemilly-près-Seignelay (Cassini) ; auj. détruite.

ALLOUETTES (MONTAGNE DES), entre Sougères, Lainsecq, Sainpuits et Étais.

ALOIX (LES), h. cⁿᵉ de Levis ; auj. détruit.

ALPIN, h. cⁿᵉ de Lindry. — *Lupinus*, 820 (cart. gén. de l'Yonne, I, 32). — Ch. en 1750 (év. d'Aux.), qui est auj. détruit.

AMANS (LES), h. cⁿᵉ de Bœurs-en-Othe. — *Hamenes (les)*, 1760 (abb. de Pontigny, plan).

AMARDS (LES BAS-), h. cⁿᵉ de Rogny.

AMIARD, ruiss. prend sa source dans l'étang de Prémartin, cⁿᵉ d'Esnon, et se jette dans le canal de Bourgogne, même cⁿᵉ.

ANCEAUX (LES), f⁰, cⁿᵉ de Malicorne.

ANCIEN-FONT, f⁰, cⁿᵉ de Jully.

ANCIEN-MOULIN-DE-LA-VILLE (L'), m. cⁿᵉ de Charny.

ANCIENS-MOULINS-DE-SEIGNELAY (LES), m. et f⁰, cⁿᵉ de Seignelay.

ANCY, f⁰, cⁿᵉ de Sainte-Colombe-près-l'Isle.

ANCY, vill. détruit, cⁿᵉ de Provency.

ANCY-LE-FRANC, arrond. de Tonnerre. — *Anciacum*, 721 (cart. gén. de l'Yonne, I, 2). — *Anciacus*, vers 1080 (*ibid.* 18). — *Anceius*, 1147 (*ibid.* 424). — *Anceium-Francum*, 1225 (commᵗⁱᵉ de Saint-Marc). — *Ancy-le-Franc*, 1289 (chap. d'Auxerre). — *Ancey-lou-Franc*, 1295 (cart. de l'hôpital de Tonnerre). — Château important élevé au xvii⁰ siècle.

Ancy-le-Franc était jadis du pagus de Tonnerre, du diocèse de Langres, de la province de l'Île-de-

France, et siège d'une prévôté du baill. de Tonnerre. La baronnie d'Ancy-le-Franc relevait en arrière-fief du roi ou du duché de Bourgogne, et en fief du ch. de Crusy.

ANCY-LE-SERVEUX, cⁿ d'Ancy-le-Franc. — *Anciacum*, 1108 (cart. gén. de l'Yonne, I, 216). — *Anceyum-Servosum*, 1116 (*ibid.* 232). — *Anceium-Silvosum*, 1178 (cart. gén. de Saint-Michel, bibl. de Tonnerre). — *Ansiacum-Servile*, 1179 (cart. gén. de l'Yonne, I, 304). — *Anceyum-lo-Servor*, 1220 (cart. de Saint-Michel). — *Ancy-le-Silveux*, 1513 (petit cart. de Saint-Michel). — *Ancy-le-Serveux*, 1531 ; *Ancy-le-Libre*, 1793. — Fief relev. du comté de Tonnerre (inv. des arch. de ce comté, au xvii⁰ siècle).

Ancy-le-Serveux était, en 1789, du diocèse de Langres, de la prov. de l'Île-de-France et du baill. de Crusy.

ANDRIES, cⁿ de Coulanges-sur-Yonne. — *Andria*, xi⁰ siècle (*Gesta pontif. Autiss.*). — *Andria*, xv⁰ siècle (pouillé du dioc. d'Aux.). — Prieuré dép. de l'abb. de la Chaise-Dieu et réuni, au xviii⁰ siècle, aux chartreux de Basseville (Nièvre).

Andries était autref. du dioc. d'Auxerre, de la généralité d'Orléans et de l'élection de Clamecy.

ANDRIES (MARAIS D'), situés cⁿᵉ de ce nom.

ANGELY, cⁿ de l'Isle-sur-Serain. — *Anglias in pago Avalinsi*, 721 (cart. gén. de l'Yonne, II, 2). — *Angeliacum*, 1219 (abb. de Reigny). — *Angeliers*, xv⁰ siècle (pouillé d'Autun). — *Angely*, 1551 (rôles de la recette d'Avallon).

Angely était autref. du dioc. d'Autun, de la prov. de Bourgogne et du baill. d'Avallon.

ANGEVINS (LES), h. cⁿᵉ de Cudot.

ANGINS (LES), f⁰, cⁿᵉ de Tannerre. — *Les Engins*, 1715 (plan de la seigneurie de Tannerre, arch. de l'Yonne).

ANGLOIS (LES) ou LES INGLOIS, h. dép. des cⁿᵉˢ de Dilo et de Villechétive ; auj. détruit.

ANGLOISERIE (L'), f⁰, cⁿᵉ de Villiers-Saint-Benoît (Cassini) ; auj. détruite.

ANGRAIN, f⁰, cⁿᵉ de Lindry ; auj. détruite.

ANGY, h. cⁿᵉ de Lézinnes. — *Engiacum*, 1224 ; *Aingey et Angey*, 1327 (cart. de l'hôpital de Tonnerre). — *Angy*, xvi⁰ siècle (*ibid.*).

ANNAY-LA-CÔTE, cⁿ d'Avallon. — *Auduniaca (colonia) in pago Avalinsi*, 634 (cart. gén. de l'Yonne, I, 8). — *Abundiacus*, 864 (*ibid.* 88). — *Anneiacum*, 1184 (*ibid.* 346). — *Annetum*, 1368 (chap. collégial d'Avallon). — *Aigna*, 1213 (abb. Saint-Julien d'Aux.). — *Annay*, 1390 (Trésor des chartes, reg. 138, n° 243). — *Annoy-la-Coste*, 1488 (chap.

d'Avallon). — *Hannes-la-Couste*, 1574 (prieuré de Vicupou).

Annay-la-Côte était autref. du dioc. d'Autun, de la prov. de Bourgogne et du baill. d'Avallon.

ANNAY-SUR-SERAIN, c^on de Noyers. — *Annaium*, 1151 (cart. gén. de l'Yonne, I, 479). — *Annayum super Ripariam de Noeriis*, 1292 (cart. de l'abb. Saint-Germain, f° 49 v°, bibl. d'Aux.). — *Annay-la-Rivière*, 1679 (rôles des feux du baill. d'Avallon, arch. de la Côte-d'Or).

Annay-sur-Serain était, en 1789, du dioc. de Langres, de la prov. de Bourgogne et du baill. de Noyers.

ANNÉOT, c^on d'Avallon. — *Agneolum*, 1235 (arch. d'Avallon, f. de la Maladerie). — *Anneolum*, 1297 (chap. d'Avallon). — *Annaot*, 1236 (*ibid.*) — *Annéot*, 1366 (ville d'Avallon, Maladerie). — *Anniot*, 1591 (rôles d'impositions de la recette d'Avallon). — Terre donnée par la reine Brunehaut à l'abbaye Saint-Martin d'Autun, qui la céda au chap. de Notre-Dame du ch. de la même ville.

Annéot était autrefois du dioc. d'Autun, de la prov. de Bourgogne et du baill. d'Avallon.

ANNINS (LES), tuil. c^ne de Mézilles. — *Hanins* (*les*), XVIIe siècle (reg. de l'état civil).

ANNOUX, c^on de l'Isle-sur-Serain. — *Annotum*, 1536 (pouillé du dioc. de Langres). — *Anno*, 1316; *Annol*, 1504; *Annot*, 1607 (arch. du ch. de Vausse). — *Annoul*, 1526 (chap. de Montréal). — *Annoult*, 1671 (reg. de l'état civil).

Annoux était autrefois du dioc. de Langres, de la prov. de Bourgogne et du baill. d'Avallon.

ANQUIN, h. c^ne de Saint-Maurice-le-Vieil. — *Antuen*, 1282; *Anthian*, 1465; *Anthyen*, 1470 (chap. d'Auxerre).

ANSTRUDE, c^on de Guillon, autref. Bierry. — *Bierriacum*, 1234 (abb. de Pontigny). — *Birreium, Beriacum* (Courtépée, V, 495). — *Byarry-les-Avalon*, 1410 (chap. d'Avallon). — *Bierry* (recette d'Avallon). — *Bierry-les-Belles-Fontaines*, 1793. — Érigé en baronnie en 1738 pour M. d'Anstrude, descendant d'une famille écossaise, relev. en fief du comté de Noyers.

Anstrude était, en 1789, du dioc. de Langres, de la prov. de Bourgogne et du baill. d'Avallon.

ANTHONNAY, f^e, c^ne de Sarry. — *Antonem*, 721 (cart. gén. de l'Yonne, II, 2). — *Anthouennet, Anthounay*, XVe et XVIe siècle (arch. du ch. de Vausse).

ANTONNOIST (LES), f^e, c^ne de Tannerre, 1715 (plan). Lieu détruit.

APPOIGNY, c^on d'Auxerre (ouest). — *Epponiacus*, IXe siècle (*Gesta pontif. Autiss. Bibl. hist.* de l'Yonne, I,

317). — *Apogniacum* (*ibid.* 398). — *Apugniacum*, 1162 (cart. gén. de l'Yonne, II, 137). — *Appenniacum*, 1176 (*ibid.* 279). — *Appoigniacum*, vers 1280 (chap. d'Aux.). — *Apoignis*, 1196 (cart. gén. de l'Yonne, II, 472). — *Apoini*, 1282 (chap. d'Aux.). — *Aponi*, XIIIe siècle (Vie de saint Edme, ms de la bibl. d'Aux.). — *Appoigny*, 1395 (év. d'Aux.). — *Espoigny*, 1389 (Trésor des chartes, reg. 135, n° 180). — *Espougny*, 1536 (abb. des Escharlis). — *Appougny*, 1581 (abb. Saint-Germain). — *Appogny*, 1610 (tit. part. des arch. de l'Yonne).

Appoigny était autrefois du pagus, du dioc. et du baill. d'Auxerre et de la généralité de Paris. Une collégiale y avait été fondée au XIIIe siècle par l'évêque G. de Seignelay. — Il y avait aussi à Appoigny, sur le bord de la route de Paris, à droite, un hôpital des religieux de Montjou, dont la chapelle a subsisté jusqu'en 1790.

AQUINS, m^in, détruit, c^ne de Provency. — An 1346 (arch. du ch. de Sauvigny).

ARABIS (LES), h. c^ne de Piffons.

ARAN (LE GRAND-), h. c^ne de Parly. — *Arran*, 1186 (cart. gén. de l'Yonne, II, 375). — *Herrant*, 1294 (chap. d'Aux.). — *Aran*, 1523, fief relev. de l'évêque d'Auxerre comme seigneur de Toucy. — *Arran-sous-la-Geneste*, 1761 (abb. Saint-Germain).

ARAN (LE PETIT-), h. c^ne de Parly.

ARBAULT, autrefois chapelle Sainte-Madeleine, c^ne de Cravan, 1742, située près d'une fontaine où l'on allait en pèlerinage; auj. détruite.

ARBLAY, h. c^ne de Cudot. — *Arebletus*, vers 1120 (cart. gén. de l'Yonne, I, 240). — *Herbeium*, 1163 (*ibid.* II, 149). — *Erbloi*, 1236; *Ébloi*, 1242; *Érablay*, 1300; *Arbloy*, 1490; *Arblet*, 1495 (abb. des Escharlis). — *Arblet*, 1780 (plan, abb. des Escharlis).

ARBLAY, h. c^ne de Neuilly. — *Arablay*, fief et prévôté ressort. au baill. de Villeneuve-le-Roi, 1553 (Legrand, État gén. du baill. de Troyes).

ARBONNE, f°, c^ne de Chassy, fief et ch. en 1709 (arch. de la c^ne d'Aillant).

ARBONNE (MOULIN D'), c^ne d'Aillant.

ARCES, c^on de Cerisiers. — *Arcea*, VIIe siècle (*Gallia*, XII). — *Archea*, 1156 (cart. gén. de l'Yonne, I, 538). — *Arceia*, 1168-1176 (*ibid.* II, 204). — *Artias*, 1169 (*ibid.* 216). — *Arcia*, 1193 (*ibid.* 450). — *Arciæ*, 1225 (abb. Saint-Pierre-le-Vif de Sens, seigneur d'Arces). — *Arcere*, XVIe siècle (pouillé du dioc. de Sens). — *Arces-en-Othe*, 1389 (Trésor des chartes, reg. 138, n° 131). — *Arces*, 1453 (reg. des taxes du dioc. de Sens, bibl. de Sens). — *Arses*, 1518 (abb. de Pontigny).

Arces était jadis du pagus et du dioc. de Sens, de la prov. de l'Île-de-France, et divisé, pour la justice, entre les baill. de Saint-Pierre-le-Vif et de Brienon, ressort. à Sens. — Arces avait le titre de mairie ou prévôté pour l'exercice de la justice.

ARCHAMBAUD, f°, c^ne de Saint-Fargeau. — Fief relev. de Saint-Fargeau (B^{in} de la Soc. des sciences de l'Yonne, 1858).

ARCHAMBAULT, f°, c^ne de Grimault.

ARCHANGERIE (L'), h. c^ne de Cudot.

ARCHE, lieu, c^ne de Commissey, ancien nom de Quincy. — Voy. QUINCY.

ARCHE, m^{in}, c^ne de Saint-Fargeau.

ARCUÈVRE (L'), h. c^ne de Massangis.

ARCHIS (LES), m. de camp. c^ne de Monéteau.

ARCHONS (LES), m. i. c^ne de Saint-Aubin-Château-Neuf. — Archans (les), 1781 (chap. de Sens).

ARCIS (LES), ch. et f°, c^ne de Volgré. — Arcez, 1120 (abb. des Escharlis). — Arciz, 1211 (Bibl. imp. cart. des Escharlis, Gaignières, 203). — Arcys, 1515 (prieuré de Vieupou).

ARCIS (LES), f°, c^ne d'Hauterive, 1782 (plan du cadastre); auj. détruite.

ARCY, f°, c^ne d'Argenteuil, autref. château.

ARCY, f°, c^ue de Taingy. — Autref. h., siége d'une justice seigneuriale. — Arciacum, 1247 (abb. Saint-Marien). — Arci, 1283 (év. d'Aux.). — Harcy, 1611 (reg. de l'état civil).

ARCY-SUR-CURE, c^on de Vermanton. — Arsiacum, avant 1133 (cart. gén. de l'Yonne, I, 253). — Arseium, 1163 (ibid. II, 147). — Arxeium, xiiie siècle (cart. de Crisenon, Bibl. imp.). — Arciacum, xve siècle (pouillé du dioc. d'Aux.). — Arcy, 1147 (cart. gén. de l'Yonne, I, 430). — Arsy, 1171 (abb. de Reigny). — Arsi, 1179 (cart. gén. de l'Yonne, II, 302). — Fief relevant du comté d'Auxerre avec château fort.

Arcy était autref. du dioc. d'Auxerre et de la prov. de Bourgogne et ressort. au baill. d'Auxerre.

ARCY (GROTTES D'), c^ne d'Arcy, sur le bord de la rivière de Cure. La principale grotte a 876 mètres de longueur. Elle se compose de neuf salles dont les parois sont couvertes de stalactites blanches de carbonate de chaux. — A côté de cette grotte est celle des Fées, dont le sol renferme des ossements ayant appartenu à des espèces perdues.

ARDEAU, fief, c^ne de Merry-Sec, 1576 (tabell. d'Aux. portefeuille IV).

ARDILLERS (LES), h. c^ne de Bussy-le-Repos. — Ardillos, 1174 (cart. gén. de l'Yonne, II, 255). — Hardilliers, 1782 (reg. de l'état civil).

ARDUIS (LES), f°, c^ne de Cudot.

ARGENTENAY, c^on d'Ancy-le-Franc. — Argentiniacus, 980 (cart. gén. de l'Yonne, I, 247). — Argentunacum, 1202 (abb. de Quincy). — Argentonnay, 1393 (cart. gén. du comté de Tonnerre, arch. de la Côte-d'Or). — Fief relev. du comté de Tonnerre.

Argentenay était, en 1789, du dioc. de Langres, de la prov. de l'Île-de-France, et le siége d'une prévôté ressort. au baill. de Tonnerre.

ARGENTEUIL, c^on d'Ancy-le-Franc. — Argentolium, 1080 (cart. gén. de l'Yonne, II, 18). — Argenteolum, 1164 (idem, 251). — Argentuil, 1186 (comm^rie de Saint-Marc). — Argenteul, Argenteuil, 1293 (cart. de l'hôpital de Tonnerre). — Fief relev. du comté de Tonnerre.

Argenteuil était, en 1789, du dioc. de Langres, de la prov. de l'Île-de-France et du baill. d'Ancy-le-Franc depuis 1782, et antérieurement siége d'un baill. auquel ressortissaient 6 prévôtés.

ARGENTON, m. i. c^ne de Dracy.

ARIATS, c^ne de Bléneau. — 1693 (év. d'Aux.). — Lieu détruit.

ARLOT, m^{in}, c^ne de Cry.

ARMANCE, rivière qui prend sa source à Meix-Robert (Aube) et se jette dans l'Armançon à Saint-Florentin. — Esmantia, 1133 (abb. de Pontigny). — Asmantia, 1143 (cart. gén. de l'Yonne, I, 369). — Ermencia, 1225 (cart. de l'abb. Saint-Germain). — Aumence, 1276; Hermence, 1277 (abb. de Pontigny).

ARMANÇON, riv. affl. de l'Yonne, rive droite, prend sa source à Châtellenot (Côte-d'Or), trav. l'arrond. de Tonnerre et une partie de ceux d'Auxerre et de Joigny et se jette dans l'Yonne à Cheny. — Hermentaria, 833 (cart. gén. de l'Yonne, I, 41). — Ormentio, xe siècle (Gesta pontif. Autiss.). — Hermentio, 1139 (cart. gén. de l'Yonne, I, 337). — Hermensio, 1147; Hermenzo, 1164 (abb. de Pontigny). — Ermenzun, 1157 (cart. gén. de l'Yonne, II, 85). — Hermenezuns, 1164 (ibid. 170). — Hermencon, 1188 (ibid. 392). — Ermencum, 1190 (ibid. 416). — Armenceon, 1188 (cart. de Pontigny, n° 153, f° 17 v°, Bibl. imp.). — Ermençon, 1224 (abb. Saint-Germain). — L'Armançon était, il y a deux siècles, navigable jusqu'à Tonnerre (Coulon, les Rivières de France, I, 74).

ARMEAU, c^on de Villeneuve-sur-Yonne. — Hermeau, 1304 (abb. de Dilo). — Ermeau, 1469 (hospice de Joigny). — Armeau, 1493 (arch. de Sens). — Ermolium (pouillé du dioc. de Sens, de 1695).

Armeau était, en 1789, du dioc. de Sens et de la prov. de l'Île-de-France, et le siége d'une prévôté ressort. au baill. de Sens. La terre relevait du roi, à la grosse tour de Sens.

ARMÉES (LES), m. i. cᵒᵉ des Siéges.

ARNUS (LES), mⁱⁿ, cⁿᵉ d'Auxerre.

ARNUSSES (LES), h. cᵒᵉ de Saints.

ARQUENEUF, h. cⁿᵉ de Diges. — *Riconorus, in pago Autissiod.* 863 (cart. gén. de l'Yonne, I, 78). — *Rochonorus*, 864 (*ibid.*) — *Recognitum*, 1188 (*ibid.* II, 386). — *Requeneul*, 1511 (abb. Saint-Germain, liasse 44, s. l. 3). — *Requegneux*, 1672 (terrier de Diges; *ibid.*).

ARRAULTS (LES GRANDS-), fᵉ, cⁿᵉ de Mézilles.

ARRAULTS (LES PETITS-), fᵉ, cⁿᵉ de Mézilles.

ARTAIX, fᵉ, cⁿᵉ de Saint-Martin-d'Ordon.

ARTHÉ, ch. cᵇᵉ de Merry-la-Vallée. — *Artadum*, fin du ixᵉ siècle (*Gesta pontif. Autiss.* Vie d'Hérifrid). — *Arteium*, 1222 (chap. d'Aux.). — *Arthé*, 1497 (*ibid.*). — *Arthel*, 1512 (év. d'Aux.); était autref. sur Parly, fief relev. de l'év. d'Auxerre en arrière-fief.

ARTHEY, fᵉ, cⁿᵉ de Saint-Martin-d'Ordon.

ARTHONNAY, cᵒⁿ de Crusy. — *Artunnacum*, vers 1080; *Artunniacum*, 1144 (cart. gén. de l'Yonne, II, 27 et 61). — *Artonnaium*, 1218 (cart. de Molême, II, 47 vᵒ, arch. de la Côte-d'Or).

Arthonnay était, en 1789, du dioc. de Langres et de la prov. de l'Île-de-France.

ARTON, h. cⁿᵉ de Molay.

ARTRE, fᵉ, cⁿᵉ de Saint-Martin-sur-Armançon. — *Arthe*, 1198 (cart. gén. de l'Yonne, II, 489).

ASIACUM, 1134. — Voy. AISY-LEZ-AVALLON.

ASNES (LES), h. détruit, cⁿᵉ de Bussy-le-Repos (reg. de l'état civil, an 1719).

ASNIÈNES, cᵒⁿ de Vézelay. — *Asinariæ*, 1103 (cart. gén. de l'Yonne, II, 40). — *Asneriæ*, 1151 (*ibid.* I, 479). — *Aneriæ*, 1189 (*ibid.* II, 400). — *Asnyères*, xivᵉ siècle (pouillé du dioc. d'Autun).

Asnières était, en 1789, du dioc. d'Autun, de la prov. de l'Île-de-France, et ressort. au baill. d'Aux.

ASNIÈNES, h. cᵒᵉ de Champignelles, avec ch. ruiné.

ASNIÈNES (MOULIN D'), cᵇᵉ de Malicorne.

ASNUS, h. cⁿᵉ de Fouronne. — *Annau*, ixᵉ siècle (*Gesta pontif. Autiss.* Vie d'Angelelme).

ASQUINS, cᵒⁿ de Vézelay. — *Esconium*, xiiᵉ siècle (chron. de Vézelay). — *Asconium*, xivᵉ siècle (pouillé du dioc. d'Autun). — *Ascoing* (*ibid.*). — *Asquien*, 1405 (abb. de Vézelay). — *Aquin*, 1708 (projet d'une dîme royale, par Vauban, 146).

Asquins était, en 1789, du dioc. d'Autun, de la prov. de l'Île-de-France, et ressortissait au baill. d'Auxerre.

ASSIGNY, fᵉ, cⁿᵉ de Champcevrais.

ASSISES (LES), fᵉ, cⁿᵉ de Tannerre.

ATHÉE (L'), fᵉ, cⁿᵉ de Tonnerre. — *Ateias, in fine Tornodrinse*, 877 (cart. gén. de l'Yonne, II, 6). — Il y avait, au xiiᵉ siècle, une église (*ibid.* 304). — *Astez*, 1514 (petit cart. de Saint-Michel).

ATHIE, cᵒⁿ de l'Isle-sur-Serain. — *Atheæ*, 1108 (cart. gén. de l'Yonne, I, 206). — *Ateæ*, 1150 (*ibid.* II, 70). — *Atie*, 1259 (Courtépée, VI, 5). — *Athies*, xivᵉ siècle (pouillé du dioc. d'Autun). — *Atyes*, xivᵉ siècle (*Miracula sancti Edmundi*, bibl. d'Aux.). — *Artheis*, xvᵉ siècle (pouillé du dioc. d'Autun). — Terre au chap. d'Avallon.

Athie était, en 1789, du dioc. d'Autun, de la prov. de Bourgogne et du baill. d'Avallon.

AUDENARD (L'), étang, cⁿᵉ de Champcevrais. — *Noue-Benard (La)*, seigneurie, 1508. — *Nombenard*, 1624 (f. Jaupitre, à Rogny).

AUBÉPINE (L'), h. cⁿᵉ d'Annay-sur-Serain.

AUBERGE-NEUVE (L'), fᵉ, cⁿᵉ d'Augy.

AUBERGE-NEUVE (L'), fᵉ, cᵇᵉ de Pont-sur-Yonne.

AUBERTS (LES), h. cⁿᵉ de Noé.

AUBIGNY, h. cⁿᵉ de Taingy. — *Aulbigny*, 1574 (E. titres communaux). — Il existait en ce lieu un château qui a été détruit.

AUBIGNY (LES), h. et fᵉ, cⁿᵉ de Champcevrais. — *Aubigny (Les)*, 1683 (reg. de l'état civil).

AUBUES (LES), m. cᵘᵉ de Chastenay, m. Pinard et Ravillat, 1700 (reg. de l'état civil).

AUCEP, h. détruit, cⁿᵉ de Saint-Bris. — *Albus-Cippus*, 853 (cart. gén. de l'Yonne, I, 66). — *Aucep*, 1186 (*ibid.* II, 366). — *Auceptum*, 1276 (prieuré de Saint-Eusèbe d'Auxerre). — *Auxet*, 1393 (Lebeuf, Hist. d'Auxerre, IV, pr. nᵒ 335). — *Aucept*, 1496 (abb. Saint-Marien). — Le territoire d'Aucep était de la généralité de Paris.

AUFFROIS (LES), h. cⁿᵉ de Piffonds, 1738 (reg. de l'état civil); aujourd'hui détruit.

AUGÈRE, h. cⁿᵉ de Vaudeurs. — *Ogère*, 1628 (abb. Saint-Remy de Sens, terrier de Vaudeurs).

AUGIS (LES), h. cⁿᵉ de Piffonds.

AUGY, cᵒⁿ d'Auxerre (est). — *Algiacus*, 1123 (cart. gén. de l'Yonne, I, 250). — *Augiacum*, 1211 (cart. de l'abb. Saint-Germain d'Auxerre, fᵒ 66 vᵒ, bibl. d'Auxerre).

Augy était autrefois du diocèse et du comté d'Auxerre et de la province de Bourgogne. Le fief d'Augy dépendait du marquisat de Saint-Bris et relevait du comté d'Auxerre.

AUNAY (L') et AUNAY (LE PETIT-), m. i. cⁿᵉ de Piffonds.

AUNOY (L'), fᵉ, cⁿᵉ de Saint-Privé. — *L'Aulnoy* ou *Launoy*, 1615, fief rel. de Saint-Fargeau (Bⁱⁿ de la Soc. des sciences de l'Yonne, 1858). — *L'Aunoy*, 1710 (év. d'Auxerre).

Aussenot, ruiss. qui prend sa source à Saint-Léger-de-Foucherets et se jette dans le Trinquelin. — *Ausum fluviolum*, 1164 (cart. gén. de l'Yonne, II, 173).

Ausson, f°, c^{no} de Châtel-Censoir.

Autremont (L'), f°, c^{ne} de Perrigny-sur-Armançon. — *L'Autremont*, 1787 (plan C, 101, arch. de l'Yonne).

Autun (Moulin d'), c^{ne} de Migé.

Auvergne, h. c^{ne} de Poilly-près-Aillant.

Auvergne (Bas d'), h. et m. c^{ne} de Poilly-près-Aillant. — *Bas-Luchy*, dit *Auvergne*, 1682 (plan du prieuré de Vicipou).

Auxerre, chef-lieu du département de l'Yonne, capitale d'un peuple gaulois, puis du pagus de son nom, et d'un comté réuni à la couronne en 1371. — *Autessioduro*, iiie siècle (patères du temple d'Apollon, musée d'Auxerre et carte de Peutinger). — *Autosidorum*, 350 (Ammien Marcellin, liv. XVI). *Autricus*, iiie siècle (Vie de saint Pélerin, Bibl. hist. de l'Yonne, I, 123). — *Alchiodrensis pagus*, 520 (cart. gén. de l'Yonne, I, 3). — *Autixiodero*, *Autiziodero*, monnaies mérovingiennes, vi^e siècle (Bibl. hist. de l'Yonne, I, 169). — *Autissiodorum*, 634 (cart. gén. de l'Yonne, I, 8). — *Autissiodero*, ixe siècle (Revue numism. belge, 2e série, II, et cart. gén. de l'Yonne, II, 264, à l'an 1175). — *Altissiodorum*, 1181 (cart. gén. de l'Yonne, II, 327). — *Aucerre*, 1284; *Aucuerre*, 1367; *Auxerre*, 1469 (titres communaux d'Auxerre, arch. de l'Yonne). — *Aucuerre*, xiiie siècle (Rec. des hist. de France, X, 278). — *Aussurre*, 1297 (Rymer, II, p. 780). — *Aucoure*, xiiie siècle (Chroniques de Saint-Denis, II, pr. n° 120).

Auxerre, chef-lieu d'un diocèse depuis le iiie siècle, fut réunie avec le reste du comté à la province de Bourgogne par édit du mois d'août 1668; son bailliage ressortissait au parlement de Paris. — Les armoiries de la ville d'Auxerre sont *d'azur au lion d'or, armé et lampassé de gueules, le champ semé de billettes d'or.*

Auxerrois, pays formé du comté d'Auxerre, province de Bourgogne. Ce comté s'étendait, du nord au sud, de Seignelay à Coulanges-sur-Yonne, et, de l'est à l'ouest, de Vermanton et Saint-Cyr à Fontenailles et Coulangeron.

Auxon, h. c^{ne} de Saint-Brancher. — *Auson*, 1608. — *Ausson*, xviie siècle (ém. Montmorency-Robeck). — *Osson*, 1686 (recette d'Avallon).

Avallon, chef-lieu d'arrondissement. — *Aballo*, médaille gauloise (Bibl. hist. de l'Yonne, I, 40). — *Aballone*, triens mérov. (Revue numism. belge, VI). — *Avalo*, 875 (cart. gén. de l'Yonne, I, 99). —

Avalun, 1189 (*ibid.* II, 413). — *Avallon*, 1366 (terrier de la Maladerie, arch. de la ville).

Chef-lieu d'un pagus au viie siècle, Avallon était, en 1789, du diocèse d'Autun et chef-lieu d'un archiprêtré de la prov. de Bourgogne, siège d'une élection et d'une subdélégation et chef-lieu d'un bailliage ressortissant au parlement de Dijon et s'étendant sur cinquante-trois paroisses. Un chapitre de chanoines y avait été fondé au xie siècle. Avallon porte pour armoiries: *d'azur à une tour d'argent maçonnée de sable*, et pour devise: *Esto nobis turris fortitudinis.*

Avallonnais, contrée dép. autref. de la prov. de Bourgogne. — *Avalensis pagus*, 635 (Pardessus, *Diplomata*, II; 37). — *Avallinse*, 721 (*ibid.* 325.) — Ce pagus dép. de la cité d'Autun.

Avaranda (*grangia*), 1156 (cart. gén. de l'Yonne, I, 541), lieu détruit, c^{no} de Pontigny.

Avenière, manœuv. c^{ne} de Lavau. — *Avenerie*, 1693, év. d'Auxerre, fief avec manoir relevant de Lavau, 1542 (B^{in} de la Soc. des sciences de l'Yonne, 1858).

Avenières (Les), h. c^{ne} de Toucy. — *Les Aveniers*, 1750 (plan, év. d'Auxerre).

Avigneau, h. c^{ne} d'Escamps. — *Aquiniolum*, ixe siècle (*Gesta pontif. Autiss.*). — *Avignellum*, 1290 (Lebeuf, Hist. d'Aux. pr. IV, n° 238). — *Avineil*, 1216 (abb. Saint-Marien d'Auxerre). — *Avineau*, 1214 (*ibid.*). — *Avigneaul*, 1319 (hosp. d'Aux.). — Château fort en ruines; autrefois baill. ressortissant à celui d'Auxerre, prov. de l'Île-de-France, élection de Tonnerre.

Avigny, h. c^{ne} d'Asnières et anc. château ruiné; autrefois seigneurie.

Avigny, h. c^{ne} de Mailly-la-Ville.

Avillon, f°, c^{ne} de Charny.

Avillons (Les), h. c^{ne} de Mailly-la-Ville.

Avoinerie (L'), c^{ne} de Fontaines.

Avrolles, c^{ne} de Saint-Florentin. — *Eburobriga* (carte de Peutinger). — *Hebrola*, iiie siècle (Vie de saint Cydroine, Bolland. 11 juillet). — *Mevrora*, iiie siècle (Vie de sainte Béate, *ibid.*). — *Evrola*, ixe siècle (*Liber sacram.* ms bibl. de Stockholm). — *Avrolæ*, 1139 (cart. gén. de l'Yonne, I, 337). — *Ebrola*, 1147 (*ibid.* 432). — *Avirola*, 1146 (abb. de Pontigny). — *Evrolla*, vers 1163 (cart. gén. de l'Yonne, II, 153). — *Ebrolia*, 1171 (*ibid.* 233). — *Hebrola*, 1182 (abb. de Pontigny). — *Avrole*, 1139 (*ibid.*). — *Evrole*, 1164 (*ibid.*). — *Everoles*, xive siècle (*Miracula sancti Edmundi*, ms bibl. d'Auxerre). — *Ayveroles*, 1339 (obit. de l'Hôtel-Dieu d'Auxerre). — *Esvroles*, 1441 (abb. de Dilo).

Avrolles était autrefois du pagus et du diocèse de Sens, et, avant 1789, de la généralité de Paris;

elle dépendait de la baronnie de Brienon et avait un siége de justice ayant titre de bailliage.

Azon, fontaine, c^ne de Saint-Clément, près de laquelle était autrefois une chapelle sous le vocable de sainte Colombe, vierge et martyre, et qui était l'objet d'un pèlerinage très-fréquenté. — Voy. ERDONA.

B

Babaudes (Les), h. c^ne de Saint-Julien-du-Sault.

Bablots (Les), h. c^ne de Toucy.

Bac (Le), m^in, c^ne de Saint-Valérien.

Bacarat, f^e, c^ne de Maligny.

Bacuelets (Les), h. c^ne de Lindry.

Bachellerie (La), f^e, c^ne de Moulins-sur-Ouanne.

Bachy, h. c^ne de Serbonnes. — *Basseyus*, 1023 (cart. gén. de l'Yonne, I, 163). — *Basseium*, 1181 (*ibid.* II, 356). — *Baisseium* et *Bessiacum*, 1204 (abb. de Vauluisant). — *Baassiacum*, 1259 (abb. Saint-Pierre-le-Vif de Sens). — *Baissy*, 1405 (*ibid.*). — *Bessey*, 1582 (arch. de Sens). — Près de ce lieu il existait autrefois un monastère du nom de Saint-Pierre.

Badelan, m. c^ne de Villefranche.

Badineries (Les), m. i. c^ne de Leugny. — Un château du même nom, mais ruiné, se voit dans le bois de Leugny.

Badins (Les), h. c^ne de Villethierry.

Bagneaux, c^on de Villeneuve-l'Archevêque. — *Balneolum*, 1160 (cart. gén. de l'Yonne, II, 116). — *Barneolæ*, 1196 (*ibid.* 477). — *Balneolæ*, 1237 (arch. de l'Empire, L. 1206). — *Bagnent*, IXe s^e (*Liber sacram.* ms bibl. de Stockholm). — *Bainos*, 1161 (abb. de Vauluisant). — *Baignax*, XVe siècle (*ibid.*). — *Bagneaulx*, 1453 (reg. des taxes, dioc. de Sens, bibl. de Sens, archev.). — *Baignaulx*, 1486 (*ibid.*). — *Baigniaux*, XVIe siècle (pouillé du dioc. de Sens).

Bagneaux était, avant 1789, du diocèse de Sens et du bailliage du même nom par appel de sa pré-vôté.

Baillifs (Les), h. c^ne de Toucy.

Bailly, h. c^ne d'Appoigny. — *Bailly*, 1273. — *Baisly*, 1590 (inv. des arch. de l'évêché d'Auxerre, Bibl. imp. f. St-Germain, n° 1595). — Lieu détruit.

Bailly, h. c^ne de Bussy-en-Othe. — *Bailliacum*, 1273 (abb. de Dilo).

Bailly, m. c^ne de Champlost.

Bailly, h. c^ne de Saint-Bris. — Ce hameau était, avant 1789, partie en Bourgogne, partie dans la généralité de Paris, et formait une paroisse du diocèse d'Auxerre.

Bailly, h. c^ne de Saint-Fargeau.

Bailly (Le), h. détruit, c^ne de Sormery. — Il n'y reste plus qu'une maison de garde.

Bailly, f^e, c^ne de Villeneuve-les-Genêts.

Bailly (Le Grand et le Petit), hameaux, c^ne de Sé-peaux.

Baillys (Les), h. c^ne de Saint-Sérotin.

Baize, fief, c^ne de Cheny (ém. Montmorency), 1635.

Bajin, h. c^ne de Merry-la-Vallée.

Bajoire (La Grande-), h. c^ne de Savigny. — *La Ba-jouère*, 1714 (reg. de l'état civil).

Bajoire (La Petite-), m. i. c^ne de Savigny. — *Petite Bajouère*, 1714 (reg. de l'état civil).

Bajourie (La), h. c^ne de Montacher.

Bajoux (Les), h. c^ne de Jouy.

Balance (La), f^e, c^ne de Jully.

Balanderie (La), f^e, c^ne de Tonnerre. —*La Baranderie*, 1715 (plan).

Balangerie, f^e, c^ne de Lichères-près-Vézelay, 1699 (plan, abb. de Reigny); aujourd'hui ruinée.

Balcey, f^e, c^ne d'Argenteuil. — *Baleci*, 1293. —*Balece*, 1328 (cart. de l'hôpital de Tonnerre). — *Balecy*, 1340 (cart. du comté de Tonnerre). — En 1382, fief et maison forte avec chapelle, relevant d'Argenteuil (arch. de l'hôpital). — *Balleci*, 1574 (*ibid.*).

Bâle (Le Bas-), h. c^ne de Parly.

Bâle (Le Haut-), h. c^ne de Parly. — *Bâle*, 1285 (chap. d'Aux.). — *Baale*, 1506. — *Basle*, 1656 (*ibid.*). — Seigneurie dép. du chap. de Sens et relev. de la terre de Toucy. La prévôté ressort. pour la justice au baill. de Saint-Aubin-Château-Neuf et au baill. de Sens.

Balesmes (Les), h. c^ne de Fouchères.

Baltat (La), h. c^ne de Prunoy.

Bandritum, IIIe s^e (carte de Peutinger). — Lieu dont la situation est contestée sur la voie d'Auxerre à Sens; peut-être Bassou (?). — *Bandricus*, 836; peut-être le même que le précédent (cart. gén. de l'Yonne, I, 50).

Banny, h. c^ne de Saints. —*Bannis*, XVIe siècle. —*Banys*, 1628 (abb. Saint-Germain d'Auxerre); seigneurie dépendant de ce monastère.

Banny (Le Petit-), f^e, c^ne de Saints.

Baon, c^on de Crusy. — *Baon*, 1178 (cart. gén. de

l'Yonne, II, 294). — *Ban*, 1515 (pet. cart. de
Saint-Michel). — *Ban*, 1674 (reg. de l'état civil).
   Baon était, avant 1789, du dioc. de Langres,
de la prov. de l'Île-de-France et du baill. de Sens
par appel de celui de Molôme.

BAPAUME, h. dép. des c^{nes} de Dollot et de Vallery. —
Bapaulmé, 1540, seigneurie relevant de la terre de
Vallery (bibl. de Sens, terrier de Dollot). — Au
XVIIIe siècle, ce fief relevait en censive de Dollot
(*ibid.*).

BAN (FORÊT DE), c^{ne} d'Auxerre. — *Barrus*, 886 (cart.
gén. de l'Yonne, I, 118). — *Bar*, 1149 (cart. de
Crisenon, Bibl. imp. n° 154, f° 7 r°).

BARAQUE (LA), h. c^{ne} de Précy-le-Sec.

BARAQUES (LES), h. c^{ne} de Percey.

BARATINS (LES), h. c^{ne} de Charny; détruit depuis 1789.

BARBABANS (LES), h. c^{ne} de Villeneuve-les-Genêts.

BARBELLERIES (LES), f°, c^{ne} de Ronchères.

BARBET (LE), h. c^{ne} de Grandchamp. — Autrefois fief
relevant de Louesme.

BARBETTERIE (LA), f°, c^{ne} de Champignelles.

BARBOTS (LES), h. c^{ne} de Villefranche.

BARCELLE (LA), f°, c^{ne} de Perrigny-près-Auxerre.

BARCELONNE, filature de laine et moulin, c^{ne} de Saint-
Fargeau.

BARDEAU (LE), m. c^{ne} de Gizy-les-Nobles.

BARDELLERIE (LA), f°, c^{ne} de Prunoy.

BARDOTERIE (LA), f°, c^{ne} de Tonnerre.

BARDOU, m. c^{ne} de Migé.

BARDOUE (LA), tuil. c^{ne} de Chigy.

BARDOUE (LA), tuil. c^{ne} de Fontaine-la-Gaillarde.

BARGE, f°, c^{ne} de Saintes-Vertus.

BARGEDÉ, c^{ne} de Poilly-près-Aillant. — Manoir autrefois fortifié, aujourd'hui détruit.

BARILLERS (LES), h. c^{ne} de Fouchères. — *Les Barillières*, 1703 (Hôtel-Dieu de Sens, reg. des actes
des orphelines).

BARILLETS (LES), m. c^{ne} de Toucy.

BARILLONS (LES), h. c^{ne} de Verlin.

BARJOT, m. c^{ne} de Grimault. — *Bourgeot*, 1485 (abb.
de Reigny).

BARJOT, m. c^{ne} de Lainsecq.

BARLETS (LES), h. c^{ne} de la Ferté-Loupière.

BARNAUD, h. c^{ne} de Toucy. — *Barnault*, 1780 (chap.
de Toucy).

BAROCHE (LA), c^{ne} de Coulanges-les-Vineuses (titres
communaux, E. c^{ne} de Coulanges), an 1279. —
Lieu détruit.

BARONNETS (LES), f°, c^{ne} de Moutiers.

BARONS (LES), h. c^{ne} de Nailly.

BARRAGE (LE), h. c^{ne} de Champlay.

BARRAGE (LE), m. i. c^{ne} de Villeneuve-sur-Yonne.

BARRAGE (LE), h. c^{ne} de Vinneuf. — *La Maison-Blanche*,
1789 (reg. de l'état civil).

BARRAQUES, h. c^{ne} de Saint-Léger-de-Foucherets. —
Chaume-des-Lapins, 1760 (minutes de notaires).

BARRATS (LES), h^{aux} c^{nes} de Diges et de Dixmont.

BARRAULT, h. c^{ne} de Saint-Martin-sur-Oreuse. — *Boscum-Raaudi*, 1160 (abb. de la Pommeraie). —
Rahaud, 1169 (cart. gén. de l'Yonne, II, 212).
—*Bois-Reaust*, 1290; *Barrault*, 1487 (abb. de
la Pommeraie).
   Bois défriché dont le sol appartenait à l'abb. de
la Pommeraie.

BARRAUX (LES), h. c^{ne} de Fontenouilles.

BARRE, ruiss. prend sa source à la fontaine de Mon-
tomble, c^{ne} de Sainte-Colombe, et se jette dans le
Serain à Dissangis.

BARRE (LA), h. c^{ne} de Mézilles.

BARREAU, m. de camp. c^{ne} de Chemilly-près-Seignelay.

BARRECOURT, partie du h. de la Cour-Barrée, c^{ne} d'Escolives, 1720 (titres particuliers, arch. de l'Yonne).

BARRERIES (LES), h. c^{ne} de Montacher.

BARRERIES (LES PETITES-), h. c^{ne} de Chéroy.

BARRES (LES), fief sur Brannay, relevant du roi, 1500
(arch. de l'Empire, P. Hommages de France).

BARRES (LES), fief, c^{ne} de Chaumont, relevant de la
terre de Bray, 1582 (arch. de Sens, reg. des fiefs).

BARRES (LES), tuil. c^{ne} de Courson.

BARRES (LES), f°, c^{ne} de Dracy.

BARRES (LES), h. et ch. c^{ne} de Sainpuits.

BARRES (LES), m. c^{ne} de Saint-Sauveur.

BARRES (LES), ch. détruit, c^{ne} de Serbonnes.

BARRES (LES PETITES-), h. c^{ne} de Saint-Sauveur. — Fief
au XVIe siècle, dépendant de la châtellenie de Saint-
Sauveur (abb. Saint-Germain d'Auxerre).

BASCENCOURTIL, lieu détruit, c^{ne} de Lignoreilles (coutume de Troyes, 1553). — *Bas-Courti*, 1551
(terrier de Venouse, f° 102 v°, abb. de Pontigny).

BASCULE, h. c^{ne} de Chastellux.

BAS-COIN (LE), f°, c^{ne} de Bazarne.

BAS-DU-PRÉ (LE), h. c^{ne} de Fontenouilles.

BASOCHES, fief, c^{ne} de Bassou, où il existait jadis un
prieuré.

BASSE-COUR (LA), ch. c^{ne} de Lalande.

BASSE-COUR (LA), h. c^{ne} de Percey.

BASSELLE (LA), h. c^{ne} du Mont-Saint-Sulpice.

BASSES, f°, c^{ne} de Beine; détruite depuis 1789.

BASSEVILLE, h. c^{ne} de Rogny.

BASSOU, c^{on} de Joigny. — *Bassou*, IXe s° (*Liber sacram.*
ms bibl. de Stockholm). — *Bassaus*, au pagus de
Sens, 864 (cart. gén. de l'Yonne, I, 89). — *Basau*, 884 (*ibid.* 111). — *Basso*, 1162 (*ibid.* II, 137).
— *Bassoldum*, XIIe siècle (chron. de Vézelay). —

Basrotum, 1222 (chap. d'Aux.). — Bailliage ressortissant à celui d'Auxerre et fief relevant du roi, comme comte d'Auxerre. — En 1789, Bassou était du dioc. de Sens et de la prov. de l'Île-de-France.

BASTIÈRE (LA), f°, c^ne de Champcevrais.

BÂTARDEAU (MOULIN DU), c^ne d'Auxerre. — *Molendinum de Pratis*, 1196 (cart. gén. de l'Yonne, II, 472).

BÂTARDEAUX (LES), h. c^ne de Courtoin.

BATILLY, m. c^ne de la Celle-Saint-Cyr, 1492 (abb. des Escharlis).

BATIOLA, ruiss. affluent de l'Yonne, situé près de l'abbaye de Crisenon, c^ne de Prégilbert, vers 1100 (cart. gén. de l'Yonne, I, 201). — *Baceola*, 1258 (cart. de Crisenon, f° 38 r°, Bibl. imp.).

BÂTISSE (LA), h. c^ne de Moutiers. — *La Cardeuse*, 1669 (reg. de l'état civil).

BÂTISSE (LA), manœuv. c^ne de Villeneuve-les-Genêts.

BATTEREAU, f°, c^ne de Lavau.

BATTEREAUX (LES), f°, c^ne de Beauvoir.

BATTOIR (LE), h. c^ne de Dracy.

BATTOIR (LE), m. c^ne de Parly.

BAUCHAIS (LES), f°, c^ne de Saint-Privé.

BAUCHERS (LES), f°, c^ne de Saint-Denis-sur-Ouanne.

BAUDELAINE, h. c^ne de Montillot.

BAUDEMONT, h. de la paroisse d'Égriselles, c^on de Villeneuve-sur-Yonne, 1500 (Célestins de Sens). — Il n'existe plus.

BAUDIÈRES (LES), h. c^ne d'Héry.

BAUDOIN, m. c^ne d'Héry.

BAUDOINS, h^aux, c^nes de Cornant, Fouchères, Villefranche.

BAUDONS (LES), h. c^ne d'Escamps. — *Bodons*, 1671 (terrier de Diges, abb. Saint-Germain). — *Les Bondons*, 1747 (plan, prieuré de Saint-Eusèbe d'Auxerre).

BAUDONS (LES), f°, c^ne de Malicorne.

BAUDRIATS (LES), f°, c^ne de Rogny.

BAUFUMÉS (LES), f°, c^ne d'Ouanne.

BAUGES (LES), manœuv. c^ne de Jouy.

BAUJARD, h. c^ne de Villeneuve-sur-Yonne. — Château fort au bourg de Saint-Nicolas-lez-Villeneuve-le-Roi, aujourd'hui détruit; il tirait son nom d'Étienne Baujard, qui en fit foi et hommage à l'arch. de Sens en 1365. Le château fut alors ruiné par la guerre (cart. arch. de Sens, III, 144 v°, Bibl. imp.). — *La Mothe-Baujard*, 1571 (arch. de Sens).

BAUQUINS, h. c^ne de Dixmont. — *Le Boquin*, 1767 (reg. de l'état civil).

BAUSSERON, ruiss. qui prend sa source à la fontaine Bausseron, c^ne de Saint-Aubin-Château-Neuf, et se jette dans l'Ocre à Saint-Maurice-le-Vieil.

BAUSSON (LE PETIT-), f°, c^ne de Prunoy, 1768 (plan de la terre de Prunoy); détruite.

BAUSSONS (LES), h. c^ne de Perreux.

BAUX-VENTES, f°, c^ne de Villeneuve-les-Genêts.

BAZARNE, c^on de Vermanton. — *Bacerna*, vi^e siècle (Bibl. hist. de l'Yonne, I, 328). — *Basgerna*, 858 (Ann. Bened. sæc. iv, lib. 1). — *Baierna*, 1152 (cart. gén. de l'Yonne, II, 71). — *Basernia*, 1189 (*ibid.* 397). — *Baserne*, 1196 (abb. Saint-Marien d'Aux.). — Le fief relevait du baron de Toucy, dénomb. de 1587.

Bazarne était, au vi^e siècle, du pagus et du dioc. d'Auxerre et, avant 1789, de la prov. de l'Île-de-France, enclave du comté et du baill. d'Auxerre par appel de son bailliage.

BAZINE (LA), f°, c^ne d'Escolives.

BAZINS (LES), m^in, c^ne de Bléneau.

BAZINS (LES), h. c^ne de Domat.

BAZINS (LES), tuil. c^ne de Toucy.

BAZONNIÈRE (LA), h. c^ne de Piffonds. — *Baronnière*, 1737 (reg. de l'état civil).

BÉATRIX (LES), h. c^ne de Tannerre.

BEAUCHAMP, h. c^ne de Perreux.

BEAU-CHÊNE, h. c^ne de Coulours.

BEAUCIARD, h. c^ne de Vaudeurs. — *Bellus Cirrus*, 1146 (cart. gén. de l'Yonne, I, 411). — *Belcherium*, 1151 (abb. des Escharlis). — *Bellacera*, 1167 (abb. de Vauluisant). — *Beaucerra*, 1211 (Bibl. imp. cart. des Escharlis, Gaignières, 203). — *Beaucière*, 1628 (abb. Saint-Remy de Sens, terrier de Sens, etc.). — Autrefois prévôté ressort. au baill. de Sens.

BEAUDEMONT, h. c^ne de Villeneuve-sur-Yonne.

BEAUDONS (LES), bois, c^ne de Leugny. — *Beaudon*, seigneurie, 1516 (minutes d'Armant, not. arch. de l'Yonne).

BEAU-FRÊNE (LE), h. c^ne de Villeneuve-la-Dondagre.

BEAUFUMÉS (LES), h. c^ne de Diges.

BEAUGARD, f°, c^ne de Saint-Aubin-Château-Neuf.

BEAUJARDS (LES), f°, c^ne de Louesme.

BEAUJENS (LES), h. c^ne de Dicy.

BEAUJEU, h. c^ne de Pont-sur-Yonne.

BEAUJEU, fief à manoir, c^ne de Verlin, 1578, relev. de l'archevêché de Sens (archev. de Sens); auj. détruit.

BEAULCHE, ruiss. prend sa source à Diges et se jette dans l'Yonne, rive gauche, sur Monéteau. — *Belcha fluvium*, vers 680 (cart. gén. de l'Yonne, I, 18). — *Belchia*, 1162 (*ibid.* II, 137). — *Biauche*, 1299 (abb. Saint-Marien).

BEAULCHES, f° et m^in, c^ne de Chevannes, autref. ch. fort et châtellenie importante. — *Belcha*, 1230 (cart. de Crisenon, f° 104 r°, Bibl. imp.). — *Belchia*, xiiie siècle (Bibl. hist. de l'Yonne, I, 503).

Bolca, domus fortis, 1248 (*Gallia*, XII, n° 94, preuves du dioc. d'Aux.). — Châtellenie au comte de Nevers, en 1467 (chap. d'Aux. liasse Pourrain). — *Prioratus de Bolcha*, xv⁵ siècle (pouillé du dioc. d'Aux.). — Le fief relevait de l'év. d'Auxerre.

BEAULIEU, f⁵, cⁿᵉ de Champignelles.

BEAULIEU, f⁵, cⁿᵉ de Courgenay; avant 1789, fief avec manoir, relevant de l'abb. de Vauluisant (f. Vauluisant).

BEAULIEU, f⁵, cⁿᵉˢ de Pacy et de Villefranche.

BEAULUISANT, mⁱⁿ, cⁿᵉ de Piffonds.

BEAUMARCHAIS, f⁵, cⁿᵒ de Malicorne.

BEAUMONT, cᵒⁿ de Seignelay. — *Bellus Mons*, 1185 (cart. gén. de l'Yonne, II, 359). — *Beaumont*, 1277; *Biaumont*, 1278 (abb. Saint-Marien d'Aux.). — *Beaulmont*, xvi⁵ siècle (*ibid.*). — Prévôté dép. du baill. de Seignelay, au ressort de Villeneuve-le-Roi.

Beaumont était, en 1789, du dioc. d'Aux. prov. de Bourgogne, et dép. de la paroisse de Chemilly.

BEAUMONT, h. cⁿᵉ de la Celle-Saint-Cyr.

BEAUMONT, h. cⁿᵉ de Champigny. — *Beaumont-sur-Yonne*, 1475 (ém. de Bernard).

BEAUPRÉ, mⁱⁿ, cⁿᵉ de Soumaintrain; autref. il existait en ce lieu un prieuré dép. de l'ordre du Val-des-Choux. — *Bellum Pratum*, 1599 (pouillé du dioc. de Sens, 1695, 128).

BEAUREGARD, h. cⁿᵉ de Bœurs.

BEAUREGARD, f⁵ et tuil. cⁿᵉ de Joigny; autref. manoir aux comtes de Joigny.

BEAUREGARD, f⁵, cⁿᵉ de Lailly. — *Belveerum*, 1168 (cart. gén. de l'Yonne, II, 156). — *Biauvooir* (*Grange de*), 1295 (abb. de Vauluisant).

BEAUREGARD, h. cⁿᵉ de Lavau, mentionné en 1680 (reg. de l'état civil); auj. détruit.

BEAUREGARD, f⁵, cⁿᵒ de Louesme.

BEAUREGARD, bois, cⁿᵉ de Lucy-sur-Cure.

BEAUREGARD, f⁵, cⁿᵃ de Malay-le-Roi, autref. fief relev. de la seigneurie de Malay-le-Roi.

BEAUREGARD, m. i. cⁿᵒ de Mézilles.

BEAUREGARD, ch. cᵗᵉ des Ormes; détruit.

BEAUREGARD, h. cⁿᵉ de Saint-Aubin-Château-Neuf.

BEAUREGARD, f⁵, cⁿᵉ de Sept-Fonds. — *Métairie des Bois*, xviii⁵ siècle (état civil).

BEAUREGARD, fᵉˢ, cⁿᵉˢ de Tannerre et de Villefargeau.

BEAUREGARD, hᵃᵘˣ, cⁿᵉˢ de Treigny et de Vaudeurs.

BEAUREGARD, f⁵, dép. des cⁿᵉˢ de Villefranche et de Moncorbon (Loiret).

BEAUREINS, f⁵, cⁿᵒ de Saint-Georges.

BEAUREPAIRE, h. cⁿᵉ de Charbuy. — *Les Usages*, 1668; *la Métairie*, 1671; *les Scelliers*, 1671 (reg. de l'état civil).

BEAURETOUR, cⁿᵉ de Charbuy. — *Bellus Redditus*, xii⁵ s⁵ (*Gesta pontif. Autiss.* Bibl. hist. de l'Yonne, I); ch. détruit depuis longtemps.

BEAURIN, h. cⁿᵉ de Champignelles.

BEAURIN, ch. fort, cⁿᵉ de Dracy; détruit.

BEAURIN, ch. cⁿᵉ de Saint-Aubin-Château-Neuf. — *Beaurin*, 1605 (tabell. d'Aux. portef. VI); fief relev. de Saint-Maurice-Thizouailles.

BEAUROIS (LES), f⁵, cⁿᵉ de Bléneau. — *Les Beaux-Rois*, 1775 (minute de not. à Bléneau).

BEAUVAIS, f⁵, cⁿᵉ d'Avrolles. — *Bello Visu* (*Grangia de*) (cart. de l'hôpital de Saint-Florentin). — *Biauveoir*, 1278 (*ibid.*).

BEAUVAIS, f⁵, cⁿᵉ de Courgenay; 1628, alors seigneurie de l'abbaye de Vauluisant (état gén. des biens de cette abb.); détruite.

BEAUVAIS, h. cⁿᵉ de Dixmont. — Ce hameau fut établi sur un terrain défriché app. au chap. de Sens.

BEAUVAIS, h. cⁿᵉ de Jully. — *Beauvoir*, 1530 (prieuré de Jully).

BEAUVAIS, ch. cⁿᵉ de Lainsecq, autref. fief et seignᵗⁱᵉ.

BEAUVAIS, f⁵, cⁿᵉ de Noyers. — *Beauvoir*, 1751 (état civil).

BEAUVAIS, f⁵, cⁿᵉ de Venouze. — *Beauvais*, 1563; *Beauvois*, 1624 (abb. de Pontigny, L. 58).

BEAUVAIS, ruiss. qui prend sa source à Sauvigny-le-Beuréal et se jette dans le Serain à Sainte-Magnance.

BEAUVAIS (LES), m. i. cⁿᵉ de Tonnerre.

BEAUVERT, mⁱⁿ, cⁿᵉ de Vénizy.

BEAUVILLIERS, cᵒⁿ de Quarré-les-Tombes. — *Beauviler*, 1200 (abb. de Reigny). — Autref. annexe de Saint-Léger; était, avant 1789, du dioc. d'Autun, de la prov. de Bourgogne et du baill. d'Avallon.

BEAUVOIR, cᵒⁿ de Toucy, surnommé *le Fort*, à cause de son église, qui était autref. fortifiée et qui est située au hameau du Fort. — *Bello Videre* (*De*), xv⁵ siècle (pouillé du dioc. d'Aux.). — *Beauvoer*, 1320; *Beauvoir*, 1332 (chap. d'Aux.). — Terre du chap. d'Aux. chef-lieu des six justices du chap. établies à Églény, Lindry, Merry-la-Vallée, Parly, Pourrain et Saint-Martin-sur-Ocre, réunies par lettres patentes du mois de juillet 1768 (*ibid.*).

Beauvoir était, avant 1789, du dioc. d'Auxerre, de la prov. de l'Île-de-France, élection de Tonnerre, et du baill. d'Auxerre.

BEAUVOIR, f⁵, cⁿᵉ de Mailly-Château, xvi⁵ siècle (abb. de Reigny); détruite.

BEAUVOIR, h. cⁿᵉ de Marchais-Beton.

BEAUVOIR, ch. cⁿᵉ de Savigny-en-Terre-Plaine, sur le bord du Serain; ruiné par les reîtres en 1575. — *Bello Visu* (*De*), 1179 (chap. de Châtel-Censoir).

— Ce lieu a donné son nom à la famille des seigneurs de Chastellux.

BEAUX (LES), h. c^ne de Saint-Martin-sur-Ouanne.

BEC (LE), c^ne de Courlon, fief relev. de la terre de Bray, 1582 (reg. des fiefs, arch. de Sens).

BEC (RUISSEAU DU), prend sa source à Domats et se jette dans le Loing sur le même territoire.

BÉCASSE (LA), h. c^ne de Saint-Léger.

BÉCASSE (LA), ruiss. qui prend sa source à Annay-la-Côte et se jette dans le ruiss. du Bouchat à Annéot.

BÉDARDS (LES), f^e, c^ne du Mont-Saint-Sulpice.

BÉDAUX (LES), h. c^ne des Bordes.

BÉDETS (LES), f^e, c^ne de Chéroy.

BÉDINS (LES), m. i. c^ne de Perreux.

BÉGUINS (LES), h. c^ne de Chevillon.

BEINE, c^on de Chablis. — *Baina*, au pagus d'Aux. 990 (Labbe, *Bibl. nova man.* I, 571). — *Bania*, 1149 (cart. gén. de l'Yonne, I, 452). — *Baina*, 1161 (*ibid.* 478). — *Banna*, 1225 (arch. du ch. de Maligny). — *Bena*, 1250 (abb. de Pontigny). — *Benne*, 1379; *Bene*, 1394; *Beine*, 1459; *Beynes*, 1550; *Bennes*, xviiie siècle (arch. du ch. de Maligny). — *Besne*, 1637 (chap. d'Aux. reg. de la Régale).

Beine était, avant 1789, du dioc. d'Auxerre et de la prov. de l'Île-de-France, et le siége d'une prévôté qui ressort. à Saint-Florentin et relev. en fief du seigneur de Maligny.

BELAIR, f^e, c^ne de Beine; détruite en 1789.

BEL-AIR, f^es c^nes d'Escamps, de Louesme, de Moulins-sur-Ouanne, de Vernoy et de Voisines.

BEL-AIR OU LES CHAUMES, f^e, c^ne d'Étais.

BEL-AIR, h^aux, c^nes de Grandchamp, de Gron, de Lavau, de Piffonds, de Saint-Fargeau et de Saint-Martin-sur-Ouanne.

BEL-AIR, h. c^ne de Lindry, autref. la Maison-des-Biques, xviiie siècle.

BEL-AIR OU SAINT-THIBAULT, h. c^ne de Lindry.

BEL-AIR, m. i. c^nes de Cheny, Dicy, Dollot, Saint-Aubin-Château-Neuf, Saint-Privé, Savigny.

BELCOUR, f^e, c^ne de Saint-Denis-sur-Ouanne.

BÉLÉMY, f^e, c^ne de Champcevrais. — *La Belle-Amie*, 1656; *le Bel-Amy*, 1656; *Belami*, 1778 (reg. de l'état civil).

BELLE-CHASSE, h. c^ne de Villeroy.

BELLE-CHAUME, c^on de Brienon. — *Bellacalma*, 1139 (cart. gén. de l'Yonne, I, 337). — *Bellachauma*, 1164 (abb. de Pontigny). — *Belechaume*, xiiie s^e (*Miracula sancti Edmundi*, bibl. d'Aux.). — *Belle-Chaume*, 1453 (reg. des taxes, etc. dioc. de Sens, bibl. de Sens).

Belle-Chaume était, en 1789, du dioc. de Sens, de la prov. de l'Île-de-France et du baill. de Sens, avec titre de prévôté.

BELLECOUR, h. c^ne de Piffonds.

BELLECOUR, f^e, c^ne de Saint-Martin-sur-Ouanne.

BELLE-ÉTOILE (LA), h. c^ne de Fouchères.

BELLE-ÉTOILE (LA), m. i. c^ne de Saint-Privé.

BELLEFONTAINE, fief, c^ne de Chevillon, relev. de cette seigneurie, 1542 (ém. de Villaine).

BELLE-IDÉE (LA), h^aux, c^nes d'Aillant et des Bordes.

BELLE-IDÉE (LA), m. i. c^nes de Dixmont et de Villiers-Saint-Benoît.

BELLE-IDÉE (LA), hôtellerie, c^ne de Migennes.

BELLENAVE (CLOS DE), m. i. c^ne de Sens.

BELLE-OREILLE (LA), tuil. c^ne de Courtois.

BELLES-PLACES (LES), f^e, c^ne d'Arthonnay.

BELLE-TASSE, h. c^ne de Villegardin.

BELLEVAUX (LES), h. c^ne de Fontenouilles.

BELLEVUE, m. i. c^ne de Bussy-le-Repos.

BELLEVUE, chapelle isolée, c^ne de Tronchoy.

BELLEVUE, f^es, c^nes d'Épineuil, de Fulvy et de Saint-Privé.

BELLEVUE (LA), f^e, c^ne de Crusy, 1787 (plan C, 101, arch. de l'Yonne); auj. détruite.

BELLE-VUE, h^aux, c^nes de Chigy, de Moutiers et de Rogny.

BELLE-VUE, tuil. c^ne de Nailly.

BELLIOLE (LA), c^on de Chéroy. — *La Bellyolle*, 1518 (comptes du chap. de Sens); terre donnée par l'archevêque T. de Sallazar à son chap. et relevant du fief des Barres. — *Bella Aura*, 1591 (pouillé du dioc. de Sens, 1695).

La Belliole était, avant 1789, du dioc. de Sens et de la prov. de l'Île-de-France, et le siége d'une prévôté ressort. au baill. de Sens.

BEL-OMBRE, ch. c^ne d'Escolives. — *Belle-Ombre*, 1720 (év. d'Aux.).

BELOSSERIE (LA), manœuv. c^ne de Saint-Valérien.

BELZERAT, f^e, c^ne d'Annay-sur-Serain.

BENARDIÈRE (LA), f^e, c^ne de Fontenouilles.

BENARDIÈRE (LA), h. c^ne de Villeneuve-les-Genêts.

BÉNARDS (LES), h^aux, c^nes de Fournaudin, de Perreux et de Saint-Martin-d'Ordon.

BÉNARDS (LES GRANDS et LES PETITS), h^aux, c^ne de Saint-Loup-d'Ordon.

BENOITIÈRE (LA), h. et f^e, c^ne de Champcevrais. — *La Benastière*, 1772 (reg. de l'état civil).

BENOÎTS (LES), h. c^ne de Malicorne.

BÉON, c^on de Joigny. — *Baione, in pago Senonico*, vers 519 (cart. gén. de l'Yonne, I, 3). — *Beona*, 1196 (*ibid.* II, 484). — *Beiacum*, 1197 (*ibid.*). — *Baium*, 1167 (*ibid.* 187). — *De Beone*, 1221 (J 196, n° 12, arch. de l'Empire). — *Baion*,

1161 (abb. de Vauluisant). — *Beom*, xive siècle (*Miracula sancti Edmundi*, bibl. d'Aux.). — *Béon*, 1453 (reg. des taxes, etc. du dioc. de Sens, bibl. de Sens).

Béon était, en 1789, du dioc. de Sens, de la prov. de l'Île-de-France et du présidial de Montargis. Le fief de Béon relevait du comté de Joigny.

Béon, m^in, c^ne de Tannerre. — *Le Grand et le Petit Béon*, h. 1715 (plan de la seigneurie, arch. de l'Yonne).

Béon (Le Bas-), h. c^ne de Béon.

Béon (Le Grand-), h. c^ne de Soucy, autref. léproserie; la maladerie du Popelin y possédait une ferme dès l'an 1168 (inv. du Popelin, 1575, f° 32, Hôtel-Dieu de Sens).

Béon (Le Petit-), h. c^ne de Soucy.

Berceau (Le), ch. c^ne de Saint-Aubin-Château-Neuf, fief relev. du chap. de Sens, 1607 (chap. de Sens).

Berculacus. Voy. Saint-Georges.

Bergeine (La), f°, c^ne de Parly.

Bergerats (Les), f°, c^ne de Moutiers.

Bergère-Blanche (La), m. i. c^ne de Bléneau.

Bergerie (La), h. c^ne de Chêne-Arnoult.

Bergerie (La), h. c^ne de Jully.

Bergerie (La), f°, c^ne de Villefargeau.

Bergerie (La Petite-), h. c^ne d'Hauterive.

Bergeries (Les), f°, c^ne de Bussy-le-Repos; auj. détruite.

Bergeries (Les), h^aux des c^nes de Marsangis et de Saint-Sauveur.

Bergeries (Les), h. dép. des c^nes de Saints et de Fontenoy. — *Ferrière-Étrisy*, vers 1780 (plan, arch. de l'Yonne).

Bergeries (Les), h. c^ne de Sommecaise. — *Bergis*, 1784 (reg. de l'état civil).

Bergeries (Les), h. dép. des c^nes de Toucy et de Fontaines.

Bergeries (Les), h. dép. des c^nes de Villethierry et de Blennes (Seine-et-Marne).

Bergeries (Les Basses-), h. c^ne de Voisines.

Bergeries (Les Hautes-), h. c^ne de Voisines.

Bergers (Les), f°, c^ne de Chevillon.

Bergers (Les), h. c^ne de Villiers-Saint-Benoît.

Berguère (La), ch. et fief, c^ne de Treigny; auj. détruit.

Berjaterie (La), h. c^ne de Saint-Loup-d'Ordon. — *La Bergetterie*, 1757 (plan, chap. de Sens).

Bernagone (La), h. c^nes de Brannay et de Saint-Valérien. — *Les Bernagones*, 1618 (plan, chap. de Sens). — *Les Bernagous* étaient un bois au xviie siècle.

Bernarderie (La), h. c^ne de Saint-Sauveur.

Bernardins (Les), h. c^ne de Lalande.

Bernardins (Les), f°, c^ne de Toucy.

Bernards (Les), h. c^ne de Piffonds.

Bernasserie (La), h. c^ne de Fouchères.

Bernets (Les), f°, c^ne de Chambeugle.

Bernets (Les), h. c^ne de Cudot.

Berniers (Les), m. i. c^ne de Parly. — *Bernaicus*, 866 (cart. gén. de l'Yonne, I, 94). — *Bernacus*, 884 (*ibid.* 111).

Bernouil, c^on de Flogny. — Bernouil était, avant 1789, du dioc. de Langres, de la prov. de l'Île-de-France, et sa prévôté ressort. au baill. de Tonnerre.

Beron ou Premier-Fait, c^ne de Brienon, 1689, fief relev. de l'archev. de Sens (arch. de Sens).

Berrichonne (La), m. i. c^ne des Siéges.

Berrichonnerie (La), h. c^ne de Villefranche.

Bersant, m. c^ne d'Augy, 1573 (min. d'Armant, notaire à Auxerre).

Bertandières (Les), h. dép. des c^nes de Malicorne et de Marchais-Breton.

Bertauche (La), tuil. c^ne de Thorigny.

Bertauche (La), c^ne de Villeneuve-la-Dondagre, 1518, fief relev. de la baronnie de Bray-sur-Seine (chap. de Sens, comptes).

Bertenneries (Les), h. c^ne de Domats. — *Les Bertonneries*, 1737 (reg. de l'état civil).

Bertheaux (Les), h. c^nes de Parly et de Toucy.

Berthelins (Les), f°, c^ne de Villeneuve-les-Genêts.

Berthellerie (La), h^aux des c^nes de Bœurs et de Montillot.

Bertuelots (Les), f°, c^ne de Fontaines, fief relev. de l'év. d'Aux. en 1403 (inv. des arch. de l'év. d'Aux. Bibl. imp. ms n° 1595, p. 245). — *Mezançon* (*ibid.*).

Bertuelots (Les), h. c^ne de Sainpuits.

Berthereau, ch. c^ne d'Accolay. — *Betriot*, 1389, alors vill. affranchi par l'abbé de Saint-Germain. — *Bertryot*, 1537 (abb. Saint-Germain, L. 90).

Berthes (Les), f°, c^ne de Mézilles.

Berthes-Bailly, f°, c^ne de Saint-Fargeau.

Berthes-Malcouronnes, manœuv. c^ne de Saint-Fargeau.

Berthier (Le), m^in, c^ne d'Ouanne.

Berthoin, m. i. c^ne de Mézilles.

Berthonneaux (Les), m. i. c^ne de Mézilles.

Bertinerie (La), f°, c^ne de Saint-Sauveur.

Bertins (Les), h. c^ne de Chevillon.

Bertrands (Les), h. c^ne de la Ferté-Loupière.

Béru, c^on de Tonnerre. — *Bru*, 1218 (abb. de Pontigny). — *Breu*, 1288 (cart. du comté de Tonnerre). — *Brue*, 1315 (*ibid.*), terre au comté de Champagne, tenue en franc-alleu. — Béru était, avant 1789, du dioc. de Langres, de la prov. de l'Île-de-France et du baill. de Saint-Florentin.

Béru ou Bru (Le Petit-), h. c^ne de Tonnerre.

Bessy, c^on de Vermanton. — *Basseium*, 1149 (cart. gén. de l'Yonne, I, 450). — *Bassiacum*, 1204

(abb. de Vézelay, à qui cette seigneurie appartenait). — *Bessiacum*, 1226 (cart. de Crisenon,
f° 95 r°, Bibl. imp. n° 154). — *Baissi*, 1263
(cart. gén. de l'Yonne, II, 148). — *Bessi*, 1276
(abb. de Reigny). — *Baissi*, 1377 (*ibid.*). — *Becy*,
1380 (abb. de Crisenon).

Bessy était, avant 1789, une enclave du comté
et du dioc. d'Auxerre, prov. de l'Île-de-France, et
le siége d'un baill. ressort. à celui d'Auxerre.

Betons (Les), f°, c⁰ˢ de Mézilles. — *Les Petons*, xviii°
siècle (état civil).

Bétry, lieu détruit, c⁰ᵉ de Vermanton. — *Bitriacum*
et Betriacum, 1157 (cart. gén. de l'Yonne, II, 77).
— *Castrum*, en 1240 (Chantereau-Lefebvre, Traité
des fiefs, 41). — *Bertry*, 1683; à cette époque, il
n'y restait déjà que des vestiges du ch. et la chapelle Saint-Clément (év. d'Aux. administr. ecclé-
siast. liasse V). — C'était un fief relev. de l'év.
d'Auxerre.

Beugnon, h. c⁰ᵉ d'Arcy-sur-Cure.

Beugnon, c⁰ᵉ de Flogny. — *Bugno*, xvi° siècle (pouillé
du dioc. de Sens); alors annexe de Soumaintrain. —
Bugnon, 1619 (ém. Wal).

Beugnon était, avant 1789, du dioc. de Sens,
de la prov. de l'Île-de-France et du baill. de Troyes,
par ressort de Saint-Florentin. Son église, succursale de Soumaintrain en 1554, fut érigée en cure
en 1645.

Beugnon (Le), f°, c⁰ᵉ de Pontigny. — *Bunio*, 1138 (cart.
gén. de l'Yonne, I, 334). — *Buigno*, 1291 (cart.
du comté de Tonnerre, arch. de la Côte-d'Or). —
Bugnon, fin du xvi° siècle (abb. de Pontigny).

Beugnon (Le), h. c⁰ᵉ de Pourrain, 1489 (chap. d'Aux.).

Beurson, f°, c⁰ᵉ de Noyers. — *Burson* (*Grange de*),
1679 (rôles des feux du baill. d'Avallon). — *Bor-*
son, 1765; *Breson*, 1768 (reg. de l'état civil).

Beurthe (La), m⁰, c⁰ᵉ de Michery.

Bezards (Les), h. c⁰ᵉ de Champcevrais. — *Les Bu-*
zards, 1683 (reg. de l'état civil).

Bezards (Les), h. c⁰ᵉ de Fontaines.

Bèze, ch. et f°, c⁰ᵉ de Lucy-sur-Yonne. — *Beysia*,
1282 (cart. de Crisenon, f° 57 r°, Bibl. imp. n° 154).
— *Beyses*, 1257 (chap. de Châtel-Censoir). —
Baises, 1270 (cart. de Crisenon, f° 19 r°). — *Baisse*,
1454 (abb. de Reigny).

Bezots (Les), f°, c⁰ᵉ de Fontaines.

Biancourt, prévôté dép. du chap. de Sens, et dont le
siége était à Biancour, paroisse de Courtenay, mais
dont dép. onze hameaux de la c⁰ᵉ de Saint-Loup-
d'Ordon. Cette prévôté s'appelait aussi *le Chapitre*
ou *les Ordons* (Tarbé, Détails hist. sur le baill. de
Sens, 552).

Biaume (La), ruiss. qui prend sa source à l'étang
Neuf, c⁰ᵉ de Champcevrais, et se jette dans le Loing
à Rogny.

Biblaiserie (La), m. i. c⁰ᵉ de Saint-Loup-d'Ordon.

Bichain, h. c⁰ᵉ de Villeneuve-la-Guyard. — Il y avait
autref. une chapelle fondée en 1701 (arch. de Sens,
bibl. de Sens).

Biche (La), h. et f°, c⁰ᵒ de Chevannes.

Biche (La), ruiss. c⁰ᵉ d'Appoigny, où il prend sa source,
et se jette dans l'Yonne sur le même territoire.

Bichot, h. et m⁰, c⁰ᵉ de Vallery et de Blennes (Seine-
et-Marne).

Bidaults (Les), h. c⁰ᵒˢ de Verlin et de Saint-Julien-
du-Sault.

Bideaux (Les), h. c⁰ᵉ d'Asnières. — *Les Bidauds*, 1789
(plan G, 101, cadastre).

Bidons (Les), h. c⁰ᵉ de Fontaines.

Bief (Ru du), prend sa source à la ferme de Noslon
et se jette dans l'Yonne à Saint-Denis.

Bienny, h. c⁰ᵉ de Sauvigny-le-Bois.

Bierry. Voy. Anstrude.

Bignon, h. c⁰ᵉ de Saint-Aubin-Château-Neuf.

Bigoterie (La), f°, c⁰ᵉ de Malicorne.

Bigoterie (La Petite-), f°, c⁰ᵉ de Champignelles.

Bigots (Les), f°, c⁰ᵉ de Ronchères.

Bigueraux (Les), h. c⁰ᵒ de Piffonds.

Bil-Cul ou Pain-Court, dit *le Rendez-vous de Chasse*,
m. i. c⁰ᵉ de Molosme.

Billarderie (La), h. c⁰ᵉ de Dixmont. — *La Biarderie*,
f°, en 1785 (reg. de l'état civil).

Billards (Les), h. c⁰ᵉ de Sougères.

Billauderie (La), f°, c⁰ᵉ de Villeneuve-les-Genêts.

Billode, f°, c⁰ᵉ de Villiers-Saint-Benoît (carte de Cassini); auj. détruite.

Billy, h. et m⁰, c⁰ᵉ de Vallan.

Bindeux (Les), f°, c⁰ᵉ de Villiers-Saint-Benoît.

Biou, f°, c⁰ᵉ de Saint-Aignan; détruite.

Binons (Les), h. c⁰ᵒ de Vaudeurs.

Bise, h. c⁰ᵉ de Sementron. — *Bize*, 1585, fief relev.
de la terre de Druyes (ém. de Moncorps).

Bissoterie (La), h. c⁰ᵉ de Prunoy. — *La Bricetterie*,
1768 (plan, arch. du ch. de Prunoy).

Bizots (Les), h. c⁰ˢ de Sept-Fonds.

Bizottière (La), h. c⁰ᵉ de Chaumot.

Blacy, c⁰ᵉ de l'Isle-sur-Serain. — *Blaciacus in pago*
Tornodrinse, 721 (cart. gén. de l'Yonne, I, 2). —
Blacium, 1137 (Courtépée, VI, 6). — *Blacey*,
1392 (chap. d'Avallon). — *Blassy*, 1669 (rôles des
feux du baill. d'Avallon, arch. de la Côte-d'Or).

Blacy était, avant 1789, du dioc. de Langres, de
la prov. de Bourgogne et du baill. d'Avallon.

Blairy, h. c⁰ᵉ de Savigny.

BLAISY, h. c^{ro} de Vernoy.

BLANCHARDS (LES), ch. c^{ne} de Domats.

BLANCHE, h. c^{ne} de Villeneuve-la-Guyard. — *La Cour des Gauthiers*, 1673 (reg. de l'état civil).

BLANCHERIE (LA), h. c^{ne} de Saint-Romain-le-Preux.

BLANCHETS (LES), f^{e}, c^{no} de Saint-Martin-des-Champs, 1760 (plan, chap. de Saint-Fargeau); n'existe plus.

BLANCHETTERIE (LA), f^{e}, c^{ne} de Ronchères.

BLANDIÈRE (LA GRANDE-), h. c^{ne} de Fontenouilles.

BLANDIÈRE (LA PETITE-), m. i. c^{ne} de Fontenouilles.

BLANDY, h. c^{ne} de Saint-Martin-des-Champs. — *Blandy*, 1457 (Hist. gén. de la Maison de Courtenay, 174).—Autref. paroisse connue, au xviie siècle (B^{in} de la Soc. des sciences de l'Yonne, 1858).

BLANNAY, c^{on} de Vézelay. — *Blanniacum*, 1103 (cart. gén. de l'Yonne, II, 40). — *Blannellum*, xive s^e (pouillé du dioc. d'Autun).

Blannay était, avant 1789, du dioc. d'Autun et de la prov. de l'Île-de-France et ressortissait au baill. d'Auxerre.

BLARDES (LES), h. c^{ne} de Villeneuve-sur-Yonne.

BLARDS (LES), h. c^{ne} de Fontaines.

BLAVACUS, *in pago Ternotrensi*, 721 (Mabil. sæc. iii, 685); lieu inconnu.

BLEDS (LES), h. c^{ne} de Saint-Denis-sur-Ouanne.

BLÉGNY, h. c^{ne} de Coulangeron. — *Blaigny*, 1596 (Recherche des feux du comté d'Auxerre, arch. de la Côte-d'Or).

BLEIGNY-LE-CARREAU, c^{on} de Ligny. — *Blaanniacus*, 1146 (cart. de l'abb. Saint-Germain, f° 72 v°). — *Bladiniacum*, 1151 (cart. gén. de l'Yonne, I, 478). — *Blania*, 1169 (*ibid*. II, 207). — *Blaenniacum*, 1180 (*ibid*. 306). — *Blagniacum*, 1188 (*ibid*. 386). — *Bleniacum*, xve siècle (pouillé du dioc. d'Aux.). — *Bleigny*, 1342 (abb. des Isles).

Bleigny était, avant 1789, du dioc. et du baill. d'Auxerre et de la prov. de l'Île-de-France.

BLÉNEAU, arrond. de Joigny.—*Blanoilus*, vi^e siècle (règl. de saint Aunaire, Bibl. hist. de l'Yonne, I, 328). — *Blanellus*, vers 1147 (cart. gén. de l'Yonne, I, 420). — *Blenellum*, xve siècle (pouillé du diocèse d'Aux.). — Fief relev. du chap. de Saint-Fargeau.— *Blayneau*, 1541 (minutes d'Armant, notaire).

Bléneau était, au vi^e siècle, du pagus et du dioc. d'Auxerre et, en 1789, de l'Orléanais, élection de Gien.

BLEURY, h. c^{ne} de Poilly-près-Aillant. — *Blariacus*, au pagus de Sens, 864 (cart. gén. de l'Yonne, I, 88).— *Bleriacum*, 1244 (prieuré de Vieupou). — *Bleury*, 1494; *Bleuzy*, 1560 (abb. Saint-Germain).

BLIGNY-EN-OTHE, c^{on} de Brienon. — *Blangei*, ixe siècle (*Liber sacram*. ms bibl. de Stockholm). — *Bla-*

gneius, 1155 (cart. gén. de l'Yonne, I, 535).—*Blanniacus*, vers 1163 (*ibid*. II, 153). — *Blaigniacum*, 1190 (abb. de Dilo). — *Bligniacum*, 1273 (arch. de Sens). — *Blegniacum*, 1347 (abb. de Dilo). — *Bleniacum*, 1368 (cart. arch. de Sens, III, f° 22 v°). — *Bleigny*, 1453 (reg. des taxes, etc. du dioc. de Sens, bibl. de Sens, archev.).

Bligny était, avant 1789, du dioc. de Sens, de la prov. de l'Île-de-France et du baill. de Brienon.

BLIN, f^{e} et battoir à écorces, c^{ne} de Druyes.

BLINS (LES), h. c^{ne} de Nailly, 1780 (cadastre C, 84); n'existe plus.

BLIZY, fief, c^{ne} de Vernoy, relev. du prieuré du Charnier de Sens, 1579.— *Blezy*, 1623; *Blaizy*, 1626 (ém. de Bernard).

BLOC (LE), h. dép. de celui de la Maison-Dieu, c^{ne} de Sceaux. — *Blot*, 1441; *le Bloc*, xviiie siècle (chap. d'Avallon).

BLONDEAUX (LES), f^{e}, c^{ne} de Bléneau.— *La Blondellerie*, 1573 (f. Courtenay, arch. de l'Yonne).

BLONDEAUX (LES), h. c^{ne} de Saint-Martin-sur-Ouanne.

BLONDELLERIE (LA), f^{e}, c^{ne} de Villeneuve-les-Genêts.

BOBARDS (LES), h. c^{on} de Cornant.

BOBINERIE (LA), f^{e}, c^{ne} d'Étais.

BOCCO, m. b. c^{ne} de Ravières.

BOCOTERIE (LA), f^{e}, c^{ne} de Voisines. — *La Bucoterie*, 1777 (reg. de l'état civil).

BODEAUX (LES), f^{e}, c^{ne} de Sept-Fonds.

BŒURS, c^{on} de Cerisiers. — *Burs*, 1138 (cart. gén. de l'Yonne, I, 333). — *Beurs*, 1518 (abb. de Pontigny).

Bœurs était, avant 1789, du dioc. et du baill. de Sens et de la prov. de l'Île-de-France; avant 1547, simple h. dép. de Séant-en-Othe, érigé alors en succursale (Cout. de Troyes, in-fol. 384).

BŒURS-LE-VIEUX, *Burs Antiquus*, 1146 (cart. gén. de l'Yonne, I, 414), lieu détruit, c^{ne} de Bœurs, siége d'une prévôté (Cassini).

BOGERS, h. c^{ne} de Dicy.

BOUÉ, h. c^{ne} de Sergines, détruit le 6 août 1640 par le capitaine Verdelet, chef de partisans.

BOUÈME ou FONDRIÈRE, f^{e}, c^{ne} d'Annay-sur-Serain; détruite en 1828.

BOIS (LE), c^{ne} de Saint-Privé, fief appartenant au chap. de Saint-Fargeau, et comprenant les quatre lieux de la Griffonnière, la Marchandière, le Rothieu et les Cranchants (plan, chap. de Saint-Fargeau, vers 1760).

BOIS (LES), f^{e}, c^{ne} de Villeneuve-les-Genêts.

BOIS (LE PETIT-), f^{e}, c^{ne} de Perrigny.

BOIS (LE PETIT-), h. c^{ne} de Saint-Agnan.

BOIS (LE PETIT-), f^{e}, c^{ne} de Saint-Privé.

Bois-au-Cœur (Le), m. i. cⁿᵉ de Joigny.

Bois-Avril, h. cⁿᵉ d'Étais.

Bois-Bernard, f⁰, cⁿᵉ d'Aisy.

Bois-Blanc (Le), h. cⁿᵉ d'Andryes.

Bois-Blanchon, f⁰, cⁿᵉ de Vallery.

Bois-Bourdin, h. cⁿᵉ des Bordes, 1661, alors paroisse de Dixmont (chap. de Sens, bibl. de cette ville). — *Boys-Bourdyn*, 1565, fief appartenant à l'Hôtel-Dieu de Sens (comptes de l'Hôtel-Dieu).

Bois-Brûlé, h. cⁿᵉ de Neuvy-Sautour.

Bois-Chaud, bois, cⁿᵉ de Fontenay-sous-Fouronnes.

Bois-Cuet (Le), mⁱⁿ, cⁿᵉ de Thury.

Bois-Clair (Le), f⁰, cⁿᵉ de Saint-Sauveur.

Bois-Clairs (Les), tuil. cⁿᵉ de Saint-Julien-du-Sault.

Bois-d'Arcy, cⁿᵉ de Vermanton. — *Boscum Arciaci*, xvᵉ siècle (pouillé du dioc. d'Aux.), ancien prieuré de l'ordre de Saint-Augustin, chapelle érigée en succursale en 1782, antérieurement h. dép. de la cⁿᵉ d'Arcy-sur-Cure.

  Bois-d'Arcy était, avant 1789, du dioc. et du baill. d'Auxerre et de la prov. de Bourgogne.

Bois-Débat, cⁿᵉ de Châtel-Censoir, manoir en 1699 (f. Reigny, plan).

Bois-de-Bèze (Le), h. cⁿᵉ de Lucy-sur-Yonne.

Bois-de-Bassou, f⁰, cⁿᵉ de Bonnard, 1560 (ém. Montmorency, E, 67).

Bois-de-Charbuy (Les), h. cⁿᵉ de Charbuy.

Bois-de-Chastellux, cⁿᵉ de Quarré-les-Tombes, anc. nom collectif de neuf h. de cette cⁿᵉ, fondés par messire Olivier de Chastellux, en 1612, au moyen de paysans de la Thiérache qu'il y avait attirés.

Bois-de-la-Madeleine (Le), h. cⁿᵉ de Vézelay.

Bois-de-la-Raye (Le), f⁰, cⁿᵉ de Champlost. — *Bois de Laray*, 1760 (reg. de l'état civil).

Bois-de-Milly, h. cⁿᵉ d'Arces.

Bois-de-Mont (Le), mⁱⁿ, cⁿᵉ de Thury.

Bois-de-Richemont (Le), f⁰, cⁿᵉ de Bussy-le-Repos.

Bois-des-Barres, f⁰, cⁿᵉ de Festigny, 1597 (Rech. des feux du comté d'Auxerre, arch. de la Côte-d'Or).

Bois-Dieu, f⁰, cⁿᵉ d'Aisy.

Bois-du-Fourneau (Le), h. cⁿᵉ de Merry-sur-Yonne.

Bois-Font, h. cⁿᵉ de Saint-Privé.

Bois-Joli (Moulin du), cⁿᵉ de Lain.

Bois-Joly, cⁿᵉ de Migé, m. i. détruite.

Bois-l'Abbé (Le), f⁰, cⁿᵉ de Lichères-près-Aigremont.

Bois-l'Abbé (Le), h. cⁿᵉ de Villefargeau.

Bois-le-Comte, f⁰, cⁿᵉ de Mélisey, anc. fief appartenant à l'abb. de Molôme.

Bois-le-Roi, ch. cⁿᵉ de Nailly, fief relev. de l'archev. de Sens; auj. détruit.

Bois-Monsieur, bois, cⁿᵉ de Girolles.

Bois-Paumes (Les), h. cⁿᵉ de Diges.

Bois-Planté (Le), anc. ch. et h. cⁿᵉ de Louesme.

Bois-Plantés (Les), h. cⁿᵉ de Collemiers.

Bois-Prieur (Le), h. cⁿᵉ de Saint-Sauveur.

Bois-Ramard (Le), h. cⁿᵉ de Charny.

Bois-Rond, f⁰, cⁿᵉ de Bléneau.

Bois-Rond (Le), m. de pl. cⁿᵉ de Bussy-le-Repos.

Bois-Rond (Le), hᵃᵘˣ des cⁿᵉˢ d'Étais, Fontenouilles et Saint-Martin-sur-Ouanne.

Bois-Rond (Le), h. cⁿᵉ de Prunoy. — *La Masure-Bois-Rond*, 1768 (plan de la terre de Prunoy, arch. du château).

Bois-Rousseau (Le), f⁰, cⁿᵉ de Bléneau.

Bois-Sacrots, ruiss. cⁿᵉ de Saint-Brancher, prend sa source à Villiers-Nonains et se jette dans le ruiss. de l'étang Labeur.

Bois-Senet (Le), h. cⁿᵉ de Treigny.

Bois-Vert, ch. cⁿᵉ de Vernoy; détruit.

Bois-Villotte, f⁰, cⁿᵉ de Saint-Martin-sur-Ouanne.

Boisseaux (Les), petit château, cⁿᵉ de Monéteau.

Boisseaux (Les), h. cⁿᵉ de Perreux.

Boisselle, h. cⁿᵉ de Saint-Martin-sur-Ouanne.

Boisserelle, h. cⁿᵉ de Chassy.

Boisserelle, h. cⁿᵉ de Saint-Aubin-Château-Neuf.

Boissière, m. i. cⁿᵉ de Moutiers.

Boissonnats (Les), f⁰, cⁿᵉ de Champignelles.

Boivins (Les), h. dép. des cⁿᵉˢ de Diges et de Pourrain.

Boizas (Les), f⁰, cⁿᵉ de Saint-Martin-des-Champs, 1760 (plan, chap. de Saint-Fargeau); n'existe plus.

Bolinerie (La), h. cⁿᵉ de Tannerre. — *La Bôlinerie*, 1715 (plan de la seigneurie, arch. de l'Yonne).

Bolinerie (La Petite-), f⁰, cⁿᵉ de Louesme.

Bollerupt, ruiss. qui prend sa source à Ragny, cⁿᵉ de Savigny, et se jette dans le ruiss. de Touchebœuf.

Bonde (La), hameaux des cⁿᵉˢ de Grandchamp et de Malicorne.

Bondons (Les), h. cⁿᵉ de Champignelles.

Bondons-d'Asnières (Les), h. cⁿᵉ de Champignelles.

Bon-Gabuet, tuil. cⁿᵉ de Migé; détruite en 1806.

Bongards, h. cⁿᵉ de Pourrain.

Bonins (Les), h. dép. des cⁿᵉˢ de Charny et de Perreux.

Bonins (Les), h. cⁿᵉ de Saint-Martin-sur-Ouanne.

Bonjours (Les), m. i. cⁿᵉ de Toucy.

Bonnard, cⁿᵉ de Joigny. — *Bonortus*, 680 (cart. gén. de l'Yonne, I, 15). — *Bunor*, 1145 (*ibid.* 392). — *Bon-Ort*, 1277 (abb. Saint-Marien). — *Bonort*, 1452 (*ibid.*). — *Bonnart*, 1561 (ém. Montmorency).

  Bonnard était, au viiᵉ siècle, du pagus de Sens, et, avant 1789, du dioc. de Sens, de la prov. de l'Île-de-France et du baill. de Seignelay, ressort au parlement depuis 1668, et auparavant à Villeneuve-le-Roi.

BONKARDIÈRE, f°, c^ne de Bléneau, 1573 (f. Courtenay, arch. de l'Yonne).

BONNAUTS (LES), h. c^ne de Pourrain. — *Bonnaults*, 1685 (reg. de l'état civil).

BONNEAU (LA), h. c^ne de Saint-Valérien. — *La Bonne-Eau*, 1522 (ém. de Bernard).

BONNEAU (LA GRANDE-), h. c^ue de Villethierry.

BONNEAU (LA PETITE-), h. c^ne de Villethierry.

BONNEAUX (LES), hameaux, c^nes de Bléneau et de Saint-Loup-d'Ordon.

BONNEAUX (LES), fermes, c^nes de Saint-Privé et de Sept-Fonds.

BONNE-IDÉE (LA), hôtell. c^ne de Villevanotte.

BONNETS (LES), h. c^ne de Louesme.

BONNOT, m. c^ne de Chassy. — *Boneu*, 1226 (prieuré de Vicupou). — *Moulin des Moines* avant 1789 (*ibid.*).

BONPAIN, f°, c^ne de Saint-Georges.

BON-RUPT (LE), h. c^ne de Saint-Léger.

BONS-HOMMES (LES), c^ne de Varennes (prieuré de Grandmont); détruit.

BONS-PETITS (LES), h. c^ue de Sommecaise.

BONTIN, ch. c^ne des Ormes. — Autrefois fief relevant en partie de Chevillon et en partie du comté de Joigny; terre qui a appartenu à Sully.

BONVAL, tuil. c^ne de Villethierry.

BONVILLE, chapelle, c^ue de Villeblevin, 1695 (pouillé du dioc. de Sens); aujourd'hui détruite.

BOND, ruiss. prend sa source à Bligny-en-Othe et se jette dans l'Armançon à Brienon.

BORDE (LA), h. c^ue d'Auxerre. — *Bordæ*, 1290 (Lebeuf, Hist. d'Aux. IV, pr. n° 238). — *La Borde-au-Quens*, 1301 (abb. Saint-Marien).

BORDE (LA), ch. ruiné, c^ne de Chevannes. — *Borda super Belcam*, 1220 (cart. de l'abb. Saint-Germain d'Auxerre, f° 58 v°). — *La Borde-de-Serain*, 1695 (tabell. d'Auxerre, portef. IV).

BORDE (LA), h. c^ne de Cerisiers.

BORDE (LA), c^un de Leugny.

BORDE (LA), hameaux, c^nes de Noyers et de Saint-Martin-sur-Oreuse.

BORDE (LA) ou LA PETITE-BORDE, h. c^ne de Saint-Valérien.

BORDE (LA PETITE-), f°, c^ne de Leugny.

BORDE-À-LA-GOUSSE (LA), h. c^ne de Dixmont.

BORDE-AUX-MULOTS, h. dép. des c^nes de Montacher et de Saint-Valérien.

BORDE-JEAN-JALMAIN (LA), h. c^ne des Bordes.

BORDE-JEUNE (LA), f°, c^ne d'Asquins.

BORDE-VIEILLE (LA), f°, c^ne d'Asquins.

BORDEREAUX (LES), h. c^ne de Lavau. — *Bourdereaux*, f°, 1715 (reg. de l'état civil).

BORDERU, h. c^ne de Montacher.

BORDES (LES), c^ue d'Angely, ancien fief avec château détruit (arch. du château de Vausse).

BORDES (LES), château, c^ne de Champigny, mentionné en 1449 et jusqu'en 1710 (pouillé du dioc. de Sens, 1695, p. 86); aujourd'hui détruit.

BORDES (LES), h. c^ne de Mailly-le-Château.

BORDES (LES), c^on de Villeneuve-sur-Yonne. — *Bordæ de Dimone (capella)*, 1257 (chap. de Sens, bibl. de cette ville). — Fief relevant de Dixmont, 1606 (ém. d'Étigny).

Les Bordes étaient, avant 1789, du dioc. de Sens, de la prov. de l'Île-de-France, de la prévôté de Cerisiers et en appel du baill. de Sens.

BORDES (LES), h. c^ne de Montigny. — *Bourdes (Les)*, 1346 (E. charte d'affranchissement de Venouse, arch. de l'Yonne).

BORDES (LES), f°, c^ne de Sainpuits.

BORDES (LES), f°, c^ne de Sept-Fonds.

BORDES-CHAMPS (LES), h. c^ne de Saint-Léger.

BORDES-DE-JOUY (LES), h. c^ne de Jouy.

BORDOTERIE (LA), f°, c^ne de Tannerre.

BORGNETTE, f°, c^ne de Dixmont; détruite.

BORIOTTERIES (LES), ancien château, c^ne de Savigny; auj. détruit.

BORNAIS et BORNESEI, vers 1120 (cart. gén. de l'Yonne, I, 241). — Pays détruit, près de Senan, où il existe encore un bois de Bornisoie.

BORNANT, ruiss. c^ne d'Anstrude, qui se jette dans l'Armançon sur la commune d'Aisy.

BORNE (LA GRANDE-), bois, c^ne de Lichères-près-Aigremont.

BORNE-HAUTE, h. c^ne de Dollot, 1542, seigneurie relevant de Dollot (terrier de Dollot, bibl. de Sens).

BORNE-HAUTE (LA), m. i. c^ne de Villeneuve-la-Dondagre.

BORNELS (LES), h. c^ne de Fontaines.

BORNES (LES), h. c^un de Toucy.

BORNON, ruiss. qui prend sa source à Tanlay et se jette dans l'Armançon à Aisy.

BORTAIS (LES), h. c^ne de Saint-Léger.

BORTOT, ruiss. qui prend sa source au-dessus du hameau de Buisson, c^ne d'Angely, et se jette dans le ruisseau de la Noue, même commune.

BOSSELIN, h. c^ne de la Ferté-Loupière.

BOUCARDIÈRE-D'EN-BAS (LA), h. c^ne de Champignelles. — *La Bouchardière*, 1573 (f. Courtenay, arch. de l'Yonne). — *La Brocardière*, XVIII° siècle (ém. Rogres, atlas du Parc-Vieil).

BOUCARDIÈRE-D'EN-HAUT (LA), f°, c^ne de Champignelles.

BOUCEUSE (LA), f°, c^ne de Maligny, 1785 (C. plan cad.); auj. détruite.

BOUCHARD (LE), h. c^ne de Soumaintrain.

Bouchat, métairie, cᵉ de Girolles. — *Boschet* (cart. gén. de l'Yonne, II, 346). — Détruite au xvıᵉ siècle.

Bouchat (Le), ruiss. qui prend sa source à Vassy, cᵉ d'Étaules, et se jette dans le Cousin au Vault.

Bouche (La), h. cᵉ de Charmoy.

Boucherasse (La), h. cᵉ de Trévilly. — *Brocaria*, vıⁱᵉ siècle (Vie de saint Colomban). Château royal du temps des Mérovingiens. — *Bocheracia*, 1325 (chap. de Montréal). — *La Boicherace*, 1245 (ibid.). — *La Boucherasse* (ibid.).

Bouchenot, m. cᵉ de Savigny. — *Boucherault*, 1711 (reg. de l'état civil).

Bouchers (Les), cᵉ de Montacher. — Fief relevant de l'archevêché, 1571 (f. de l'archev. de Sens).

Bouchet (Le), ch. et fⁱ, cᵉ de Bazarne. — *Bosculum* (*grangia*), 1145 (cart. gén. de l'Yonne, I, 392); ferme appartenant à l'abb. Saint-Marien d'Auxerre, qui y avait toute justice. — *Boischetum*, 1255 (ibid.). — *Le Bouchat*, 1315 (cart. du comté d'Auxerre). — Appelé le grand Saint-Marien en 1487. Il y avait alors une chapelle (ibid.). — Autrefois fief relevant du roi.

Bouchet (Le), ch. cᵉ de Mailly-la-Ville, situé à 500 m. du hameau du Bouchet-Gouverneur; détruit il y a trente ans. — Autrefois siège d'un bailliage comprenant les Bouchets, les Maillys et Merry-sur-Yonne.

Bouchet-Bas (Le), h. cᵉ de Mailly-la-Ville; détruit depuis cent cinquante ans.

Bouchet-Gondart (Le) ou du Haut, h. cᵉ de Mailly-la-Ville. Il tire son nom de celui d'un de ses habitants.

Bouchet-Gouverneur (Le) ou du Bas, h. cᵉ de Mailly-la-Ville.

Bouchet-Lazare (Le) ou du Milieu, h. cᵉ de Mailly-la-Ville.

Bouchis-Bontemps (Les), h. cᵉ de Fontenoy.

Bouchot (Le), h. cᵉ de Saint-Léger.

Bouchots (Les), h. cᵉ de Précy.

Boudins (Les), hᵉᵘˣ, cᵉˢ de Bœurs et de Prunoy.

Boufaut, m. cᵉ d'Auxerre. — *Bofaut*, 1225 (cart. de Crisenon, fᵒ 100 rᵒ, Bibl. imp.). — *Boufaut*, 1290 (Lebeuf, Mém. sur Auxerre, IV, pr. nᵒ 238).

Bougauderie (La), h. cᵉ de Subligny.

Bougué (Le), m. cᵉ d'Étais.

Bougués (Les), h. cᵉ de Diges.

Bouillère, ruiss. cᵉ d'Asquins, prend sa source à la Bouillère et se jette dans la Cure sur le territoire d'Asquins.

Bouillots (Les), h. cᵉ de Saint-Martin-d'Ordon.

Bouilly, cᵉ de Saint-Florentin. — *Baudiliacus*, 863 (cart. gén. de l'Yonne, I, 78). — *Bodoliacus*, 1151 (ibid. I, 479). — *Bolle*, 1151 (abb. de Dilo). — *Boeleium*, 1161 (abb. de Vauluisant).— *Booliacum;*

1164 (abb. de Pontigny). — *Boolliacum*, 1234 (cart. de Saint-Michel). — *Bolliacum*, 1226 (abb. de Pontigny). — *Bodhillei*, ıxᵉ siècle (*Liber sacram.* ms bibl. de Stockholm). — *Boolli*, 1167 (cart. gén. de l'Yonne, II, 189). — *Boi*, 1214 (cart. de Pontigny, fᵒ 35 rᵒ, Bibl. imp. nᵒ 153). — *Boy*, 1246 (ibid. fᵒ 30 rᵒ). — *Boolii*, 1303 (abb. de Pontigny). — *Boilly*, 1307 (ibid.). — *Bouly*, 1310 (cart. du comté de Tonnerre, arch. de la Côte-d'Or). — *Bouilly*, 1340 (arch. de l'Empire, Trésor des chartes, reg. 74, nᵒ 474). — *Bolly*, 1453 (reg. des taxes, etc. dioc. de Sens, bibl. de Sens, archev.).

Bouilly était autref. du dioc. de Sens et de la prov. de l'Île-de-France, et son baill. relevant de Seigneley, ressortissait au parlement depuis 1668, et auparavant à Villeneuve-le-Roi. Le fief en relevait du comté de Tonnerre.

Boulassière, tuil. cᵉ de Mézilles.

Boulassière (La), manœuv. cᵉ de Ronchères.

Boulassière (La), h. cᵉ de Saint-Denis-sur-Ouanne.

Boulassière (La), fⁱ, cᵉ de Sept-Fonds.

Boulassière (La), m. i. cᵉ de Toucy.

Boulat (Le Grand-), fⁱ, cᵉ de Villeneuve-les-Genêts.

Boulat-Blanc (Le Grand-), fⁱ, cᵉ de Fontenailles.

Boulat-Blanc (Le Petit-), m. i. cᵉ de Fontenouilles.

Boulaterie (La), fⁱ, cᵉ de Bléneau.

Boulay, h. cᵉ de Neuvy-Sautour. — *Boloy*, 1447 (chap. de Brienon).

Boulay (Le), ch. cᵉ de Druyes.

Bouleaux (Les), h. cᵉ de Jouy.

Bouleaux (Les), h. cᵉ de Rousson. — *Les Boulins*, 1620 (reg. de l'état civil).

Boulées (Les), hameaux, cᵉˢ de Champlost et de Mézilles.

Boulet (Le), fⁱ, cᵉ de Marsangis.

Boulin (Le), cᵉ de Saint-Fargeau, domaine avec manoir; autrefois village composé de sept manœuvreries qui ont été démolies au xvıııᵉ siècle et réunies pour former le domaine : la Déchausserie était une de ces manœuvreries.

Boulin (Le Grand-), fⁱ, cᵉ de Saint-Martin-des-Champs; autrefois *les Poussifs*, fief relevant de la terre de Saint-Fargeau (Bᵗⁱⁿ de la Soc. des sciences de l'Yonne de 1858).

Boulinière (La), h. cᵉ de Cudot.

Boulmiers (Les), fⁱ, cᵉ d'Hauterive.

Boulmiers (Les), h. cᵉ de Moutiers.

Boulois (Les), h. cᵉ de Domecy-sur-Cure.

Boulonnerie, h. cᵉ de Saint-Privé.

Boulots (Les), fⁱ, cᵉ de Bœurs. — *Les Bolots*, 1760 (abb. de Pontigny, plan).

3

Bouloy (Le), f°, c^ne de Bussy-en-Othe. Autref. prévôté des bois du Bouloy, ressortissait au baill. de Joigny.

Bouloy (Le), f°, c^ne de Druyes.

Bouloy (Le), f°, c^ne de Rogny.

Bounon, h. c^ne de Merry-Sec. — *Bunnum (Agellum)*, ixe siècle (*Gest. pontif. Autiss.* Vie d'Héribald). — *Bonon*, 1283 (év. d'Auxerre, L. Gy-l'Évêque).

Bouquet (Le), m. c^ne de Saint-Fargeau.

Bouquetterie (La), f°, c^ne de Cudot.

Bouquetterie (La), h. c^ne de Saint-Fargeau.

Bourassiers (Les), h. c^ne de Piffonds.

Bour-Bérault, faubourg de Tonnerre. — *Burgus Beraldi*, 1153 (cart. gén. de l'Yonne, I, 512).

Bourbes (Les), h. c^ne de Bussy-le-Repos.

Bourbeuse, h. c^ne de Villefranche.

Bourbiers (Les), h. c^ne de Saint-Julien-du-Sault.

Bour-Buisson, h. c^ne de Dixmont. — *Bourg-Bisson*, 1778 (reg. de l'état civil).

Bourdats (Les), h. c^ne de Pourrain.

Bourdeaux, c^ne de Chaumont-sur-Yonne, 1397. — Fief relev. de cette terre (arch. de Seine-et-Marne, b^le de Bray).

Bourdernaud, h. c^ne de Champlost. — *Bour de Regnault*, 1588; *Boudranault*, 1677; *Boudergnault*, 1779 (reg. de l'état civil). — Il y avait en ce lieu un château qui est détruit.

Bourderons (Les), h. c^ne de Saint-Romain-le-Preux.

Bourdinerie (La), m. i. c^ne de Perreux.

Bourdon (Étang de), c^ne de Moutiers, 1509 (abb. Saint-Germain d'Auxerre); 1775 (plan, *ibid.*).

Bourdon (Le), ruiss. c^ne de Treigny, prend sa source à l'étang de Chassier et se jette dans le Loing près de Rogny.

Boure (La), h. et m. c^ne de Pourrain.

Bourg-Cocu (Le), h. c^ne de Champignelles.

Bourg-du-Bas, h. c^ne de Mailly-le-Château.

Bourgelier, vill. c^ne de Châtel-Censoir. — *Burgolaum (grangia)*, 1239 (abb. de Reigny). — *Bourgelier*, 1647 (dénombrement de Merry-sur-Yonne, etc. Chambre des comptes de Dijon). — Lieu détruit.

Bourgeois (Les), h. c^ne de Bléneau.

Bourgeoisie (La), h. c^nes de Bussy-le-Repos et de Dollot.

Bourgeoisie (La), f°, c^ne de Lixy; démolie en 1820.

Bourget, h. c^ne de Turny, prévôté ressort. au baill. de Vénizy.

Bourg-Moreau, h. c^ne de Lucy-le-Bois. — *Les Moireaux*, 1553 (État gén. du baill. de Troyes, 381).

Bourg-Neuf, f°, c^ne de Moutiers.

Bourg-Neuf, manœuv. c^ne de Lavau.

Bourgogne (La), f°, c^ne de Prunoy.

Bourgogne (Canal de), traverse le départ. de l'Yonne par Aisy, dans l'arrond. de Tonnerre, et va se jeter dans l'Yonne à la Roche.

Bourgoignerie, f°, c^ne de Tannerre.

Bourgoins (Les), h. c^ne de Saints.

Bourgonnière (La), h. c^ne de Domats.

Bourg-sans-Paille, h. c^ne de Treigny. — *Bour-Sampaille*, 1693 (év. d'Auxerre).

Bournanville, f°, c^ne de Bléneau. — *Bourneville*, 1775 (acte notarié).

Bounon, h. c^ne de Champignelles, ch. existant au xiiie siècle, auj. détruit. — Voy. Crozilles.

Bourre-de-Loterie (La), m. i. c^ne de Chevillon.

Bourrienne, fief à manoir, c^ne de Marsangis. — 1487 (arch. de Sens). — Siège d'une prévôté ressort. au baill. de Sens (figure sur la carte de Cassini). — Auj. détruit.

　　Il n'existe plus qu'un ruisseau du nom de Bourrienne.

Bournis (Les), h. c^ne d'Étais.

Bournois, f°, c^ne de Bléneau, existait en 1573 (fonds Courtenay, arch. de l'Yonne).

Boussadon, forêt, c^ne de Saint-Germain-des-Champs.

Boussemis ou les Puces, f°, c^ne de Tonnerre.

Boussicauderie (La), f°, c^ne de Rogny.

Boussigreux, f°, c^ne de Mézilles.

Bousson-le-Bas, h. c^ne de Quarré-les-Tombes.

Bousson-le-Haut, h. c^ne de Quarré-les-Tombes. — *Busson*, 1171 (cart. gén. de l'Yonne, II, 234). — *Bosson*, 1496 (ém. de Chastellux). — Il y avait autref. un château, auj. détruit, dont le fief relev. de celui de Chastellux.

Bout, ruiss. c^ne de Pissy, où il prend sa source, et se jette dans le Serain à Guillon.

Boutauderie (La), f°, c^ne de Ronchères.

Bout-d'en-Bas (Le), h. c^ne de Vaumort.

Bout-d'en-Haut (Le), h. c^ne de Vareilles.

Bout-du-Bois (Le), h. c^ne de Cudot.

Bout-du-Monde (Le), h. c^ne de Fouchères, m. i. en 1682 (plan du chap. de Sens).

Bouteau, h. c^ne de Brosses.

Bouteilles, ruiss. c^ne de Stigny; il prend sa source au val de Stigny, dans les terres au-dessous de Pimelles.

Boutissaint, ch. et f°, c^ne de Treigny. — *Boticen*, xiiie s° (*Gesta pontif. Autiss.* Bibl. hist. de l'Yonne, t. I). — Ancien prieuré; il y existe encore une chapelle de Saint-Langueur visitée par les malades.

Boutoir (Le), m^in, c^ne de Brienon.

Boutoir (Le Foulon-du-), c^ne de Vénizy. — 1602 (état civil). — Auj. détruit.

Boutot (Le), bois, c^ne de Molosme.

Boutours (Les), mⁱⁿ, c^{ne} de Sens. — *Boutours à Draps*, 1434 (Hôtel-Dieu de Sens).

Boutrons (Les), f°, c^{ne} de Saint-Denis-sur-Ouanne.

Bouviers (Les), hameaux, c^{nes} de Sommecaise et de Saint-Martin-d'Ordon.

Bouy-Neuf, f°, c^{ne} de Brienon. — *Bouy-le-Neuf*, h. 1692 (chap. de Brienon), terre ayant une justice prévôtale avant 1789, ressort au baill. de Joigny.

Bouy-Vieux, f°, c^{ne} de Brienon. — *Boyacum*, xvie siècle (pouillé de Sens). — *Boyei*, ixe siècle (*Liber sacram.* ms bibl. de Stockholm). — *Boy*, 1234 (cart. arch. de Sens, III, f° 127 r°, Bibl. imp.). — *Bouy-le-Vieil*, 1692 (chap. de Brienon). — *Bouix et Bouhy*, 1722 (arch. de Sens).

Cette ferme était, au ixe siècle, et au moins jusqu'au xve, une paroisse. Les fiefs de Bouy-Neuf et de Bouy-Vieux relev. du comté de Joigny.

Bouza (Le), f°, c^{ne} de Saint-Privé. — 1710 (év. d'Auxerre).

Bouziats (Les), h. dép. des c^{nes} de Toucy et de Fontaines.

Bracy, h. c^{ne} d'Égriselles-le-Bocage. — *Bracciacus*, vers 833 (cart. gén. de l'Yonne, I, 41). — *Bracy*, 1656, seigneurie relev. en fief de la comm^{rie} de Roussemeau (tabell. de Villeneuve-le-Roi). — Autref. siége d'une prévôté ressort. au baill. de Sens.

Brades (Les), h. c^{ne} de Vézelay.

Bralon (Le Grand-), h. c^{ne} de Villefranche.

Bralon (Le Petit-), h. c^{ne} de Villefranche.

Branchereaux (Les Grands-), h. c^{ne} de Bléneau.

Branchereaux (Les Petits-), h. c^{ne} de Bléneau.

Branches, c^{on} d'Aillant. — *Bringa*, vi^e siècle (*Gesta pontif. Autiss.* Vie de saint Didier). — *Brenchœ*, xiiie s° (*Gesta pontif. Autiss.* Bibl. hist. de l'Yonne, I, 472). — *Branchiœ*, 1247 (chap. d'Auxerre). — *Branches*, 1453 (reg. des taxes, etc. dioc. de Sens, bibl. de cette ville, archev.).

Branches était, au vi^e siècle, du pagus de Sens, et, avant 1789, du dioc. de Sens et de la prov. de l'Île-de-France, élection de Joigny, et ressort au baill. d'Auxerre.

Branches (Les), h. c^{ne} de Champvallon.

Brangers (Les), f°, c^{ne} de Champcevrais.

Brangers (Les), h. c^{ne} de Fontenouilles.

Branlain, ruiss. c^{ne} de Saints, se jette dans l'Ouanne à Saint-Martin-sur-Ouanne.

Branlards (Les), h. c^{ne} de Vareilles.

Branloin, hameaux, c^{nes} de Champignelles et de Saints.

Branloin, f°, c^{ne} de Saint-Bris.

Brannay, c^{on} de Chéroy. — *Bradenas*, ixe s° (*Liber sacram.* ms bibl. de Stockholm). — *Brannaicum*, 1175 (cart. gén. de l'Yonne, II, 271). — *Branai*, vers 1163 (*ibid.* 153). — *Brahanai*, 1165 (*ibid.* 181). — *Brannay*, 1453 (reg. des taxes, etc. dioc. de Sens, bibl. de cette ville, archev.).

Autref. du pagus de Sens et prieuré-cure dépendant de l'abb. Saint-Jean de Sens, de la prov. de l'Île-de-France et du baill. de Sens, Brannay était un fief relev. du roi, à cause de la grosse tour de Sens, et était le siége d'une prévôté.

Brassoir (Le Petit-), h. c^{ne} de Saint-Loup-d'Ordon. — *Brassouer*, 1487, fief relev. du chap. de Sens (f. du chap.).

Bréandes (Le Grand-), h. c^{ne} de Perrigny-près-Auxerre. — *Bréviandes*, 1554 (terrier de Perrigny, abb. Saint-Germain). — *Bréviande* ou *les Lappereaux*, 1588 (abb. Saint-Germain).

Bréandes (Le Petit-), h. c^{ne} de Perrigny-près-Auxerre.

Bréant, c^{ne} de Toucy, lieu détruit avant 1780. — Fief relev. du baron de Toucy, en 1587.

Bréau (Le), h. c^{ne} de Lindry. — *Préaux*, 1481 (chap. d'Auxerre).

Il y avait autrefois un ch. qui est converti en maison d'exploitation ; la terre du Bréau avait le titre de baronnie, au xviie siècle (notes ms de Joux, bibl. d'Auxerre).

Bréau (Le), f°, c^{ne} de Louesme.

Bréau (Le), ch. et mⁱⁿ, c^{ne} de la Villotte. — *Forge-de-Bréau*, 1516 (minutes d'Armant, not. à Aux.).

Bréchots (Les), h. c^{ne} de Toucy.

Brécy, h. c^{ne} de Charbuy. — *Briciacum*, 1200 (cart. gén. de l'Yonne, II, 511). — *Brici*, 1140 (abb. Saint-Marien d'Auxerre).

Brécy, h. c^{ne} de Saint-André. — *Braceyum*, xve siècle (chap. d'Avallon). — *Bracy*, 1209 (Bulliot, Hist. de l'abb. Saint-Martin d'Autun, II, 58). — *Brecey et Brécy*, 1399 (chap. d'Avallon). — *Bressy*, 1543 (rôles des feux du baill. d'Avallon, arch. de la Côte-d'Or).

Bredonnière (La), f° et m. de garde, c^{ne} d'Étais. — *La Bertonnière*, 1661 (reg. de l'état civil).

Breille (La), ch. c^{ne} de Pourrain. — *La Breulle*, 1485 ; *la Bruylle*, 1496 (chap. d'Aux.). — *La Breuille*, 1684 (reg. de l'état civil).

Brelon, c^{ne} d'Auxerre, climat au sud, à 2 kil. de la ville, près de la voie romaine d'Autun, où s'élevaient, au moyen âge, les fourches patibulaires de la ville.

Bremont, fief sans manoir, c^{ne} de Sens, non loin de Saint-Bond, 1666 (ém. Delpech, plan).

Brenellerie (La), f°, c^{ne} de Rogny. — *La Brunellerie*, 1504, seigneurie (f. de M. Jaupitre à Rogny). — *La Brenelerye*, 1523 (*ibid.*).

Bressus, h. et mⁱⁿ, dép. des c^{nes} de Saint-Sauveur et de Saints.

3.

Bretauche (La), h. c^{ne} de Bléneau, autref. fief à manoir dont le ch. est ruiné.

Bretèche (La), m. i. c^{ne} de Courtoin. — *La Bretesche*, 1618 (plan, chap. de Sens). — Fief app. au chap.

Bretelle (La), tuil. c^{ne} de Saint-Sérotin.

Bretignelles, h. c^{ne} de Druyes. — *Britaniola*, 680 (cart. gén. de l'Yonne, I, 20). — *Bretaignellæ*, 1332 (cart. arch. de Sens, II, f° 108 r°, Bibl. imp.).

Bretonne (La), f°, c^{ne} de Sacy; ce lieu a donné son nom au célèbre romancier Rétif de la Bretonne. — Auj. détruite.

Bretonneaux (Les), manœuv. c^{ne} de Mézilles.

Bretons (Les), hameaux, c^{nes} de Lindry et de Piffonds.

Breuil, c^{ne} de Ligny. — *Brolium*, 1257 (cart. de Pontigny, f° 23 r°, Bibl. imp. n° 153). — *Bruil, Bruy*, 1285 (cart. de l'hôp. de Tonnerre). — Fief relev. du comté de Tonnerre; auj. détruit.

Breuillamberg, h. c^{ne} de Saint-Fargeau.

Breuillard, m. i. c^{ne} de Chamoux (Cassini); détruite.

Breuille (La), h. c^{ne} de Sainpuits, autref. fief relev. du duché de Nevers et ressort. au baill. d'Auxerre.

Breuille (La Grande-), h. c^{ne} de Lainsecq. — 1586 (chambre du clergé d'Auxerre).

Breuille (La Petite-), h. c^{ne} de Lainsecq.

Breuilleron, h. c^{ne} d'Étais.

Breuillers (Les), h. c^{ne} de Lalande.

Breuillés (Les), h. c^{ne} de Levis.

Breuillotte, ruiss. c^{ne} de Saint-Agnan (Nièvre), se jette dans le Trinquelin à Quarré-les-Tombes.

Breuillotte, mⁱⁿ et f°, c^{ne} de Quarré-les-Tombes.

Breuillottes (Les), h. c^{ne} de Quarré-les-Tombes.

Breumance ou Créanton, ruiss. Voy. Créanton.

Bréviande, hameau, c^{ne} de Jully. — *Braviande*, 1496 (prieuré de Jully).

Bréviande, h. c^{ne} de Parly. — 1486 (chap. d'Auxerre).

Bréviande, f°, c^{ne} de Saint-Martin-sur-Armançon.

Bréviandes (Les), c^{ne} de Cravan; vill. détruit situé sur la rive gauche de l'Yonne, à 300 mètres de la berge, en face de la côte de Palotte, où se trouvent de nombreux vestiges romains.

Briant, hameaux, c^{nes} de Fontaines et de Perreux.

Briant, m. i. c^{ne} de Toucy.

Briards (Les), h. c^{ne} de Tannerre.

Brichou, mⁱⁿ, c^{ne} d'Auxerre. — *Brichotum*, 1265 (abb. Saint-Marien). — *Brecholt*, 1164 (cart. gén. de l'Yonne, II, 168).

Bricqueterie (La), f°, c^{ne} de Marchais-Beton. — 1645 (ém. Rogres). — Auj. détruite.

Bridaines (Les), m. i. c^{ne} d'Épineuil.

Bridonnerie (La), h. c^{ne} de Courtoin.

Brienne, c^{ne} de Nitry. — *Briennicum*, viie siècle (*Gesta pontif. Autiss.* Vie de saint Didier). — Lieu détruit.

Brienon, arrond. de Joigny. — *Brienno*, 1138 (cart. gén. de l'Yonne, I, 330). — *Briennium*, 1176 (*ibid.* II, 283). — *Briamonium*, xvie siècle (pouillé du dioc. de Sens). — *Briennom*, vi^e siècle (Bibl. hist. de l'Yonne, I, 241). — *Bridon*, ixe siècle (*Liber sacram.* ms bibl. de Stockholm). — *Briennon*, 1423 (comptes de l'archev. de Sens). — *Brinon-l'Archevesque*, xve siècle (archev. de Sens). — *Brynon*, 1525 (*ibid.*). — Baronnie dépendant de l'archevêché de Sens.

Brienon était, au vi^e siècle, du pagus de Sens, et, avant 1789, du dioc. du même nom et de la prov. de l'Île-de-France et chef-lieu d'un baill. ressort. à celui de Sens. Elle possédait autrefois une église collégiale fondée par les archev. de Sens.

Brière (La), h. c^{ne} de Piffonds.

Bries (Les), h. c^{ne} d'Appoigny. — *Arbricum*, ixe siècle (Bibl. hist. de l'Yonne, Vie d'Hérifrid, évêque d'Auxerre, t. I). — *Esbria*, 1278 (chap. d'Auxerre).

Brigaille (La), h. c^{ne} de Saint-Sérotin.

Brigault (Le), f°, c^{ne} de Villeneuve-les-Genêts.

Brignot, mⁱⁿ, c^{ne} de Brienon, sur le ruisseau de Brignot; il a remplacé le moulin de Nuysement, détruit au xve siècle (arch. de Sens, *Brienon*).

Brimballerie (La), h. c^{ne} de Sommecaise.

Brimballerie (La), f°, c^{ne} de Villefranche.

Brinjame, m. c^{ne} de Domecy-sur-Cure.

Brion, c^{on} de Joigny. — *Brio*, 1147 (cart. gén. de l'Yonne, I, 432). — *Bryon*, 1154 (*ibid.* I, 522). — *Brium*, 1189 (abb. des Escharlis). — *Brion*, 1246 (cart. de Pontigny, f° 30 r°, Bibl. imp. n° 153).

Brion était, avant 1789, du dioc. de Sens, de la prov. de l'Île-de-France et du présidial de Montargis. La seigneurie en appartenait aux comtes de Joigny.

Brions (Les), h. c^{ne} de Perreux.

Brions (Les), h. c^{ne} de Tonnerre, 1533. — Fief relevant du comté de Tonnerre (inv. des arch. dudit comté, xviie siècle).

Brions (Les), bois, c^{ne} de Tonnerre.

Briots (Les), h. c^{ne} de Saints.

Briottes, bois, c^{ne} de Fontenoy-en-Puisaye, théâtre d'une partie de la bataille livrée entre les fils de Louis le Débonnaire en 841. — *Brittas*, 841 (Nithard, D. Bouquet, VII). — *Briotte*, climat, 1604 (ém. de Montcorps).

Briquerie (La), m. i. c^{ne} de Fontenailles.

Briques (Les), h. c^{ne} de Taingy.

Briquets (Les Grands-), h. c^{ne} de Saint-Martin-des-Champs.

Briquets (Les Petits-), h. c^ne de Saint-Martin-des-Champs.

Briquetterie (La), tuil. c^ne de Dracy.

Brisands (Les), h. c^ne de Montacher.

Brisands (Les), h. c^ne de Quarré-les-Tombes.

Brisset, m. c^ne de Treigny, autrement dit *Angelbert*, 1463 (chap. de Saint-Fargeau).

Brissets (Les), h. c^ne de Bœurs.

Brissets (Les), h. c^ne de Montacher.

Brissots (Les), h. c^ne de Vaudeurs.

Britoneria, f°, c^ne de Brienon, 1139 (cart. gén. de l'Yonne, I, 337). — Détruite.

Brocard (Le), m. c^ne de Saint-Fargeau.

Brossards (Les Grands-), h. c^ne de Grandchamp. — Fief en 1664 (f. de Quinquet); ancienne prévôté ressortissant au baill. de la Coudre, et dont le hameau dépendait à titre de fief.

Brossards (Les Petits-), h. c^ne de Grandchamp.

Brosse (La), f°, c^ne de Dyé. — Autrefois fief avec prévôté appartenant à l'hôpital de Tonnerre avec appel au baill. de cette ville (arch. de l'hôpital).

Brosse (La), h. c^ne de Looze. — C'était autrefois une prévôté ressortissant à la prévôté de Looze (Legrand, État gén. du baill. de Troyes, 1553). — N'existe plus.

Brosse (La), c^ne de Saint-Loup-d'Ordon. — *La Brouillarderie*, 1698, érigée en fief à cette date (arch. de Sens, fiefs).

Brosse (La), fief, c^ne de Sementron, 1585, relevant de la baronnie de Toucy.

Brosse (La), f°, c^ne de Toucy.

Brosse (La), f°, c^ne de Venoy. — *La Broce*, 1339, fief relev. du comté d'Auxerre (cart. du comté d'Auxerre).

Brosse-à-la-Pie, bois, c^ne de Pasilly.

Brosse-Conche (La), h. c^ne de Sermizelles. — 1463 (Éphém. avall. bibl. d'Avallon). — Fief en 1574 (terrier de la Brosse, arch. de l'Yonne).

Brosse-Nadin, f°, c^ne de Toucy, xviiie s^e (év. d'Auxerre). — Auj. détruite.

Brosse-Palis (La), ch. et f°, c^ne de Montacher.

Brosse-Petite (La), h. c^ne de Montacher.

Brosses, c^n de Vézelay. — *Brocia, Broucia*, 1221 (abb. de Pontigny). — *Broces* (pouillé du diocèse d'Autun, xve siècle). — *Broches*, 1460 (chap. de Châtel-Censoir, compte).

    Brosses était, en 1789, du dioc. d'Autun et de la prov. de l'Île-de-France.

Brosses (Les), h. c^ne de Mézilles.

Brosses (Les), f°, c^ne de Molosme.

Brossiers (Les), h. c^ne de Bœurs.

Brossiers (Les), h. c^ne de Verlin. — *Les Brociers*, 1490 (censier de Verlin, arch. de Sens).

Brossot, m^in à foulon, c^ne de Grandchamp.

Brots (Les), f°, c^ne de Parly.

Brouards (Les), hameaux, c^nes d'Égriselles et de Fouchères.

Brouets (Les), h. c^ne de Jouy.

Brouillards (Les), h. c^ne de Domats. — *Les Grands-Brouillards*, 1717; fief relev. de Courtenay avec office de prévôté (ém. de Saxe, inv.)

Brouilleret, h. c^ne d'Égriselles-le-Bocage, 1705 (reg. de l'état civil). — Auj. détruit.

Bru (Le Petit-). Voy. Béru.

Bruère, c^ne de Villiers-Saint-Benoît. Fief relevant du baron de Toucy en 1587.

Bruère (La), h. c^ne de Piffonds.

Bruère (La), h. c^ne de Saint-Sauveur. — *Bruières (Les)*, 1640 (abb. Saint-Germain d'Auxerre).

Bruère (La), ch. c^ne de Treigny; auj. détruit.

Brugènes (Les), m. i. c^ne de Mézilles.

Brûlées (Les), h. c^ne de Fontaines.

Brûlerie (La), h. c^ne de Rogny. — *La Bruslerye*, 1678 (ém. Rogres).

Brûleries (Les), h. c^ne de Dixmont. — *Les Brulis*, 1753 (plan de Valprofonde, abb. Saint-Marien).

Brûleries (Les), f°, c^ne de Lavau.

Brûleries (Les), tuil. c^ne de Saint-Aubin-Château-Neuf.

Brûleries (Les), h. c^ne de Saint-Julien-du-Sault.

Brûlés (Les), h. c^ne de Saints.

Brulis (Les), bois, c^ne de Tissey.

Bruneaux (Les), f°, c^ne de Bléneau.

Bruns (Les), h. c^ne d'Égriselles-le-Bocage. — *Les Brins*, 1754 (reg. de l'état civil).

Bruyère (La), m. i. c^ne de Dracy. — Ancien château en ruines. — *La Bruyère*, 1628 (f. Quinquet, arch. de l'Yonne).

Bruyère (La), h. c^ne de Fontaines.

Bruyère (La), m. i. c^ne de Fontenouilles.

Bruyère (La), h. c^ne de la Ferté-Loupière.

Bruyère (La), h. c^ne de Marchais-Beton.

Bruyère (La), tuil. c^ne de Thorigny.

Bruyère (La), f°, c^ne de Treigny.

Bruyère (La), c^ne de Verlin. — Ancien château détruit.

Bruyère (La), h. c^ne de Villefargeau. — *Bruère*, 1774 (reg. de l'état civil).

Bruyère (La), bois, c^ne de Saint-Georges. — *Brueria*, 1145 (cart. gén. de l'Yonne, I, 394).

Bruyères (Les), h. c^ne de Collemiers.

Bruyères (Les), h. c^ne de Dollot. — *Brières*, 1700 (reg. de l'état civil); 1786 (terrier de Dollot, bibl. de Sens).

Bruyères (Les), h. c^ne de Soumaintrain.

Buchin, m. i. c^be de Rouvray. — *Boschen*, 1238 (chap. d'Auxerre). — *Buchen*, 1393 (cart. du comté de Tonnerre, arch. de la Côte-d'Or). — Fief à manoir appartenant à l'abbaye Saint-Germain et ayant titre de prévôté ressortissant au baill. de Ligny.

Bucuin, ruiss. cᵉ de Montigny, se jette dans le Serain à Rouvray. — *Bucheins*, 1240 (cart. de l'abb. Saint-Germain, fᵒ 65 vᵒ). — *Buchien*, 1500 (abb. Saint-Germain).

Bucquinière (La Grande-), h. cⁿᵉ de Toucy.

Bucquinière (La Petite-), m. i. cⁿᵒ de Toucy.

Bufferie (La), m. i. cⁿᵉ de Prunoy.

Buuons (Les), h. cⁿᵉ de Perreux.

Buissenot (Le), fᵉ, cⁿᵉ d'Athie; autrefois de la châtellenie de l'Isle (prov. de Champagne).

Buisson (Le), h. cⁿᵉ d'Angely. — *Butiacum*, 1184 (cart. gén. de l'Yonne, II, 345). — Autrefois de la généralité de Paris et formant une commune séparée de celle d'Angely.

Buisson (Le), cⁿᵉ de Cerisiers, 1491 (arch. de Sens). — Lieu détruit.

Buisson (Le), h. cⁿᵉ de Saint-Fargeau. — *La Cour-Buisson*, xviiiᵉ siècle (plan de Saint-Fargeau, arch. de l'Yonne).

Buisson (Le), h. cⁿᵉ de Sainte-Colombe-sur-Loing.

Buisson (Le), cⁿᵉ de Venoy. Il est qualifié prévôté en 1524; seigneurie au chapitre d'Auxerre (chap. d'Auxerre).

Buisson (Le Haut-), h. cⁿᵉ de Grandchamp.

Buisson (Le Haut-), m. i. cⁿˢ de Rogny,

Buisson (Le Moulin du), cⁿᵉ de Sainte-Colombe-sur-Loing).

Buisson-Bonny (Le), m. i. cⁿᵉ de Saint-Sauveur.

Buisson-du-Deffant, cⁿᵉ de Mézilles; autrefois fief relevant de Mézilles.

Buisson-Fournier (Le), h. cⁿᵉ de Moulins-sur-Ouanne.

Buisson-Goudeau, 1697. Fief dépendant de la terre de Poilly-près-Aillant (prieuré de Vieupou). — *Gondeau*, fief, 1690 (*ibid.*).

Buisson-Héry, h. dép. des cⁿᵉˢ de Lain et de Saints.

Buisson-la-Gâtine (Le), h. cⁿᵉ de Villeneuve-sur-Yonne. — *Le Buisson*, 1753 (plan de Valprofonde, abb. Saint-Marien).

Buisson-Millot, bois, cⁿᵉ de Cry.

Buisson-Saint-Vrain (Le), h. cⁿᵉ de la Villotte. — Fief relevant de l'évêché d'Auxerre, 1523 (év. d'Auxerre).

Buisson-Seigneur (Le), h. cⁿᵉ de Villiers-Saint-Benoît.

Buisson-Simon, cⁿᵉ de Senan. — Château fort détruit, 1487 (aveu et dénombrement; arch. du château de Senan).

Buisson-Souef (Le), m. de pl. cⁿᵉ de Villeneuve-sur-Yonne.

Buissonnet (Le), h. cⁿᵉ de Sépaux.

Buissonnot (Le), fᵉ, cⁿᵉ de Poilly-près-Aillant.

Buissons (Les), fᵉ, cⁿᵉ de Lixy.

Buissons (Les), h. cⁿᵉ de Saint-Florentin.

Buissons (Les), fᵉ, cⁿᵉ de Villethierry.

Buissons-Hauts (Les), h. cⁿᵉ de Grandchamp.

Bureaux (Les), hameaux, cⁿᵉˢ de Courtoin et de la Ferté-Loupière.

Buscei, lieu détruit, cⁿᵉ de Quarré-les-Tombes, 1171 (cart. gén. de l'Yonne, II, 234).

Busciacus, lieu détruit, sur le ruisseau de Beaulche, vers 680 (cart. gén. de l'Yonne, I, 19).

Bussière (La), h. cⁿᵉ de Treigny. — Autrefois château et fief.

Bussière-des-Bois (La), h. cⁿᵉ de Moutiers.

Bussières, cⁿᵉ de Quarré-les-Tombes. — *Boisseriæ*, 1189 (cart. gén. de l'Yonne, II, 412).—*Busseriæ*, 1312 (chap. de Montréal). — *Buissière*, 1662 (recette d'Avallon). — *Cordois*, 1630 (reg. de l'état civil). — *La Bussière-Cordois* (Courtépée, VI, 7).

Bussières était, en 1789, du dioc. d'Autun, de la prov. de Bourgogne et du baill. d'Avallon. Ce lieu dépendait de la baronnie de Villarnoul.

Bussy-en-Othe, cⁿᵉ de Brienon. — *Buxido*, ixᵉ sᵉ (*Liber sacram.* ms bibl. de Stockholm). — *Bussiacum*, 1139 (cart. gén. de l'Yonne, I, 340). — *Buissiacum*, 1176 (*ibid.* II, 280). — *Buciacum*, xiiᵉ sᵉ (abb. de Dilo). — *Buci*, 1156 (*ibid.*). — *Buyssy*, 1302 (abb. Saint-Julien d'Auxerre). — *Buxi*, 1385 (abb. Saint-Julien). — *Buchy-en-Othe*, 1442 (abb. de Dilo).

Bussy-en-Othe était, avant 1789, du dioc. de Sens, de la prov. de l'Île-de-France et du présidial de Montargis. La seigneurie en appartenait aux comtes de Joigny.

Bussy-le-Repos, cⁿᵉ de Villeneuve-sur-Yonne. — *Buxis (De)*, 1156 (cart. gén. de l'Yonne, I, 538). — *Bussiacum*, 1174 (*ibid.* II, 255). — *Boissiacum-Repositum*, 1485 (arch. de Sens, coll. des bénéfices). — *Boissie-Repost*, 1453 (reg. des taxes, etc. dioc. de Sens, bibl. de cette ville, archev.). — *Bussy-le-Repos*, 1414 (chap. de Sens). — Terre appartenant, avant le xviiiᵉ siècle, à l'archevêché de Sens et au prieur de Saint-Sauveur-de-Bray; vendue en 1733 à M. Delpech.

Bussy-le-Repos était, avant 1789, du dioc. de Sens et de la prov. de l'Île-de-France et chef-lieu d'une prévôté qui s'étendait sur les nombreux hameaux de cette commune et ressortissait au baill. de Sens.

Butte (La), hameaux, cⁿᵉˢ de Bussy-le-Repos, de Lavau et de Villefranche.

Butte (La), m. i. cⁿᵒ de Villeneuve-sur-Yonne.

Butteau, m. c^ne de Lainsecq.

Butteaux, c^on de Flogny. — *Buutellum*, 1224; *Buc-tellum*, 1258 (abb. de Pontigny). — *Butieriæ*, 1485 (arch. de Sens, reg. des ordinations). — *Buetel*, 1218; *Buteau*, 1278 (abb. de Pontigny).

Butteaux était, avant 1789, du diocèse de Sens, de la province de l'Île-de-France et du bailliage de Troyes. La chapelle fut érigée en paroisse en 1680 (arch. de l'archevêché). Le fief en relevait de Saint-Florentin.

Butteaux (Les), h. c^ne de Cornant.

Buttes (Les), h. c^ne de la Ferté-Loupière.

Buzeaux (Les), h. c^ne de Saints. — *Les Bureaux*, 1693 (reg. de l'état civil).

C

Caboterie (La), h. c^ne de Précy.

Cachon (Moulin de), c^ne de Treigny.

Cadoux (Moulin), c^ne de Magny.

Caffiers (Les), f., c^ne de Jouy.

Cages (Les), h. c^ne de Villefranche.

Cagnats (Les), h. c^ne de Moutiers. — *Les Caignats*, 1668 (reg. de l'état civil).

Caillats (Les), m. i. c^ne de Rogny.

Caillaux (Les), f., c^ne de Saint-Fargeau.

Caillotte (Moulin de la), c^ne de Bouilly.

Caillotterie (La), f., c^ne de Bléneau, 1573 (f. Courtenay, arch. de l'Yonne).

Caillottes (Les), m. c^ne de Pourrain.

Calins (Les), h. c^ne de Diges.

Câlons (Les), h. c^ne de Mézilles.

Calots (Les), h. c^ne de Champignelles.

Caltinière (La), c^ne de Chevillon, 1630. Fief relevant de ce lieu et siège d'une prévôté (ém. de Villaine).

Camerole, m. et f., c^ne de Saint-Privé.

Camionnerie (La), h. c^ne de Toucy.

Camognière (La), f., c^ne de Saint-Privé.

Canal (Le), h. c^ne de Migennes.

Canal (Le) ou le Pont, h. c^ne de Tonnerre.

Canal de Bourgogne et canal du Nivernais. Voy. ces mots.

Canats, f., c^ne de Chevillon, 1614 (ém. de Villaine). — Auj. détruite.

Canatterie (La), h. c^ne de Grandchamp.

Canotte, f., c^ne de Noyers.

Cantins (Les), h. c^ne de Domats. — *Mellereau*, 1727; *Merlerot*, 1737 (reg. de l'état civil).

Capitière (La), h. c^ne de Champcevrais.

Caprencia, lieu détruit, aux environs de Vinneuf, 833 (cart. gén. de l'Yonne, I, 41).

Carats (Les), h. et m. c^ne de Fontaines.

Carbon (Le), f., c^ne de Champcevrais.

Cardeux (Les), h. c^ne de Lavau.

Carisey, c^on de Flogny. — *Carrisseyum*, 1116 (cart. gén. de l'Yonne, I). — *Quadrisiacum*, 1151 (*ibid.* 479). — *Carrisiacum*, 1226 (abb. de Pontigny). —

Cariceyum, 1536 (pouillé du dioc. de Langres). — *Quarrisy*, 1317 (cart. gén. du comté de Tonnerre, arch. de la Côte-d'Or). — *Quarresi*, 1322 (*ibid.*). — *Carisey*, 1531 (inv. des arch. du comté de Tonnerre). Fief relevant du comté du même nom.

Carisey était, avant 1789, du dioc. de Langres et de la prov. de l'Île-de-France et siège d'une prévôté ressortissant au baill. de la Chapelle-Vieille-Forêt.

Carlet, f., c^ne d'Annay-sur-Serain.

Caroline (La), m. i. c^ne de Champcevrais.

Caron, hameau dépendant des c^nes de Piffonds et de Subligny.

Carouble (La), h. c^ne de Perreuse.

Carouble (La), f., c^ne de Sainpuits.

Carpe (La), f., c^ne de Tonnerre.

Carreau, ruiss. c^ne de Bligny-le-Carreau, y prend sa source et se jette dans le ruisseau de Sinotte à Villeneuve-Saint-Salve.

Carreau (Le), c^ne de Bleigny. — *Le Carreau*, 1558 (abb. Saint-Germain). — Lieu aujourd'hui détruit.

Carreaux (Les), h. dépendant des c^nes de Toucy et de Fontaines.

Carrets (Les), m. i. c^ne de Flogny.

Carrière (La), f., c^ne de Fyé.

Carrière (La), m. i. c^ne de Moutiers.

Carrière (La), h. c^ne de Saint-Loup-d'Ordon.

Carrière-de-Puy (La), carrière, c^ne de Cry.

Carrières (Les), m. i. c^ne de Courlon.

Carrières (Les), h. c^ne de Molesme.

Carrouge, fermes, c^nes de Saints et de Saint-Sauveur.

Carrouge (Le), m. i. c^ne de Villeneuve-les-Genêts.

Carroux (Les), h. c^ne de Pourrain. — *Le Carreau*, 1760 (reg. de l'état civil).

Carroy (Le), métairie, c^ne de Saint-Martin-sur-Ouanne.

Carroys (Le), fief à manoir, c^ne de Saint-Loup-d'Ordon. — *Garrots*, 1362 (cart. de l'archev. de Sens, III, 132 r°, Bibl. imp.). — Détruit.

Cartauderie (La), fᵐᵉ... CARTAUDERIE (La), f°, cⁿᵉ de Saint-Valérien.

CARTERANNERIE (La), m. i. cⁿᵉ de Malicorne.

CARTRONS (Les), h. cᵛᵉ de Chevillon.

CASAUBA (La), m. i. cⁿᵉ de Saint-Martin-d'Ordon.

CASCADE (La), m. i. cⁿᵉ de Cudot.

CASSEAUX (Les), h. cⁿᵉ de Grandchamp.

CASSEMOUCHE, m. cⁿᵉ de Chemilly-sur-Serain.

CASSINE (La), tuil. cⁿᵉ de Nailly.

CASSINE (La), f°, cⁿᵉ de Précy-près-Aillant.

CASSINES (Les), f°, cⁿᵉ d'Ouanne.

CASTALONS (Les), h. cⁿᵉ de Chaumot.

CAUCASSERIE (La), f°, cᵛᵉ de Grandchamp.

CAULIACA SUPER ICAUNAM. Voy. CHOUILLY.

CAUME, f°, cⁿᵉ de Domecy-sur-Cure.

CAUME-AU-CERF (La), h. cⁿᵒ de Saint-Léger. — *Come-Girout*, 1471.

CAUME-DE-LA-BÉCASSE (La), h. cⁿᵉ de Saint-Léger.

CAUNIERS (Les), h. cⁿᵉ de Champcevrais.

CAUTATS (Les), m. i. cⁿᵉ de Verlin.

CAUX, f°, cⁿᵉ de Saint-Martin-des-Champs, après 1760 (plan, chap. de Saint-Fargeau).

CAVE (La), h. cⁿᵉ de Saint-Sérotin.

CAVE (La), h. cⁿᵉ de Lindry; nouvellement fondé.

CAVE (La), bois communal du hameau de Pernereau, commune de Migé.

CAVE-AUX-CERISIERS (La), h. cⁿᵉ de Fouchères. — Fief en 1520, relev. de Saint-Valérien (chap. de Sens).

CAVE-BASSE (La), f°, cⁿᵉ de Charny.

CAVE-GENÊT (La), h. cᵛᵉ d'Égriselles-le-Bocage.

CAVE-HAUTE (La), m. i. cⁿᵉ de Charny.

CAVES (Les), h. cⁿᵉ de Foissy. — Fief en 1687 (abb. de Vauluisant).

CAVES (Les), hameaux, cᵈᵉˢ de Rousson et de Saint-Martin-du-Tertre.

CAVES-BOIS-LE-ROI (Les), cⁿᵉ de Malay-le-Roi, seigneurie appartenant à l'abbaye du Lys dès le XIIIᵉ siècle. Prévôté dont le siége et le ressort étaient dans les bois du Lys.

CÉLÉGRIE (La), h. cⁿᵒ de Fontenouilles.

CÉLESTINS (Les), h. cⁿᵉ de Domats.

CÉLESTINS (Les), m. i. cⁿᵉ de Sens.

CELLE (La Petite-), h. cⁿᵉ de la Celle-Saint-Cyr.

CELLE-SAINT-CYR (La), cⁿᵉ de Saint-Julien-du-Sault. — *A la Cella*, IXᵉ siècle (*Liber sacram.* ms bibl. de Stockholm). — *Cella*, 1152 (abb. des Escharlis). — *Cella Sancti Cyrici*, XVIᵉ siècle (pouillé du dioc. de Sens). — *La Celle-Saint-Cyr*, 1492 (abb. des Escharlis).

La Celle était, avant 1789, du dioc. de Sens, de la prov. de l'Île-de-France et de l'élection de Joigny, et avait une prévôté ressortissant au baill. de Cézy, puis de là à celui de Joigny et enfin au présidial de Troyes. Le fief de la Celle relevait du comté de Joigny.

CELLES (Les), autrefois monastère de femmes, O. S. B. cⁿᵉ de Saint-Georges. — *Cella*, XIIIᵉ siècle (Bibl. hist. de l'Yonne, I, 472). — *Les Vieilles-Celles*, 1250 (Lebeuf, Hist. d'Auxerre, pr. IV, n° 179). — *Selles*, 1462 (abb. des Isles). — Simple chapelle au XVIIIᵉ siècle et auj. détruite.

CELLIER (Le), m. i. cⁿᵉ de Charbuy. — (Cassini.) Détruite.

CENARDIÈRE (La), h. cⁿᵉ de Savigny.

CENDRONNERIE (La), h. cⁿᵉ de Grandchamp.

CENSY, cⁿ de Noyers. — *Soenci, Suenceium, Sanceium, Sinxeium*, XIIᵉ siècle (arch. du ch. de Vausse). — *Sancy*, 1622 (reg. pour le règlement des forêts de la maîtrise de Semur, arch. de l'Yonne).

Censy était, avant 1789, du dioc. de Langres et de la prov. de Bourgogne, subdélégation de Noyers, et ressortissait au baill. de Semur.

CENT-ARPENS (Les), f°, cⁿᵉ de Champcevrais.

CERCE, cⁿᵉ de Magny. — *Sarces*, 1256 (D. Plancher, II, pr. n° 56). — *Domus Dei de Sarces*, XIVᵉ siècle (pouillé du dioc. d'Autun). Il y avait en ce lieu une léproserie dépendant de l'abb. de Marcilly. — *Cerce*, 1783 (état gén. des villes, etc. du duché de Bourgogne).

CERCE, ruiss. cⁿᵉ de Sauvigny-le-Bois, prend sa source à Montjalin et se jette dans l'étang de Tobie, commune d'Avallon.

CERCEAUX (Les), f°, cⁿᵉ de Champignelles.

CERF (Le), f°, cⁿᵉ de Joux. — 1679, rôle des feux du baill. d'Avallon (arch. de la Côte-d'Or).

CÉRILLY, cⁿ de Cerisiers. — *Cirillei*, IXᵉ sᵉ (*Liber sacram.* ms bibl. de Stockholm). — *Ciriliacum*, 1129 (cart. gén. de l'Yonne, II, 52). — *Cyrilleus et Cyrilleius*, av. 1143 (*ibid.* 364). — *Cirilleius*, vers 1145 (*ibid.* I, 406). — *Chirilliacum*, 1146 (*ibid.* 412). — *Cerili*, 1212 (chap. de Sens). — *Cerilly*, 1453 (reg. des taxes, etc. dioc. de Sens, bibl. de Sens, archev.).

Cérilly était, avant 1789, du dioc. et du baill. de Sens et de la prov. de l'Île-de-France. Le fief en relevait de l'abb. de Vauluisant, et Cérilly était le siége d'une prévôté ressortissant primitivement au baill. de Vauluisant.

CERISIERS, arrond. de Joigny. — *Cerserio*, IXᵉ siècle (*Liber sacram.* ms bibl. de Stockholm). — *Cerise-rium*, 1156 (cart. gén. de l'Yonne, I, 547). — *Cerasariæ*, 1198 (abb. de Dilo). — *Seraseiæ*, XVIᵉ siècle (pouillé du dioc. de Sens). — *Cereisers*, 1198 (abb. de Dilo). — *Cerisers*, 1211 (*ibid.*). — Commanderie de l'ordre de Saint-Jean de Jérusalem.

Cerisiers était, avant 1789, du dioc. et du baill. de Sens et de la prov. de l'Île-de-France. Sa prévôté s'étendait sur toute la paroisse.

CERTAINES, h. c^ne de Prunoy. — *Les Sertaines*, 1760 (plan de la terre de Prunoy, arch. du ch.).

CÉSY, c^on de Joigny. — *Cesiacus*, 631 (D. Cottron, Vie de saint Loup, ms bibl. d'Aux.). — *Kriciaco*, IXe s^e (*Liber sacram.* ms bibl. de Stockholm). — *Saisyacum*, 1482 (ch. de Sens). — *Cesiacum*, XVIe siècle (pouillé du dioc. de Sens). — *Cesi*, 1302 (abb. Saint-Julien d'Auxerre). — *Seizy*, 1365 (E. c^ue de Chitry, arch. de l'Yonne). — *Saisy*, 1500 (Célestins de Sens). — *Césy*, 1553, châtellenie du baill. de Troyes dont dépend. Thesme, Péage-Dessous, la Celle-Saint-Cyr, la Petite-Celle, Saint-Aubin-sur-Yonne et la Tuilerie (Coutume de Troyes, 638). — *Césy*, 1547, fief relev. du comté de Joigny (ém. Doublet de Persan).

Césy était, au VIIe siècle, du pagus et du dioc. de Sens, et en 1789, de la prov. de l'Île-de-France. Le prieuré-cure dép. de l'abb. Saint-Père d'Auxerre.

CHAANOY (LES), c^ne de Sommecaise. — 1328 (cart. de l'abb. Saint-Germain d'Auxerre). — Lieu détruit.

CHABLEIÆ-VETERES. — 1209, *le Vieux-Chablis*, partie de la ville de Chablis la plus ancienne (abb. de Quincy).

CHABLIS, arrond. d'Auxerre. — *Capleia, in pago Tornodorensi*, 867 (cart. gén. de l'Yonne, I, 96). — *Chableia et Chableiæ*, 1118 (*ibid.* 234). — *Cableiacum*, 1138 (*ibid.* 327). — *Chableium*, 1172 (*ibid.* II, 237). — *Caplegiæ*, 1198 (*ibid.* 489). — *Chablies*, 1187 (*ibid.* 379). — *Chablis*, 1308 (arch. de l'Empire, J 415, n° 97). — *Ecclesia Sancti Martini de Chableia*, collégiale dépendant de l'abb. Saint-Martin de Tours, fondée en mémoire du transport des reliques de saint Martin, au IXe siècle, lors des incursions des Normands.

Chablis était, avant 1789, du dioc. de Langres et de la prov. de l'Île-de-France. Il y avait une prévôté royale établie par Charles V, en 1367, et une prévôté seigneuriale dép. du grand prévôt de Chablis, dignitaire de l'abb. Saint-Martin de Tours. Les deux prévôts fonctionnaient alternativement, et leurs sentences ressort. au baill. de Villeneuve-le-Roi.

CHABOUILLERIE (LA), f^e, c^ne de Chéroy.

CHABOURAILLE (LA), h. c^ue de Perreux.

CHABOUTS (LES), h. c^ne de Fontaines.

CHAGNATS (BOIS DE), c^ne de Jully.

CHAGNATS (LES), c^ne de Saint-Germain-des-Champs, bois dans lequel on a trouvé les vestiges d'une magnifique villa romaine.

CHAGNOT ou BAUDOUILLE, ruiss. c^ne de Sainte-Colombe,

arrond. d'Avallon, où il prend sa source, et se jette dans le Serain à Dissangis.

CHAILLEUSE, h. c^ne de Senan. — *Calosa*, 1120 (cart. gén. de l'Yonne, I, 141). — *Chaillosa*, 1151 (*ibid.* 483). — *Chalosa*, 1163 (*ibid.* II, 149).

CHAILLEY, c^on de Brienon. — *Challiacum*, 1126 (cart. gén. de l'Yonne, I, 260). — *Challetum*, 1139 (*ibid.* 342). — *Challeium*, 1157 (*ibid.* II, 352). — *Challi*, 1203 (abb. de Pontigny). — *Chailly*, 1325; *Challey*, 1603 (*ibid.*). — Terre dép. de l'abb. de Pontigny; avant 1789, du dioc. et du baill. de Sens, prov. de l'Île-de-France, et siége d'une prévôté.

CHAILLOT, h. c^ne de Saint-Maurice-le-Vieil. — *Capilliacum*, 887-909 (*Gesta pontif. Autiss.* Bibl. hist. I, 362).

CHAILLOTS, h. c^ne de Saint-Denis-sur-Ouanne.

CHAILLOTS (LES), c^ne de Sens. — *Chaliciacus*, 1033 (*Chron. de Clarius Spicil.* II, 742, in-4°).

CHAILLOU (LE), h. c^ne de Treigny.

CHAILLOUX (LES), h. c^ne de Sommecaise.

CHAINEAUX (LA), c^ne de Charbuy. — *La Chesnault*, 1668; *la Chaineaux*, 1759 (reg. de l'état civil). — Autref. ch. et fief, auj. détruit.

CHAINEAUX (LES), h. c^ne de Diges. — *Cheneaux*, 1704 (reg. de l'état civil). — *Le Chesneaux*, 1713, seigneurie (E. f. Villetard, arch. de l'Yonne).

CHAÎNÉE (LA), f^e, c^ne de Foissy. — *Les Chénées*, 1788 (cadastre E. 84).

CHAINQ, h. c^ne de Neuvy-Sautour.

CHAIR-AU-DIABLE, f^e, c^ne de Pontigny. — *Charrault*, 1519: ce nom était celui du fermier (abb. de Pontigny). — Auj. détruite.

CHALANDRIE (LA), h. c^ue de Treigny. — *Chalandise*, 1693 (év. d'Auxerre).

CHALANGÈRES (LES), bois, c^ne de Moulins, arr. de Tonnerre.

CHALECI (PORTUS DE), port situé sur la c^ne de Gron, sur l'Yonne, 1212 (chap. de Sens, chan. de Notre-Dame).

CHALET (LE), f^e, c^ne de Fontenoy.

CHALETS (LES), h. c^ne de Dicy.

CHALMINAIN, f^e, c^ne de Treigny. — 1693 (év. d'Auxerre). — Auj. détruite.

CHALMINS (LES), h. c^ne de Lavau.

CHALONGE, f^e, c^ne de Villeneuve-le-Roi. — *Kalungium*, 1199 (cart. gén. de l'Yonne, II, 486).

CHALONNERIE (LA), h. c^ne de Saint-Privé.

CHALOPIN, h. c^ne de Michery.

CHAMAILLARDS (LES), h. c^ne de Saint-Martin-sur-Ouanne.

CHAMBAULT, f^e, c^ne de Saint-Fargeau. — *Archambault*, XVIIIe siècle, dép. du marquisat de Saint-Fargeau.

CHAMBERLIN, m. i. c^{ne} de Sainte-Magnance.

CHAMBEUGLE, c^{on} de Charny. — *De Campobulleyo*, 1486 (arch. de Sens, reg. de collations). — *De Campo Bubali*, 1695 (pouillé du dioc. de Sens). — *Chambugle*, 1394 (Hist. gén. de la Maison de Courtenay, 128). — *Chambeuille*, 1653 (E. f. Quinquet). — *Chambugle*, 1635 (ém. Rogres).

Chambeugle était, avant 1789, du dioc. de Sens, de la prov. de l'Île-de-France et du présidial de Montargis. Il y avait autref. une comm^{rie} de l'ordre de Malte (arch. de l'Empire, S 5548 à 67).

CHAMBIENNERIE (LA), h. c^{ne} de Saint-Valérien.

CHAMBONNERIE, h. c^{ne} de Lavau; détruit.

CHAMBROTTES (LES), ch. c^{ne} de St-Brancher; détruit.

CHAMELARD, h. c^{ne} de Mélisey. — 1527, fief relev. du comté de Tonnerre (inv. des arch. du comté, XVIIe siècle). — Siége d'une prévôté ressort. au baill. de Tonnerre.

CHAMOUX, c^{on} de Vézelay. — *Chamo*, XVe siècle (pouillé du dioc. d'Autun). — *Chamou*, XVIe siècle (E. c^{ne} de Chamoux, arch. de l'Yonne). — *Chamo*, 1561 (proc.-verb. de la coutume d'Auxerre, f° 49 r°).

Chamoux était, avant 1789, du dioc. d'Autun et de la prov. de l'Île-de-France et ressort. au baill. d'Auxerre.

CHAMP (LE GRAND-), f^e, c^{ne} d'Hauterive. — *Les Arcis*, 1782, nom du propriétaire (reg. de l'état civil).

CHAMPAGNE (LA), hameaux des c^{nes} de Guerchy et de Saint-Valérien.

CHAMPBALAI, f^e, c^{ne} de Dixmont.

CHAMP-BERTRAND, f^e, c^{ne} de Sens. — 1367, fief relev. de l'archev. de Sens (cart. de l'archev. de Sens, III, 129 v°, Bibl. imp.).

CHAMP-BLANC (LE), f^e, c^{ne} de Beauvoir.

CHAMP-CALLOT (LES MOULINS DU), c^{ne} de Merry-Sec.

CHAMPCEVRAIS, c^{on} de Bléneau. — *Campus Silvestris*, 1276 (Hist. gén. de la Maison de Courtenay, 63). — *Champsevroy*, 1453 (reg. des taxes, etc. dioc. de Sens, bibl. de cette ville, archev.). — *Champsevrais*, XVIe siècle (pouillé du dioc. de Sens).

Champcevrais était, avant 1789, du dioc. de Sens et de la prov. de l'Île-de-France.

CHAMP-CHARLOT (LE), f^e, c^{ne} d'Étivey.

CHAMP-CHATIN, f^e, c^{ne} d'Argenteuil. — 1780 (plan, C. 101, arch. de l'Yonne).

CHAMP-CHOLIN, m. i. c^{ne} de Moulins-près-Noyers.

CHAMP-CLÉRY, f^e, c^{ne} de Coulours.

CHAMPCLOS, f^e, c^{ne} de Dixmont; détruite.

CHAMPCLOS, hameaux des c^{nes} de Pourrain et de Diges.

CHAMPCORGEAN, h. c^{ne} de Charny.

CHAMP-COBNILLE, f^e, c^{ne} de Montillot; auj. détruite, et son emplacement est couvert de bois.

CHAMP-D'ALOUE, fabrique de noir animal, c^{ne} de Sens.

CHAMP-DAMEROT (LE), hameaux des c^{nes} de Saints et de Sementron.

CHAMP-D'AUNAIES (LE), h. et tuil. c^{nes} de Fouchères et de Saint-Valérien.

CHAMP-D'HIVER (LE) ou LES BARRERIES, h. c^{ne} de Chéroy.

CHAMP-DE-LOIRE (LE), m. i. c^{ne} de Blacy.

CHAMP DE SAINTE-ANNE (LE), m. i. c^{ne} de Molosme.

CHAMP-DES-ISLES, h. c^{ne} de Saint-Privé.

CHAMP-DE-VAUX, f^e, c^{ne} de Courson. — 1661, fief relev. de la terre de Courson (ém. Coignet).

CHAMPDOLENT, h. c^{ne} de Mézilles.

CHAMPDOYEN, bois, c^{ne} de Tonnerre.

CHAMP-DU-CHARME (LE GRAND), f^e, c^{ne} des Siéges. — 1628, terrier de Sens, les Siéges, etc. (abb. Saint-Remy de Sens).

CHAMP-DU-FEU (LE), f^e, c^{ne} d'Annay-la-Côte.

CHAMP-DU-FOURNEAU (LE), f^e, c^{ne} de Grandchamp.

CHAMP-DU-NOYER, m. i. c^{ne} de Bléneau.

CHAMP-DU-PUITS (LE), h. c^{ne} de Lindry.

CHAMPEAU-LE-GRAND, h. c^{ne} de Voisines.

CHAMPEAU-LE-PETIT, f^e, c^{ne} de Voisines.

CHAMPEAUX, h. c^{ne} de Toucy.

CHAMPEAUX-LOUPS (LE), h. c^{ne} de Grandchamp.

CHAMPFERMÉ, bois, c^{ne} de Fouronnes.

CHAMP-FÊTU, f^e et tuil. au milieu des bois, c^{ne} de Theil. — *Champ-Festu*, 1671 (abb. de Dilo).

CHAMP-FUETTE, f^e, c^{ne} de Dixmont.

CHAMP-GARNIER (LE), f^e, c^{ne} d'Argenteuil.

CHAMP-GORGEON, h. c^{ne} de Charny.

CHAMP-GRAS, h. c^{ne} de Mailly-le-Château. — *Champ-au-Gras*, 1667 (reg. de l'état civil).

CHAMP-GRILLOT, f^e, c^{ne} de Noyers.

CHAMPIE (LA), h. c^{ne} de Précy.

CHAMPIEN, h. c^{nes} d'Avallon et de Pontaubert. — *De Campo Pagani*, 1167 (cart. gén. de l'Yonne, II, 195). — *Champain*, 1176 (ibid. 276). — *Champaen* et *Champaien*, 1366, terr. de la malad. d'Avallon (arch. d'Avallon). — *Champoyen*, 1486, terrier d'Avallon (arch. de la Côte-d'Or). — *Champyen*, 1558 (chap. d'Avallon). — Il y existait autref. un château fort, appartenant aux seigneurs de Champien.

CHAMPIGNEAUX (LES), h. c^{ne} de Levis.

CHAMPIGNELLES, c^{on} de Bléneau. — *Champingol*, IXe s^e (*Liber sacram.* ms bibl. de Stockholm). — *Campinol*, 1170 (cart. gén. de l'Yonne, II, 220). — *Champignoliæ*, 1197 (Du Bouchet, Hist. gén. de la Maison de Courtenay, pr. 25). — *Campignolles*, 1376 (arch. de l'Empire, P. 132, f° 11). — *Champignelles*, 1453 (reg. des taxes, etc. dioc. de Sens, bibl. de cette ville, archev.).

Champignelles était, avant 1789, du dioc. de Sens et de la prov. de l'Île-de-France; le fief en relev. du roi, à Villeneuve-le-Roi, 1377 (arch. de l'Empire, section domaniale, P. 132).

CHAMPIGNY, c^on de Pont-sur-Yonne. — *Campaniacum*, IXe siècle (*Liber sacram.* ms bibl. de Stockholm). — *Campiniacus*, 872 (D. Bouquet, VIII, 639). — *Campigniacum*, 1272 (prieuré de la Cour-Notre-Dame). — *Champigny*, 1295 (Chartreux de Béon). — *Champigny-sur-Yonne*, 1389 (Trésor des chart. reg. 136, n° 206). — Le fief de Champigny relev. de la terre de Bray (archev. de Sens, reg. des fiefs).

Champigny était, au IXe siècle, du pagus et du dioc. de Sens, et, avant 1789, de la prov. de l'Île-de-France, et siége d'une prévôté ressort. au baill. de Sens.

CHAMPIGNY, forges, c^ne de Saint-Aubin-Château-Neuf. — 1495 (compte du chap. de Sens).

CHAMPION (LE), h. c^ne de Bœurs.

CHAMPIONS (LES), h. c^ne de Dracy.

CHAMPIONS (LES), tuil. c^ne de Mézilles.

CHAMP-JEAN, h. c^ne de Brannay. — Fief relev. de Dollot, 1786, ancien château déjà ruiné au XVIIIe siècle (terrier de Dollot, bibl. de Sens).

CHAMP-LA-BIQUE, bois, c^ne de Lucy-sur-Cure.

CHAMP-LANDRY (LE), h. c^ne de Germigny. — *Chalandry*, 1665 (reg. de l'état civil).

CHAMPLAY, c^on de Joigny. — *Campus Laicus*, IXe siècle (*Liber sacram.* ms bibl. de Stockholm). — *Chanleiolus*, 1152 (cart. gén. de l'Yonne, I, 504). — *Canliacum*, 1170 (*ibid.* II, 229). — *Chanleia*, 1184 (*ibid.* II, 346). — *Chanlaium*, 1184 (abb. de Dilo). — *Chamlay*, 1195 (cart. gén. de l'Yonne, II, 470). — *Chante*, 1208; *Chanlai*, XIIIe siècle (abb. des Escharlis). — *Champlay*, 1453 (registre des taxes, etc. dioc. de Sens, bibl. de cette ville, archevêché).

Champlay était, avant 1789, du dioc. de Sens, de la prov. de l'Île-de-France et du baill. de Villeneuve-le-Roi.

CHAMPLAY (LA MOTTE-), ancien château fort considérable, c^ne de Tannerre; auj. détruit.

CHAMPLEAU, h. c^ne de Toucy. — *Champleau*, XVIIIe siècle (év. d'Auxerre).

CHAMPLIVAUT (LE), f^e, c^ne de Lavau. — Il y avait autref. un château qui est détruit.

CHAMPLIVE, c^ne de Massangis. — *Campolcviæ domus*, 1164 (cart. gén. de l'Yonne, II, 172); lieu détruit auj. climat (cadastre, sect. C). — *Canlive*, 1189 (cart. *ibid.* 405).

CHAMPLOIS, h. c^ne de Quarré-les-Tombes. — *Champelois*, 1543 (rôles des feux du baill. d'Avallon). —

Champeloix, 1569 (ém. Montmorency-Robeck). — Le château est détruit.

CHAMPLOISEAU, h. c^ne de Guerchy. Il y avait autref. un ch. qui est détruit, et qui relevait en fief du comté de Joigny.

CHAMPLOST, c^on de Brienon. — *Cambloscum*, vers 850 (Camusat, *Promptuarium*, charte de Charles le Chauve pour l'abb. de Celles). — *Canloustus*, 1151 (cart. gén. de l'Yonne, I, 487). — *Chanlotum*, 1214 (abb. de Dilo). — *Canlost*, 1151 (cart. gén. de l'Yonne, I, 486). — *Chanloth*, 1157 (*ibid.* II, 85). — *Chanlot*, 1168 (abb. de Pontigny). — *Chamlo*, 1231 (cart. de l'abb. Saint-Germain, f° 67 v°). — *Champlost*, 1453 (reg. des taxes, etc. dioc. de Sens, bibl. de cette ville, archev.). — *Chanlost*, 1636 (reg. de l'état civil). — Châtellenie du baill. de Troyes au ressort de Saint-Florentin. — Le ch. a été détruit en 1831.

Champlost était, au IXe siècle, du pagus et du dioc. de Sens, et, avant 1789, de la prov. de l'Île-de-France. Il relevait en fief, en 1390, du ch. de Saint-Florentin (arch. de l'Empire, P. 12, f° 102 et suiv.).

CHAMP-MARTIN-D'EN-BAS et D'EN-HAUT, hameaux, c^ne de Lainsecq.

CHAMP-MILLIER, ruiss. qui prend sa source à Époisses (Côte-d'Or) et se jette dans le ruiss. de Perrigny, c^ne de Guillon.

CHAMP-MORLAIN, h. c^ne de Sainte-Magnance. — *Chamollain*, 1472 (chap. d'Avallon, comptes). — *Charmolin*, 1531 (*ibid.*). — *Chammorlien*, 1679 (rôles des feux du baill. d'Avallon). — Fief relev. du ch. de Chastellux.

CHAMPOINTS (LES), f^e, c^ne de Diges.

CHAMPOMARD (FIEF DE), c^ne de Tissey, avec prévôté ressort. au baill. de Tonnerre et appart. à l'hôpital de cette ville.

CHAMPOURY, h. c^ne de Sépaux.

CHAMPOUX, h. c^ne de Molesme. — *Champol*, 1197 (abb. de Reigny). — *Champou*, 1283 (év. d'Aux. L. Gy-l'Évêque).

CHAMP-PONCHER (LE), f^e, c^ne de Volgré.

CHAMPREAUX, m^in, c^ne de Massangis.

CHAMPRENEAU, m. de garde, c^ne de Lichères-près-Vézelay. — *Champorno*, 1699, domaine (plan à l'abb. de Reigny).

CHAMPROND, c^ne de Vaudeurs. — *Campus Rotondus*, 1233 (abb. de Dilo). — Ferme dép. de l'abb. Saint-Remy de Sens, en 1565 (bibl. de Sens, abb. Saint-Remy).

CHAMPRONS, c^ne de Vinneuf. — *Caprenciæ*, 833 (cart. gén. de l'Yonne, I, 41). — *Campus Rotondus*,

4.

1269 (prieuré de la Cour-Notre-Dame). — Lieu détruit, dont il n'existe plus qu'une chapelle.

CHAMPROUX, f°, c°° de Dracy.

CHAMP-SEREIN, f°, c°° de Noyers. — *Chanserin*, 1725; . *Chaserin*, 1779 (reg. de l'état civil).

CHAMP-TROGNON (LE), c°° de Champignelles.

CHAMP-TROUVÉ, f°, c°° de Germigny. — *Campus inventus* ou *repertus*, 1143 (cart. gén. de l'Yonne, I, 368 et 511).

CHAMPS, c°° d'Auxerre (est). — *Campi*, 1188 (cart. gén. de l'Yonne, I, 386). — *Chams*, 1280 (abb. Saint-Julien d'Auxerre). — *Champs*, 1339 (état des biens de l'Hôtel-Dieu d'Auxerre). — Fief relevant du roi comme comte d'Auxerre.

Champs était, avant 1789, du dioc. d'Auxerre et de la prov. de l'Île-de-France.

CHAMPS (LES GRANDS-), fermes, c°°° de Saint-Martin-du-Tertre et de Saint-Sauveur.

CHAMPS (LES GRANDS-), m. i. c°° de Saints.

CHAMPS-BLANCS (LES), h. c°° de Saint-Aubin-Château-Neuf.

CHAMPS-DE-CRAIN (LES), f°, c°° de Crain.

CHAMPS-LANDRY (LES), h. c°° de Saint-Florentin.

CHAMPS-LONGS (LES), f°, c°° de Champcevrais.

CHAMPTELOU (LA MOTTE-DE-), c°° de Leugny. — 1516 (minutes d'Armant, notaire). — Lieu détruit.

CHAMPVALLON, c°° d'Aillant. — *Campus Walo*, vers 1080 (cart. gén. de l'Yonne, II, 19). — *Canvalo*, 1151 (*ibid.* I, 485). — *Chanvalun*, 1172 (*ibid.* II, 236). — *Champvallon*, 1491, terrier de Senan (arch. du château).

Champvallon était, au xvi° siècle, un h. de la c°° de Senan; avant 1789, du dioc. de Sens, de la prov. de l'Île-de-France et du baill. de Troyes.

CHAMVRES, c°° de Joigny. — *Canabus*, xv° siècle (Nécrol. de l'hôpital de Joigny, aux arch. dudit hôpital). — *Chanvres*, 1269 (abb. Saint-Pierre-le-Vif de Sens).

Chamvres était, avant 1789, du dioc. de Sens, de la prov. de l'Île-de-France, et prévôté ressort. au baill. de Joigny. — La paroisse avait été érigée en 1349, et distraite alors de celle de Béon avec les ham. de Leschères et de Cheminot (archev. de Sens, cart. du xv° siècle). — Le fief de Chamvres relev. du comté de Joigny (Davier, Mém. sur Joigny, II).

CHANCIER (LE), h. c°° de Soumaintrain.

CHANCRY, h. c°° d'Escamps.

CHANDELIERS (LES), h. c°° de Cerisiers.

CHANTEREINE, h. c°° de Saint-Georges.

CHANTEREINE, h. c°° de Sommecaise. — *La Rue de Chanterene*, 1781 (reg. de l'état civil).

CHANTEREINE, m. de pl. c°° de Villefranche.

CHANTEREINE, f°, c°° de Villefranche.

CHANTEREINE, ruiss. c°° de Chevillon, où il prend sa source, et se jette dans l'Ouanne à Douchy.

CHANTIER-DES-COCHES (LE), m. i. c°° de Villeneuve-sur-Yonne.

CHANT-OISEAU, f°, c°° de Tannerre.

CHAPEAU (LE), c°° de Sens. — *Capetum*, 974 (cart. gén. de l'Yonne, I, 145). — *Capetas*, 1157 (*ibid.* II, 86). — Lieu détruit.

CHAPELLE (LA), m. i. c°° d'Asnières.

CHAPELLE (LA), h. c°° de Champigny. — *Capella defuncti Pagani*, 1275 (chartreux de Béon). — *La Chapelle feu Paien*, 1407, chap. de Sens; autref. paroisse (pouillé de Sens, 1695, p. 105).

CHAPELLE (LA), h. c°° de Courson. — 1570, fief relevant du roi et dépendant de la terre de Courson (ém. Coignet).

CHAPELLE (LA), hameaux, c°°° de Dracy, Mailly-le-Château, Pourrain, Treigny et Tannerre.

CHAPELLE (LA), h. c°° de Saints, jadis seigneurie dép. du comté de Saint-Fargeau, xvi° siècle (abb. Saint-Germain).

CHAPELLE (LA), h. c°° de Venoy. — *Capella et Vetera prata*, 1144 (cart. gén. de l'Yonne, I, 382).

CHAPELLE (LA PETITE-), h. c°° de Saints.

CHAPELLE-DU-BOIS (LA), c°° de Joux-la-Ville. — 1690, seigneurie appart. à l'abb. Saint-Germain d'Aux. (abb. Saint-Germain). — Auj. détruite.

CHAPELLE-LAURENT (LA), h. c°° de Courson.

CHAPELLE SAINT-DENIS, c°° de Bligny-le-Carreau. — *Chapelle*, 1686 (abb. Saint-Marien d'Auxerre). — Auj. détruite.

CHAPELLE SAINT-GERMAIN (LA), c°° de la Chapelle-sur-Oreuse. — *Sanctus-Germanus super Orosam*, 1157 (cart. gén. de l'Yonne, II, 87). — Lieu détruit, situé à un kilom. de la Chapelle-sur-Oreuse.

CHAPELLE SAINT-GEORGES, chapelle, c°° de Moutiers; auj. détruite.

CHAPELLE-SAINT-LAZARE, mag. d'écorce, c°° de Toucy.

CHAPELLE-SOUS-LE-VAULT (LA), c°° de Vault-de-Lugny. Autrefois comm°°° dépendant de celle de Pontaubert, ordre de Saint-Jean-de-Jérusalem, 1486 (terrier d'Avallon, Côte-d'Or). — Lieu détruit.

CHAPELLE-SUR-OREUSE (LA), c°° de Sergines. — *Sancti Laurentii Ecclesia*, 1157 (cart. gén. de l'Yonne, II, 87). — *Capella super Orosam*, 1190 (abbaye de Vauluisant).

La Chapelle-sur-Oreuse était, avant 1789, du dioc. de Sens et de la prov. de l'Île-de-France et le siége d'une prévôté ressortissant au baill. de Sens.

CHAPELLE-VAUPELTAIGNE (LA), c°° de Ligny. — *Capella de Vallopeletana*, 1126 (cart. gén. de l'Yonne, I, 232).

— *Capella juxta Ponchiacum*, 1156 (*ibid.* 546). — *Capella juxta Melligniacum*, 1220 (Chantereau-Lefebvre, Traité des fiefs, pr. p. 117). — *La Chapelle-dessus-Maligny*, vers 1430; *la Chapelle-Vaupeletaigne*, 1501 (arch. du ch. de Maligny). — *La Chapelle-de-Vaupelletaine*, 1516 (petit cart. de Saint-Michel, arch. de l'Yonne).

La Chapelle était, avant 1789, du dioc. de Langres, de la prov. de l'Île-de-France et du baill. de Troyes en appel de Maligny.

CHAPELLE-VIEILLE-FORÊT (LA), c⁰ⁿ de Flogny. — *La Chapelle-les-Floigne*, 1343 (cart. du comté de Tonnerre, arch. de la Côte-d'Or). — *La Vieille-Forêt*, 1514 (ém. Boucher). — Fief relevant du comté de Tonnerre.

La Chapelle-Vieille-Forêt était, avant 1789, du dioc. de Langres et de la prov. de l'Île-de-France et ressortissait directement au baill. de Sens; elle était le siége d'un baill. particulier.

CHAPELLERIE, c⁰ⁿ de Mézilles, 1399. — Fief relevant du seigneur de Saint-Fargeau (Bⁱⁿ de la Société des sciences de l'Yonne, 1858).

CHAPELLES (LES), hameaux des communes de Bléneau, Cerisiers, Montacher, Villethierry et Blennes.

CHAPELOTTE (LA), h. c⁰ⁿ de Villeneuve-la-Guyard. — *Capotenus*, 833 (cart. gén. de l'Yonne, I, 39). — *Capella*, 1159 (*ibid.* II, 104). — *Capella de Vovio*, 1437, et *Capella Viduarum*, 1467 (pouillé du diocèse de Sens), 1695. — *La Chapelle-aux-Veuves*, 1667 (ém. Rossel). — Autrefois paroisse du patronage de l'abb. Saint-Remy de Sens et seigneurie réunie à Villeneuve-la-Guyard.

CHAPIERS (LES), h. c⁰ⁿ de Saint-Martin-d'Ordon. — *Les Chapeliers*, 1789 (état civil).

CHAPIOTERIE (LA), manœuv. c⁰ⁿ de Saint-Martin-d'Ordon.

CHAPITRE, h. c⁰ⁿ de Dixmont. — Autrefois bois qui furent défrichés; fief en 1735 (chap. de Sens, plan).

CHAPITRE (LE), h. c⁰ⁿ de Champigny.

CHAPOLINE (LA), f⁰, c⁰ⁿ de Ravières. — *Chapoulaine*, XVIIIᵉ siècle (plan cadastral, arch. de l'Yonne).

CHAPONNERIE (LA), f⁰, c⁰ⁿ de Louesme.

CHAPONS (LES), h. c⁰ⁿ de Mézilles.

CHAPPE, h. c⁰ⁿ de Lainsecq. — *Aduna Capa*, vers 680 (cart. gén. de l'Yonne, I, 21).

Chappe était, au VIIᵉ siècle, du pagus d'Auxerre.

CHAPPE (LA), f⁰, c⁰ⁿ de Tonnerre. — *Cappa*, 1179 (cart. gén. de l'Yonne, II, 305).

CHARBONNIÈRE, h. c⁰ⁿ de Magny. — *Carbonneriæ*, 1147 (cart. gén. de l'Yonne, I, 436). — *Charboneriæ*, 1220 (prieuré de Vieupou). — Prieuré de l'ordre de Grandmont, dépendant de celui de Vieupou; cha-

pelle, en 1491, dépendant de l'abbaye de Reigny (abb. de Reigny, l. I).

CHARBONNIÈRE, f⁰, c⁰ⁿ de Rozoy. — *Charbonnières*, 1508 (censier de Véron, chap. de Sens).

CHARBONNIÈRE (LA), hameaux des communes de Champignelles, Courtois, Escamps, Montillot.

CHARBONNIÈRE (LA), h. c⁰ⁿ de Sormery. — *Les Charbonnières*, 1743 (reg. de l'état civil).

CHARBUY, canton ouest d'Auxerre. — *Carbaugiacus*, VIIᵉ siècle (*Gesta pontif. Autiss.*). — *Charbuiacum*, XIIᵉ siècle (*ibid.* Bibl. hist. de l'Yonne, I, 424). — *Charbuia*, 1172 (cart. gén. de l'Yonne, I, 511). — *Charbuyacum*, XVᵉ siècle (pouillé du diocèse d'Auxerre). — *Charbui*, 1240 (abb. Saint-Marien d'Auxerre). — *Cherbuy*, 1595 (év. d'Auxerre).

Charbuy était, au VIIᵉ siècle, du pagus et de l'év. d'Auxerre, et, en 1789, de la prov. de l'Île-de-France et de l'élection de Tonnerre, et ressortissait au baill. d'Auxerre.

CHARDONNERIE (LA), m. i. c⁰ⁿ de Charny.

CHARDONNIÈRE (LA), m. c⁰ⁿ de Saint-Fargeau.

CHARDRONNIÈRE (LA), h. c⁰ⁿ de la Villotte.

CHARENCY, ruiss. prend sa source à Charency (Nièvre) et se jette dans la Cure, c⁰ⁿ de Pierre-Pertuis.

CHARENTENAY, c⁰ⁿ de Coulanges-les-Vineuses. — *Charentiniacum*, vers 1130 (cart. gén. de l'Yonne, I, 283). — *Charentenetum*, XVᵉ siècle (pouillé du diocèse d'Auxerre). — *Charentenai*, 1144 (cart. gén. de l'Yonne, I, 384). — *Charentenay*, 1303 (E. c⁰ⁿ de Charentenay, arch. de l'Yonne).

Charentenay, enclave du comté d'Auxerre, était, avant 1789, du dioc. d'Auxerre, de la prov. de l'Île-de-France et de l'élection de Tonnerre, et le siége d'un baill. ressortissant à celui d'Auxerre.

CHARITÉ (ABBAYE DE LA), h. c⁰ⁿ de Lézinnes. — *Caritas*, 1184. Monastère de femmes de l'ordre de Cîteaux fondé en 1184. — *Lesigniæ*, 1536 (pouillé du diocèse de Langres). Les religieuses furent remplacées par des moines en 1432 (*Gallia*, IV, col. 847).

CHARITÉ (LA), f⁰, c⁰ⁿ d'Yrouerre.

CHARLEMAIGNES (LES), h. c⁰ⁿ de Lavau, 1680 (reg. de l'état civil). — Auj. détruit.

CHARLOTS (LES), f⁰, c⁰ⁿ de la Belliole.

CHARLOTS (LES), h. c⁰ⁿ de Sépaux.

CHARMANT, h. c⁰ⁿ de Saint-Aubin-Château-Neuf.

CHARMAUX (LES), m. i. c⁰ⁿ de Nailly.

CHARME (LE), m. b. c⁰ⁿ de Mézilles.

CHARMEAUX, ch. c⁰ⁿ de Charmoy, 1560; fief relevant de Bassou (ém. Montmorency).

CHARMÉE (LA), h. c⁰ⁿ de Lailly. — *La Basse-Charmée*, 1544 (terrier de Lailly, abb. de Vauluisant).

CHARMÉE (LA), h. c^ne de Perreuse.

CHARMELIEU, f^t, c^ne de Saint-Cyr-les-Colons, appartenait avant 1789 à la c^ne de Courgis (reg. de l'état civil). — *La Métairie-Rouge*, 1788 (C. 101, cadastre).

CHARME-ROND (LE), f^e, c^ne de Saint-Privé.

CHARMES, h. c^ne d'Arces.

CHARMOIS, h. c^ne de Moutiers.

CHARMOIS (LES), c^ne de Jaulges; lieu détruit, près d'une voie romaine, où l'on trouve des vestiges d'habitations et des médailles romaines.

CHARMOLIN, h. c^ne de Quarré-les-Tombes.

CHARMOY, c^on de Joigny. — *Carmedus*, xe siècle (obit. de Saint-Étienne; Lebeuf, Hist. d'Auxerre, pr. IV). — *Carmeium*, 1188 (cart. gén. de l'Yonne, II, 386). — *Charmeium*, 1270 (chap. d'Auxerre). — *Charmoyum*, 1362; *Charmetum*, 1469 (*ibid.*). —*Charmoy*, 1172 (cart. gén. de l'Yonne, II, 243). La seigneurie, appartenant au chap. d'Auxerre, était, avant 1789, du dioc. de Sens et de la prov. de l'Île-de-France et le siège d'un baill. ressortissant à celui d'Auxerre.

CHARMOY, c^ne de Leugny, 1516, seigneurie (minutes d'Arnant, notaire). — Lieu détruit.

CHARMOY, fermes, c^nes de Châtel-Censoir et de Villeneuve-la-Dondagre.

CHARMOY, h. c^ne de Saint-Julien-du-Sault. — *Charmoiz*, 1275 (chap. de Sens).

CHARMOY, f^e, c^ne de Mailly-le-Château. — *Charmei grangia*, 1196 (cart. gén. de l'Yonne, II, 473). — *Charmoy*, 1378. Métairie appartenant à l'abb. de Crisenon (f. Crisenon). — Ayant jadis le titre de seigneurie et aujourd'hui détruite.

CHARMOY, bois, c^ne de Soucy. — *Charmoi*, 1234 (léproserie du Popelin, arch. Hôtel-Dieu de Sens).

CHARMOY (LE), ch. c^ne de Charmoy.

CHARMOY (LE), hameaux, c^nes de Belle-Chaume et de Moulins-près-Noyers.

CHARMOY (LE), bois, c^ne de Moulins-près-Noyers.

CHARNIER (LE), seigneurie sur le territoire de la commune de Sens; autrefois prieuré Notre-Dame, ordre de Cluny, fondé vers 1088 (pouillé de Sens, 1695, p. 44; arch. de l'Yonne).

CHARNY, arrond. de Joigny. — *Caarnetum*, vers 1130 (abb. des Escharlis). — *Chargniacum*, 1226 (abb. de Fontaine-Jean). — *Charniacum*, 1225 (chap. d'Auxerre). — *Charni*, 1177 (abb. de Reigny). — *Charnai*, 1174 (cart. de l'abb. Saint-Germain, f° 84 v°). Terre relevant du ch. de Montargis (f. Texier d'Hautefeuille). Charny était, avant 1789, du dioc. de Sens, de la prov. de l'Île-de-France et du prés. de Montargis.

CHANOT, f^e, c^ne de Ligny (Cassini). — Auj. détruite.

CHARPENTIER (LE), h. c^ne des Bordes, réuni au hameau du Clos-Aubry. — Voy. ce mot.

CHARNIÈRE (LA), moulins, c^ne de Stigny; détruits depuis dix ans.

CHARRIERS, manœuv. c^ne de Lavau.

CHARRIERS (LES), h. c^ne de Tannerre. — *Les Chevriers* 1680 (reg. de l'état civil).

CHARRIERS (LES), h. c^ne de Villiers-Saint-Benoît.

CHARBONNERIE (LA), f^e, c^ne de Champignelles.

CHARROT, ruisseau qui prend sa source à Courcelles, c^ne de Neuvy, et se jette dans l'Armançon à Beugnon.

CHARTIERS (LES), h. c^ne de Mézilles.

CHARTONNERIE (LA), h. c^ne de Lavau. — *Cardonaretœ*, vers 680 (cart. gén. de l'Yonne, I, 21).

CHARTONNERIE (LA), h. c^ne de Saint-Martin-des-Champs.

CHASSE-ROYALE (LA), f^e, c^ne de Champcevrais; auj. détruite.

CHASSEIGNE, h. c^ne de Guerchy, auj. détruit; autrefois siége d'une prévôté. Il n'y a plus qu'une rue de Guerchy qui porte le nom de *Montant-en-Chasseigne*.

CHASSEIGNE, h. divisé entre les c^nes de Diges et d'Escamps. — *La Chassegne*, 1283 (év. d'Auxerre, L. Gy-l'Évèque).

CHASSEIN, m^in, c^ne de Villiers-Vineux, 1335, établi sur le ruisseau du Boutoir, détruit (B^in de la Société des sciences de l'Yonne, 1856, p. 538).

CHASSENAYS (LES), montagne, près de Châtel-Censoir. — Elle est élevée de 283 mètres au-dessus du niveau de la mer.

CHASSERAT, m. c^ne de Sommecaise.

CHASSEUSERIE (LA), f^e, c^ne de Lavau.

CHASSIGNELLES, c^on d'Ancy-le-Franc. — *Chassignole*, 1246 (comm^rie de Saint-Marc). — *Chassigneles*, 1256 (cart. de Crisenon, f^e 10 v°, Bibl. imp.). — *Chaisseneles*, 1285 (*ibid.*). — *Chassineles*, 1322 (cart. du comté de Tonnerre, arch. de la Côte-d'Or). Chassignelles était, avant 1789, du dioc. de Langres et de la prov. de l'Île-de-France et le siége d'une prévôté ressortissant au baill. d'Ancy-le-Franc. Le fief en relevait du château de Crusy.

CHASSIGNY, h. c^ne d'Avallon. — *Cassaniola in pago Avalensi*, 721 (cart. gén. de l'Yonne, II, 2). — *Chacigni*, 1430 (prieuré de Vieupou). — *Chassigney*, 1393 (chap. de Montréal). — *Chassigny*, xve siècle (chap. d'Avallon).

CHASSY, c^on d'Aillant. — *Caceia*, ixe siècle (*Liber sacram.* ms bibl. de Stockholm). — *Chaciacus*, x^e s^e (obit. Saint-Étienne, au 19 avril; Lebeuf, Mém. sur l'histoire d'Auxerre, pr. IV, 2e édit.). — *Chaciacum*, vers 1147 (cart. gén. de l'Yonne, I, 419).

— *Chassi*, 1196 (*ibid.* II, 473). — *Chaci*, 1289 (chap. d'Auxerre).

Chassy était, au IXᵉ siècle, du pagus et du dioc. de Sens; avant 1789, de la prov. de l'Île-de-France et du baill. de Troyes par celui de Saint-Maurice-Thizouaille.

CHASTELLUX, cᵒⁿ de Quarré-les-Tombes. — *Castrum Lucium*, 1180 (cart. gén. de l'Yonne, II, 309). — *Castrum Lucum*, 1186 (abb. de Pontigny). — *Casteluz*, 1147 (cart. gén. de l'Yonne, I, 428). — *Chateluz*, 1171 (*ibid.* II, 234). — *Chasteluz*, 1249 (cart. de Crisenon, fᵒ 94 rᵒ, Bibl. imp. nᵒ 154). — *Pont-sur-Cure*, 1793. — Baronnie érigée en comté en 1621; le château féodal existe encore.

Chastellux était, avant 1789, du dioc. d'Autun, de la prov. de Bourgogne pour les cas royaux et du baill. d'Avallon. Ce lieu était divisé féodalement en deux parties, entre la Bourgogne et le Nivernais; comme justice seigneuriale, il ressortissait directement pour l'une au parlement de Dijon et pour l'autre à celui de Paris.

CHASTENAY-LE-BAS, cᵒⁿ de Courson. — *Catellæ*, vers 680 (cart. gén. de l'Yonne, I, 21). — *Castanetum*, 864 (*ibid.* p. 88). — *Chastenetum*, XVᵉ siècle (pouillé du dioc. d'Auxerre). — *Chastenoy*, 1519 (tabell. d'Auxerre, portef. IV).

Chastenay-le-Bas était, au VIIᵉ siècle, du pagus d'Auxerre, et, avant 1789, du dioc. et du baill. du même nom, de la prov. de l'Orléanais et de l'élection de Gien.

CHASTENAY-LE-HAUT, h. cⁿᵉ de Chastenay. — *Chastenay-le-Vieil*, 1601 (terrier de Sementron). — L'ancien château est détruit.

CHÂTEAU, m. cⁿᵉ de Montréal.

CHÂTEAU, châteaux, cⁿᵉˢ de Passy et de Percey.

CHÂTEAU (LE), ch. fᵉ et mⁱⁿ, cⁿᵉ de Champvallon.

CHÂTEAU (LE), fᵉ, cⁿᵉ de la Chapelle-sur-Oreuse. — Autrefois château, dont il ne reste que des ruines.

CHÂTEAU (LE), ch. et fᵉ, cⁿᵉ de Chêne-Arnoult.

CHÂTEAU (LE), ch. cⁿᵉ de Chency.

CHÂTEAU (LE), anc. ch. et fᵉ, cⁿᵉ de Cudot.

CHÂTEAU (LE), ch. et fᵉ, cⁿᵉ de Prunoy. — *Le Château de Vienne-Prunoy*, 1768 (plan de la seigneurie, arch. du château).

CHÂTEAU (LE), h. divisé entre les cⁿᵉˢ de Villeneuve-sur-Yonne et de Bussy-le-Repos. — Vestiges d'un camp romain.

CHÂTEAU (L'ANCIEN), fᵉ, cⁿᵉ de Sennevoy-le-Bas.

CHÂTEAU-BLANC (LE), fᵉ, cⁿᵉ de Sougères.

CHÂTEAU-BRÛLÉ, ancien fief et manoir, cⁿᵉ de Villiers-Bonneux, aujourd'hui détruit (Tarbé, Coutume de Sens, 568).

CHÂTEAU-D'ARCY, fᵉ, cⁿᵉ d'Argenteuil, 1783 (arch. de l'hôpital de Tonnerre); auj. détruite.

CHÂTEAU-D'ASNIÈRES (LE), ch. et fᵉ, cⁿᵉ de Champignelles.

CHÂTEAU-D'EN-BAS (LE), fᵉ, cⁿᵉ de Villiers-Vineux; autrefois château considérable.

CHÂTEAU-D'EN-HAUT, fᵉ, cⁿᵉ de Villiers-Vineux, autref. château. — *Château-Sainte-Anne*, 1623, nom d'une chapelle qui dépendait du ch. (Bⁱⁿ de la Société des sciences de l'Yonne, 1856, p. 529; notice de M. Dormois).

CHÂTEAU-DE-FONTENILLES (LE), fᵉ, cⁿᵉ de Brosses. — Autrefois fief et château du nom de Bois-Tâché.

CHÂTEAU-DE-LA-TOUR, h. cⁿᵉ de Moutiers; aujourd'hui détruit.

CHÂTEAU-DE-PLAISANCE (LE), m. de c. cⁿᵉ de Mailly-le-Château.

CHÂTEAU-DES-CHOUX, lieu détruit, cⁿᵉ d'Auxerre, rive droite de l'Yonne, en face du moulin Brichou, XVIᵉ siècle (abb. Saint-Marien).

CHÂTEAU-D'OR, h. cⁿᵉ de Paron.

CHÂTEAU-FEUILLET, ch. cⁿᵉ de Fontenouilles. — Ancien château ruiné au milieu des bois.

CHÂTEAU-FEUILLET, cⁿᵉ de Villiers-Bonneux. — Autrefois château et ferme au milieu des bois, 1785 (cad. C. 84, plan). — Démoli en 1796.

CHÂTEAU-FRILEUX; fᵉ, cⁿᵉ de Fontaine-la-Gaillarde.

CHÂTEAU-FUMÉ (LE), fᵉ, cⁿᵉ de Champignelles.

CHÂTEAU-GAILLARD, fᵉ, cⁿᵉ de Dixmont; détruite.

CHÂTEAU-GAILLARD, ch. cⁿᵉ de Grandchamp, situé dans les bois; aujourd'hui détruit.

CHÂTEAU-GIRAUT, cⁿᵉ d'Escamps. — Lieu détruit dans les bois de Pousselange, à 200 mètres de la voie romaine d'Auxerre à Entrains et où existait l'*Aquinolium* primitif.

CHÂTEAU-HUTON, cⁿᵉ de Courgenay. — *Castrum Huttonis*, XIIᵉ siècle (abb. de Vauluisant), lieu détruit; aujourd'hui climat.

CHÂTEAU-MANAUT, château, cⁿᵉ de Vénizy, près du hameau de Sevis; auj. détruit.

CHÂTEAU-MIROIR (LE), fᵉ, cⁿᵉ de Villeneuve-la-Dondagre.

CHÂTEAU-VERT (LE), manœuv. cⁿᵉ de Lavau.

CHÂTEAUX (LES), h. cⁿᵉ de Saint-Privé; auj. détruit.

CHÂTEAUX (LES), h. cⁿᵉ de Toucy; détruit avant 1780.

CHÂTELAINES, ruiss. cⁿᵉ d'Avallon; il prend sa source à l'étang Baudot et se jette dans le Cousin, même commune.

CHÂTELAINES (LES GRANDES-), h. cⁿᵉ d'Avallon. — *Les Chastellaines*, 1543 (rôles des feux du baill. d'Avallon, arch. de la Côte-d'Or).

CHÂTELAINES (LES PETITES-), h. cⁿᵉ d'Avallon.

CHÂTEL-CENSOIR, c^on de Vézelay. — *Castrum-Censurium*, viie siècle (Bibl. hist. de l'Yonne, I, 336; Vie de saint Didier, évêque d'Auxerre). — *Castrum Censorium*, 1180 (cart. gén. de l'Yonne, II, 317). — *Chasteau-Censoi*, 1283; *Chatiau-Censor*, 1281 (abb. de Reigny). — *Chasteau-Sansoy*, 1561 (Coutume d'Auxerre, f° 54 v°). — *Châtel-Censoy*, 1771 (chap. de Châtel-Censoir).

Châtel-Censoir était, au viie siècle, du pagus d'Avallon, et, au xie siècle, une châtellenie appartenant aux seigneurs de Vergy, et plus tard à ceux de Charny, et relevait en fief de l'évêque d'Auxerre. Il dépendait, en 1789, de l'évêché d'Autun, et possédait une collégiale établie au xiie siècle à la place d'un monastère de bénédictins; il était de la prov. de l'Orléanais et de l'élection de Clamecy et ressortissait au baill. d'Auxerre.

CHÂTEL-GÉRARD, c^on de Noyers. — *Castrum Giraldi*, 1300 (arch. de Vausse). — *Château-Girard*, 1255 (*ibid.*). — *Chastel-Girart*, 1314 (D. Plancher, Hist. de Bourgogne, II, pr. 215). Châtellenie appartenant au roi.

Châtel-Gérard était, avant 1789, du dioc. de Langres, prov. de Bourgogne, baill. d'Avallon.

CHÂTELET (LE), h. c^ne de Lainsecq.

CHÂTELLIERS (LES), f^e, c^ne de Flacy. — *Les Chasteliers*, 1317, E. c^ne de Flacy (arch. de l'Yonne); qualifié fief en 1762 (f. Lebascle, plan, arch. de l'Yonne).

CHÂTENAY, ch. c^ne d'Arcy-sur-Cure, dans l'intérieur du bourg, 1736; fief relevant du roi au comté d'Auxerre (arch. de la ch. des comptes de Dijon).

CHÂTERIE (LA), h. c^ne de Toucy.

CHÂTIÈRE (LA PETITE-), f^e, c^ne de Malay-le-Roi.

CHÂTILLON, f^e, c^ne de Villemanoche; auj. ruinée. — Elle a donné son nom à un bois.

CHÂTILLONS (LES GRANDS et LES PETITS), f^es, c^ne de Louesme.

CHÂTONNERIE, f^e, c^ne de Lavau.

CHÂTRE, h. des c^nes de Champcevrais et de Moulins-sur-Ouanne.

CHÂTRES, h. c^ne d'Égriselles-le-Bocage. — xviiie siècle, fief relev. de Courtenay (ém. de Saxe).

CHÂTRES (LE PETIT-), h. c^ne d'Égriselles-le-Bocage.

CHÂTRIE (LA), f^e, c^ne de Villeneuve-sur-Yonne (terrier de Valprofonde, 1753, abb. Saint-Marien d'Auxerre). — Auj. détruite.

CHATS (LES), h. c^ne de Dicy.

CHATTONS, h. c^ne de Champlost.

CHAUBOURG (LE), h. c^ne de Fouchères.

CHAUBOURG (LE), tuil. c^ne de Villebougis, autref. ch. et fief relev. de l'archev. de Sens, 1691 (arch. de Sens).

CHAUCHOINE, h. c^ne d'Égleny.

CHAUDINS (LES), h. c^ne de Gy-l'Évêque.

CHAUDINS (LES), manœuv. c^ne de Mézilles.

CHAUDONNES, m. i. c^ne de Fouchères (Cassini); auj. détruite.

CHAUDRON, fermes des c^nes de Méré et des Sièges.

CHAUDRON, h. divisé entre les c^nes de Villeneuve-la-Guyard et de Saint-Aignan.

CHAUDRONNERIE (LA), m. i. c^ne de Prunoy.

CHAULES, f^e, c^ne d'Yrouerre; détruite depuis trente-cinq ans.

CHAULINS (LES), f^e, c^ne de Saint-Sauveur.

CHAUMANÇON, f^e, c^ne de Migennes.

CHAUMASSON, h. c^ne de Villethierry.

CHAUME (LA), fermes des c^nes de Champcevrais et de Chastellux.

CHAUME (LA), h. c^ne de Saint-Maurice-aux-Riches-Hommes.

CHAUME (LA GRANDE-), f^e, c^ne de Lalande.

CHAUME-AUX-CHÈVRES (LA), f^e, c^ne de Saint-Aubin-Château-Neuf.

CHAUME-CONTANT (LA), h. c^ne de Diges.

CHAUME-DE-NUIT, f^e, c^ne de Saint-Privé.

CHAUME-DES-BOUTEILLES, h. c^ne de Saint-Léger.

CHAUME-LONGUE, f^e, c^ne de Saint-Privé.

CHAUME-MATHEY, h. c^ne de Bussières.

CHAUME-RONDE, f^e, c^ne d'Yrouerre.

CHAUME-ROUGEOT (LE), h. c^ne de Fontaine-Gaillarde.

CHAUMES (LES), f^e, c^ne d'Accolay. — *Le Val-le-Roi*, 1551 (chap. d'Aux.). — 1721 (*idem.*). — Détruite.

CHAUMES (LES), h. divisé entre les c^nes de Gurgy et de Chemilly. — *Chaumeis*, xiie siècle (*Gesta pontif. Autiss.* Bibl. hist. de l'Yonne, I, 424).

CHAUMES (LES), hameaux des c^nes de Massangis, de Mézilles, de Moutiers et de Quarré.

CHAUMES-BLANCHES (LES), f^e, c^ne de Bléneau.

CHAUMES-BLANCHES (LES), h. c^ne de Grandchamp.

CHAUMES-D'ASNIÈRES (LES), f^e, c^ne de Champignelles.

CHAUMINET, h. c^ne de Lalande.

CHAUMINET, h. c^ne de Sougères, autref. fief et seigneurie dép. de la terre de Sougères, avec titre de prévôté.

CHAUMOIS, bois, c^ne d'Appoigny; appartenait autref. aux évêques d'Auxerre.

CHAUMONT, c^on de Pont-sur-Yonne. — *Calvus-Mons*, 1212 (abb. Saint-Paul de Sens). — *Chaumont*, 1453 (reg. des taxes, etc. du dioc. de Sens, bibl. de Sens, archev.). — *Chaulmont-sur-Yonne*, 1582, fief relev. de la baronnie de Bray (arch. de Sens, reg. des fiefs).

Chaumont était, avant 1789, du dioc. de Sens, de la prov. de l'Île-de-France et de l'élection de Montereau.

CHAUMONT, h. c^ne de Cerisiers, xviiie siècle (reg. de l'état civil); détruit.

CHAUMONT, h. c^nes de Beauvoir et d'Églény.

CHAUMONT (LE GRAND ET LE PETIT), h. c^ne de Chassy.

CHAUMONT (LE PETIT-), h. c^ne de Chaumont.

CHAUMOT, c^on de Villeneuve-sur-Yonne. — *Chaumotum*, xvie siècle (pouillé du dioc. de Sens). — *Chaumoth*, 1208 (bibl. de Sens, archev.). — *Chaumot*, 1453 (reg. des taxes, etc. dioc. de Sens, bibl. de cette ville, archev.). — *Chaulmot*, 1482 (Célestins de Sens). — Il y avait un ch. considérable qui a été démoli en 1793. — Fief relev. du ch. de Courtenay avec titre de prévôté.

Chaumot était, avant 1789, du dioc. et du baill. de Sens et de la prov. de l'Île-de-France, élection de Nemours.

CHAUMOT, h. c^ne de Montréal, xviiie siècle (Éphém. avall. ms bibl. d'Avallon).

CHAUMOT, c^ne de Trévilly, vill. détruit, qui portait autref. le titre de baronnie (Courtépée, Description du duché de Bourgogne, VI, 53).

CHAUMOTS (LES), h. c^ne d'Asquins.

CHAUMOTTE (LA), h. c^ne de Villefranche.

CHAUMOY, h. c^ne de Charbuy.

CHAUSSÉE (LA), h. c^ne de Butteaux.

CHAUSSÉE (LA), m. i. c^ne de Coulanges-sur-Yonne,

CHAUSSÉE-DE-SULLY (LA), m. i. c^ne de Joigny.

CHAUSSEPLAINE, h. c^ne de Quarré-les-Tombes, 1676 (État civil).

CHAUVELLERIE (LA), h. c^te de Villeneuve-la-Dondagre, xvie siècle (chap. de Sens). — En 1682, il n'y avait qu'une maison (plan, *ibid.*).

CHAUVIGNY, c^ne de Saint-Martin-sur-Ouanne. — 1535 (ém. Rogres). — Lieu détruit.

CHAUX (LA), m. i. c^ne d'Églény.

CHAUX (LA), f^o, c^ne de Moutiers.

CHAVAN, c^ne de Vaumort. — 1527, 1606, fief relev. de Malay-le-Roi (ém. Megret d'Étigny). — En 1606, il y avait plusieurs maisons; auj. il n'existe plus qu'une maison de garde.

CHAVANT, f^o, c^ue de Tonnerre.

CHAZELLES, h. c^ne de Lindry.

CHEMETEAU, h. c^ne de Saint-Sérotin. — *Chaumetout*, 1624 (reg. de l'état civil).

CHEMILLY-PRÈS-SEIGNELAY, c^on de Seignelay. — *Chimiliacus*, xe siècle (Bibl. hist. de l'Yonne, I, 362). — *Chemilliacum*, 1217 (chap. d'Auxerre). — *Chimili*, 1175 (chap. d'Aux. et cart. gén. de l'Yonne, II, 270). — Le ch. s'appelait autref. le manoir de la Motte, 1412 (chap. d'Auxerre).

Chemilly était, au xe siècle, du pagus d'Auxerre et, avant 1789, du dioc. du même nom, de la prov.

de Bourgogne et du baill. d'Auxerre ou de celui de Villeneuve-le-Roi.

CHEMILLY-SUR-SERAIN, c^on de Chablis. — *Chemelliacum*, 1116 (cart. gén. de l'Yonne, I, 232). — *Echemiliacum*, 1208 (abb. de Quincy). — *Eschemilly*, 1296, reprise de fief par le sire de Noyers (chambre des comptes de Dijon).

Chemilly était, avant 1789, du dioc. de Langres, de la prov. de Bourgogne et du baill. de Semur. C'était un fief relev. du comté de Noyers.

CHEMIN (LE GRAND-), h. c^nes de Champignelles et de Saint-Privé.

CHEMIN (LE GRAND-), m. i. c^ne de Marchais-Breton.

CHEMIN DE LA BICHE (LE), f^o, c^ne de Venouze.

CHEMINANTS (LES), f^o, c^ne de Villegardin.

CHEMINÉE (LA GRANDE-), f^o, c^ne de Rogny.

CHEMINOT, h. c^ne de Chamvres; auj. m^in à tan. — *Cheminetum*, 1349 (arch. de Sens, cart. du xve siècle), distrait alors de Béon pour être uni à Chamvres.

CHEMINS ANCIENS, CONNUS AU MOYEN ÂGE :

Chemin d'Auxerre à Noyers, Strata publica que ducit de Noeriis Altissiodorum, 1153 (cart. gén. de l'Yonne, I, 512). Il passait par Nangis, Préhy, la vallée de Vaucharme, à droite de Lichères et d'Aigremont, et arrivait a Noyers.

Chemin d'Auxerre à Orléans, par Perrigny, Fleury, Laduz, Senan, Sépaux, Villefranche, etc.

Chemin (Grand) d'Auxerre à Chemilly, 1521 (abb. Saint-Germain, L. 48, s. l. 4), par Léteau, les Chaumes et Chemilly.

Chemin d'Avallon à Auxerre, cheminum qui de Avalum per Jous et vallem Autissiodorensem et per Saci tendit Autissiodorum, vers 1145 (cart. gén. de l'Yonne, II, 62). De Sacy il passait à Vermanton et à Saint-Bris.

Chemin de Noyers à Vézelay, par Villiers-la-Grange, Oudun, Joux, Précy-le-Sec, Voutenay, les hauteurs de Sermizelles et de Blannay et Vézelay, 1292 (abb. de Pontigny, Villiers-la-Grange).

Chemin des Sarrasins, 1154, via Sarracenorum, qui va de la fontaine Saint-Philbert, c^ne de Theil, au m^in des Escharlis (cart. gén. de l'Yonne, I, 521).

Chemin réal (Le grand) ou *chemin de Sens*, 1509 (abb. Sainte-Colombe, terr. de Vinneuf, f° 133), sur le territoire de Saint-Denis. — *Chemin réal*, de Sens à Montereau, par Villeneuve-la-Guyard, 1480 (abb. Saint-Remy, État des biens, in-4°). Il partait de la porte Saint-Didier de Sens et a été remplacé par la route impériale dans la partie de Sens à Pont-sur-Yonne.

Chemin de Cravan à Beaune, 1531 (f. de Pontigny, Villiers-la-Grange).

Chemin de Villeneuve-le-Roi à Courtenay (*Grand*), 1281, magnum cheminum per quem itur de Villa-Nova-Regis ad Curtiniacum (chap. de Sens, Saint-Julien-du-Sault).

Chemin dit la voie Auxerroise, cᵉ de Montigny, h. de Fouchères (abb. de Pontigny, L. 59), an 1541; partie du grand chemin d'Auxerre à Ligny, qui figure sur les anciens tableaux de classement.

Chemin de Vézelay à Auxerre, par Asquins, allant au-dessus de Saint-Moré rejoindre la voie romaine d'Agrippa (Chronique de Vézelay, xiiᵉ siècle).

Chemin (*Le Grand*) ou *la Haute-Voye*, sur le h. de Cuchot, 1511 (abb. de Pontigny). Ce chemin partait de Saint-Florentin, passait par Vénizy, Cuchot, le Montetard, et se dirigeait vers Arces, Cerisiers et Sens.

Chemins pagorets, allant de Brienon à Monéteau, par Chemilly et par Hauterive, 1315 (D. Viole, ms 127, t. II, f° 326, bibl. d'Auxerre).

CHÊNE (LE), h. cᵉ de Coulanges-les-Vineuses, à 3 kil. au sud-ouest. — *Quercus*, 1208 (abb. Saint-Marien d'Auxerre). — Auj. détruit.

CHÊNE (LE), h. cᵉ de Merry-la-Vallée.

CHÊNE (LE GRAND-), h. cᵉ d'Armeau.

CHÊNE (LE GROS-), h. cᵉ de Dixmont.

CHÊNE-ARNOULT, cᵒⁿ de Charny. — *Casnetus Arnulfi*, vers 1150 (cart. gén. de l'Yonne, I, 466). — *Quercus Arnulfi*, 1154 (abb. des Escharlis). — *Chesne-Arnol*, 1545 (*ibid.*).

Chêne-Arnoult était, avant 1789, du dioc. de Sens, de la prov. de l'Orléanais, de l'élection et du présidial de Montargis.

CHÊNE-AU-ROI, fᵉ, cᵉ de la Belliole.

CHÊNE-DES-QUATRE-JUSTICES, h. cᵉˢ de Perreux et de la Ferté-Loupière. — *Le Chesne*, 1556, fief relev. de la Ferté (f. Quinquet).

CHÊNE-ÉVRAT, cᵉ de Villemanoche; pièce de bois défrichée au xviᵉ siècle (chap. de Sens). — *Chanetum Evrardi nemus*, 1219 (*ibid.*).

CHÊNE-FORT, h. cᵉ de Chêne-Arnoult.

CHÊNE-ROND (LE), h. cᵉ de Saint-Sauveur, fief relev. de la terre de Saint-Fargeau, 1731, avec ch. fort, auj. détruit (Bᵗⁿ de la Soc. des sciences de l'Yonne, 1858).

CHÊNE-ROND (LE), m. i. cᵉ de Toucy.

CHÊNE-SIMART (LE), h. cᵉ de Saint-Aubin-Château-Neuf, autref. prévôté, 1553 (Legrand, État gén. du baill. de Troyes). — Auj. détruit.

CHÉNEAU (LE), h. cᵉ de Treigny.

CHENEVIÈRE, h. et fᵉ, cᵉⁿ de Jouy.

CHÊNEVIRON, h. cⁿᵉ de Villebougis. — *Chesnevron*, 1373; *Chasneveron*, 1391 (archev. de Sens, compte de Nailly).

CHENEY, cᵒⁿ de Tonnerre. — *Caniacus*, 1046 (cart. gén. de l'Yonne, I, 181). — *Chaineium*, 1190 (*ibid.* II, 425). — *Cheneyum*, 1225; *Chenetum*, 1252 (cart. de Saint-Michel, bibl. de Tonnerre). — *Chennaicum*, 1220 (abb. de Pontigny). — *Cheny*, 1292 (cart. du comté de Tonnerre, arch. de la Côte-d'Or). — *Chené*, 1343 (*ibid.*). — *Chesné*, 1513 (cart. de Saint-Michel, arch. de l'Yonne); fief relev. du comté de Tonnerre, 1527 (inv. des arch. du comté, xviiᵉ siècle).

Cheney était, avant 1789, du dioc. de Langres et de la prov. de l'Île-de-France, et prévôté ressort. au baill. de Tonnerre.

CHENONS (LES), h. cᵉ de Parly.

CHENUS (LES), fᵉ, cᵉ de Moutiers.

CHENY, cᵒⁿ de Seignelay. — *Chriniacus* ou *Chiniacus*, 833 (cart. gén. de l'Yonne, I, 41). — *Caniacus*, 853 (*ibid.* 66). — *Calniacus*, 864 (*ibid.* 88). — *Caniniacus*, vers 1020 (*ibid.* II, 10). — *Chaniacum*, 1141 (cart. de Pontigny, f° 8 v°, Bibl. imp. n° 153). — *Chiniacum*, 1258 (abb. Saint-Marien d'Auxerre). — *Kainée*, ixᵉ siècle (*Liber sacram.* ms bibl. de Stockholm). — *Chanei*, 1143 (cart. de Pontigny, f° 18 v°). — *Cheni*, 1202; *Chigny*, 1414; *Chegny*, 1452 (abb. Saint-Marien). — *Cheny*, 1560 (ém. de Montmorency).

Cheny était, au ixᵉ siècle, du pagus de Sens, et, avant 1789, du dioc. du même nom, de la prov. de l'Île-de-France et du baill. de Seignelay, et, avant 1668, de celui de Villeneuve-le-Roi.

CHÉRATS (LES), h. cᵉ de Lucy-le-Bois, 1553 (Legrand, État gén. du baill. de Troyes). — Auj. détruit.

CHÉRISY, fᵉ, cⁿᵉ de Montréal. — *Cherisey*, 1382 (chap. de Montréal). — *Chérisy*, 1543 (rôles des feux du baill. d'Avallon, arch. de la Côte-d'Or). — *Chérisy*, 1725 (chap. de Montréal). — *Saint-Pierre-de-Cérisy*, 1783 (état des villes, bourgs, etc. de Bourgogne). — Autrefois village avec paroisse, détruit dans les guerres civiles.

CHÉRON, fᵉ, cⁿᵉ de Tonnerre.

CHÉRON (LE PETIT-), m. i. cⁿᵉ de Tonnerre.

CHÉROY, arrond. de Sens. — *Chesiacus*, 1155 (cart. gén. de l'Yonne, I, 533). — *Cheseium*, 1190 (abb. Saint-Jean de Sens). — *Chereyum*, 1695 (pouillé du dioc. de Sens).

Chéroy était autrefois de la prov. de l'Île-de-France, du pagus et du dioc. de Sens, prieuré-cure dépendant de l'abb. Saint-Jean de Sens. La terre de Chéroy était divisée par moitié entre le duc d'Orléans, apanagiste de la terre de Nemours, et l'abb. Saint-Jean de Sens. Cet état de choses existait depuis l'association faite en 1155 entre le roi et l'abbaye (abb. Saint-Jean).

CHERVIS, f*, c^ne de Saint-Bris. — *Chervyz*, 1509. — *Chervis*, 1561. Fief relevant de la terre de Saint-Bris (tabell. d'Auxerre, portef. IV).

CHÉRY, h. c^ue de Coulangeron. — *Cheriacum*, 1283 (év. d'Auxerre, liasse Gy-l'Évêque). — *Chéry*, 1469 (abb. Saint-Marien). Fief relevant de Merry-Sec avec ch. (tabell. d'Auxerre, portef. IV). Autrefois communauté d'habitants de l'élection de Tonnerre, divisée en trois parties : Chéry-le-Haut, Chéry-le-Bas et le Château-de-Chéry (1782, cad. C. 101).

CHESNEAUX (LES), h. c^ne de Domats.

CHESNEZ (LES), h. c^ue d'Auxerre. — *Les Chenets*, 1762 h. de la paroisse de Monéteau (év. d'Auxerre).

CHESNOY (LE), f*, c^ne de Levis; autrefois ch. détruit aujourd'hui. — 1776 (terrier de Chièvre, ém. de Montcorps).

CHESNOY (LE), m. i. c^ue de Parly.

CHESNOY (LE), m. de camp. c^ne de Paron; fief à manoir relev. de l'archev. de Sens, 1498. — *Le Chanoy*, ch. et seigneurie, 1749 (f. Martineau, plan). — C'était autrefois une prévôté ressortissant au baill. de Sens.

CHESNOY (LE), h. c^ne de Ronchères.

CHESNOY (LE), f*, c^ue de Saint-Fargeau. Fief appelé en 1685 le Grand et le Petit Chesnoy (B^in de la Soc. des sciences de l'Yonne, 1858).

CHÉTIFS (LES), h. dépendant des communes de Piffonds et de Subligny.

CHÉU, c^on de Saint-Florentin. — *Cadugius*, 680 (cart. gén. de l'Yonne, I, n° 8). — *Chaducum*, 1250 (cart. de l'hôpital de Saint-Florentin). — *Caducum*, 1285 (abb. de Pontigny). — *Cheu*, 1167 (cart. gén. de l'Yonne, II, 190). — *Chau*, 1210 (abb. de Pontigny).

Chéu était, au viie siècle, du pagus et du dioc. de Sens, et, avant 1789, de la prov. de l'Île-de-France et du baill. de Saint-Florentin.

CHEUILLY, h. c^ne de Cravan. — *Choilly*, 1338; *Cholle*, 1515 (cart. des fiefs du comté d'Auxerre, arch. de la Côte-d'Or).—*Cholly*, 1551 (abb. Saint-Germain). — *Choilly*, seigneurie, 1572 (tabell. d'Auxerre, portef. IV).

CHEVAILLOTS (LES), h. c^ne de Sept-Fonds.

CHEVALERIE (LA), tuil. c^ne de Chambeugle.

CHEVALERIE (LA), m. i. c^ne de Marchais-Beton.

CHEVALIERS (LES), h. c^ne d'Hauterive; tire son nom d'une famille, 1663 (reg. de l'état civil).

CHEVALIERS (LES), hameaux des c^nes de Bussy-le-Repos, Piffonds, Villefranche.

CHEVANNES, c^on d'Auxerre (ouest). — *Cavanna*, xe siècle (Bibl. hist. de l'Yonne, I, 380). — *Cavaninæ*, 1131 (cart. gén. de l'Yonne, I, 285). — *Chevannæ*, 1208 (abb. Saint-Germain). — *Chevannes*, 1360 (Trésor des chartes, reg. 90, n° 583).

Chevannes était, au xe siècle, du pagus d'Auxerre, et, avant 1789, du dioc. du même nom, de la prov. de l'Île-de-France et du baill. d'Auxerre.

CHEVANNES, h. dépendant des c^nes de Saint-André et de Savigny-en-Terre-Plaine. — *Cavaniæ*, 1151 (cart. gén. de l'Yonne, I, 523). — *Chavanes*, 1245 (chap. d'Avallon). — *Chevasne*, 1551 (recette d'Avallon).

CHEVIGNY, h. c^ne d'Étais. — *Capitinarius*, au pagus d'Auxerre, xe siècle (*Gesta pontif. Autiss.* Vie de saint Didier). — *Cavanniacum*, 1172 (cart. gén. de l'Yonne, II, 237).

CHEVIGNY-LE-DÉSERT, h. c^ne d'Anstrude.

CHEVILLERIE (LA), f*, c^ne de Bussy-le-Repos; détruite.

CHEVILLON, c^on de Charny. — *Chevillon*, 1402. Fief relevant de la Ferté au manoir de la Coudre (ém. de Villaine). — *Chevillon super Feritatem*, 1453 (reg. des taxes, etc. dioc. de Sens, archev.).

Chevillon était, avant 1789, du dioc. de Sens, de la prov. de l'Orléanais et du présidial de Montargis.

CHEVILLONS (LES), h. c^ne de Fontenouilles.

CHEVILLONS (LES), h. c^ne de Courtoin. — *Les Chevilleaux* (cad. 84).

CHEVREAUX (LES), climat, c^ne de Charentenay. — *Quoopertorium*, xe siècle (Vie de Geran, évêque d'Auxerre; Bibl. hist. de l'Yonne, I).

CHÈVRES (LES), h. c^ne de Piffonds.

CHEVREUX, h. c^ne de Cudot.

CHEVROCHE, h. c^ne de Brosses.

CHEVRONS (LES), f*, c^ne de Champignelles.

CHEVROY, f*, c^ne de Pailly. — *Cavaria*, 1155; *Cheveroya*, 1160; *Chevereium*, 1176; *Chevroy*, 1221; *Chevroy*, 1628 (abb. de Vauluisant). — Cette ferme, appartenant à l'abbaye de Vauluisant, est détruite aujourd'hui.

CHEZELLES, h. c^ne de Saint-Germain-des-Champs. — *Chazelles*, 1591 (recette d'Avallon).

CHEZ-JEAN-BOUDIN, h. c^ne de Bœurs.

CHICHÉE, c^on de Chablis. — *Cachiniaccum*, villa, in pago Tornotrinsi (cart. gén. de l'Yonne, II, 3). — *Chichiviacus*, 966 (*ibid.* I, 143). — *Chicheyum*, 1116 (*ibid.* 232). — *Scissiacum*, 1178 (cart. de Saint-Michel). — *Chichiæ*, 1226 (cart. du comté de Tonnerre, arch. de la Côte-d'Or). — *Chechiæ*, 1256 (cart. de Pontigny, f° 24 v°, Bibl. imp. n° 153).

Chichée était, avant 1789, du dioc. de Langres, de la prov. de l'Île-de-France et du baill. de Villeneuve-le-Roi.

CHICHERY, c^on de Joigny. — *Chichiriacum*, 880 (*Gesta pontif. Autiss.* Vie de Wibald). — *Chicheri*, 1156 (cart. gén. de l'Yonne, I, 548). — *Chiceri* 1220 (abb. Saint-Marien).

Chichery était, au ixe siècle, du pagus et du dioc. d'Auxerre, et, avant 1789, de la prov. de l'Île-de-France et du baill. d'Auxerre en appel.

CHICNY, c^on de Seignelay. — *Capella Sancti Martini*, 882 (cart. gén. de l'Yonne, I, 108). — *Chichiacum*, 1133 (abb. de Pontigny). — *Chichi* 1453 (reg. des taxes, etc. dioc. de Sens, bibl. de cette ville, archev.).

Chichy était, avant 1789, du dioc. de Sens, de la prov. de l'Île-de-France et du baill. de Villeneuve-le-Roi, par ressort de sa prévôté, et en appel du baill. de Seignelay.

CHICORNEAU, h. c^ne de Chastenay.

CHIÈVRE, h. c^ne de Levis. Seigneurie à l'abbaye Saint-Germain d'Auxerre donnée à bail emphytéotique à M. de Montcorps en 1773 (abb. Saint-Germain). — Siége d'un baill. seigneurial. Fief relevant du baron de Toucy.

CHIÈVRES (LES), c^ne de Piffonds. Fief relevant de Courtenay, 1760 (ém. de Saxe, inv. de la terre de Chaumot).

CHICY, c^on de Villeneuve-l'Archevêque. — *Chigiacum*, 1276 (chap. de Sens). — *Chygy*, xvie siècle (pouillé du dioc. de Sens). — *Sigiacum*, 1695 (autre pouillé dudit diocèse). Seigneurie dépendant du chap. de Troyes.

Chigy était, avant 1789, du dioc. de Sens et de la prov. de l'Île-de-France. Ce lieu avait le titre de mairie pour l'exercice de la justice et ressortissait au baill. de Sens.

CHIOLLERIE, f^e, c^ne de Champignelles.

CHIOTS (LES), h. c^ne de Villiers-Saint-Benoît.

CHIQUET (LE), f^e, c^ne de Saint-Privé.

CHITRY, c^on de Chablis. — *Basilica domni Valeriani*, vi^e s. (Bibl. hist. de l'Yonne, I, règlement de saint Aunaire). — *Castriacus*, xe siècle (obit. de Saint-Étienne, au 10 décembre; Lebeuf, Hist. d'Auxerre, pr. IV, 2e édit.). — *Chistriacum*, 1275 (chap. d'Auxerre). — *Chistri*, 1196 (cart. gén. de l'Yonne, II, 472). — *Chistry*, 1485 (arch. de l'Empire, P 14, 209). — *Chitry-Dessus* et *Chitry-Dessous*, fief relevant du roi au comté d'Auxerre, 1549 (cart. du comté d'Auxerre, arch. de la Côte-d'Or).

Chitry était, au vi^e siècle, du pagus et du dioc. d'Auxerre, et, avant 1789, partie de la prov. de

Bourgogne, partie de celle de l'Île-de-France et du baill. d'Auxerre.

CHOCATS (LES), h. c^ne de Coulangeron. — *Les Chocarts*, 1597 (Recherches des feux du comté d'Auxerre, arch. de la Côte-d'Or).

CHOCATS (LES), c^ne de Levis.

CHOISELLERIE (LA), c^ne de Champignelles, chât. détruit (ém. Rogres, atlas du Parc-Vieil, xviiie siècle).

CHOLAT, m. c^ne de la Chapelle-Saint-Orcuse.

CHOLET (LE), h. c^ne de Saint-Romain-le-Preux.

CHOLLET, m. i. c^ne de Mézilles. — *Soulet*, *Choulé*, xviiie s^e (reg. de l'état civil).

CHOLLETS (LES), h. c^ne de Nailly.

CHOLY, *Cauliacus*, *la maison de Choly*, 1409, fief relev. de Saint-Bris (inv. de la maison de Chalon, t. I, C 61, bibl. de Besançon). — Voy. CHOUILLY.

CHOPINOTS (LES), h. c^ne de Précy.

CHORA. Voy. SAINT-MORÉ.

CHORE. Voy. CURE.

CHOUARD, m. c^ne d'Angely.

CHOUBIS (LES), h. c^ne de Pourrain.

CHOUILLY, climat, c^ne d'Auxerre, rive gauche de l'Yonne, aujourd'hui *les Montardouins*. — *Cauliaca super Igaunam*, vers 680 (cart. gén. de l'Yonne, I, 18). — *Culleium*, 1218; *Choly*, 1491 (abb. Saint-Pierre d'Auxerre). — Il y avait encore, au xvie siècle, un ch. qui relevait de l'abb. Saint-Pierre.

CHOUTARDIÈRE (LA), m. i. c^ne de Mézilles. — *Soutardière*, xviiie siècle (état civil).

CHOUTIÈRE (LA), manœuv. c^ne de Mézilles. — *Soutier*, *Chotière*, xviiie siècle (état civil).

CHOUTIÈRES (LES), f^e et manœuv. c^ne de Mézilles.

CIEUX (LES), h. c^ne de Villegardin.

CINQUANTAINES (LES), h. c^ne de Lignoreilles, 1572 (abb. Saint-Germain, L. 60). — Auj. détruit.

CISERY, c^on de Guillon. — *Ciseray*, 1399; *Cisery*, 1459; *Cysery*, 1543 (chap. d'Avallon). — *Cisery-les-Grands-Ormes*, 1551 (recette d'Avallon).

Cisery était autrefois du dioc. d'Autun et de la prov. de Bourgogne; c'était un hameau dépendant de la paroisse de Trévilly et en partie de celle de Varennes, village aujourd'hui détruit. Cisery avait autrefois le surnom des *Grands-Ormes*.

CITADELLE (LA), f^e, c^ne d'Escamps.

CITARDIÈRE (LA), f^e, c^ne de Villeneuve-les-Genêts.

CIVRY, c^on de l'Isle-sur-Serain. — *Sivriacum*, 1170 (cart. gén. de l'Yonne, II, 224). — *Sivry*, 1484, fief relevant de la terre de l'Isle (ém. de Bertier, terrier). — *Syvry*, 1513 (protocoles d'Armant, notaire à Auxerre, arch. de l'Yonne).

Civry était, avant 1789, du dioc. d'Autun, de la prov. de l'Île-de-France et de l'élection de Vézelay.

CLACOT, f⁵, cⁿᵉ d'Escamps. — *Moulin-Clacot*, 1711 (reg. de l'état civil).

CLAIRERIE (LA), h. cⁿᵉ de Champcevrais.

CLAINS (LES), h. cⁿᵉ de Fontaines.

CLANGE, h. cⁿᵉ de Saints.

CLAUSSES (LES), f⁵, cⁿᵉ de Grandchamp.

CLAVERIE (LA), h. cⁿᵉ de Rogny.

CLAVIERS (LES), f⁵, cⁿᵉ de Villiers-Saint-Benoît.

CLAVISY, f⁵, cⁿᵉ de Noyers. — *Claviscium*, 1184 (cart. gén. de l'Yonne, II, 390).

CLÉMENTS (LES), f⁵, cⁿᵉ de Bussy-le-Repos.

CLÉMENTS (LES), h. cⁿᵉ de Jouy.

CLÉON, m. cⁿᵉ de Carisey.

CLÉON, ruiss. cⁿᵉ de Collan, où il prend sa source, et se jette dans l'Armançon à Flogny.

CLÉRÈS (LES), h. cⁿᵉ de Bussy-le-Repos, 1719 (reg. de l'état civil). — Auj. détruit.

CLÉRIMOIS (LES), hameau divisé entre les communes de Chigy et de Foissy. — *Clarineum*, 1202 (abb. Saint-Jean, bibl. de Sens). — *Clarumeium*, 1228 (Hôtel-Dieu de Sens). — *Clairimois*, 1207 (abb. de Vauluisant). — La partie occidentale du hameau des Clérimois dépendait autrefois de la mairie de Chigy, et l'autre partie ressortissait à la prévôté de Foissy.

CLÉRION, m. i. cⁿᵉ d'Auxerre.

CLÉRISSES (LES), h. cⁿᵉ de Vernoy. — *Les Cléris*, 1760 ; fief relevant de Courtenay (ém. de Saxe, inv. de la terre de Chaumot).

CLERJAUTS (LES), h. cⁿᵉ de Moutiers.

CLINCHAMP, m. i. cⁿᵉ de Saint-Julien-du-Sault (Cassini) ; détruite.

CLOIX, cⁿᵉ de Marchais-Beton, prieuré de Sainte-Catherine de Cloix, dépendant de l'abb. de Ville-chasson, 1659, réduit à l'état de chapelle en 1695 et en ruines (pouillé du dioc. de Sens de 1695, p. 167 ; bibl. d'Auxerre).

CLORIS (LES), h. cⁿᵉ de Villeneuve-les-Genêts, 1553 (ém. Rogres).

CLOS (LE), m. i. cⁿᵉ de Charny.

CLOS (LE), h. cⁿᵉ de Noé.

CLOS (LE), f⁵, cⁿᵉ de Voisines.

CLOS-AUBRY (LE), h. cⁿᵉ des Bordes. — *Le Clos-Bry*, 1745. — Le hameau du Charpentier a été réuni au Clos-Aubry et a perdu son nom.

CLOSEAU (LE), cⁿᵉ de Cérilly, 1628. — Il y avait alors en ce lieu une verrerie et une chapelle (état des biens de l'abb. de Vauluisant, p. 330), aujourd'hui détruites.

CLOSERIE (LA), hameaux, cⁿᵉˢ de Grandchamp et d'Égri-selles-le-Bocage.

CLOUSEAUX (LES), f⁵, cⁿᵉ de Saint-Privé.

CODEAU, ruiss. cⁿᵉ de Jully ; se perd dans les terres du hameau de la Loge.

COCHARDERIE (LA), h. cⁿᵉ de Villefranche.

COCHARDS (LES), h. cⁿᵉ de Charny.

COCHEPIS, m. cⁿᵉ de Villeneuve-sur-Yonne. — *Chaucepia*, 1175 (cart. gén. de l'Yonne, II, 275). — *Cochepie*, 1190 (*ibid.* 419). — Avant 1790, fief ayant toute justice (Tarbé, Baill. de Sens, 576).

COCUES (LES), m. i. cⁿᵉ d'Épineuil.

COCHONNIÈRE (LA), f⁵, cⁿᵉ de Dracy ; détruite.

COCICO, h. cⁿᵉ de Charny. — *Cossicot*, 1779 (reg. de l'état civil).

COËFFANDS (LES), h. cⁿᵉˢ de Perreux et de Sommecaise. — *Coefars*, 1774 (reg. de l'état civil).

COFFIERS (LES), f⁵, cⁿᵉ de Jouy.

COGNATS (LES), h. cⁿᵉ de Diges.

COGNIOT (LE), h. cⁿᵉ de Grandchamp.

COGNOT (LE), tuil. cⁿᵉ de Vernoy.

COIGNIÈRES, m. cⁿᵉ d'Annay-sur-Serain.

COIN (LE), f⁵, cⁿᵉ de Champignelles.

COING (LE), ch. cⁿᵉ d'Argentenay. — *Le Coing*, 1404 ; fief relevant du ch. de Crusy (inv. des archives du comté de Tonnerre).

COINTARDS (LES), h. cⁿᵉ de Saint-Martin-d'Ordon.

COLADRIE (LA), h. cⁿᵉ de Champcevrais.

COLAS (LES), h. cⁿᵉ de Fontaines.

COLAS (LES), fermes, cⁿᵉˢ de Champcevrais et de Saint-Fargeau.

COLEUVRAT, h. cⁿᵉ de Saint-Valérien. — *Collevrat*, 1657 (chap. de Sens). — Anciennement fief et prévôté ressortissant au baill. de Saint-Valérien, et dont dépendaient les hameaux des Misons, de l'Écaris, des Frogers et plusieurs fermes ; le tout régi par la coutume de Lorris (Tarbé, Descr. hist. du baill. de Sens, 555).

COLINS (LES), hameaux, cⁿᵉˢ de Merry-la-Vallée et de Saint-Loup-d'Ordon.

COLIVETS (LES), h. cⁿᵉ de Louesme.

COLLAN, cⁿᵉ de Tonnerre. — *Collannum*, vers 1080 (cart. gén. de l'Yonne, II, 26). — *Colan*, 1515 (cart. Saint-Michel, arch. de l'Yonne).

C'est sur le territoire de Collan, à un kilomètre du village, que l'on trouve les vestiges de l'ermitage où vécut saint Robert, fondateur de Molesme, au XIᵉ siècle. Collan était, avant 1789, du dioc. de Langres et de la prov. de l'Île-de-France, élection et baill. de Tonnerre.

COLLARGETTE, h. cⁿᵉ de Thury. — *Colengeistes*, 1487 ; fief relevant de l'abb. Saint-Germain (f. Saint-Germain). — *Collengestes*, 1492 (terrier). Seigneurie dépendant de l'aumônier de Moutiers.

COLLARDERIE (LA), f⁵, cⁿᵉ de Lavau.

COLLEMIERS, c^{ou} de Sens (sud). — *Collumberum*, ixe siècle (*Liber sacram.* ms bibl. de Stockholm). — *Columbarius*, vers 833 (cart. gén. de l'Yonne, I, 41). — *Collemeriæ*, 1290 (abb. Saint-Pierre-le-Vif de Sens), — *Columbariæ*, 1486 (arch. de Sens, reg. de collations). — *Collemiers*, 1453 (reg. des taxes, etc. dioc. de Sens, bibl. de cette ville, archev.). — *Coulemiers*, 1556 (chap. de Sens, plan).

Collemiers était, au ixe siècle, du pagus et du dioc. de Sens, et, avant 1789, de la prov. de l'Île-de-France et du baill. de Sens, avec titre de prévôté.

COLLEMIERS, h. et m. c^{ne} d'Églény. — *Colonicitæ*, 864 (cart. gén. de l'Yonne, I, 92).

COLLERIE (LA), h. c^{ne} de la Ferté-Loupière.

COLLETERIE (LA), m. i. c^{ne} de Saint-Sérotin.

COLLETS (LES), m. i. c^{ne} de Chambeugle.

COLOMBEAU, manœuv. c^{ne} de Saint-Valérien.

COLOMBIER (LE), hameaux des c^{nes} de Chêne-Arnoult et de Diges.

COLOMBIER (LE), f^e, c^{ne} de Foissy, autref. siége d'une mairie pour l'exercice de la justice qui ressortissait au baill. de Sens, et qui s'étendait sur la moitié du hameau des Clérimois.

COLOMBIER (LE), fermes, c^{nes} d'Étais, de Saint-Martin-des-Champs, de Toucy et de Treigny.

COLOMBIÈRE (LA), f^e, c^{ne} de Pontaubert, au territoire d'Orbigny, 1437, comm^{rie} de Pontaubert. — Auj. détruite.

COLOMBINE (LA), h. c^{ne} de Champlay.

COLONNERIE (LA), h. c^{nes} de Montacher et de Saint-Valérien.

COMALE (LA), f^e, c^{ue} de Jully.

COMBAUDERIE (LA), m. i. c^{ne} de Dracy. — *La Gombauderie*, 1780 (reg. de l'état civil).

COMBEAUX (LES), h. c^{ne} de Sommecaise.

COMMAILLES (LES), h. c^{ne} de Mézilles.

COMMANDERIE (LA), château, c^{ne} de Coulours, ancienne comm^{rie} de Templiers.

COMMECY, h. c^{ne} de Sainpuits. — *Compasciagus*, vers 860 (cart. gén. de l'Yonne, I, 21).

COMMISSEY, c^{on} de Crusy. — *Commisciacensis finis, in pagó Tornodrensi*, 877 (cart. gén. de l'Yonne, II, 6). — *Comisiacus*, 899 (*ibid.* I, 131). — *Cumissiacum*, 1178 (*ibid.* II, 294). — *Cumisseyum*, 1536 (pouillé de Langres). — *Cumissi*, 1135 (cart. gén. de l'Yonne, I, 305). — *Cumissey*, 1343 (cart. du comté de Tonnerre, arch. de la Côte-d'Or). — *Commissy*, 1499 (E. arch. de l'Yonne, c^{ne} de Commissey).

Commissey était, avant 1789, du dioc. de Langres, de la prov. de l'Île-de-France, de l'élection de Tonnerre et du baill. de Sens en appel de celui de Molosme.

COMMOIGNE (LA), h. c^{ne} de Venouse, 1325 (cart. de l'abb. Saint-Germain, f° 139 v°). — *La Comaingne*, 1346 (E. charte d'aff. de Venouse, arch. de l'Yonne). — *La Cumoigne*, 1489 (abb. Saint-Germain); lieu détruit : il ne reste aujourd'hui qu'un climat du nom de *la Commune*.

COMMUNAUX (LES), h. c^{ne} de Mézilles.

COMMUNE (LA), f^e, c^{ne} de Domats, autref. fief relev. de Courtenay, 1713 (ém. de Saxe, inv.).

COMMUNES (LES), hameaux des c^{nes} de Saint-Florentin et de Subligny.

COMPÈRES (LES), h. c^{ne} de Fontenoy.

COMPIGNY, c^{on} de Sergines. — *Compenniacum*, 1153 (cart. gén. de l'Yonne, I, 516). — *Compigniacum*, 1187 (*Gallia christ.* XII, suppl. des pr. du dioc. de Sens, n^o vi). — *Compegni*, 1383 (abb. de Vauluisant). — *Compeigny*, 1453 (reg. des taxes, etc. dioc. de Sens, bibl. de cette ville, archev.).

Compigny était, avant 1789, du dioc. de Sens, de la prov. de l'Île-de-France et de l'élection de Nogent.

COMTÉ (LA), f^e, c^{ne} de Stigny, en 1789 (cadastre C. 101). — Auj. détruite.

COMTES (LES), f^e, c^{ne} de Dracy.

COMTES (LES), hameaux des c^{nes} de Malicorne et de Prunoy.

CONCHE (LA), bois, c^{ne} de Vincelles.

CONNATS (LES), h. c^{ne} de Pourrain. — *Conat*, 1496, nom d'un habitant de Pourrain à cette époque (chap. d'Auxerre).

CONROY (LE), f^e, c^{ne} de Champignelles.

CONSTANTINERIE (LA), m. i. c^{ne} de Prunoy.

CONSTANTS (LES), h. c^{ne} de Grandchamp.

CONTAIS (LES), f^e, c^{ne} de Ligny-le-Châtel, ainsi nommé à cause du nom des bois voisins. — Voy. CONTAIS (BOIS DES).

CONTAIS (BOIS DES), c^{nes} de Ligny et de Vergigny. — *Contest*, 1156 (cart. gén. de l'Yonne, I, 541). — *Bois de la Sceuz ou des Contest*, 1251 (abb. de Pontigny). — *La Sceu*, 1307 (*ibid.*). — Ce nom de Contest ou Contais est venu de nombreux procès suscités au moyen âge au sujet de la jouissance de ces bois avec les habitants de Vergigny et de Rebourseau. Une grande partie des bois des Contais a été défrichée.

CONTRECHATS, h. c^{ne} de Dixmont, 1788 (reg. de l'état civil). — Auj. détruit.

COQ (LE), m. i. c^{ne} de Courlon (Cassini); détruite.

COQUETTERIE (LA), m. i. c^{ue} de Villeneuve-Saint-Salve; détruite.

Corbillons, f°, c^no de Chemilly-près-Seignelay.

Corcolong, h. c^ne de Véron. — *Crout-Collon*, 1509 (censier de Véron, chap. de Sens). — *Le Corcolon*, 1786 (cad. C. 84).

Cordeil, h. c^ne de Guerchy. — *Cordaille*, 1666 (minutes de Ravin, notaire).

Cordeil, m^in, c^ne de Neuilly.

Cordelle (La), f°, c^ne de l'Isle-sur-Serain; restes d'un monastère de Cordeliers, connu dès le xv° siècle. — *Les Cordeliers de Sainte-Claire*, 1780 (cad. C. 105).

Cordelle (La), c^ne de Vézelay, xiii° siècle; couvent de Cordeliers, auj. détruit.

Condois, h. c^ne de Bussières. — *Cordubensis vicus*, v° siècle (Vie de saint Germain d'Aux.). — *Cordoys*, xiv° siècle (pouillé du dioc. d'Autun); lieu détruit, dont il ne reste que des vestiges de fondations de maisons.

Corées (Les), bois, c^ne de Stigny.

Cormarin, h. c^ne de Vignes. — *Villa Morina*, 1164; *Curtis Morini*, 1235; *Courmarien*, 1326 (arch. du ch. de Vausse).

Cormerats (Les), m. de garde, c^ne de Lavau. — *Cormera*, 1680, autref. verrerie importante (reg. de l'état civil).

Cormerie (La), c^ne de Bléneau, 1754, fief relev. de comté de Saint-Fargeau; auj. il n'y a plus d'habitations (B^in de la Soc. des sciences de l'Yonne, 1858).

Cormerie (La), m. i. c^ne de Rogny.

Cormier (Le), m. i. c^ne de Champcevrais.

Cormier (Le), h. c^ne de Courtoin. — *Le pied Cormier*, 1785 (cad. C. 84).

Cormier (Le Beau-), ch. c^ne de Piffonds, situé au milieu des bois; auj. détruit.

Cormierie (La), h. c^ne de Treigny.

Cormiers (Les), h. c^ne de Fournaudin.

Cornant, c^on de Sens (sud). — *Cornacum*, 1189 (cart. gén. de l'Yonne, II, 408). — *Cornans*, 1256 (abb. Saint-Marien d'Auxerre). — *Chornant*, xvi° s° (pouillé du dioc. de Sens).

Cornant, siège d'une prévôté, était, avant 1789, du dioc. et du baill. de Sens et de la prov. de l'Île-de-France.

Corneau (La), m. i. c^ne de Toucy.

Cornes (Les), h. c^ne de Châtel-Gérard.

Cornets (Les), h. c^ne d'Hauterive. — *Rue des Cornets*, 1790 (reg. de l'état civil). — Ce hameau tire son nom de celui d'une famille.

Cornillatte (La), h. c^ne de Villeneuve-sur-Yonne.

Cornuts (Les), h. c^ne de Précy.

Corsiers (Les), h. c^ne de Charny.

Corus, h. c^ne de Villeneuve-la-Dondagre. — *Corru*, xvi° siècle, étang (chap. de Sens).

Convignot, h. c^ne de Saint-Léger. — *Courvignot*, 1486 (terrier d'Avallon, arch. de la Côte-d'Or).

Corvizard, tuil. c^ne de Dixmont, autref. ch. connu sous le nom de *Baugis*, et dont il subsiste encore deux tourelles.

Cosniers (Les), m. i. c^ne de Champcevrais. — *Les Cosniers*, 1694; *les Cognés*, 1772 (reg. de l'état civil).

Côte-Chauderon (Bois), c^ne de Précy-le-Sec.

Côte-Renard, f°, c^ne de Villefranche.

Côte-Saint-Jean (La), h. c^ne de Vaumort.

Cotillon (Le), m. i. c^ne de Fontenouilles.

Cottard, h. c^ne de Rogny.

Cottets (Les), h. c^ne de Tannerre. — *Les Cottez*, 1715 (plan de la seign. de Tannerre, arch. de l'Yonne); prévôté ressort. au baill. de Champignelles.

Couarde (La), bois, c^ne de Charentenay.

Couchenoire, h. c^ne de Joux-la-Ville, a pour origine une ferme construite vers 1480 (abb. de Reigny). — *Val des Nonains*, avant 1789.

Coudray (Le), ch. et f°, c^ne de Bléneau. — *Le Coudroy*, xv° siècle, fief relev. de Saint-Fargeau avec un manoir (B^in de la Soc. des sciences de l'Yonne, 1858). — *Codretum, Couldretum*, 1550 (év. d'Auxerre).

Coudray (Le), m. c^ne de Bléneau.

Coudre (La), h. dép. des c^nes de Bœurs et de Sormery.

Coudre (La), m. i. c^ne de Dracy.

Coudre (La), h. c^ne de Perreux, avant 1789, siège d'un baill. important s'étendant sur 15 vill. ou h. (Legrand, État gén. du baill. de Troyes, 1553).

Coudre (La), h. c^ne de Piffonds.

Coudre (La Grande-), h. c^ne de Perreux. — *La Coudre*, avant 1789 (reg. de l'état civil).

Coudre (La Petite-), f°, c^no de Perreux. — *Le Moulin de la Coudre*, avant 1789 (reg. de l'état civil).

Coudre (Notre-Dame-de-la-), ancien prieuré de l'ordre de Saint-Benoît, situé c^ne de Fley; auj. détruit.

Coudrière, f°, c^ne de Subligny; auj. détruite.

Coudroies (Les), h. c^ne de Saint-Romain-le-Preux. — *Le Couldroy*, 1500 (hôpital de Joigny). — *Le Couldray*, 1511 (idem).

Couée (La), forêt, c^ne de Nitry.

Couée (La), h. c^ne de Plessis-Saint-Jean; auj. détruit.

Couées (Ruisseau des), prend sa source à Auxon, c^ne de Saint-Brancher, et se jette dans le Cousin à Magny.

Couffraut, m. i. c^ne de Villefranche.

Couillauts (Les), h. c^ne de Toucy.

Couilly, h. c^ne de la Ferté-Loupière. — *Suliacum*, 1140 (abb. des Escharlis). — *Coully*, 1537 (Armant, notaire à Auxerre).

COULANGERON, c^on de Coulanges-les-Vineuses. — *Coullangeron*, 1548, fief relev. du roi au comté d'Aux. (arch. de la Côte-d'Or, cart. du comté d'Aux.). — *Collangeron*, 1585 (tabell. d'Aux. portef. IV).

Coulangeron était, avant 1789, du dioc. et du baill. d'Auxerre et en partie de la prov. de Bourgogne, et pour ses h. de Crosle et de Chéry, de la prov. de l'Île-de-France. Ce lieu fut érigé en paroisse, détachée de Merry-Sec, en 1741.

COULANGES-LES-VINEUSES, arrond. d'Auxerre. — *Coleingiæ*, 1197 (cart. gén. de l'Yonne, II, 479). — *Colungia-Vinosa*, 1206 (cart. de Pontigny, f° 24 r°, Bibl. imp. n° 153), fief appart. au comte de Joigny et relevant du comté d'Auxerre, 1221 (cart. du comté d'Aux.). — *Coloniæ-Vinosæ*, xv° siècle (pouillé du dioc. d'Aux.). — *Coloinges-les-Vineuses*, 1303 (E. arch. de l'Yonne, c^ne du Val-de-Mercy). — *Coulonges-les-Vineuses*, 1403 (abb. Saint-Julien d'Aux.). — *Colenges-les-Vineuses*, 1411 (titres communaux E). — *Collanges-les-Vineuses*, 1515 (cart. du comté d'Auxerre, arch. de la Côte-d'Or).

Coulanges était, avant 1789, du dioc. d'Auxerre, de la prov. de Bourgogne et du baill. d'Auxerre par ressort de son propre bailliage.

COULANGES-SUR-YONNE, arrond. d'Auxerre. — *Coloniæ*, 864 (cart. gén. de l'Yonne, I, 88). — *Colengiæ super Ycaunam*, xii° s° (*Gesta pontif. Autiss.* Bibl. hist. I, 439). — *Colungiæ super Yonam*, 1252 (cart. de Crisenon, f° 103 v°, Bibl. imp.). — *Coloinge*, 1261 (abb. de Reigny). — *Collanges*, 1337, fief et forteresse relev. du comté d'Auxerre (cart. du comté d'Auxerre). — *Colanges-sur-Yonne*, 1667 (reg. de l'état civil).

Coulanges était, au ix° siècle, du pagus et du dioc. d'Auxerre, en 1789 de la prov. de Bourgogne, et siége d'une prévôté royale ressort. au baill. d'Auxerre.

COULÉES (LES), h. c^ne de Lixy.

COULON, h. c^ne de Courgis. — *Coslumnus*, xi° siècle (*Gesta pontif. Autiss.* Vie d'Humbaud). — *Coolon*, 1294; *Coulon*; 1302 (chap. d'Aux.). — Détruit.

Coulon était autref. de la prov. de Bourgogne.

COULON, h. c^ne de Sementron. — *Colons*, 1295 (f. Tepinier). — *Coullons*, 1640 (ém. de Montcorps).

COULONNERIE (LA), f°, c^ne de Saint-Privé.

COULOURS, c^on de Cerisiers. — *Colatorium*, 1150 (cart. gén. de l'Yonne, I, 462). — *Colaorium*, 1259 (*ibid.* II, 104). — *Collatoriæ*, 1255 (abb. de Vauluisant). — *Coloirs*, vers 1140 (cart. gén. de l'Yonne, I, 347). — *Coloors*, 1193 (*ibid.* II, 450). — *Colooirs*, 1193; *Colors*, 1204 (abb. de Vauluisant). — *Coulors*, 1226 (abb. de Pontigny). — *Collours*, 1628 (état des biens de Vauluisant).

Il existait, au xii° siècle, à Coulours une comm^rie de Templiers. Coulours était, avant 1789, du dioc. de Sens, de la prov. de l'Île-de-France et du baill. de Troyes.

COUR (LA), f°, c^ne de Michery. — *La Cour-Notre-Dame*, ancien prieuré de religieuses de l'ordre des Antonines de Paris, fondé en 1225 (cart. du prieuré). — *Curia Beatæ Mariæ*, 1225 (*ibid.*). — *La Cour-Notre-Dame-lez-Ponts-sur-Yonne*, 1369 (prieuré de Notre-Dame).

COUR (LA), ruiss., c^ne de Sainte-Colombe, arrond. d'Avallon, qui se jette dans le ruisseau du Chagnot, même commune.

COUR (LA GRANDE-), h. c^ne de Savigny.

COUR-À-GATON (LA), manœuv. c^ne de Collemiers.

COUR-ALEXANDRE (LA), h. c^ne de Marchais-Beton. — *La Court-Alexandre*, 1613 (ém. Rogres). — Fief relevant de Charny; depuis 1662, de Malicorne (f. Texier d'Hautefeuille).

COURANTS (LES), h. c^ne de Prunoy.

COURATERIE (LA), f°, c^ne de Saint-Privé.

COURATS (LES), f°, c^ne de Saint-Privé.

COUR-AUX-BAUDES (LA), h. c^ne de Chêne-Arnoult.

COUR-BARRAT (LA), h. c^ne de Diges.

COUR-BARRÉE (LA), h. c^ne d'Escolives. — *Court-Barré*, 1547 (terrier de Champs, abb. Saint-Julien d'Auxerre); séparée par l'Yonne de la seigneurie de Champs, dont elle dépendait.

COUR-BASSE (LA), m. i. c^ne de Mézilles.

COUR-BASSE (LA), f°, c^ne de Montacher.

COURBE-ÉPINE, forêt, c^ne de Belle-Chaume, appartenant autrefois à l'archevêché de Sens. — *Curva spina*, xiii° siècle.

COURBOISSY, ch. et h. dépendant des c^nes de Dicy et de Charny.

COURBONS (LES), f°, c^ne de Saint-Sauveur. — Détruite en 1828.

COUR-BUISSON (LA), h. c^ne de Saint-Martin-des-Champs.

COURCEAUX, c^on de Sergines. — *Curcellæ*, 1167 (cart. gén. de l'Yonne, II, 195). — *Corrocelum*, 1234; *Correcellum*, 1268 (abb. de Vauluisant). — *Corrocol*, 1234; *Correcel*, 1236; *Courceaulx*, 1473 (*ibid.*). — *Courciaux*, xvi° s° (pouillé du dioc. de Sens). — *Corceaux*, xvi° s° (cart. du prieuré de la Cour-Notre-Dame).

Courceaux était, avant 1789, du dioc. et du baill. de Sens et de la prov. de l'Île-de-France, et le siége d'une prévôté.

COURCEAUX, h. c^ne de Saint-Martin-sur-Ouanne.

COURCELLE (LA), h. c^ne d'Island. — *Courcelles et Corcelles*, 1500 (chap. d'Avallon).

COURCELLES, h. c^ne de Neuvy-Sautour.

Cour-Chaillot (La), f°, c^ne de Saint-Privé.

Courchamp, h. c^ne de Turny. — Autrefois siége d'une prévôté; fief relev. de Vénizy, 1602 (arch. de Vénizy).

Cour-d'Asnan (La), f°, c^ne de Sépaux. — N'existe que depuis 1789.

Cour-de-Fontenille (La), f°, c^ne de Brosses.

Cour-de-France (La), m. i. c^ne de Saint-Martin-sur-Ouanne.

Cour-de-la-Fontaine, bois, c^ne de Perrigny-sur-Armançon.

Cour-de-Prunoy (La), f°, c^ne de Prunoy.

Cour-des-Césars (La), h. c^ne de Villeneuve-la-Guyard; il a pris son nom d'une famille qui en possédait autrefois la seigneurie.

Cour-des-Faucheurs (La), h. c^ne de Saint-Loup-d'Ordon.

Cour-des-Maillys, h. c^ne de Mailly-la-Ville. — La Cour-les-Mailly, 1709 (abb. de Reigny). Fief avec ch. fortifié, qui relevait du roi; encore existant.

Cour-des-Prés (La), h. c^ne de Treigny. — Terre donnée au chap. de Saint-Fargeau par le seigneur de ce lieu en 1478.

Cour-d'Origny (La), h. c^re de Sainte-Colombe-près-l'Isle.

Coureaux (Les), h. c^ne de Saint-Fargeau.

Courgenay, c^on de Villeneuve-l'Archevêque. — Curgeneium et Curgenetum, 1129 (cart. gén. de l'Yonne, II, 51 et 157). — Curtisgeneium, av. 1150 (ibid. I, 456). — Corgenetum, 1213; Corgenayum, 1376 (abb. de Vauluisant). — Corgenay et Courgenay, 1199 (cart. gén. II, 505).

Courgenay était, avant 1789, du dioc. de Sens et de la prov. de Champagne et prévôté ressortissant au baill. de Vauluisant.

Courgis, c^on de Chablis. — Corgiacum, 1279 (abb. Saint-Marien). — Courgiacum, 1302 (chap. d'Aux.) — Corgi, 1321 (cart. du comté d'Auxerre, arch. de la Côte-d'Or). — Courgy, xvi° siècle (év. d'Auxerre).

Courgis était, avant 1789, du dioc. d'Auxerre, de la prov. de l'Île-de-France et du baill. de Villeneuve-le-Roi par ressort de son propre bailliage.

Cour-Impériale, f°, c^ne de Saint-Martin-sur-Ouanne.

Courlis (Les), h. c^ne de Branches. Fondé en 1792 par M. Durand-Prudence.

Courlis (Les), h. c^ne de Charbuy.

Courlon, c^ne de Sergines. — Curteleonis, ix° siècle (Liber sacram. ms bibl. de Stockholm). — Colleum, 1211 (abb. de Vauluisant). — Corloonis, 1224 (abb. Sainte-Colombe de Sens). — Curloun, 1146 (abb. de Pontigny). — Coorlon, 1157 (cart. gén. de l'Yonne, II, 87). — Corloun, 1184 (ibid. 356). — Corlaon, 1204; Corleon, 1229; Colloon, 1292; Courloum, xiii° siècle (abb. Sainte-Colombe de Sens).

— Coulleon, 1279 (abb. Saint-Pierre de Sens). — Coolon, 1373 (arch. de Sens). — Collon, 1406 (ibid.). — Corlon, 1449 (abb. Sainte-Colombe). Seigneurie appartenant à l'abb. Sainte-Colombe de Sens et relevant de la baronnie de Bray.

Courlon était, avant 1789, du dioc. et du baill. de Sens et de la prov. de l'Île-de-France.

Courmont, h. dép. des c^nes de Pailly et de Plessis-Saint-Jean. — Cormotum, 1275 (abb. de Vauluisant).

Counots (Les), h. c^on de Champignelles.

Counris (Les), h. c^ne de Diges.

Cournoy, h. c^ne de Grange-le-Bocage.

Cours, h. c^ne de Grimault. — De Curco, 1116 (cart. gén. de l'Yonne, I, 232). — Curz, 1146 (ibid. 416). — Curtis, 1149 (ibid. 452). — Corpus, 1536 (pouillé du dioc. de Langres). Autrefois paroisse.

Cours était, avant 1789, du dioc. de Langres, de la prov. de Bourgogne et du baill. de Noyers.

Cours (Les), h. c^ne de Sainpuits.

Cours-d'Alosse (Les), ch. détruit, c^ne de Treigny.

Cours-Mouchot, h. c^ne d'Aillant, 1709 (arch. de la c^ne d'Aillant). — Lieu détruit.

Courson, arrond. d'Auxerre. — Curcedonus, vi° siècle (Bibl. hist. de l'Yonne, I, 328; règlement de Saint-Aunaire). — Curchinum, 1174 (cart. gén. de l'Yonne, II, 261). — Corcio, xiii° siècle (Bibl. hist. de l'Yonne, I, 439). — Corconnum, 1233 (cart. de Crisenon, f° 100 r°, Bibl. imp.). — Curcio, xv° siècle (pouillé du dioc. d'Auxerre; Lebeuf, Histoire d'Auxerre, IV, n° 413). — Corcum, 1174 (cart. gén. de l'Yonne, II, 251). — Churcum, 1173 (ibid. 245). — Corcon, 1168 (ibid. 251). — Corchum (abb. de Reigny). — Courson, 1570; fief relevant du roi (ém. Coignet de la Tuilerie). Érigé en comté au xvii° siècle et relevant du roi au comté d'Auxerre.

Courson était, au vi° siècle, du pagus et du dioc. d'Auxerre, et, avant 1789, de la prov. de Bourgogne et siége d'un baill. ressortissant à celui d'Auxerre. Au xii° siècle, il y avait des vicomtes de Courson (Lebeuf, Histoire d'Auxerre, I).

Courtemeau, c^ne de Saint-Léger-de-Foucherets. — Courtemel, xii° s° (abb. de Reigny). — Cortemault, 1531 (ibid.). — Lieu détruit.

Courtenay, h. c^ne de Vermanton. Fief relevant du roi comme comte d'Auxerre, 1548 (cart. gén. du comté d'Auxerre; arch. de la Côte-d'Or).

Courtenay, bois, c^ne de Vermanton.

Courterolles, h. c^ne de Guillon. — Cortroles, 1228 (E. charte de Montréal, arch. de l'Yonne). — Courterolles, 1491 (reg. pour le règlement des forêts de la maîtrise de Semur).

6

Courtes-Lames (Les), m. éclusière, cⁿᵉ de Chassi-gnelles.

Cour-Têtu (La), manœuv. cⁿᵉ de Saint-Privé.

Court-Gain, f°, cⁿᵉ de Villeneuve-les-Genêts.

Court-Gain, h. cⁿᵉ de Sommecaise. — *Courguin*, 1782 (reg. de l'état civil).

Court-Gilet, h. cⁿᵉ de Vaumort.

Courtoin, cᵒⁿ de Chéroy. — *Curtuinum*, 1695 (pouillé de Sens). — *Courtroin*, 1453 (reg. des taxes, etc. dioc. de Sens, bibl. de cette ville, archev.). — *Courtoin*, 1667, seigneurie vendue alors par l'abb. de Château-Landou au seigneur de Chaumot (ém. de Saxe; inventaire).

Courtoin était, avant 1789, un prieuré-cure du dioc. de Sens et de la prov. de l'Île-de-France et le siége d'une prévôté ressortissant au baill. de Sens.

Courtois, cᵒⁿ de Sens (sud). — *Cortesium*, 1264 (cart. de l'archev. de Sens, III, 65 r°, Bibl. imp.). — *Curtesium*, 1325 (chap. de Sens). — *Courtesium*, xvɪᵉ siècle (pouillé du dioc. de Sens). — *Courtoys*, 1471 (abb. Sainte-Colombe de Sens).

Courtois était, avant 1789, du dioc. et du baill. de Sens et de la prov. de l'Île-de-France.

Court-Vieille (La), h. cⁿᵉ de Treigny.

Courty, h. cⁿᵉ de Diges (terrier de Diges, abb. Saint-Germain d'Auxerre, 1671). — Auj. détruit.

Cousin, ruiss. qui prend sa source aux Ponts-de-Cussy (Yonne) et se jette dans la Cure à Blannay. — *Cosa*, 1147 (cart. gén. de l'Yonne, I, 428). — *Cosain*, 1366 (malad. d'Avallon). — *Cosin*, 1587 (abb. Saint-Marien d'Auxerre).

Cousin-la-Roche, h. cⁿᵉ d'Avallon. — *Cosa Rupis*, 1310 (cure d'Avallon). — *Cosain-la-Roiche*, 1472 (chap. d'Avallon).

Cousin-le-Pont, h. cⁿᵉ d'Avallon. — *Cosain-le-Pont*, 1486 (terrier d'Avallon; arch. de la Côte-d'Or).

Coutants (Les), h. cⁿᵉ de Grandchamp.

Coutarnoux, cᵒⁿ de l'Isle-sur-Serein. — *Curtis Arnulphi*, 1188 (cart. gén. de l'Yonne, II, 386). — *Curia Arnulfi*, 1206 (abb. de Reigny). — *Thuriacum Arnulphi*, xɪvᵉ s° (pouillé du dioc. d'Autun; arch. de l'év.). — *Coutarnoul*, 1464 (ville d'Avallon). — *Coternol*, 1525 (tabell. d'Auxerre; portef. IV). — Terre à l'abbaye Saint-Germain, aliénée en 1741.

Coutarnoux était, avant 1789, du dioc. d'Autun; c'était une prévôté dépendant du baill. de l'Isle au ressort de Troyes.

Coutarnoux, f°, cⁿᵉ de Sainte-Colombe-près-l'Isle.

Coutart, fief sur Rogny relevant du seigneur de la Brenellerie, 1510 (f. Jaupître).

Coutelée (La), manœuv. cⁿᵉ de Lavau.

Coutels (Les), m. i. cⁿᵉ de Saint-Loup-d'Ordon.

Couturière (La), m. i. cⁿᵉ de Saint-Maurice-Thizouaille.

Couverte, f°, cⁿᵉ de Poinchy.

Crain, cᵒⁿ de Coulanges-sur-Yonne. — *Crinsensis vicus*, vɪɪᵉ siècle (*Gesta pontif. Autiss.* Vie de saint Didier). — *Cranum*, 1186 (cart. de Crisenon, f° 9, Bibl. imp. n° 154). — *Crenum*, 1203 (*ibid.* f° 92 r°). — *Cranium*, xvᵉ siècle (pouillé du dioc. d'Auxerre; Lebeuf, Histoire d'Auxerre, IV, n° 413). — *Cren*, vers 1135 (cart. gén. de l'Yonne, I, 303). — *Crin*, 1782 (carte du duché de Bourgogne).

Crain était, au vɪɪᵉ siècle, du pagus et du dioc. d'Auxerre, et, avant 1789, de la prov. de Bourgogne et le siége d'un baill. ressortissant à celui d'Auxerre. Le fief relevait du comté du même nom.

Crançons (Les), h. et mⁱⁿ, cⁿᵉ de Toucy.

Cranne (La), h. et f°, cⁿᵉ de Rogny.

Crapaudière (La), f°, cⁿᵉ de Bléneau.

Cravan, cᵒⁿ de Vermanton. — *Crevennus*, 901 (cart. gén. de l'Yonne, I, 132). — *Crobannum*, xɪɪᵉ siècle (chap. d'Auxerre). — *Crevent* et *Crevenz*, 1160-1167 (cart. gén. de l'Yonne, II, 122, 151). — *Cravant*, 1226 (cart. de Crisenon, f° 96 r°, Bibl. imp. n° 154). — *Cravent*, 1368 (E. titres communaux).

Cravan était, au xᵉ siècle, du pagus et du dioc. d'Auxerre, et fut jusqu'en 1789 la principale terre du chap. cathédral d'Auxerre. Ce lieu était, avant 1789, de la prov. de Bourgogne et du baill. d'Auxerre en appel des jugements de son baill. particulier.

Cray, h. cⁿᵉ de Chamoux. — *De Craia*, xɪɪᵉ siècle, (chron. de Vézelay). — *Cray*, 1443 (E. cⁿᵉ de Chamoux, arch. de l'Yonne).

Créanton, ruiss. cⁿᵉ de Neuvy-Sautour, se jette dans l'Armançon à Brienon; il est appelé aussi *Breumance*. — *Crientum*, 1143 (cart. gén. de l'Yonne, I, 367).

Crécy, f°, cⁿᵉ d'Avrolles. — *Creciacum*, 1138 (cart. gén. de l'Yonne, I, 326). — *Creccium*, 1138 (*ibid.* 331). — *Cresci* (*ibid.* 412). — *Créci*, 1188 (abb. de Pontigny). — *Cressy*, xvɪᵉ siècle (*ibid.*).

Creuse (La), h. cⁿᵉ de Stigny.

Creusets (Les), m. i. cⁿᵉ de Charny. — *Creausus*, 864 (cart. gén. de l'Yonne, I, 89). — *Criaus*, 864 (*ibid.* 92).

Creusiaterie (La), h. cⁿᵉ de Lavau. — *Croliaterie*, 1679; *Croitellerie*, 1782 (reg. de l'état civil).

Creusots (Les), m. i. cⁿᵉ de Saint-Sauveur.

Creussant, ruisseau qui prend sa source à Provanchère, c^{ne} de Saint-Léger-de-Foucherets, et se jette dans le Trinquelin, c^{ne} de Saint-Brancher. — *Cresseant*, 1153 (cart. gén. de l'Yonne, I, 515).

CREUSY, ch. fort, c^{ne} de Migé; détruit.

CREUX (LES), h. c^{ne} de Saint-Privé.

CREUZILLES, h. c^{ne} de Merry-la-Vallée.

CREUZOTERIE (LA), m. i. c^{ne} de Dicy.

CRÉVERATS (LES), h. c^{ne} de Cerisiers.

CRISENET, ruiss. qui prend sa source à Tharoiseau et se jette dans la Cure, c^{ne} de Saint-Père.

CRISENON, ch. c^{ne} de Prégilbert. — Autrefois monastère de filles de l'ordre de Saint-Benoît, fondé au xiie s^e. — *Criseno*, vers 1100 (cart. gén. de l'Yonne, I, 199). — *Grisenno*, 1115 (*ibid.* II, 46). — *Crisennum*, 1137 (*ibid.* 54). — *Crisinnium*, 1152 (*ibid.* 72). — *Crisanno* (*Gesta pontific. Autiss.* xiiie siècle). — *Crisinon*, xiie siècle (Bibl. hist. I, 413). — *Crisenon*, vers 1100 (cart. gén. de l'Yonne, I, 200). — *Crésignon*, 1338 (E. ville d'Auxerre, arch. de l'Yonne).

CRISENON (LE), m^{in}, c^{ne} de Prégilbert.

CROISÉ (LE), h. c^{ne} de Quarré-les-Tombes. — *Le Croisey*, 1725; *les Croisés*, 1768 (reg. de l'état civil).

CROIX (LA), h. c^{ne} de Beauvoir.

CROIX (LA), h. c^{ne} d'Hauterive. — *La Croix-Brossière*, 1787 (ém. Montmorency).

CROIX (LES), h. c^{ne} de Bussy-le-Repos. — Autrefois *les Crouets*.

CROIX (LES), m^{in}, c^{ne} de Chablis.

CROIX-BLANCHE (LA), h. c^{ne} de Villegardin.

CROIX-CARRÉE (LA), h. c^{ne} de Venoy.

CROIX-DE-LA-VIERGE (LA), m. i. c^{ne} de Mézilles.

CROIX-DE-PARADIS (LA), c^{ne} de Lavau, 1680 (reg. de l'état civil). — Lieu détruit.

CROIX-DU-SABLON, h. c^{ne} de Villiers-Saint-Benoît.

CROIX-GALLARD (LA), h. c^{ne} d'Avrolles.

CROIX-JAPET, m^{in}, c^{ne} de Thury.

CROIX-MISSIPIERRE (LA), h. c^{ne} de Verlin.

CROIX-PILATE (LA), h. c^{ne} de Saint-Cyr-les-Colons. — *Croix-Pillatre*, 1672 (ém. Montmorency; terre de Saint-Cyr).

CROIX-RAMONET (LA), h. c^{ne} de Merry-sur-Yonne.

CROS (LES), m. i. c^{ne} de Champcevrais.

CROSIERS (LES), f^e, c^{ne} de Champcevrais.

CROSLE (LE), h. c^{ne} d'Escamps. — *Crosle-le-Bas*, 1782 (C. 101, cad. arch. de l'Yonne).

CROSLE (LE HAUT-), h. c^{ne} de Coulangeron, autref. de la prov. de l'Île-de-France, élection de Tonnerre.

CROSLEY, f^e, c^{ne} des Siéges. Il y avait autref. deux fermes de ce nom. — *Crosley-le-Grand*, 1781 (reg. de l'état civil). — *Crolay-le-Petit*, 1753 (mission de Versailles, plan).

CROT (LE), hameaux des c^{nes} de Merry-la-Vallée et de Quarré-les-Tombes.

CROT-AU-PAIN, h. c^{ne} d'Asnières.

CROT-AUX-MOINES, port, c^{ne} de Beaumont; autrefois f^e détruite.

CROT-COURCELLES (LE), h. c^{ne} de Cruzy.

CROT-DE-LA-REINE, h. c^{ne} de Sementron.

CROT-DE-PONTAUBERT, 1486, vill. détruit (Éphém. avall. bibl. d'Avallon).

CROT-DU-SABLON (LE), h. c^{ne} de Villiers-Saint-Benoît.

CROTS (LES), m. i. c^{ne} de Villiers-Saint-Benoît.

CROUPONS (LES), manœuv. c^{ne} de Mézilles.

CROUTEAUX (LES), h. c^{ne} de Villefranche. — *Creptum*, 864 (cart. gén. de l'Yonne, I, 89).

CROUZILLE, h. c^{ne} de Champignelles. — *Crozilles*, 1622, fief relev. de Villeneuve-les-Genêts (B^{in} de la Soc. des sciences de l'Yonne, 1858).

CRUZY, arrond. de Tonnerre. — *Crusiacum*, entre 1125 et 1136 (cart. gén. de l'Yonne, I, 257). — *Cruseium*, 1176 (*ibid.* II, 281). — *Cruisy*, 1293 (abb. Saint-Germain). — *Cruisey*, 1319 (cart. de l'hôpital de Tonnerre). — *Crusey*, 1329 (cart. de Saint-Michel). — *Crusy*, 1536 (cart. du comté de Tonnerre).

Cruzy était, avant 1789, du dioc. de Langres et de la prov. de l'Île-de-France; chef-lieu d'une châtellenie du comté de Tonnerre relev. du duché de Bourgogne, au ch. de Châtillon; siége d'un baill. considérable composé de 23 prévôtés ressort. au baill. royal de Sens.

CRY, c^{on} d'Ancy-le-Franc. — *Criacus*, 634 (cart. gén. de l'Yonne, I, 8). — *Crieyum*, 1536 (pouillé du dioc. de Langres). — *Cry*, 1531, fief relev. du comté de Tonnerre, par Cruzy (inv. des arch. xviie siècle). — *Crey*, 1674 (ém. Clugny).

Cry était, au viie siècle, du pagus de Tonnerre, et, avant 1789, du dioc. de Langres, prov. de l'Île-de-France, élection de Tonnerre, et du baill. de Rochefort ressort. à celui de Cruzy avec appel au baill. de Sens.

CUCHOT, h. c^{ne} de Vénizy. — *Cuichetum*, xiiie siècle (cart. de Pontigny, f° 21 r°).

CUDOT, c^{on} de Saint-Julien-du-Sault. — *Cudotum*, 1184 (cart. gén. de l'Yonne, II, 347). — *Quidot*, 1152 (*ibid.* I, 501). — *Chudo*, xiiie siècle (Chron. de Saint-Marien, ms bibl. d'Aux.). — Il y avait en ce lieu, au xiie siècle, une église collégiale et un prieuré-cure dép. de l'abb. Saint-Jean de Sens.

Cudot, en Gâtinais français, était, avant 1789, du dioc. de Sens, de la prov. de l'Île-de-France, élection de Nemours, et du baill. de Sens par appel de celui de Courtenay. La terre de Cudot était divisée en deux parties, l'une appelée Cudot en Précy et l'autre Cudot en Saint-Phal, ayant chacune une prévôté particulière (Tarbé, Détails hist. sur le baill. de Sens, coutume, 551).

CUEILLIS (LES), h. c^ne de Saints. — Ceuillys, 1693 (év. d'Auxerre).

CUISSY, fief, c^ne de Courgis (Cassini).

CUISSY, h. c^ne d'Ouanne. — Cutiacum, ve siècle (Gesta pontif. Autiss. Vie de saint Germain).

CUIVRE (LE), f^e, c^ne de Champignelles; étang et seigneurie, en 1602 (ém. Rogres); fief relev. du roi, en 1498 (arch. de l'Empire, P 2).

CULANERIE (LA), f^e, c^ne de Champignelles.

CUL-DE-SAC (LE), hameaux des c^nes de Saint-Georges et de Treigny.

CULÈTRE (LE), h. c^ne de Domecy-sur-Cure. — Culetres, 1311; Cullestre, 1578 (abb. de Cure).

CURE, h. c^ne de Domecy-sur-Cure. Il existait autref. en ce lieu une abb. d'hommes de l'ordre de Saint-Benoît, fondée au xiie siècle. — Chora, vers 1145 (cart. gén. de l'Yonne, II, 62). — Cure, 1191 (ibid. 433). — Ceure, 1278; Chure, 1295; Kuere, 1311; Chore, 1419; Cure, 1543; Choure, 1551; Coure, 1602 (abb. de Chore). — Ce h. était en partie de la Bourgogne et en partie du Nivernais.

CURE, riv. affl. de l'Yonne, rive droite, prend sa source à Gien-sur-Cure (Nièvre) et se jette dans l'Yonne à Cravan, après avoir traversé l'arrond. d'Avallon. — Cora, vi^e siècle (Gesta pontif. Autiss. Bibl. hist. de l'Yonne, I). — Chora, 1147 (cart. gén. de l'Yonne, I, 428). — Queure, 1380 (abb. de Crisenon). — Quere, 1382 (abb. de Reigny). — Chores, 1579 (arch. d'Avallon, chap. 30, n° 1). — Quehure, 1510 (abb. de Reigny). — La Cure était, au xvie s^e, navigable jusqu'à Vézelay (tabell. d'Auxerre).

CURÉS (LES), hameaux des c^nes de Fontenoy et de Pourrain.

CURLY, f^e, c^ne d'Auxerre.

CURLY, m^in, c^ne de Venoy.

CURLY, h. c^ne de Villeneuve-Saint-Salve. — Curliacum, 1279; Cully, 1303 (abb. Saint-Marien). — Courly, 1597 (Rech. des feux du comté d'Auxerre, arch. de la Côte-d'Or).

CURY, h. c^ne de Chastenay.

CUSSY-LE-CHASTEL, c^ne de Blacy, ch. détruit, relaté dans une pièce de 1569 (papiers Baudenet de Perrigny).

CUSSY-LES-FORGES, c^on de Guillon. — Casseacus, 721 (cart. gén. de l'Yonne, II, 2). — Cuceyum, 1335 (chap. d'Avallon). — Cuciacum (ibid.). — Cuci, 1154 (cart. gén. de l'Yonne, I, 524).

Cussy était, au viie siècle, du pagus d'Avallon et du dioc. d'Autun, et, avant 1789, de la prov. de Bourgogne et du baill. d'Avallon. — Cussy relevait, pour la plus grande partie, du marquisat d'Époisses, et, pour le reste, de la châtellenie de Montréal et de la seigneurie de Presles (Garreau, Descr. de la Bourgogne, 447).

CUSSY-LEZ-COURGIS, vill. c^ne de Courgis. — Cutiacus, ve siècle (Vie de saint Germain, Bibl. hist. de l'Yonne, I, 318). — Cussi, 1188 (cart. gén. de l'Yonne, II, 386). — Cussy-les-Courgi, 1456 (cart. de l'abb. Saint-Germain, bibl. d'Auxerre), fief dép. de l'abb. Saint-Germain (f. Saint-Germain, L. 42). — Lieu détruit.

Ce lieu était situé en Bourgogne et ressortissait au baill. de Noyers.

CUSY, c^on d'Ancy-le-Franc. — Cuseus, vers 1100 (cart. gén. de l'Yonne, II, 30). — Cuseyum, 1153 (ibid. I, 509). — Cussi (ibid. I, 514). — Cusy, 1293 (cart. de l'hôpital de Tonnerre). — Cuise, 1343 (cart. du comté de Tonnerre, arch. de la Côte-d'Or). — Cusi, 1531, fief. relev. du comté de Tonnerre (inv. des arch. du comté), xviie siècle. — Cuisy, 1787 (C. 101, plan, arch. de l'Yonne); à cette époque, c'était un h. dép. d'Ancy-le-Franc, dioc. de Langres, prov. de l'Île-de-France, et prévôté dép. du baill. et de l'élection de Tonnerre.

CUY, c^on de Pont-sur-Yonne. — Cersiacus, 833 (cart. gén. de l'Yonne, I, 44) — Cuciacus, 847 (ibid. 60). — Cusiacum, 1157 (ibid. II, 87). — Cuisiacum, 1256 (abb. Sainte-Colombe de Sens). — Cusei, ixe s^e (Liber sacram. ms bibl. de Stockholm). — Quisy, 1190 (cart. gén. de l'Yonne, II, 428). — Cuisy, 1503 (chap. de Sens).

Cuy était, au ixe siècle, du pagus et du dioc. de Sens, et, avant 1789, de la prov. de l'Île-de-France, et prévôté ressort. au baill. de Sainte-Colombe.

D

DAGOUREAUX (LES), f^e, c^ne de Ronchères.

DALIBAUX (LES), f^e, c^ne de Saint-Fargeau.

DALIBEAUX (LES), h. c^ne de Mézilles.

DAME (LA), bois, c^ue de Girolles.

DAME-TANNE (LA), h. c^ne de Villeneuve-la-Dondagre; fief appart. au chap. de Sens, 1467 (chap. de Sens).

DANNEMOINE, c⁰ⁿ de Tonnerre. — *Dannemonia*, 1144 (cart. gén. de l'Yonne, I, 387). — *Denimonia*, vers 1200 (abb. de Pontigny). — *Denemonium*, 1536 (pouillé du dioc. de Langres). — *Denemone*, 1190 (cart. gén. de l'Yonne, II, 425). — *Denemoine*, 1242 (arch. de l'Empire, J 195, 73). — *Dampnemoine*, 1553, châtellenie et baronnie relev. en fief du roi, dép. du duché de Nemours, et ressort. nûment au parlement de Paris à titre de pairie.

Dannemoine était, avant 1789, du dioc. de Langres et de la prov. de l'Île-de-France.

DANNERY, f°, c⁰ᵉ de Sept-Fonds, anc. ch. en partie démoli, fief relev. de Saint-Fargeau, xviiᵉ siècle (Bᵗⁿ de la Soc. des sciences de l'Yonne, 1858), et ressort. au baill. de Toucy, en 1779 (minutes de la justice de Toucy, greffe d'Auxerre).

DÂNONS (LES), fermes, c⁰ᵉˢ de Bléneau et de Sept-Fonds.

DARBOIS (LES), hameaux, c⁰ᵉˢ de Saint-Denis-sur-Ouanne et de Saint-Martin-sur-Ouanne.

DAUBAIGNYS (LES), h. c⁰ᵉ de Précy-sur-Vrin.

DAUGES (LES), h. c⁰ᵉ de Paron.

DAUGES (LES), f°, c⁰ᵉ de Saint-Valérien.

DAUVERGNES (LES), f°, c⁰ᵉ de Saint-Sauveur.

DAVIDS (LES), hameaux, c⁰ᵉˢ de Malicorne et de Merry-la-Vallée.

DAZONNERIE (LA), h. c⁰ᵉ de Prunoy. — *Les Dazons*, 1768 (plan de la terre de Prunoy, arch. du ch.).

DÉBATS (LES), h. c⁰ᵉ de Perreux.

DÉBONNERIE (LA), f°, c¹ᵉ de Chevillon.

DÉCHAMPS (LES), h. c⁰ᵉ de Diges.

DÉCHAUSSERIE (LA), h. c⁰ᵉ de Lavau.

DÉFANDERIE (LA), f°, c⁰ᵉ de Vernoy.

DEFFAND (LE), h. c⁰ᵉ de Saints, fief relev. de la terre de Druyes, 1482 (ém. Moncorps). — Autref. alternativement de la paroisse de Saints et de celle de Thury.

DEFFAND (LE), mⁱⁿ, c⁰ᵉ de Saints.

DEFFANT (LE), ch. c⁰ᵉ d'Island, situé dans le bois de ce nom. — Auj. détruit.

DEFFROY (LE), f°, c⁰ᵉ de Vireaux.

DÉGRIGNONS (LES), m. i. c⁰ᵉ de Ronsson.

DEGUERIE (LA), h. c⁰ᵉ de Tannerre, 1715 (plan de la seigneurie); détruit.

DEICYS (LES), h. c⁰ᵉ de Précy.

DÉJEUX (LES), h. c⁰ᵉ de Vaudeurs.

DELABOIRES (LES), f°, c⁰ᵉ de Champignelles.

DELAMOURS (LES), h. c⁰ᵉ de Malicorne.

DELANOUES (LES), h. c⁰ᵉ de Chevillon.

DELAVOIX (LES), h. c⁰ᵉ de Bœurs.

DELÉTANGS (LES), f°, c⁰ᵉ de Champcevrais.

DELÉTANGS (LES), h. c⁰ᵉ de Grandchamp.

DELÉTEAUX (LES), f°, c⁰ᵉ de Champignelles.

DELOMAS (LES), h. c¹ᵉ de Perreux.

DELOMASERIE (LA), m. i. c⁰ᵉ de Saint-Martin-sur-Ouanne.

DÉLOMATS (LES), h. c⁰ᵉ de Ronchères; détruit.

DEMETS, f°, c⁰ᵉ de Perreux.

DENIOTS (LES), h. c⁰ᵉ de Vernoy. — *Les Digneaux*, 1784 (reg. de l'état civil).

DENIS (LES), f°, c⁰ᵉ de Champignelles.

DENISIÈRE (LA), h. c¹ᵉ de Rogny.

DENISOTS (LES), h. c⁰ᵉ de Lavau.

DÉPLATS (LES), h. dépendant des c⁰ᵉˢ de Lalande et de Levis.

DESLAUX (LES), h. c⁰ᵉ de Sainte-Colombe-sur-Loing.

DÉTROUBLE (LA), f°, c⁰ᵉ de Moutiers. — *Détorbe*, 1728; *Détourbe*, 1656 (reg. de l'état civil).

DEVAUX (LES), mⁱⁿ et h. c¹ᵉ de Treigny.

DEVERNERIE (LA), m. i. c⁰ᵉ de Villiers-Saint-Benoît.

DEVOIS ou DEVOIRS (LES), c⁰ᵉ de Vénizy, au climat des Douais, 1595 (dénombrement de la terre de Vénizy). — Lieu détruit.

DÉVOTS (LES), h. c⁰ᵉ de Charny.

DEZANS (LES), h. c⁰ᵉ de Précy-sur-Vrin.

DIANCY, h. c¹ᵉ de Treigny. — *Dyensy*, 1780 (reg. de l'état civil).

DICY, c⁰ⁿ de Charny. — *Diciacum*, 1153 (abb. des Escharlis). — *Dicy*, 1453 (reg. des taxes, etc. dioc. de Sens, bibl. de cette ville, archev.). — *Dycy*, 1679 (reg. de l'état civil). — *Dissy*, 1782 (abb. des Escharlis).

Dicy était, avant 1789, du dioc. de Sens, de la prov. de l'Orléanais, élection de Montargis, et du baill. de Villeneuve-le-Roi.

DIEU-L'AMANT, h. c⁰ᵉ de Montacher.

DIGES, c⁰ⁿ de Toucy. — *Digia*, 990 (Labbe, *Bibl. nova*, I, 571). — *Digia*, 1142 (cart. de l'abb. Saint-Germain, f° 55 r°); le bourg neuf fut construit à cette époque. — *Diges*, 1280 (abb. Saint-Julien d'Auxerre).

Diges était, au xᵉ siècle, du pagus et du dioc. d'Auxerre et, avant 1789, de la prov. de l'Île-de-France et de l'élection de Tonnerre, et siége d'un baill. ressort. à celui d'Auxerre.

DIGOIGNE, ch. c⁰ᵉ d'Arcy; détruit pendant la Révolution. — *Dygoine*, 1335 (cart. des fiefs du comté d'Aux.). — *Digonne*, 1384 (E. c⁰ᵉ d'Arcy, archives de l'Yonne); fief relev. de la terre d'Arcy-sur-Cure.

DILO, c⁰ⁿ de Cerisiers, doit son origine à un monastère de l'ordre de Prémontré, fondé en 1132. — *Deilocus*, 1132 (cart. gén. de l'Yonne, I, 288). — *Dilo*, 1158 (cart. gén. II, 95). — *Dylo*, 1229 (abb. de Dilo).

Dilo était, avant 1789, du dioc. et du baill. de

Sens et de la prov. de l'Île-de-France. La prévôté de Dilo s'exerçait au nom des religieux.

DIONNETS (LES), h. c⁰ⁿ de Villefranche.

DISSANGIS, c⁰ⁿ de l'Isle-sur-Serain. — *Deganciacum in pago Avalinsi*, 721 (cart. gén. de l'Yonne, II, 2). — *Disengiacum* (*ibid.* 386). — *Disangeyum*, 1291 (abb. de Pontigny). — *Dissangis* (pouillé du dioc. d'Autun, du xiv° siècle). — *Disangi*, 1702 (plan, f. Saint-Germain). — *Disangy*, 1766 (abb. de Reigny). — *Dizangy*, 1780 (ém. Bertier, plan). — *Isangy* (carte du duché de Bourgogne).

Dissangis était, avant 1789, du dioc. d'Autun, de la prov. de l'Île-de-France et de l'élection de Vézelay.

DIVONNE, fontaine, c⁰ᵉ de Saint-Georges. — *Dianna fons*, vers 680 (cart. gén. de l'Yonne, I, 18).

DIXMONT, c⁰ᵉ de Villeneuve-sur-Yonne. — *Dainmons*, vers 1163 (cart. gén. de l'Yonne, II, 153). — *Dimo*, 1296 (abb. Saint-Marien d'Auxerre). — *Dimon*, ix° siècle (*Liber sacram.* m̄s bibl. de Stockholm). — *Dymons*, 1207 (cart. Campaniæ, 5992, Bibl. imp.). — *Dimont*, 1363 (Trésor des chartes, reg. 92, n° 211).

Dixmont était, avant 1789, du dioc. et du baill. de Sens et de la prov. de l'Île-de-France ; ancienne prévôté royale dont dépendaient toute la paroisse de Dixmont, celle des Bordes et une partie de celle de Villechétive.

DOIGTS (LES), h. c⁰ᵉ de Parly.

DOILLY ou DAILLY, c⁰ᵉ de Pont-sur-Yonne. — *Dulliacus*, 974 (cart. gén. de l'Yonne, I, 145); lieu détruit, situé sur le bord de l'Yonne, rive gauche, à 1 kilom. en amont de la ferme de Beaujeu.

DOLLETS (LES), f⁰, c⁰ᵉ de Champignelles.

DOLLOT, c⁰ⁿ de Chéroy. — *Dodolatus*, ix° siècle (*Liber sacram.* ms bibl. de Stockholm). — *Doeletum*, 1182 (cart. gén. de l'Yonne, II, 334). — *Dolotum*, xv° siècle (cart. archev. de Sens, I, 26 r°, Bibl. imp.). — *Doletum*, xvi° siècle (pouillé du dioc. de Sens). — *Dolot*, 1695 (*ibid.*). Prieuré-cure dép. de l'abb. Saint-Jean de Sens. — Dans le bois de la Garenne, on trouve des vestiges d'un château fort en ruines.

Dollot, paroisse du dioc. de Sens, était, avant 1789, chef-lieu d'un baill. seigneurial, ressort. au baill. royal de Sens et de la prov. de l'Île-de-France; le fief relevait de la grosse tour de Sens.

DOMATS, c⁰ⁿ de Chéroy. — *Domacum*, xvi° siècle (pouillé du dioc. de Sens). — *Dummaz*, ix° siècle (*Liber sacram.* ms bibl. de Stockholm). — *Domaz*, 1193 (chap. de Saint-Julien-du-Sault). — *Dampmaz*, 1362 (Chartreux de Béon). — *Domaz*, 1453

(reg. des taxes, etc. dioc. de Sens, bibl. de Sens, archev.). — *Domatz*, 1528 (Célestins de Sens).

Domats était, avant 1789, du dioc. de Sens, de la prov. de l'Île-de-France et du baill. de Sens, en appel de celui de Courtenay.

DOMATS (LES), h. c⁰ᵉ de Dicy.

DOMATS (LES), m. i. c⁰ᵉ de Perreux.

DOMECY-SUR-CURE, c⁰ⁿ de Vézelay. — *Domeciacum*, xiv° siècle (pouillé du dioc. d'Autun). — *Domecy*, 1462 (abb. de Chore). — *Domecy-sur-Chore*, 1602 (*ibid.*). Le ch. fortifié et flanqué de cinq tours, existe encore. Le fief relev. du duché de Nevers.

Domecy était, avant 1789, du dioc. d'Autun, de la prov. de l'Île-de-France et de l'élection de Vézelay.

DOMECY-SUR-LE-VAULT, c⁰ⁿ d'Avallon. — *Decimiacus*, vi° siècle (Bibl. hist. de l'Yonne, I, 332). — *Domeciacum*, xiv° siècle (pouillé du dioc. d'Autun). — *Domnece*, 1215 (comm⁰ⁱᵉ d'Island). — *Domecy-sur-le-Vaul*, 1519 (chap. d'Avallon). — *Domecy-sur-le-Vaul-de-Lugny*, 1543 (rôles des feux du baill. d'Avallon, arch. de la Côte-d'Or).

Domecy était, au vi° siècle, du pagus d'Avallon, de l'évêché d'Autun, et, avant 1789, de la prov. de Bourgogne et du baill. d'Avallon.

DOMINES (LES), h. c⁰ᵉ de Villeneuve-la-Dondagre.

DOMINONS (LES), f⁰, c⁰ᵉ de Moutiers.

DONJON (LE), h. c⁰ᵉ de Beauvoir.

DONZY, h. c⁰ᵉ de Saint-Martin-sur-Ouanne. Fief avec prévôté ressortissant au baill. de la Ferté, ancien manoir de la Coudre (Legrand, État général du baill. de Troyes, p. 380, an 1553).

DONDANS (LES), f⁰, c⁰ᵉ de Bléneau.

DORINIÈRE (LA), f⁰, c⁰ᵉ de Malicorne.

DORINS (LES), h. c⁰ᵉ de Villefranche.

DORNETS (LES), h. c⁰ᵉ de Savigny. — *Les Dornées*, 1710 (reg. de l'état civil).

DOUCUYS (LES), h. c⁰ᵉ de Villefranche.

DOUÉS (LES), f⁰, c⁰ᵉ de Moulins-près-Noyers.

DOURUS (LES), h. c⁰ⁿ de Mézilles. — *Les Doreux*, *Dorrues*, xvii° siècle (reg. de l'état civil).

DOUTANS (LES), h. c⁰ᵉ de Lavau. — *Les Doux-Temps*, 1680 (reg. de l'état civil).

DRACY, c⁰ⁿ de Toucy. — *Dracei*, ix° siècle (*Liber sacram.* ms bibl. de Stockholm). — *Draciacum*, 1148 (cart. gén. de l'Yonne, I, 440). — *Draci* (1146-1151 (cart. gén. de l'Yonne, II, 65). — *Dracy*, 1523. Fief relevant du baron de Toucy et en arrière-fief de l'évêque d'Auxerre (év. d'Auxerre).

Dracy était, avant 1789, du dioc. de Sens, de la prov. de l'Île-de-France et de l'élection de Joigny et ressortissait au baill. d'Auxerre.

DREUX (LES), h. c⁰ᵉ de Villefranche.

Drillons (Les), hameaux des c^{nes} de Beugnon, Fontaines, Merry-Sec, Vernoy.

Droins (Les), h. c^{ne} de Villiers-Saint-Benoît.

Druyes, c^{on} de Courson. — *Drogia* et *Droia*, vi^e et viie siècle (*Gesta pontif. Autissiod.* Règlements de saint Aunaire et de Tetricus (Bibl. hist. de l'Yonne, I, 328). — *Druia*, 1164 (cart. gén. de l'Yonne, II, 168). — *Druya*, 1188 (*ibid.* 385). — *Dreue*, 1501; *Dreux*, 1585 (abb. Saint-Julien d'Auxerre). — *Druyes-les-Belles-Fontaines*, xviiie siècle. — Il y avait au vi^e siècle, à Druyes, un monastère appelé *Fons Regius* (voy. ce mot).

Druyes était, au vi^e siècle, du pagus et du dioc. d'Auxerre, et, avant 1789, de la généralité d'Orléans et de l'élection de Clamecy et formait une châtellenie dépendant du duché de Nevers et du baill. du Donziais jusqu'en 1745, puis du baill. d'Auxerre.

Druyes (Marais de), c^{ne} de Druyes.

Dubois (Les), h. c^{ne} de Moutiers.

Dubois (Les), h. c^{re} de Saint-Martin-sur-Ouanne.

Dubois (Moulin), c^{ne} de Moulins-sur-Ouanne.— *Moulin du Pont*, 1775 (reg. de l'état civil).

Dubourgs (Les), h. c^{ne} de Fontenoy.

Duc (La Forêt au), c^{ne} de Quarré-les-Tombes.

Duchy, f^e, c^{ne} d'Avrolles. — *Dochiacus*, 1138 (cart. gén. de l'Yonne, I, 326). — *Ducheium*, 1138 (cart. de Pontigny, f° 18 r°, Bibl. imp. n° 153). — *Duchei*, 1164 (cart. gén. de l'Yonne, II, 171). — *Duchi*, 1180 (*ibid.* f° 19 r°). — Autrefois Duchy avait le titre de seigneurie.

Duenne, h. c^{ne} d'Ouanne. — *Dueyne* ou *Poissons*, 1554 (seigneurie; terrier de Richebourg; arch. de l'Yonne). — *Duenne*, 1576, fief relevant de la baronnie de Toucy (tabell. d'Auxerre, portef. IV). — *Duayne*, 1654 (prieuré). — Ce lieu était autrefois un prieuré simple.

Dumands (Les), h. c^{ne} de Dicy.

Dumants (Les), f^e, c^{ne} de Jouy.

Dumats (Les), h. c^{ne} de Bussy-le-Repos, 1719 (reg. de l'état civil). — Aujourd'hui détruit.

Dumonts (Les), h. c^{ne} de Monéteau. — *Campiniacus*, xe siècle (Bibl. hist. de l'Yonne, I, Vie de Jean, évêque d'Auxerre). — *Champigny*, 1408 (arch. de l'Hôtel-Dieu d'Auxerre). — Il a pris son nom moderne d'une famille Dumont, bailleur emphytéotique de cette propriété au xve siècle.

Duports (Les Grands-), h. c^{ne} de Subligny.

Duports (Les Petits-), h. c^{ne} de Subligny, 1663 (grand séminaire de Sens).

Duprés (Les), f^e, c^{ne} de Saint-Martin-des-Champs.

Duprez (Les), h. c^{ne} de Villiers-Saint-Benoît.

Dupuits-d'en-Bas (Les), h. c^{ne} de Saints.

Dupuits-d'en-Haut (Les), h. c^{ne} de Saints.

Duquels (Les), m. i. c^{ne} de Saint-Loup-d'Ordon.

Durandedie (La), m. i. c^{ne} de Champcevrais.

Durands (Les), h. c^{ne} de Précy.

Durands (Ru des), prend sa source à Pourrain et se jette dans le Tholon à Beauvoir.

Duriots (Les), h. c^{ne} d'Armeau.

Duvalerie (La), m. i. c^{ne} de Sépaux.

Dyé, c^{on} de Flogny. — *Dyeium*, 1116 (cart. gén. de l'Yonne, I, 232). — *Dyœtum*, 1261 (cart. du comté de Tonnerre; arch. de la Côte-d'Or). — *Diacum*, 1536 (pouillé du dioc. de Langres). — *Dyé*, 1317 (cart. de l'hôpital de Tonnerre). — *Dié*, 1343 (cart. du comté de Tonnerre).

Dyé était, avant 1789, du dioc. de Langres et de la prov. de l'Île-de-France et avait titre de prévôté ressortissant directement au baill. de Sens. L'église avait le titre de prieuré, et le prieur, de l'ordre de Saint-Benoît, était seigneur de Dyé.

Dyonne, fontaine, c^{ne} de Tonnerre. — *Dyonne Fovea*, 1474 (cart. de Saint-Michel; bibl. de Tonnerre).

E

Eaux-Bues (Les), manœuv. c^{ne} de Mézilles. — *L'Aubus*, xviie siècle (reg. de l'état civil).

Écarris (L'), h. c^{ne} de Saint-Valérien.

Échauderie (L'), h. c^{ne} de Saint-Valérien.

Échelottes, h. c^{ne} de Parly.

Éclèche (L'), m^{in}, c^{ne} de Cerisiers.

Écluse (L'), m. éclusière, c^{ne} de Cheney.

Écluse (Moulin de l'), c^{ne} de Saint-Valérien. — *Moulin de l'Écluse*, xviiie siècle, à la source de la rivière d'Orvanne.

Éclusières (Maisons) construites pour le service du canal de Bourgogne sur les communes d'Ancy-le-Franc, Argenteuil (à Champagne), Brienon (au Boutoir et au Moulin-Neuf), Chassignelles, Cheney, Cry, Dannemoine, Flogny, Lezinnes (à Batillier), Migennes, Pacy, Percey, Perrigny, Ravières, Saint-Florentin (à la Maladrerie), Saint-Martin (à Atre), Saint-Vinnemer (aux Noues), Tonnerre (à Arcot).

Éclusières (Maisons) construites pour le service du canal du Nivernais sur les communes d'Angy,

Auxerre (au Batardeau et à Preuilly), Crain, Escolives (à Toussac), Magny, Mailly-le-Château (au Parc), Prégilbert (aux Dames), Sainte-Pallaye (à Saint-Aignan), Sery (à Saint-Maur), Rechimet (à Merry).

ÉCOLES (LES), h. c^ne de Sementron.

ÉCURIAUX-(LES), h. c^ne de Vaudeurs.

ÉGLAND, m^in, c^ne de Noyers.

ÉCLÉNY, c^on de Toucy. — Acliniacus, 864 (cart. gén. de l'Yonne, I, 92). — Agliniacus (ibid. p. 88). — Aygliniacus, xe siècle (Gesta pontif. Autiss. Bibl. hist. I, 379). — Eglinniacum, 1211; Egligniacum, 1304; Esgleigniacum, 1393 (chap. d'Auxerre). — Eglini, 1172 (cart. gén. de l'Yonne, I, 243). — Aglini, 1226 (prieuré de Vieupou). — Esgligny, 1393 (chap. d'Auxerre). — Esgliny, qualifié châtellenie au chap. d'Auxerre en 1528 (ibid.). — Aiglény, xvIII^e siècle (ibid.).

Églény était, au ixe siècle, du pagus et du dioc. d'Auxerre, et, avant 1789, de la prov. de l'Île-de-France, et ressortissait au baill. d'Auxerre.

ÉGRISELLES, h. c^ne de Venoy. — Egrisoliœ, 1297 (abb. Saint-Père d'Auxerre). — Égriseiles, 1339 (arch. de l'Hôtel-Dieu d'Auxerre; état de biens). — Églizelle, 1736 (reg. de l'état civil). — Griselles, 1515; fief relevant du comté d'Auxerre (cart. du comté d'Auxerre; arch. de la Côte-d'Or).

ÉGRISELLES, c^ne de Villeneuve-sur-Yonne. — Eglisiola, 1160 (cart. gén. de l'Yonne, II, 114). — Ecclesiolæ, 1163 (ibid. 144). — Iglisiola, xiie siècle (abb. Saint-Marien d'Auxerre). — Eglisiolæ supra Yonam, 1386 (cart. de l'archev. de Sens, II, 120 r°, Bibl. imp.). — Egrisolæ super Yonam, 1485 (arch. de Sens; reg. de collations de bénéfices). — — Les Gliselles-sur-Yonne, 1500 (Célestins de Sens). — Égriselles ou Griselles-sur-Yonne, 1695. Église isolée à un demi-quart de lieue de Villeneuve-le-Roi sur le grand chemin (pouillé du dioc. de Sens). — Saint-Savinien-lez-Égriselles, 1783 (Tarbé, Détails hist. sur le baill. de Sens, 576). — Paroisse jusqu'au xvIII^e siècle et aujourd'hui détruite.

ÉGRISELLES-LE-BOCAGE, c^on de Sens (sud). — Æcclesiolæ, ixe siècle (Liber sacram. ms bibl. de Stockholm). — Eglisiola in Boscagio, xvie siècle (pouillé du dioc. de Sens). — Égriselle-le-Bocage, 1713. Terre relevant en fief de Villeneuve-la-Guyard (ém. de Saxe; inv. de Chaumont).

Égriselles était, avant 1789, du dioc. de Sens et de la prov. de l'Île-de-France, et siège d'une prévôté ressortissant au baill. de Sens.

ÉLUS, h. c^ne de Piffonds.

ELVEAU, m^in, c^ne de Savigny. — Louot, 1700; Eleveau, 1739; Leveau, 1742; Elvot, 1749 (reg. de l'état civil).

ENCHÂTRES, ch. c^ne d'Aillant; auj. détruit.

ENFANTS (LES), h. c^ne de Bœurs.

ENFER (LE MOULIN D'), c^ne de Tonnerre. — Moulin Vautier, 1331 (cart. de l'hôpital de Tonnerre).

ENFOURCHURE (L'), h. c^ne de Dixmont. — Infalcatura, 1591. Autrefois prieuré de l'ordre de Grandmont, fondé au xiiie siècle (pouillé du dioc. de Sens de 1695). — L'Anfourchoure, 1609 (grand séminaire de Sens). — L'Enforchoure, 1623 (Célestins de Sens). Autrefois prévôté ressortissant au baill. de Joigny.

ENTONNOIR, h. c^ne de Dixmont.

ENTONNOIR (L'), h. c^ne de Saint-Denis-sur-Ouanne.

ENTONNOIRS (LES), h. c^ne de Montacher.

ENTRE-DEUX-VANNES, m^in à tan, c^ne de Sens.

ÉPALU (L'), m^in, c^ne de Bléneau.

ÉPAUCHE, f^e, c^ne de Brion; détruite vers 1760 (Cassini).

ÉPAUX (LES), bois, c^ne de Jouancy.

ÉPENARDS (LES), h. c^ne de Gron. — Épenart, 1196; Épenarz, 1296 (abb. Sainte-Colombe de Sens). — Espenars, 1480 (abb. de Vauluisant). — Les Appenars, 1494 (chap. de Sens; les quatre chanoines de Notre-Dame). — Espenards, 1745. Fief relevant de l'abb. Sainte-Colombe (ém. de Jussy).

ÉPINARD (L'), f^e, c^ne de Saint-Fargeau, xvIII^e siècle (plan de la seigneurie); détruite.

ÉPINE (L'), f^e, c^ne de Toucy.

ÉPINE (LA HAUTE-), ch. c^ne de Bussy-le-Repos. Il est détruit aujourd'hui, mais mentionné sur le plan de la terre de Rousson en 1773 (arch. de Sens).

ÉPINE (LA HAUTE-) ou LES BOULEAUX, h. c^ne de Rousson.

ÉPINE-(LA HAUTE-), h. c^ne de Villeneuve-sur-Yonne.

ÉPINEAU-LES-VOVES, c^on de Joigny. — Spinoli, ixe siècle (Liber sacram. ms bibl. de Stockholm). — Spinolium, 1184; Spinicolum, Spineolum, xiie siècle (abb. Saint-Michel de Tonnerre). — Espinetum, 1214; Espinolium, 1224; Espinellum, 1235 (abb. de Vauluisant). — Eppignellum, xvie siècle (pouillé du dioc. de Sens). — Épinel, 1147 (cart. gén. de l'Yonne, I, 432). — Espiniau, 1242 (abb. des Escharlis). — Espineaul, 1295 (abb. de Vauluisant). — Espigniau, 1296 (ibid.). — Espineau, 1453 (reg. des taxes, etc. dioc. de Sens, bibl. de cette ville, archev.).

Épineau était, avant 1789, du dioc. de Sens, de la prov. de l'Île-de-France et de l'élection de Joigny et ressortissait au baill. d'Auxerre. La paroisse a été transportée au hameau des Voves depuis 1667, et il n'existe plus qu'une ferme à Épineau. Ce lieu a été détruit par les inondations de l'Yonne.

ÉPINES (Les), h. c^{ne} de la Ferté-Loupière.

ÉPINETTE (L'), f^e, c^{ne} de Perrigny-près-Auxerre. — L'Es-pinote, 1491; l'Espinette, 1586 (abb. Saint-Ger-main d'Auxerre).

ÉPINETTES (Les), h. c^{ne} de Verlin.

ÉPINEUIL, c^{on} de Tonnerre. — Espinolius, vers 880 (cart. gén. de l'Yonne, I, 120). — Espinolium, Epinolium, 1154 (cart. de Saint-Michel de Ton-nerre). — Espineul, vers 1100 (cart. gén. de l'Yonne, I, 203). — Espineul, 1292; Espineu, Espineux, 1295 (cart. de Saint-Michel). — Espi-gneul, 1321; Espingneul, 1326 (cart. de l'hôpital de Tonnerre).

Épineuil était, au ixe siècle, du pagus de Ton-nerre et du dioc. de Langres; avant 1789, de la prov. de l'Île-de-France, et avait titre de baill. ressortissant à celui de Sens.

ÉPINOY, h. c^{ne} de Beauvoir.

ÉPIZY-LA-SANTÉ, h. c^{ne} de Joigny. — Espiriacum, 1224 (abb. Sainte-Colombe de Sens).— Espiri, xive siècle (ibid.).

ÉPOISSES (Les), bois communaux, c^{ne} de Champlost.

ÉRABLE (L'), mⁱⁿ, c^{ne} de Chailley.

ÉRABLE (L'), h. c^{ne} de Charny; détruit depuis 1789.

ÉRABLE (L'), h. c^{ne} d'Ouanne.

ERDONA, lieu détruit, situé à la fontaine d'Azon, c^{ne} de Saint-Clément-lez-Sens (Bolland. Vie de sainte Colombe, au iiie siècle).

ERMITAGE (L'), m. i. c^{ne} de Gurgy.

ERMITAGE (L'), c^{ne} d'Hauterive, 1782 (reg. de l'état civil); détruit vers 1812.

ÉRONCE (L'), h. c^{ne} de Domats.

ESCAMPS, c^{on} de Coulanges-les-Vineuses. — Scancius, 990 (Labbe, Bibl. ms, I, 571, Gesta abbatum Sancti Germani). — Escannum, 1151 (cart. gén. de l'Yonne, I, 478). — Esquannum, 1220 (cart. de l'abb. Saint-Germain d'Auxerre, f° 58 v°). — Eschannum, 1284 (ibid. f° 59 v°). — Escannum Sancti Germani, xve siècle (pouillé du dioc. d'Aux. Lebeuf, Hist. d'Auxerre, pr. IV, n° 413).—Escant, 1171 (cart. gén. de l'Yonne, II, 230). — Escan, 1168 (ibid. 202). — Eschanz, 1188 (ibid. 386). — Escan-Saint-Germain, 1371 (E. c^{ne} d'Escamps, arch. de l'Yonne).

Escamps était, avant 1789, du dioc. et du baill. d'Auxerre par appel des sentences de son bailli particulier, et de la généralité de Paris, élection de Tonnerre.

ESCHARLIS (Les), h. c^{ne} de Villefranche. Autrefois ab-

baye d'hommes de l'ordre de Cîteaux, fondée vers 1108. — Scarleiæ, 1120 (cart. gén. de l'Yonne, I, 237). — Eschaleis, 1156 (ibid. 538). — Eschallyes, 1270 (abb. des Escharlis). — Il y avait en ce lieu une fontaine d'eau minérale renommée au moyen âge.

ESCHARLIS (Les Vieux-), h. c^{ne} de Villefranche. — Escal-litas, vers 680 (cart. gén. de l'Yonne, I, 21). — Vetus-Scarleia, 1152 (ibid. 501). — Veteres Escha-leiæ, 1216 (abb. des Escharlis).

ESCUELOTTES, h. c^{ne} de Parly, 1520 (chap. d'Auxerre); auj. détruit.

ESCOLIVES, c^{on} de Coulanges-les-Vineuses. — Scoliva, vi^e siècle (Bibl. hist. de l'Yonne, I, 328). — Sco-livæ, 1196 (cart. gén. de l'Yonne, II, 472).— Escolivæ, 1188 (ibid. 386). — Escolviæ, xiie siècle (chron. de Vézelay). — Accoliva, 1206 (cart. de Pontigny, ms. f° 24 v°, Bibl. imp.). — Escolives, 1219 (cart. de l'abb. Saint-Germain, f° 93 r°). — Seigneurie relevant du roi au comté d'Auxerre.

Escolives était, au vi^e siècle, du pagus d'Auxerre, et, avant 1789, du dioc. et du baill. du même nom et de la prov. de Bourgogne.

ESNON, c^{on} de Brienon. — Eno, 1320 (abb. Saint-Père d'Auxerre).—Enon, 1453 (reg. des taxes, etc. dioc. de Sens, bibl. de cette ville, archev.). — Esnon, xvie siècle (pouillé du dioc. de Sens). — Asnon, 1593 (Bibl. imp. ms de Mesmes, n° 8931, 10).

Esnon était, avant 1790, du dioc. de Sens, de la prov. de l'Île-de-France et du baill. de Joigny par ressort de sa prévôté. Le fief d'Esnon relevait du comté de Joigny (Davier, Mém. sur Joigny, etc. II.)

ESPAILLARD, mⁱⁿ, c^{ne} de Pontigny. — Espaillardus, 1133 (cart. gén. de l'Yonne, I, 293). — Auj. détruit.

ESPÉRANCE (L'), h. c^{ne} des Bordes, 1788 (reg. de l'état civil); auj. détruit.

ESPÉRANCE (L'), h. c^{ne} de Véron.

ESSARTS (Les), f^e, c^{nes} de Bagneaux et de Flacy.

ESSARTS (Les Petits-), f^e, c^{ne} de Flacy.

ESSERT, c^{on} de Vermanton. — Essartæ, 1291 (abb. de Reigny). — Eisars, vers 1145 (cart. gén. de l'Yonne, II, 62). — Essarz et Essars, 1164 (ibid. 172). — Essors, 1529 (abb. de Reigny).

Ce lieu tire son nom des défrichements que les moines de Reigny avaient opérés au xiie siècle. Il était, avant 1789, du dioc. d'Auxerre et dép. pour la justice du baill. gén. de Reigny.

ESTRAPERZ, mⁱⁿ, c^{ne} de Tronchoy, 1319 (cart. de l'hôpital de Tonnerre); auj. détruit.

ESTRAT (L'), mⁱⁿ, c^{ne} de Villeneuve-les-Genêts.

Estrée, h. c^{ne} de Magny. Ce h. tire son nom de celui de la voie romaine (*Strata*) sur laquelle il est situé. — *Estrées*, 1407 (maladerie d'Avallon, arch. de cette ville). — *Estrey*, 1679 (rôles des feux du baill. d'Avallon, arch. de la Côte-d'Or).

Étables, c^{ne} de Coulanges-les-Vineuses, auj. climat sur le chemin d'Escolives. — *Stabulæ*, xe siècle (obit. Saint-Étienne, au 19 nov. Lebeuf, Histoire d'Auxerre, pr. IV, 2e éd.).

Étais-la-Sauvin, c^on de Coulanges-sur-Yonne. — *Testæ*, 1247 (chap. d'Auxerre). — *Estet*, xive siècle (*Miracula B. Edmundi*, ms de la bibl. d'Auxerre). — *Estaiz*, 1529 (chap. d'Auxerre). — *Estais*, 1609 (reg. de l'état civil).

Autref. châtellenie dép. du duché de Nevers, paroisse du dioc. et du baill. d'Auxerre, de la généralité d'Orléans et de l'élection de Clamecy.

Étang (L'), m. i, c^ne de Dicy.

Étang (L'), f^e, c^nes de Malicorne et de Saint-Denis-sur-Ouanne.

Étang (L'), h. c^ne de Sépaux; n'existe que depuis 1789.

Étang (L') ou Chaumes-Blanches, h. c^ne de Vézelay, 1678 (reg. de l'état civil).

Étang au Duc (L'), c^ne d'Avallon. — Cet étang, qui dépendait des ducs de Bourgogne, fut donné aux pères Minimes de cette ville, xviie siècle (plan, f. des Minimes). Il est détruit aujourd'hui.

Étang-au-Nain (L'), m. i. c^ne de Saint-Léger.

Étang-de-Charrière (Ruisseau de l'), prend sa source dans l'étang de ce nom, c^ne d'Empury (Nièvre), et se jette dans la Cure à Domecy.

Étang-de-la-Canne (L'), h. c^ne de la Ferté-Loupière.

Étang-de-la-Grue (L'), m. i. c^ne de Chevillon.

Étang-des-Lames (L'), h. c^ne d'Island.

Étang-des-Minimes (Ruisseau de l'), prend sa source à Saint-Jean, c^ne de Sauvigny-le-Bois, et se jette dans le Cousin à Avallon.

Étang-des-Peux (L'), m. i. c^ne de Diges, 1671 (terrier de Diges, abb. Saint-Germain).

Étang-des-Pierres (L'), m. i. c^ne de Villegardin.

Étang-du-Bois, fief relev. de la terre de Régennes, c^ne d'Appoigny, 1392 (inv. des arch. de l'év. d'Auxerre, Bibl. imp. 233).

Étang-du-Four (L'), f^e, c^ne de Lavau.

Étang-du-Roi (L'), h. c^ne de Saint-Léger.

Étang-Neuf (L'), fermes des c^nes de Champcevrais, de Champignelles et de Villeneuve-la-Dondagre.

Étangs (Les), h. c^ne de Cudot.

Étangs-de-Marrault (Ruisseau des), prend sa source à Charmolin, c^ne de Quarré, et se jette dans le Cousin, c^ne de Magny.

Étangs-de-Vertron (Les), h. c^ne de Montacher.

Étaules, c^on d'Avallon. — *Stabulæ*, 1180 (cart. gén. de l'Yonne, II, 309). — *Staubles*, 1200 (abb. de Reigny). — *Estables*, 1218; *Estaules*, 1464 (prieuré de Vicupou). — *Estaule-le-Bas*, 1608, terre indivise entre le chap. d'Avallon et M. de Clugny (ém. Clugny). — *Saint-Valentin* (État général des villes, bourgs, etc. du duché de Bourgogne, 1783).

Étaules était, en 1789, du dioc. d'Autun, de la prov. de Bourgogne et du baill. d'Avallon.

Étaules-le-Haut, h. c^re de Sauvigny-le-Bois.

Étiffiaux (Les), f^e, c^ne de Prunoy. — *Les Tuscaux*, 1768 (plan de la terre de Prunoy, arch. du ch.).

Étigny, c^on de Sens (sud). — *Estiniacus*, vers 833 (cart. gén. de l'Yonne, I, 41). — *Stanacus*, lisez *Stiniacus*, 853 (*ibid.* 65). — *Ethigniacum*, 1484 (arch. de Sens, reg. de collations de bénéfices). — *Estigny*, 1494 (chap. de Sens).

Étigny était, au ixe siècle, du pagus de Sens, et, avant 1789, du dioc. et du baill. du même nom, avec titre de prévôté, et de la prov. de l'Île-de-France.

Étivey, c^on de Noyers. — *Estiveum*, 1141 (cart. gén. de l'Yonne, I, 356). — *Estival*, 1188 (*ibid.* II, 387). — *Estiveium*, 1222 (Romaus, 251). — *Estivetum*, 1536 (pouillé du dioc. de Langres). — Autref. prieuré dép. de l'abb. de Moûtiers-Saint-Jean.

Étivey était, avant 1789, du dioc. de Langres et de la prov. de Bourgogne, et était neutre entre les baill. d'Avallon et de Semur.

Étourny (L'), f^e, c^ne de Vernoy.

Étrizy, m. i. c^ne d'Ouanne. — *Estrisy*, 1548, fief relev. du roi au comté d'Auxerre (cart. du comté, arch. de la Côte-d'Or). — Autref. ch. 1772 (plan, f. de la Tournelle, arch. de l'Yonne).

Étubis (L'), h. c^ne de Piffonds.

Évêques (Les), h. c^nes de Fontaines et de Lavau.

Évry, c^on de Pont-sur-Yonne. — *Evriacum*, 1157 (cart. gén. de l'Yonne, II, 87). — *Evrium*, vers 1163 (*ibid.* 153). — *Evri*, 1165 (*ibid.* 183). — *Esvry*, xviie siècle (abb. Saint-Pierre-le-Vif de Sens). — *Évry-sur-Yonne*, 1473 (chap. de Sens).

Évry était, avant 1789, du dioc. de Sens et de la prov. de l'Île-de-France; il avait le titre de prévôté et ressort. au baill. de Sens.

F

FACINATS (LES), h. c^ne de Précy.

FAGOTS (LES), f^e, c^ne de Sept-Fonds.

FAHOILLES (LES), h. c^ne de Mézilles.

FAIEL, c^ne d'Ouanne, climat ou lieu détruit, cité en 1181 (abb. Saint-Marien d'Auxerre).

FAÏENCERIE (LA), m. i. c^ne de Toucy.

FAINE et GIVRY, bois communal de Courson.

FAISANDERIE (LA), f^e, c^ne de Dixmont.

FAIX, h. c^ne de Sauvigny-le-Bois. — *La Faye-des-Mars*, f^e, 1679 (rôles des feux du baill. d'Avallon, arch. de la Côte-d'Or). — *Fay*, 1783 (État des villes, bourgs, etc. du duché de Bourgogne).

FAMINE, m^in, c^ne de Saint-Julien-du-Sault.

FARGENOT, bois, c^ne de Stigny.

FARGES, h. c^ne de Brosses. — *Fargiœ*, 1172 (cart. gén. de l'Yonne, II, 237).

FARGUERIE (LA), h. c^ne de Villeneuve-les-Genêts.

FAUBOURGS (LES), hameaux des c^nes de Bussières et de Neuilly.

FAUCHATERIE (LA), m. i. c^ne des Ormes.

FAUCHETERIE (LA), c^ne de Champignelles.

FAUCONNERIE (LA), ch. c^ne de Malay-le-Vicomte, au milieu des bois; auj. détruit.

FAULE (LA), f^e, c^ne de Noyers. — *Lafolle*, 1739 (reg. de l'état civil).

FAULIN, f^e, c^ne de Lichères-près-Vézelay. — *Fœlin*, 1253 (abb. de Reigny). — *Foulain*, 1410 (collégiale de Châtel-Censoir, comptes). — *Folain, Folein*, 1492; *Follin*, 1644 (abb. de Reigny).

Il existe encore à Faulin les restes d'un château féodal qui était le siège d'un baill. seigneurial.

FAUSSE-SAUGE (LA), h. c^ne de Mézilles. — *Fausse-Chauge*, XVIIe siècle (reg. de l'état civil).

FAUVIN, f^e, c^ne de Druyes.

FAVEREAUX (LES), h. c^ne de Précy.

FAVROTS (LES), h. dép. des c^nes de Saint-Martin-d'Ordon et de Verlin.

FAY (LE), f^e, c^ne d'Accolay.

FAY (LE), h. c^ne de Nailly. — *Faicum*, 1225 (abb. Sainte-Colombe de Sens). — *Le Fay*, 1291 (cart. arch. de Sens, III, 173). — *Fayacum*, 1375 (*ibid.* f° 38 v°).

FAY (LE), c^ne de Vareilles, 1696 (plan E, arch. de l'Yonne).

FAYE (LA), f^e, c^ne de Saint-Bris.

FAYENCERIE (LA), c^ne de Toucy, lieu détruit avant 1780.

FAYETTE (LA), f^e, c^ne de Molosme.

FAYS (LE), bois, c^ne de Stigny.

FAYS (LE), h. c^ne de Turny. — *Faye*, 1689 (reg. de l'état civil).

FAYS (LES), h. c^ne de Cerisiers. — *Fagetum*, 1198 (abb. de Dilo); était alors un bois.

FÉES (LES), m^in, c^ne de Ligny-le-Châtel, situé sur une fontaine du même nom, à laquelle se rattachent des traditions mythologiques.

FEMME-MORTE (LA), f^e, c^ne de Vermanton; détruite.

FERME (LA), ch. et f^e, c^ne de Poilly.

FERME (LA), f^e, c^ne de Saint-Aignan.

FERME-BOURGUIGNAT (LA), f^e, c^ne de Cruzy.

FERME-DE-JULLY (LA), f^e, c^ne de Jully.

FERME-DE-LA-MONTAGNE (LA), f^e, c^ne de Sennevoy-le-Haut.

FERME-DES-PÉNÉS (LA), dit LE PETIT-VAUCHARME, f^e, c^ne de Noyers. — *Vaucharme-des-Pérés*, 1741 (reg. de l'état civil).

FERME-DU-CHÂTEAU (LA), f^e, c^ue d'Hauterive.

FERME-DU-HAUT-DE-FONTENELLE (LA) ou FERME DE SIMONNET, f^e, c^ne de Lixy.

FERME-DU-MOULIN (LA), m^in et f^e, c^ne de Civry.

FERMES (LES), f^e, c^ne de Saintes-Vertus.

FERMIÈRE (LA), h. dép. des c^nes de Chevannes et d'Escamps.

FERRANDERIE (LA), f^e, c^ne de Marchais-Beton.

FERREUSE, m. i. c^e de Loose (Cassini); détruite.

FERRIEN (LE), f^e, c^nes de Lavau, de Saint-Fargeau et de Villeneuve-les-Genêts.

FERRIER (LE), h. c^ne de Tannerre.

FERRIER-DE-LA-RIVE-DES-BOIS (LE), manœuv. c^ue de Lavau.

FERRIÈRE (HAUTE-), c^ne de Villiers-Saint-Benoît, cité en 1642 (ém. Rogres); auj. détruite.

FERRIÈRE-D'EN-BAS (LA), h. dép. des c^nes de Fontaines et de Fontenoy.

FERRIÈRE-D'EN-HAUT (LA), h. c^ne de Fontenoy.

FERRIÈRES, h. c^ne d'Andryes. — *Ferrariœ*, 680 (cart. gén. de l'Yonne, I, 20). — *Ferrières*, XVe siècle, seigneurie qui a donné son nom à la famille dont est issu le Vidame de Chartres (M. de Bastard, Vie de J. de Ferrières, 160).

FERRIÈRES, c^ne des Sièges. — *Vetus Ferrarias*, 833 (cart. gén. de l'Yonne I, 41). — Ce lieu est détruit, et il n'en reste des traces que dans le nom du climat.

FERRIÈRES (LES), f^e, c^ne de Vézelay.

Ferrolière (La), seigneurie, cⁿᵉ de Rogny, 1610 (f. Jaupitre, à Rogny).

Ferté (La Vieille-), ch. et h. cⁿᵉ de la Ferté-Loupière. —*Firmitas*, vers 1080 (cart. gén. de l'Yonne, II, 15). — Fief relev. des comtes de Joigny (Davier, Mém. ms sur Joigny, etc. II).

Ferté-Loupière (La), cᵒⁿ de Charny. — *Firmitas Loperia*, vers 1120 (cart. gén. de l'Yonne, I, 237). — *Feritas*, 1158 (*ibid.* II, 91). — *Firmitas*, 1216 (cart. de Molesme, II, 116, arch. de la Côte-d'Or). — *Feritas Lupatorum*, xvıᵉ siècle (pouillé du dioc. de Sens). — *La Ferté-la-Loupière*, xivᵉ siècle (*Miracula sancti Edmundi*, ms bibl. d'Auxerre).

Autref. divisé en deux châtellenies : l'une du ressort de Joigny, où était l'église paroissiale de Saint-Germain, et qui était composée de Beauregard, Bonlin, Chevillon, Espinabeaux, Fumérault et les Ormes; l'autre au baill. de Troyes, appelée l'ancien manoir de la Couldre, dont dépendaient les Brassards, Champvallon, Glatigny, Racheuse, Saint-Denis-sur-Ouanne, Saint-Romain, Sépaux et Villiers-sur-Tholon (coutume de Troyes, 1553, p. 639 à 642).

Le fief de la Ferté relevait, dans l'origine, des comtes de Champagne, puis des comtes de Joigny, et la paroisse était un prieuré dépend. de la maison du Mont-aux-Malades de Rouen.

La Ferté était, avant 1789, du dioc. de Sens et de la prov. de l'Île-de-France.

Fertés (Les), fᵉ, cⁿᵉ de Perreux.

Festigny, cᵒⁿ de Coulanges-sur-Yonne. — *Festiniacus*, 853 (cart. gén. de l'Yonne, I, 66).

Festigny était, au ixᵉ siècle, du pagus et du dioc. d'Auxerre et, avant 1789, de la prov. de Bourgogne et du baill. d'Auxerre.

Feuille (La Haute-), h. cⁿᵉ de Domats.

Feuillettes (Les), h. cⁿᵉ de Moutiers.

Feuillon (Le), fᵉ, cⁿᵉ d'Annay-sur-Serain; en ruines.

Feuillon (Le), bois, cⁿᵉ de Tonnerre.

Fey (Le), ch. cⁿᵉ de Villecien.

Fièvres (Les), h. cⁿᵉ de la Ferté-Loupière.

Fillons (Les), fᵉ, cⁿᵉ de Saint-Privé.

Filonnière (La), fᵉ, cⁿᵉ de Saint-Privé.

Filouterie (La), dite le Petit-Moulin, m. i. cⁿᵉ de Cudot.

Finance (La), h. cⁿᵉ de Piffonds.

Finerie (La), fᵉ, cⁿᵉ de Villeneuve-les-Genêts. — *La Pute-Muse*, 1777, fief relevant de Villeneuve-les-Genêts (Bⁱⁿ de la Soc. des sciences de l'Yonne, 1858).

Fiote (Ruisseau de la), cⁿᵉ de Magny, où il se jette dans le ruiss. des Couées.

Flaciacus, lieu détruit, cⁿᵉ de Venoy (cart. gén. de l'Yonne, I, 8, an 634, au cadastre, sect. E, *les Flacis*).

Flacy, cᵒⁿ de Villeneuve-l'Archevêque. —*Flacceius, in pago Senonico*, 1023 (cart. gén. de l'Yonne, I, 164). — *Flasceium*, 1163 (*ibid.* II, 157). — *Flaciacum*, xvıᵉ siècle (pouillé du dioc. de Sens). — *Flacy*, 1363 (Trésor des chartes, 101, n° 1). — Prieuré simple de Saint-Loup, ordre de Saint-Benoît.

Flacy était, avant 1789, du dioc. de Sens et de la prov. de l'Île-de-France, et avait une prévôté ressort. au baill. de Villemaur.

Flacy, h. cⁿᵉ de Sainpuits.

Flacy et la Tombe, fief, cⁿᵉ des Siéges, 1628 (terrier de Sens; abb. Saint-Remy, relevant de cette abbaye).

Flandre, fᵉ, cⁿᵉ de Dixmont, 1699 (reg. de l'état civil). — Fief en 1735 (chap. de Sens). — Auj. détruite.

Flandre, h. cⁿᵉ de Villeneuve-sur-Yonne. — *Flandre* ou *Beaugis*, fief en 1745.

Fléaux, h. cⁿᵉ de Champignelles.

Flécuet, m. i. cⁿᵉ de Grandchamp.

Flets (Les), h. cⁿᵉ de Saint-Aubin-Château-Neuf.

Fleuret, bois, cⁿᵉ de Stigny.

Fleurigny, cᵒⁿ de Sergines. — *Florigniacum*, 1228 (cart. du prieuré de la Cour-Notre-Dame, fᵒ 75). — *Fleurignacum*, 1294 (chap. de Sens; les quatre chanoines de Notre-Dame). — *Florengei*, ixᵉ siècle (*Liber sacram.* ms bibl. de Stockholm). — *Florincy*, 1221 (abb. de Vauluisant). — *Florigny*, fief relevant de la baronnie de Sergines (arch. de Sens, 1453; reg. des taxes, etc. dioc. de Sens, bibl. de cette ville, archev.).

Fleurigny était, avant 1789, du dioc. de Sens et de la prov. de l'Île-de-France, et siége d'une prévôté ressortissant au baill. de Sens.

Fleuris (Les), hameaux des cⁿᵉˢ de Malicorne, Paron et Subligny.

Fleury, cᵒⁿ d'Aillant. —*Floriacus*, vers 850 (Camusat, Promptuarium, fᵒ 25). — *Flury*, 1160 (abb. Saint-Marien d'Auxerre). — *Flori*, 1282 (chap. d'Aux.). — *Floury*, 1453 (reg. des taxes, etc. dioc. de Sens, bibl. de cette ville, archev.). — La châtellenie de Fleury relevait en fief de la seigneurie du Grand-Ponceau (arch. de la seigneurie de Fleury).

Fleury était, avant 1789, du dioc. de Sens, de la prov. de l'Île-de-France et de l'élection de Joigny et ressortissait au baill. d'Auxerre.

Fleurys (Les), h. cⁿᵉ de Malay-le-Vicomte. — *Floriacum*, 1157 (cart. gén. de l'Yonne, II, 87).

Fley, cᵒⁿ de Tonnerre. —*Flaiacum*, 1133 (cart. gén. de l'Yonne, I, 292). — *Flai*, 1167 (*ibid.* II, 190).

— *Fley,* 1246 (cart. de Pontigny, f° 24 v°, Bibl. imp. n° 153). — *Flay prope Chablies,* xiv° siècle (*Miracula sancti Edmundi,* ms bibl. d'Auxerre).

Fley était, avant 1789, du dioc. de Langres, de la prov. de Bourgogne et du baill. seigneurial de Noyers, et en appel à celui de Semur. Le fief de Fley relevait du comté de Noyers (Courtépée, VI, 336).

FLOGNY, arrond. de Tonnerre. — *Flauniacus,* vers 680 (cart. gén. de l'Yonne, I, 19). — *Floegneicum,* 1101 (*ibid.* 206). — *Floenneium,* 1161 (*ibid.* II, 135). — *Flooniacum,* 1224 (abb. Saint-Germain d'Auxerre). — *Floinniacum,* 1227 (cart. de Pontigny, f° 30 v°, Bibl. imp.). — *Flouegny,* 1288 (cart. du comté de Tonnerre, arch. de la Côte-d'Or). — *Flougny,* 1513; *Flosgny,* 1523 (abb. Saint-Germain d'Auxerre). — *Floigny,* 1531, fief relevant du comté de Tonnerre (inv. des arch. du comté au xvii° siècle).

Flogny était, au vii° siècle, du pagus de Tonnerre et, avant 1789, du dioc. de Langres, de la prov. de l'Île-de-France et du baill. de Troyes.

FLOT-MÉNIL (LE), f°, c°° de Jouy.

FOIE-DU-CORPS (LE), h. c°° de Saint-Loup-d'Ordon.

FOINEAUX (LES), ch. c°° de Lalande, relevant de la terre de Toucy, 1403 (inv. des arch. de l'év. d'Auxerre, p. 297, Bibl. imp.); 1766 (plan, f. m°° de Lalande, arch. de l'Yonne). — Auj. détruit.

FOISSY, c°° de Villeneuve-l'Archevêque. — *Fusciacus, in pago Senonico,* vers 519 (cart. gén. de l'Yonne, I, 3). — *Fosseium,* avant 1150 (*ibid.* 454). — *Fusseium,* avant 1150 (*ibid.* 466). — *Fussiacum,* 1202 (abb. Saint-Jean, bibl. de Sens). — *Fossiacum,* 1239; *Fossay,* xvi° siècle (cart. du prieuré de la Cour-Notre-Dame, f° 101). — *Fossez,* 1193 (cart. gén. de l'Yonne, II, 451). — *Foissi,* 1299 (arch. de Sens, bibl. de cette ville). — *Fouessi,* 1481; *Foessy,* 1522 (abb. de Vauluisant).

Foissy était, avant 1789, du dioc. de Sens et de la prov. de l'Île-de-France, et le siége d'une prévôté ressortissant au baill. de Sens.

FOISSY-LEZ-VÉZELAY, c°° de Vézelay. — *Fouessy,* 1603 (E. arch. de l'Yonne). Cette commune a été érigée en 1837; c'était auparavant un hameau de la commune de Saint-Père. Il y a en ce lieu une fontaine salée autrefois en usage.

FOIX (LES), h. c°° de Vaudeurs.

FOLIE (LA), fermes, c°°° de Saint-Sauveur, Treigny et Trucy-sur-Yonne.

FOLIE (LA), m. c°° de Saint-Julien-du-Sault.

FOLIE (LA), hameaux des c°°° de Jully, des Bordes et des Siéges.

FOLIE (LA), maisons isolées, c°°° de Bléneau et de Fontenouilles.

FOLIE (LA GRANDE-), f°, c°° de Lavau, 1679 (reg. de l'état civil).

FOLIE (LA PETITE-), h. c°° de Lavau.

FOLIE (LA PETITE-), m. i. c°° des Siéges.

FOLIE-MAROTTE (LA), tuil. c°° de la Chapelle-sur-Oreuse.

FOLLE-PENSÉE, m. i. c°° de Gurgy.

FOLLETS (LES), f°, c°° de Rogny.

FOLLETTERIE, f°, c°° de Châtel-Censoir.

FOLTIERS (LES), h. c°° de Saint-Fargeau.

FONS REGIUS (*monasterium*), monastère de Druyes, vi° siècle (Vie de saint Romain, dans D. Cottron; Hist. de l'abb. Saint-Germain d'Auxerre). — Détruit depuis longtemps.

FONTAINE, h. c°° de Saint-Valérien. — *La Fontaine,* fief et hameau, 1618 (chap. de Sens).

FONTAINE (LA), hameaux des communes de Chevillon, de la Celle-Saint-Cyr, des Bordes et de Sainpuits.

FONTAINE (LA), maisons isolées, c°°° de Champcevrais, Chêne-Arnoult, Fontenouilles.

FONTAINE (LA), m°°, c°° de Véron.

FONTAINE (LA GRANDE-), h. c°° de Chastenay.

FONTAINE (LA GRANDE-), m. i. c°° de Verlin.

FONTAINE (LA GRANDE-), ruisseau, c°° de Sormery; il se jette dans le ruisseau de Froideau, c°° de Neuvy.

FONTAINE-BELLE, f°, c°° de la Ferté-Loupière.

FONTAINEBLEAU (LE PETIT-), h. c°° de Montacher.

FONTAINE-BOUGUÉ (LA), h. c°° d'Étais.

FONTAINE-BOUILLANTE (LA), h. c°° de Vernoy.

FONTAINE-DES-PRUDHOMMES (LA), h. dépendant des communes de Lixy et de Brannay.

FONTAINE-DU-CHARME, ruisseau qui prend sa source à Chêne-Arnoult et se jette dans l'Ouanne à Douchy.

FONTAINE-DU-TAN, c°° de Coulanges-les-Vineuses. Lieu détruit où il existait autrefois une tannerie, *près de la fontaine dite de Vauglan.*

FONTAINE-FROIDE, ruisseau qui prend sa source à la Chapelle-Vieille-Forêt, où il se jette dans l'Armançon.

FONTAINE-GERY (LA), f°, c°° de Tonnerre. — *Eroia in fine Tornodrinse,* 877 (cart. gén. de l'Yonne, II, 6). — *Fonteigne-Gérin,* 1343 (cart. gén. du comté de Tonnerre). — *Fonteine-Géry,* 1460 (cart. de Saint-Michel, bibl. de la ville de Tonnerre). — Fief relevant du comté de Tonnerre; siége d'une prévôté ressortissant au baill. de la même ville.

FONTAINE-LA-GAILLARDE, canton de Sens (nord). — *Fontanæ,* 519 (cart. gén. de l'Yonne, I, 3). — *Fontes,* 1174 (*ibid.* II, 259). — *Fontes prope Saligniacum,* xvi° siècle (pouillé du dioc. de Sens). — *Fons Lepidus,* 1695 (*ibid.*) — *Fonteines-les-Saligny,* 1303 (chap. de Sens). — *Fontaines-près-Sens,* xive siècle (*Miracula sancti Edmundi*, ms bibl. d'Auxerre). — *Fontaine-la-Gaillarde*, xvie siècle (archev. de Sens). — Cette terre, acquise en 1361 par G. de Melun, archevêque de Sens, fut aliénée au xvie siècle (archev.); siége d'un baill. et fief relevant de l'archevêché. L'église n'était autrefois qu'une chapelle dépendant de la paroisse de Saligny.

Fontaine était, au vie siècle, du pagus de Sens, et, avant 1789, du dioc. et du baill. de cette ville et de la prov. de l'Île-de-France.

FONTAINE-MADAME (LA), ch. cne de Chevannes. Fief relevant du château de Beaulches, 1731 (tabell. d'Auxerre, portef. IV).

FONTAINE-MINARD, fe, cne de Chevannes, 1731 (f. Doublet de Crouy). — Auj. détruite.

FONTAINE-NOUVELLE, bois, cne d'Asquins.

FONTAINE-TABOUR (LA), h. cne de Verlin.

FONTAINES, con de Toucy. — *Fontes*, xve siècle (pouillé du dioc. d'Auxerre; Lebeuf, Histoire d'Auxerre, pr. IV). — *Fonteynes*, xive siècle (*Miracula sancti Edmundi*, bibl. d'Auxerre).

Fontaines était, avant 1789, du dioc. d'Auxerre, de la généralité d'Orléans, de l'élection de Gien, et le siége d'une prévôté qui ressortissait au baill. d'Auxerre.

FONTAINES (LES), fe, cne de Grandchamp.

FONTAINES (LES), fermes, communes de Grandchamp et d'Ouanne.

FONTAINES (LES), h. cne de Fontaines.

FONTAINES (LES), m. i. cne de Toucy.

FONTAINES (LES), manœuv. cne d'Égriselles-le-Bocage.

FONTAINES (LES BELLES-), h. cne de Moutiers.

FONTAINES (RU DES), prend sa source à Brienon et se jette dans l'Armançon au même lieu.

FONTAINES-FROIDES, ch. en ruines au milieu des bois, cne de Cruzy.

FONTANÆ, lieu détruit, près de l'abbaye des Escharlis, cne de Villefranche, cité vers 1120 (cart. gén. de l'Yonne, I, 238).

FONTE (LA), m. i. cne de Fley; détruite.

FONTEMOIS, h. cne de Joux-la-Ville. — *Fons Humidus*, xiie siècle (Bibl. hist. de l'Yonne, I, 406). — *Fontismum*, 1127 (cart. gén. de l'Yonne, II, 50). — *Fontemays*, 1145 (*ibid.* 62). — *Fontemois*, 1277 (abb. de Reigny).

C'est dans ce lieu que fut primitivement établie, au xiie siècle, l'abbaye de Reigny.

FONTENAILLES, con de Courson. — *Fontenaliæ*, xvie siècle (pouillé du dioc. d'Auxerre). — *Fontenelles*, 1283 (év. d'Auxerre, L. Gy-l'Évêque). — *Fontenailles*, 1548; fief relevant de la terre de Saint-Bris (cart. du comté d'Auxerre, arch. de la Côte-d'Or).

Fontenailles était, avant 1789, du dioc. et du baill. d'Auxerre et de la prov. de Bourgogne, et siége d'un baill. particulier.

FONTENAILLES, h. cne d'Andryes.

FONTENAY-PRÈS-CHABLIS, con de Chablis; autrefois commrie dépendant de l'ordre de Saint-Jean-de-Jérusalem (arch. de la commrie). — *Fontanæ in pago Tornodorensi*, 711 (cart. gén. de l'Yonne, I, 22). — *Fontanetum*, viiie siècle (*Gesta pontif. Autiss.* Bibl. hist. de l'Yonne). — *Fontenoy*, 1339 (commrie de Fontenay).

Fontenay était, avant 1789, du dioc. de Langres, de la prov. de l'Île-de-France, et siége d'une prévôté.

FONTENAY-PRÈS-VÉZELAY, con de Vézelay. — *Fontanæ in pago Avalensi*, vers 863 (cart. gén. de l'Yonne, I, 81). — *Fontiniacum*, 1103 (*ibid.* II, 40). — *Fontanetum*, xiie siècle (chron. de Vézelay).

Fontenay était, avant 1789, du dioc. d'Autun, de la prov. de l'Île-de-France et de l'élection de Vézelay.

FONTENAY-SOUS-FOURONNES, con de Coulanges-sur-Yonne. — *Fontenetum prope Maliacastrum*, xve siècle (pouillé du dioc. d'Auxerre; Lebeuf, Histoire d'Auxerre, IV, n° 413). Terre au Sr de Sainte-Pallaye.

Fontenay était, avant 1789, du dioc. d'Auxerre et de la prov. de Bourgogne, siége d'un baill. ressortissant à celui d'Auxerre.

FONTENELLE (LA), h. cne de Lixy. — *Fontenelles*, 1522 (f. Bernard).

FONTENELLE (LA), h. cne de Taingy. — *Fontenella*, 1247 (chap. d'Auxerre).

FONTENILLES, h. cne de Brosses, 1563 (chap. de Châtel-Censoir. — On trouve, dans un bois de cette commune, des vestiges d'un château féodal.

FONTENILLES (LES), hôpital, cne de Tonnerre, 1160 à 1180 (*hospitalis B. M. Fontenellarum*, cart. gén. de l'Yonne, II, 127).

FONTENOUILLES, con de Charny. — *Fontenelle-lez-Charny*, 1535 (Célestins de Sens).

Fontenouilles dépendait, avant 1789, du diocèse d'Auxerre, de la prov. de l'Île-de-France et de l'élection de Joigny.

FONTENOY, con de Saint-Sauveur. — *Fontanetum*, ve se (Vie de saint Germain; Bibl. hist. de l'Yonne, I, 329). — *Monasterium Fontanetense*, vie siècle (*ibid.* Règlement de saint Aunaire, Nithard, D. Bouquet, t. VII). — *Fontanetum*, xve siècle (pouillé du dioc. d'Auxerre). — *Fontenoy-en-Puisoye*, 1522 (minutes d'Armant, notaire).

Théâtre de la bataille livrée en 841 entre les fils de Louis le Débonnaire.

Fontenoy était, au vᵉ siècle, du pagus d'Auxerre, et, avant 1789, du dioc. et du baill. d'Auxerre, de la prov. de l'Orléanais et de l'élection de Gien.

Fonteny (Le), h. cⁿᵉ de Lindry.

Fontette, h. cⁿᵉ de Saint-Père. — *Fontectes*, 1154.

Fontinoy, h. cⁿᵉ de Ronchères.

Forêt (La), fᵉ, cⁿᵉ de Chassignelles; détruite depuis vingt ans.

Forêt (La), fᵉ, cⁿᵉˢ de Châtel-Censoir. — *Fourest*, 1563 (chap. de Châtel-Censoir). — *La Forest-aux-Chanoynes*, 1610 (*ibid.*).

Forêt (La), h. cⁿᵉ de Diges.

Forêt (La), h. cⁿᵉ de Sainpuits.

Forêt (La), cⁿᵉ de Fresnes; lieu déjà détruit avant 1789.

Forêt (Le Petit-), m. i. cⁿᵉ de Sementron.

Forêt-Bréault ou Bénault, h. cⁿᵉ de Noyers.— *Forest-Berreau*, 1725; *Forest-Bruau*, 1770 (reg. de l'état civil).

Forêt-Ferou, fief du comté de Tonnerre, cⁿᵉ d'Épineuil. — *Forêt-Ferouil*, 1535 (arch. de l'Yonne, dénombrement).

Forêt-Gallon (La), h. cⁿᵉ de Thury.

Forêts (Les), h. cⁿᵉ de Diges. — *Forestæ*, 1343 (abb. Saint-Germain d'Auxerre). — *Les Forestz*, 1512 (*ibid.* L. 44).

Forêts (Les), h. cⁿᵉ de Leugny.

Forêts (Les), h. cⁿᵉ d'Ouanne.

Forge (La), hameaux des cⁿᵉˢ de Chambeugle, Malicorne et Moutiers.

Forge (La), h. cⁿᵉ de Saint-Julien-du-Sault. — Les forges à fer de Saint-Julien existaient déjà au xvᵉ sᵉ; c'est de cette exploitation que le hameau a reçu son nom (arch. de l'archev. de Sens).

Forge (La), moulins, cⁿᵉˢ de Bléneau, Champignelles, Grandchamp, Saint-Privé.

Forge (La), m�in, cⁿᵉ d'Escamps, 1482 (abb. Saint-Germain). — Auj. détruit.

Forge (La), usine, cⁿᵉ de Tannerre.

Forge (La), usine, cⁿᵉ de Saint-Martin-des-Champs.

Forge (La Petite-), fᵉ, cⁿᵉ de Champignelles.

Forge-d'Aisy (La), usine, cⁿᵉ d'Aisy.

Forge-Neuve (La), m�in, cⁿᵉ de Dracy.

Forge-Sainte-Colombe (La), h. et usine, cⁿᵉ d'Ancy-le-Franc.

Forges (Les), h. cⁿᵉ de Jully.

Forges-de-Frangey (Les), h. cⁿᵉ de Vireaux.

Fort (Le), h. et fᵉ, cⁿᵉ de Mézilles. Autrefois appelé le Fort-d'Assigny, du nom de son possesseur, xviiᵉ siècle (reg. de l'état civil). — Fief relevant de Mézilles, nommé aussi *la Motte-de-Nesvoy* (Bⁱⁿ de la Soc. des sciences de l'Yonne, 1858).

Fort (Le), h. cⁿᵉ de Beauvoir, comprend l'église et quelques maisons. — L'église, autrefois fortifiée, a donné son nom au hameau.

Fort (Le), cⁿᵉ de Poilly-près-Aillant (Cassini); auj. détruit.

Fort (Le), cⁿᵉ de Villiers-Saint-Benoît. — Autrefois monastère dépendant de l'abbaye de Saint-Benoit-sur-Loire.

Fort-l'Épine (Le), m. i. cᵗᵉ de Césy, près du hameau de Vauguilain.

Fort-Sublot (Le), h. cⁿᵉ de Sormery. — *Le Fort-sur-Blot*, 1749 (reg. de l'état civil).

Fosse (La), mⁱⁿ, cⁿᵉ de Vallery.

Fosse-aux-Prêtres, fᵉ, cⁿᵉ de Druyes.

Fosse-aux-Vaches (La), h. cⁿᵉ de Sens.

Fosse-Barrée (La) ou la Masure-Bourgeois, m. i. cⁿᵉ de Pourrain, 1489 (chap. d'Auxerre); détruite.

Fosse-de-Bouloy, fᵉ, cⁿᵉ de Sambourg.

Fosse-More, cⁿᵉ de Theil; ancien monastère de filles dépendant de l'abb. de Dilo. — *Fossa Mora*, 1139 (cart. gén. de l'Yonne, I, 340). — *Fontes Mauri*, 1169-1180 (*ibid.* II, 210). — *Foussemore*, 1463 (abb. de Dilo). — Ce lieu s'appelait autrefois la Madeleine. Au xviiᵉ siècle, il y existait un donjon entouré de bonnes murailles et de tours, en carré et fossoyé à eaux vives (abb. de Dilo); il est aujourd'hui détruit.

Fosse-More, mⁱⁿ et forge, cⁿᵉ de Theil, fondés en 1456 (abb. de Dilo). — Auj. détruits.

Fosse-Rouge, m. de plaisance, cⁿᵉ de Villeneuve-sur-Yonne.

Fosse-Simon (La), h. cⁿᵉ de Saint-Romain-le-Preux. — Autrefois *la Fosse-Aimant*.

Fosse-Terran, fᵉ, cⁿᵉ de Druyes.

Fossés (Les), fᵉ, cⁿᵉ de Sennevoy-le-Bas. Il y existait autref. un ch. auj. ruiné.

Fossés-Barreaux (Les), fᵉ, cⁿᵉ de Saint-Martin-des-Champs.

Fossoy, h. cⁿᵉ de Lixy.

Foucards (Les), h. cⁿᵉ de Fontenoy.

Fouchères, cⁿⁿ de Chéroy. — *Folcheriæ*, 1207 (Hôtel-Dieu de Sens); ce lieu était alors la paroisse de Saint-Valérien. — *Foucheriæ*, 1243 (E. 321, arch. de l'Yonne). — *Fouchières*, 1413, terre appart. au chap. de Sens et relev. en partie de Courtenay et en partie de Saint-Valérien (chap. de Sens). — *Fouchères*, 1453 (reg. des taxes, etc. dioc. de Sens, bibl. de cette ville, archev.).

Fouchères était, avant 1789, du dioc. de Sens, de la prov. de l'Île-de-France et de l'élection de Nemours. Ce lieu était le siége d'une prévôté ressort. au baill. de Sens.

Fouchères, f^e, c^ne de Montigny. — *Folcheriæ*, 1156 (cart. gén. de l'Yonne, I, 549). — *Fulcheriæ*, 1187 (*ibid.* II, 379). — *Fucheriæ*, 1300; *Fulgeriæ*, 1247 (abb. de Pontigny). — *Fochères*, 1551 (*ibid.*).

Fouchères (Les), h. c^ne de Rogny.

Foucheterie (La), f^e, c^ne de Sept-Fonds.

Foudriat (La Métairie), f^e, c^ne de Gy-l'Évêque, 1647 (év. d'Auxerre).

Fouets (Les), h. c^ne de Dracy. — *Les Fouez*, 1587, fief relev. du baron de Toucy. — *Les Foix*, 1779 (reg. de l'état civil).

Fougère (La), m. i. c^ne de Saint-Martin-sur-Ouanne.

Fougilet, h. c^ne de Sougères. — *Fossa Gelet*, 1163 (cart. gén. de l'Yonne, II, 152). — *Fosse-Gillet*, 1308 (abb. de Reigny).

Foulon (Le), m^in, c^ne de Chablis.

Foulon (Le), h. c^ne de Chassy. — *Le Follon*, 1651 (prieuré de Vieupou). Tire son nom d'un foulon à draps qui y existait en 1477, et était appelé le Mesneau (*ibid.*).

Foulon (Le), m^in, c^ne de Châtel-Censoir.

Foulon (Le), m. i. c^ne de Chêne-Arnoult.

Foulon (Le), usine, c^ne de Grandchamp.

Foulon (Le), f^e et usine, c^ne de Saint-Martin-des-Champs.

Foulon (Le), usine, c^ne de Toucy.

Foulon (Le), f^e, c^ne de Villiers-sur-Tholon.

Foulon-Michaut (Le), fabrique de draps, c^ne d'Avallon.

Foulon-Vaussin (Le), fabrique de draps, c^ne d'Avallon.

Foulonniers (Les), m. i. c^ne de Bléneau.

Foulons (Les), h. c^ne de la Celle-Saint-Cyr.

Foulons (Les Vieux-), h. c^ne de Précy.

Fouquereaux (Les), h. c^ne de Prunoy.

Fouquinerie (La), h. c^ne de Malicorne.

Four (Bois du), c^ne de Précy-le-Sec.

Four (Le Moulin du), c^ne de Verlin.

Four-à-Chaux (Le), m. i. c^ne de Champcevrais.

Four-à-Jouin, bois, c^ne de Nuits.

Four-aux-Verres, f^e, c^ne de Dixmont; détruite au xviiie siècle.

Fourchaume (La), f^e, c^ne de Maligny; auj. détruite.

Fourches, c^ne d'Accolay. — *Fulchiæ*, 1290 (chap. d'Aux.); lieu détruit dont un climat porte le nom.

Fourches (Les), h. c^ne de Blacy, 1303 (prieuré de Saint-Bernard de Montréal). — Auj. détruit.

Fourchetterie (La), manœuv. c^ne de Sept-Fonds.

Fourchons (Les), h. c^ne de Sommecaise.

Fourchotte (La), h. c^ne de Brion. — *La Fourchotte*, 1521, appelé aussi alors *les Boises-Blanches* (abb. Saint-Germain d'Auxerre, état des biens).

Fournaudin, c^ne de Cerisiers. — *Four-Nauldin*, 1520 (abb. de Vauluisant). — Ce lieu, appelé aussi *la Montonnerye* (1628), a reçu son nom actuel d'un four à verrerie qui y existait avant le xviie siècle (état des biens de l'abb. de Vauluisant).

Fournaudin était, avant 1789, du dioc. et de la prov. de l'Île-de-France, et prévôté ressort. au baill. de Vauluisant, puis à celui de Sens.

Fourneau ou la Garenne, m. i. c^ne de Tonnerre.

Fourneau (Le), m. i. c^ne de Fontenouilles.

Fourneau (Le), m. i. c^ne de Joigny.

Fourneau (Le), f^e, c^ne de Saint-Aubin-Château-Neuf; auj. détruite.

Fourneau (Le), m. de garde, c^ne de Saint-Martin-des-Champs.

Fourneau (Le), m^in, c^ne de Sommecaise.

Fourneau (Le), h. c^ne de Villiers-Saint-Benoît.

Fourneau-Boulat (Le), h. c^ne de la Villotte.

Fourneau-de-Bois-Noir, h. c^ne de Domats.

Fourneaux, ruiss. de la c^ne de Vénizy, où il prend sa source, et se jette dans le ruiss. de Véron.

Fourneaux (Les), fermes, c^nes de Dracy et de Pacy.

Fourneaux (Les), hameaux, c^nes de Bussy-le-Repos, des Bordes et de Vénizy; celui-ci a reçu son nom d'une ancienne forge à fer.

Fourneaux (Les Petits-), h. c^ne de Theil, 1781 (état civil); auj. détruit.

Fourneaux-à-Chaux (Les), h. c^ne de Dracy.

Fournier (Le), h. c^ne de Levis.

Fourniens (Les), hameaux, c^nes de Quarré-les-Tombes et de Saint-Loup-d'Ordon.

Fourniens-près-Breuillotte (Les), h. c^ne de Quarré-les-Tombes.

Fourolles, ch. et f^e, c^ne de Saint-Aubin-Château-Neuf. — Autref. siège d'une prévôté qui s'étendait sur le ch. de Fourolles et les quatre h. de Beauregard, de Meslières, des Quesneaux et des Picards, avec appel au baill. de Sens.

Fouronnes, c^on de Courson. — *Fons Rotondus*, xve s^e (pouillé du dioc. d'Aux. Lebeuf, Histoire d'Auxerre, pr. IV, n° 413). — *Fouroone*, 1196 (cart. gén. de l'Yonne, II, 473). — *Foroone*, 1274 (cart. de Crisenon, f° 38 v°, Bibl. imp. n° 154). — *Fouronnes*, 1548, fief relev. du roi au comté d'Auxerre (cart. du comté d'Auxerre, arch. de la Côte-d'Or.)

Fouronnes était, avant 1789, du dioc. et du baill. d'Auxerre et de la prov. de Bourgogne, et siège d'un baill. particulier.

Fournés, h. c^ne de Villeneuve-les-Genêts.

Fournières (Les), h. c^ne de Fontenouilles.

Fours (Les), hameaux des c^nes d'Étigny et de Toucy.

Foutière (La), h. c^ne de Quarré-les-Tombes. — *La Follitière*, 1678; *la Foulquière*, 1723 (reg. de l'état civil).

Foutriers (Les), h. c^ne de Treigny.

Foyards (Les), f°, c^ne de Saint-Privé.

Frace, h. c^ne de Jully. — *Frasse*, 1789 (C. 101, arch. de l'Yonne).

Fraichet (Le), h. c^ne de Champignelles.

Fraignes (Les), h. c^ne de Treigny. — *Les Fragnes*, 1645 (f. Lepeletier, arch. de l'Yonne).

Fraisiers (Les), f°, c^ne de Dilo; détruite.

Fraisiers (Les), m. i. c^ne de Toucy.

Franc-Butin, c^ne de Lavau, 1680 (reg. de l'état civil); lieu détruit.

Francherie (La), f°, c^ne de Rogny.

Franchevault, f°, c^ne de Beugnon. — *Frigidus Mantellus*, 1159 (cart. gén. de l'Yonne, II, 100). — *Libera Vallis* (*ibid.*). Prieuré de femmes, fondé alors, ordre de Saint-Benoît, et au dioc. de Langres. — *Franchevaux*, 1303 (cart. de l'hôpital de Saint-Florentin). — Cette ferme est détruite depuis quelques années.

Francheville, h. c^ne de Villefranche.

Franchis (Les), h. c^ne de Saint-Denis-sur-Ouanne.

Francœur, h. c^ne de Sormery. — *Franquel*, xiiie siècle (cart. de Pontigny, f° 6 r°, Bibl. imp. n° 153). — *Franqueur*, 1735 (reg. de l'état civil).

François (Les), h. c^ne de Tannerre. — *La Cour-des-François*, 1715 (plan de la seigneurie de Tannerre, arch. de l'Yonne).

Franlieu, f°, c^ne de Jully. — *Franc-Lieu*, 1787 (C. 101, arch. de l'Yonne).

Frasse, m. de garde, c^ne de Lichères-près-Vézelay.

Frats (Les), h. c^ne de Saint-Martin-des-Champs.

Frauville, ch. et f°, c^ne de Saint-Aubin-Château-Neuf; terre seigneuriale vers 1500 (chap. de Sens). Autref. prévôté ressort. au baill. de la Ferté-Loupière en l'ancien manoir de la Coudre, et, en 1787, du baill. de Saint-Aubin.

Frécambault, f°, c^ne d'Avrolles. — *Frécambaut*, 1151 (cart. gén. de l'Yonne, I, 488). — *Friquembaut*, 1239 (cart. de Pontigny, f° 41 v°, Bibl. imp.). — *Friquembaut*, 1627 (plan de Vergigny, abb. de Pontigny).

Frécambault, h. c^ne de Charny. — *Fricambault*, 1485 (f. Texier d'Hautefeuille). Seigneurie relev. de Charny.

Fréchots (Les Grands et les Petits), h. c^ne de Fleury.

Frégens, h. c^ne de Domats. — *Frégers*, 1659 (terrier des Robineaux, chartreux de Béon). Un Sr Fréger possédait alors 78 arpents de terre en ce lieu.

Frégens (Les), h. c^ne de Saint-Valérien.

Frégers (Les), h. c^ne de Villegardin. — *Les Frégers*, 1780 (plan de la seigneurie).

Freins (Les), f°, c^ne de Louesme.

Frelats (Les), hameaux des c^nes de Malicorne et de Marchais-Beton.

Frelins (Les), f°, c^ne de Fouchères.

Frémaux (Les), h. c^ne de Prunoy. — *Les Fourneaux*, 1768 (plan, arch. du ch.).

Frémillère (La), f°, c^ne de Champcevrais. — *La Frémi-nière*, 1656, et tout le xviie siècle (reg. de l'état civil).

Frémillerie (La), f°, c^ne de Lavau.

Frémillerie (La), m. i. c^ne de Perreux.

Frémilleries (Les), h. c^ne de Lavau.

Fréminets (Les), h. et f°, c^ne de Champcevrais.

Fremys (Les), hameaux des c^nes de Tannerre et de Villefranche.

Fréneaux (Les), h. c^ne de Saint-Valérien.

Fresne, f°, c^ne de Beine; détruite en 1789.

Fresnes, c^ne de Noyers. — *Fraginæ*, 1101 (cart. gén. de l'Yonne, I, 206). — *Fraigium*, 1116 (*ibid.* 232). — *Fraxinum*, 1176 (*ibid.* II, 281).

Fresnes était, avant 1789, du dioc. de Langres, de la prov. de Bourgogne et du baill. seigneurial de Noyers, dont elle relevait à titre de fief.

Fretons, c^re de Diges, 1671 (terrier de Diges, abb. Saint-Germain d'Auxerre); lieu détruit.

Frétoy, forêt, c^ne de Mailly-Château. — *Freteium*, 1181 (cart. gén. de l'Yonne, II, 329). — *Fretoium*, 1215 (cart. de Crisenon, f° 24 r°, Bibl. imp. n° 154). — *Frétai*, 1196 (cart. gén. de l'Yonne, II, 472).

Frétoy, bois, c^ne de Noyers.

Frétoy (La), f°, c^ne de Grimault.

Frévaux (Les), h. c^ne d'Avrolles.

Frevin, h. c^ne de Villiers-sur-Tholon.

Frey (Les), h. c^ne de Parly. — *Fray*, 1671 (terrier de Diges, abb. Saint-Germain).

Fricambeaux (Les), h. c^ne de Perreux.

Frigida Villa, c^ne de Montréal, 1228 (arch. de Vausse) lieu détruit au xive siècle.

Frileux, h. c^ne de Chassy. — *Frileux*, 1772 (reg. de l'état civil).

Fringale (La), maisons isolées des c^nes de Festigny et de Lasson.

Friperie (La), h. c^ne de Saint-Sérotin.

Frisons (Les), f°, c^ne de Saint-Fargeau.

Fritons (Les), h. c^ne de Diges.

Froideau, ruiss. prend sa source à Boullay, c^ne de Neuvy, et se jette dans l'Armançon sur la même commune.

Frontières (Les), m. i. c^ne de Lindry.

Frossards (Les), f°, c^ne de Ronchères.

Froville, f°, c^ne de Villeneuve-les-Genêts.

Fulget, m^in, c^ne de Saint-Martin-sur-Ocre.

Fulvy, cⁿᵉ d'Ancy-le-Franc. — *Furviacum*, 1264 (Lebeuf, Histoire d'Auxerre, pr. n° 204). — *Fulviacum*, xvᵉ siècle (pouillé du dioc. d'Auxerre, *ibid.* pr. IV). — *Forvy*, 1321 (cart. du comté de Tonnerre, arch. de la Côte-d'Or). — *Feulvy*, 1400 (*ibid.*).

Fulvy était, avant 1789, du dioc. de Langres, de la prov. de l'Île-de-France et du baill. de Cruzy, et en appel à celui de Sens. Le fief relev. du ch. de Cruzy.

Fumée (La), h. cⁿᵉ de Merry-la-Vallée.

Fumerault (Le Grand-), ch. cⁿᵉ de Saint-Aubin-Château-Neuf; autref. fief avec titre de prévôté et toute justice ressort. au baill. de Saint-Aubin.

Fumerault (Le Petit-), h. cⁿᵉ de Saint-Aubin-Château-Neuf, autref. prévôté ressort. au baill. de la Ferté-Loupière.

Fusées (Les), h. cⁿᵉ de Bœurs. — *Les Fusées*, 1760 (plan, abb. de Pontigny).

Fyé, cⁿ de Chablis. — *Fiacus, in pago Tornotrinsi*, 850 (Camusat, *Promptuarium*, f° 20). — *Ficum*, 1116 (cart. gén. de l'Yonne, I, 232). — *Fiacum*, 1536 (pouillé du dioc. de Langres).

Fyé était, avant 1789, du dioc. de Langres, de la prov. de l'Île-de-France et de l'élection de Tonnerre, et siége d'une prévôté particulière.

G

Gabots (Les), fᵉ, cⁿᵉ de Sépaux.

Gache (La), fᵉ, cⁿᵉ de Montillot; détruite, et l'emplacement couvert de bois.

Gadouille (La), h. cⁿᵉ d'Épineau-les-Voves. — *La Gadoule*, 1704 (reg. de l'état civil).

Gagneux (Les), h. cⁿᵉ de Cerisiers.

Gaillarderie (La), fᵉ, cⁿᵉ d'Étais.

Gaillards (Les), hameaux des communes de Chaumot, Égriselles-le-Bocage, Villethierry.

Gaillands (Les), fᵉ, cⁿᵉ de Vernoy.

Gain, m. cⁿᵉ des Siéges; fief en 1628 (terrier de Sens, etc. abb. Saint-Remy de Sens). — *Les Gains*, 1710, avec chapelle (mission de Versailles; bibl. de Sens).

Galaches (Les), h. cⁿᵉ de Brannay.

Galarderie, fᵉ, cⁿᵉ d'Étais.

Galbaut, fᵉ, cⁿᵉ de Voisines. — *Gallebaut*, 1679 (reg. de l'état civil).

Galbaux (Les), h. cⁿᵉ de Fournaudin. — *Gallibaut*, 1520 (abb. de Vauluisant).

Galeries (Les), h. cⁿᵉ de la Belliole.

Galetas, h. cⁿᵉ de Domats. — *Galethas*, xvᵉ siècle. — *Galtas*, xvıᵉ siècle (Chartreux de Béon).

Galichets (Les), h. cⁿᵉ de Saint-Denis-sur-Ouanne.

Gallefer, m. i. cⁿᵉ de Saint-Julien-du-Sault.

Gallois (Les), hameaux des cⁿˢ de Cornant et d'Étais.

Gallons (Les), fᵉ, cⁿᵉ de Lavau.

Gallons (Les), h. cⁿᵉ de Saints. — Autrefois fief relevant de Saint-Sauveur.

Gallot (Le Grand et le Petit), hameaux, cⁿᵉ de Marsangy.

Gallots (Les), h. cⁿᵉ de Paron.

Gamache, cⁿᵉ de Mézilles; ancien château dans les bois. — Auj. détruit.

Ganges (Les), h. cⁿᵉ de Lavau.

Ganivets (Les), m. i. cⁿᵉ de Champcevrais. — *Le Ganivet*, 1684 (reg. de l'état civil).

Ganivets (Les), fᵉ, cⁿᵉ de Saint-Privé.

Gantier, bois, cⁿᵉ d'Ancy-le-Franc.

Garangers (Les), h. cⁿᵉ de Chaumot.

Garciaux (Les Grands et les Petits), hameaux, cⁿᵉ de Précy.

Garde-Barrières du chemin de fer de Paris à Lyon, maisons isolées, au nombre de cent et une sur la ligne principale et de dix-huit sur l'embranchement d'Auxerre, et placées au bord des passages à niveau; elles n'ont pas de noms particuliers et ont emprunté celui du chemin auprès duquel elles sont construites.

Garde-de-Dieu (La), m. i. cⁿᵉ de Bussy-le-Repos.

Gardes (Les), h. cⁿᵉ de Pourrain.

Garellerie (La), m. i. cⁿᵉ de Mézilles.

Garenne (La), hameaux, cⁿᵉˢ de Courson, Diges, Malicorne.

Garenne (La), h. cⁿᵉ du Plessis-Saint-Jean. — Ce hameau fut fondé en 1640 par le sieur du Plessis-Praslin (Tarbé, Almanach de Sens, 1811).

Garenne (La), m. de garde, cⁿᵉ de Saint-Fargeau. — *La Garenne-Noir-Épinoy*, 1509; fief relevant de Saint-Fargeau (Bⁱⁿ de la Soc. des sciences de l'Yonne, 1858).

Garenne (La), fief et grand bois, cⁿᵉ de Saint-Fargeau, xvıııᵉ siècle (plan; seigneurie de Saint-Fargeau).

Garenne (La) ou le Fourneau, m. i. cⁿᵉ de Tonnerre.

Garenne (Ruisseau de la), cⁿᵉ de Toucy; se jette dans l'Ouanne sur le même territoire.

Garenne-Bois (La), m. de garde, cⁿᵉ d'Ancy-le-Franc.

Garenne-d'Avillon, bois, cⁿᵉ de Fouronnes.

Garenne-de-la-Royauté (La), h. cⁿᵉ de Saint-Fargeau.

Gargot, ch. cⁿᵉ de Paroy-sur-Tholon; détruit.

GANGOT, f', c^{ne} de Villeneuve-Saint-Salve; maison et chapelle en 1755 (plan de Montigny; abb. de Pontigny). — Lieu détruit.

GARLET, f', c^{ne} de Molosme.

GARNIERS (LES), hameaux, c^{nes} de Bléneau et de Saint-Loup-d'Ordon.

GARNIERS (LES GRANDS-), h. c^{ne} de Chambeugle.

GARNIERS (LES PETITS-), h. c^{ne} de Chambeugle.

GARNIÈRES (LES), h. c^{ne} de Chaumot.

GARNOIS, fief, c^{ne} de Saint-Martin-d'Ordon, relevant de l'archev. 1352 (arch. de Sens).

GASSINS (LES), h. c^{ne} de Champignelles.

GASTELOT, mⁱⁿ et étang, c^{ne} de Venouse, 1507 (abb. de Pontigny, L. 58).

GÂTIES, f', c^{ne} de Jaulges; détruite.

GÂTINE, f', c^{ne} de Branches, autrefois fief avec château, auj. détruit. — Gastine, 1360 (f. Tarbé).

GÂTINE-BAUCHET (LA), f', c^{te} de Treigny.

GÂTINE-DE-LA-MAISON-ROUGE (LA), f', c^{ne} de Treigny.

GÂTINE-DES-BOIS-DE-BAILLY (LA), h. c^{ne} de Saint-Fargeau.

GÂTINE-DES-VOILES (LA), f', c^{ne} de Treigny.

GÂTINE-DU-CHENEAU (LA), mⁱⁿ, c^{ne} de Treigny.

GÂTINE-DU-TALON (LA), h. c^{ne} de Saint-Fargeau.

GÂTIS, h. c^{ne} de Saint-Germain-des-Champs.

GAUCHERS (LES), h. c^{ne} de Fontenoy.

GAUDINIÈRE (LA GRANDE-), h. c^{ne} de Champcevrais.

GAUDINS (LES), f', c^{ne} de Ronchères.

GAUDINS (LES), h. c^{ne} de Saint-Denis-sur-Ouanne.

GAUDRIES (LES), h. c^{ne} de Saint-Loup-d'Ordon. Il y avait autrefois deux hameaux de ce nom, les Grands et les Petits Gaudries, 1757 (chap. de Sens).

GAUDRY, mⁱⁿ, c^{ne} de Saint-Sauveur.

GAUFRE (LE), f', c^{ne} de Rogny.

GAUFRERIE (LA), f', c^{te} de Bléneau.

GAUGÉ, f', c^{ne} de Champignelles.

GAUGINS (LES), h. divisé entre les c^{nes} de Piffonds et de Savigny.

GAUGINS (LES), h. divisé entre les c^{nes} de Cudot et Précy.

GAUGLU, f', c^{ne} de Bœurs, 1760 (abb. de Pontigny); détruite.

GAUJARDS (LES), h. c^{ne} de Villegardin.

GAULE (LA), h. c^{ne} de Champignelles.

GAULLERIE (LA), h. c^{ne} de la Ferté-Loupière.

GAULTHIERS (LES), h. dépendant des c^{nes} de Beauvoir et de Parly.

GAUNE, c^{te} de Talcy, ch. important près du hameau de Montceau; auj. détruit.

GAUTHIERS (LES), manœuv. c^{ne} de Mézilles.

GAUTHIERS (LES), hameaux des communes de Moutiers, Piffonds, Toucy.

GAUVILLE, h. c^{ne} de Saint-Julien-du-Sault.

GAUVILLES (LES), h. et f', c^{ne} de Cudot.

GAUVIN, c^{ne} de Saint-Germain-des-Champs; ancien château détruit, au milieu du bois du même nom.

GAUVINS (LES), h. c^{ne} de Villeneuve-les-Genêts.

GAYS (LES), f', c^{ne} de Bléneau; autref. fief (Bⁱⁿ de la Soc. des sciences de l'Yonne, 1858).

GAZON (LE), h. c^{te} de Pourrain.

GELAINS (LES), h. c^{ne} de la Belliole.

GELÉS (LES), m. i. c^{ne} de Mézilles. — Égelet, xviiie siècle (reg. de l'état civil).

GELINS (LES), m. i. c^{ne} de Fontenouilles.

GELISSES (LES), h. c^{ne} de Grandchamp.

GÉMIGNY, h. c^{ne} de Thury. — Juminy, 1775 (plan; abb. Saint-Germain).

GENDRES (LES), h. c^{ne} de Fontenoy.

GENDRONS (LES), f', c^{ne} de Moulins-sur-Ouanne.

GENDRONS (LES), f', c^{ne} de Moutiers. — Les Jandrons, 1674 (reg. de l'état civil).

GENDRONS (LES), h. c^{ne} de Saint-Sauveur.

GENÈTE, f', c^{ne} de Perrigny-près-Auxerre. — La Métairie-Geneste, 1554 (terrier de Perrigny; abb. Saint-Germain). — Lieu détruit.

GENÈTE (LA), h. et f', c^{ne} de Dracy. — La Geneste, 1782 (reg. de l'état civil). — Fief relevant de la baronnie de Toucy en 1585.

GENÉTIÈRE (LA), h. c^{ne} de Saint-Sauveur.

GENÉTROY (LE), f', c^{ne} de Foissy-sur-Vanne. — Genestroy, 1672 (reg. de l'état civil).

GENETTIÈRE (LA), f', c^{ne} de Courtoin, 1785 (cad. C. 84). — Auj. détruite.

GENIÈVRES (LES), h. c^{ne} de Dracy.

GENIÈVRES (LES), m. i. c^{ne} de Fontaines.

GENIÈVRES (LES), h. c^{ne} de Saint-Léger.

GENIÈVRES (LES), m. i. c^{ne} de Toucy.

GENIÈVRES (LE MOULIN DES GRANDS-), c^{ne} de Sainte-Colombe-sur-Loing.

GENOTTE, ruisseau qui prend sa source à Charentenay et se jette dans l'Yonne sur la commune de Vincelles. — Junecte, 1385; Jemyocte, 1511 (E. com. du Val-de-Mercy; arch. de l'Yonne).

GENOUILLY, h. c^{ne} de Provency. — Genully, 1149 (cart. gén. de l'Yonne, I, 449). — Genuli, 1181 (abb. de Reigny). — Geloingny, 1484; fief relevant de la terre de l'Isle (terrier de l'Isle; ém. Bertier). — Gelougny-les-Avalon, 1500 (arch. de Sens). — Genoilly, xvie siècle (chapitre de Montréal). — Il existait autrefois à Genouilly un château féodal aujourd'hui détruit.

GENTEYS (LES), f', c^{ne} de Vernoy. Il y existait autrefois un château fort qui est ruiné. — Gentés et Genteys, 1785 (reg. de l'état civil).

GEORGEOTS (LES), h. c^{ne} de Bussières.

GEORGETTERIE (LA), f', c^{te} de Villeneuve-les-Genêts.

GERBAUTS (Les), c^ne de Diges, 1697 (reg. du greffe de la justice de Diges).

GERBAUX (Les), f°, c^ne de Saint-Privé.

GERBE-D'ORGE, m. i. c^re de Tonnerre.

GENJUS, h. divisé entre les c^nes de Villeblevin et de Saint-Aignan. — *Gerjus*, 1571 (arch. de Seine-et-Marne); fief relevant de Bray-sur-Seine. — *Gergus*, 1582 (arch. de Sens, reg. des fiefs).

GERMAINERIE (La), f°, c^ne de Villeneuve-les-Genêts.

GERMIGNY, c^on de Saint-Florentin. — *Germiniacus*, 519 (cart. gén. de l'Yonne, I, 3). — *Germini*, 1151 (abb. de Dilo). — *Germigny*, 1453 (reg. des taxes, etc. dioc. de Sens, bibl. de cette ville, archev.).

Germigny était, au vi^e siècle, du pagus de Sens, et, avant 1789, du dioc. du même nom, de la prov. de l'Île-de-France et du baill. de Saint-Florentin, en appel de sa prévôté.

GERMONDS (Les), h. c^ne de Villeneuve-les-Genêts.

GÉTERIE (La), f°, c^ne de Tannerre.

GIAGON, m^in, c^ne de Pierre-Perthuis.

GIBARDIÈRE (La), f°, c^ne de Champignelles. — *La Gibertière*, 1624; fief relevant de Tannerre (ém. Rogres). — *La Gilbardière*, 1626 (*ibid.*).

GIBAULT (Les), f°, c^ne de Diges, 1671 (terrier de Diges; abb. Saint-Germain). — Ce lieu portait le nom de son possesseur. — Auj. détruite.

GIBON, h. c^ne de Leugny.

GIGNY, c^on de Cruzy. — *Ganniacum*, viie siècle (Bibl. hist. de l'Yonne, I, 336; *Gesta pontif. Autiss.*). — *Genneium*, 1190 (cart. gén. de l'Yonne, II, 424). — *Janiacum*, 1255 (comm^rie de Saint-Marc de la Vesvre). — *Geignyoum*, 1536 (pouillé du dioc. de Langres). — *Geigny*, 1168 (cart. gén. de l'Yonne, II, 200). — *Gegne*, 1214 (comm^rie de Saint-Marc). — *Geigny*, 1284; *Gigney*, 1388 (*ibid.*). — *Gingney*, 1317 (cart. du comté de Tonnerre; arch. de la Côte-d'Or). — *Gigny-les-Fossés*, 1782 (cart. du duché de Bourgogne). — Fief relevant du comté de Tonnerre (inv. des arch. du comté).

Gigny était, au viiie siècle, du pagus de Tonnerre et, avant 1789, du dioc. de Langres, de la prov. de l'Île-de-France et du baill. de Sens, en appel de celui de Cruzy, avec titre de prévôté.

GILATS (Les Bas-), f°, c^ne de Toucy.

GILATS (Les Hauts-), ch. et f°, c^ne de Toucy.

GILETS (Les), h. c^ne de Sainte-Colombe-sur-Loing.

GILOTS (Les), f°, c^ne de Mézilles.

GILOTTERIE (La), h. c^ne de Saint-Valérien.

GILSONS (Les), h. c^ne de Chevillon.

GILTONS (Les), h. c^ne de Villeneuve-sur-Yonne.

GIMOY, c^ne de Venoy. — *Gemoy*, 1262 (abb. Saint-Germain). — Lieu détruit.

GIRARDINS (Les), h. c^ne de Lavau; mentionné en 1477 (chap. de Saint-Fargeau).

GIRARDOTS (Les), hameaux, c^nes de la Ferté-Loupière et de Précy.

GIRARDS (Les), f°, c^ne de Charny.

GIRARDS (Les), hameaux, c^nes de Fouchères et de Précy.

GIRARDS (Les), m. i. c^ne de Saint-Loup-d'Ordon; autrefois hameau.

GIRAUDERIE (La), f°, c^ne de Grandchamp.

GIRAUDES (Les), h. c^ne de Perreux.

GIRAUDS (Les), h. c^ne de Saint-Fargeau.

GIROLLES, c^on d'Avallon. — *Garillæ*, 875 (cart. gén. de l'Yonne, I, 99). — *Geroliæ*, vers 1143 (*ibid.* 376). — *Girollæ*, 1199 (Bulliot, Essai sur l'histoire de l'abbaye Saint-Martin d'Autun, II, 54). — *Gyrolæ*, 1236 (chap. d'Avallon). — *Giroles*, xive s^e (pouillé du dioc. d'Autun). — *Girolles-les-Forges*, 1486 (terrier d'Avallon, arch. de la Côte-d'Or); 1782 (cart. du duché de Bourgogne).

Girolles était, au ixe siècle, du pagus d'Avallon, et, avant 1789, du dioc. de Langres, de la prov. de Bourgogne et du baill. d'Avallon.

GIROUX (Les), h. c^ne de Chevillon.

GISARDS (Les), h. c^ne de Domats. — *Les Girards*, 1659 (terrier des Robineaux; chartreux de Béon).

GISY-LES-NOBLES, c^on de Pont-sur-Yonne. — *Gisiacum*, 1142 (cart. gén. de l'Yonne, II, 58). — *Gisiacum super Orosam*, 1230 (prieuré de la Cour-Notre-Dame). — *Gisei*, ixe siècle (*Liber sacram.* ms bibl. de Stockholm). — *Gisi*, 1456 (fabrique de Gisy, arch. de l'Yonne). — *Gysi*, 1516 (chap. de Sens). — *Gisy-sur-Oreuse*, 1792.

Gisy était, avant 1789, du dioc. de Sens et de la prov. de l'Île-de-France et siège d'une prévôté ressortissant au baill. de Sens.

GITARDIÈRE (La), manœuv. c^ne de Villeneuve-les-Genêts.

GITNIS (Les), tuil. c^ne de Saint-Sérotin.

GIVERLAY, f°, c^ne de Champcevrais. — *Gyverlay*, 1658; *Gibarli*, 1683 (reg. de l'état civil).

GIVENNIÈRE (La), bois, c^ne de Gy-l'Évêque.

GIVRY, c^on de Vézelay. — *Gibriacum*, xiie siècle (chron. de Vézelay). — *Givreum*, xive siècle (pouillé du dioc. d'Autun). — *Gevriacum*, 1402 (chap. d'Avallon). — *Gevrey*, 1393 (chap. de Montréal). — *Gevry*, 1472 (chap. d'Avallon).

Givry était, avant 1789, du dioc. d'Autun, de la prov. de Bourgogne et du baill. d'Avallon. L'église paroissiale, éloignée du village, était autrefois entourée de maisons (Courtepée, VII, 103).

GLACIÈRE (La), m^in, c^ne de Saint-Loup-d'Ordon; détruit.

GLACIERS (Les), m. i. c^ne de Saint-Martin-du-Tertre.

GLAND, c^on de Cruzy. — *Glanz*, xiii° siècle (*Miracula sancti Edmundi*, ms bibl. d'Auxerre). — *Glan*, 1402 (cart. du comté de Tonnerre; arch. de la Côte-d'Or). — *Glans*, 1536 (pouillé du dioc. de Langres).

Gland était, avant 1789, du dioc. de Langres, de la prov. de l'Île-de-France et du baill. de Sens, en appel de celui de l'abb. de Molosme.

GLANERIE (LA), h. c^ne de Charny.

GLANON, bois, c^ne de Pisy, 1240 (arch. de Vausse).

GLAPIERS (LES), f°, c^no de Domats.

GLIMONIÈRES (LES), h. c^ne de Piffonds. — *La Grimonnière*, 1743 (reg. de l'état civil).

GLONNE (LA), h. c^ne de Moulins-sur-Ouanne.

GLORIETTE (LA), m. i. c^ne de Joigny.

GLORIETTES (LES), m. i. c^ne de Charny.

GODARDS (LES), m. i. c^ne de Saint-Martin-des-Champs.

GODARDS (LES), f°, c^te de Toucy.

GODEAUX (LES), m. de camp. c^ne de Pourrain.

GODETS (LES), h. c^ne de Grandchamp.

GODIERS (LES), h. c^ne de Domats. — *Les Goguiers*, 1738 (reg. de l'état civil).

GODINET, h. c^ne de Treigny. — *Gaudinet*, 1693 (év. d'Auxerre).

GODINIÈRE (LA GRANDE-), h. c^ne de Champcevrais.

GODINIÈRE (LA PETITE-), h. c^ne de Champcevrais.

GOGERS (LES), h. c^ne de Dicy.

GOGETTE (LA), h. c^ne d'Égriselles-le-Bocage. — *Les Gougettes*, 1718 (reg. de l'état civil). — *La Gougette*, 1786 (cad. C. 84).

GOGLAINS (LES), h. c^ne de Saint-Martin-d'Ordon.

GOGNIAUX (LES), f°, c^ne de Bléneau. — *Les Gonneaux*, 1693 (év. d'Auxerre).

GOGNIAUX (LES), h. et f°, c^ne de Rogny.

GOGOT, h. c^ne de Diges. — *Gogo*, 1704 (état civil).

GOGUELINS (LES), h. c^ne de Vernoy.

GOMETTE (LA), h. c^ne de Bussy-le-Repos.

GONARDIÈRE (LA), h. c^ne de Savigny, 1705 (reg. de l'état civil); fief relev. de Chaumot. — Auj. détruit.

GONDINS (LES), h. c^ne de Moutiers.

GONDS (LES) ou LE BOIS, c^te de Saint-Fargeau, 1731 (chap. de Saint-Fargeau); lieu détruit.

GORANDS (LES), h. c^ne de Vaudeurs, 1629 (terrier de Sens, etc. abb. Saint-Remy de Sens); lieu détruit.

GORGE (LA), h. c^ne de Quarré-les-Tombes. — *La Gorge-Forestière* ou *Foultière*, xv° siècle (bibl. d'Avallon, Éphém.). Il y avait en ce lieu un ch. qui est auj. détruit.

GOTIÈRE (LA), m. i. c^ne de Pourrain, 1584 (chap. de la cité d'Auxerre); détruite.

GOUAIX, faubourg de Saint-Bris. — *Gaugiacus*, vi° s° (Biblioth. histor. de l'Yonne, I). — *Goellum*, 1428 (fabrique de Gouaix, arch. de l'Yonne). — *Goetum*, 1476 (E. c^ne de Saint-Bris, *ibid.*) — *Goys*, 1400 (abb. de Pontigny). — *Gois-lez-Saint-Bris*, 1527, lieu alors entouré de murs et fortifié (chap. d'Auxerre). — *Goez*, vers 1550 (év. d'Auxerre). — *Goix*, 1782 (cart. du duché de Bourgogne).

Gouaix était de la prov. de Bourgogne et du baill. d'Auxerre.

GOUALARDS (LES), h. c^ne de Saint-Denis-sur-Ouanne.

GOUBILLE, h. c^ne de Chassy.

GOUBILLON, f°, c^ne de Cudot.

GOUDONS (LES), h. div. entre les c^nes de Chevillon et de la Ferté-Loupière.

GOUFFIERS (LES), h. c^te de Diges.

GOUJAUDERIE (LA), f°, c^ne de Foissy.

GOUJETS (LES), h. c^ne de Bussy-le-Repos.

GOUJETS (LES), hameaux des c^nes de Saint-Julien-du-Sault et de la Celle-Saint-Cyr.

GOUJONS (LES), dit LES MARAIS, h. c^ne de Jouy.

GOULARDIÈRE (LA), manœuv. c^ne de Rogny.

GOULATERIE (LA), h. c^ne de Malicorne.

GOULOT-DE-VILLIERS (LE), h. divisé entre les c^nes de Fouchères et de Saint-Valérien.

GOULOTTE ou DES CHAUMES (RUISSEAU DE LA), prend sa source à Guilleron, c^ne d'Avallon, et se jette dans le Cousin sur la même c^ne.

GOULOTTE (LA), h. c^ne de Vézelay.

GOUMEROTS (LES), h. c^ne de Saint-Sauveur.

GOURETS (LES), f°, c^ne de Montacher.

GOURICHONS (LES), h. c^ne de Parly.

GOURLEAUX (LES), h. c^ne de Treigny.

GOUTS (LES), h. c^ne de Pont-sur-Yonne.

GOUTTES (LES), h. c^ne de Saint-Sauveur.

GOUX (LES), f°, c^ne de Saint-Martin-des-Champs.

GOUY (LES), h. c^ne de Saint-Martin-des-Champs.

GRAILLOTS (LES), h. c^ne de Pourrain. — *Graillot*, 1684 (reg. de l'état civil).

GRAINERIE (LA), h. c^ne des Bordes. — *La Grainerie*, 1708 (reg. de l'état civil).

GRANCHETTES, h. c^ne de Saint-Denis-près-de-Sens. — *Granchettæ*, 1160 (cart. gén. de l'Yonne, II, 107). — *Grancheta super Mauvetam* (cart. de l'archev. de Sens, I, 26, Bibl. imp.). — Seigneurie dép. de l'archev. 1366 (*ibid.* I, 35 v°) et au chap. de Sens en partie, 1747 (f. chap. de Sens).

Granchettes était, avant 1789, du dioc. avec titre de prévôté, et du baill. de Sens et de la prov. de l'Île-de-France.

GRANDCHAMP, c^on de Charny. — *Grandis Campus*, vers 638 (cart. gén. de l'Yonne, I, 10). — *Magnus*

Campus, 1453 (reg. des taxes, etc. dioc. de Sens, bibl. de cette ville, archev.).

Grandchamp était, au vii° siècle, du pagus de Gâtinais, et, avant 1789, du dioc. de Sens, de la prov. de l'Île-de-France et de l'élection de Joigny. — Le fief de Grandchamp relev. du baron de Toucy.

Grandchamp, m. i. c^ne de Courtoin.

Grand'Coun (La), manœuv. c^ne de Lavau.

Grand'Coun (La), h. c^ne de Saint-Denis-sur-Ouanne.

Grand'Cnoix (La), tuil. c^ne de Fleurigny.

Grand'Grange (La), f^e, c^te de Saint-Martin-des-Champs.

Grand-Jardin, ruiss. prend sa source à l'étang du même nom, c^ne de Vézelay, et se jette dans la Cure, c^ne de Saint-Père.

Grand-Moulin (Le), h. c^ne de Pourrain.

Grandnains, h. dép. des c^nes de Toucy et de Fontaines. — *Graniolus* et *Grennalius*, 864 (cart. gén. de l'Yonne, I, 88).

Grand'Roue (La), h. c^ne de Saint-Valérien.

Grand'Roue, f^e, c^nes de Villefranche et de Montcorbon (Loiret).

Grand-Sable (Le), m. i. c^ne d'Appoigny.

Grand-Vault (Le), ancienne maladrerie, c^te de Joux-la-Ville; détruite.

Grange (La), h. dép. des c^nes de Collemiers et des Bordes.

Grange (La), m^in, c^ne de Grandchamp.

Grange (La), f^e, c^ne de Lichères-près-Vézelay.

Grange-Arthuis (La), h. et ch. c^ne de Lavau. — *Grange-Hartuis*, 1574, fief relev. de Lavau (B^in de la Soc. des sciences de l'Yonne, 1858).

Grange-Aubert (La), h. c^ne de Tonnerre.

Grange-au-Doyen (La), h. c^ue de Véron, ainsi nommée parce qu'elle appartenait au doyen du chap. de Sens.

Grange-au-Roi (La), h. c^ne de Grandchamp. Il y avait autref. un ch., auj. détruit, qui relev. en arrière-fief de l'év. d'Auxerre (dénombrement de la baronnie de Toucy, en 1610).

Grange-aux-Moines (La), f^e, c^ne de Pimelles, dép. de l'abb. de Molesme.

Grange-Bertin, h. c^ne de Dixmont. — *Granche-Berta-gne*, 1685 (reg. de l'état civil).

Grange-Catelin, f^e, c^ne de Merry-sur-Yonne; en ruines.

Grange-de-Migé ou Latno, m. i. c^ne de Chastenay; détruite.

Grange-des-Barres, c^ne de Villeblevin, fief relev. de Champrond, 1503 (ém. Rossel et de Villerceau, 1773, *ibid.*).

Grange-des-Chartiens, c^ne de Grandchamp, 1402, fief relev. de l'évêque d'Auxerre à cause de la terre de Toucy (Bibl. imp. f. Saint-Germain, n° 1595, f° 298).

Grange-Folle (La), f^e, c^ue de Crain; autref. fief dép. de la terre de Crain.

Grange-Gillette, métairie, c^ne de Lavau, 1477, chap. de Saint-Fargeau; auj. lieu détruit, sur le territoire du h. de la Déchausserie.

Grange-le-Bocage, c^on de Sergines. — *Grankias*, ix° siècle (*Liber sacram.* ms bibl. de Stockholm). — *Granchiæ*, 1163 (cart. gén. de l'Yonne, II, 154). — *Grangiæ*, 1206 (abb. Sainte-Colombe de Sens). — *Granchis*, 1404 (chap. de Sens). — *Grange-lez-Sens*, 1578 (Mém. de Cl. Haton, t. II, 933).

Grange était, avant 1789, du dioc. et du baill. de Sens et de la prov. de l'Île-de-France. Il y avait autref. une prévôté royale qui fut aliénée en 1717 (Tarbé, Coutume de Sens, 163).

Grange-Melois, h. c^ne de Taingy. — *Grange-Meloue*, 1674 (reg. de l'état civil).

Grange-Neuve, f^e, c^ne de Noyers.

Grange-Pourrain, h. c^ne de Dixmont. — *Grange-Pou-rin*, 1668; *Granche-pour-un*, 1788 (reg. de l'état civil).

Grange-Rouge, f^e, c^ne de Prunoy; figure sur un plan de la terre de Prunoy, en 1768 (arch. du ch.).

Grange-Rouge (La), h. c^ne de Bussy-le-Repos.

Grange-Rouge (La), f^e, c^ne de Saint-Martin-sur-Ouanne; seigneurie en 1480 (ém. Rogres).

Grange-Sèche, h. c^ne de Vaudeurs. — *Grangia*, 1204 (abb. de Dilo).

Grange-Sèche, f^e, c^ne de Sougères. — *De Bello Videre grangia*, 1164 (cart. gén. de l'Yonne, II, 172). — *Villa-Sicca*, 1180 (abb. de Reigny). — *Pulcher Visus*, 1198 (cart. gén. de l'Yonne, II, 489). — *Greinge-Soiche*, 1314 (abbaye de Reigny). — *Grange-Seiche*, 1654 (*ibid.*); lieu détruit. Le climat figure sect. F. du cad. de Sougères.

Grangers (Les), h. c^ne de Chastenay.

Grangers (Les), h. c^ne de Merry-la-Vallée.

Granges (Les), h. c^ue de Sambourg. Ce h. est formé des h. de Plessis Haut, Milieu et Bas, 1780 (reg. de l'état civil).

Granges (Les), f^e, c^ne de Villegardin.

Granges-aux-Bateiz (Bois des), c^nes d'Anstrude, d'Athie, etc. auj. bois des 17 c^nes ou de la terre Saint-Jean, provenant d'une concession de l'abb. de Moûtiers-Saint-Jean, 1256 (charte de l'abbé de Moûtiers, relatée dans les Mém. hist. sur une partie de la Bourgogne, par M. l'abbé Breuillard, 343).

Il y avait au ix° siècle, en ce lieu, des granges ou métairies qui furent détruites au xi°.

Granges-de-Vesvres (Les), h. c^ne d'Avallon. — *Granges-lez-Avallon*, 1486, seigneurie appart. au roi (bibl.

d'Avall. Éphém. ms). — *Grange-de-la-Veuve*, 1679 (rôles des feux du baill. d'Avallon).

GRANGES-RATEAUX (LES), h. c^{ne} de Quarré-les-Tombes.

GRANGETTE, h. c^{ne} de Thury. — *Greingetes*, 1314 (abb. de Reigny). — *Grangectes*, 1487 (abb. Saint-Germain). — *Grangettes*, 1517, seigneurie appartenant à l'abb. Saint-Germain d'Auxerre (f. Saint-Germain).

GRAPOULE, h. c^{ue} de Coulangeron. — *Gratte-Poule*, 1597 (Rech. des feux du comté d'Auxerre, arch. de la Côte-d'Or).

GRASSOTS (LES), h. c^{ne} de Cussy-les-Forges.

GRATTERY, h. c^{ne} de Taingy, 1611 (reg. de l'état civil); auj. détruit.

GRAVERIE (BOIS DE), c^{ie} de Molesme.

GRAVERIES (LES) ou LES PUCES, f^e, c^{ne} de Melisey.

GRAVIER (LE), f^e et m. b. c^{re} de Parly.

GRAVOIS (LES), h. c^{ne} de La Belliole.

GRAVON, f^e, c^{ne} de Vénizy; autref. prévôté ressort. au baill. de Vénizy.

GRAYER (LE), f^e, c^{ne} de Turny. — *Greslier*, 1688, fief relev. de Turny; prévôté ressort. au baill. de Vénizy (Tarbé, Coutume de Sens).

GRÉAU (LE), ruiss. qui prend sa source à Ronchères et se jette dans le Branlin à Malicorne.

GREAUDES, h. c^{ne} de Toucy. — *Les Greaudes*, 1504 (év. d'Auxerre).

GRÉLATS (LES), h. et mⁱⁿ, c^{ne} d'Étais. — *Le Gresla*, 1663.

GRÉMYS (LES), h. c^{al} de Cornant. — *Grigny*, 1189 (cart. gén. de l'Yonne, II, 408).

GRÉNETERIE (LA), f^e, c^{ne} d'Andries.

GRENETIÈRE (LA), ruiss. prend sa source à l'étang du Chapitre, c^{ne} de Saint-Germain-des-Champs, et se jette dans le Cousin, c^{ne} d'Avallon.

GRENON (LE PETIT-), h. c^{ne} de Saint-Georges. — *Greignon*, 1527 (arch. de l'Empire, P. 14, 270).

GRENONS (LES), h. c^{ne} de Mézilles, seigneurie qui a pris la place du fief des Violettes ou Masure-Coeslière, ou Derry, enfin la Villeurnoy, en 1765, en vertu de lettres patentes; elle relevait de la terre de Saint-Fargeau (Bⁱⁿ de la Soc. des sciences de l'Yonne, 1858).

GRENOUILLE (LA), métairie, c^{ne} de Sainte-Colombe-près-l'Isle; détruite il y a soixante ans.

GRENOUILLE (LA), m. i. c^{ne} d'Escolives.

GRENOUILLE (LA), h. c^{ne} de Malicorne.

GRENOUILLE (RUISSEAU DE), prend sa source à Champien, c^{ne} d'Avallon, et se jette dans le Cousin à Pontaubert.

GRENOUILLÈRE, h. c^{ne} de Villeneuve-le-Roi, 1753 (plan de Val-Profonde, abb. Saint-Marien); auj. détruit.

GRENOUILLÈRE (LA), m. i. c^{ne} de Fontaines.

GRENOUILLÈRE (LA), h. c^{ne} de Chigy. — *La Grenouilloire*, f^e, xviie siècle (Hôtel-Dieu de Sens, à qui elle appartient).

GRENOUILLÈRE (LA), m. i. c^{ne} de Villiers-Saint-Benoît.

GRENOUILLÈRE (LA), f^e, c^{ne} de Piffonds.

GRENOUILLES (LES), h. c^{ne} de Charny.

GRESIGNY, ch. et f^e, c^{ne} de Beauvilliers, 1471 (cité dans les Éphém. avall. ms bibl. d'Avallon); fief relev. du ch. de Presles (Courtépée, VI, 303).

GRESSIENS (LES), h. c^{ne} de Sainte-Colombe.

GRÈVE (LA), ch. c^{ne} de Theil.

GREY, m. i. c^{ne} de Chevannes.

GRIFFES (LES), h. c^{ne} d'Étais.

GRIFFONNIÈRE, h. c^{ne} de Saint-Privé, 1504 (chap. de Saint-Fargeau).

GRIFFONNIÈRE (LA), f^e, c^{ue} de Champignelles.

GRIFFONS (LES), f^e, c^{ne} de Saint-Sauveur.

GRILLE, f^e, c^{ue} de Nitry.

GRILLES (LES), f^e, c^{ne} de Saint-Fargeau.

GRILLETIÈRE (LA), h. c^{ne} d'Escamps.

GRILLOTERIE (LA), h. c^{ne} de Villiers-Saint-Benoît.

GRILLOTS (LES), h. c^{ne} de Sépaux. — *Creausus*, 864 (cart. gén. de l'Yonne, I, 89).

GRIMAULT, c^{on} de Noyers. — *Grimault*, 1484 (terrier de l'Isle, ém. Bertier).

Grimault était, avant 1789, du dioc. de Langres, de la prov. de Bourgogne et du baill. de Semur. Le vill. de Grimault a dépendu de la paroisse de Court jusqu'en 1777; il fut alors érigé en succursale.

GRINGALET, climat, c^{ne} de Sergines, où il existe des vestiges d'un ancien château fort.

GRISEY, h. et mⁱⁿ, c^{ne} de Tonnerre. — *Griseus*, 1080 (cart. gén. de l'Yonne, II, 27). — *Gryseium*, 1258 (cart. de Pontigny, f° 65 v°, Bibl. imp.). — Village détruit et réduit à un moulin sur l'Armançon, qui fut démoli à la fin du xviiie siècle pour l'établissement du canal de Bourgogne (arch. de l'Yonne, visite des rivières en l'an vii).

GRISY, vill. c^{ne} de Saint-Bris. — *Graciacus*, ixe siècle (cart. gén. de l'Yonne, I, 52). — *Grisiacum*, xve siècle (pouillé du dioc. d'Auxerre). — *Grisy*, 1484 (chap. d'Auxerre). — Lieu détruit, qui était contigu aux murailles de la ville de Saint-Bris, du côté de l'ouest, et dont les vestiges ont disparu à la fin du xviiie siècle; un quartier de Saint-Bris porte encore le nom de Grisy.

GRIVET, ch. c^{ne} de Trichey, situé au milieu d'un bois; auj. détruit.

GRIVOTS, c^{ue} de Ronchères; lieu détruit.

GRIVOTS (LES), h. c^{ne} de Saints.

GRON, c⁰ⁿ de Sens (sud). — *Gromenvilla*, 836 (cart. gén. de l'Yonne, I, 50). — *Gronnum*, IXᵉ siècle (*Liber sacram.* ms bibl. de Stockholm). — *Grunum*, XIIᵉ siècle (abb. Sainte-Colombe de Sens). — *Gronnum*, XIIIᵉ siècle (*ibid.*) — *Grun*, 1152 (cart. gén. de l'Yonne, I, 496). — *Grum*, 1214 (chap. de Sens). — *Gron*, 1284 (abb. de Vauluisant). — Bourg autrefois entouré de murailles établies en 1545 (abb. Sainte-Colombe).

Gron était, au IXᵉ siècle, du pagus et du dioc. de Sens, et, avant 1789, du baill. de Sens en appel de celui de Sainte-Colombe et de la prov. de l'Île-de-France.

GRONIENS (LES), h. divisé entre les cᵉˢ de Moulins-sur-Ouanne et de Diges. — *Les Grognets*, 1671 (terrier de Diges, abb. Saint-Germain). — *Grongnee*, 1693 (év. d'Auxerre). — *Les Grogniers*, 1775 (reg. de l'état civil).

GROSBOIS, fᵉ, cⁿᵉ du Mont-Saint-Sulpice. — *Grossus Boscus*, 1188 (cart. gén. de l'Yonne, II, 386). — *Gros-Bois*, 1379; *Gros-Boys*, 1491; *Grosbois*, 1719, seigneurie appartenant à l'abb. Saint-Germain (f. Saint-Germain); ch. détruit au XVIIIᵉ sᵉ.

GROSEILLES (LES), fᵉ, cⁿᵉ de Perrigny. — *Le Petit-Groseillier*, 1637 (abb. Saint-Germain d'Auxerre).

GROSMONT, fᵉ, cⁿᵉ de Senan.

GROSMONT, cⁿᵉ de Vézelay, montagne élevée de 360 m. au-dessus du niveau de la mer.

GROSSE-MAISON, fᵉ, cⁿᵉ d'Annay-sur-Serain; détruite.

GROSSERIE (LA), fᵉ, cⁿᵉ de Marchais-Beton.

GROSSES-PIERRES (LES), h. cⁿᵉ de Subligny, autref. fief relev. de l'archev., 1588, et dépendant de la prévôté de Chesnoy (arch. de Sens).

GROSSIENS, m. i. cⁿᵉ de Mézilles.

GROSSOTS (LES), h. cⁿᵉ de Pourrain. — *Gros-Sauls*, 1750 (reg. de l'état civil).

GROSSOTS (LES), h. cⁿᵉ de Toucy.

GROTTE (LA), m. i. cⁿᵉ de Joigny.

GROTTE-DES-FÉES, caverne, cⁿᵉ de Marmeaux.

GROTTE-DES-FÉES, caverne, cⁿᵉ de Massangis.

GRUÈNE (LA), h. cⁿᵉ de Charbuy.

GRUERIE (LA), h. cⁿᵉ de Vaudeurs, détruit avant 1780 (Tarbé, Détails hist. sur le baill. de Sens, coutume de Sens, 567).

GRUERIE (LA), m. i. cⁿᵉ de Fontenouilles.

GRUERIE (LA), h. cⁿᵉ de Vaudeurs, détruit (Tarbé, Coutume de Sens, 567, an 1787).

GRUETS (LES), hameaux des communes de la Ferté-Loupière et de Saint-Romain-le-Preux.

GUAY-DU-RAVOY, fief relevant de Malicorne, en 1662, et antérieurement de Charny (f. Texier d'Hautefeuille).

GUAYS (LES), fᵉ, cⁿᵉ de Bléneau.

GUEDELON (RUISSEAU DE), prend sa source sur la cⁿᵉ de Treigny, lieu dit les Perriers, à l'étang de Chassin, se jette dans l'étang de Bourdon-sur-Moutiers et donne son nom à un moulin.

GUENELLES (LES), m. i. cⁿᵉ de Gurgy.

GUÉ-PAVÉ, mⁱⁿ, cⁿᵉ de Montillot.

GUÉRANDS (LES), h. cⁿᵉ de Diges.

GUERCHY, c⁰ⁿ d'Aillant. — *Warchiacus*, Vᵉ siècle (Bibl. hist. de l'Yonne, I; Vie de saint Germain). — *Guaarchius*, 864 (cart. gén. de l'Yonne, I, 89). — *Garchiacus*, 884 (*ibid.* 111). — *Galchy*, 1484 (chap. d'Auxerre). — *Gerchy*, 1491 (abb. Saint-Germain). — *Guarchy*, 1682; pierre tumulaire dans l'église de Guerchy.

Guerchy était, au Vᵉ siècle, du pagus de Sens, et, avant 1789, du dioc. de Sens, de la prov. de l'Île-de-France et du baill. de Joigny, avec titre de prévôté. Le fief de Guerchy relevait du comté de Joigny.

GUERCHY, ch. cⁿᵉ de Treigny; autrefois *Garchy*.

GUÉRINEAUX, h. cⁿᵉ de Villefranche.

GUÉRINIÈRE (LA), fᵉ, cⁿᵉ de Malicorne.

GUÉRINS (LES), h. cⁿᵉ de Chastellux.

GUÉRINS (LES), hameaux dépendants des communes de Fontenouilles, de Moulins-sur-Ouanne et de Moutiers.

GUÉRINS (LES), fᵉ, cⁿᵉ de Venoy.

GUERLANDE, h. cⁿᵉ de la Belliole.

GUERLETS (LES), fᵉ, cⁿᵉ de Villeneuve-sur-Yonne.

GUERRIERS (LES), h. cⁿᵉ de Toucy. — *Les Guerriers*, 1490 (év. d'Auxerre, L. 14, s. 1, 4).

GUERROTERIE (LA), manœuv. cⁿᵉ de Mézilles.

GUÉS (LES), m. i. cⁿᵉ de Saint-Martin-sur-Ouanne.

GUESNEY (LES), h. cⁿᵉ de Bœurs.

GUÊTRONS (LES), h. cⁿᵉ de Fontaines.

GUETTE (LA), h. cⁿᵉ de Sormery.

GUETTERIE (LA), h. cⁿᵉ de Chaumot.

GUETTE-SOLEIL, m. i. cⁿᵉ de Villeneuve-Saint-Salve; détruite.

GUEUDINS (LES), h. cⁿᵉ de Charbuy.

GUIBERTS (LES), hameaux des communes de Saints et de Sépaux.

GUIBONNETERIE (LA), fᵉ, cⁿᵉ de Saint-Privé.

GUIBRAIS (LA), h. cⁿᵉ de Vernoy. — *Guibray*, 1781 (reg. de baptêmes).

GUICHARDS (LES), h. divisé entre les communes de Pourrain et de Parly.

GUICHARDS (LES), h. cⁿᵉ de Quarré-les-Tombes; appelé aussi *les Lauberts*.

GUICHARMES (LES), h. cⁿᵉ de Diges. — *Quicharmes*, 1695 (reg. de l'état civil).

GUIDATS (LES), f°, c^ne de Malicorne.

GUIDUS (LES), f°, c^ne de Bléneau.

GUILBAUDON, ch. c^ne de Gurgy.

GUILLARDERIE (LA), f°, c^ne de Moutiers.

GUILLAUMAUX (LES), h. c^ne de la Ferté-Loupière.

GUILLAUMERIE (LA), m^in, c^ne de Lavau.

GUILLAUMES (LES GRANDS-), h. c^ne de Grandchamp.

GUILLEMETTES-D'EN-BAS (LES), f°, c^ne de Mézilles.

GUILLEMETTES-D'EN-HAUT (LES), f°, c^ne de Mézilles.

GUILLENS, bois, c^ne de Cudot, 1170 (cart. gén. de l'Yonne, II, 220).

GUILLIENS (LES), f°, c^ne de Saint-Martin-des-Champs.

GUILLIERS (LES), h. c^ne de Fontaines.

GUILLON, arrond. d'Avallon. — *Goilis in vicaria Iliniacense*, 877 (cart. gén. de l'Yonne, II, 6). — *Guhillo*, 1305 (chap. d'Avallon). — *Guillon*, prieuré, XIVe siècle (pouillé du dioc. d'Autun). — Châtellenie du duché de Bourgogne; en dép. Saint-André en partie, Chevannes et Savigny.

Guillon était, au IXe siècle, du pagus d'Avallon, et, avant 1789, du dioc. de Langres, de la prov. de Bourgogne et du baill. d'Avallon. L'église de Guillon avait le titre de prieuré et dépendait du prieuré de Notre-Dame de Semur.

GUILLON (LE), f°, c^ne de Saintes-Vertus.

GUILLONNERIE (LA) ou LA GUILLOTTERIE, f°, c^ne de Mézilles. Autrefois fief relevant de Mézilles (B^in de la Soc. des sciences de l'Yonne, 1858).

GUILLONS (LES), h. c^ne de Saint-Martin-des-Champs.

GUILLONS-D'EN-BAS (LES), h. c^ne de Lainsecq.

GUILLONS-D'EN-HAUT (LES), h. c^ne de Lainsecq.

GUILLONS-DU-RAVAN (LES), h. c^ne de Lainsecq.

GUILLORETS (LES), h. c^ne de Fontenoy.

GUILLOTEAUX (LES GRANDS et les PETITS), hameaux, c^ne de Champcevrais.

GUILLOTS (LES), h. c^ne de Verlin.

GUINAND (LA), h. c^ne de Sormery. — *La Ginand*, 1749 (reg. de l'état civil).

GUINANDES (LES), m. i. c^ne de Tonnerre.

GUINEDAULT, h. c^ne de Piffonds.

GUINEBOURGEOIS, m. i. c^ne de Vernois.

GUINGUETTES (LES), h. c^ne de Quarré-les-Tombes.

GUINOTS (LES), h. c^ne de Cudot.

GUIOTIÈRE (LA), c^ne de Saint-Martin-des-Champs, 1462; fief relevant de Saint-Fargeau avec maison (chap. de Saint-Fargeau). — Auj. détruite.

GUIRTELLE-D'EN-BAS (LA), h. c^ne de Lainsecq.

GUIRTELLE-D'EN-HAUT (LA), h. c^ne de Lainsecq.

GUISARDERIE, m. i. c^ne des Ormes.

GUITRY, h. c^ne d'Argenteuil.

GUITTONS (LES), h. c^ne de Sainte-Colombe-sur-le-Loing.

GULAINE, f°, c^ne de Druyes.

GUMERY, f°, c^ne de Dixmont; auj. détruite.

GURGY, c^on de Seignelay. — *Gurgiacus*, IXe siècle (Bibl. hist. de l'Yonne; Vie d'Hérifrid, évêque d'Auxerre). — *Gurgy*, 1144 (cart. gén. de l'Yonne, I, 382). Seigneurie dépendant de l'abb. Saint-Germain d'Auxerre.

Gurgy était, au IXe siècle, du pagus d'Auxerre, et, avant 1789, du diocèse, du baill. et du comté d'Auxerre.

GUSTINERIE (LA), h. c^ne de Volgré.

GUYONS (LES GRANDS-), h. c^ne de Lalande. Le ch. a été construit en 1781.

GUYONS (LES PETITS-), h. c^ne de Lalande.

GUYOTS (LES), h. c^ne de Saint-Martin-d'Ordon.

GY-L'ÉVÊQUE, c^on de Coulanges-les-Vineuses. — *Gaiacus*, IXe siècle (Bibl. hist. de l'Yonne, I; *Gesta pontif. Autiss.* Vie d'Hérifrid). — *Giacum Episcopi*, XIe siècle (Bibl. hist. de l'Yonne). — *Gia-Episcopi*, 1197 (cart. gén. de l'Yonne, II, 479). — *Gie*, 1339 (reg. de l'Hôtel-Dieu d'Auxerre). — *Gye-l'Évesque*, 1388 (Trésor des chartes, reg. 133, n° 2). — Seigneurie dépendant de l'évêché d'Auxerre.

Gy-l'Évêque était, avant 1789, de l'év. d'Auxerre, de la prov. de l'Île-de-France et de l'élection de Tonnerre, et siége d'un baill. ressortissant à celui d'Auxerre.

H

HABERTS (LES), f°, c^ne de Lavau. — *Les Aberts*, 1679 (reg. de l'état civil).

HABERTS (LES), h. c^ne de Treigny.

HAIE (LA GRANDE-), bois, c^ne de Châtel-Gérard.

HAIE-AU-ROI (LA), h. c^ne de Saint-Agnan.

HAIE-BRÛLÉE (LA), manœuv. c^ne de Ronchères.

HAIE-NEUVE (LA GRANDE et LA PETITE), hameaux de la commune de Saint-Martin-sur-Ouanne.

HAIE-PÈLERINE (LA), h. c^ne de Subligny.

HAIES (LES), h. c^ne de Montacher.

HAILLIERS (LES), h. c^ne de Villefranche.

HALLEMADRIE (LA), h. c^ne de Dixmont.

HALLIERS (LES GRANDS et les PETITS), hameaux de la commune de Saint-Loup-d'Ordon.

HAMARDS (LES BAS-), h. c^ne de Rogny.

HAMEAU (LE), c^ne de Dollot.

HAMEAUX (LES), h. c⁰ˢ de Piffonds.

HAMELINS (LES), m. i. cⁿᵉ de Fontenouilles.

HARAS (LE), h. et mⁱⁿ, cⁿᵉ de Seignelay.

HARRIATS (LES), f⁰, cⁿᵉ de Bléneau.

HASTES (LES), h. cⁿᵉ de Perreux; autrefois prévôté (Legrand, État gén. du baill. de Troyes, 1553, p. 380). — Auj. détruit.

HÂTE (LA GRANDE et LA PETITE), hameaux de la cⁿᵉ de Dixmont.

·HÂTE-AUX-VENDS, bois, cⁿᵒ de Saint-Germain-des-Champs.

HÂTES (LES), f⁰, cⁿᵉ de Saint-Denis-sur-Ouanne.

HÂTES (LES), h. cⁿᵉ de Fleury.

HATINS (LES), h. dépendant des cᵃˢ de Verlin et de Bussy-le-Repos.

HÂTUS (LES), f⁰, cⁿᵉ de Toucy.

HAUSSE-CÔTE, mⁱⁿ, cⁿᵉ de Saints.

HAUTBOIS (LES), h. cⁿᵉ de Rogny.

HAUTE-FEUILLE, h. cⁿᵒ de Bléneau.

HAUTE-FEUILLE, f⁰, cⁿᵉ de Malicorne. — Haulte-Feuille, 1480; seigneurie (ém. Rogres de Champignelles).

HAUTERIVE, cⁿ de Seignelay. — Alta Ripa, 853 (cart. gén. de l'Yonne, I, 66). — Auterive, 1294 (abb. des Isles d'Auxerre). — Haulte-Rive, 1499 (ém. Montmorency).

Hauterive était, au ixᵉ siècle, du pagus d'Auxerre, et, avant 1789, du dioc. de Sens et de la prov. de Champagne, et prévôté dépendant du baill. de Seignelay, avec ressort à Paris.

HAUTERIVE, f⁰, cⁿᵉ de Molinons.

HAUTERIVE, hôtellerie, cⁿᵒ de Villemanoche; autref. hameau, 1605 (reg. de l'état civil).

HAUTS-DE-FLACY (LES), h. cⁿᵉ de Flacy.

HAUTS-DE-FLACY (LES GRANDS-), h. cⁿᵉ de Flacy.

HAY (LE), h. cⁿᵉ de Voisines. — Le Hé, 1716 (reg. de l'état civil). Autrefois fief; mairie; siége de justice ressortissant au baill. de Saint-Julien.

HAYE (LA), h. cⁿᵉ de la Villotte, 1587; fief relevant du baron de Toucy.

HÉRARD (LA MAISON-), 1602; fief relevant de la seigneurie de Thorigny. — Hazas, Hazards (Les), 1616 (ém. Planelli).

HERBES-BLANCHES (LES), f⁰, cⁿᵉ de Marchais-Beton.

HERDINEAUX (LES), m. i. cⁿᵉ de Toucy.

HERBUE (L'), f⁰, cⁿᵉ d'Argenteuil.

HERBUE (L'), f⁰, cⁿᵉ de Dannemoine.

HÉRISSON (L'), h. cⁿᵉ de Fontaines.

HERMITAGE (L'), f⁰, cⁿᵉ d'Hauterive, 1787 (plan; ém. Montmorency). — Auj. détruite.

HERMITAGE (L'), manœuv. cⁿᵉ de Montacher.

HERMITAGE (L'), h. cⁿᵉ de Villethierry.

HERMITE (L'), h. cⁿᵒ de Perreux.

HÉRODATS (LES), hameaux des communes de Blannay et de Montillot.

HERSE (LA), h. cⁿᵉ de Bussy-le-Repos.

HERVAUX, forêt, cⁿᵉˢ de Coutarnoux, Massangis, Sainte-Colombe, etc. — Erviel, 1145 (cart. gén. de l'Yonne, I, 402). — Arviail, 1189 (ibid. 413). — Ervial, Erviaul, 1295 (cart. du comté de Tonnerre, arch. de la Côte-d'Or). — Herviau, 1236 (abb. de Reigny). — Arvaulx, 1556 (hospice d'Avallon). — Arvyau, 1684 (terrier de Lisle; ém. Bertier).

HÉRY, cⁿ de Seignelay. — Airiacus, 853 (cart. gén. de l'Yonne, I, 66). — Heriacum, 1188 (ibid. II, 386). — Héri, 1230 (cart. de l'abb. Saint-Germain d'Auxerre, f⁰ 62 v⁰). — Eriacum (ibid. f⁰ 70 v⁰). — Eiry, 1339 (reg. de l'Hôtel-Dieu d'Auxerre). — Ery, 1403 (abb. Saint-Germain). — Le bourg d'Héry est divisé en trois parties: 1° la Ville, où sont l'église et le château; 2° Severy, partie du bourg à l'est; 3° le Tartre, partie du côté du sud, où existent la chapelle de Pitié et un cimetière romain.

Héry était, au ixᵉ siècle, du pagus d'Auxerre, et, avant 1789, du dioc. et du baill. d'Auxerre et de la prov. de l'Île-de-France. Il y avait jadis un monastère dépendant de l'abb. Saint-Germain d'Auxerre, à laquelle la seigneurie de ce lieu appartenait. Le siége de la justice était qualifié baill. et châtellenie et ressortissait au baill. d'Auxerre.

HETS (LES), h. cⁿᵉ de Saint-Loup-d'Ordon. — Heez, 1490; fief relevant de l'archev. de Sens (arch. de Sens).

HEURÉ, h. cⁿᵉ de Saint-Clément. — Heurey, 1644 (Hôtel-Dieu de Sens; f. du Popelin).

HEURLOTS (LES), h. cⁿᵉ de Beauvoir.

HEURSEAU ou HEURSIOT, f⁰, cⁿᵉ de Noyers. — Eursot, 1725; Urseau, 1730; Erceau, 1743; Ursiaut, 1787 (reg. de l'état civil).

HEURTEAUX (LES), h. cⁿˢ de Fontaines.

HEURTEBISE, h. divisé entre les communes de Dracy et de Villiers-Saint-Benoît.

HEURTEBISE, h. cⁿᵒ de Dollot; seigneurie dépendant de la terre de Dollot, xvɪᵉ siècle (terrier de Dollot; bibl. de Sens).

HEURTEBISE, h. cⁿᵉ de Saint-Martin-sur-Ouanne.

HEURTEBISE, h. cⁿᵉ de Vaudeurs. — Heurte-Bize, 1628 (abb. Saint-Remy de Sens).

HOLLARD (LE), h. cⁿᵉ de la Chapelle-sur-Oreuse. — — Haulard, 1789 (cad. C, 84).

HOMONT, fief, cⁿᵉ de Saint-Julien-du-Sault, relevant de l'archev. de Sens. — De Homonte, 1255 (cart. de l'archev. II, f⁰ 102 v⁰; Bibl. imp.). — Homont, 1486 (archev. de Sens).

Hongrie, h. c^ne de Villeneuve-la-Dondagre. — *Hongrye* (*La*), 1518; fief relevant du chap. de Sens (compte du chap. de Sens). En 1682, il n'y avait qu'une maison (plan, *ibid.*).

Hôpital (L'), h. c^ne de Turny.

Hôpitau (L'), bois, c^ne de Vermanton; il a reçu son nom de la commanderie des Hospitaliers, à qui il appartenait autrefois.

Hornis (Les), f^e, c^ne de Saint-Privé.

Hortaux, f^e, c^ne de Champignelles.

Hôtel-Dieu, f^e, c^ne de Villeroy.

Houche-Biard, f^e, c^ne de Treigny.

Houches (Les), h. c^ne de Lindry. — *Les Osches*, 1494 (chap. d'Auxerre).

Houssaye (La), maison de garde, c^ne de Malay-le-Vicomte, autref. ch. — *La Houseis*, sur une pierre tumulaire d'un seigneur de ce lieu au xviiie siècle. — *La Haussoi*, xviiie siècle (plan; arch. de l'Yonne). La Houssaye était, avant 1789, le siége d'une prévôté ressortissant au baill. de Sens, et le fief en relevait de l'archev. de Sens.

Hubards (Les), h. c^ne de Brannay.

Huchons (Les), h. c^ne de Merry-la-Vallée.

Hudinerie (La), f^e, c^re de Lavau.

Huet (Le Bas et le Grand), hameaux, c^ne de Montacher.

Huets (Les), h. c^ne de Villeneuve-Saint-Salve.

Huilerie (L') ou le Moulin-Gourdant, huilerie, c^ne de Ravières.

Huiliers (Les), h. c^ne d'Escamps.

Huis-au-Gris (L'), h. c^ne de Quarré-les-Tombes.

Huis-Bazin (L'), h. c^ne d'Island.

Huis-Raquin (L'), h. c^ne de Chastellux.

Hulins (Les), manœuv. c^ne d'Égriselles-le-Bocage. — *Heulins* (*Les*), 1725 (reg. de l'état civil).

Hulins (Les), h. c^ne de Piffonds.

Hurauderie (La), h. c^ne de Verlin.

Hurets (Les), h. c^ne de Saint-Martin-d'Ordon.

Hurlots (Les), h. c^ne de Beauvoir.

Huspeaux (Les), h. c^ne de Sormery. — *Les Uspeaux*, 1749 (reg. de l'état civil).

Hutteaux (Les), h. c^ne de Montacher.

Huzodière (La), h. c^ne de Verlin.

I

Igny ou Onigny, ch. c^ne de Soucy, construit par des Hollandais. — Auj. détruit.

Île (La Petite-), m. i. c^ne de Joigny.

Île-sous-Tronchoy (L'), h. c^ne de Tronchoy. — *Lisle*, 1292 (cart. du comté de Tonnerre; arch. de la Côte-d'Or). Fief relevant du comté de Tonnerre.

Îles (Les), f^e, c^ne d'Auxerre, 1229. — *Orgelana* (Lebeuf, Hist. d'Auxerre, IV, n° 160, 2e éd.) — *Insulæ*, 1254 (*ibid.* n° 184). Autrefois monastère de femmes, ordre de Cîteaux, transféré sur le bord de l'Yonne, rive droite, en 1229, du lieu de Celles, commune de Saint-Georges, et, en 1636, dans la ville d'Auxerre.

Îles-de-la-Beaume (Les), m^in, c^ne d'Avallon.

Îles-Ménéfriers (Les), h. c^ne de Quarré-les-Tombes.

Ingeron (Ruisseau d'), prend sa source à Armes, c^ne de Saints, et se jette dans le Branlin, même territoire.

Irancy, c^on de Coulanges-les-Vineuses. — *Irinciacus*, 901 (cart. gén. de l'Yonne, I, 133). — *Irenci*, 1160 (*ibid.* II, 122). — *Yranci*, 1307 (cart. de l'abb. Saint-Germain, f° 110 v°). — *Iranciacum*, xve siècle (pouillé du dioc. d'Auxerre). Irancy était, au xe siècle, du pagus d'Auxerre, et, avant 1789, du dioc. et du baill. du même nom, de la prov. de l'Île-de-France et de l'élection de Tonnerre. La seigneurie appartenait à l'abbaye Saint-

Germain d'Auxerre, qui y avait un bailli pour rendre la justice.

Irly, h. et m^in, c^te de Chevannes. — *Irrely*, 1493 (chap. d'Auxerre).

Island, c^on d'Avallon. — *Ielent*, 1184 (cart. gén. de l'Yonne, II, 345). — *Ieelend* (*ibid.* 346). — *Salix de Yolant*, 1220 (comm^rie de Pontaubert). — — *Ielent*, 1208 (abb. de Reigny). — *Ilan*, 1208 (prieuré de Vieupou). — *Yolent*, 1226 (comm^rie de Pontaubert). — *Illant* (*Templarii de*), comm^rie de Templiers, xiiie siècle. — *Ylan*, *Islan*, 1515 (chap. d'Avallon). — *Saulçoy-d'Islant*, 1543 (rôles des feux du baill. d'Avallon, arch. de la Côte-d'Or). — *Helan*, 1579 (arch. de la ville d'Avallon, chapitre 30). — *Islan-le-Saulçois*, 1783 (état gén. des villes, bourgs, etc. du duché de Bourgogne). Island était, avant 1789, du dioc. d'Autun, de la prov. de Bourgogne et du baill. d'Avallon.

Island (Le Grand-), h. c^ne d'Island. — *Le Grand-Ylan*, 1543 (rôles des feux du baill. d'Avallon, arch. de la Côte-d'Or). — *Grand-Islan*, 1783 (état gén. des villes, bourgs, etc. du duché de Bourgogne). — Les fiefs du Grand-Island et d'Island-le-Saulçois relevaient du château de Chastellux.

Isle-sur-Serain (L'), arrond. d'Avallon. — *Iliniacensis vicaria*, 877 (cart. gén. de l'Yonne, II, 6.) —

Insula, 1103 (cart. gén. de l'Yonne, II, 40). — *Lisle - subtus - montem - Regalem*, 1472 (Cordeliers de Lisle). — *Lisle - sous - Montréaul*, 1352 (ém. Berthier). — *Lisle*, 1484, châtellenie ayant quatre lieues de long sur trois lieues de large, et dont dépendaient Civry, Coutarnoux, Genouilly, Massangis, Provency et Tormancy (ém. Berthier; terrier de l'Isle); elle ressortissait au bailliage de Troyes.

L'Isle avait, au xviiie siècle, le titre de marquisat; elle était le chef-lieu d'une subdélégation de la prov. de l'Île-de-France et dépendait du dioc. de Langres; elle relevait en fief du duché de Bourgogne depuis 1338, époque à laquelle le roi avait cédé ses droits au duc, et, au xvie siècle, du comté de Champagne (arch. de l'Empire, P. 12, f° 107, an 1581). — Il y avait autref. une communauté de Cordeliers.

Isle-Vert, f⁰, cⁿᵉ de Perreux.

J

Jacoterie (La), f⁰, cⁿᵉ de Dracy.

Jacquetats (Les), h. cⁿᵉ de Mézilles. — *Les Jacquectez*, 1526 (chap. de Toucy).

Jacquinats (Les), h. cⁿᵉ de Moutiers.

Jacquins, h. cⁿᵉ de Jouy.

Jacquots (Les), h. cⁿᵉ d'Escamps.

Jacquots (Les), h. cⁿᵉ de Moutiers.

Jaffont, mⁱⁿ, cⁿᵉ de Champignelles. — *Jafort*, 1574 (ém. Rogres).

Jaffort, fief, cⁿᵒ de Saint-Aubin-Château-Neuf (arrêté du 24 novembre 1791; arch. de l'Yonne).

Jaffoy (Le Haut et le Bas), hameaux, cⁿᵒ de Fontaines.

Jaillard, mⁱⁿ, cⁿᵉ de Beauvoir. — *Jaillart*, mⁱⁿ, 1285 (chap. d'Auxerre).

Jaillard, mⁱⁿ, cⁿᵒ de Saint-Brancher.

Jalotterie (La), m. i. cⁿᵉ de Parly.

Jalouzeaux (Les), f⁰, cⁿᵉ de Tannerre.

Jandin, h. cⁿᵉ de Moutiers.

Janets, f⁰ et ch. cⁿᵉ de Saint-Sauveur.

Janvier (Le Grand et le Petit), hameaux, cⁿᵉ de Champignelles.

Jaquots (Les), h. cⁿᵉ de Fontenouilles.

Jardin, lieu, cⁿᵉ de Villeblevin; vers 1130 (cart. gén. de l'Yonne, I, 280). — Auj. détruit.

Jardin (Le Grand-), h. cⁿᵉ de Vézelay.

Jardin-des-Prés, m. i. cⁿᵉ de Saint-Fargeau.

Jardinerie (La), f⁰, cⁿᵉ de Chaumot; détruite.

Jardinerie (La), hameaux, cⁿᵉˢ de Saint-Loup-d'Ordon et de Verlin.

Jariat, mⁱⁿ, cⁿᵉ de Rogny.—*Jarriat*, 1530 (f. Jaupitre).

Jarloy (Le), h. cⁿᵉ de Lainsecq.

Jarrier (Le), f⁰, cⁿᵉ de Saint-Privé. — *Le Jarriel*, 1710 (év. d'Auxerre).

Jarries (Les), f⁰, cⁿᵉ de Saint-Cyr-les-Colons.—*Jarries*, 1274 (chap. d'Auxerre).

Jarronnée (La Grande et la Petite), hameaux, cⁿᵉ de Bœurs.

Jarry, mⁱⁿ, cⁿᵉ de Migé.

Jarrys (Les), hameaux, cⁿᵉˢ de Dicy et de la Mothe-aux-Aulnais.

Jarrys (Les), h. cⁿᵉ de Pourrain.—*Jarriciæ*, vers 680 (cart. gén. de l'Yonne, I, 18).

Jassins (Les), h. cⁿᵉ de Pourrain.

Jatellerie (La), f⁰, cⁿᵉ de Fontenouilles.

Jaulges, cⁿᵒ de Saint-Florentin. — *Jalgæ*, 1151 (cart. gén. de l'Yonne, I, 488). — *Jaugiæ*, 1240 (cart. de Pontigny, f° 27 r°, Bibl. imp. n° 153).—*Jauge*, 1147 (cart. gén. de l'Yonne, I, 434). — *Jauges*, 1228 (arch. de l'Empire, J 196, n° 18).— *Geaulges*, 1504 (protocoles d'Armant, notaire; arch. de l'Yonne).

Jaulges était, avant 1789, du dioc. de Sens, de la prov. de l'Île-de-France et du baill. de Saint-Florentin. Au xiiie siècle, il avait titre de vicomté (arch. de Pontigny) et relevait en fief de Saint-Florentin.

Jaunière (La), h. cⁿᵉ de Moulins-sur-Ouanne. — *La Jaulnière*, 1599 (chap. de Sens). — *La Grande-Jaunière*, 1779 (reg. de l'état civil). — *La Petite-Jaunière*, 1693 (év. d'Auxerre).

Javassière (La), h. cⁿᵉ de Rogny, près de l'étang de ce nom.

Jeannette (La Belle-), manœuv. cⁿᵉ de Lavau.

Jesches (Les), f⁰, cⁿᵒ de Maligny. — *Les Jesses*, 1785 (plan du cadastre).

Jeuilly, h. cⁿᵉˢ de Merry-la-Vallée et de Saint-Martin-sur-Ocre. — *Julliacum*, xᵉ siècle (obit. de Saint-Étienne; Lebeuf, Histoire d'Auxerre, IV, pr.). — *Jully*, prieuré au dioc. de Sens, dépend. du prieuré de la Charité-sur-Loire, 1496 (chap. d'Auxerre, liasse 50, s. l. 3). — *La Mote-Juilly*, 1709, petite seigneurie particulière (*ibid.* L. 64). — *Juilly-au-Buisson-Saint-Vezin*, dépend. de la baronnie de Toucy, 1527 (chap. d'Auxerre, L. 65).

Jeuilly était, avant 1789, siège d'une prévôté ressort. au baill. d'Auxerre.

Jeuilly, h. c^ne de Taingy. — *Juilleyus*, 1023 (cart. gén. de l'Yonne, I, 164). — *Julliacum*, 1269 *Juilly*, 1264 (abb. Saint-Marien d'Auxerre).

Jeulins (Les), h. c^ne de Piffonds, 1745; auj. détruit.

Joants (Les), f^e, c^ne de Saint-Privé.

Jodrillars, f^e, c^ne de Subligny; auj. détruite.

Joigneaux (Les), h. c^ne de Domats, 1659 (terrier des Robineaux, chartreux de Béon). Ce hameau a pris son nom de celui d'un habitant qui y possédait 50 arpents de terre en 1659. — *Les Joineaux*, 1738 (reg. de l'état civil).

Joigneaux (Les), h. c^ne de Saint-Martin-du-Tertre.

Joigny, chef-lieu d'arrond. — *Jauniacus*, ixe siècle (*Liber sacram.* ms. bibl. de Stockholm). — *Jauviacus*, 1080 (cart. gén. de l'Yonne, II, 34). — *Joviniacus* (*ibid.* 36). — *Joogniacum*, 1154 (*ibid.* I, 522). — *Joviniacum*, 1146 (*ibid.* 412). — *Joigniacum*, 1214 (abb. Saint-Julien d'Auxerre). — *Joegni*, 1280, sceau de Marie, comtesse de Joigny (arch. de la ville). — *Jogny*, 1302 (arch. de la ville). — *Joingny*, 1326 (sceau de la comtesse Jeanne; arch. de la ville). — *Jooigny*, 1367 (hôpital de Joigny). — *Jougny*, 1549 (abb. Saint-Julien d'Auxerre).

Joigny était autref. le chef-lieu du premier comté de Champagne et d'une châtellenie dont dépendaient Aillant, Arblay, Béon, Brion, Bussy-en-Othe, Champvallon, Chamvres, Esnon, Laduz, Looze, Migennes, Neuilly, Paroy-sur-Tholon, le Péage-Dessus, Saint-Cydroine, Senan, Villecien et Volgré, 1553 (coutume de Troyes, 634). — Le baill. de Joigny ressortissait à celui de Troyes depuis 1332, et, en 1638, il a été renvoyé au présidial de Montargis.

Joigny était, en 1789, du dioc. de Sens et de la prov. de l'Île-de-France.

Joigny porte pour armoiries : *d'azur; la ville en perspective, vue du sud-ouest; l'hôtel de ville girouetté, les églises, le château et les bâtiments ajourés, essorés de gueules, la porte ouverte, les tours ajourées, maçonnées de sable, et sur l'ouverture de la porte de la ville, un maillet d'or le manche en haut.*

Jolivets (Les), hameaux, c^nes de Diges et de Moutiers.

Jolivots (Les), f^e, c^ne de Bussy-le-Repos.

Jolivots (Les), h. c^ne de Treigny.

Jonchène (La), h. c^ne de Soumaintrain.

Joncherie, ch. c^ne de Grandchamp, détruit à la fin du xviiie siècle; on croit qu'il a été habité par Dagobert II.

Joncheroie (La), f^e, c^ne de Vaudeurs. — *Juncheriæ*, xiie siècle (abb. de Dilo). — *La Joncheroye*, 1628 (terrier de Sens, abb. Saint-Remy de Sens).

Jonches, h. c^ne d'Auxerre. — *Junchæ*, 1176 (abb. Saint-Marien d'Auxerre). — *Joinches*, 1254 (abb. des Isles d'Auxerre).

Jonction (La), h. c^ne de Champlay.

Jonville, fief, c^n de Soucy, 1725 (abb. Sainte-Colombe de Sens, plan).

Josselins (Les), h. c^ne de Perreux.

Jouancy, c^on de Noyers. — *Jovenciacum*, 1157 (cart. gén. de l'Yonne, II, 87). — *Joenzi*, 1178 (*ibid.* 294).

Jouancy était, avant 1789, du dioc. de Langres, de la prov. de Bourgogne et du baill. de Noyers.

Jouancy, h. c^ne de Soucy. — *Jouenci*, 1333 (chap. de Sens). — *Jouvency*, 1402 (abb. Sainte-Colombe de Sens). Seigneurie dép. de l'abb. Sainte-Colombe, avec titre de prévôté ressort. au baill. de Sainte-Colombe.

Jouards (Les), h. c^ne de la Ferté-Loupière.

Jouards (Les), h. dépendant des c^nes de Perreux et de la Ferté-Loupière.

Joubins (Les), h. c^ne de Perreux.

Jouffrons (Les), h. c^ne de Chevillon.

Joumiers (Les), h. c^ne de Fontaines.

Joumiers (Les Grands et les Petits), hameaux, c^ne de Saint-Sauveur.

Journées, h. c^ne de Charny.

Joux (Les) ou Ormes-Joussiers, h. c^ne d'Étais. — *Jouste*, 1661; *Ormes-Joussiers*, 1772 (reg. de l'état civil).

Joux-la-Ville, c^on de l'Isle-sur-Serain. — *Jugæ*, 1104 (cart. gén. de l'Yonne, I, 210). — *Jugum*, 1157 (*ibid.* II, 86). — *Jox*, 1139 (*ibid.* I, 343). — *Jous*, vers 1145 (*ibid.* II, 62). — *Joux*, 1228 (abb. de Reigny). — *Joulx*, 1405 (abb. de Vézelay). — *Jou*, 1525 (tabell. d'Aux. portef. IV). — Joux était autref. divisé en deux parties : Joux-la-Ville, du dioc. d'Autun, de la prov. de l'Île-de-France et du baill. d'Auxerre; Joux-le-Château, du dioc. d'Autun, de la prov. de Bourgogne et du baill. de Semur. Le prieuré de Joux était à la nomination royale.

Jouy, c^on de Chéroy. — *Joyacum*, xvie siècle (pouillé du dioc. de Sens).

Jouy était, avant 1789, du dioc. et du baill. de Sens, de la prov. de l'Île-de-France et de l'élection de Nemours, et relev. du roi au ch. de Courtenay, 1408 (arch. de l'Empire, section domaniale P. 132).

Jouy, ch. c^ne de Jouy.

Jouys (Les), f^e, c^ne de Saint-Martin-d'Ordon.

Jubin, manœuv. c^ne de Lavau. — *Château-Jubin*, 1679 (reg. de l'état civil). — *La Jubinerie*, 1693 (év. d'Auxerre).

Jubliers (Les), h. c^ne de Dicy.

Juchepie, f°, c¹ᵉ de Mézilles. — *Juspis*, xvii° siècle (reg. de l'état civil).

Judas, m¹ⁿ, c°ᵉ d'Auxerre. — *Chanterène*, 1368 (abb. Saint-Germain). — *Judas*, 1448 (*ibid.*). — Auj. englobé dans une usine à ocre.

Jugeots (Les), h. c°ᵉ de Ronchères.

Juliennerie (La), m. i. c°ᵉ de Chevillon.

Jully, c°ⁿ d'Ancy-le-Franc. — *Juliacum*, 1145 (cart. gén. de l'Yonne, I, 398). — *Julleyum*, 1180 (*ibid.* II, 313). — *Juilly*, 1305 (hôpital de Tonnerre). — *Jully-les-Forges*, 1517; *Juilli-les-Nonains*, 1500 (prieuré de Jully). Autref. monastère de femmes de l'ordre de Saint-Benoît, fondé au xii° siècle, et réuni à l'abb. de Molesme, au xv° siècle, pour l'office du cellérier.

Jully était, avant 1789, du dioc. de Langres, de la prov. de l'Île-de-France, élection de Tonnerre, et du baill. de Cruzy.

Jumeaux, h. c°ᵉ des Bordes. — *Les Gémeaux*, 1751 (reg. de l'état civil).

Junay, c°ⁿ de Tonnerre. — *Juniacum*, 1178 (cart. de Saint-Michel). — *Junayum*, 1292 (cart. du comté de Tonnerre, arch. de la Côte-d'Or). — *Junai*, vers 1100 (abb. Saint-Marien d'Auxerre).—*Junay*, 1305 (cart. de l'hôpital de Tonnerre).

Junay était, avant 1789, du dioc. de Langres, de la prov. de l'Île-de-France, élection de Tonnerre, et siége d'une prévôté ressort. au baill. de la même ville. Le fief en relev. du comté de Tonnerre.

Jurilles (Les), h. c°ᵉ de Fontaines.

Jussy, c°ⁿ de Coulanges-les-Vineuses. — *Jussiacum*, x° siècle (Bibl. hist. de l'Yonne, I; Vie de l'évêque Betto). — *Juissy*, 1280 (abb. Saint-Julien d'Auxerre, censier). — *Jussy*, 1387 (reg. 131, Trésor des chartes, n° 212).

Jussy était, au x° s°, du pagus d'Auxerre, et, avant 1789, du dioc. et du baill. du même nom par appel des sentences de son propre baill., de la prov. de l'Île-de-France et de l'élection de Tonnerre.

Justice (La), f°, c°ᵉ de Chambeugle.

Justice (La), m. i. c°ᵉ de Fontenoy.

Justice (La), f°, c°ᵉ de Joux-la-Ville; détruite.

Justice (La), h. c°ᵉ de Vézelay.

Justice (La Grande et la Petite), hameaux, c°ᵉ de Valery.

L

Labeur (Ruisseau de l'Étang de), prend sa source à la fontaine de Villiers-Nonains et se jette dans le ruiss. de la Fiote, c°ᵉ de Saint-Brancher.

Labouloie, h. c°ᵉ de Parly.

Lac-de-Bauvais (Le), f°, c°ᵉ de Châtel-Censoir.

Lac-de-Merry-sur-Yonne, 1597 (Rech. des feux du comté d'Auxerre, arch. de la Côte-d'Or); lieu détruit.

Lac-Sauvin, h. c°ᵉ d'Arcy-sur-Cure. — *La Sauvin*, 1597 (Rech. des feux du comté d'Auxerre, arch. de la Côte-d'Or).

Lac-Sauvin, h. c°ᵉ de Saint-Moré.

Lacets (Les), f°, c°ᵉ de Ronchères.

Lacets (Les), manœuv. c°ⁿ de Mézilles.

Lacquots, m¹ⁿ, c°ᵉ de Maligny; détruit.

Laduz, c°ⁿ d'Aillant. — *Cadugius*, vers 680 (cart. gén. de l'Yonne, I, 19). — *Ladoue*, 1154 (*ibid.* 523). — *Laducum*, xvi° siècle (pouillé du dioc. de Sens). — *Laduz*, 1161 (abb. de Vauluisant). — *Ladu*, 1221 (Chantereau-Lefebvre, Traité des fiefs, pr. 123). — *Laduz*, 1695 (pouillé du dioc. de Sens).

Laduz était, au vii° siècle, du pagus de Sens, et, avant 1789, du dioc. du même nom, de la prov. de l'Île-de-France et du baill. de Joigny par ressort de sa prévôté. Laduz était, avant le xviii° siècle, une terre du domaine des comtes de Joigny; elle fut aliénée alors.

Lagneaux (Les), h. c°ᵉ de Chaumont.

Lailly, c°ⁿ de Villeneuve-l'Archevêque. — *Lalliacum*, 1129 (cart. gén. de l'Yonne, II, 53). — *Laleium*, 1130; *Laileium*, 1147; *Laliacum*, 1236 (abb. de Vauluisant). — *Lalleium*, 1163 (cart. gén. de l'Yonne, II, 156). — *Lailli*, 1284 (abb. de Vauluisant). Terre appartenant à l'abb. de Vauluisant, sur laquelle existe une forêt du même nom appartenant autref. à l'archev. de Sens.

Lailly était, avant 1789, du dioc. de Sens, avec titre de prévôté, ressort. au baill. de Vauluisant, et de la prov. de l'Île-de-France.

Lain, c°ⁿ de Courson. — *Lanum*, vers 680 (cart. gén. de l'Yonne, I, 21). — *Lin*, 1702 (reg. de l'état civil de Diges).

Lain était, au vii° siècle, du pagus d'Auxerre et, avant 1789, du dioc. du même nom, de la prov. de l'Orléanais et de l'élection de Clamecy, et siége d'un baill. particulier ressort. à celui d'Auxerre.

Lainés (Les Hauts et les Bas), hameaux, c°ᵉ de Bœurs.

Lainsecq, c°ⁿ de Saint-Sauveur. — *Lanus-Sicus*, vers 680 (cart. gén. de l'Yonne, I, 21). — *Lanum Siccum*, 1272 (chap. d'Auxerre).—*Leinsec*, 1163 (cart.

gén. de l'Yonne, II, 153). — *Lenset*, 1164 (*ibid.* 173). — *Alensec*, xiii° siècle (Bibl. hist. de l'Yonne, I, 471). — *Lain-Seic*, 1339 (reg. de l'Hôtel-Dieu d'Auxerre). — *Linsec*, 1544; *Lainsecq*, 1580 (chap. d'Auxerre).

Lainsecq était, au vii° siècle, du pagus d'Auxerre et, avant 1789, du dioc. et du baill. du même nom, de la prov. de l'Orléanais et de l'élection de Clamecy.

LALAIN, ruiss. c°° de Lailly, prend sa source à Pouy (Aube) et se jette dans la Vanne à Molinons. — *Lege*, avant 1150 (cart. gén. de l'Yonne, I, 459).—*Iegye*, 1163 (*ibid.* II, 156). — *Yoge*, 1293 (abb. de Vauluisant). — *Iegé*, 1548 (bibl. de Sens, terre de Molinons).

LALANDE, c°° de Toucy. — *Landa*, 1170 (cart. gén. de l'Yonne, II, 229). — *La Lande-Saint-Marceau*, xvi° siècle (P. Vᵃˡ de la coutume d'Aux. f° 51 v°). Ainsi nommée, parce que l'église paroissiale était alors au hameau de Saint-Marceau.

Lalande était, avant 1789, du dioc. et du baill. d'Auxerre, de la prov. de l'Orléanais et de l'élection de Gien. Le fief en relev. de la baronnie de Toucy (dénombrement de 1585).

LALANDE, ch. c°° de Lalande, avait le titre de marquisat au xvii° siècle (reg. de l'état civil).

LALANDE (HAUTE-), h. c°° de Lalande, 1697 (reg. de l'état civil); détruit.

LALAY (LES), h. c°° de Laduz.

LALIER, mⁱⁿ, c°° de Diges.

LALLIERS (LES), h. c°° de Moulins-sur-Ouanne. — *Les Alliers*, 1780 (reg. de l'état civil).

LALUTS (LES), h. c°° de Grandchamp.

LAMBENTS (LES), f°, c°° de Moutiers.

LAMES, h. c°° de Vénizy. — *Les Lames*, xv° siècle (chap. de Brienon).

LAMES (LES), mⁱⁿ, c°° de Leugny.

LAME-VIERGE, h. c°° de Tonnerre.

LANCELINS (LES), h. c°° de Piffonds.

LANCY (FORÊT DE), c°° de Villeneuve-l'Archevêque. — *Lanceia*, avant 1150 (cart. gén. de l'Yonne, I, 456), appartenant autref. à l'archev. de Sens.

LANDE (LA), f°, c°° de Saint-Martin-des-Champs.

LANDES (LES), h. c°° de Villiers-Saint-Benoît.

LANDIERS (LES), h. c°° de Saint-Fargeau.

LANDRIS (LES), h. c°° de Sainte-Colombe-sur-Loing.

LANGLOIS, f°, c°° de Dilo; détruite.

LANGUEUSERIE (LA), f°, c°° de Saint-Fargeau.

LAPEIROUSE (MONTAGNE DU BOIS DE), c°° de Quarré-les-Tombes; a 609 mèt. de hauteur au-dessus du niveau de la mer.

LAPEREAUX (LES), bois, c°° d'Étais.

LAPERT, mⁱⁿ, c°° de Charentenay.

LARDEREAUX (LES), h. c°° de Saint-Sauveur.

LARDEREAUX (LES), m. i. c°° de Fontaines.

LARDOT, mⁱⁿ, c°° de Quarré-les-Tombes.

LARRY (LE), f°, c°° de Flogny.

LASSON, c°° de Flogny. — *Laçon*, xvi° siècle (pouillé du dioc. de Sens).—*Lapson*, 1671 (reg. de l'état civil).

Lasson était, avant 1789, du dioc. de Sens, de la prov. de l'Île-de-France, de l'élection et du baill. de Saint-Florentin, avec ressort à Troyes.

LATRÉ, h. c°° de Saint-Martin-des-Champs. — *Laoderus*, vi° siècle (Bibl. hist. de l'Yonne, I, 328). — *Latrée*, vers 1780 (plan du cad. chap. de Saint-Fargeau).

LATTE (LA), h. c°° de Grandchamp.

LATTEUX (LES), h. c°° d'Églény.

LATTRECEY, h. c°° de Saint-Florentin; autref. seigneurie, 1570 (abb. Saint-Germain d'Aux.); détruit.

LAUMONT, ch. c°° de Verlin; avant 1789, fief avec siège de prévôté ressort. au baill. de Saint-Julien-du-Sault.

LAUNAY, f°, c°° de Piffonds.

LAUNAY, h. c°° de Saint-Martin-sur-Oreuse. — *Launoy*, 1414 (chap. de Sens). Autref. commᵉⁱᵉ de l'ordre de Saint-Jean de Jérusalem, avec siège de baill. ressort. au baill. royal de Sens.

LAURENT, h. c°° de Courson. — *Laurea*, xii° siècle (Bibl. hist. de l'Yonne, I, 404).

LAURENTS (LES), h. c°° de Fontaines.

LAURENTS (LES), h. c°° de Parly, 1520 (chap. d'Aux.).

LAURENTS (LES BOIS-), m. i. c°° de Diges.

LAURINS (LES), f°, c°° de Saint-Loup-d'Ordon.

LAUTREVILLE, ch. et h. c°° de Saint-Germain-des-Champs. — *Laultreville*, 1562 (chap. d'Avallon).

LAVAIRE, h. c°° d'Étaules.

LAVAU, c°° de Saint-Fargeau, châtellenie et fief relev. de Saint-Fargeau (Bⁱⁿ de la Soc. des sciences de l'Yonne, 1858).

Lavau était, avant 1789, du dioc. d'Auxerre, de la prov. de l'Orléanais et de l'élection de Gien.

LAVAUX (LES), h. c°° de Quarré-les-Tombes.

LAVAUX (LES), f°, c°° de Villefranche.

LAVIS (LES), h. c°° de Grandchamp.

LAVOINS-À-MINE (LES), usine, c°° de Nuits.

LAXON, h. c°° de Saint-Cydroine. — *Latio*, 833 (cart. gén. de l'Yonne, I, 41). — *Laçon*, 1453 (reg. des taxes, etc. dioc. de Sens, bibl. de cette ville, archev.). — *Lasson*, 1501; *Laxon*, 1563 (chap. de Brienon). Autref. paroisse du patronage de l'archevêque de Sens, et prévôté ressort. au baill. de Joigny.

LAYS, h. c°° de Taingy.

LEAUVILLE ou LOVILLE, autrefois fief, c°° de Girolles (Courtépée, VI, 18).

Lecanon, ruiss. prend sa source à Villiers et se perd dans les terres au-dessus de Béru.

Léchères, h. c^ne de Joigny. — *Lecheriæ*, 1238 (abb. des Escharlis). — *Leschières-les-Joigny*, 1334 (arch. de l'Empire, S. 454).

Ledets (Les), h. c^ne de Louesme.

Leigerons (Les), h. c^ne de la Ferté-Loupière.

Lenferna, h. c^ne de Villiers-sur-Tholon, 1553, pré-vôté ressort. au baill. de la Ferté-Loupière (Legrand, État gén. du baill. de Troyes). — Auj. détruit.

Létau, h. c^ne de Monéteau. — *Monétau-le-Petit*, 1488; *Léteau*, 1672 (reg. de l'état civil). Fief relevant du comté d'Aux. 1337 (chap. d'Aux.).—Voy. Monéteau.

Leudion, ruiss. prend sa source à Rugny et se jette dans l'Étourny à Trichey.

Leugny, c^on de Toucy. — *Loconnacus*, ixe siècle (Bibl. hist. de l'Yonne, I, 365). — *Logniacum*, xe siècle (*ibid.*).—*Lugniacum*, 1179 (cart. gén. de l'Yonne, II, 301).—*Luegniacum*, 1214 (abb. Saint-Marien). — *Luugniacum*, 1226 (*ibid.*). — *Luini*, 1173; *Lugny*, 1515 (*ibid.*).

Lugny était, au ixe siècle, du pagus d'Auxerre, et, en 1789, du dioc. du même nom, de la prov. de l'Orléanais, de l'élection de Gien et du baill. d'Auxerre, en appel de son propre bailliage.

Levée (La), h. c^ne de Saint-Maurice-Thizouailles.

Levées (Les), h. c^ne de Moutiers.

Levis, c^on de Toucy. — *Levaticus*, ve siècle (*Acta sanctorum*, Vie de saint Marien, au 20 avril). — *Leviacum*, xve siècle (pouillé du dioc. d'Auxerre; Le-beuf, Histoire d'Auxerre, pr. IV). — *Levis*, 1399; fief relevant de l'évêque d'Auxerre, seigneur de Toucy (inv. des arch. de l'év. p. 300; ms n° 1595, Bibl. imp.). — *Leveys*, 1496 (abb. Saint-Ger-main).

Levis était, au ve siècle, du pagus d'Auxerre, et, avant 1789, du dioc. et du baill. du même nom et de la prov. de l'Orléanais.

Lezigny, h. c^ne de Mailly-la-Ville. — *Lesiniacum*, 1291 (cart. de Crisenon, f° 70 r°, Bibl. imp. n° 154).— *Lesigni*, 1196 (cart. gén. de l'Yonne, II, 473).— *Lesigny*, 1290, alors commune de Trucy-sur-Yonne (chap. d'Auxerre). — Fief relevant du comté d'Auxerre, 1315 (cart. du comté). — *Lesigny*, 1597 (Rech. des feux du comté d'Auxerre). — Ce lieu a été détruit pendant les guerres civiles, et la ferme qui existait encore au dernier siècle a été démolie en 1789.

Lezinnes, c^on d'Ancy-le-Franc. — *Lisiniæ*, 1080 (cart. gén. de l'Yonne, II, 18). — *Lisignia*, 1116 (*ibid.* I, 238). — *Lesignes* et *Lisignes*, 1234 (cart. de l'hôpital de Tonnerre). — Il y avait autrefois à Lizonnes une abbaye de femmes fondée au xiiie s^e et appelée la Charité.

Lezinnes était, avant 1789, du dioc. de Langres, de la prov. de l'Île-de-France, élection de Tonnerre, et du baill. d'Ancy-le-Franc depuis 1782, et anté-rieurement de celui d'Argenteuil. Le fief en relevait du comté de Tonnerre.

Liard (Le), h. c^ne de Dollot.—*Le Liard*, 1538 (terrier de Dollot; bibl. de Sens).

Libaux (Les), h. c^ne de Saint-Privé.

Liberté (La), m^in, c^ne de Poilly-sur-Serain.

Lices (Les), m. i. c^ne de Tonnerre.

Lichères-près-Aigremont, c^on de Chablis. — *Licca-diacus*, vi^e siècle (Bibl. hist. de l'Yonne, I, 328). — *Licaiacus*, viie siècle (*ibid.* 344). — *Lescheriæ*, 1156 (cart. gén. de l'Yonne, I, 542). — *Lichiers*, 1234 (abb. de Pontigny).

Lichères était, au vi^e siècle, du pagus d'Auxerre, et, avant 1789, du dioc. d'Auxerre, de la prov. de l'Île-de-France et de l'élection de Tonnerre, et le siége d'une prévôté ressortissant au baill. de Ville-neuve-le-Roi.

Lichères-près-Vézelay, c^on de Vézelay. — *Lescheriæ*, 1147 (cart. gén. de l'Yonne, I, 436). — *Lichières*, 1410; *Lischères*, 1500 (comptes du chap. de Châtel-Censoir). — *Lichers-la-Grange*, 1699 (abb. de Reigny, plan). — *Lichères-la-Vaucelle*, xviiie siècle, du nom d'une maison isolée peu éloignée du village.

Lichères était, avant 1789, du dioc. d'Autun, de la prov. de l'Île-de-France et de l'élection de Vé-zelay.

Liens (Ruisseau des), prend sa source à Treigny et se jette dans la Vrille.

Lieu-du-Gnos (Le), h. c^ne de Tannerre. — *Le Gros*, 1715 (plan de la seigneurie de Tannerre).

Lieu-Germain (Le), m. i. c^ne de Fontenouilles.

Lieu-Sain, f°, c^ne de Tannerre.

Lieu-Serein (Le), m. i. c^ne de Fontenouilles.

Ligaults (Les), h. c^ne de Villeneuve-sur-Yonne.

Lignières, m^in, c^ne de Champignelles.

Lignorelles, c^on de Ligny. — *Lineriliæ*, 864 (cart. gén. de l'Yonne, I, 88). — *Linerolæ* (*ibid.* 88). — *Ligneraillæ*, 1116 (*ibid.* 232). — *Linoroliæ*, 1188 (*ibid.* II, 386). — *Lineroles*, 1220 (cart. de Pon-tigny, f° 46 v°, Bibl. imp. n° 153). — *Lignoroiles*, 1240 (*ibid.* f° 51 r°). — *Lignereilles*, *Linereiles*, 1214 (cart. de l'abb. Saint-Germain, f° 74 v°).— *Lignereules* (pouillé de Langres de 1536). — *Nino-reilles*, 1551 (abb. de Pontigny).

Lignorelles dépendait, au ixe siècle, du pagus d'Auxerre, et, avant 1789, du diocèse de Langres, de la prov. de l'Île-de-France, élection de Saint-

Florentin, prévôté dépend. du baill. de Maligny avec appel à celui de Saint-Florentin.

LIGNY-LE-CHÂTEL, arrond. d'Auxerre; cⁿᵉ formée de Ligny-la-Ville et de Ligny-le-Châtel. — *Lageniacum*, 1108 (cart. gén. de l'Yonne, I, 216). — *Ligniacum*, 1116 (*ibid.* 232). — *Lagniacum*, 1119 (abb. de Pontigny). — *Lanniacum Villa*, 1135 (cart. de l'Yonne, I, 302). — *Latiniacum Castellum* et *Latiniacum Villa*, 1135 (abb. de Pontigny). — *Legniacum*, 1174 (*ibid.* II, 261). — *Leniacum Villa*, 1208 (abb. de Quincy). — *Ligniacum Castrum*, xiiiᵉ siècle (cart. du comté de Tonnerre; arch. de la Côte-d'Or). — *Laagni*, 1167 (cart. gén. de l'Yonne, II, 189). — *Leigni-lou-Chastel*, 1284; *Leingni-lou-Chasteau*, 1309 (abb. de Pontigny). — *Ligny-la-Ville*, *Ligny-le-Chasteaul*, 1295 (cart. du comté de Tonnerre). — *Laingny-la-Ville*, *Laingny-le-Chastiaul*, 1315 (cart. *ibid.*). — Ligny avait, au xiiiᵉ s⁰, titre de vicomté mouvant en fief du comté de Tonnerre, 1259 (cart. de Pontigny, f° 27 v°).

Ligny était, avant 1789, du dioc. de Langres et de la prov. de l'Île-de-France, et chef-lieu d'un baill. du ressort de celui de Sens. Au xiiiᵉ siècle, il y avait près de Ligny un monastère de l'ordre de Grandmont (Lebeuf, Histoire d'Auxerre, IV, pr. supp. n° 340).

LIMOSIN (LE), f⁰, cⁿᵉ de Saint-Privé. — *Le Limousin*, 1710 (év. d'Auxerre).

LIMOSINS (LES), h. cⁿᵉ de Villeneuve-les-Genêts.

LINANT, h. cⁿᵉ de Turny. — *Lyñant*, 1658 (tabell. d'Auxerre, portef. IV). — Fief et prévôté relevant autrefois de la terre de Champlost, 1769 (minutes de Roy, notaire à Champlost).

LINDETS (LES), h. cⁿᵉ de Villefranche.

LINDRY, cⁿ de Toucy. — *Linderiacus*, 820 (cart. gén. de l'Yonne, I, 32). — *Lindriacum*, 1281 (chap. d'Auxerre). — *Lendri*, 1150 (cart. gén. de l'Yonne, I, 476). — *Lindri*, 1162 (*ibid.* II, 137). — *Laindry*, 1452 (chap. d'Auxerre). — Terre appartenant autrefois au chapitre d'Auxerre.

Lindry était, au ixᵉ siècle, du pagus d'Auxerre, et, avant 1789, du dioc. du même nom, de la prov. de l'Île-de-France et de l'élection de Tonnerre, et siége d'un baill. particulier ressortissant à celui d'Auxerre.

LINGOULT, h. et mⁱⁿ, cⁿᵉ de Saint-Germain-des-Champs. — *Lingo*, 1486 (terrier d'Avallon; archives de la Côte-d'Or).

LINIÈRES, m. i. cⁿᵉ de Champcevrais.

LIVANNE, f⁰, cⁿᵉ de Courgenay. — *Livannia* et *Luvannia*, vers 1168 (cart. gén. de l'Yonne, II, 206). — *Livanne*, xiiᵉ siècle (abb. de Vauluisant). — Détruite.

LIVRÉE (LA), f⁰, cⁿᵉ de Champignelles.

LIXY, cⁿ de Chéroy. — *Lissiacum*, 1175 (cart. gén. de l'Yonne, II, 271). — *Lixiacum*, 1176 (*ibid.* 287). — *Lixi*, 1453 (reg. des taxes, etc. dioc. de Sens, bibl. de cette ville, archev.).

Lixy était, avant 1789, du dioc. de Sens, de la prov. de l'Île-de-France et de l'élection de Nemours, et le siége d'un prieuré-cure dépendant de l'abb. Saint-Jean de Sens.

LIZOLLES, f⁰, cⁿᵉ de Tonnerre.

LOGE (LA), h. cⁿᵉ de Jully. — *La Loige-aux-Convers*, ferme, 1488 (prieuré de Jully).

LOGE (LA), f⁰, cⁿᵉ de Sacy. — *La Loge-Croslot*, 1725 (collége d'Auxerre, plan).

LOGE (LA), h. cⁿᵉ de Tannerre.

LOGE-AUX-MOINES (LA), h. cⁿᵉ de Saint-Agnan. — *La Loge-aux-Moines*, 1567.

Ce lieu était, dans le xiiᵉ siècle, une grange appartenant aux moines de Preuilly (abb. de Preuilly; bibl. de Sens).

LOGES (LES), h. cⁿᵉ de Brannay.

LOGES (LES), f⁰, cⁿᵉ de Lavau.

LOGES (LES), h. et f⁰, cⁿᵉ de Rogny.

LOGES (LES), f⁰, cⁿᵉ de Saint-Privé.

LOGES (LES), h. cⁿᵉ de Vaudeurs. — *Logiæ* (*Grangia*), 1186 (cart. gén. de l'Yonne, II, 374). — *Les Loges*, 1521 (abb. de Vauluisant).

Dans l'origine, c'était une métairie fondée par les moines de Vauluisant; ils l'érigèrent en siége de prévôté ressortissant au baill. de Vauluisant.

LOIGNY, f⁰, cⁿᵉ de Saint-Bris. — *Loigny*, 1238 (cart. de Pontigny, f° 52 v°, Bibl. imp.).

LOING, h. et f⁰, cⁿᵉ de Sainte-Colombe-sur-Loing.

LOING, rivière qui prend sa source au hameau de Loing, commune de Sainte-Colombe, et se jette dans la Seine au-dessous de Moret. — *Lupa*, viiᵉ siècle (Bibl. hist. de l'Yonne, I, 338). — *Launtum*, xᵉ s⁰ (*ibid.* 383).

LOISIÈRE, h. et f⁰, cⁿᵉ de Chêne-Arnoult.

LOISONS (LES), h. et mⁱⁿ, cⁿᵉ de Beauvoir.

LOIVRE, h. cⁿᵉ de la Celle-Saint-Cyr. — *Louèvre*, 1785 (reg. de l'état civil).

LOIVRES (LES), h. dépendant des cⁿˢ de Chevillon et de Sépaux. — *Le Louèvre*, 1518 (ém. de Villaine).

LOMBARDS (LES), fermes, cⁿˢ de Chambeugle et de Grandchamp.

LOMBARDS (LES), hameaux, cⁿˢ de la Ferté-Loupière et de Saint-Denis-sur-Ouanne.

LOMBARDS (LES), m. i. cⁿᵉ de Prunoy.

LOMBOISERIE (LA), f⁰, cⁿᵉ de Saint-Loup-d'Ordon.

LOMPY, forges, cⁿᵉ de Saint-Aubin-Château-Neuf, 1495 (chap. de Sens; compte). — Auj. détruites.

Longueroie (La), h. dépendant des c^{nes} de Vaudeurs et de Cerisiers, 1629 (abb. Saint-Remy de Sens; terrier de Sens, etc.).

Longueron, h. c^{ne} de Vézelay.

Longueron (Le Grand-), h. c^{ne} de Champlay. — Longueron, 1195 (cart. gén. de l'Yonne, I, 470). — Fief relevant de la terre de Toucy, dénombrement de 1585, et appartenant au comte de Joigny, qui y avait établi un bailliage.

Longueron (Le Petit-), h. c^{ne} de Champlay.

Longues-Raies (Les), h. c^{ne} d'Irancy.

Longue-Tuile (La), h. c^{ne} de Domats.

Longus-Pirus, près de Valprofonde, c^{ne} de Villeneuve-le-Roi, 869 (cart. gén. de l'Yonne, I, 97). — Lieu inconnu.

Looze, c^{on} de Joigny. — Lausa, vers 833 (cart. gén. de l'Yonne, I, 41). — Laura, 853 (ibid. 65). — Losa, 1218 (abb. de Dilo). — Lose, 1222 (cart. de l'abb. Saint-Germain, f° 68 v°). — Loose, 1370 (abb. de Dilo). — Loze, 1423 (archev. de Sens; compte). — Looze, 1573 (Hôtel-Dieu de Joigny).

Looze était, au ixe siècle, du pagus de Sens, et, avant 1789, du dioc. du même nom, de la prov. de l'Île-de-France et du baill. de Joigny, par ressort de sa prévôté. Le fief de Looze relevait du comté de Joigny (Davier, Mémoires sur Joigny, 1723, t. II).

Lordereau, ch. et f°, c^{ne} de Malicorne.

Londonnois, h. c^{ne} de Ligny-le-Châtel.

Loren, f°, c^{ne} de Coulanges-sur-Yonne ou de Mailly-le-Château. — Laugromus et Laugromus, 864 (cart. gén. de l'Yonne, I, 88, 92). — Loronium, 1120 (ibid. II, 48). — Loren, vers 1135 (ibid. I, 303). — Lieu détruit.

Lorets (Les), f°, c^{ne} de Moutiers. — Les Lorez, 1661 (reg. de l'état civil). — Lorres, 1775; c'était alors un village (abb. Saint-Germain; plan de la terre de Moutiers).

Lorrains (Les), m. i. c^{ne} de Saint-Loup-d'Ordon.

Lorrière, h. divisé entre les c^{nes} de Chambeugle et de Charny.

Lorris (Les), h. c^{re} de Chaumot.

Lottière (La), f°, c^{ne} de Bléneau, 1573 (f. Courtenay; arch. de l'Yonne).

Louchatte (La), f°, c^{ne} de Courgenay.

Louche-Adam, f°, c^{ne} de Villiers-Saint-Benoît.

Louesme, c^{on} de Bléneau. — Loima, xiiie siècle; fief et baronnie relevant de Saint-Fargeau (Bⁿ de la Soc. des sciences de l'Yonne, 1858). — Loesma, 1486 (arch. de Sens; coll. des bénéfices). — Loesme, 1453 (reg. des taxes, etc. dioc. de Sens, bibl. de cette ville, archev.).

Louesme était, avant 1789, du dioc. de Sens, de la prov. de l'Île-de-France et de l'élection de Joigny et ressortissait au présidial de Montargis.

Louèvre (Le), f°, c^{ne} de Sépaux.

Loupien, h. c^{ne} de Saint-Agnan.

Loupien, h. c^{ne} de Vernoy, mentionné dans les actes de 1780 à 1790 (reg. de l'état civil); auj. détruit.

Loups (Les), c^{ne} de Lindry.

Louptière (La), h. c^{ne} de Moutiers. — Louvetière, 1672; Louveterie, 1673 (reg. de l'état civil).

Loutière (La), m. i. c^{ne} de Chevillon.

Louvetière (La), m. i. c^{ne} de Chevillon.

Louze ou Tirelouze, fief sur Grange-le-Bocage, relevant de Thorigny, 1624 (ém. Planelli).

Louzeterie (La), m. i. c^{ne} de Chaumot.

Loy (La), h. c^{ne} de Sept-Fonds.

Lucas (Les), h. c^{ne} de Domats.

Lucas (Les Grands et les Petits), hameaux, c^{ne} de Piffonds.

Lucasseries (Les), h. dépendant des c^{nes} de Prunoy et de Perreux.

Luceius, c^{ne} de Prégilbert, lieu auj. détruit, voisin de l'abb. de Crisenon, 1100 (cart. gén. de l'Yonne, I, 199). — Lissiacus (ibid. 202). — Lucheiacus, 1115 (ibid. II, 46). — Luchi, 1198 (cart. de Crisenon, f° 13 r°, Bibl. imp.).

Luchy, h. c^{ne} de Poilly. — Lochiacum, 1216 (prieuré de Vieupou). — Louchi, 1310; Leuchy, 1482 (ibid.). — Distingué autrefois en haut et bas. — Voy. Auvergne.

Lucy-le-Bois, c^{on} d'Avallon. — Luciacus, 859 (cart. gén. de l'Yonne, I, 69). — Luceyum-Boscum, 1490 (chap. d'Avallon). — Lucy-le-Boys, 1457 (abb. Saint-Germain d'Auxerre). — Luxi-le-Bois, 1529 (arch. d'Avallon; Maladière.)

Lucy-le-Bois était, avant 1789, du dioc. d'Autun et, pour l'administration, divisé entre les prov. de Bourgogne et de l'Île-de-France. Châtellenie royale ressortissant au baill. d'Avallon; la partie qui appartenait à l'Île-de-France ressortissait au baill. de Troyes et s'étendait sur Lucy-le-Bois et sur les hameaux du Mez, des Moireaux et des Cherats, 1553 (État gén. du baill. de Troyes).

Lucy-sur-Cure, c^{on} de Vermanton. — Lissiacum, 1127 (cart. gén. de l'Yonne, II, 50). — Lussiacum, 1145 (ibid. 46). — Lissi, 1196 (ibid. 472). — Lixiacum, 1204 (abb. de Vézelay). — Lixi, 1216 (cart. de Crisenon, f° 26 v°, Bibl. imp.). — Luci, 1270 (ibid. f. 18 v°). — Licy, 1519 (abb. de Crisenon). — Lucy-sus-Quehure, 1510 (abb. de Reigny). — Lucy, 1539 (abb. de Crisenon). — Lissy-sur-Queuze, 1520 (ibid.). Terre dépendant de l'abb. de Crisenon.

Lucy-sur-Cure était, avant 1789, du diocèse, du comté et du baill. d'Auxerre, par appel de son baill. particulier, et de la prov. de Bourgogne.

Lucy-sur-Yonne, c^{on} de Coulanges-sur-Yonne. — *Luxi-sur-Yonne*, 1454 (abb. de Reigny).

Lucy-sur-Yonne était, avant 1789, du dioc. d'Autun, de la prov. de l'Île-de-France et de l'élection de Tonnerre et le siége d'un baill. ressortissant à celui d'Auxerre.

Lugues, h. c^{ne} de Sépaux.

Luisant, fief, c^{ne} de Fontaine-la-Gaillarde, 1562, relevant de l'archev. de Sens.

Lunain, rivière qui prend sa source à Courtoin et se jette dans le Loing à Épizy (Seine-et-Marne).

Luneaux (Les), f^s, c^{ne} de Bléneau.

Lussin (Bois de), c^{ne} de Saint-Maurice-aux-Riches-Hommes. — *Lucent*, 1198 (cart. gén. de l'Yonne, II, 498).

Luxembourg, h. c^{ne} de Dixmont.

Luzeaux (Les), f^s, c^{ne} de Ronchères; auj. détruite.

Lyndrie (La), f^s, c^{ne} de Beauvoir.

Lys (Bois du), c^{ne} de Malay-le-Roi. Tire son nom de l'ancienne abbaye du Lys, près de Melun, à laquelle ce bois appartenait autrefois.

M

Machefer, h. c^{ne} de Saint-Julien-du-Sault.

Machefer, m. i. c^{ne} de Saint-Loup-d'Ordon.

Maçonnerie (La), m. i. c^{ne} de Fontenoy.

Maçons (Les), hameaux des c^{nes} de Cerisiers et de Cornant.

Madoires (Les), f^s, c^{ne} de Champignelles.

Magdeleine, f^s, c^{ne} de Perrigny-près-Auxerre. 1654 (abb. Saint-Germain).

Magdeleine, c^{ne} de la Chapelle-Vieille-Forêt (Cassini); lieu détruit.

Magdeleine, h. c^{ne} de Sainpuits.

Magdeleine (La), bois, c^{ne} de Vézelay.

Magdeleine (La) et Saint-Thomas, comm^{rie} de l'ordre de Saint-Jean-de-Jérusalem, c^{on} de Joigny. 1750 (Hôtel-Dieu de Joigny).

Magdeleine (La Petite-), m. i. c^{ne} de Villeneuve-sur-Yonne.

Magdeleinerie (La), h. c^{ne} de Saint-Valérien.

Magdeleines (Les), f^s, c^{ne} de Saint-Martin-des-Champs.

Magny, c^{on} d'Avallon. — *Magniacus*, 864 (cart. gén. de l'Yonne, I, 88). — *Maniacum*, 1188 (ibid. II, 387). — *Meniacum*, 1256 (D. Plancher, II, pr. n° 56). — *Maigniacus*, xve s^e (pouillé d'Autun). — *Maisni*, 1188 (cart. gén. de l'Yonne, II, 387).

Magny était, en 1789, du dioc. d'Autun, de la prov. de Bourgogne et du baill. d'Avallon.

Magny, h. c^{ne} de Merry-sur-Yonne. — *Magniacus*, viie s^e (Bibl. hist. de l'Yonne, I, 336). — *Meigny*, 1330, fief relevant du comté d'Auxerre (cart. du comté, arch. de la Côte-d'Or). — *Maigny*, 1396 (chap. de Châtel-Censoir). — *Magny-sur-Yonne*, 1548 (cart. du comté d'Auxerre).

Magny était, au viie siècle, du pagus d'Auxerre.

Magny (Le), h. c^{ne} de Saint-Privé.

Mahoujaux, h. c^{ne} de Mézilles. — *Maoujot*, xviie s^e (reg. de l'état civil).

Maillauderies (Les), h. c^{ne} de Druyes.

Maillets (Les), h. c^{ne} de Bussy-le-Repos.

Maillot, h. c^{ne} de Chevannes. — *Mailleux*, 1366 (abb. Saint-Germain d'Auxerre). — *Maillot*, 1493 (abb. Saint-Julien d'Auxerre). — *Mallyot*, 1527 (én. Doublet de Crouy). — Lieu détruit.

Maillot, c^{on} de Sens (nord). — *Masleotum*, 1179 (cart. gén. de l'Yonne, II, 303). — *Malleotum Sancti-Petri*, 1257 (abb. Saint-Pierre-le-Vif de Sens, charte de saint Louis, bibl. de Sens). — *Maliotum*, 1383 (chap. de Sens). — *Maleyum Sancti Petri*, 1453 (reg. des taxes, etc. dioc. de Sens, bibl. de cette ville, archev.). — *Malyot*, xvie siècle (pouillé de Sens).

Maillot était, avant 1789, du dioc. et du baill. de Sens, par appel du baill. de Saint-Pierre-le-Vif. et de la prov. de l'Île-de-France.

Mailloterie (La), f^s, c^{ne} de Saint-Privé.

Mailly, f^s, c^{ne} de Jaulges.

Mailly-la-Ville, c^{on} de Vermanton. — *Malliacus Villa*, 1103 (bibl. *Clun. notœ*, col. 134). — *Mailli Villa*, 1177 (cart. gén. de l'Yonne, II, 291).

Mailly-la-Ville était, avant 1789, du diocèse, du comté et du baill. d'Auxerre et de la prov. de Bourgogne.

Mailly-le-Château, c^{on} de Coulanges-sur-Yonne. — *Maiacensis* (ager), vers 680 (cart. gén. de l'Yonne, I, 19). — *Malliacus*, 902 (ibid. 135). — *Mallia-cum-Castrum*, fin du xiie siècle (cart. de Crisenon, f° 34 v°, Bibl. imp.). — *Malli*, 1177 (cart. gén. de l'Yonne, II, 291). — *Malli-Castrum*, xve s^e (pouillé du dioc. d'Auxerre; Lebeuf, Hist. d'Auxerre, pr.). — *Meilli*, 1220 (abb. de Reigny). — *Mailly le-Vineux*, 1793. — Le fief de Mailly-le-Château relevait, au xve siècle, de l'év. d'Auxerre.

Mailly-le-Château était, au xe siècle, du pagus et du dioc. d'Auxerre, et, avant 1789, de la prov. de Bourgogne. Il y avait à Mailly une prévôté royale, appelée la prévôté du comté des Maillis, ressort. au baill. d'Auxerre.

MAINE (LA), h. c^{ne} de Jully. — *La Moyenne*, 1482; *la Menne*, 1563; *la Maigne*, xvie siècle (prieuré de Jully). — Ce hameau forme le point central de la c^{ne}.

MAIN-PETIT (LE), f^e, c^{ne} de Villeneuve-les-Genêts.

MAINPOU, f^e, c^{ne} de Toucy.

MAINES (LES), h. c^{ne} de Cudot.

MAISON (LA GRAND'), f^e, c^{ne} de Rogny.

MAISON-BLANCHE (LA), h. c^{ne} d'Armeau.

MAISON-BLANCHE (LA), m. i. c^{ne} d'Augy.

MAISON-BLANCHE (LA), h. c^{ne} de la Belliole.

MAISON-BLANCHE (LA), c^{ne} de Crain; autref. château fortifié et seigneurie importante ayant titre de baill. dont relev. Asnières, c^{on} de Vézelay, etc. (carte de Cassini).

MAISON-BLANCHE (LA), fermes, c^{ics} de Noyers et de Treigny.

MAISON-BLANCHE (LA), h. c^{re} d'Évry.

MAISON-BLEUE (LA), m. i. c^{ne} de Saint-Martin-sur-Ouanne.

MAISON-DE-FAMINE (LA), mⁱⁿ, c^{ue} de Saint-Julien-du-Sault.

MAISON-DE-LA-CARRIÈRE-DE-LA-MAREINERIE (LA), f^e, c^{ne} de Treigny.

MAISON-DE-LA-CORVÉE (LA), m. i. c^{ne} de Civry.

MAISON-DE-LA-FONTAINE (LA), m. i. c^{ne} de Volgré.

MAISON-DE-LA-PÂTURE (LA), tuil. c^{ne} de Villenavote.

MAISON-DE-SAINTE-MARIE-LÉONIE, h. c^{ne} de Dixmont, qui remplace le hameau des Bruns, détruit.

MAISON-DES-CHAMPS (LA), h. c^{ne} de Saint-Léger.

MAISON-DES-DIMANCHES (LA), m. i. c^{ne} de Saint-Martin-sur-Ouanne.

MAISON-DES-GRANDS-CHAMPS, m. i. c^{ne} de Villefranche.

MAISON-DES-VIGNES (LA), m. i. c^{nes} de Bléneau et de Rogny.

MAISON-DIEU (LA), h. c^{ne} de Sceaux. — *Domus Dei juxta Vileretum*, 1251 (chap. d'Avallon). — *Domus Dei*, 1255 (ibid.). — *Maison-Dieu-du-Vellerot*, xve s^e (ibid.). — *La Maison-Dieu-lez-Montréal*, 1531 (ibid.). — *Maison-Dieu-du-Bloc*, xviiie siècle (Éphém. avall. bibl. d'Avallon).

MAISON-DU-BOURG (LA), f^e, c^{ne} de Villeneuve-les-Genêts.

MAISON-DUPONT (LA), m. i. c^{ne} d'Annay-sur-Serain.

MAISON-DU-SANG (LA), h. c^{ne} de Verlin.

MAISON-FORESTIÈRE (LA), m. de garde, c^{ne} de Quarré-les-Tombes.

MAISON-FORT (LA), h. c^{ne} de Saint-Loup-d'Ordon. — La Maison-Fort relev. de l'archev. de Sens (archev. de Sens); le ch. en est détruit : il était situé au milieu des bois.

MAISON-FRAT (LA), m. i. c^{ne} de Saint-Martin-des-Champs.

MAISON-HAUTE (LA), m. i. c^{ne} de Prunoy.

MAISON-HAUTE (LA), f^e et m. de camp. c^{ne} de Saint-Privé.

MAISON-LADRE, m. i. c^{ne} de Merry-Sec; détruite.

MAISON-LENOIR (LA), m. i. c^{ne} de Saint-Martin-des-Champs.

MAISONNETTE (LA), m. de garde, c^{ne} de Saint-Maurice-aux-Riches-Hommes.

MAISONNETTE (LA), h. c^{ne} de Treigny.

MAISON-NEUVE (LA), m. i. c^{ne} de Villeneuve-sur-Yonne.

MAISON-PAILLOT (LA), m. i. c^{ne} de Toucy.

MAISON-PEUSNOT (LA), f^e, c^{ne} d'Escamps, 1493 (protocole de Bourdin, notaire à Auxerre, arch. de l'Yonne); auj. détruite.

MAISON-ROUGE, f^e, c^{ne} d'Égriselles-le-Bocage, 1710 (reg. de l'état civil). Ce lieu avait autref. titre de fief et était le siége d'une prévôté ressort. au baill. de Sens; il est auj. détruit.

MAISON-ROUGE, ch. c^{ne} de Lailly; auj. détruit.

MAISON-ROUGE (LA), f^e, c^{ne} de Bussy-le-Repos (arch. de Sens); auj. détruite.

MAISON-ROUGE (LA), c^{ne} de Champcevrais; détruite.

MAISON-ROUGE (LA), f^e, c^{ne} de Molinons.

MAISON-ROUGE (LA), manœuv. c^{ne} de Ronchères.

MAISON-ROUGE (LA), m. i. c^{ne} de Tonnerre. — *Domus-Rubrea*, 1270 (cart. Saint-Michel, bibl. de Tonnerre).

MAISON-ROUGE (LA), hameaux des c^{nes} de Mézilles, de Toucy, de Treigny et de Vernoy.

MAISON-TARDIVE (LA), f^e, c^{ne} de Champcevrais. — *La Mazure-Tardive*, 1776 (reg. de l'état civil).

MAISON-VIEILLE (LA), f^e, c^{ne} de Saint-Privé.

MAISON-VIERGE (LA), h. c^{ne} de Bussy-le-Repos.

MAISONS (LES), f^e, c^{ne} de Champignelles.

MAISONS (LES BELLES-), h. c^{ne} d'Égriselles-le-Bocage.

MAISONS-BLANCHES (LES), h. c^{ne} de Champcevrais.

MAISONS-BLANCHES (LES), f^e, c^{ne} de Champignelles.

MAISONS-BLANCHES (LES), h. c^{ne} de Louesme.

MAISONS-BRÛLÉES (LES), h. c^{ne} de Chêne-Arnoult.

MAISONS-PETITES (LES), hameaux des c^{nes} de Chêne-Arnoult, de Rogny et de Saint-Martin-sur-Ouanne.

MAISONS-SIRE-GUILLAUME (LES), h. c^{ne} de Merry-sur-Yonne.

MALADIÈRE (LA), m. i. c^{ne} d'Auxerre, sur la rive gauche de l'Yonne, au-dessous de la ville.

MALADIÈRE (LA), h. c^{ne} d'Avallon.

Maladrerie (La), fermes, c^{res} de Saint-Florentin, de Saint-Julien-du-Sault, de Senan et de Vézelay.

Maladrerie (La), m. i. c^{ne} de Toucy.

Malais (Les), f°, c^{ne} de Gigny.

Malaiterie (La), f°, c^{ne} de Rogny.

Malaquin, f°, cⁿⁿ de Mézilles.

Mal-Assis, mⁱⁿ, c^{ne} de Domecy-sur-Cure.

Malassise, f°, c^{ne} de Mailly-le-Château, fief relev. du roi au comté d'Auxerre, 1330, 1696 (cart. du comté, arch. de la Côte-d'Or). — Malassis ou Bien-Assis, 1696 (abb. de Reigny).

Mal-Assise (La), h. c^{ne} de Ravières, qualifié ferme en 1787 (C. 101, arch. de l'Yonne).

Malay-le-Roi ou le Petit, c^{on} de Sens (nord). — Mansolacus, 657 (Mabil. de Re Dipl. 300). — Massolacum, viie siècle (Frédégaire, Chron.). — Maleium-Regis, 1189 (cart. gén. de l'Yonne, II, 410). — Masleium, 1180 (abb. de Vauluisant). — Maaloy, 1306 (abb. du Lys). — Maslay-le-Roy, 1659 (abb. Saint-Pierre-le-Vif). — Mâlay-le-Républicain, 1793. — Fief relev. du comté de Joigny, depuis l'an 1320, ayant titre de châtellenie, échangée alors par le roi avec Jean, comte de Joigny, pour la ville de Château-Renard, et composée des terres de Theil, Noé, Pont-sur-Vanne, Villiers-Louis, Villechétive, Vaumort et Vaumorin, Palteau, les Bordes, Pasquis, Chavan et Beauregard (f. Megret d'Étigny).

Malay-le-Roi était, au viie siècle, du pagus et du dioc. de Sens, et, avant 1789, siège d'une prévôté ressort. au baill. de Theil, et de la prov. de l'Île-de-France.

Malay-le-Vicomte ou le Grand, c^{on} de Sens (nord). — Masliacus subterior, 519 (cart. gén. de l'Yonne, I, 3). — Masliacus major, 1003 (Chron. Clar. d'Achery, II, 742). — Malliacus, 1167 (cart. gén. de l'Yonne, II, 192). — Malaium Vicecomitis, 1187 (Gallia Christ. XII, pr. Sens, suppl. n° vi). — Malleyum, 1193 (cart. gén. II, 455). — Mallet, 1167 (ibid. 193). — Maslai, 1174 (ibid. 258). — Maalay-le-Vicomte, 1309 (abb. Saint-Remy de Sens). — Mally-le-Vicomte, 1453 (reg. des taxes, etc. dioc. de Sens, bibl. de cette ville, archev.). — Mallay-le-Vicomte, 1526 (abb. Saint-Paul de Sens). Terre ayant le titre de vicomté au xive s^e (cart. de l'archev. de Sens, I, 52 v°, Bibl. imp.).

Malay était, au vi^e siècle, du pagus de Sens, et, avant 1789, du dioc. et du baill. du même nom et de la prov. de l'Île-de-France. C'était alors une prévôté royale.

Malchères (Les), h. c^{ne} de Sommecaise. — Malchais, 1774 (reg. de l'état civil).

Mâles (Les), h. c^{ne} de Toucy.

Malesherbes, ch. f^e et mⁱⁿ, c^{ne} de Senan; autrefois fief relevant de Senan, avec ch. (arch. du ch. de Senan).

Malfontaine, f°, c^{ne} de Brosses, 1650 (reg. de l'état civil); auj. détruite.

Malgouverne, bois, c^{ne} de Vénizy. — La Forêt de Saint-Pierre, 1734 (plan, abb. de Pontigny).

Malhortie, f°, c^{ne} de Theil, 1780 (plan du cad. C. 84, Malheurtis); lieu détruit.

Malicorne, c^{on} de Charny. — Malicornium, 1120 (abb. des Escharlis). — Maricornia, 1168 (cart. gén. de l'Yonne, II, 202). — Moricornia, 1210 (Bibl. imp. coll. Champ. III, f° 169). — Malicorna, 1235 (prieuré de Vienpou). — Maricorne, 1183 (abb. Saint-Pierre-le-Vif). — Mallicorne, 1453 (reg. des taxes, etc. dioc. de Sens, bibl. de cette ville, archev.). Autref. fief relev. de Charny, puis, à partir de 1662, de Montargis (f. Texier d'Hautefeuille).

Malignerie (La), h. c^{ne} de Saint-Denis-sur-Ouanne.

Maligny, c^{on} de Ligny. — Merlenniacus, 1035 (cart. gén. de l'Yonne, I, 170). — Melligniacum, 1116 (ibid. 232). — Merliniacum, 1133 (abb. de Pontigny). — Merlenneum castrum, 1143 (Pérard, 227). — Melliniacum, 1188 (cart. gén. de l'Yonne, II, 386). — Merlenniachum, 1225 (cart. de Saint-Michel, bibl. de Tonnerre). — Meligniacum, 1536 (pouillé de Langres). — Merlini, 1145 (cart. gén. de l'Yonne, II, 62). — Marleigni, 1187 (cart. de Pontigny, f° 16 r°, Bibl. imp. n° 153). — Mellini, 1281 (sceau du Sr de Maligny, abb. de Pontigny). — Melligny, 1509 (procès-verbal de la coutume de Troyes, 480). — Malligny, 1553, châtellenie du baill. de Troyes, au ressort de Saint-Florentin, dont dép. Villy, Lignorelles, la Chapelle-Vaupeltaigne, en partie, et Bascencourtil (Cout. de Troyes, 656).

Maligny était, avant 1789, du dioc. de Langres, de la prov. de l'Île-de-France et de l'élection et du baill. de Saint-Florentin.

Malitourne (La), h. c^{ne} de Brannay.

Mallets (Les), h. c^{ne} de Villefranche.

Malletterie (La), h. c^{ne} de Villefranche.

Malmaison (La), h. c^{ne} d'Ormoy. — La Mallemaison, 1560, prévôté relev. du baill. de Seignelay (élu. Montmorency).

Malot, mⁱⁿ, c^{ne} de Lalande.

Malots, f°, c^{ne} de Saint-Loup-d'Ordon.

Malrue (La), h. c^{ne} de Saints.

Malterre, f° et petit château, c^{ne} de Lain.

Malveau, h. c^{ne} de Chêne-Arnoult.

Malveau, manœuv. c^{ne} de Lavau. — Malvault, 1679; Malvot, 1680 (reg. de l'état civil).

Malvilles (Les), f°, c^{ne} de Montigny.

MALVOISINE, h. c^{ne} de Mailly-le-Château, xvi° siècle (abb. de Reigny); 1678, fief relev. du roi au comté d'Auxerre (arch. de la ch. des comptes de Dijon).

MALVRAIN, h. c^{ne} de Prunoy.

MANCHARDE (LA), auberge, c^{ne} de Saints.

MANSAUDERIE (LA), m. i. c^{ne} de Saint-Martin-des-Champs.

MANSIAUX (LES), m. i. c^{ne} de Mézilles.

MANSOIS (LES), f°, c^{ne} de Vaudeurs.

MARAIS (LES), hameaux des c^{nes} de Guerchy, de Lindry et de Précy.

MARAN, m^{in}, c^{ne} de Treigny.

MARAT (BOIS DU GRAND et DU PETIT), c^{ne} de Vézelay.

MARCAUT, f°, c^{ne} de Tonnerre.

MARCEAUX (LES), h. c^{ne} de Diges.

MARCELOT, tuil. c^{ne} de Nailly.

MARCHAIS, h. c^{ne} de Bagneaux.

MARCHAIS (LE), f°, c^{ne} de Mézilles.

MARCHAIS (LE GRAND-), h. c^{ne} de Chevillon.

MARCHAIS (LE GRAND-), h. c^{ne} de Fouchères; détruit vers 1798.

MARCHAIS (LE GRAND-), h. c^{ne} de Piffonds.

MARCHAIS (LE PETIT-), f°, c^{ne} de Champignelles.

MARCHAIS (LES GRANDS-), h. c^{ne} de Bussy-le-Repos.

MARCHAIS (LES PETITS-), tuil. c^{ne} de la Celle-Saint-Cyr.

MARCHAIS-BETON, c^{on} de Charny. — Marchet-Beton, 1453 (reg. des taxes, etc. dioc. de Sens, bibl. de cette ville, archev.). — Marchais-Bethon, 1535 (ém. Rogres). En 1645, un sieur Fiacre Betton y habita; c'est de là qu'est venu le surnom de Beton (ibid.). — Fief relev. de Charny et, depuis 1662, de Malicorne (ibid.). Marchais-Beton était, avant 1789, du dioc. de Sens, de la prov. de l'Île-de-France et du baill. de Joigny.

MARCHAIS-CHAMPION, h. c^{ne} de Bœurs, 1760 (plan, abb. de Pontigny).

MARCHAIS-CHARBONNIER (LE), h. c^{ne} de Nailly.

MARCHAIS-CHENU (LE), h. c^{ne} de Villeneuve-sur-Yonne.

MARCHAIS-CLAIR (LE), f°, c^{ne} de Malicorne.

MARCHAIS-COÏMEL (LE), h. c^{ne} de Nailly.

MARCHAIS-DE-LA-SANGSUE (LE), m. i. c^{ne} de Précy.

MARCHAIS-DE-PRÉCY (LE), h. c^{ne} de Saint-Loup-d'Ordon.

MARCHAIS-PLAT (LE), h. c^{ne} de Bussy-le-Repos.

MARCHAIS-RALU (LE), dit DU SAUSSOY, h. c^{ne} de Cerisiers. — Marchais-Rallus, 1629 (abb. Saint-Remy de Sens, terrier de Sens, etc.).

MARCHAIS-VERT (LE), f°, c^{ne} de Champignelles.

MARCHANDIÈRE (LA), h. c^{ne} de Saint-Privé.

MARCHE (LA), f°, c^{ne} de Champcevrais.

MARCHESOIF, f°, c^{ne} de Tonnerre. — Marchesoy, 1265 (cart. de Saint-Michel de Tonnerre); autrefois comm^{rie} de Templiers. — Marchesoif, 1752, membre de la comm^{rie} de Fontenay-près-Chablis (terrier, idem).

MARCIAUX (LES), h. c^{ne} de Diges.

MARCILLY, h. c^{ne} de Provency. — Marsille, 1256 (D. Plancher, II, 56). — Marcilley-vers-Avallon, 1297 (ibid. pr. n° 145). — Marcilly, 1366 (hospice d'Avallon, terrier de la Maladrerie). — Abbaye Notre-Dame-du-Bon-Repos (femmes), de l'ordre de Cîteaux, fondée en 1239, auj. détruite.

MARCILLY (LA GRANGE DE), c^{ne} de Monéteau. — Marcilliacum, 1328 (chap. d'Auxerre). — La Grange-du-Bois, 1491 (ibid.). — Seigneurie de la Grange-du-Bois, 1620 (inscription sur un vitrail de l'église Saint-Eusèbe d'Auxerre).

MARCINERIE (LA), h. c^{re} de Treigny.

MARDELEUSE, h. c^{nes} de Jouy et de Villegardin.

MARDELIN, f°, c^{ne} de Chaumot. — Mardelins, 1509 terrier des Préaux, fief relev. des Préaux, et siége d'une prévôté ressort. au baill. de Sens (ém. de Sens, inv. de Chaumot).

MARDELLE (LA GRANDE-), f°, c^{ne} de Savigny, 1714 (reg. de l'état civil).

MARDELLE (LA GRANDE-), h. c^{ne} de Verlin.

MARDELLE-AUX-CONINS (LA), tuil. c^{ne} de Dollot.

MARDELLE-AUX-LOUPS (LA), h. c^{ne} de Dollot.

MARDELLE-DE-MONTBARRY (LA), m. i. c^{ne} de Saint-Martin-d'Ordon.

MARDELLE-DORÉE (LA), h. c^{ne} de Saint-Martin-d'Ordon.

MARDELLES (LES), h. c^{ne} de Prunoy.

MARDILLY (LE), ch. c^{ne} de Savigny. Avant 1789, fief relev. de Courtenay, sur lequel étaient construits l'église et le presbytère de Savigny (Tarbé, Détails hist. sur le baill. de Sens, coutume, 550).

MAREAUX (LES), h. c^{ne} de Turny.

MARE-BRANLANTE (LA), dit LA CAILLOUTERIE, manœuv. c^{ne} de Cudot.

MARÉCHAUDIÈRE (LA), f°, c^{ne} de Villeneuve-les-Genêts.

MARERIE (LA), m. i. c^{ne} de Piffonds.

MARE-SUR-YONNE, h. c^{ne} de Fouronnes. — Mars-sur-Ionne, 1693 (év. d'Aux.); détruit au xviii° siècle.

MAREUIL, vill. détruit, c^{ne} de Fulvy. — Marolium, xi° s° (obit. de Saint-Étienne, au 20 mars; Lebeuf, Histoire d'Auxerre, pr. IV). — Maruil, 1186, comm^{rie} de Saint-Marc). — Mareul, 1343 (cart. du comté de Tonnerre, arch. de la Côte-d'Or). — Mereul, 1491, seigneurie relev. de la châtellenie de Châtel-Gérard en partie et du ch. de Cruzy pour le reste. Ce lieu paraît avoir été détruit pendant les guerres de la Ligue.

MARGOTTIÈRE (LA), f°, c^{ne} de Valery.

MARIÉS (LES), h. c^{ne} de Marchais-Beton.

MARIN, ch. c^ne de Nuits; aujourd'hui détruit en grande partie.

MARINIÈRE (LA), f^e, c^ne de Bléneau; autref. fief relev. de Bléneau.

MARINIÈRES (LES), h. c^ne de Verlin.

MARIONS (LES), h. c^ne de Piffonds.

MARMEAUX, c^on de Guillon. — *Marcomania*, 747 (cart. gén. de l'Yonne, II, 2). — *Marmaïcus* (arch. du ch. de Vausse). — *Marmellæ*, 1384 (chap. de Montréal). — *Marmexus*, 1207 (chap. d'Avallon). — *Marmeaul*, 1530 (*ibid.*). — *Marmiaul*, 1536 (pouillé du dioc. de Langres). — *Marmeau*, 1595 (recette d'Avallon).

Marmeaux était, au viiie siècle, du pagus de Tonnerre, et, avant 1789, du dioc. de Langres, de la prov. de Bourgogne, et, alternativement, du baill. de Semur et de celui d'Avallon.

MARMITONNERIE (LA), m. i. c^ne de Villefranche.

MARNAY, f^e, c^ne de Cry. — *Marnay*, 1635, fief dép. de la terre de Nuits et relev. de celle de Cry (ém. Clugny).

MARNAY, h. et m^in, c^ns de Poilly-sur-Tholon. — *Marciniacum*, au pagus de Sens, ve siècle (Bibl. hist. de l'Yonne, I, Vie de saint Germain). — *La Mothe-Marnay*, 1704, fief relevant de la terre de la Ferté-Loupière; ancien château détruit avant le xviiie siècle.

MAROLLES (LES), m. i. c^ne de Charny.

MAROTTES (LES), h. c^ne d'Étais.

MARQUETS (LES), h. c^ne de Cudot.

MARQUETS (LES), fermes, c^nes de la Ferté-Loupière et de Sainte-Colombe-sur-Loing.

MARQUETS (LES), h. dépendant des c^nes de Vaudeurs et de Cerisiers.

MARRAULT, h. c^ne de Magny. — *Marraulx*, 1276 (Lebeuf, Histoire d'Auxerre, IV, pr. n° 221, 2e édit.). — *Marraux*, 1335 (chap. d'Avallon). — *Marrault*, 1521 (prieuré de Vicupou). — Autrefois châtellenie et château fort important relevant en fief du château d'Avallon.

MARRAULT, m^in, c^ne de Montillot. — *Marault*, 1537, alors forge à fer (chap. de Vézelay).

MARNE, f^e, c^ne de Sauvigny-le-Bois.

MARSANGY, c^on de Sens (sud). — *Maximiacus*, viie-siècle (Bibl. hist. I, *Gesta pontif. Autiss.* Vie de Tétricus). — *Maximiacus*, ixe siècle (*Liber sacram.* ms. bibl. de Stockholm). — *Maximiacus*, 1157 (cart. gén. de l'Yonne, II, 88). — *Massengiacum*, 1188 (*ibid.* 387). — *Marsengiacum*, 1257 (abb. Saint-Remy de Sens). — *Massengi*, 1189 (cart. gén. de l'Yonne, II, 408). — *Marsengi*, 1212 (chap. de Sens). — *Marsangy*, 1656; terre relevant en fief de la sei-

gneurie de Bracy, et en arrière-fief de la comm^rie de Roussemeau (tabell. de Villeneuve-le-Roi).

Marsangis était, au viie siècle, du pagus de Sens, et, avant 1789, du dioc. du même nom et de la prov. de l'Île-de-France; c'était le siège d'une prévôté ressortissant au baill. de Sens.

MANSIGNY, m^in, c^ne de Saint-Bris.

MARTEAU (LE), h. c^ne d'Auxerre. — *Le Marteau*, 1569 (abb. Saint-Marien d'Auxerre).

MARTEAU (LE), f^e, c^ne de Champignelles.

MARTENOT (LES), f^e, c^ne de Cruzy.

MARTINEAUX, hameaux, c^nes d'Arces et de Saint-Martin-d'Ordon.

MARTINERIE (LA), h. c^ne de Grandchamp.

MARTINIÈRES (LES), tuil. c^ne de Brannay.

MARTINIÈRES (LES), h. c^ne de Saint-Valérien.

MARTINS, fermes, c^ns de Druyes et de Treigny.

MARTINS (LES), h. c^ne de Verlin.

MARTROY (LE), c^ne de Chevillon. — Fief relevant de la Celle-Saint-Cyr, 1677 (ém. de Villaine).

MANZY, m^in et f^e, c^ne d'Angely; autrefois village dépendant de la généralité de Paris, baill. de l'Isle. — Auj. usine de ciment romain.

MASSANGIS, c^ne de l'Isle-sur-Serain. — *Massengiacus*, 1188 (cart. gén. de l'Yonne, II, 387). — *Massengeyum*, xve siècle (pouillé du dioc. d'Autun). — *Massengi*, 1145 (cart. gén. de l'Yonne, I, 402). — *Marsengy*, 1346 (arch. du ch. de Sauvigny-le-Bois). — *Massangy*, 1484; fief relevant de l'Isle (terrier de l'Isle; ém. Bertier). — *Marsangy*, 1612 (abb. de Reigny). — *Massingy*, 1667; règlements des forêts de la maîtrise de Semur (arch. de l'Yonne).

Massangy était, avant 1789, du dioc. d'Autun, de la prov. de l'Île-de-France et du baill. de l'Isle, en appel à celui de Troyes.

MASSELINS (LES), h. c^ne de Précy.

MASSES (LES), h. c^ne de Champcevrais.

MASSÉS (LES), h. c^ne de Champcevrais.

MASSONNETS (LES), h. c^ne de Savigny.

MASSU, f^e, c^ne de Champignelles.

MASURE (LA), h. c^ne de Saint-Denis-sur-Ouanne.

MASURE (LA VIEILLE-), m. i. c^ne de Saint-Loup-d'Ordon.

MASURE-BOULAT (LA), h. c^ne de Lalande.

MASURE-BOURGEOIS (LA), c^ne de Pourrain, 1692 (chap. d'Auxerre). — Lieu détruit.

MASURE-BRANGER (LA), h. c^ne de Champcevrais.

MASURE-DES-TROIS-MARCHAIS (LA), m. i. c^ne de Rogny, 1553 (f. Jaupitre, à Rogny); détruite.

MASURE-DES-TROIS-PIERRES (LA), m. i. c^ne de Rogny, 1553 (f. Jaupitre); détruite.

MASUREAU, fief relevant de la terre de Villefargeau, 1567 (f. Garnier des Chesnes).

MASURES (LES), hameaux, c^nes de la Belliole et de Nailly.

.MASURES (LES), h. c^ne de Villeroy. — *Les Mazures*, 1628 (arch. de l'Hôtel-Dieu de Sens).

MATHAY, h. c^ne d'Avallon.

MATHES (LES), h. c^ne de Pourrain.

MATHIEUX (LES), h. c^ne de Quarré-les-Tombes.

MATIGNONS (LES), m. b. et f^e, c^ne de Mézilles, XVIIe s^e (reg. de l'état civil).

MATTRE (LA), h. et tuil. c^ne de Malay-le-Vicomte.

MAUGAGNONS (LES), h. c^ne de la Ferté-Loupière.

MAUGARNIE, h. c^ne de Saligny. — *La Montgarny*, 1748 (reg. de l'état civil).

MAUGERIE (LA), h. c^ne de Fontenouilles.

MAUGERIE (LA PETITE-), m. i. c^ne de Fontenouilles.

MAUGERIES (LES), h. c^ne de Piffonds. — *Mongeris*, 1737 (reg. de l'état civil).

MAULMONT, h. dépendant des c^nes de Merry-la-Vallée et de Toucy.

MAULNE, h. c^ne de Cruzy. — *Maulna*, 1293; *Maune*, 1305 (cart. de l'hôpital de Tonnerre). — *Mône (Château de)*, 1736 (arch. de l'inspect. des forêts d'Auxerre). — *Mosne*, 1782 (cart. du duché de Bourgogne). — Château et verrerie, 1787 (cadastre C. 101, plan). — Le château, autrefois considérable et appartenant aux comtes de Tonnerre, est ruiné.

MAULNE, forêt, c^ne de Cruzy.

MAULNY, f^e, c^ne de Bagneaux. — *Mauni*, 1185 (cart. gén. de l'Yonne, II, 363). — *Mauny-le-Repos*, 1362 (cart. de l'archev. de Sens, III, 129 r°, Bibl. imp.); ainsi surnommé parce que saint Louis s'y reposa en rapportant la sainte couronne d'épines. Depuis fief relevant de l'archev. de Sens, avec château fort converti en ferme; autref. fief d'une prévôté ressortissant au baill. de Sens.

MAULNY, h. c^ne de Saint-Maurice-aux-Riches-Hommes. *Malum Nidum*, XIIe siècle (cart. gén. de l'Yonne, I). — *Maulny*, 1560; fief, avec prévôté, relevant de l'archev. de Sens. — *Les bois de Maulny* (affiches de Sens, 1787, n° 19).

MAULNY, h. c^ne de Chevannes. — *Maulny*, 1526 (ém. Doublet de Crouy).

MAUNOIR (LE), h. et m^in, c^ne de Bazarne; autref. fief. — Le moulin du Maunoir a été détruit pour l'établissement du pertuis du même nom sur la rivière d'Yonne.

MAUPAS, m^in, c^ne de Bagneaux. — *Malum Passum*, 1175 (abb. de Vauluisant). — *Maupas et Malpas*, 1319 (arch. de Sens).

Maupas était autrefois le titre d'un fief avec toute justice sous le nom de mairie, situé dans l'intérieur du village de Bagneaux et ressortissant au baill. de Sens.

MAUPAS, f^e, c^ne de Vézelay.

MAUPLOTS (LES), h. dépendant des c^nes de Toucy et de Fontaines.

MAUREPARÉ, h. c^ne de Tannerre; point élevé de 229 mèt. au-dessus du niveau de la mer. — *Montréparé*, 1693 (év. d'Auxerre).

MAUREPAS, h. commune des Bordes. — *Malus Repastus (Grangia)*, 1147 (cart. gén. de l'Yonne, I, 431). — Autrefois fief avec prévôté ressortissant au baill. de Theil.

MAUREPAS, h. c^ne de Merry-la-Vallée, 1585; fief relevant du baron de Toucy.

MAUREPAS, métairie, c^ne de Paroy-en-Othe. — *Malum Repastum*, 1193 (abb. de Dilo). — *Maurepast (Nemus)*, bois, même commune, 1182 (cart. gén. de l'Yonne, II, 335). — *Maurepas*, 1514 (arch. de Sens).

MAURICE, m^in, c^ne de Saint-Martin-sur-Ouanne.

MAURUS (LES), h. c^ne de Chevannes. — *Les Montrus*, 1560 (reg. de l'état civil).

MAUSALÉ, m^in, c^ne de Sens, 1541 (abb. Saint-Remy; censier de Sens).

MAUVAIS-PAS (LE), hameaux, c^nes de Fontenouilles et de Tannerre.

MAUVOTTE, ruisseau qui prend sa source dans les fossés de l'ancien château de Voisines et se jette dans l'Yonne à Saint-Denis. — *Malvetum*, 1160 (cart. gén. de l'Yonne, II, 107). — *Mauvetes*, 1377; *Movotte*, 1450 (chap. de Sens).

MAZIÈRES, tuil. c^ne de Bazarnes.

MAZUREAUX (LES), h. c^ne de Prunoy.

MAZURES (LES), c^ne de Mézilles, 1573; fief relevant de Mézilles; lieu détruit (B^in de la Soc. des sciences de l'Yonne, 1858).

MAZURES-DE-LA-PATIENCE, h. c^ne de Champcevrais.

MÉE (LE GRAND-), h. c^ne de Sainpuits.

MÉE (LE PETIT-), f^e, c^ne de Sainpuits.

MÉGLIÈNE, h. c^ne de Vaudeurs.

MEILLIER, f^e, c^ne de Saint-Aubin-Château-Neuf. — *Melers*, vers 1163 (cart. gén. de l'Yonne, II, 153). Il y avait alors une église, qui est qualifiée chapelle dans le pouillé de 1695. — *Le Melliers*, 1499 (chap. de Sens).

MEIX (LE), h. c^ne de Magny. — *Les Meix* ou *les Cours franches d'Estrée*, 1486 (terrier d'Avallon). — Lieu détruit.

MEIX (LE), h. c^ne de Saint-Germain-des-Champs. — *Le Mes*, 1402. Seigneurie dépendant en partie de la comm^lle de Pontaubert; ancien château fort relevant du chapitre d'Avallon, détruit par ordre de Charles VII en 1433.

MÉLÉE (LA), h. c^ne de Domats.

MÉLISEY, c^on de Cruzy. — *Milisiacum*, 879 (cart. gén. de l'Yonne, II, 8). — *Melizeyum*, 1536 (pouillé du diocèse de Langres). — *Melisi*, 1203 (cart. de Pontigny, f° 25 v°, n° 153, Bibl. imp.). — *Melisy*, 1299 (cart. de l'hôpital de Tonnerre). — *Melisé*, 1514 (cart. de Saint-Michel; arch. de l'Yonne). — *Melizey*, 1527; fief relevant de Cruzy (invent. des titres du comté de Tonnerre au xviie siècle).

Mélisey était, au ixe siècle, du pagus de Tonnerre et, avant 1789, du dioc. de Langres et de la prov. de l'Île-de-France, élection de Tonnerre, et du baill. de Sens en appel de celui de Cruzy.

MELLEROT, m. i. c^ne de Prunoy.

MÉLONIÈRE (LA), h. c^ne de Domats.

MÉLUZIEN, h. dépendant des c^nes de Magny et d'Avallon. — *Meluisien, Menuisien*, 1751 (reg. de l'état civil d'Avallon).

MENADES, c^on d'Avallon. — *Menade*, 1401 (abb. de Chore). — *Menades*, 1662; fief relevant du roi (f. d'Estud d'Assay).

Menades était, avant 1789, du dioc. d'Autun, de la prov. de Bourgogne et du baill. d'Avallon.

MÉNAGERS (LES), h. c^ne de Dollot.

MÉNAGES (LES), h. c^re de Druyes.

MENARDS (LES), h. c^ne de Domats. — *Les Benards*, 1738 (reg. de l'état civil).

MENARDS (LES), h. c^ne de Piffonds.

MÉNEMOIS-DESSOUS, h. c^re de Quarré-les-Tombes. — *Nemais*, 1171-1188 (cart. gén. de l'Yonne, II, 234). — *Menemain*, 1441 (chap. d'Avallon). — *Menemoys* et *Nemoys*, 1569 (ém. Montmorency-Robeck).

MÉNEMOIS-DESSUS, h. c^re de Quarré-les-Tombes. — Voy. MÉNEMOIS-DESSOUS pour les diverses formes.

MÉNILLE (LA), m^in, c^ne de Massangis.

MENUS-BOIS, h. c^ne d'Arces. — *Menus-Bois*, xvie siècle; prévôté et seigneurie dépendant de l'abb. de Pontigny (abb. de Pontigny).

MERCIERS (LES), h. c^ne de Précy.

MERCY, c^on de Brienon. — *Mersiacus*, 1146 (cart. gén. de l'Yonne, I, 412). — *Messiacum*, 1155 (*ibid.* 535). — *Merci*, 1168 (*ibid.* II, 153). — *Messei*, 1165 (*ibid.* 182). — *Mercy*, 1351 (abb. de Dilo).

Mercy était, avant 1789, du dioc. de Sens et du baill. de Saint-Florentin, de la prov. de l'Île-de-France et de l'élection de Joigny.

MERDEREAU (RUISSEAU DE), prend sa source à Brienon et s'y jette dans la Brumance.

MÉRÉ, c^on de Ligny. — *Matiriacensis ager*, vers 680 (cart. gén. de l'Yonne, I, 19). — *Madriacus*, xie siècle (obit. de Saint-Étienne d'Auxerre; Lebeuf, Histoire d'Auxerre, IV, pr.). — *Mercium Servosum*, 1116 (cart. gén. de l'Yonne, I, 232). — *Mairiacum* (Vie de Gauzlin, abbé de Fleury, éd. Delisle, xiie siècle). — *Meriacum Servosum*, 1259; *Meriacum Silvosum*, 1268 (abb. de Pontigny). — *Mairé*, 1156 (cart. gén. de l'Yonne, I, 542). — *Mairi-le-Serveux*, 1288. — *Méré*, 1335 (cart. du comté de Tonnerre; arch. de la Côte-d'Or). — *Mercy-le-Serveux*, 1554 (E. c^ne de Méré). — *Mérey*, xviiie siècle.

Méré était, au viie siècle, du pagus de Tonnerre et, avant 1789, du dioc. de Langres, de la prov. de l'Île-de-France, élection de Tonnerre, et siége d'une prévôté ressortissant au baill. de Sens. Le fief relevait du comté de Tonnerre.

MÉNISIERS, h. c^on d'Arces.

MERLE (LE), m. i. c^on de Rogny. — *Les Merles*, 1726 (reg. de l'état civil).

MERLES (LES), h^aux, c^nes de Chastenay-le-Bas et de Fontenoy.

MERLIN, m^in, c^ne de Villeneuve-les-Genêts.

MERLIN (LE), m. i. c^re de Bléneau.

MERLINS (LES), h. c^ne de Chambeugle.

MERLUCHERIE (LA), h. c^ne de Saint-Valérien.

MERRY, h. c^ne de Montigny. — *Mairiacum*, 1120-1136 (cart. gén. de l'Yonne, I, 244). — *Marriacum*, 1209 (abb. de Pontigny). — *Marres*, 1188 (cart. gén. de l'Yonne, II, 386). — *Merri*, xive siècle (bibl. d'Auxerre; Miracula sancti Edmundi).

MERRY, c^ne de Sacy; fief seigneurial, au faubourg de ce village, sur le chemin de Joux. Lieu détruit. — *Madriacum*, vers 1156 (cart. gén. de l'Yonne, I, 545). — *Marriacum*, 1167 (*ibid.* II, 196). — *Merriacum*, 1176 (*ibid.* 281). — *Marre*, 1180 (abb. de Reigny). — *Merry*, 1566 (terrier de Palluau-Vau-du-Puits; arch. de l'Yonne). Fief au xiiie siècle. — Voy. PAILLEAU.

MERRY-LA-VALLÉE, c^on d'Aillant. — *Matriacus*, viiie s^e (Bibl. hist. de l'Yonne, I, 348). — *Marriacum*, 1221 (chap. d'Auxerre). — *Merriacum in Valle*, xve siècle (pouillé du dioc. d'Auxerre; Lebeuf, Hist. d'Auxerre, IV, pr. n° 413). — *Merri*, 1289 (chap. d'Auxerre). — *Merry-lez-Églény*, 1481; *Mery*, 1638 (*ibid.*). — Seigneurie appartenant au chapitre d'Auxerre.

Merry-la-Vallée était, au ixe siècle, du pagus et du dioc. de Sens et, avant 1789, de la prov. de l'Île-de-France, de l'élection de Joigny et du baill. d'Auxerre.

MERRY-LES-JOUX, m. i. c^ne de Joux-la-Ville.

MERRY-SEC, c^on de Courson. — *Matriacus*, vi^e siècle (Bibl. hist. de l'Yonne, I, 328). — *Oratorium Sancti Memmii*, viie siècle (*ibid.* 344). — *Mairiacus*, 853 (cart. gén. de l'Yonne, I, 66). — *Merriacum Siccum*, xiie siècle (Bibl. hist. de l'Yonne, I, 427). — *Merrissicum*, 1283 (év. d'Auxerre; liasse Gy-l'Évêque). — *Merrissec*, 1469 (abb. Saint-Marien d'Auxerre). — *Mesri-Sec*, 1470 (*ibid.*). — *Merry-Sec*, 1567; fief relevant du château d'Avigneau (label. d'Auxerre, portef. IV).

Merry-Sec était, au vi^e siècle, du pagus et du dioc. de Sens; il était divisé, avant 1789, entre les prov. de Bourgogne et de l'Île-de-France et était du baill. d'Auxerre.

MERRY-SUR-YONNE, c^on de Coulanges-sur-Yonne. — *Merriacum super Yonam*, xve siècle (pouillé du dioc. d'Auxerre; Lebeuf, Histoire d'Auxerre, IV, n° 413). — *Marri*, 1184 (cart. gén. de l'Yonne, II, 354). — *Merry-sur-Yonne*, 1315; fief relevant du comté d'Auxerre (cart. du comté; arch. de la Côte-d'Or); qualifié châtellenie en 1604 (chambre des comptes; *ibid.*). — *Marry-sur-Yonne*, 1493 (chap. de Châtel-Censoir, compte).

Merry-sur-Yonne était, au ixe siècle, du pagus d'Auxerre et, avant 1789, du dioc. du comté et du baill. de même nom.

MERRYS, h. c^ne de Druyes.

MESANCELLE, h. c^ne de Champignelles.

MESANGERIE (LA), f^e, c^ne de Fouchères; détruite vers 1802.

MESNIL (LE), h. c^ne de Dollot. — *Le Mesnil*, 1537 (f. seigneurie de Dollot; bibl. de Sens).

MESSANS (LES), f^e, c^ne de Bléneau.

MESTARDIÈRE (LA), c^ne de Bléneau, 1494 (chap. de Saint-Fargeau). — Lieu détruit.

MÉTAIRIE (LA), m. i. c^nes de Bagneaux et de Cudot.

MÉTAIRIE (LA), m^in, c^ne des Bordes. — *Les Quatre-Vents*, 1734. — *La Métairie des Quatre-Vents*, 1780 (reg. de l'état civil).

MÉTAIRIE (LA), fermes, c^nes de Dicy, Lindry, Mézilles.

MÉTAIRIE (LA), h. c^ue de Fournaudin.

MÉTAIRIE (LA GRANDE-), f^e, c^ne de Taingy (Cassini); auj. détruite.

MÉTAIRIE (LA HAUTE-), f^e, c^ne de Flogny.

MÉTAIRIE-BLANCHE (LA), f^e, c^ne de Dollot, 1786 (terrier de Dollot; bibl. de Sens).

MÉTAIRIE-BORNEAU (LA), f^e, c^ne d'Aisy.

MÉTAIRIE-BOYAU (LA), f^e, c^ne de Saint-Romain, 1537 (hôpital de Joigny); auj. détruite.

MÉTAIRIE-BRUYÈRE (LA), m. i. c^ne de Parly.

MÉTAIRIE-CHAUVOT (LA), h. c^ne de Toucy. — *Le Vernoy-Perrin-Carreau*, xviiie siècle (év. d'Auxerre).

MÉTAIRIE-DE-BROUXAILLE (LA), f^e, c^ue d'Aisy.

MÉTAIRIE-DE-STIGNY (LA), f^e, c^ue d'Aisy.

MÉTAIRIE-DES-BOIS (LA), f^e, c^ne de Fouronnes, 1693 (év. d'Auxerre); auj. détruite.

MÉTAIRIE-DES-CHAMPS (LA), f^e, c^ne de Dracy.

MÉTAIRIE-DES-CREUSES (LA), f^e, c^ue d'Aisy.

MÉTAIRIE-DES-PRÊTRES (LA), h. c^ne de Verlin.

MÉTAIRIE-DU-BOIS-DE-SACY (Cassini); auj. détruite.

MÉTAIRIE-DU-SEIGNEUR-D'ARDEAU (LA), h. c^ne de Laduz, 1553 (Legrand, État gén. du baill. de Troyes, 379); auj. détruit.

MÉTAIRIE-RIVIÈRE (LA), f^e, c^ne de Poinchy; démolie en 1859.

MÉTAIRIES (LES), h. c^ne de Mélisey.

MÉTAIRIES-CHAMBAULT (LES), f^e, c^ne de Saint-Fargeau.

MÉTAIRIES-ROUGES (LES), f^e, c^ne d'Ouanne.

METZ (LE), c^ne de Domats. — *Le Mez-l'Abbesse*, 1361 (Chartreux de Béon); terre donnée en 1364 aux Chartreux par Me Nicole de Verres, chanoine de Paris, et appelée l'Abbesse parce qu'elle provenait de l'abbaye des femmes de Villechasson. — *Le Mée*, 1734; *les Mées*, 1737 (reg. de l'état civil). — Fief relevant de Courtenay.

METZ (LE), hameaux, c^nes de Saint-Sauveur et de Villegardin.

METZ (LES), c^ne de Saint-Sauveur. — *Le Metz*, 1615; fief relevant de Saint-Fargeau (B^in de la Soc. des sciences de l'Yonne, 1858).

MEUGLIÈRE, h. c^ne de Vaudeurs.

MEUGNE, h. c^ne de Treigny.

MEUNIÈRE (LA), h. c^ue de Chaumot.

MEUNIÈRES (LES), manœuv. c^ne de la Belliole.

MEURES (LES), h. c^ne de Pourrain.

MEURGE, h. c^ne de Sennevoy-le-Bas.

MEZ (LE), h. c^ne de Lucy-le-Bois, 1553 (Legrand, État gén. du baill. de Troyes). — Auj. détruit.

MÉZILLES, c^on de Saint-Fargeau. — *Miciglæ*, ve siècle (Bibl. hist. de l'Yonne, I, 318). — *Miciclæ*, 1186 (cart. gén. de l'Yonne, II, 365). — *Mérilles*, xvie siècle (abb. Saint-Germain d'Auxerre). Châtellenie appartenant aux seigneurs de Saint-Fargeau (B^in de la Soc. des sciences de l'Yonne, 1858). — Le fief relevait du château de Montargis en 1485.

Mézilles était, au ve siècle, du pagus d'Auxerre et, avant 1789, du dioc. du même nom, de la prov. de l'Orléanais et du baill. de Montargis.

MICHAUX (LES), hameaux, c^nes de Lalande et de Levis.

MICHAUX (LES), hameaux, c^nes de Moutiers et de Pourrain.

MICHERY, c^on de Pont-sur-Yonne. — *Macerias*, ixe siècle (*Liber sacram.* ms bibl. de Stockholm). — *Misce-*

riacus, 833 (cart. gén. de l'Yonne, I, 41). — *Metsonus* ou *Metsorius*, 853 (*ibid.* 65). — *Misseriacus*, 1157 (*ibid.* II, 87). — *Missery*, 1285 (prieuré de la Cour-Notre-Dame).

Michery était, au ixᵉ siècle, du pagus de Sens et, avant 1789, du dioc. du même nom et de la prov. de l'Île-de-France. — Ce lieu était aussi le siége d'une prévôté ressortissant au baill. de Sens.

MICHOTTERIE (LA), h. cⁿᵉ d'Étais.

MINOUX (LES), h. cⁿᵉ de Moutiers. Il dépendait autrefois de la seigneurie de Saint-Fargeau.

MIGÉ, cᵒⁿ de Coulanges-les-Vineuses. — *Migeium*, 1130 (cart. gén. de l'Yonne, I, 283). — *Migetum*, 1260 (abb. Saint-Julien d'Auxerre). — *Migetium*, xvᵉ siècle (pouillé du dioc. d'Auxerre; Lebeuf, Histoire d'Auxerre, IV). — *Migi*, 1163 (cart. gén. de l'Yonne, II, 148). — *Migié*, 1339 (reg. de l'Hôtel-Dieu d'Auxerre). — *Miget*, vers 1550 (év. d'Auxerre). — *Migey*, 1757 (rôles des tailles du comté d'Auxerre). Ancien château fort contigu au village; auj. détruit.

Migé était, avant 1789, du dioc. et du baill. d'Auxerre et de la prov. de Bourgogne, et dépendait du comté de Courson.

MIGENNES, cᵒⁿ de Joigny. — *Mitiganna*, 634 (cart. gén. de l'Yonne, I, 8). — *Mitgana*, ixᵉ siècle (*Liber sacram.* ms de la bibl. de Stockholm). — *Migannia*, 1139 (cart. gén. de l'Yonne, I, 340). — *Migennia*, vers 1160 (*ibid.* II, 112). — *Miganna*, 1161 (*ibid.* 130).— *Migenne*, 1453 (reg. des taxes, etc. dioc. de Sens, bibl. de cette ville, archev.).

Migennes était, au viiᵉ siècle, du pagus de Sens et, avant 1789, du dioc. du même nom, de la prov. de l'Île-de-France et du baill. de Joigny, en appel des jugements de sa prévôté. Le fief en relevait du comté de Joigny.

MIGNONS (LES), h. cⁿᵉ de Lalande.

MIGNOTS (LES), h. cⁿᵉ de Bœurs.

MIGRAINE, célèbre climat de vignes, cⁿᵉ d'Auxerre, connu dès le xiiᵉ siècle. — *Migrana*, xiiᵉ siècle (Bibl. hist. de l'Yonne, I, 413).

MILASSON, m. i. cⁿᵉ de Saint-Julien-du-Sault.

MI-L'EAU, mⁱⁿ, cⁿᵉ d'Auxerre. — *De media aqua Molendinum*, 1180 (abb. Saint-Marien).

MILIEU (LE), fᵉ, cⁿᵉ de Joigny.

MILLAISONS, cⁿᵉ de Bussières. — *Milaizons*, 1569. — *Millaisons*, 1682 (ém. Montmorency-Robeck); lieu détruit.

MILLE-MOTHES, h. cⁿᵉ de Bléneau.

MILLERIE (LA), h. cⁿᵉ de Villeneuve-sur-Yonne.

MILLERIES (LES), h. cⁿᵉ de Percey. — *Les Millerys*, 1660. — *Les Milleries*, 1695 (reg. de l'état civil).

MILLIENS (LES), h. cⁿᵉ de Dicy.

MILLOIS, h. cⁿᵉ de Bernouil; autref. prévôté ressort. au baill. de Tonnerre.

MILLOIS (LES), hameaux, cⁿᵉˢ de Flogny et de Saint-Martin-sur-Ouanne.

MILLOTS (LES), h. cⁿᵉ d'Étais.

MILLOTS (LES), m. i. cⁿᵉ de Saints.

MILLOTS (LES PETITS-), h. cⁿˢ de Sementron.

MILLY, cᵒⁿ de Chablis. — *Miliacus*, viiᵉ siècle (Bibl. hist. de l'Yonne, I, 336). — *Milliacum prope Chableias*, 1239 (cart. de Pontigny, fᵒ 57 vᵒ, Bibl. imp. nᵒ 153).

Milly était, au viiᵉ siècle, du pagus de Tonnerre et, avant 1789, du dioc. de Langres, de la prov. de Bourgogne et du baill. de Noyers, par ressort de sa prévôté.

MILLY, fᵉ, cⁿᵉ de Foissy.

MILLY-LE-BAS, h. cⁿᵉ de Milly.

MILONNERIE (LA), h. cⁿᵉ de Domats.

MILONNERIE (LA), fᵉ, cⁿᵉ de Villefranche.

MINARDS (LES), fᵉ, cⁿᵉ de Charny.

MINARDS (LES), h. cⁿᵉ de Lavau.

MINARDS (LES), fᵉˢ, cⁿᵉˢ de Ronchères et de Saint-Privé.

MINERO (LE), manœuv. cⁿᵉ de Lavau. — *Mineroy*, m. i. (reg. de l'état civil).

MINEROTTES (LES), fᵉ, cⁿᵉ de Sainpuits.

MINEROY (LE), h. cⁿᵉ de Champignelles. — *Les Mineroy*, 1624 (ém. Rogres).

MINIÈRES (LES), cⁿᵉ d'Ouanne. — *Mynières*, 1630 (reg. de l'état civil); autref. chât. et fief; auj. détruit.

MINIERS (LES), h. cⁿᵉ de Villefranche.

MINOU (LE), hameaux, cⁿᵉˢ de Béon et de Chamvres, autref. siège d'une prévôté; auj. détruits.

MIOLETS (LES), h. cⁿᵉ de Saint-Sauveur.

MIRMY, h. cⁿᵉ de Pont-sur-Yonne.

MIRONS (LES), h. cⁿᵉ de Saint-Valérien; autr. *les Misons*.

MISÉRICORDE (LA), m. i. cⁿᵉ d'Irancy (Cassini); auj. détruite.

MISERY, h. cⁿᵉ de Crain. — *Misciacus*, vers 519, au pagus d'Auxerre (cart. gén. de l'Yonne, I, 3). — *Miseriacum*, 1258 (cart. de Crisenon, fᵒ 16 vᵒ, nᵒ 154, Bibl. imp.). — *Misery*, 1319 (chap. de Châtel-Censoir). — *Missere*, 1510 (*ibid.*). — *Missery*, 1682 (év. d'Auxerre). — *Mizery*, 1740 (aides et tailles du comté d'Auxerre). Terre relev. du roi au comté d'Auxerre.

Misery était, avant 1789, du comté d'Auxerre et le siége d'un bailliage.

MISSERY, montagne, cⁿᵉ de Châtel-Gérard.

MITRIS (LES), h. cⁿᵉ de Fontaines.

MITTARDS (LES), h. cⁿᵉ de Moulins-sur-Ouanne. — *Les Mytards*, 1775 (reg. de l'état civil).

Mi-Voie (La), h. cⁿᵉ de Tannerre. — *La Nivoye*, 1715 (plan de la seigneurie, arch. de l'Yonne).

Mi-Voie (La), h. cⁿᵉ de Verlin. — 1749, fief relev. de l'archev. de Sens (f. archev.).

Miziers, m. i. cⁿᵉ de Mézilles.

Mocque-Bouteille, manœuv. cⁿᵉ de Montacher.

Mocque-Souris, f°, cⁿᵉ de Perrigny. — *Mocquesery* ou *Beauregard*, 1596 (procès-verbal de l'audience des criées du baill. d'Auxerre).

Mocque-Souris, mⁱⁿ à tan, cⁿᵉ de Sens.

Moinerie (La), f°, cⁿᵉ de Villeneuve-les-Genêts.

Moinjots (Les), h. cⁿᵉ de Quarré-les-Tombes.

Moiriacus et Moniacus, cⁿᵉ de Vaudeurs, 1132-47 (cart. gén. de l'Yonne, I, 289, 405). — Lieu détruit.

Molandière (La), m. i. cⁿᵉ de Bléneau.

Molay, cⁿ de Noyers. — *Modelagius*, 859 (cart. gén. de l'Yonne, I, 69). — *Modolaius*, 863 (*ibid.* 78). — *Mollai*, 1188 (*ibid.* II, 386). — *Mosloy*, 1636 (abb. Saint-Germain d'Auxerre).

Molay était, au ix° siècle, du pagus de Tonnerre et, avant 1789, du dioc. de Langres, de la prov. de Bourgogne et du baill. de Noyers, avec appel à Semur.

Molesme, cⁿ de Courson. — *Molimœ*, 1283 (év. d'Auxerre, liasse Gy-l'Évêque). — *Molesme*, xv° siècle (pouillé du diocèse d'Auxerre; Lebeuf, Histoire d'Auxerre, IV, pr.).

Molesme était, avant 1789, du dioc. et du baill. d'Auxerre, de la prov. de l'Orléanais et de l'élection de Clamecy.

Molesme (Le Petit-), m. i. cⁿᵉ d'Épineuil, ancienne propriété de l'abb. de Molesme.

Molinons, cⁿ de Villeneuve-l'Archevêque. — *Molendinum-Leons*, vers 1136 (cart. gén. de l'Yonne, I, 311). — *Molinundœ*, 1275 (abb. de Vauluisant). — *Molinondœ*, 1695 (pouillé du dioc. de Sens). — *Molinuns*, 1159 (cart. gén. de l'Yonne, II, 157). — *Molinons*, 1453 (reg. des taxes, etc. dioc. de Sens, bibl. de cette ville, archev.). — Seigneurie relev. de la terre de Louptière (dénombrement de 1554, f. Molinons, bibl. de Sens).

Molinons était, avant 1789, du dioc. de Sens et de la prov. de l'Île-de-France, et le siége d'une prévôté ressort. au baill. de Sens.

Mollinots (Les), h. cⁿᵉ de Bœurs.

Molosme, cⁿ de Tonnerre. — *Molomum*, 1530 (abb. de Molosme). — *Moloines*, 1190 (cart. gén. de l'Yonne, II, 425). — *Moloisme*, 1315 (commⁿᵉ de Saint-Marc). — *Molommes*, 1343 (cart. du comté de Tonnerre, arch. de la Côte-d'Or). — *Molosme-la-Fosse*, 1732 (carte du duché de Bourgogne). — — Il existait autrefois en ce lieu une abbaye de Bé-

nédictins, sous le vocable de saint Pierre, *Melundense monasterium*, 814 (cart. gén. de l'Yonne, I, 27). Ce monastère fut transporté à Saint-Martin au xii° siècle.

Molosme était, avant 1789, du dioc. de Langres et de la prov. de l'Île-de-France, et siége d'un baill. dont dépendaient six prévôtés et qui ressortissait au baill. royal de Sens.

Môlu, f°, cⁿᵉ de Villeneuve-la-Dondagre.

Monbauderan, fief, cⁿᵉ de Saint-Denis-sur-Ouanne, 1661 (f. Quinquet, arch. de l'Yonne).

Monceau (Le), hameaux, cⁿᵉˢ de Brion, de Laduz et de Savigny-en-Terre-Plaine.

Monceau-Confroy, bois, cⁿᵉ de Commissey. — *Moncellum-Gonfredi*, 1198 (cart. gén. de l'Yonne, II, 490).

Monceau-de-Villiers, h. cⁿᵉ de Soumaintrain. — *Monseau*, 1610, fief relev. de la terre de Soumaintrain (ém. Wall).

Monchardon, h. cⁿᵉ de Chassy.

Moncry, f°, cⁿᵉ de Stigny. — *Montcrif*, 1730 (reg. de l'état civil).

Mondereau, ruiss. cⁿᵉ de Malay-le-Vicomte, où il prend sa source, et se jette dans l'Yonne à Sens.

Mondogat, f°, cⁿᵉ de Lailly. — *Mondauga*, 1661, fief aliéné alors par l'abbé de Vauluisant. — *Mondogast*, 1707 (abb. de Vauluisant). — *Mondaugas*, 1780 (plan, *ibid.*), autref. siége d'une mairie ressort. au baill. de Sens.

Monéteau, cⁿ d'Auxerre (ouest). — *Monasteriolum*, 853 (cart. gén. de l'Yonne, I, 66). — *Monastallum*, xiii° siècle (Bibl. hist. de l'Yonne, I, 499). — *Monestallum ultra aquam*, 1290 (chap. d'Auxerre). — *Monestal*, 1311 (abb. Saint-Pierre d'Auxerre). — *Monestaul*, 1337, fief relev. du comté d'Auxerre (cart. du comté). — *Le Grand-Monéteau*, 1672 (reg. de l'état civil). — *Monnéteau*, 1743 (rôles des tailles de l'élection d'Auxerre); seigneurie au chap. d'Auxerre.

Monéteau était, au ix° siècle, du pagus et du dioc. d'Auxerre, et, avant 1789, Monéteau proprement dit était de la prov. de l'Île-de-France, élection de Tonnerre, et le siége d'un baill. ressort. à celui de Villeneuve-le-Roi; le hameau de Létau, qui en dépend, était de la prov. de Bourgogne, du baill. et de l'élection d'Auxerre. Il y avait au xii° siècle une commⁿᵉ de Templiers chef de baill. à Monéteau.

Mongerin, h. cⁿᵉ d'Égriselles-le-Bocage. — *Mongrin*, 1698 (reg. de l'état civil). — *Mongerin*, 1713, seigneurie relevant du prieuré de Courtenay (ém. de Saxe, invent. de Chaumot). Autref. siége d'une prévôté ressort. au baill. de Sens.

Monigeots (Ruisseau des), cⁿᵉ de Quarré-les-Tombes,

prend sa source à l'étang de Teignot et se jette dans le Trinquelin, même commune.

Monins (Les), f°, c⁰⁰ de Toucy.

Monsaux (Les), f°, c⁰⁰ de Cruzy, 1787 (C. 101, plan du cadastre); auj. détruite.

Monscordonis et capella una in Corbello, in comitatu Autissiodorensi, 1103 (cart. de Saint-Symphorien d'Autun, év. d'Autun); inconnu.

Monsegon, bois, c⁰⁰ d'Esnon, 1640 (E. 317, arch. de l'Yonne).

Monserve, f°, c⁰⁰ de Tronchoy.

Mons-Matogène, montagne fort élevée du côté de Mézilles, v° siècle (Bibl. hist. de l'Yonne, I, 58; Vie de saint Germain).

Montacher, c⁰ⁿ de Chéroy. — Montacherium, 1156 (cart. gén. de l'Yonne, I, 538). — Mons-Acherus, 1261 (arch. de Sens, bibl. de cette ville). — Montachier, 1453 (reg. des taxes, etc. dioc. de Sens, bibl. de cette ville, archev.). — Montachey, 1532 (arch. de l'Empire, P. 14, 324).

Montacher était, avant 1789, du dioc. de Sens et de la prov. de l'Île-de-France; c'était une prévôté du baill. de Sens.

Montagne, hameaux, c⁰⁰ˢ de Lainsecq, de Louesme et de Sennevoy-le-Haut.

Montagne (La), m. i. c⁰⁰ de Levis.

Montagne (La), fermes, c⁰⁰ˢ de Cerisiers, de Malicorne et de Villeneuve-les-Genêts.

Montagne (La Grande-), h. c⁰⁰ de Joigny.

Montagne-au-Greiau (La), f°, c⁰⁰ de Perrigny.

Montagne-de-Haute-Feuille (La), h. c⁰⁰ de Bléneau.

Montagne-de-Prunoy (La), h. c⁰⁰ de Charny.

Montagne-des-Alouettes (La), moulins, c⁰⁰ˢ d'Étais et de Lainsecq.

Montagne dite le Haut-de-Fontenailles (La), h. c⁰⁰ de Fontenailles.

Montagne-Monfrain (La), mⁱⁿ, c⁰⁰ d'Étais.

Montaigu, f°, c⁰⁰ de Monéteau; auj. détruite.

Montalery, h. c⁰⁰ de Venoy.

Montanteaume, f°, c⁰⁰ d'Héry; auj. détruite.

Montaphilan, h. c⁰⁰ de Soucy.

Montargis (Le Petit-), h. c⁰⁰ de Saint-Fargeau.

Montarin, h. c⁰⁰ de Quarré-les-Tombes.

Montaudouart, f°, c⁰⁰ de Foissy. — Monthodoare, 1672 (reg. de l'état civil). — Montaudouart, 1788 (cadastre C. 84). Autref. fief à manoir, avec titre de prévôté (Tarbé, Coutume de Sens, 564; détails hist. sur le bailliage).

Mont-Avrolles, montagne, c⁰⁰ d'Avrolles, élevée de 181 mètres au-dessus du niveau de la mer.

Montbards (Les), h. c⁰⁰ de Saint-Loup-d'Ordon.

Montbaudron, h. c⁰⁰ de Saint-Denis-sur-Ouanne.

Mont-Béon, f°, c⁰⁰ de Saint-Agnan, 1695 (pouillé du dioc. de Sens). — Mons-Beo, autrefois prieuré de l'ordre de Saint-Augustin, dép. de l'abb. Saint-Victor de Paris, connu dès le xii° siècle.

Montboulon, fermes, c⁰⁰ˢ de Perrigny et de Saint-Georges.

Montboulon, bois, c⁰⁰ de Saint-Georges. — Monbolum, 1198 (cart. de Saint-Germain, f° 47 r°). — Monbolon, 1256 (prieuré de Saint-Eusèbe d'Aux.).

Mont-Canné, bois, c⁰⁰ de Villiers-Hauts.

Montceaux, h. c⁰⁰ de Talcy. — Montceaulx-lez-Pizy, 1448 (chap. d'Avallon). — Monceaul, 1558 (terrier de Talcy). — Monceau, 1755 (recette d'Avallon). Fief relev. d'Époisses.

Montchanin, h., c⁰⁰ de Saint-Léger-de-Foucheret. — Montchanin, 1486 (terrier d'Avallon, arch. de la Côte-d'Or).

Montchaumont, bois, c⁰⁰ de Parly. Autref. ferme construite en 1548 par le chap. d'Auxerre et détruite dans les guerres civiles du xvi° siècle (tabell. d'Auxerre, portef. 3, s. l. 4°).

Montchenot, h. c⁰⁰ de Diges. — Monchenost, 1511 (abb. Saint-Germain, L. 44, s. l. 3°).

Mont-de-Presle, montagne, c⁰⁰ de Cussy-les-Forges, élevée de 355 mètres au-dessus du niveau de la mer.

Monte-à-Peine, h. c⁰⁰ de Tannerre.

Montedoz, fief relevant de la terre de Charny et, depuis 1662, de celle de Malicorne (f. Texier d'Hautefeuille).

Montelard (Le), h. c⁰⁰ de Vénizy.

Montelon, vill. situé entre Longueron et Senan, détruit avant le xviii° siècle; fief relev. du comté de Joigny (Davier, Mémoires sur Joigny, II)

Montelon, f°, c⁰⁰ de Montréal. — Montis-Alo, 859 (cart. gén. de l'Yonne, I, 69). — Monthollon, 1591 (rôles d'impôts, recette d'Avallon). — Monthelon, 1665 (règlement des forêts de la maîtrise de Semur). — Autrefois château et village auprès duquel existait jadis l'ermitage de Saint-Ayeul (Courtépée, V, 646). Fief relev. du château de Montréal.

Montenault, h. c⁰⁰ d'Aillant. — Mont-en-Vue ou Montenoz, 1493 (coutume de Troyes). — Les Prés-Remy-Montenoux, 1709 (arch. de la c⁰⁰ d'Aillant).

Montépot, h. c⁰⁰ de Vinneuf. — Motespot, 1599 (chap. de Sens).

Montérian, mⁱⁿ, c⁰⁰ de Marmeaux. — Montarien, 1591 (rôles d'impôts de la recette d'Avallon). — Montérian ou Fontenay ou Moulin de l'Étang-de-Fontenay, xviii° siècle (reg. de l'état civil); lieu détruit.

Montézart, h. c⁰⁰ de Savigny, 1685 (reg. de l'état civil); auj. détruit.

Montfort, ch. c^{te} de Montigny.

Montgaret, h. c^{te} de Pourrain. — *Montgaret*, 1773 (chap. d'Auxerre).

Montgaudier-Dessous, h. c^{ne} de Quarré-les-Tombes.

Montgaudier-Dessus, h. c^{ne} de Quarré-les-Tombes. — *Montgauguier*, 1486 (terrier d'Avallon, arch. de la Côte-d'Or). — *Montgaulguier*, 1528 (abb. de Reigny). — *Montgaulcher*, 1543 (rôles des feux du baill. d'Avallon, arch. de la Côte-d'Or). — *Montgaudier*, 1679 (*ibid.*)

Montgommery, f°, c^{ne} de Bussy-le-Repos; a porté aussi le nom de *la Tallemandrie*.

Monthard, f°, c^{ne} de Soucy. — *Moutard*, 1752 (chap. de Sens, plan).

Monticellus, *in comitatu Autissiodorensi*, v° siècle (Bibl. hist. de l'Yonne, I, 318). — Lieu détruit.

Montifaut, h. c^{ne} de Chevannes. — *Montiffaut*, 1561 (f. Quinquet, arch. de l'Yonne).

Montifaut, h. dép. des c^{nes} de Leugny et d'Ouanne.

Montifaut, h. c^{ne} de Rogny.

Montigny, c^{on} de Ligny. — *Montiniacum*, 1136 (cart. gén. de l'Yonne, I, 309). — *Monteniacum*, 1209 (abb. Saint-Germain d'Auxerre). — *Montegniacum*, 1238 (cart. de Saint-Germain, f° 66 v°). — *Montigniacum*, xv° siècle (pouillé du dioc. d'Auxerre). — *Montigni*, 1187 (cart. de Pontigny, f° 45 v°, Bibl. imp. n° 153). — *Monteigni*, 1187 (*ibid.* f° 16 r°). — *Montigny-le-Roy*, 1579 (abb. Saint-Germain); ce surnom a été donné à Montigny parce que la terre en appartenait au roi. — *Montigny-la-Loi*, 1793.

Montigny était, avant 1789, du dioc. et du baill. d'Auxerre et de la prov. de Bourgogne et le siège d'une prévôté royale.

Montigny, h. c^{ne} d'Égriselles-le-Bocage.

Montigny, ch. c^{ne} de Perreux. Ce lieu portait autref. le titre de marquisat. Le château a été bâti au xvi° siècle.

Montigny, h. c^{te} de Saint-Germain-des-Champs; autrefois fief dép. de la baronnie de Chastellux.

Montigny, fief, c^{ne} de Turny, 1602; relev. de la terre de Vénizy (dénombrement de la terre de Vénizy, arch. de Vénizy).

Montigny (Le Petit-), h. c^{ne} de Perreux.

Montille, c^{ne} d'Angely, village détruit au xv° siècle (arch. de Vausse).

Montillot, c^{on} de Vézelay. — *Monteluot*, 1532 (chap. de Châtel-Censoir). — *Monteliot*, 1708 (Vauban, projet d'une dîme royale, f° 149). — *Montheliot*, 1712 (reg. de l'état civil).

Montillot était, avant 1789, de la prov. de l'Île-de-France, élection de Vézelay, et ressortissait au baill. d'Auxerre.

Montivieux, lieu détruit, c^{ne} d'Étais (Cassini).

Montjalin, h. c^{ne} de Sauvigny-le-Bois. — *Monte-Jalen*, 1153 (cart. gén. de l'Yonne, I, 515). — *Montegalein*, 1164 (*ibid.* II, 174). — *Mongelen*, 1188 (abb. de Reigny). — *Monjoloing*, 1412 (chap. d'Avallon). — *Montjalaing*, 1568 (arch. d'Avallon).

Mont-les-Champlois, h. c^{ne} de Quarré-les-Tombes. — *Mont*, 1549 (ém. Montmorency-Robeck).

Montliéu, h. c^{ne} de Saint-Florentin. — *Monasterium-Luperii*, 1562, prieuré dépendant de l'abbaye de Moûtier-la-Celle, près de Troyes (pouillé du dioc. de Sens, de 1695). — *Montierlieu, vulgo Montléu*, (*ibid.* 130). — *Monstieleux*, 1296 (cart. de l'hôpital de Saint-Florentin).

Montmain, ruiss. c^{ne} de Saint-Germain-des-Champs, se jette dans le Cousin à Avallon.

Montmardelin, h. c^{ne} de Saint-Germain-des-Champs. — *Montmarzelin*, 1458 (ém. com° de Montmardelin). — *Montmerdelin*, 1543 (rôles des feux du baill. d'Avallon). Autref. fief et château relev. des seigneurs de Lormes.

Montmarte, montagne, c^{ne} du Vault-de-Lugny, élevée de 357 mètres au-dessus du niveau de la mer.

Montmarte, c^{ne} du Vault-de-Lugny; vestiges d'un temple de Mars, découvert en ce lieu en 1825.

Montmartins (Les), h. c^{ne} de Pourrain.

Montméliant, ch. c^{ne} de Tonnerre. — *Montmeliant*, 1483, château qui s'élevait au-dessus de la ville (abb. de Pontigny, L. 60); auj. détruit.

Montmercy, h. et f°, c^{ne} de Saint-Georges. — *Mamarciacus*, au pagus d'Auxerre, vi° siècle (Bibl. hist. de l'Yonne, I, 338). — *Mons-Marcium*, 1171 (cart. gén. de l'Yonne, II, 231).

Montmercy (Le Petit-), h. c^{ne} de Villefargeau.

Mont-Morin (Le), montagne entre Provency et Athie.

Montoir, h. c^{ne} de Saint-Léger.

Montoir (Le), f°, c^{ne} de Grandchamp.

Montois (Les), mⁱⁿ, c^{te} de Mouffy.

Montonneaux (Les), f°, c^{ne} de Diges. — *Les Montonneaux*, 1511 (abb. Saint-Germain, L. 44, s. l. 3°).

Montot, h. c^{ne} de Guillon. — *Montot*, 1563 (chap. de Montréal). — *Montaut*, 1679 (rôles des feux du baill. d'Avallon).

Montot (Le), h. c^{ne} d'Annay-sur-Serain. — *Montet*, 1186 (cart. gén. de l'Yonne, II, 368), dépendant du baill. de Noyers.

Montot (Le), ch. c^{ne} d'Annay-sur-Serain.

Montpertuis, h. c^{ne} de Mailly-le-Château. — *Malum-Pertuisum*, 1231 (abb. de Reigny). — *Malpertuys*, 1597 (recherches des feux du comté d'Auxerre, arch. de la Côte-d'Or). — *Maupertuis*, 1663 (reg. de l'état civil).

Mont-Polé (Le), h. c^ne de Saint-Léger.

Montputois, h. c^ne d'Ouanne. — *Monbustel*, 1181 (cart. gén. de l'Yonne, II, 328). — *Monthebuthosium*, 1281; *Montbustos*, 1204; *Montbutois*, 1323 (abb. Saint-Marien d'Auxerre). Autref. chapelle, auj. détruite.

Mont-Ré ou Monée, f^e, c^ne de Saint-Martin-sur-Armançon.

Montréal, c^on de l'Isle-sur-Serain. — *Mons-Regalis*, 1145 (cart. gén. de l'Yonne, II, 62). — *Mons-Regius*, 1180 (abb. de Pontigny). — *Monreaul*, 1255 (D. Plancher, II, pr. n° 52). — *Mont-Royal*, 1370 (collégiale de Montréal). — *Montreaul*, 1401 (*ibid.*) — *Mont-Serein*, 1793. Autref. châtellenie importante appart. aux ducs de Bourgogne, et dont dépendaient Angely, Blacy en partie, Cormarin, Courterolles, Cussy, Monceau, Montot, Pancy, Perrigny et Sautigny. — Collégiale fondée au xie siècle par les sires de Montréal.

Montréal était, avant 1789, du dioc. d'Autun, de la prov. de Bourgogne et du baill. d'Avallon.

Montréal, prieuré et hôpital de Saint-Bernard, dépendant de la prévôté de Saint-Bernard du Mont-Jou, fondé au xie siècle, c^ne de Montréal.

Montréal, f^e, c^ne de Ronchères, autref. fief relev. de la terre de Saint-Fargeau (B^in de la Société des sciences de l'Yonne, 1858).

Montre-Cul, m. i. c^ne de Pimelles.

Montrenault, h. c^ne de Montacher.

Montreparé, f^e, c^ne de Lainsecq; ancien château détruit; montagne élevée de 351 mètres au-dessus du niveau de la mer.

Montreuches, h. c^ne de Venoy. — *Moruche*, 1513 (minutes de Fauchot, notaire à Auxerre).

Montriant, m^in, c^ne de Talcy.

Montru, h. c^ne de Druyes.

Mont-Saint-Sulpice (Le), c^on de Seignelay. — *Mons-Sancti-Suplicii*, ixe siècle (*Liber sacram.* ms bibl. de Stockholm). — *Mons*, 1228 (cart. de l'abb. Saint-Germain, f° 69 r°). — *Mons-Sancti-Suplicii*, 1453 (reg. des taxes, etc. dioc. de Sens, bibl. de cette ville, archev.). — *Mont-Saint-Suplis*, 1369 (archev. de Sens, bibl. de cette ville). Fief relev. de l'abb. Saint-Germain, 1543 (tabell. d'Auxerre, portef. IV).

Le Mont-Saint-Sulpice était, avant 1789, du dioc. de Sens, de la prov. de l'Île-de-France et du baill. de Seignelay, et, avant 1668, de celui de Villeneuve-le-Roi, par appel des jugements de son bailli particulier.

Mont-Sabra, m. i. c^ne de Tonnerre.

Mont-Sabra, montagne, c^ne de Tonnerre, élevée de 278 mètres au-dessus du niveau de la mer.

Monts-Serins (Les), h. dépendant des communes de Chevannes et d'Escamps. — *Moncerins*, 1488 (abb. Saint-Germain). — *Mont-Serain*, 1530 (chap. d'Auxerre). — *Monssereins*, 1710 (reg. de l'état civil d'Escamps).

Mont-Thulon, montagne, c^ne de Paroy-sur-Tholon, élevée de 225 mètres au-dessus du niveau de la mer.

Mont-Voutois, c^ne de Tonnerre. — *Mons-Volutus*, xe siècle (cart. gén. de l'Yonne, I, 153); lieu où s'élevait autrefois l'abbaye Saint-Michel de Tonnerre.

Monâches (Les), m. i. c^ne de Mézilles. — *Maurace*, *Mouraches*, xviie siècle (reg. de l'état civil).

Moncon (Forêt de), c^ne de Châtel-Gérard.

Moreau, m^in, c^ne de Fontenailles.

Moreau (Le Moulin), c^ne de Savigny-en-Terre-Plaine, 1636 (reg. de l'état civil); auj. détruit.

Moreaux (Les), f^e, c^ne de Ronchères.

Moreaux (Les), hameaux, communes de Grandchamp, de Malicorne et de Saint-Martin-d'Ordon.

Moreaux (Les), manœuv. c^ne de Mézilles.

Moreaux (Les Petits-), h. c^ne de Chêne-Arnoult.

Monée (Bois de), c^ne de Saint-Martin-Molosme.

Monée (La), f^e, c^ne de Champlay, 1324 (cart. de l'abb. Saint-Germain d'Auxerre, f° 144 r°); auj. détruite.

Morfontaines, fief, c^ne de Champignelles (relev. de Tonnerre; 1624, ém. Rogres).

Moriacus. Voy. Moiriacus.

Moriens (Les), h. c^on de Piffonds. — *Les Mauriés*, 1738 (reg. de l'état civil).

Morillons (Les), f^e et m. b. d'exploitation, c^ue du Mont-Saint-Sulpice.

Morillons (Les), f^e, c^ne de Saint-Martin-des-Champs. — *Morellerie*, 1752. C'était un fief qui relevait de Saint-Fargeau (B^in de la Soc. des sciences de l'Yonne, 1858).

Morins (Les), f^e, c^ne de Fontenouilles.

Morins (Les), h. c^ne de Malicorne.

Morissois (Les), h. c^ne de Perreux; autrefois prévôté, auj. détruit (Legrand, État gén. du baill. de Troyes, 1553, p. 380).

Morizet, h. c^ue de Prunoy. — *Maurizet*, 1768 (plan de la terre de Prunoy, arch. du château).

Morlande (La), dit Château d'Alger, c^ne d'Avallon; fabrique de cuirs.

Mormont, h. c^ne de Saint-Maurice-le-Vieil.

Mortreaux (Les), h. dépendant des c^nes de Jouy et de Villegardin.

Morte-Fontaine, h. c^ne de Chassy.

Mortoiserie (La), h. c^ne de Savigny.

Mossots (Les), h. c^ne de Bœurs.

Mothe (La), h. c^ne d'Aillant. — *La Mothe*, 1493 (coutume de Troyes). — Réuni à la ville, dont il forme une rue. Jadis *la Mothe-Chartreuse*, à cause d'un couvent de Chartreux.

Mothe (La), h. c^ne de Béon.

Mothe (La), f^e, c^ne de Champcevrais; ce lieu était fortifié autrefois. — *La Mothe*, 1656 (reg. de l'état civil).

Mothe (La), h. c^ne de Chevannes. — *Mota (Capella)*, XIIIe siècle (Bibl. hist. de l'Yonne, I, 471). — Fief en 1626 (f. d'Espence, arch. de l'Yonne). Appelé aussi *la Mothe-Cullon*, du nom d'une famille qui en possédait la seigneurie autrefois.

Mothe (La), m^in, c^ne de Dollot, au h. d'Heurtebise; 1562 (seigneurie de Dollot, bibl. de Sens); détruit.

Mothe (La), h. et m^in, c^ne d'Églény; autref. ch. avec chapelle; 1744 (arch. de Sens, bibl. de cette ville).

Mothe (La), ch. c^ne de Gisy-les-Nobles. — Auj. détruit; l'emplacement est couvert de bois.

Mothe (La), h. c^ne de Marchais-Beton.

Mothe (La), ch. c^ne de Marsangy, ayant titre de fief; 1787 (affiches du baill. de Sens).

Mothe (La), h. c^ne de Mézilles; autrefois château fort, détruit en 1810; fief relev. de la terre de Saint-Fargeau et connu dès le XIIIe siècle (B^in de la Soc. des sciences de l'Yonne, 1858).

Mothe (La), ch. c^ne de Paroy-sur-Tholon; auj. détruit.

Mothe (La), m. i. c^ne de Prunoy; autrefois seigneurie, 1768 (plan de la terre de Prunoy, arch. du château). On y remarque des vestiges de fortifications.

Mothe (La), chât. c^ne de Saint-Loup-d'Ordon; auj. détruit.

Mothe (La), f^e, c^ne de Saint-Privé; autref. fief relev. de Saint-Fargeau, et appelé en 1501 *la Mothe-lez-Saint-Privé* et ensuite *la Mothe-Levault* (B^in de la Soc. des sciences de l'Yonne, 1858). — Château ruiné dès l'an 1501.

Mothe (La), h. c^ne de Sainte-Colombe-sur-Loing; 1548, seigneurie avec siége de justice (minutes d'Armant, notaire).

Mothe (La), c^ne de Sept-Fonds; vaste butte de terre fortifiée jadis et entourée de fossés profonds.

Mothe (La), ch. c^ne de Villeneuve-l'Archevêque; fief et seigneurie relevant des s^rs de Molinons, 1778 (bibl. de Sens, f. Molinons). — Anc. prévôté s'étendant sur le château et deux maisons construites dans l'enclave du fief (Tarbé, Cout. de Sens, 1783, 564); le château est détruit.

Mothe-aux-Aulnais (La), c^m de Charny. — *Capella de Alnetis*, 1453 (reg. des taxes, etc. dioc. de Sens, bibl. de cette ville, archev.). — *Alnetæ*, XVIe siècle (pouillé du dioc. de Sens). — *Aulnois*, 1485; fief relev. de Charny (f. Texier d'Hautefeuille). — *Les Aunais* ou *la Mothe-aux-Aunais*, 1651 (pouillé du dioc. de Sens, 1695).

La Mothe-aux-Aulnais était, avant 1789, du dioc. de Sens, de la prov. de l'Île-de-France et du présidial de Montargis.

Mothe-Chemilly (La), ch. c^ne de Chemilly-près-Seignelay. — *La Mote-Chemilly*, fief, 1294 (chap. d'Auxerre). — *La Mothe-Chemilly*, 1377 (arch. du château).

Mothe-Cudot (La), fief, c^ne de Neuilly, XVIe siècle (tabell. d'Auxerre, portef. IV).

Mothe-de-Baise (La), c^ne de Joigny, au h. de Léchères; fief et maison légués à l'Hôtel-Dieu par M. Delon, avocat, en 1680 (Hôtel-Dieu de Joigny).

Mothe-de-Vigny (La), ch. c^ne de Vénizy, 1695 (reg. de l'état civil); auj. détruit.

Mothe-des-Prés (La), ch. c^ne de Dicy.

Mothe-Jarry (La), h. c^ne de Bléneau.

Mothe-Petit-Pas (La), h. c^ne de Villeneuve-les-Genêts.

Mothe-Proteau (La), fief, c^ne d'Églény, 1597 (minutes de Rousse, notaire à Auxerre).

Mothe-Raflon (La), c^ne de Turny; fief à manoir, qui n'était plus qu'une ferme en 1789 et fut détruit alors.

Mothe-Royer (La), h. et ch. c^ne de Neuilly. — Prévôté relev. du baill. de Joigny, 1553 (Legrand, État gén. du baill. de Troyes.) — *Mothe-Saint-Phal*, 1789. — Auj. détruit.

Mothe-Rozoy (La), c^ne de Poilly-sur-Tholon, fief à manoir relev. de la terre de la Ferté-Loupière, 1766 (arch. de la c^ne de Poilly). Ch. détruit en 1740.

Mothe-Uthelin (La), m. i. c^ne de Villiers-Saint-Benoît.

Motheux, f^e, c^ne de Bléneau.

Motte (La), ch. c^ne de Rugny.

Motte (La), m. i. c^ne de Sens.

Motte (La) c^ne de Villeneuve-les-Genêts; manoir détruit, situé au milieu des bois.

Motte (La), c^ne de Vincelles; château détruit, sur le bord de l'Yonne, à droite du chemin de Vincelottes.

Motte-Bertauche (La), fief, c^ne de Laduz, 1698 (tabell. d'Auxerre, portef. IV).

Motte-Blanche (La), m. i. c^ne de Parly.

Motte-Cottin, fief, c^ne de Sainte-Pallaye, auprès de l'écluse; en 1722, consistant en un petit manoir (f. de Bonnaire); auj. détruit.

Motte-du-Cian, c^ne de Sens. — *Motte-du-Cierre*, 1527; petit Hôtel-Dieu de Sens, à Sens. — Restes d'une forteresse romaine située au climat de Saint-Paul, sur la rive gauche de la Vanne.

Motte-le-Roi (La), fief, c^ne de Neuilly, relev. du comté de Joigny (Davier, Mémoires sur Joigny, etc. 1723, t. II). — Appelé aussi *la Motte-Royer*, manoir; auj. détruit.

Motte-Marnay (La), fief à manoir, c^ne de Poilly-près-Aillant, relev. de la terre de la Ferté; auj. détruit.

Motte-Morize (La), fief, c^ne de Laduz, 1650 (hôpital de Joigny).

Motte-Saint-Jean (La), fief dép. de l'abb. de Moûtiers-Saint-Jean, c^ne de Maligny, xviiie siècle (arch. du ch. de Maligny).

Motte-sous-Buchin (La), manoir, c^ne de Rouvray, 1546 et 1683 (reg. de l'état civil de Venouse); auj. détruit.

Motte-sous-Champlay (La), ch. fort, c^ne de Tannerre; situé au nord du village de Tannerre; auj. détruit.

Motte-Vernoy (La), ch. c^ne de Vernoy, 1669 (reg. de l'état civil); auj. détruit.

Mouchant, h. c^ne de Perreux, autref. siége d'une prévôté, 1553 (Legrand, État gén. du baill. de Troyes, p. 380). — Auj. détruit.

Mouche (La), f^e, c^ne de Malay-le-Vicomte.

Moue (La), m. i. c^ne de Saint-Romain-le-Preux.

Mouennerie (La), f^e, c^ne de Lavau. — La Mounerie, 1679, m. i. (reg. de l'état civil).

Moues (Les), h. c^ne de Saint-Denis-sur-Ouanne.

Mouffy, c^on de Courson. — Mofiacum, 1283 (évêché d'Auxerre, L. Gy-l'Évêque). — Moffy, 1515, fief relev. du roi au comté d'Auxerre (cart. du comté).

    Mouffy était, avant 1789, de l'év. et du baill. d'Auxerre et de la prov. de Bourgogne; il faisait partie du comté de Courson.

Mouillarderie (La), f^e, c^ne de Saint-Fargeau.

Mouillère (La), h. c^ne de la Chapelle-Vieille-Forêt. — La Molière, 1680 (reg. de l'état civil).

Mouillère (La), h. c^ne de Ligny-le-Châtel. — Moullier, 1668 (reg. de l'état civil).

Mouillère (La), f^e, c^ne de Molosme.

Mouillère (La), m. i. c^ne de Saint-Martin-d'Ordon.

Mouillère (La), h. c^ne de Sommecaise.

Mouillères (Les), h. c^ne de Chêne-Arnoult.

Mouillons (Les), h. c^ne d'Étais.

Moulery, h. c^ne de Thury.

Moulin, ruiss. c^ne d'Arthonnay, où il prend sa source et se perd dans les terres.

Moulin (Le Petit-), m^ins, c^nes de Saint-Sauveur et de Villeneuve-Saint-Salve.

Moulin (Le Petit-), h. c^ne de Senan.

Moulin (Le Petit-), h. c^ne de Villefranche.

Moulin-à-Plâtre (Le), m^in, c^ne de Ravières.

Moulin-à-Vent (Le), m. i. c^ne de Villecien.

Moulin-Belthier (Le), h. c^ne de Beauvoir.

Moulin-Boizot (Le), f^e, c^ne de Saint-Georges.

Moulin-Brûlé ou d'Escale (Le), m^in, c^ne d'Auxerre, 1491 (abb. Saint-Germain). — Esquellez dit Brûlé,

1530 (minutes d'Armant, notaire à Auxerre). — Auj. détruit.

Moulin-Brûlé (Le), h. et m^in, c^ne d'Escamps.

Moulin-Brûlé (Le), m^in, c^ne de Saint-Martin-des-Champs.

Moulin-Châtelain (Le), m^in et f^e, c^ne de Sainte-Magnance.

Moulin-Clacot (Le), m^in, c^ne de Fley.

Moulin-Cognot (Le), h. c^ne de Treigny.

Moulin-Colas (Le), h. c^ne de Quarré-les-Tombes, 1569 (ém. Montmorency-Robeck).

Moulin-Colas (Le), m^in, c^ne de Saint-Privé.

Moulin-Colon (Le), m^in, c^ne d'Avallon.

Moulin-Cormier (Le), m^in, c^ne de Fontenailles.

Moulin-Cotin (Le), f^e, c^ne de Diges.

Moulin-Croisé (Le), m^in, c^ne de Sépaux.

Moulin-de-Cheny (Le), h. c^ne de Cheny.

Moulin-de-Cotard (Le), h. c^ne de Rogny.

Moulin-de-la-Gravière (Le), m. i. c^ne de Charny.

Moulin-de-la-Tour (Le), m. i. c^ne de Fontaines.

Moulin-de-l'Hospice (Le), m^in, c^ne de Joigny.

Moulin-d'en-Bas (Le), m^ins, c^nes de Saint-Julien-du-Sault, de Vénizy et de Villeneuve-sur-Yonne.

Moulin-d'en-Haut (Le), h. c^ne de Collemiers.

Moulin-d'en-Haut (Le), m^ins, c^nes de Parly et de Vénizy.

Moulin-de-Paroy (Le), m^in, c^ne de Chamvres.

Moulin-de-Planchettes (Le), m. i. c^ne de Piffonds.

Moulin-de-Ruène (Le), h. c^ne de Saint-Léger.

Moulin-de-Sichamp (Le), m^in, c^ne de Leugny.

Moulin-de-Veau (Le), h. et m^in, c^ne de Beauvoir.

Moulin-de-Ville (Le), h. et m^in, dép. des c^nes de Saint-Martin-sur-Ocre et de Saint-Aubin-Château-Neuf.

Moulin-des-Bidons (Le), m. i. c^ne de Fontaines.

Moulin-des-Carats (Le), m. i. c^ne de Fontaines.

Moulin-des-Claies (Le), m. i. c^ne des Siéges.

Moulin-des-Prés (Le), m^in, c^ne de Dracy.

Moulin-des-Quatre-Chemins (Le), m^in, c^ne de Coulangeron; auj. détruit.

Moulin-des-Quatre-Murailles (Le), m^in, c^ne de Villeneuve-sur-Yonne.

Moulin-Drouot (Le), m^in, c^ne de Lasson; était, avant 1553, de la seigneurie de Coursan, et attribué alors à la paroisse de Lasson (Legrand, État gén. du baill. de Troyes). — Auj. détruit.

Moulin-du-Bois (La Maison du), f^e, c^ne de Moulins-sur-Ouanne.

Moulin-du-Bois (Le), m^in, c^ne de Leugny; auj. détruit.

Moulin-du-Grand-Étang (Le), c^ne de Moutiers; auj. détruit.

Moulin-Dumay (Le), f^e, c^ne de Tanlay. — Mansus, 1135 (cart. gén. de l'Yonne, I, 305). — Molendinum Mali, vers 1210 (arch. du ch. de Tanlay). — Moulin du May, 1540 (abb. de Quincy).

Moulin-du-Pavé (Le), m^in, c^ne de Villeneuve-sur-Yonne.

MOULIN-DU-PONT (LE), m^{in}, c^{ne} de Fulvy.

MOULIN-DU-PONT-BRUANT (LE); m^{in}, c^{ne} de Sens.

MOULIN-DU-RUPT (LE), m^{in}, c^{ne} de Ravières.

MOULIN-FEU-GUILLAUME (LE), c^{ne} de Beaumont, 1560 (ém. Montmorency).

MOULIN-FLEURY (LE), manœuv. c^{ne} de Saint-Fargeau.

MOULIN-FOULON (LE), m^{in}, c^{ne} de Saint-Fargeau.

MOULIN-FOURNEAU (LE), m^{in} et f^e, c^{ne} de Beauvilliers.

MOULIN-FRAT (LE), h. c^{ne} de Saint-Martin-des-Champs.

MOULIN-GANNEAU (LE), h. c^{ne} de Fontenoy.

MOULIN-GARNIER (LE), m^{in}, c^{ne} de Tonnerre.

MOULIN-GASPARD (LE), m^{in}, c^{ne} de Héry.

MOULIN-GIN (LE), m^{in}, c^{ne} de Cussy-les-Forges.

MOULIN-GIRARD (LE), m^{in}, c^{ne} de Druyes.

MOULIN-GRENON, f^e et m^{in}, c^{ne} de Mézilles.

MOULIN-GROS (LE), m^{in}, c^{ne} d'Avallon.

MOULIN-MIDOUX (LE), m. i. c^{ne} de Moutiers.

MOULIN-MIGNON (LE), h. c^{ne} d'Ouanne.

MOULIN-MUSSOT (LE), h. et m^{in}, c^{ne} de Beauvoir.

MOULIN-NEUF (LE), m^{in}, c^{ne} de Beaumont. — *Le Moulin-Jean-Gui-Damours*, 1560 (ém. Montmorency).

MOULIN-NEUF (LE), h. et m^{in}, c^{ne} d'Escamps.

MOULIN-PETIT (LE), tuil. c^{ne} de Nailly.

MOULIN-PINCHOT (LE), m. i. c^{ne} de Taingy.

MOULIN-POULET (LE), f^e, c^{ne} d'Avrolles; autref. moulin, mais la rivière d'Armançon ayant déplacé son lit, ce n'est plus qu'une petite ferme. — *Mons-Pulset*, 1254 (cart. hospice de Saint-Florentin).

MOULIN-RAGON (LE), h. et m^{in}, c^{ne} de Diges.

MOULIN-ROUGE (LE), m^{in}, c^{ne} d'Auxerre.

MOULIN-ROUGE (LE), m^{in} et manœuv. c^{ne} de Mézilles.

MOULIN-ROUGE (LE), m^{in}, c^{ne} de Saint-Martin-sur-Ouanne.

MOULIN-SALÉ (LE), m^{in}, c^{ne} de Blacy.

MOULIN-SÉCHOT (LE), m^{in}, c^{ne} de Talcy.

MOULIN-SIMONNEAU (LE), h. c^{ne} de Saint-Léger.

MOULIN-VIEUX (LE), m^{ins}, c^{nes} d'Ancy-le-Franc, de Chaumot et de Taingy.

MOULINARDS (LES), h. dép. des c^{nes} de Chevannes et d'Escamps. — *Molinars*, m^{ins}, 1530 (chap. d'Auxerre).

MOULINIÈRE (LA), h. c^{ne} de Domats.

MOULINOT (LE), m. i. c^{ne} de Gigny.

MOULINOT (LE), m^{in}, c^{ne} de Vermanton.

MOULINS, ruiss. c^{ne} d'Esnon, où il prend sa source et se jette dans l'Armançon.

MOULINS, sans autre nom que celui de la commune, c^{nes} d'Arcy, d'Argenteuil, d'Avrolles, de Bessy, de Chailley, de Champlay, de Champoux, de Champs, de Chamvres, de la Chapelle-Vieille-Forêt, de Chastenay, de Chêne-Arnoult, de Cheney, de Chevigny, de Commissey, de Cry, de Dannemoine, de Fulvy, de Héry, de Lailly, de Lain, de Lalande, de Malicorne, de Migennes, de Montot, de Nuits, de Percey, de Percigny-sur-Armançon, de Pesselières, de Ravières, de Roffey, de Saint-Georges, de Saint-Vinnemer, de Saligny, de Trévilly, de Villiers-sur-Tholon, de Vincelottes et de Voisines.

MOULINS (LES ANCIENS-), c^{ne} de Seignelay; autrefois foulons à draps construits par ordre de Colbert.

MOULINS (LES GRANDS-), m^{in}, c^{ne} de Thury.

MOULINS (LES GRANDS-), m^{ins}, c^{ne} de Vermanton; connus dès le xive siècle (cart. du comté d'Auxerre, arch. de la Côte-d'Or).

MOULINS (LES PETITS-), m^{ins}, c^{ne} de Villefranche.

MOULINS À TAN, situés c^{nes} d'Avrolles, de Chamvres (Cheminot), de Malicorne ou Sault-Pinard, de Saint-Julien-du-Sault et de Villeneuve-sur-Yonne.

MOULINS À VENT, situés c^{nes} de Bœurs, de Brannay, de Bussy-en-Othe, de Champcevrais, de Chaumot, de Chéroy, de Grange-le-Bocage, de Nailly, de Perreuse, de Pizy, de Plessis-du-Mée et de Saint-Georges.

MOULINS-DE-LA-VILLE (LES), m^{in}, c^{ne} de Noyers.

MOULINS-DU-ROI (LES), m^{ins}, c^{ne} de Sens. — *Molendina super Vannam*, 1180; — *Molendina quæ dicuntur Regis et Vicecomitis*, 1284 (chap. de Sens). — Ces moulins appartenaient autref. au roi et au vicomte de Sens.

MOULINS-NEUFS (LES), situés c^{nes} d'Ancy-le-Franc, de Brienon, de la Celle-Saint-Cyr, de la Chapelle-sur-Oreuse, de Chaumot, de Dicy, de Lavau, de Montréal, de Soumaintrain et de Taingy.

MOULINS-NEUFS (LES), h. et ch. c^{ne} de Lavau.

MOULINS-PRÈS-NOYERS, c^{on} de Noyers. — *Molanum*, 1116 (cart. gén. de l'Yonne, I, 232). — *Molins*, 980 (*ibid.* 147). — *Mont-Layn*, 1294 (abb. de Pontigny). — *Molain*, *Montlayn*, 1321 (cart. du comté de Tonnerre, arch. de la Côte-d'Or). — *Molains*, 1536 (pouillé du dioc. de Langres). — Fief relev. du château d'Argenteuil au xive siècle Moulins était, avant 1789, du dioc. de Langres et de la prov. de l'Île-de-France, siége d'une prévôté dép. du baill. d'Ancy-le-Franc depuis 1782 et antérieurement de celui d'Argenteuil.

MOULINS-SUR-OUANNE, c^{on} de Courson — *Molinæ*, ve siècle (Bibl. hist. de l'Yonne, I, 318). — *Molendinæ*, ixe siècle (*ibid.* 359). — *Molini*, xve siècle (pouillé d'Auxerre; Lebeuf, Histoire d'Auxerre, t. IV, pr. n° 413). — *Molins*, 1523, fief relev. du baron de Toucy, et de l'évêque d'Auxerre en arrière-fief (év. d'Auxerre). — *Mollains*, 1671 (terrier de Diges, abb. Saint-Germain). — *Moulins-Pont-Marquis*, 1789 (reg. de l'état civil).

Moulins était, au ve siècle, du pagus d'Auxerre, et, avant 1789, du dioc. et du baill. du même nom, en appel de sa prévôté particulière, de la prov. de l'Orléanais et de l'élection de Gien.

Mourons (Les), h. c^{ne} de Diges.

Mous (Les), hameaux, c^{nes} de Brannay et de Saint-Denis-sur-Ouanne.

Mousseau (Le), f^e, c^{ne} de Champcevrais.

Mousseau (Le), h. c^{ne} de Pourrain.

Mousseline, f^e, c^{ne} de Germigny.

Mousserie (La), h. dép. des c^{nes} de Champignelles et de Villeneuve-les-Genêts.

Mousseronnières (Les), f^e, c^{ne} de Bléneau.

Moutiers, c^{on} de Saint-Sauveur. — *Meleretense monasterium*, viiie siècle (Bibl. hist. de l'Yonne, I, 349). — *Melerense*, xie siècle (*ibid.* 389). — *Vallis-Pentana*, xie siècle, surnom du monastère (*ibid.* 389). — *Monasteriæ*, 1188 (cart. gén. de l'Yonne, II, 386). — *Mostiers*, 1475 (abb. Saint-Germain d'Auxerre). — *Moutiers*, 1496 (*ibid.*). — Monastère fondé au viiie siècle pour recevoir les pèlerins hibernais qui allaient à Rome; devenu prieuré soumis à l'abb. Saint-Germain d'Auxerre, avec titre d'aumônerie; ruiné au xvie siècle.

Moutiers était, au viiie siècle, du pagus d'Auxerre, et, avant 1789, du dioc. et du baill. du même nom et de la prov. de l'Orléanais, élection de Gien.

Moutomble, h. c^{ne} de Sainte-Colombe. — *Motombles*, 1485 (chap. d'Avallon).

Mouton (Le), h. c^{ne} de Charny.

Mouton (Le), f^e, c^{ne} de Tannerre.

Moux (Les), h. c^{ne} de Villegardin.

Moyeux (Les Grands et les Petits), f^{es}, c^{ne} de Saint-Sauveur.

Muguets (Les), h. c^{ne} de Chevillon.

Muloterie (La), m. i. c^{ne} de la Ferté-Loupière.

Mulots (Les), h. commune de Tannerre.

Munien, mⁱⁿ, c^{ne} d'Arthonnay.

Muraterie (La), h. c^{ne} de Précy.

Murzenum, *in territorio Autissiodorensi*, an 511 (*Diplomata*, I, 51). — Inconnu.

Musse (La), f^e, c^{ne} de Lichères-près-Vézelay. — *La Grande-Musse*, 1528 (abb. de Reigny, censier).

Musses (Les), m. i. c^{ne} de Pourrain, 1502 (protocole d'Armant, notaire à Auxerre, arch. de l'Yonne).

Mussots (Les), f^e, c^{ne} de Cruzy.

Mussots (Les), h. c^{ne} de Tonnerre.

N

Nadries (Les), m. i. c^{ne} de Toucy.

Nailly, c^{on} de Sens (sud). — *Nadiliacus*, 847 (cart. gén. de l'Yonne, I, 57). — *Naalliacum*, 1115 (*ibid.* II, 46). — *Nadiliacum*, 1157 (*ibid.* 87). — *Naaylliocum*, 1250 (*Reg. visit. archiep. Rothomag.* Rouen, 1847, in-4°). — *Nahillei*, ixe siècle (*Liber sacram.* ms bibl. de Stockholm). — *Naailli*, 1145 (cart. gén. de l'Yonne, I, 400). — *Nailli et Nailly*, 1391 (arch. de Sens); terre dép. de l'archev. et avec titre de baronnie.

Nailly était, au ixe siècle, du pagus de Sens, et, avant 1789, du dioc. et du baill. du même nom et de la prov. de l'Île-de-France.

Nailly, ch. et f^e, c^{ne} de Mézilles. — *Nailly*, fief relev. de la terre de Mézilles au xviie siècle (Bⁱⁿ de la Soc. des sciences de l'Yonne, 1858).

Nailly, h. c^{ne} de Saint-Moré. — *Nailleium*, vers 1080 (cart. gén. de l'Yonne, II, 21).

Nanchèvre, h. c^{ne} de Saint-Père. — *Nancapra*, xiie siècle (chron. de Vézelay). — *Nanchièvre*, 1530 (abb. de Vézelay).

Nancré, h. c^{ne} de Lindry. — *Nancradus*, 820 (cart. gén. de l'Yonne, I, 32). — Lieu détruit.

Nanges, f^e, c^{ne} de Rozoy. — *Naingiæ*, 1231. — *Nenges*, 1226. — *Nanges*, 1553 (chap. de Sens, auquel elle appartenait à titre de seigneurie; figure encore sur la carte de Cassini. — Elle était, avant 1789, le siège d'une prévôté ressort. au baill. de Sens. — Auj. détruite.

Nangis, h. c^{ne} de Quenne. — *Naingy*, 1338 (cart. du comté d'Auxerre, arch. de la Côte-d'Or). — *Naingy-soubz-Voye*, 1469 (abb. Saint-Père d'Auxerre). — *Toutevoyes*, 1577, comprend les deux parties de Nangis (tabell. d'Auxerre, portef. IV). — *Nangy-sur-Voye*, 1681, fief relev. du roi (ém. de Montmorency). — *Nangy*, 1758 (rôles des tailles du comté d'Auxerre).

Nanteau, h. c^{ne} de Migé. — *Nanteau*, 1548; fief relev. du roi (cart. du comté d'Auxerre, arch. de la Côte-d'Or).

Nantelle, h. c^{ne} de Vaux. — *Nantilla*, 864 (cart. gén. de l'Yonne, I, 88). — Lieu détruit qui était à un kilomètre de Vaux, sur la rive gauche de l'Yonne.

Nantenne, h. c^{ne} d'Escamps. — *Nanteynes*, 1525 (tabell. d'Auxerre, portef. IV).

Nantiers (Les), h. c^{ne} de Sept-Fonds.

NANTOUX, h. c^{ne} de Pourrain. — *Nanto*, XIIIe siècle (chap. d'Auxerre). — *Le Grand-Nanto*, 1499 (*ibid.*).

NAQUERIE (LA), f^e, c^{ne} de Bléneau.

NARBONNE, climat, c^{ne} de Toucy, nom de famille des seigneurs de cette ville au XIIIe siècle. — *Narbona*, 1228 (abb. Saint-Marien, liasse Leugny). — *Norbonne*, 1508 (chap. de Toucy).

NARLEU, h. c^{ne} d'Ouanne.

NARMÉ, f^e, c^{ne} de Migé; auj. détruite.

NATIAUX (PONT DES), sur l'Armançon, c^{ne} d'Avrolles, au lieu dit autref. *le Moulin-Poulet*, sur le passage de la voie d'Agrippa. — *Naiseles-Pons*, 1147 (cart. gén. de l'Yonne, I, 423). — *Neseles*, 1226 (abb. de Pontigny). — Voy. PONTIS-NAYSELLARUM (*Capella*).

NAUDINS (LES), h. c^{ne} de Merry-la-Vallée.

NAUDINS (LES GRANDS et LES PETITS-), hameaux, c^{ne} de Saint-Martin-sur-Ouanne.

NAULETS (LES), f^e, c^{ne} de Saint-Martin-des-Champs.

NERINIACUS, lieu inconnu du pagus d'Avallon, 867 (cart. gén. de l'Yonne, I, 96).

NÉRON, f^e, c^{ne} de Gurgy. — *Nigrontus*, VIIIe siècle (Bibl. hist. de l'Yonne, I, 349). — *Nero*, 1233 (cart. de Pontigny, f° 95 v°, Bibl. imp. n° 153). — *Néron*, 1180 (cart. gén. de l'Yonne, I, 306). — *Neiron*, 1188 (*ibid.* II, 386). — *Neirun*, 1221 (chap. d'Auxerre). — *Noiron*, 1444 (abb. Saint-Germain d'Auxerre). — *Nezon*, 1597 (rôles des feux du comté d'Auxerre, arch. de la Côte-d'Or).

Néron était, au IXe siècle, du pagus d'Auxerre.

NEUF-FONTAINES (LES), f^e, c^{ne} de Villeneuve-les-Genêts.

NEUILLY, c^{on} d'Aillant. — *Nulliacum*, 1187 (*Gallia Christ.* XII, pr. dioc. de Sens, suppl. n° VI). — *Nuilliacum*, 1247 (chap. d'Auxerre). — *Nuillci*, IXe siècle (*Liber sacram.* ms bibl. de Stockholm). — *Nuielli*, 1190 (abb. Saint-Jean de Sens, prieuré de Cudot, bibl. de Sens). — *Nuilli*, 1397; *Nuylly*, 1414 (hôpital de Joigny). — *Nully*, 1453 (reg. des taxes, etc. dioc. de Sens, bibl. de cette ville, archev.). — *Neulli*, 1314 (abb. de Pontigny).

Neuilly était, avant 1789, du dioc. de Sens, de la prov. de l'Île-de-France et du baill. de Joigny. Le fief de Neuilly relev. pour les quatre cinquièmes de la terre de Villiers-sur-Tholon, et pour un cinquième directement du comté de Joigny.

NEUVREINNES (LES), f^e, c^{ne} de Champcevrais. — *Nœuvraines*, 1683. — *Neufveraines*, 1684 (reg. de l'état civil).

NEUVY-SAUTOUR, c^{on} de Flogny. — *Noviacum*, 1172 (cart. gén. de l'Yonne, II, 239). — *Novi*, 1143 (abb. de Pontigny). — *Neufviz*, 1423 (archev. de Sens, compte).

Neuvy était, avant 1789, du dioc. de Sens, de la

prov. de l'Île-de-France, du baill. et de l'élection de Saint-Florentin.

NEVERS (LES), m. i. c^{ne} de Rogny.

NICARDS (LES), h. c^{ne} de Levis.

NITRY, c^{on} de Noyers. — *Nantriacus*, VIe siècle (Bibl. hist. de l'Yonne, I). — *Nanturiacus*, VIIe siècle (*ibid.* 344). — *Neintreium*, 1157 (cart. gén. de l'Yonne, II, 98). — *Naintreium*, 1188 (*ibid.* 389). — *Nintriacum*, XVe siècle (pouillé du dioc. d'Auxerre; Lebeuf, Histoire d'Auxerre, IV, pr.). — *Nentri*, 1145 (cart. gén. de l'Yonne, I, 402). — *Neintri*, 1283 (cart. de Crisenon, f° 40 r°, Bibl. imp. n° 154). — *Naintry*, 1483 (abb. de Reigny).

Nitry était, au VIe siècle, du pagus d'Auxerre, et, avant 1789, du dioc. du même nom, de la prov. de l'Île-de-France, de l'élection de Tonnerre et du baill. de Villeneuve-le-Roi.

NIVERNAIS (CANAL DU), commence à Decize (Nièvre), entre dans le département de l'Yonne au-dessus de Coulanges et se termine à Auxerre.

NOÉ, c^{on} de Sens (nord). — *Noemium*, XVIe siècle (pouillé du dioc. de Sens). — *Noom*, 1152 (cart. gén. de l'Yonne, I, 506). — *Noes*, 1231 (chap. de Sens). — *Noes*, 1292 (abb. Saint-Marien d'Auxerre). — *Noex*, 1362 (fief relev. de l'archev. de Sens, puis du comté de Joigny (cart. de l'archev. III, f° 130 r°, Bibl. imp.). — *Nouers*, 1555; *Noez*, 1561; *Nouez*, 1573; *Noué*, 1594 (chap. de Sens). — *Noées*, XVIe siècle (ém. d'Étigny, plan).

Noé était, avant 1789, du dioc. de Sens et de la prov. de l'Île-de-France, avec une prévôté ressort. au baill. du Theil.

NOËL, f^e, c^{ne} de Brienon. — *Noelles*, 1367; *Nouel*, 1652 (arch. de Sens).

NOEROLLÆ-SUPER-ICHAUNAM, c^{ne} de Vinneuf, mentionné en 833 (cart. gén. de l'Yonne, I, 41) et en 1159 (*ibid.* II, 104). — Lieu détruit.

NOGERS (LES), h. c^{ne} de Dollot; auj. détruit.

NOIRET, f^e, c^{ne} de Nitry.

NOINS (LES), f^e, c^{ne} de Saint-Julien-du-Sault. — *Noyrs*, 1519 (arch. de Sens). — Auj. détruite.

NOLON, ch. et f^e, c^{ne} de Cuy. — *Noolo*, 1272 (cart. de l'archev. de Sens, II, 12 r°, Bibl. imp.). — *Noolon*, 1190 (cart. gén. de l'Yonne, II, 428). — *Noolum*, 1206 (abb. Sainte-Colombe de Sens). — *Noelon*, 1257 (arch. de Sens). — *Nollon*, 1525 (*ibid.*); autrefois forteresse relev. en fief de l'abb. Saint-Jean de Sens, 1224 (arch. de Sens). Château de plaisance des archevêques de Sens, qui y avaient un siége de prévôté avec toute justice et ressort. au baill. de Sens.

NONVALLES (LES), tuil. c^{ne} de Malay-le-Roi.

NORMANDIE (LA), f°, c^ne de Prunoy, 1768 (plan de la terre, arch. du ch.); auj. détruite.

NOTRE-DAME-AUX-GRANDES-AILES ou GROSSELLES, c^ne de Saint-Romain-le-Preux; autrefois chapelle et lieu de pèlerinage, auj. simple grange.

NOTRE-DAME-DE-LORETTE, chapelle, c^ne d'Auxerre, située sur l'emplacement de la chapelle de l'hôpital général de cette ville. — *Capella B. M. de Loreta*, 1604 (év. d'Auxerre).

NOUE, ruiss. qui prend sa source à la fontaine de Ville-neuve-la-Guyard et se jette dans l'Yonne, même commune.

NOUE (LA), fermes, c^nes de Montacher et de Rogny.

NOUE (LA PETITE-), m. i. c^ie de Rogny.

NOUE (RUISSEAU DE LA) ou DES TOUCHES, prend sa source à Athies et se jette dans le Serain à Angely.

NOUES (LES), hameaux, c^nes de Malicorne, de Merry-la-Vallée et de Sainte-Colombe-sur-Loing.

NOUOTTE (LA), f°, c^ne de Gigny.

NOURRY (LES), h. c^ue de Bœurs. — *Les Nouris*, 1760 (abb. de Pontigny, plan).

NOYERS, arrond. de Tonnerre.— *Nugerium*, 1078 (cart. gén. de l'Yonne, II, 17). — *Nucerium*, vers 1080 (*ibid.* 19).—*Noeriæ*, 1101 (*ibid.* 38).—*Noyeriæ*, 1101 (*ibid.* I, 205). — *Noertæ*, 1186 (sceau de Clerembaud, s^r de Noyers, abb. de Pontigny).—*Noe-riæ-Castrum*, 1188 (cart. gén. de l'Yonne, II, 389).

— *Noiriæ-Villa* (*ibid.* 390). — *Noiers*, 1176 (*ibid.* 282).—*Noers*, 1186 (*ibid.* 368).—*Noihers*, 1322 (cart. du comté de Tonnerre, arch. de la Côte-d'Or).

Noyers était, avant 1789, du dioc. de Langres et de la prov. de Bourgogne; cette ville était chef-lieu d'un comté, d'une subdélégation et d'un baill. avec ressort au parlement de Dijon. On y comptait alors un collège de pères doctrinaires, un couvent d'ursu-lines et un prieuré de bénédictins.

NOZÉES (LES), h. c^ne de Sognes. — *Nozeaulx*, 1486 (arch. de Sens, reg. de collation de bénéfices). — Fief relev. de l'archev. avec titre de prévôté ressort au baill. de Vauluisant.

NUISEMENT, f°, c^ne de Brienon. — *Nocumentum*, 1362 (chap. de Sens). — Auj. détruite.

NUISEMENT, f°, c^ue de Tonnerre.

NUITS, c^on d'Ancy-le-Franc. — *Nuyetun, Nuciacum*, XIIIe siècle (arch. de Vausse). — *Nuid*, 1145 (cart. de Réomé). — *Nuit*, 1186 (cart. gén. de l'Yonne, II, 375). — *Nuiz*, 1226 (comm^rie de Saint-Marc). — *Nuys*, 1532; *Nuis*, 1699 (ém. de Clugny). — Fief relev. de Châtel-Gérard et ayant le titre de baronnie.

Nuits était, avant 1789, du dioc. de Langres et de la prov. de Bourgogne, et neutre, pour la justice, entre les baill. de Semur et d'Avallon.

O

Oc, ruisseau qui prend sa source à Verlin et qui se jette dans l'Yonne à Saint-Julien-du-Sault.

OCRE, ruiss. c^ne de Merry-la-Vallée, où il prend sa source, et se jette dans le Tholon, c^ne de Saint-Maurice-Thizouaille.

OCRERIE-GARET (L'), m. i. c^ue de Diges.

OCRERIE-ZAGOROWSKI, usine, c^ne d'Auxerre, rive gauche de l'Yonne.

ODINET, autref. fief, c^ne d'Héry, situé dans la partie de ce lieu appelé Sevry, et qui tirait son nom de celui d'un chanoine d'Auxerre. Il y existait une chapelle dite de Sainte-Barbe (év. d'Auxerre, administration ecclésiastique au XVIIe siècle).

OEILLARDERIE (L'), f°, c^ne de Lavau.

OGNY, h. c^ne d'Égriselles-le-Bocage. — *Oigny*, 1695 (terrier de Collemiers, abb. Saint-Remy de Sens). — Autref. fief relev. de la terre de Courtenay (ém. de Saxe, invent. de la terre de Chaumot).

OIE-BLANCHE (L'), f°, c^ne de Champignelles.

OISEAU (L'), h. c^ne de Fontenouilles.

OISEAUX (LES), h. dép. des c^nes de Charny et de Saint-Martin-sur-Ouanne.

OISEAUX (LES), h. c^ne de Tonnerre.

OISELET, h. c^ne d'Ouanne. — *Oscellus*, vers 680 (cart. gén. de l'Yonne, I, 21). — *Oisellum*, 1162 (*ibid.* II, 136). — *Oisselot*, 1329; *Oiselet*, 1480 (abb. Saint-Marien d'Auxerre). — *Oyselet*, 1693 (év. d'Auxerre).

Oiselet était, au VIIe siècle, du pagus d'Auxerre.

OMBREAUX (LES), h. c^ne des Ormes.

OMONT, c^ne de Molosme. — *Osmons*, 1144 (cart. gén. de l'Yonne, I, 387). — *Osmont*, 1147 (*ibid.* II, 66). — Lieu détruit dont un climat porte le nom.

ORATOIRE (L'), h. c^ne de Bussy-le-Repos.

ORBIGNY, h. c^ne de Pontaubert. — *Orbigniacum*, 1286 (comm^rie de Pontaubert). — *Orbigni*, 1226 (*ibid.*). —*Urbigny*, 1419; *Hurbigny*, 1553 (abb. de Chore). — *Orbigny*, 1605 (comm^rie de Pontaubert). — *Arboigny*, 1662 (terrier, *ibid.*).

ORDON, ch. c^ne de Saint-Loup-d'Ordon. — *Ordo*, 1156

(cart. gén. de l'Yonne, I, 539). — *Ordon*, 1330, fief relev. de l'archev. de Sens (cart. de l'archev. III, 130 v°, Bibl. imp.).

Ondons (Les), f°, c⁰ de Villiers-Saint-Benoît. — *Les Ourdons*, 1742 (reg. de l'état civil).

Oreuse, ruiss. qui prend sa source à Thorigny et se jette dans l'Yonne (rive droite), c⁰ de Serbonnes. — *Orosa*, ix⁰ siècle (Bibl. hist. de l'Yonne, I, 362). — *Aurosia*, 1160 (cart. gén. de l'Yonne, II, 107). — *Oreuse*, 1207 (cart. Campon. n° 5992, f° 47 v°, Bibl. imp.).

Orgy, h. c⁰ de Chevannes. — *Orgiacus*, vii⁰ siècle (*Gesta pontif. Autiss.* Bibl. hist. de l'Yonne, I, 338). — *Urgiacus*, 853 (cart. gén. de l'Yonne, I, 66). — *Ourgi*, 1368; *Orgi*, 1450 (abb. Saint-Germain d'Auxerre). — *Ourgy*, 1493 (chap. d'Auxerre).

Orgy était, au vii⁰ siècle, du pagus d'Auxerre.

Orient (L'), f°, c⁰ de Cruzy.

Origny, h. c⁰ de Sainte-Colombe-près-l'Isle. — *Origni*, 1206 (abb. de Reigny).

Ormé (L'), c⁰ de Dicy; lieu détruit.

Orme (L'), hameaux, c⁰ˢ de la Ferté-Loupière, de Grandchamp, de Piffonds, de Saint-Loup-d'Ordon et de Saint-Martin-d'Ordon.

Orme (L'), f°, c⁰ de Saint-Martin-d'Ordon.

Orme (L'), tuil. c⁰ de Villebougis.

Orme-du-Pont (L'), ch. et f°, dép. des c⁰ˢ de Sainte-Colombe-sur-Loing et de Moutiers.

Orme-Troncuet (L'), m. i. c⁰ de Bléneau.

Ormeau (L'), m. i. c⁰ de Lain.

Ormeau (L'), h. c⁰ de Vaudeurs.

Ormes (Les), c⁰ d'Aillant. — *Notre-Dame-des-Ormes*, 1701 (reg. de l'état civil).

Les Ormes étaient, avant 1789, du dioc. de Sens, de la prov. de l'Île-de-France et du baill. de Villeneuve-le-Roi.

Ormes (Les), hameaux, c⁰ˢ de Saint-Martin-sur-Ouanne et de Vernoy.

Ormoy, c⁰ de Seignelay. — *Olmedum*, ix⁰ siècle (*Liber sacram.* ms bibl. de Stockholm). — *Ulmetus*, 886 (cart. gén. de l'Yonne, I, 112). —, *Olmetus*, 882 (*ibid.* 108). — *Ulmeta*, 1135 (abb. de Pontigny). — *Ulmedum*, 1151 (cart. gén. de l'Yonne, I, 479). — *Ulmeyum*, xvi⁰ siècle (pouillé du dioc. de Sens). — *Ulmoy*, 1453 (reg. des taxes, etc. dioc. de Sens, bibl. de cette ville, archev.).

Ormoy était, au ix⁰ siècle, du pagus et de l'archevêché de Sens; elle était, avant 1789, divisée entre les deux provinces de la Champagne et de l'Île-de-France. Elle dépendait, pour la justice, du baill. de Seignelay depuis 1668; antérieurement,

celte terre ressortissait au baill. de Villeneuve-le-Roi.

Orsière-du-Bas (L') et l'Orsière-du-Haut, deux hameaux, c⁰ de Fontaines.

Orvanne, ruisseau qui prend sa source au h. de Fontaine, c⁰ de Saint-Valérien, et se jette dans le Loing, c⁰ de Vallery. — *Aroana*, viii⁰ siècle (Bibl. hist. de l'Yonne, I, 188).

Osiens (Les), m. i. c⁰ de Champlay.

Otue (Forêt d'), qui s'étend dans l'est de l'arrondissement de Joigny, depuis la rive droite de l'Yonne, et se prolonge dans le département de l'Aube. — *Ulta* (*saltus*), ix⁰ siècle (Nithard, liv. II, dans D. Bouquet, VII). — *Otta*, 1131 (cart. gén. de l'Yonne, I, 286). — *Ota*, 1132 (*ibid.* 288). — *Hota*, 1139 (*ibid.* 339). — *Otha*, 1164 (*ibid.* II, 166).

Ouanne, c⁰ de Courson. — *Odouna* (ii⁰ siècle, inscr. d'itinéraire à Autun, Bibl. hist. de l'Yonne, I, 26). — *Odona*, vi⁰ siècle (Bibl. hist. de l'Yonne, I, 329). — *Odona*, vers 680 (cart. gén. de l'Yonne, I, 21). — *Odonense vicaria*, 863 (*ibid.* 76). — *Oana*, 1146 (abb. de Reigny). — *Oona*, 1162 (cart. gén. de l'Yonne, II, 137). — *Oanna*, 1270 (abb. Saint-Marien). — *Oane*, 1152 (cart. gén. de l'Yonne, II, 71). — *Oanne*, xvi⁰ siècle (év. d'Auxerre). — *Oayne*, 1514; *Ouayne*, 1625 (abb. Saint-Marien). — *Ouane*, 1561 (procès-verbal, coutume d'Auxerre, f° 50 v°). — *Ouenne*, 1684; *Ouaine*, 1712 (reg. de l'état civil).

Ouanne était, au vi⁰ siècle, du pagus d'Auxerre, avec titre de vicairie; elle dépendait, avant 1789, du dioc. et du baill. d'Auxerre, de la prov. de l'Orléanais et de l'élection de Gien. Le fief d'Ouanne relevait de Donzy, au comté de Nevers, et avait le titre de châtellenie et prévôté.

Ouanne, riv. prend sa source à Ouanne et se jette dans le Loing, à Montargis, après un parcours de 46,800 mètres. — *Ouanne*, *Oanne*, xvii⁰ siècle (f. Quinquet, arch. de l'Yonne).

Oudun, h. c⁰ de Joux-la-Ville. — *Uldunus*, 865 (cart. gén. de l'Yonne, I, 99). — *Odunum*, 1191 (*ibid.* 430). — *Odun*, métairie de l'abb. de Reigny, 1277 (f. de l'abb. de Reigny).

Ouèvre, ruiss. qui prend sa source à Turny et change de nom à Avrolles pour prendre celui de Créanton. — *Orbanus* et *Urbanus* (Vie de saint Cydroine, iii⁰ siècle; Bolland. au 10 juillet).

Ousseaux (Les), f°, c⁰ de Champcevrais; auj. détruite.

Oustats (Les), f°, c⁰ˢ de Saint-Privé.

Ouvots (Les), h. c⁰ de Saints.

P

PACAUDIÈRE, ch. c^ue de Poilly-sur-Tholon; démoli en 1858. — Fief relev. de la terre de la Ferté-Loupière, 1704 (arch. de l'Yonne).

PACY-SUR-ARMANÇON, c^on d'Ancy-le-Franc. — *Paciacum*, 1116 (cart. gén. de l'Yonne, I, 232). — *Passiacum*, 1184 (*ibid*. II, 351). — *Paceium*, 1536 (pouillé du dioc. de Langres). — *Paci* et *Pacy*, 1241 (cart. de Pontigny, f° 28 v°, Bibl. imp. n° 153).

Pacy était, avant 1789, du dioc. de Langres et de la prov. de l'Île-de-France et prévôté du baill. de Tonnerre; comme fief, il relevait du comté de Tonnerre, et en appel du baill. d'Ancy-le-Franc.

PADELLES (LES), f°, c^ne de Saint-Denis-sur-Ouanne.

PAGE (LE PETIT-), m. i. c^ne de Villefranche.

PAGERETS (LES), h. c^ne de Villeneuve-la-Guyard. — *La Cour-des-Pagerets*, 1765 (reg. de l'état civil).

PAGES (LES), h. c^ne de Dicy.

PAGES (LES), f°, c^ne de Villefranche.

PAILLARDS (LES), h. c^ne de Moutiers.

PAILLE (LA), f°, c^ne de Rogny.

PAILLEAU, bois, c^ne de Sacy. — *Palluau*, xve siècle (abb. de Reigny). — Autref. seigneurie qui a reçu ce nom d'un de ses possesseurs au xve siècle, et qui s'étendait sur Sacy et sur Joux et relevait de Noyers. — Voy. MERRY.

PAILLOT, h. c^ne d'Aillant, 1493 (cout. de Troyes); auj. détruit. — Voy. PALLEAUX.

PAILLOTERIE (LA), h. c^ne de Dracy.

PAILLOTERIE (LA), h. c^ne de Tannerre. — *La Pujotterie*, 1715 (plan de la seigneurie, arch. de l'Yonne).

PAILLOTS (LES), h. c^ne de Fontenouilles.

PAILLOU, f°, c^ne de Joux-la-Ville, 1527 (abb. de Reigny); auj. détruite.

PAILLY, c^on de Sergines. — *Palliacum*, 1155 (cart. gén. de l'Yonne, I, 530). — *Paleium*, *Paleya*, 1194 (abb. de Vauluisant). — *Pailliacum*, 1209 (*ibid*.) — *Pallei*, ixe siècle (*Liber sacram*. ms bibl. de Stockholm). — *Pailli*, 1180 (abb. de Vauluisant). — *Pally*, 1567 (Mém. de Cl. Haton, I, 489); fief relev. de la terre de Bray, 1532 (arch. de Sens). — Village de la prov. de l'Île-de-France et de l'élection de Nogent.

PAILLY, f°, c^ne de Prunoy.

PAINCHAUDS (LES), f°, c^ne de Rogny.

PAINCOURT, f°, c^ne du Mont-Saint-Sulpice.

PAISSON, h. c^ue de Cruzy. — *Parson*, 1143 (cart. gén.

de l'Yonne, I, 377). — *Parsum*, 1190; *Pesson*, 1480 (cart. de Saint-Michel). — *Paisson*, 1527. fief relev. de Cruzy (Inv. de titres du comté de Tonnerre). — *Peisson*, 1679 (rôles des feux du baill. d'Avallon, arch. de la Côte-d'Or); communauté réunie à Cruzy en 1790.

PALAIS (LE), h. c^ne de Bléneau.

PALAIS (LE), f°, c^ne de Fontenouilles.

PALLEAUX, h. c^ne d'Aillant. — 1709 (acte de vente de la terre d'Aillant, arch. de la c^ne). — Fief relev. du comté de Joigny (Davier, Mémoires sur Joigny, II). — Lieu détruit.

PALLEAUX, f°, c^ne de Mézilles.

PALLUAU. Voy. PAILLEAU.

PALOTTE, vignes renommées sur le territoire de Gravan. — *Palete*, 1237 (cart. de Crisenon, f° 75 r°).

PALSY-LES-PILONEAUX, fief, c^ne de Jouy, relev. de Chéroy (Annuaire de l'Yonne, 1840, p. 52).

PALTEAU (LE GRAND-), ch. et h. c^ne d'Armeau. — *Palestel*. 1162 (cart. gén. de l'Yonne, II, 137); forêt, 1144 (*ibid*. I, 388). — *Palestel*, 1217 (abb. des Escharlis). — *Palletteau*, 1606, fief relevant de Malay-le-Roi (f. Mégret d'Étigny).

Siége d'une prévôté ressort. au baill. de Theil.

PALTEAU (LE PETIT-), h. c^ne d'Armeau.

PÂME-SOURIS, f°, c^ne de Tannerre.

PAMPELLES, m^in, c^ue de Joigny, xive siècle (hôpital de Joigny). — *Moulin des Boulangers*, xviiie siècle (*ibid*.).

PANAS, m. i. c^ne d'Avallon. — 1486, *les Paumats*, alors hameau (Éphém. avall. bibl. d'Avallon).

PANCY, h. c^ne d'Angely. — *Pensy*, 1562 (ém. Bertier). — *Pancy*, 1664 (collége d'Avallon, arch. de la ville). — Autref. dép. de la c^ne de Blacy.

PANFOL (LE), h. c^ne d'Arthonnay. — *Panfo*, 1211 (cart. de Molesme, II, 10). Territoire donné à bail emphytéotique par l'abb. de Molesme, en 1499. à quatre habitants du hameau (É. arch. de l'Yonne. f. Panfol).

PANNETERIE (LA), m. i. c^ue de Perreux.

PANNY, h. c^ne de Thury.

PANONS (LES), h. c^ne d'Armeau.

PANTIER (LE PETIT-), bois, c^ne de Chassignelles.

PANTOUCHES (LES), hameaux, c^nes de Perreux et de Saint-Martin-des-Champs.

PAPETERIE DE VESVRES (LA), fabrique de papiers, c^ne d'Avallon.

Papillonains, h. c^ne d'Égriselles-le-Bocage, 1708 (reg. de l'état civil); auj. détruit.

Parc, bois, c^ne de Noyers.

Parc (Le), f^e, c^ne de Champignelles.

Parc (Le), ch. c^1^e de Lalande.

Parc (Le), m. de garde, c^ne de Saint-Fargeau.

Parc-aux-Noins (Le), f^e et tuil. c^ne de Saint-Julien-du-Sault.

Parc-Vieil (Le), f^e et ch. c^ne de Champignelles. — *Domus de Parco*, 1276 (Histoire gén. de la maison de Courtenay, 63). — *Le Parc*, ch. 1627 (ém. Rogres). — *Le Parc-Viel*, fin du xviiie siècle (*ibid.*).

Parigot, f^e, c^ne de Lasson.

Paris, lieu détruit, c^ne de Toucy, dans la partie du marquisat, 1610, métairie (dénomb. de la baronnie fait à l'év. d'Auxerre).

Paris (Le Petit-), h. c^ne de Fouchères.

Paris (Les), f^e, c^ne de Leugny.

Parlicoterie (La), m. i. c^ne de Piffonds. — *Paligotterie*, 1745 (reg. de l'état civil).

Parly-les-Robins, c^on de Toucy. — *Parliacum*, xie siècle (Bibl. hist. de l'Yonne, I, *Gesta pontif. Autiss.*). — *Palliacum*, 1290; *Parli*, 1282; *Pally*, 1332 (chap. d'Auxerre).

Parly était, avant 1789, du dioc. d'Auxerre, de la prov. de l'Île-de-France, de l'élection de Tonnerre et du baill. d'Auxerre.

Parois, h. c^ne de Nailly. — *Parroy*, 1576 (grand séminaire de Sens).

Parois, h. c^ne de Pourrain.

Paron, c^on de Sens (sud). — *Parado*, 1183 (cart. gén. de l'Yonne, II, 343). — *Perronum*, xvie siècle (pouillé du dioc. de Sens). — *Paron*, 1265 (cart. de l'archev. de Sens, I, 93 r°, Bibl. imp.). Terre relev. de l'archev. de Sens en la baronnie de Nailly.

Paron était, avant 1789, du dioc. et du baill. de Sens et de la prov. de l'Île-de-France.

Paroy-en-Othe, c^on de Brienon. — *Paredus in pago Senonico*, vers 519 (cart. gén. de l'Yonne, I, 3). — *Paretus*, vers 1150 (*ibid.* 471). — *Paretum-in-Otha*, 1158 (*ibid.* II, 95). — *Pareyum*, 1347 (abb. de Dilo). — *Paroy*, 1453 (reg. des taxes du dioc. de Sens, bibl. de cette ville, archev.).

Paroy-en-Othe était, avant 1789, du dioc. de Sens, de la prov. de l'Île-de-France et du baill. de Brienon.

Paroy-sur-Tholon, c^on de Joigny. — *Paries*, vers 1150 (cart. gén. de l'Yonne, I, 467). — *Paretum*, 1160 (*ibid.* II, 124). — *Paroy*, xiiie siècle; *Paroi* (abb. Saint-Pierre-le-Vif de Sens).

Paroy-sur-Tholon était, avant 1789, du dioc. de Sens et de la prov. de l'Île-de-France et prévôté dép.

du baill. de Joigny. Le fief de Paroy relev. du comté de Joigny.

Paruche (La), h. c^ne de Piffonds.

Pasilly, c^on de Noyers. — *Paisilleyum*, xiie siècle (arch. de Vausse). — *Paissilleyum*, 1536 (pouillé de Langres). — *Passilly*, xiiie siècle (arch. de Vausse).

Pasilly était, avant 1789, du dioc. de Langres, de la prov. de Bourgogne et du baill. d'Avallon.

Pasquis, f^e, c^ne de Malay-le-Roi, 1606 (f. Mégret d'Étigny); autref. fief et prévôté ressort. au baill. de Sens.

Passage-de-Chamvres (Le), m. i. c^ne de Joigny.

Passage-de-la-Pêcherie (Le), h. c^ne de Villeneuve-sur-Yonne.

Passage-de-Rousson (Le), m. i. c^ne de Villeneuve-sur-Yonne.

Passage-du-Pêchoir (Le), h. c^ne de Champlay.

Passevent, f^e, c^ne de Migennes.

Passy, c^on de Sens (nord). — *Paciacum*, 1282 (abb. Sainte-Colombe de Sens). — *Passiacum*, xvie siècle (pouillé de Sens). — *Pacy-les-Véron*, 1447 (abb. Saint-Pierre-le-Vif). — *Pacy*, 1565 (Célestins de Sens).

Passy était, avant 1789, du dioc. et du baill. de Sens et de la prov. de l'Île-de-France. La prévôté de Passy appart. jadis au roi; elle fut aliénée au seigneur de Sérilly, à charge de mouvance envers le roi à cause de sa grosse tour de Sens. Le fief de Passy relev. de l'abb. Saint-Remy de Sens.

Pasy, f^e, c^ne de Beine; auj. détruite.

Patellionnerie (La), f^e, c^ne de Grandchamp.

Pâtis-de-Villiers (Les), h. c^ne de Soumaintrain.

Patouillat (Le), c^té de Cerisiers.

Patouillats (Les), hameaux, c^nes de Grandchamp, de Jouy et de la Villotte.

Patrouille (La), h. c^ne de Champcevrais.

Patrouille (La), m. i. c^ne de la Ferté-Loupière.

Paulmier (Le), h. c^ne de Crain; c'était autref. un fief réuni à la terre de Crain. — *Le Paulmier*, 1682 (év. d'Auxerre).

Paulmiers (Les), h. c^ne de Savigny.

Pautrats, h. c^ne de Treigny.

Pautrats (Les), fermes, c^nes de Saint-Fargeau et de Saint-Martin-des-Champs.

Pavé, ruiss. prend sa source à Vassy et se jette dans le ruiss. de Fain à Anstrude.

Pavillon (Le), f^e, c^ne de Guerchy; auj. détruite.

Pavillon-Blanc (Le), h. c^ne de Chambeugle.

Pavillon-des-Belles-Fontaines (Le), m^in, c^ne de Moutiers.

Payneaux (Les), f^e et h. c^ne de Toucy.

Péage (Le), h. c^ne de Césy. — *Paage*, 1371 (abb. Saint-Pierre-le-Vif de Sens). — *Le Péaige*, 1506 (abb. Saint-Pierre d'Auxerre). — *Péage-Dessus*, prévôté ressort. au baill. de Césy, 1553 (cout. de Troyes); fief relev. du comté de Joigny.

Ce pays, placé autrefois sur le bord de la voie romaine d'Auxerre à Sens, a reçu son nom de la taxe qu'on y percevait. Il y avait autrefois *Péage-Dessus* et *Péage-Dessous*.

Pêcherie (La), m. i. c^ne de Dicy.

Pêchoir (Le), f^e, c^ne de Saint-Cydroine. — *Piscatoria in pago Senonico*, vers 863 (cart. gén. de l'Yonne, I, 81). — *Pechoeres*, xive siècle (abb. Sainte-Colombe de Sens). — *Peschoere*, 1563 (chap. de Brienon).

Pellemoines (Les), f^e, c^ne de Champignelles.

Pellerie (La), f^e, c^ne de Lailly.

Pelletiers (Les), ch. autrefois *l'Ostel-de-la-Chastelaine*, fief, c^ne de Soucy, 1487 (chap. de Sens); détruit en 1830.

Penigot (La Masure-), c^ne de Champignelles, fin du xviiie siècle (ém. Rogres, plan du Parc-Vieil).

Pense-Folie, h. c^ne de Champcevrais.

Pense-Folie, h. c^ne de Marchais-Beton. — *Pance-Follie*, 1485 (f. Texier d'Hautefeuille). — *Pense-Follye*, 1541 (ém. Rogres). Fief relev. de la terre de Charny jusqu'en 1662, et de Malicorne depuis cette époque.

Pense-Folie (La), manœuv. c^ne de Cudot.

Percey, c^on de Flogny. — *Parece, Parceyum*, 1186 (cart. de Saint-Michel). — *Pareciacum*, 1249 (abb. de Pontigny). — *Parreceyum*, 1536 (pouillé de Langres). — *Parreci*, 1278 (abb. de Pontigny). — *Parreze*, 1483 (protocole de Masle, not. à Auxerre; arch. de l'Yonne, portef. IX). — Le fief de Percey relev. de Saint-Florentin en 1393 (arch. de l'Empire, P. 12).

Percey était, avant 1789, du dioc. de Langres, de la prov. de l'Île-de-France et du baill. de Saint-Florentin.

Perchin, h. c^ne de Treigny.

Perchis (Le Grand-), bois, c^ne de Lézinnes.

Perillerie (La), h. c^ne de Villeneuve-sur-Yonne, 1753 (abb. Saint-Marien, plan de la terre de Valprofonde).

Pennets (Les), h. c^ne de Villeneuve-les-Genêts.

Perrault-de-Nailly, f^e, c^ne de Mézilles.

Perrault-des-Bois, h. c^ne de Mézilles. — *Peraud*, xviie siècle (reg. de l'état civil).

Perreau, f^e, c^ne de Villeneuve-Saint-Salve.

Perreuse, c^on de Saint-Sauveur. — *Petrosa*, 1172 (cart. gén. de l'Yonne, II, 237). — *Petrosium*, xiiie siècle (Bibl. hist. de l'Yonne, I, 471).

Perreuse était, avant 1789, du dioc. d'Auxerre, de la prov. de l'Orléanais et de l'élection de Clamecy. Il avait le titre de baronnie et était le siége d'un bailliage ressort. à celui d'Auxerre.

Perreuse (La), f^e, c^ne de Dracy.

Perreuse (La), f^e, c^ne de Saint-Martin-du-Tertre, 1565 (comptes de l'Hôtel-Dieu de Sens). — *La Grande-Perreuse*, anciennement *Beaupoullier*, fief relev. de l'archev. 1577 (arch. de Sens).

Perreuse (Moulin de la), c^ne de Toucy; lieu détruit avant 1780.

Perreux (Les), h. c^ne de Saint-Sauveur.

Perreux-les-Bois, c^on de Charny. — *Petrosum*, xvie s^e (pouillé du dioc. de Sens). — *Perreux* (ibid.).

Perreux était, avant 1789, du dioc. de Sens et de la prov. de l'Île-de-France, et en appel du baill. de Montargis. Le fief et la châtellenie de Perreux relev. du comté de Joigny (Davier, Mémoires sur la ville et le comté de Joigny, t. II).

Perriaux (Les), ch. et f^e, c^ne de Champignelles.

Perriche (La), f^e, c^ne de Ronchères; auj. détruite.

Perrière (La), hameaux, c^nes de Brosses, de Champcevrais et de Saint-Cydroine.

Perriers (Les), h. c^ne de Mézilles. — *Lez Perix, les Perriés*, xviie siècle (reg. de l'état civil).

Perriers (Les), h. c^ne de Treigny.

Perrigny, h. c^ne d'Annay-sur-Serain. — *Parrigny*, 1543 (rôles des feux du baill. d'Avallon).

Perrigny était, avant 1789, du dioc. de Langres, de la prov. de Bourgogne et du baill. de Noyers.

Perrigny, c^on d'Auxerre (ouest). — *Patriniacensis finis, Patriniacus*, vers 680 (cart. gén. de l'Yonne, I, 18, 20). — *Pareniacus*, 864 (ibid. 91). — *Parriniacus*, 1188 (ibid. II, 386). — *Perrigniacum*, 1238 (abb. Saint-Germain d'Auxerre). — *Parrigny*, 1491 (chap. d'Auxerre).

Perrigny était, au viie siècle, du pagus d'Auxerre, et, avant 1789, du dioc. et du baill. du même nom et de la prov. de Bourgogne; l'abb. Saint-Germain y avait un baill. de justice.

Perrigny, h. c^ne de Guillon. — *Pasceriniacum* (in pago Avallensi), 721 (cart. gén. de l'Yonne, I, 2). — *Perrigny-les-Montréal*, 1690 (recette d'Avallon).

Perrigny-sur-Armançon, c^on d'Ancy-le-Franc. — *Parrigniacum*, 1536 (pouillé du dioc. de Langres). — *Perrigny-sur-Armançon*, 1531, fief relev. du comté de Tonnerre par Cruzy (inv. des arch. du comté, xviie siècle).

Perrigny était, avant 1789, du dioc. de Langres, de la prov. de l'Île-de-France et du baill. de Rochefort, avec appel à celui de Cruzy.

Perrins (Les), f^e, c^ne de Champcevrais.

13

Penris, h. c^ne de Diges. — *Les Perris*, 1511 (abb. Saint-Germain d'Auxerre, liasse 44, s. l. 3). — Lieu détruit.

Perruche (La), h. c^ne de Bléneau.

Perrusseau (Le), h. c^ne de Charny. — *Parouseau*, 1485. — *Perrouzeau*, 1662, fief relev. de Charny (f. Texier d'Hautefeuille).

Perte (La), f^e, c^ne de Lailly. — *Perta*, 1204, bois défriché par les moines de Vauluisant, auj. en culture (abb. de Vauluisant).

Perthes (Les), h. c^ne de Sormery. — *Perte*, 1736 (reg. de l'état civil)

Perthuisons (Les), h. c^ne de Savigny.

Pesselières, h. c^ue de Sougères. — *Passelariœ*, 1163 (cart. gén. de l'Yonne, II, 152). — *Paxillariœ*, 1276 (abb. de Reigny). — *Pusselerez*, 1308 (*ibid.*). — Autref. baill. seigneurial.

Pesteau, h. c^ne de Merry-Sec. — *Piscasiolum* ou *Pistasiolum*, 878 (Bibl. hist. de l'Yonne, I, 358). — *Pestan*, 1280 (abb. Saint-Julien d'Auxerre, censier). — *Pesteau*, 1548, fief relev. du roi au comté d'Auxerre (cart. du comté). — *Péteau*, ch. 1649 (év. d'Auxerre).

Pesteau, m^in, c^ne de Venoy, 1481 (abb. Saint-Père d'Auxerre); auj. détruit.

Petions (Les), h. c^ne de Tannerre. — *Les Pequions*, 1715 (plan de la seigneurie).

Petit-Port (Le), h. c^nes de Saint-Julien-du-Sault et de Villeneuve-sur-Yonne.

Petits (Les), manœuv. c^ne de Lavau.

Petits (Les), h. c^ne de la Villotte.

Pétriers (Les), h. et f^e, c^ne de Champcevrais. — *Le Pétrier*, 1684 (reg. de l'état civil).

Petriots (Les), f^e, c^ne de Saintes-Vertus.

Peuplot (Le), f^e, c^ne de Saint-Privé. — *Puy-Pellaut*, 1710 (év. d'Auxerre).

Peziers, h. c^ne de Treigny.

Phébés (Les), f^e, c^ue de Moutiers. — *Au Febé*, 1668; *les Febés*, 1673 (reg. de l'état civil).

Phelisons, f^e, c^ne de Saint-Fargeau.

Philippeaux, h. c^ne de Moutiers. — *Phelipots*, 1671. — Auj. détruit.

Philippeaux (Les), h. c^ne de Bussy-le-Repos.

Philippières (Les), h. c^ue de Piffonds. — *Philippière*, 1408, fief relev. de l'archev. (arch. de Sens); avant 1789, prévôté ressort. au baill. de Courtenay.

Piats (Les), h. c^ne de Moutiers.

Picard (La), f^e, c^ne de Cruzy.

Picarderie (La), h. c^ne de Courtenay. — *La Picardie*, 1780 (plan, abb. de Vauluisant).

Picarderie (La), hameaux, c^nes de Saint-Valérien et de Treigny.

Picardière (La), fermes, c^nes de Saint-Privé et de Sept-Fonds.

Picards (Les), h. c^ne de Chaumot.

Picherette (La), ruiss. c^ne de Menade, se jette dans la Cure à Domecy.

Pichons (Les), h. et m^in, c^ne de Chaumot.

Pichots (Les), h. c^ne de Diges. — *La Pichotterie*, 1651 (ém. Moncorps).

Picq, m^in, c^ne de Maligny.

Pied-d'Allay (Le), h. c^ne de Vernoy. — *Pied-d'Allé*, 1785 (reg. de l'état civil).

Pied-de-Chien (Le), f^e, c^ne de Sormery; détruite depuis quatre-vingts ans.

Pieds-aux-Pâtres (Les), h. c^ue de Bussy-le-Repos. — *Pied-Passe*, *Pied-au-Passe*, *Puis-aux-Passes*, 1719 (reg. de l'état civil).

Pieds-Plats (Les), h. c^ne de Rogny.

Pien (Le Grand-), h. c^ne de Gurgy. — *Pian*, 1561 (cout. d'Auxerre, procès-verbal, f° 41).

Pien (Le Petit-), m. de camp. c^ne de Gurgy.

Pierre-Aigue, m. i. ancien fief, c^ne de Savigny, près de l'étang du même nom.

Pierre-Aube, vill. c^ne de Saint-Germain-des-Champs, xviiie siècle (Éphém. avall.). — Auj. détruit.

Pierre-Couverte (La), h. c^ne de Saint-Maurice-aux-Riches-Hommes. — *Petra-Versana*, 833 (cart. gén. de l'Yonne, I, 41).

Pierre-de-Mouchard (La), f^e, c^ne de Grandchamp.

Pierre-Fite-le-Bas, h. c^ne d'Ouanne.

Pierre-Fite-le-Haut, h. c^ne d'Ouanne. — *Petra-Ficta*, 1252 (*Gallia christ.* XII, instr. Auxerre, n° 102). — Fief relev. de l'év. d'Auxerre (inv. des titres de l'év. Bibl. imp. 112).

Pierre-Fritte, h. c^ne de Bœurs.

Pierre-Pertuis, c^on de Vézelay. — *Petrapertusa*, 1141 (cart. gén. de l'Yonne, II, 56). — *Petra-Foraminis*, xiie siècle (chron. de Vézelay). — *Petra-Pertuis*, 1191 (cart. de Crisenon, f° 14 r°, Bibl. imp.). — *Pierrepertuis*, châtellenie, 1535 (abb. de Chore); autref. du dioc. d'Autun et de la prov. de l'Île-de-France, élection de Vézelay; relevait en fief, à titre de baronnie, du duché de Nevers (Guy Coquille, Histoire de la maison, etc. 87).

Pierre-qui-Vire (La), monastère d'hommes, c^ne de Saint-Léger; tire son nom d'une pierre druidique qui y existe encore et qui sert de piédestal à une statue de la Vierge érigée en 1858.

Pierre-Saint-Aubin (La), fief, c^ne de Saint-Aubin-sur-Yonne, 1598 (ém. Doublet de Persan).

Pierres (Les), manœuv. c^ne de Cudot.

Pieuchoterie (La), f^e, c^ne de Tannerre.

Piffonds, c^on de Villeneuve-sur-Yonne. — *Puteum-*

Fontis, ix° siècle (*Liber sacram.* ms bibl. de Stockholm). — *Piffons*, 1453 (reg. des taxes, etc. dioc. de Sens, bibl..de cette ville, archev.). — *Piphons*, xv° siècle (pouillé du dioc. de Sens).

Piffonds, autrefois en Gâtinais français, était, au ix° siècle, du pagus et du dioc. de Sens et, en 1789, de la prov. de l'Orléanais. Ce lieu était siége d'un baill. s'étendant sur toute la paroisse et ressort. au baill. de Sens. Le fief de Piffonds relevait en fief du roi à cause de la grosse tour de Sens.

PIFOURNE (LA), h. c^ne de Chevannes.

PIGÉES (LES), f°, c^ne de Saint-Privé. — *Les Pigez*, 1710 (reg. de l'état civil).

PIJONNIÈRE (LA), 1503, m. i. c^ne de Rogny. — *La Masure-Pijon*, 1504 (f. Jaupitre, à Rogny). — Auj. détruite.

PILLARDS (LES), h. c^ne de Sépaux.

PILLÉS (LES), h. c^ne de Parly.

PILLOTS (LES), h. c^ne de Fontenouilles.

PILLUS (LES), h. c^ne de Cerisiers.

PILORI (LE), h. c^ne de Champcevrais.

PILOUX (LES), h. c^ne de Saints.

PIMANÇON, h. c^ne de Dixmont. — *Puits-Manson*, 1699; *Puits-Masson*, 1702 (reg. de l'état civil).

PIMELLES, c^on de Cruzy. — *Pimella*, 1035 (cart. de Saint-Michel). — *Pimales et Pymailes*, 1293 (abb. Saint-Germain d'Auxerre). — *Pymelles*, 1324 (comm^rie de Saint-Marc).

Pimelles était, avant 1789, du dioc. de Langres, de la prov. de l'Île-de-France, élection de Tonnerre, et du baill. de Cruzy avec ressort à Sens.

PINABEAUX (LES), ch. et f°, c^ne de Saint-Denis-sur-Ouanne; 1553, prévôté relev. du baill. de la Ferté (Legrand, État gén. du baill. de Troyes).

PINAGOT, f°, c^ne de Saint-Vinnemer. — *Côte-de-Saint-Père*, 1580 (hôpital de Tonnerre). — *Pinagault*, fief, 1780 (c. 101, plan, arch. de l'Yonne).

PINCHAUDS (LES), f°, c^ne de Rogny.

PINCONNERIE (LA), bois de l'État, c^ne de Mailly-le-Château.

PINEL, f°, c^ne de Saint-Bris.

PINGUETTERIE (LA), f°, c^ne de Champlost.

PINONS (LES), h. dép. des c^nes de Grandchamp et de Villiers-Saint-Benoît.

PINONS (LES), h. c^ne de Saint-Martin-sur-Ouanne.

PINONS (LES), m. i. c^ne de Toucy.

PINSONNIERS (LES), h. c^ne de Bléneau.

PIQUE (LA), m^in, c^ne de Villeneuve-l'Archevêque.

PIQUÉES (LES), h. c^ne de Pourrain.

PISMOLS (LES), h. c^ne de Mézilles. Au-dessous du hameau existe la fontaine Saint-Marien, lieu de pèlerinage fréquenté le jour de la fête de ce saint local.

PIVOTS (LES), h. c^ne de Chaumont.

PIVOTS (LES), f°, c^ne de Saint-Aignan; auj. détruite.

PIZY, c^on de Guillon. — *Piciacum*, vii° siècle (Bibl. hist. de l'Yonne, I, 337). — *De Pise*, 1185 (cart. gén. de l'Yonne, II, 362). — *Piscium*, 1311; *Pisiacum*, 1313 (chap. de Montréal). — *Pisey*, xv° siècle (*ibid.*).

Pizy était, au vii° siècle, du pagus d'Avallon et du dioc. de Langres; avant 1789, de la prov. de Bourgogne et ressort. au baill. d'Avallon. Le fief relev. du ch. de Semur.

PLACE (LA), h. c^ne de Châtel-Censoir.

PLACE-À-GAURE, m. i. c^ne de Dixmont.

PLACEAU (LE), h. c^ne de Charbuy.

PLACEAU (LE), h. c^ne de Bussy-le-Repos, 1719 (reg. de l'état civil); auj. détruit.

PLACEAUX (LES), h. c^ne de Saint-Aubin-Château-Neuf.

PLAIN-MARCHAIS, m. de garde, c^ne de Lavau. — *Plain-Marchis*, 1249 (Lebeuf, Histoire d'Auxerre, IV, pr. n° 178). — Prieuré de Notre-Dame de Sainte-Barbe, fondé en 1213 et supprimé en 1769.

PLAISIRS (LES), c^ne de Toucy; ce lieu était détruit avant 1780.

PLANCA, ruiss. c^ne de Villeneuve-sur-Yonne, 1164 (cart. gén. de l'Yonne, II, 167).

PLANCHE (LA), h. c^ne de Villeneuve-les-Genêts.

PLANCHES (LES), h. c^ne de Guerchy.

PLANCHES (LES), m^in, c^ne de Leugny. — *Planchiœ*, 1252 (inv. des titres de l'év. d'Auxerre, Bibl. imp. p. 112). — Auj. détruit.

PLANCY, f°, c^ne de Champignelles, fief relev. de Malicorne, 1662 (f. Texier d'Hautefeuille).

PLANCY, h. et m^in, c^ne de Grandchamp.

PLANTATIONS (LES), bois, c^ne de Tonnerre.

PLASSONS (LES), h. c^ne de Villeneuve-les-Genêts.

PLATIÈRE (LA), m. i. c^ne de Lalande.

PLATIÈRES (LES), h. c^ne de Fontaine.

PLAUDERIE (LA), f°, c^ne de Lavau.

PLAUDERIE (LA), f°, c^ne de Saint-Privé. — *La Pellauderie*, 1710 (év. d'Auxerre).

PLAUSSE (BOIS DE), c^ne d'Élœules. — *Plause*, 1243; *Plauxe*, 1472 (chap. d'Avallon).

PLÉNOCHE, h. c^ne de Brannay. Il y existait autrefois un château ayant titre de prévôté et ressort. au baill. de Sens.

PLENOISE, f°, c^ne de la Mothe-aux-Aulnais.

PLESSIS (LE), h. c^ne de Sommecaise.

PLESSIS (LES), f°, c^ne de Malicorne.

PLESSIS-DU-MÉE, c^on de Sergines. — *Plasseium*, 1150 (abb. de Vauluisant). — *Plassetum-de-Meso*, 1244 (*ibid.*) — *Plaissie-du-Mes*, 1453 (reg. des taxes, etc. dioc. de Sens, bibl. de cette ville, arch.). — *Plessie-*

du-Mez, 1553, fief relev. de la baronnie de Bray (arch. de Seine-et-Marne). — Plesse-du-Mez, 1571 (ibid.). — Plessey-du-Meez, anciennement la Bertauche, 1582 (arch. de Sens, reg. des fiefs).

Plessis-du-Mée était, avant 1789, du dioc. de Sens, de la prov. de l'Île-de-France et de l'élection de Nogent.

PLESSIS-SAINT-JEAN, c⁰ⁿ de Sergines. — Plaissie-Monseigneur, 1453 (reg. des taxes, etc. dioc. de Sens, bibl. de cette ville, archev.) — Saint-Jehan-du-Plesse, 1544 (abb. de Vauluisant, terrier de Servins). — Plessey-Saint-Jehan, anciennement Plessey-Messire Guillaume, 1582 (arch. de Sens, reg. des fiefs). — Saint-Jean-du-Plessis-aux-Éventés, 1665; Plessis-Praslin, 1671; Saint-Jean-du-Plessis-Praslin, 1686 (reg. de l'état civil). — Le surnom de Praslin vient de la famille de ce nom, qui posséda la terre de Plessis, terre relev. de la baronnie de Bray, érigée en comté en 1628.

Plessis-Saint-Jean était, avant 1789, du dioc. de Sens et de la prov. de l'Île-de-France.

PLET, m¹ⁿ, c⁰ⁿ de Merry-Sec.

PLOTS (LES), h. c⁰ⁿ d'Étais.

PLOTTES (LES), c⁰ⁿ de Soucy, autrefois fief à manoir; auj. détruit.

PLUCHERIE (LA), m. i. c⁰ⁿ de Cudot.

POCHE, f°, c⁰ⁿ de Champcevrais.

POGNE (LA GRANDE et LA PETITE), hameaux, c⁰ⁿ de Champcevrais.

POIL-CHEVRÉ, c⁰ⁿ de Quarré-les-Tombes. — Polchevré, 1679; Paul-Chevrey, 1728; Poil-Chevray, 1767, désigné aussi sous le nom de les Guyards (reg. de l'état civil).

POILCHIEN ou POYLE-LE-CHIEN, h. c⁰ⁿ de Saint-Léger, 1471 (bibl. d'Avallon, Éphém. avall.); auj. détruit.

POILLY-BAS (LE), h. c⁰ⁿ de Poilly-près-Aillant.

POILLY-SUR-SERAIN, c⁰ⁿ de Noyers. — Poelleyum, 1116 (cart. gén. de l'Yonne, I, 232). — Poliacum, 1153 (ibid. 512). — Poyliacum, 1237 (abb. de Pontigny). — Poly, 1189 (cart. de Saint-Michel, xiii° siècle). — Poilly, 1312; Poilley, 1327; Poilli, 1331 (cart. de l'hôpital de Tonnerre); fief relev. du comté de Tonnerre.

Poilly était, avant 1789, du dioc. de Langres et de la prov. de l'Île-de-France, et prévôté ressort. au baill. de Tonnerre.

POILLY-SUR-THOLON, c⁰ⁿ d'Aillant. — Poliacum, 1241 (prieuré de Vicoupou). — Poilliacum, 1311 (chap. de Sens, vicaires, bibl. de Sens). — Poilei, ix° siècle (Liber sacram. ms bibl. de Stockholm). — Poili, 1162 (cart. gén. de l'Yonne, II, 137). — Poilly, 1453 (reg. des taxes, etc. dioc. de Sens, bibl. de cette

ville, archev.). Le fief de Poilly relev. de la terre de Ponceaux.

Poilly était, au ix° siècle, du pagus et du dioc. de Sens, et, avant 1789, de la prov. de l'Île-de-France, et du baill. de Saint-Maurice-Thizouaille, avec ressort à Troyes (Legrand, État gén. du baill. de Troyes, 1553). En 1789, Poilly était réuni au baill. d'Auxerre (Cahier des doléances, etc. ms bibl. de la Soc. des sciences de l'Yonne, n° 14).

POINCHY, c⁰ⁿ de Chablis. — Poincheium, 1116 (cart. gén. de l'Yonne, I, 232). — Pontiacum, 1151 (ibid. 479). — Ponchiacum, 1156 (ibid. 546). — Poncheium, 1187 (abb. de Pontigny). — Ponchi, 1219 (ibid.).

Poinchy était, avant 1789, du dioc. de Langres et de la prov. de l'Île-de-France, et sa prévôté ressort. au baill. de Saint-Florentin.

POINSON (LE), m¹ⁿ, c⁰ⁿ d'Andryes.

POINSSANTZ (LES), f°, c⁰ⁿ de Jully, xvi° siècle (prieuré de Jully); auj. détruite.

POINTE-BALNOT (LA), bois, c⁰ⁿ de Quincerot.

POIRIER (LE), m. i. c⁰ⁿ de Champcevrais.

POIRIER-CANDRAT (LE), bois, c⁰ⁿ de Lichères-près-Aigremont.

POINY, vill. détruit, c⁰ⁿ de Vaux. — Pociacus, vii° siècle (Biblioth. hist. de l'Yonne, I, 338). — Poziacus, ix° siècle (cart. gén. de l'Yonne, I, 52). — Pozi, 1280 (abb. Saint-Julien d'Auxerre).

POISE, f°, c⁰ⁿ de Courgenay, 1613 (f. Lebascle d'Argenteuil).

POISSE (LA GRANDE-), h. c⁰ⁿ de Druyes. — Posticiolum, 1163 (cart. gén. de l'Yonne, II, 152).

POISSE (LA PETITE-), h. c⁰ⁿ de Druyes.

POISSONS (LES), h. c⁰ⁿ de Jouy.

POITOU, h. c⁰ⁿ de Sommecaise.

POLASNIÈRE, petit hameau, c⁰ⁿ de Champcevrais, 1622 (f. Jaupitre, à Rogny); auj. détruit.

POLETTERIE (LA), h. c⁰ⁿ de Saint-Valérien.

POLIS (LES), h. c⁰ⁿ de Champignelles. — Les Poillis, fin du xviii° siècle (atlas du Parc-Viel, ém. Rogres).

POLLIOTERIE (LA), manœuv. c⁰ⁿ d'Égriselles-le-Bocage. — Poyouterie, 1760 (reg. de l'état civil).

POLLIOTS (LES), h. c⁰ⁿ de Cornant.

POLLONNERIE (LA), h. c⁰ⁿ de Fouchères.

POMARD, ch. c⁰ⁿ du Val-de-Mercy, 1548, fief relev. du roi au comté d'Auxerre (cart. du comté, arch. de la Côte-d'Or); auj. détruit. Il était situé au milieu des bois du même nom.

POMMELLES, f°, c⁰ⁿ de Saint-Martin-sur-Oreuse; auj. détruite.

POMMERAIE (BASSE et HAUTE), hameaux, c⁰ⁿ de Treigny.

POMMERAIE (LA), h. c^ne de la Chapelle-sur-Oreuse. — *Pomeredum-super-Orosam*, ixe siècle (Bibl. hist. de l'Yonne, I, 362). — *Pomerium*, 1151 (cart. gén. de l'Yonne, I, 494). — *Pomeretum*, 1169 (*ibid.* II, 212). — *Pomeria*, 1188 (*ibid.* 391).

Il existait autrefois, en ce lieu, un monastère de femmes de l'ordre de Saint-Benoît, fondé au xiie siècle et transféré à Sens en 1633 par décret de l'archevêque (bibl. de Sens, f. de la Pommeraie). La Pommeraie était, au ixe siècle, du pagus et du dioc. de Sens et, en 1789, siège de prévôté ressort. au baill. de cette ville.

POMMERAT (LE), h. c^ne de Cerisiers.

POMMERATS (LES), h. c^ne de Vénizy.

POMMESOIS (LES), m. i. c^ne de Saint-Julien-du-Sault.

POMMESOIS (LES), h. c^ne de Verlin.

POMMIERS-DOUX (LES), manœuv. c^ne de Villiers-Saint-Benoît.

PONCEAU (LE), m^in, c^ne de Gizy-les-Nobles.

PONCEAU (LE), h. c^ne de Marchais-Beton.

PONCEAU (LE GRAND-), h. c^ne de Charbuy. — *Ponciacus*, 1213 (chap. d'Auxerre). — *Ponceaulx*, 1504 (f. Lenfernat). — Autref. baronnie importante dont dép. la terre de Fleury (affiches du baill. d'Auxerre, 1786). — Il y avait autrefois le Grand et le Petit Pontceau, 1668 (reg. de l'état civil).

PONCEAU (LES MOULINS DU) et LE PETIT-MOULIN, c^ne de Dixmont, 1682 (reg. de l'état civil); auj. détruits.

PONNESSANT, h. c^ne de Saint-Martin-sur-Ouanne. — *Ponsnascencius*, 853 (cart. gén. de l'Yonne, I, 66). — *Pons-Maxentus*, 864 (*ibid.* 88). — *Pons-Nascens*, 1188 (*ibid.* II, 387). — *Pont-Nessant*, 1535 (ém. Rogres). — *Ponnessant*, terre appartenant à l'abb. Saint-Germain et aliénée en 1577 (abb. Saint-Germain).

PONT (LE), h. c^ne de Chastellux.

PONT (LE), m. i. c^ne de Sommecaise.

PONTAGNY, f^r, c^ne de Venoy.

PONTABEU, m^in, c^ne de Poilly-sur-Tholon, 1226 (prieuré de Vicupou). — *Ponteriau*, 1234 (*ibid.*).

PONTAROIS, h. c^ne de Lavau.

PONTAUBERT, c^on d'Avallon. — *Pons-Herberti*, 1167 (cart. gén. de l'Yonne, II, 195). — *Pons-Alberti* (chron. de Vézelay, xiie siècle). — *Pons-Aubertus*, 1256 (D. Plancher, II, pr. n° 56). — *Pons-Herbert*, 1334 (abb. de Crisenon). — *Pontaubert*, 1528 (hospice d'Avallon).

Anc. commanderie de l'ordre de Saint-Jean-de-Jérusalem, fondée au xiie siècle; siège d'un baill. avec toute justice ressort. au baill. d'Avallon, 1749 (terrier de Pontaubert); du dioc. d'Autun et de la prov. de Bourgogne.

PONT-DE-CERCE (LE), h. c^ne de Sauvigny-le-Bois. — *Sarces*, 1256 (cart. de l'év. d'Autun, à Autun).

PONT-DE-CHENY (LE), h. c^ne de Migennes.

PONT-DE-PIERRE (LE), h. c^ne de Bléneau.

PONT-DE-SAUROY (LE), m^in et h. divisé entre les c^nes de Saints et de Saint-Sauveur.

PONT-ÉVRAT, hameaux, c^nes d'Arces et de Vaudeurs.

PONT-GALOT, tuil. c^ne de Seignelay.

PONTIGNY, c^on de Ligny. — *Pontiniacum*, 1119 (cart. gén. de l'Yonne, II, 47). — *Ponteigni*, 1269 (abb. de Pontigny). Autref. siège d'une abbaye, l'une des quatre filles de Cîteaux, fondée en 1114, et sous la garde des comtes de Tonnerre.

Avant 1789, Pontigny était un hameau de la paroisse de Venouse, du dioc. d'Auxerre et de l'élection de Tonnerre, siège d'une prévôté ressortissant directement au baill. de Sens.

PONTIS-NAYSELLARUM (*Capella*), 1296 (cart. de l'archev. de Sens, I, f° 120 v°). — *Chapelle-sur-le-Pont-de-Natiaux*, c^ne d'Avrolles. — *Pons-Nacellarum*, xvie s^e (pouillé du dioc. de Sens). — Voy. NATIAUX (PONT DES).

PONT-LENLOIE (RUISSEAU DE), prend sa source à Chevannes, c^ne de Saint-André, et se jette dans le Serain à Guillon.

PONT-MARQUIS, ch. c^ne de Moulins-sur-Ouanne; fief relev. du baron de Toucy.

PONTON-SOUS-JOIGNY, 1353 (titres particuliers), village existant autrefois sur la rive gauche de l'Yonne, au-dessus du pont de Joigny.

PONT-PIERRE, chapelle, c^ne de Villeblevin, fondée avant 1290 (pouillé du dioc. de Sens de 1695); auj. détruite.

PONT-POUIN (LE), manœuv. c^ne d'Égriselles-le-Bocage.

PONTRIAUX, m^in et f^r, c^ne de Saint-Brancher.

PONT-SAINT-VERAIN, h. c^ne de Sépaux; nouvellement fondé.

PONT-SUR-VANNE, c^on de Villeneuve-l'Archevêque. — *Pontes super Vannam*, 1159 (cart. gén. de l'Yonne, II, 104). — *Pons-sur-Vanne*, 1453 (reg. des taxes, etc. dioc. de Sens, bibl. de cette ville, archev.). — Fief relev. de Malay-le-Roi, 1606 (f. Mégret d'Étigny).

Pont-sur-Vanne était, avant 1789, du dioc. de Sens et de la prov. de l'Île-de-France, et sa prévôté relev. du baill. de Theil avec appel à celui de Sens.

PONT-SUR-YONNE, arrond. de Sens. — *Pontus Syriacus*, ixe siècle (Bibl. hist. de l'Yonne, I, 202). — *Pontum*, ixe siècle (*Liber sacram.* ms bibl. de Stockholm). — *Pons super Icaunam*, 833 (cart. gén. de l'Yonne, I, 280). — *Pontus super Yonam*, xiiie s^e (chronique de Sainte-Colombe, Bibl. hist. de l'Yonne, I, 213). — *Pons super Yonam*, 1453 (reg. des taxes, etc. dioc. de Sens, bibl. de cette ville, archev.). — *Pontes*, xvie siècle (pouillé du dioc. de Sens).

Pont-sur-Yonne était, au ixe siècle, du pagus et du dioc. de Sens; il était, au xvie siècle, le chef-lieu d'un doyenné comprenant 30 cures, 15 prieurés-cures et 10 prieurés simples, et, avant 1789, de la prov. de l'Île-de-France et de l'élection et du baill. de Nemours, et coutume de Lorris.

Ponts-de-Cussy (Les), h. cne de Cussy-les-Forges. — *Pont-de-Cussy*, 1486 (terrier d'Avallon, arch. de la Côte-d'Or).

Popelin (Le), fe, cne de Saint-Clément. — *Popelinum*, 1163 (cart. gén. de l'Yonne, II, 161). — *Populeium*, 1169 (*ibid.* 212). — *Popelin*, 1201 (cart. du Popelin, fo xii vo, arch. de l'Hôtel-Dieu de Sens).

Le Popelin était une léproserie considérable fondée au xiie siècle pour les habitants de Sens; elle fut unie à l'Hôtel-Dieu de cette ville en 1697.

Ponchamp, fe, cne de Saint-Fargeau. — *Porchin*, 1775 (abb. Saint-Germain d'Auxerre, plan).

Poncuerie (La), h. cne de Bussy-le-Repos.

Porchers, m. de garde, cne de Champcevrais.

Portail (Le), cne de Mézilles, 1535, fief relev. de cette seigneurie (Bin de la Soc. des sciences de l'Yonne, 1858); lieu détruit.

Pont-de-Gaure, fe, cne d'Appoigny.

Pont-de-la-Bouvière, m. i. cne de Cézy.

Pont-des-Fontaines, fe, cne de Cheny.

Pont-Norbert, cne de Courlon (Cassini); auj. le Port.

Pont-Renard, h. cne de Chaumont. — *Port-Regnard*, 1582 (arch. de Sens, reg. des fiefs).

Porte (La), fe, cne de Villeneuve-les-Genêts.

Porteau (Le), h. cne de Villefranche.

Pontillon, h. cne de Courlon, 1582 (arch. de Sens, reg. des fiefs); lieu détruit, auj. simple climat ou lieu dit.

Ponts (Les), m. i. cne de Mailly-le-Château, appelée aussi Plaisance.

Ponts-sur-Yonne (Les), cne de Vaux, 1527 (ém. Doublet de Crouy); lieu détruit.

Poste-aux-Alouettes (La), h. cne de Joux-la-Ville. — *Petit-Lézard*, 1789.

Postolle (La), cne de Villeneuve-l'Archevêque; autref. annexe de Thorigny et dépendant de ladite terre, de l'archev. de Sens et de la prov. de l'Île-de-France, élection de Sens.

Potages (Les), h. cne de Piffonds.

Potence (La), fe, cne de Louesme.

Potence (La), lieu détruit, cne de Villechétive; autref. prévôté ressort. au baill. de Theil. C'est aujourd'hui un bois.

Poterie (La), h. cne d'Étais.

Poterie (La), fe, cne de Lavau.

Poteries-d'en-Bas ou les Muns, h. cne de Treigny, auj. détruit.

Potinerie (La), fe, cne de Saint-Privé.

Potinerie (La), hameaux, cnes de Saint-Sauveur et de Sept-Fonds.

Potot (Ruisseau du), h. de Plausse, cne d'Étaules, se jette dans le Cousin à Avallon.

Pouilly, h. cne de Fontenay-près-Vézelay. Autref. il y avait en ce lieu deux châteaux, auj. détruits.

Poulets (Les), h. cne de Diges. — *Les Poulletz*, 1508 (abb. Saint-Germain), nom des habitants de ce lieu; auj. détruit.

Poulets (Les), h. cne de Marchais-Beton. Fief relev. de Malicorne, 1662 (f. Texier d'Hautefeuille).

Poulets (Les), h. cne de Parly.

Pouligny, h. cne d'Escamps. — *Pauliniacus*, 864 (cart. gén. de l'Yonne, I, 88). — *Palliniacus*, 864 (*ibid.* 92). — *Polingny*, 1501 (abb. Saint-Germain).

Pouligny était, au ixe siècle, du pagus d'Auxerre.

Poulots (Les), h. cne des Ormes.

Poultières, fief, cne de Pont-sur-Vanne, 1778 (f. de l'abb. de Pothières, arch. de l'Yonne).

Poupards (Les), h. cne de Moulins-sur-Ouanne.

Pourly, h. cne de Joux-la-Ville. — *Porliacum*, 1147 (cart. gén. de l'Yonne, I, 436). — *Porly*, 1145 (*ibid.* II, 62).

Pourrain, con de Toucy. — *Pulverenus*, vie siècle (Bibl. hist. de l'Yonne, I, 329). — *Polrenus*, 820 (cart. gén. de l'Yonne, I, 32). — *Porrenum*, 1193 (*ibid.* II, 448). — *Porrenum*, 1215; *Porrein*, 1239; *Pourrain*, 1332 (chap. d'Auxerre). — *Pourrain*, 1575 (*ibid.*).

Pourrain était, au vie siècle, du pagus et du dioc. d'Auxerre et, avant 1789, de la prov. de l'Île-de-France, élection de Tonnerre, et siége d'un baill. ressort. à celui d'Auxerre.

Pourrains (Les), h. cne de Fontenoy.

Pourrains (Les), fermes, cnes de Saint-Sauveur et de Toucy.

Pourriats (Les), lieu détruit, cne de Treigny, 1693 (év. d'Auxerre).

Poussifs (Les), fe, cne de Saint-Martin-des-Champs.

Poutenote, m. i. cne de Volgré. — *La Pautenote*, 1662 (reg. de l'état civil).

Prades (Les), fief, cne de Grandchamp, 1487, relev. de l'év. d'Auxerre à cause de la terre de Toucy (inv. des arch. de l'év. Bibl. imp. 307).

Praesles, ch. cne de Domats. — *Capella de Praeslis*, 1411 (pouillé de Sens de 1695, p. 466). — Auj. détruit.

Prairie (La), m^in, c^ne de Saint-Martin-des-Champs.

Praou, m. i. c^ne de Germigny.

Pravie (Ruisseau de), c^ne de Saint-André, etc. se jette dans le Cousin, c^ne de Cussy-les-Forges.

Préau (Le), h. c^ne de Chaumont. — Les Préaulx, forges, 1487 (arch. de Sens). — Les Préaux, 1516 (ém. de Saxe, inv. de Chaumot). Autref. ch. et prévôté, et fief relevant de Chaumot, et en arrière-fief de Bray.

Préau (Le), h. c^ne de Parly.

Pré-au-Comte (Ruisseau du), prend sa source à Saint-Léger-de-Foucherets et se jette dans le Trinquelin, même territoire.

Préaux (Les), m. i. c^nes de Dracy et de Tannerre.

Pré-aux-Prévôts (Le), f^e, c^ne de Joigny.

Préblin, m^in, c^ne de Migennes.

Préchoin, autref. fief au faubourg de la c^ne de Bassou.

Précy, c^on de Saint-Julien-du-Sault. — Pisciacum, ixe siècle (Liber sacram. ms bibl. de Stockholm). — Prissiacum, vers 1120 (abb. des Escharlis). — Presciacum, 1207 (ibid.). — Pressi, vers 1140 (abb. des Escharlis). — Précy, 1453 (reg. des taxes, etc. dioc. de Sens, bibl. de cette ville, archev.).

Châtellenie avec titre de baill. et prévôté ressort. au baill. de Joigny, 1553 (Legrand, État gén. du baill. de Troyes); avant 1789, du dioc. de Sens, de la prov. de l'Île-de-France et du baill. de Sens au siége de Villeneuve-le-Roi. Le fief de Précy relevait du comté de Joigny.

Précy-le-Mou, h. c^ne de Pierre-Pertuis. — Prisseium, xiie siècle (chronique de Vézelay). — Pressy-les-Pierre-Pertuis, 1415 (abb. de Chore). — Précy-le-Moux, 1664 (reg. de l'état civil). — Pressy-le-Mol, 1688 (ibid.).

Autref. du dioc. d'Autun, de la prov. de Bourgogne et du baill. d'Avallon, dép. de la baronnie de Pierre-Pertuis.

Précy-le-Sec, c^on de l'Isle-sur-Serain. — Prissiacum, 1127 (cart. gén. de l'Yonne, II, 51). — Prisseium, xiie siècle (chronique de Vézelay). — Prissiacum Siccum, xiie siècle (ibid.). Alleu inféodé par le duc de Bourgogne à des chevaliers qui le vendirent à l'abb. de Vézelay. — Précy-le-Sec, 1406 (chap. de Vézelay).

Précy était, avant 1789, du dioc. d'Autun, de la prov. de l'Île-de-France et de l'élection de Vézelay; cette communauté ressort. alors au baill. d'Auxerre.

Pré-du-Bois-d'en-Bas (Le) et le Pré-du-Bois d'en-Haut, hameaux, c^ne de Ligny-le-Châtel.

Prée (Ruisseau de), prend sa source à Sincey (Côte-d'Or) et se jette dans le Cousin à Cussy-les-Forges.

Prégilbert, c^on de Vermanton. — Pratum-Gileberti, 1177 (cart. gén. de l'Yonne, II, 290). — Prégi-lebert, 1334 (abb. de Crisenon). Fief relev. de la terre de Saint-Bris, 1574 (inv. des titres de Saint-Bris, arch. de l'Yonne).

Prégilbert était, avant 1789, du dioc. d'Auxerre et de la prov. de l'Île-de-France, élection de Tonnerre, et siége d'un baill. ressort. à celui d'Auxerre.

Préhy, c^on de Chablis. — Pradilis, 886 (cart. gén. de l'Yonne, I, 114). — Pratilis, 1151 (ibid. 478). — Praiacum, 1240 (abb. de Pontigny). — Preyacum, xve siècle (pouillé du dioc. d'Auxerre, Lebeuf, Histoire d'Auxerre, IV, pr.). — Praid, 1189 (cart. gén. de l'Yonne, II, 403). — Praith, vers 1160 (ibid. 110). — Praiz, 1164 (ibid. 173). — Pratigi, 1188 (ibid. 386). — Prayz, 1215 (chap. d'Auxerre). — Preiz, 1305 (abb. de Pontigny). — Prehiz. 1496 (chap. d'Auxerre). — Préy, 1537 (prévôté de Saint-Martin de Tours, terrier de Chablis).

Préhy était, au ixe siècle, du pagus et du dioc. d'Auxerre et, avant 1789, de la prov. de Champagne, élection de Tonnerre, et siége d'une prévôté.

Préjouan, vill. c^ne d'Étaules-le-Bas, détruit dans les guerres du xive siècle (Courtépée, VI, 16). — Pré-jouhan, 1611, fief (ém. Clugny).

Prélay (Ruisseau du), prend sa source à Branches et se jette dans le Ravillon à Neuilly.

Prémartin, fief, c^ne d'Esnon, avec titre de prévôté, ressort. au baill. de Joigny. — Prémartin-lez-Esnon, 1475 (abb. de Dilo). — Qualifié vicomté en 1723 (Davier, Mémoires sur Joigny, II).

Prenereau, h. c^ne de Migé. — Prunellum, 1283 (év. d'Aux. L. Gy-l'Évêque). — Premereaul, 1331 (cart. du comté d'Aux. arch. de la Côte-d'Or). — Prene-reau, 1597 (Réch. des feux du comté d'Aux. ibid.).

Prenoulat, m^in, c^ne de Crain.

Présaules, c^ne de Beine, 1558 (abb. Saint-Germain, L. 39). — Tuil. en 1560 (f. Montmorency); auj. détruite.

Prés-Colons (Les), h. c^ne de Fontenouilles.

Prés-de-Vaux (Ruisseau des), prend sa source à Coutarnoux et se jette dans le Serain à Dissangis.

Prés-du-Bois, bois, c^ne de Ligny.

Président, m^in, c^ne d'Auxerre.

Presle (La), h. c^ne de Quarré-les-Tombes.

Presles, ch. et h. c^ne de Cussy-les-Forges. — Praeles, 1216 (abb. de Reigny). — Praelles, 1417 (Courtépée, VI, 33). — Prelles, 1452 (comptes de la ville d'Avallon). — Presles, 1551 (recette d'Avallon). Autref. seigneurie importante.

Presliers (Les), f^e, c^ne de Bléneau.

Preslon, f^e, c^ne de Monéteau, 1545; belle maison avec chapelle, entourée d'une forte muraille, démolie au xvie siècle (chap. d'Auxerre).

Prés-Saint-Jean (Les), à Tonnerre, garde-barrières du chemin de fer de Paris à Lyon.

Prés-Sergents (Les), m. i. c^ne de Joigny.

Pressoir (Le), f^e, c^ne de Bléneau.

Pressoir (Le), hameaux, c^nes de Diges, de Fontaine et de la Ferté-Loupière.

Pressoir (Le), f^e, c^ne de Mézilles.

Pressureau, f^e et m^in, c^ne de Rouvray. — *Pressereau*, 1527, m^in (abb. Saint-Germain).

Pretain, forêt, c^ne de Brienon. — *Preta*, 1169 (cart. gén. de l'Yonne, II, 221).

Pneuilly, f^e, m^in, barrage et m. éclusière, c^ne d'Auxerre. — *Preuilly* ou *Fontenoy*, 1659 (abb. Saint-Père d'Auxerre).

Preux, h. c^ne de Saint-Romain-le-Preux; vill. autref. paroisse dévastée dans les guerres civiles et dép. de la terre de Précy, et qui renfermait un château auj. ruiné. — *Preux*, 1537 (hôpital de Joigny).

Prévôté (La), f^e, c^ne de Bussy-en-Othe.

Prévots (Les), f^e, c^ne de Saint-Fargeau.

Prévoyance (La), f^e, c^ne des Sièges.

Prieuré (Le), f^e, c^ne de Grimault. Elle tire son nom de celui de la chapelle de Cours, qui est située auprès et qui était autref. un prieuré.

Prieurs (Les), h. c^ne de Leugny.

Prix, h. et f^e, c^ne de Champcevrais. — *Prie*, 1658; *Prye*, 1666 (reg. de l'état civil). Siége d'une seigneurie avec un château fort.

Prochain, h. c^ne de Pont-sur-Vanne.

Prors (Les Grands-), h. c^ne de Fontaine.

Proue (La), h. c^ne de Diges. — *Proux*, 1671 (abb. Saint-Germain, terrier de Diges).

Proutière (La), f^e, c^ne de Rogny.

Proux (Les), h. c^ne de Mézilles.

Proux (Les Petits-), h. c^ne de Moutiers. — *Les Petits-Prevosts*, 1673 (reg. de l'état civil).

Proux-de-la-Route (Les), h. c^ne de Moutiers.

Provenchères (Les), h. c^ne de Saint-Léger.

Provency, c^on de l'Isle-sur-Serain. — *Proanceium*, xive siècle (pouillé du dioc. d'Autun). — *Provhanciacum*, 1305 (chap. de Montréal). — *Provence*, vers 1150 (cart. gén. de l'Yonne, II, 70). — *Proency*, 1184 (ibid. 345). — *Prohenci*, 1258 (abb. de Reigny). — *Provency*, 1484, fief relev. de l'Isle (terrier de l'Isle, ém. Bertier).

Provency était autref. du dioc. d'Autun, de la prov. de l'Île-de-France et du baill. de Montréal, ressort. à Troyes. — *Genouilly* et *Marcilly*, h. dép. de Provency, étaient de la prov. de Bourgogne.

Provendiers (Les), h. c^ne de Paron.

Prud'hommerie (La), h. c^ne de Saint-Valérien.

Prud'hommes (Les), h. c^ne de Brannay.

Prunay, ch. c^ne de Senan, 1487 (arch. du ch. de Senan), relev. en fief de la terre de la Ferté-Loupière en l'ancien manoir de la Coudre. Auj. détruit; il était situé à 300 mètres du ch. actuel, qui s'élève à la place d'une ancienne forge.

Prunelles, h. c^ne de Champlost. — *Prenelle*, 1677; *Prunel*, 1736 (reg. de l'état civil).

Prunelles (Les), fief relevant de Mézilles, lieu auj. détruit. (Bull. de la Soc. des sciences de l'Yonne, 1858).

Prunières, c^ne de Branches, autref. fief avec manoir, situé dans le haut du village de Branches, et dont la justice comprenait la moitié de ce lieu jusqu'à l'église. — *Prunières*, 1555 (cout. de Sens). La ferme est détruite depuis vingt ans.

Prunoy, c^on de Charny. — *Prunetum*, vers 1120 (abb. des Escharlis). — *Prunay*, 1453 (reg. des taxes, etc. dioc. de Sens, bibl. de cette ville, archev.).

Prunoy était, avant 1789, du dioc. de Sens, de la prov. de l'Île-de-France et du baill. de Sens au siége de Villeneuve-le-Roi.

Puisaye, contrée couverte de marécages et de forêts qui occupe le sud-ouest du départ. de l'Yonne. — *Poiseia*, 1147 (cart. gén. de l'Yonne, I, 419). — *Puseya*, 1328; archiprêtré du dioc. d'Auxerre (Lebeuf, Histoire d'Auxerre, IV, pr. n° 280). — *Posoye*, 1314 (abb. de Reigny). — *Puysoie*, 1509 (procès-verbal de la cout. de Troyes, p. 479).

Les seigneurs de Saint-Fargeau, de la maison de Bar, au xiiie siècle, se qualifiaient de seigneurs de Puisaye, an 1285 (chap. d'Auxerre, L. 78, c^ne de Parly, fief d'Arran). — En 1488, le gouverneur du pays de Puisaye le régit au nom du seigneur de Saint-Fargeau (chap. de Sens, liasse de Villeneuve-la-Dondagre).

Sous le rapport ecclésiastique, la Puisaye formait un archidiaconé du diocèse d'Auxerre depuis l'an 1249.

Puits (Le), h. c^ne de Paron.

Puits-Avril, tuil. c^ne d'Aillant.

Puits-Bottin, h. c^ne de Véron.

Puits-de-Bon, h. c^ne de Noyers. — *Grange-de-Bon-Raisin*, 1679 (rôles des feux du baill. d'Avallon, arch. de la Côte-d'Or). — *Puits-de-Bon*, 1725 (reg. de l'état civil).

Puits-de-Courson (Le), h. c^ne de Saint-Cyr-les-Colons. — *Puys-de-Courson*, 1535 (minutes de Fauchot, notaire à Auxerre).

Puits-de-Fen, h. c^ne de Fouchères.

Puits-d'Esme (Le), h. c^ne de Joux-la-Ville. — *Puteum de Huimus*, 1189 (cart. gén. de l'Yonne, II, 401).

Puits-de-Gy (Le), h. c^ne de Nailly.

Puits-de-la-Loge (Le), f^e, c^ne d'Annay-sur-Serain.

Puits-Quentin (Le), h. c^ne de Saint-Aignan.

Pulins-d'en-Bas (Les), h. c^ne de Saint-Sauveur.

Pulins-d'en-Haut (Les), tuil. c^ne de Saint-Sauveur.

Puniacus (*Ager prope Castrum-Censorium*), VIIIe siècle (Bibl. hist. de l'Yonne, I, 336); lieu détruit.

Putigny, f^e, c^ne de Courgenay.

Putot, h. c^ne de Merry-Sec. — *Puteolum*, XIIIe siècle (abb. Saint-Marien d'Auxerre, L. V, s. l. 2).

Q

Quarré-les-Tombes, arrond. d'Avallon. — *Careacus*, 721 (cart. gén. de l'Yonne, II, 2). — *Quarreia*, 1171 (*ibid.* 234). — *Carreia*, 1190 (*ibid.* 427). — *Carrée*, 1191 (*ibid.* 431). — *Quarrées*, XVe siècle (pouillé d'Autun).

Quarré tire son surnom d'un dépôt considérable de tombes en pierre qui y existait dans les temps anciens. Ce lieu était, avant 1789, du dioc. d'Autun avec titre d'archiprêtré, baronnie dép. du comté de Chastellux (prov. de Bourgogne et baill. d'Avallon).

Quarriot (Le), village détruit, c^ne de Quarré-les-Tombes.

Quartiers (Les), h. c^ne de Chambeugle.

Quartiers (Les), manœuv. c^ne de Mézilles.

Quatre-Chemins (Les), m^in, c^ne d'Ouanne.

Quatre-Chemins (Les), gare du chemin de fer, c^ne de Saint-Julien-du-Sault.

Quatre-Vents (Les), fermes, c^nes de Châtel-Censoir et de Villefranche.

Quatre-Vents (Les), hameaux, c^nes de Bussy-le-Repos, de Chastellux, de Fontaine, de Rousson.

Quatre-Vingts-Besaces (Les), h. c^ne d'Hauterive.

Quelmine (Le Moulin de) ou Moulin à Foulon, c^ne de Villiers-Vineux.

Quenne, c^ne d'Auxerre (est). — *Quena*, vers 1140 (cart. gén. de l'Yonne, I, 348). — *Cona*, 1266 (abb. Saint-Père d'Auxerre). — *Quesna*, XVe siècle (pouillé du diocèse d'Auxerre; Lebeuf, Histoire d'Auxerre, IV, pr. n° 413). — *Quenne*, 1339 (reg. de l'Hôtel-Dieu d'Auxerre). — *Quesne*, 1597 (rech. des feux du comté d'Auxerre, arch. de la Côte-d'Or). — *Queine*, 1693, fief relev. du roi, au comté d'Auxerre (ém. de Montmorency). — *Queyne*, 1758 (rôles des aides et tailles du comté d'Auxerre).

Quenne était, avant 1789, du dioc. et du baill. d'Auxerre, par appel de celui de Seignelay, de la province de Bourgogne et du comté d'Auxerre.

Quesnaux (Les), h. c^ne de Saint-Aubin-Château-Neuf.

Queue (La), h. c^ne de Vernoy. — *Queux*, 1777 (reg. de l'état civil).

Queue-de-Chimay (La), m. i. c^ne de Pont-sur-Vanne.

Queue-de-l'Étang (La), f^e, c^ne de Dilo; auj. détruite.

Queue-de-Sauvigne (Bois de la), c^ne de Châtel-Gérard.

Queue-du-Loup (La), h. c^ne de Villeneuve-sur-Yonne.

Queue-Pourrée (La), h. c^ne de Butteaux.

Quillonnerie (La), f^e, c^ne de Bléneau; anc. château en ruines. — *La Quignolerie*, 1693 (év. d'Auxerre).

Quinaults (Les), h. c^ne de Moutiers.

Quincampoix, f^e, c^ne de Gigny, autrefois fief et manoir avec ferme, et relev. en fief de la terre de Gigny.

Quincerot, c^ne de Cruzy. — *Quincerot*, 1393 (cart. du comté de Tonnerre). Fief et château fort relev. du comté de Tonnerre.

Quincerot était, avant 1789, du dioc. de Langres, de la prov. de l'Île-de-France, élection de Tonnerre, et du baill. de Cruzy.

Quincy (L'Abbaye de), f^e, c^ne de Commissey; autrefois abbaye d'hommes de l'ordre de Cîteaux, fondée en 1133. — *Quinciacensis ecclesia*, 1135 (cart. gén. de l'Yonne, I, 304). — Autrefois *Arche* (*ibid.*). — *Quinceyum*, 1331 (abb. de Reigny). — *Quincy*, 1305 (hôpital de Tonnerre).

Cette abbaye, située au dioc. de Langres, avait un siége de justice en titre de prévôté, avec appel au baill. de Cruzy.

Quincy (Le Petit-), m. i. c^ne d'Épineuil, autref. maison de plaisance de l'abbé de Quincy.

Quincy (Moulin de), c^ne de Commissey.

Quinze-Ans (Les), h. c^ne de Saint-Privé. — *Les Quaizans*, 1710 (év. d'Auxerre).

R

Rablay, h. c^ne de Perreux.

Raboulins (Les), f^e, c^ne de Mailly-le-Château; auj. ruinée.

Raboussins, h. c^ne de Fouchères; auj. détruit.

Raboussoirs (Les), h. c^ne de Bléneau.

14

Rabuteaux (Les), h. c^{ne} de Chaumot.

Racheuse (La), tuil. c^{ne} de Volgré.

Racuois (Les), m. i. c^{ne} de Toucy.

Racine (La), h. c^{ne} de Saint-Aubin-Château-Neuf. — La Racyne, 1528 (chap. d'Auxerre). — Autrefois siège d'une prévôté ressort. au baill. de Saint-Aubin.

Racinet (Le), manœuv. c^{ne} de Lavau. — En Raciné, 1679 (reg. de l'état civil).

Racineux (Les), h. c^{ne} de Prunoy. — Les Racineuzes, 1768 (ch. de Prunoy, plan).

Raganne (La), h. c^{ne} de Vinneuf; auj. détruit. — La Raganne, 1393 (abb. Saint-Remy); fief relev. de la terre de Vinneuf, autrefois seigneurie avec titre de prévôté ressort. au baill. de Sens et aliénée par l'abbaye Saint-Remy de Sens en 1575 (bibl. de Sens).

Ragny, h. c^{ne} de Savigny-en-Terre-Plaine. — Raaigne, 1278 (arch. du ch. de Ragny). — Raugny, 1400; Raigny, 1472 (chap. d'Avallon). — Château fort ancien et important, marquisat érigé en 1597 et comprenant : Ragny, Marmeaux, Saulx, Trévilly, Varennes, Brécy, Cisery, la Boucherasse, le Vellerot, Beauvoir, Tronsois, Tréviselot, Sauvigny-le-Beuréal, partie de Chevannes, de Savigny et de Saint-André-en-Terre-Plaine (Courtépée, VI, p. 37). Cette terre relev. du roi à la chambre des comptes de Dijon.

Ragon, mⁱⁿ, c^{ne} de Saint-Fargeau.

Ragonnière (La), h. c^{ne} de Villiers-Saint-Benoit.

Ragonnière (La), f^e, c^{ne} de la Villotte (carte de Cassini); auj. détruite.

Ragons (Les), h. c^{ne} de Charbuy.

Ragons (Les), h. c^{ne} de Villiers-Saint-Benoit.

Ragots (Les), f^e, c^{ne} de la Belliole.

Ragots (Les), h. c^{ne} de Perreux.

Ragouderies (Les), m. i. c^{ne} de Villiers-Saint-Benoit.

Ragueneaux, f^e, c^{ne} de Champignelles.

Railly, ch. et f^e, c^{ne} de Saint-Germain-des-Champs.— Rally, 1591 (rôles d'impôts, recette d'Avallon). — Fief et manoir relev. de la terre de Chastellux.

Rajeuse, forêt, c^{ne} d'Arces. — Raiosa, 1150 (chap. de Sens). — Rabiosa, 1223 (arch. de Sens). — Rajeuse, XVe siècle, forêt dép. de l'archev. de Sens.

Raloy, h. c^{ne} des Ormes.

Rameau h. c^{ne} de Collan. — Rameau, 1537 (prévôté de Saint-Martin de Tours, terrier de Chablis).

Rameaux (Les), hameaux, c^{nes} d'Étais, Ronchères et Sainte-Colombe-sur-Loing.

Rameaux (Les), h. c^{ne} de Lalande, autref. fief relev. du baron de Toucy, 1587.

Rameaux (Les), f^e, c^{ne} de Châtel-Gérard.

Rameaux (Les), manœuv. c^{ne} de Saint-Fargeau.

Ramée (La), h. c^{ne} de Bussy-en-Othe. — La Ramée de Foresta, 1231 (abb. de Dilo).

Ramée (La), h. c^{ne} de Domats.

Ramellerie (La), f^e, c^{ne} de Lavau.

Ramerie (La), m. i. c^{ne} de Fontenouilles.

Ramerie (La), h. c^{ne} de Grandchamp.

Rames (Les), f^e, c^{ne} de Villiers-Saint-Benoit (carte de Cassini); auj. détruite.

Ramonnerie (La), h. c^{ne} de Villegardin.

Rançonnière (La), h. c^{ne} de Chaumot. — La Randonnière, 1727 (terrier des Préaux, Chartreux de Béon).

Rapé, f^e, c^{ne} de Treigny.

Rapillans, f^e, c^{ne} de Diges, 1511 (abb. Saint-Germain d'Auxerre).

Raquins (Les), h. c^{ne} de Saint-Romain-le-Preux.

Rateau, h. c^{ne} de Bagneaux.

Rateau, mⁱⁿ, c^{ne} de Saint-Martin-sur-Oreuse. — Rastellum, 1160 (cart. gén. de l'Yonne, II, 107). — Rastel, 1227 (chap. de Sens).

Ratilly, ch. et f^e, c^{ne} de Treigny. — Rastille, 1163 (cart. gén. de l'Yonne, II, 109). — Autrefois siège d'une prévôté.

Ratorets (Les), h. c^{ne} de Piffonds.

Ravereau, f^e et écl. c^{ne} de Merry-sur-Yonne.

Ravery, port aux vins sur l'Yonne, c^{ne} de Gurgy.

Raveuse, m. i. c^{nes} de Chichery et de Gurgy.

Ravières, c^{on} d'Ancy-le-Franc. — Ribarias in pago Ternodrinsi, 721 (cart. gén. de l'Yonne, II, p. 2). — Raveria, 1180 (ibid. 313). — 1210, fief relev. du comté de Tonnerre. — Raveres, 1335 (comm^{rie} de Saint-Marc).

Ravières était, avant 1789, du dioc. de Langres et chef-lieu d'un doyenné, de la prov. de Champagne et du baill. de Cruzy, avec ressort à celui de Sens. La baronnie relevait de la ch. des comptes de Dijon.

Ravillon, ruisseau. — Voy. Rior.

Ravillon (Le), ch. c^{ne} de Saint-Aubin-Château-Neuf; auj. détruit.

Ravisy, ruisseau, c^{ne} de Saint-Vinnemer, où il se jette dans l'Armançon.

Réaux, f^e, c^{ne} de Dracy.

Rèbles (Les), h. c^{ne} de Sainte-Colombe-sur-Loing.

Rebourceaux, c^{on} de Saint-Florentin. — Rebourcellum, 1213; Rebousiaul, 1343; Rebourseaul, 1310; Rebourseau, fief relev. de la châtellenie de Ligny (cart. du comté de Tonnerre, arch. de la Côte-d'Or). — Reborsiau, Reborseau, 1234 (cart. de Pontigny, f° 22 v°, Bibl. imp.).

Rebourceaux était, avant 1789, du dioc. de Sens, prov. de l'Île-de-France, élection de Joigny, et siège d'une prévôté ressort. au baill. de Villeneuve-le-Roi.

Rebourceaux (Le Bas-), h. c^{ne} de Rebourceaux.

Rebourcins (Les), f°, c^ne de Fouchères; détruite en 1808.

Réchauds (Les), m. i. c^ne de Savigny.

Rechênerie (La), f°, c^ne de Marchais-Beton.

Rechênes (Les), h. c^ne de Marchais-Beton.

Regaillarderie, h. c^no de Savigny. — Vaulgains, 1720 (reg. de l'état civil).

Régennes (Les), h. et ch. c^no d'Appoigny. — Regius-Amnis, 1145 (cart. gén. de l'Yonne, I, 396). — Regenna, 1212 (abb. Saint-Marien d'Auxerre). — Rigana, 1266 (cart. de la ville, f° 40, arch. d'Auxerre). — Régennes, ch. de plaisance des évê-ques d'Auxerre, xviii° siècle (Lebeuf et Chardon, Histoire d'Auxerre).

Regipaux (Les), h. c^ne d'Égriselles-le-Bocage.

Régniers (Les Bas-), h. c^ne du Mont-Saint-Sulpice.

Régniers (Les Hauts-), h. c^no du Mont-Saint-Sulpice.

Reigny, forêt, c^ne de Jouy-la-Ville.

Reigny, h. c^ne de Vermanton, autrefois abb. de Béné-dictins, fondée au xii° siècle. — Regniacensis abbatia (cart. gén. de l'Yonne, 1134, I, 299). — Regnia-cum, 1127 (ibid. II, 50). — Reniacum, 1374 (abb. de Reigny). — Rigny, 1594; Reigny, 1608 (ibid). Abbaye du dioc. d'Auxerre qui avait un siége de jus-tice à Vermanton, appelé bailliage général et gruerie.

Reigny (Le Petit-), f°, c^ne de Vaux, autrement le Cellier, 1528 (abb. de Reigny). — Chapelle établie en 1240 (ibid. L. 1re). — La Maison du Petit-Reigny, xviii° siècle (ibid.).

Reinerie (La), f°, c^ne de Villiers-Saint-Benoît.

Relins (Les), m. i. c^ne de Piffonds.

Rémonds (Les), h. c^ne de Saint-Denis-sur-Ouanne.

Rémoulerie (La), usine, c^ne de Nuits.

Renard (Le), f°, c^ne de Vergigny. — Fons-Renardi (Grangia), 1223 (cart. de l'hospice de Saint-Flo-rentin).

Renardeux (Les), f°, c^ne de Saint-Martin-d'Ordon.

Renardière, f°, c^ne de Savigny.

Renards (Les), f°, c^ne de Saint-Georges.

Renards (Les), h. c^ne de Saint-Sauveur.

Renauderie (La), m. i. c^ne de Mézilles.

Renauderie (La), f°, c^ne de Toucy.

Renaudine (La), h. c^ne de Perrigny-près-Auxerre.

Rénonciats (Les), h. c^ne de Précy-sur-Vrin.

Renons (Les), m. i. c^ne de Villeneuve-les-Genêts.

Renuées (Les), h. c^ne de Verlin.

Reposeur, h. c^ne de Magny. — Reposor, 1486 (terrier d'Avallon, arch. de la Côte-d'Or). — Repouseur, 1591 (rôles d'impôts de la recette d'Avallon). — Autrefois fief relev. du ch. d'Avallon; lieu auj. dé-truit.

Resle (La), f°, c^ne de Montigny, autref. château. — La Resle et la Turlée, 1528, fief relev. du comté

d'Auxerre (abb. Saint-Germain). — La Relle, 1597 (rech. des feux du comté d'Auxerre).

Rethorets (Les), h. c^ne de Cerisiers.

Rétifs (Les), manœuv. c^no de Jouy.

Retondeuses, h. c^no de Dicy.

Reuillebeau, m. i. c^ne de Marchais-Beton.

Reuillis (Les), f°, c^ne de Leugny.

Reveillon, m. i. autrefois château, c^ne de Prunoy.

Revendis (Le), m. i. c^ne de Chevillon.

Revillon, fief et métairie, c^ne de Sainte-Colombe-en-Puisaye, 1485 (relevait de l'abb. Saint-Germain d'Auxerre; f. Saint-Germain); lieu auj. détruit.

Revillonnes (Les), h. c^ne de Diges. — Le Révillone (terrier de Diges; abb. Saint-Germain). — Orvil-lone, 1681 (reg. de l'état civil).

Révillons (Les), h. c^ne de Treigny.

Révisy, vill. c^ne de Pontigny. — Revisiacus supra fluvium Sedono, in finibus comitatus Senonici, 887 (cart. gén. de l'Yonne, I, 102 et 112). — Revisi, 1172 (ibid. II, 443). — Lieu auj. détruit.

Riault, ruisseau qui prend sa source à la fontaine de Riault, c^ne d'Escamps, et se jette dans le ruiss. de Beaulche, même commune.

Riaux (Ruisseau des), prend sa source au bois d'Usy, c^ne de Domecy-sur-Cure, et se jette dans la Cure sur le même territoire.

Ribourdin, f°, c^ne de Chevannes. — Ribourdin, 1587, fief relev. de la tour de Serin (tabell. d'Auxerre, portef. IV).

Ricardière (La Grande-), h. c^ne de Villefranche.

Ricardière (La Petite-), h. c^ne de Villefranche.

Ricassiots (Les), manœuv. c^ne de Saint-Privé. — Ricas-seau, 1573 (f. de Courtenay, arch. de l'Yonne, nom d'un fermier). — Le Ricasseau, 1710 (év. d'Auxerre).

Richards (Les), h. c^ne de Prunoy.

Riche-Bois, f°, c^ne de Fontenouilles.

Richebourg, h. c^ne de Champvallon.

Richebourg, m^in, c^ne de Molay. — Richebourc, 1263 (cart. de l'abb. Saint-Germain d'Auxerre, f° 99 v°).

Richebourg, h. c^ne de Senan.

Richebourg, h. dép. des c^nes de Taingy et de Sementron. — Richeborc, 1247 (chap. d'Auxerre). — Le Petit-Richebourg, 1554 (terrier de Richebourg). — Le fief du Grand-Richebourg relev. du baron de Toucy en 1585.

Richebourg ou les Coquesalles, territoire au faubourg Saint-Pregts, c^ne de Sens, 1595 (abb. Saint-Jean de Sens, terrier de Saint-Clément).

Richemont, f°, c^ne d'Armeau, autrefois fief dép. de la seigneurie de Palteau et relev. avec elle du comté de Joigny.

Richemont, tuil. c^ne de Bussy-le-Repos.

Riches (Les), h. c^ne de Fontaines.

Rigauderie (La), h. c^ne de Saint-Aubin-Château-Neuf.

Rigauds (Les), h. c^ne de Saint-Romain-le-Preux.

Rigny, ruiss. c^ne de Cérilly, qui se jette dans la Vanne à Flacy.

Rigoles (Les), h. c^ne de Pizy.

Rigollets (Les), h. c^ne de la Ferté-Loupière.

Rimatou, h. c^ne de Fontenoy.

Rimbiers (Les), m. i. c^ne de Fontenouilles.

Rimboeuf, m. i. c^ne d'Appoigny, 1543 (chap. d'Auxerre).

Rion, m^in, c^ne du Vault-de-Lugny.

Riot, h. dép. des c^nes de Charbuy et de Lindry. — *Rivus*, 820 (cart. gén. de l'Yonne, I, 32). — *Ruot*, 1313; *Reau*, 1645 (chap. d'Auxerre). — Il y a à Riot un château appelé *le Château Gaillard*.

Riot, h. c^ne de Diges. — *Rivus*, 1219 (prieuré de Vieupou). — *Reaul*, 1511; *Reau*, 1608 (abb. Saint-Germain d'Auxerre).

Riot ou Ravillon, ruisseau qui prend sa source à Charbuy et se jette dans l'Yonne à Césy, rive gauche.

Rippe (La), h. c^ne de Merry-sur-Yonne. — *Ripa*, 864 (cart. gén. de l'Yonne, I, 88). — *Rippa*, 1196 (*ibid.* II, 472). — *La Rispe*, fin du xiie siècle (cart. de Crisenon, f° 22 r°, Bibl. imp.). — *La Rippe*, 1548, fief relev. du roi au comté d'Auxerre (cart. du comté d'Auxerre, arch. de la Côte-d'Or).

Risquetout, m^in, c^ne de Noyers.

Rivaut (Le), h. c^ne d'Égriselles-le-Bocage.

Rive-des-Bois (La), h. c^ne de Lavau.

Rive-des-Bois (La), m. i. c^ne de Saint-Privé.

Rivets (Les), f^e, c^ne de Moutiers.

Rivière, h. c^ne de Chastellux.

Rivière (La), h. c^ne de Lavau. — *La Rivière*, 1679 (reg. de l'état civil).

Rivière (La), f^e, c^ne de Maligny; auj. détruite.

Rivière (La), fief, par. de Saint-Sauveur relev. en fief de l'év. d'Auxerre, à cause de la terre de Toucy, 1399 (inv. des titres de l'évêché, p. 302, Bibl. imp. n° 1595).

Rivière (Les villages La), nom collectif donné autrefois aux quatre villages de Molay, Annay, Perrigny et Arton, c^on de Noyers. — *La Rivière*, 1475 (abb. Saint-Germain d'Auxerre, L. 62). — *Riparia*, 1536 (pouillé du dioc. de Langres).

Rivière-de-Vanne (Doyenné de la), circonscription ecclésiastique du diocèse de Sens, qui s'étendait dans la vallée arrosée par la Vanne et comprenait: une abbaye d'hommes, celle de Vauluisant, vingt-deux cures, quatre prieurés-cures, quatre prieurés simples, quatre chapelles et des maladreries (pouillé du dioc. de Sens en 1695).

Rivières (Les), h. c^ne de Mézilles.

Rivièrotte, ruiss. c^ne de Sennevoy-le-Haut, qui se perd dans les terres à Gigny.

Rivotte (Moulin de), c^ne de Vincelottes. — *Riveta*, 1239 (cart. de Saint-Germain, f° 75 v°). — *Rivottes*, établi par lettres patentes de 1634 (cart. des Lazaristes de Vincelottes).

Roberderie (La), m. i. c^ne de Saint-Martin-d'Ordon.

Robichons (Les), f^e, c^ne de Saint-Martin-des-Champs.

Robinaux (Les), f^e, c^ne de Domats, autrefois fief avec prévôté ressort. directement au baill. de Sens et dép. des Chartreux de Béon, auxquels il fut donné par N. de Verres, évêque de Chalon au xive siècle. — *Le Mez-l'Abbesse*, avant 1584 (Chartreux de Béon). — *Les Robigneaux*, 1761 (plan de Valprofonde).

Robinaux (Les), h. dép. des c^nes de Saints et de Fontenoy.

Robinaux de la Malrue (Les), h. c^ne de Saints.

Robinots (Les), h. c^ne de Parly.

Robinots-Daguin (Les), h. c^ne de Saint-Sauveur.

Robins (Les), h. c^ne de Parly.

Robins (Les), h. c^ne de Saint-Martin-des-Champs.

Robins (Les), h. c^ne de Taingy.

Robins (Les), h. c^ne de Villefranche.

Robots (Les), h. c^ne de Saint-Léger.

Roche (La), m^ins, c^nes de Chablis et de Noyers.

Roche (La), h^aux, c^nes de Druyes et de Fontaines.

Roche (La), m. b. et f^e, c^ne de Mailly-le-Château.

Roche (La), h. et port, c^ne de Saint-Cydroine, à l'embouchure du canal de Bourgogne dans l'Yonne. — *Le Port de la Roche*, 1360 (archev. de Sens, compte de la terre de Brienon).

Roche (La), h. c^ne de Toucy. — *La Roiche*, 1504 (compte de la chât. de Toucy, év. d'Aux. liasse 14).

Roche-Bretin (La), h. c^ne d'Avallon.

Rochefort, ch. c^ne de Dissangis. — *Le Grand* et le *Petit Rochefort*, h. et ch. 1702 (abb. Saint-Germain, plan de Coutarnoux).

Rocherbau, m^in, c^ne de Neuilly.

Rocherie, f^e, c^ne de Fontaines.

Rochers (Les), h. c^ne de Saint-Martin-d'Ordon.

Rochers (Les), h. divisé entre les c^nes de Saint-Sauveur et de Mézilles.

Roches (Les), f^e, c^ne de Champignelles.

Roches (Les), h. c^ne de Sougères.

Rochette (La), foulon à draps, c^ne d'Avallon.

Rochottes (Les), bois, c^ne de Courson.

Rochys, h. c^ne de Dicy.

Roffey, c^on de Flogny. — *Royfeyum*, 1530 (pouillé du dioc. de Langres). — *Roffy*, 1295 (cart. du comté de Tonnerre, arch. de la Côte-d'Or). — *Roffey*, 1297; *Rouffi*, 1301; *Rouffé*, 1332; *Rouffey*, 1333 (cart.

de l'hôpital de Tonnerre). — *Roufé*, 1580; *Ruffé*, 1632 (abb. Saint-Michel).

Roffey était, avant 1789, du dioc. de Langres et de la prov. de l'Île-de-France, et le siège d'une prévôté ressort. au baill. de Tonnerre. Le fief de Roffey relev. du comté de Tonnerre.

Rogers (Les), h. c^ne de Saint-Valérien.

Rogetterie (La), m. i. c^ne de Prunoy.

Rogny, c^on de Bléneau. — *Roigny*, 1388 (Bibl. imp. P. 132, f° VI). — *Rougny*, 1611 (titres de Mr Jaupitre).

Rogny était, avant 1789, du dioc. de Sens et de la prov. de l'Orléanais, élection de Montargis.

Rois (Les), manœuv. c^ne de Lavau.

Rois (Les), h. c^ne de Perreux.

Rois (Les), f^e, c^ne de Saint-Martin-des-Champs.

Roissard, h. c^ne de Saints. — 1693 (év. d'Auxerre).

Roland, h. c^ne de Toucy.

Rome, fief, c^ne de Mézilles, relev. de la seigneurie; auj. détruit (B^in de la Soc. des sciences de l'Yonne, 1858).

Ronce (La), f^e, c^ne de Charny. — *Chapelle Saint-Éloi-de-la-Ronce, de Roncia*, 1411 (pouillé du dioc. de Sens, p. 167, in-f°; bibl. d'Auxerre). — Autrefois fief à manoir.

Ronce (La), h. c^ne de Grandchamp.

Ronce (La), f^e, c^ne de Saint-Germain-des-Champs. — 1603 (ém. de Chastellux). — Lieu auj. détruit.

Ronce (La Petite-), f^e, c^ne de Villiers-Saint-Benoît.

Roncenay, h. c^ne de Pontigny, situé sur Vergigny avant 1789. — *Ronconiacus*, xe siècle (Bibl. hist. I). — *Roncenniachus*, 1120 (cart. gén. de l'Yonne, I, 244). — *Roncennacum*, 1146 (*ibid.* 409). — *Roncennaium*, 1157 (*ibid.* II, 82). — *Roncenet*, 1740 (abb. de Pontigny).

Ronchères, c^on de Saint-Fargeau. — *Roncheriæ*, xve siècle (pouillé du dioc. d'Auxerre; Lebeuf, Histoire d'Auxerre, IV). — *Ronchères*, dép. autrefois de la terre de Saint-Fargeau (B^in de la Soc. des sciences de l'Yonne, 1858).

Avant 1789, Ronchères était du dioc. d'Auxerre, de la prov. de l'Orléanais et de l'élection de Gien.

Roncière (La), h. c^ne de Grandchamp.

Roncières (Les), f^e, c^ne de Maligny.

Rond-de-Levis, c^ne de Levis, 1608, fief relev. de l'év. d'Auxerre (inv. des arch. de l'év. d'Auxerre).

Rondeau (Le), h. c^ne de Rogny.

Rondeau (Le Petit-), m. i. c^ne de Rogny.

Rondeaux (Les), tuil. c^ne d'Arces.

Rondeaux (Les), h. c^ne de Dilo; auj. détruit.

Rondeaux (Les), h. c^ne de Savigny. Autrefois avec château auj. ruiné.

Ronsardière (La), f^e, c^ne de Saint-Loup-d'Ordon. — *Roffardière*, 1500, fief relev. de l'archev. de Sens (f. archev.).

Ronsière (La), f^e, c^ne de Saint-Privé. — *La Roncière*, 1573 (f. Courtenay, arch. de l'Yonne). — *La Ronsière*, 1710 (év. d'Auxerre). — Lieu détruit.

Roquet, f^e, c^ne de Saint-Privé.

Roquets (Les), f^e, c^ne de Courtoin, 1785 (cad. C 84); auj. détruite.

Roseaux, h. c^ne de Chambeugle.

Rosées (Les), h. c^ne de Saint-Martin-d'Ordon.

Rosenay (Ruisseau du), c^ne de Sceaux, qui se jette dans le Serain à Montréal.

Roserie (La), h. c^ne de Villeneuve-la-Dondagre.

Roses-Petiots (Les), c^ne de Sainpuits.

Rosette, f^e, c^ne de Saint-Privé.

Rosières, h. c^ne de Pourrain. — *Rozières*, 1789, anc. ch. en partie détruit (reg. de l'état civil).

Rosiers (Les), f^e, c^ne de Coulours.

Rosoy. — Voy. Rozoy.

Rosserie (La), h. c^ne de Rogny.

Rosses (Les), f^e, c^ne de Champcevrais.

Rossignol (Le), h. c^ne de Bussy-le-Repos.

Rouddeaux (Les), h. c^ne d'Étais.

Roubloterie (La), f^e, c^ne de Diges.

Roudons (Les), h. c^ne de Saint-Sauveur.

Rouesses (Les), f^e, c^ne de Châtel-Censoir.

Rougelot (Le Grand-), h. c^ne de Villegardin.

Rougelot (Le Petit-), f^e, c^ne de Villegardin.

Rougeot, m. de garde, c^ne de Domecy-sur-Cure.

Rougeots (Les), h. c^ne de Parly.

Rouges (Les), h. c^ne de Fontaines.

Rouillons (Les), h. c^ne de Fouchères. — *Les Rouillons*, 1678 (Hôtel-Dieu de Sens, reg. des actes des orphelines).

Rouletterie (La Petite-), m. partic. c^ne de Champcevrais.

Roumaneux, ruiss. c^ne de Fontaines, qui se jette dans l'Ouanne à Toucy.

Rousseau (Le), m^in, c^ne de Bléneau.

Rousseaux (Les), m. i. c^ne de Diges.

Rousseaux (Les), f^e, c^nes de Saint-Sauveur et de Tannerre.

Rousseaux (Les), h^aux, c^nes de la Belliole, de Jouy, Piffonds, Saint-Martin-d'Ordon et Villeneuve-sur-Yonne.

Rousseaux (Les), h. dép. des c^nes de Savigny et de Vernoy.

Roussembau, h. c^ne de Marsangy. — *Roussemellus*, 1150 (cart. gén. de l'Yonne, I, 473). — Autref. comm^rie de l'ordre de Saint-Jean de Jérusalem, et siège d'une prévôté ressort. au baill. de Sens.

Rousserons (Les), h. c^ne de Sommecaise.

Roussin, fief, c^ne d'Aillant-sur-Tholon (Davier, Hist. de Joigny).

Roussines (Les), h. c^ne de Chevillon.

Rousson, c^on de Villeneuve-sur-Yonne. — *Rossem*, 1156 (cart. gén. de l'Yonne, I, 539). — *Rossom*, 1174 (*ibid.* II, 256). — *Roussenz*, xive siècle (cart. archev. de Sens, I, 48 v°). — *Rousson*, 1453 (reg. des taxes, etc. dioc. de Sens, bibl. de cette ville, archev.). — *Rossum*, xvie siècle (pouillé du dioc. de Sens).

Rousson était, avant 1789, du dioc. de Sens, de la prov. de l'Île-de-France, élection de Sens, et du baill. de Villefolle.

Rouvray, c^on de Ligny. — *Roboretus*, viie siècle (Bibl. hist. de l'Yonne, I, 338). — *Rouvretum*, 1188 (cart. gén. de l'Yonne, II, 386). — *Rouvretum*, 1250 (abb. de Pontigny). — *Rovroyum*, 1391 (Lebeuf, Histoire d'Auxerre, IV, pr. n° 334). — *Roverai*, 1213 (cart. de Pontigny, f° 27 v°, Bibl. imp.). — *Ruverai*, 1224 (abb. de Pontigny). — *Roverai*, 1393 (cart. du comté de Tonnerre). — *Rouvroy*, 1425 (abb. de Pontigny).

Rouvray était, au viie siècle, du pagus de Sens, et, avant 1789, du dioc. d'Auxerre et de la prov. de l'Île-de-France, élection de Tonnerre, et le siége d'un baill. ressort. à celui d'Auxerre.

Rouvre (Fontaine du), c^ne de Vermanton. — *Roboris fons*, 1149 (cart. gén. de l'Yonne, I, 450).

Rouvretum, lieu, c^ne de Véron. — 1204 (abb. Saint-Paul de Sens). — Auj. détruit.

Roux (Les Grands), h. c^ne de Saint-Loup-d'Ordon.

Roux (Les Petits-), h. c^ne de Saint-Loup-d'Ordon.

Royauté (La), h. c^ne de Saint-Fargeau.

Royer, m^in, c^ne de la Chapelle-Vieille-Forêt.

Royers (Les), h. c^ne de Malicorne.

Rozière (La), h. et ch. c^ne de Pourrain.

Rozoy, c^on de Sens (nord). — *Rosayum*, 1491 ; *Rousay*, 1503 ; *Rosoy-sur-Yonne* (chap. de Sens). — *Rousoy*, 1564 (abb. Saint-Remy de Sens).

Rozoy était, avant 1789, du dioc. de Sens et de la prov. de l'Île-de-France ; prévôté ressort. au baill. de Sens et relev. en fief de la forteresse de Montereau.

Ru (Le), f^e, c^ne de Fontenouilles.

Ru (Le), h. c^ne de Marchais-Beton.

Ruats (Les), m^in, c^ne d'Avallon.

Ruats (Les), f^e, c^ne de Bussières.

Ruban, h. c^ne de la Celle-Saint-Cyr.

Ru-Bourgeot, h. c^ne de Pourrain. — *Ribourgeon*, 1750 (reg. de l'état civil). — *Rhubourgeon*, 1773 (chap. d'Auxerre).

Ru d'Avon, ruiss. qui prend sa source à Saint-André et se jette dans le Cousin au Vault-de-Lugny.

Ru des Prés d'Avant, ruiss. qui prend sa source à la Roquette, c^ne de Tharoiseau, et se jette dans le ru d'Island, c^ne du Vault-de-Lugny.

Ru du Bois, ruiss. c^ne de Percey, se jette dans l'Armançon.

Ru du Croissant, ruiss. prend sa source à Saint-André (Nièvre) et se jette dans le Cousin, c^ne du Vault-de-Lugny.

Rué, h. dép. des c^nes de Chailley et de Vénizy. — *Le Ruel*, 1688 (dénomb. de la terre de Vénizy). — *Le Ruey*, 1697 (abb. de Pontigny, plan).

Rue (La), h^ux, c^nes d'Égriselles-le-Bocage, Merry-la-Vallée et Saint-Valérien.

Rue (La), h. c^ne de Trévilly, détruit au xviiie siècle (Notes Joux, bibl. d'Auxerre).

Rue (La), f^e, c^ne de Vénizy. — 1688 (dénomb. de la seigneurie, arch. de la commune). — Auj. détruite.

Rue (La), h. c^ne de Vincelles.

Rue (La Grande-), f^e, c^ne de Dilo ; auj. détruite.

Rue-Chaude (La), m. i. c^ne de Chevillon.

Rue-Chaude (La), h. c^ne de Précy.

Rue-Chenot (La), h. c^ne de Chastellux. — *Rue-Chenault*, 1540 (Baron, notaire à Marigny).

Rue-Chèvre (La), h. c^ns de Sormery. — *Rue de Chêne*, 1775 (reg. de l'état civil).

Rue-de-Chèvre (La), h. c^ne de Subligny.

Rue-de-la-Croix (La), h. c^ne de Chastellux, 1540 (Baron, notaire à Marigny).

Rue-d'en-Bas (La), h. c^ne de la Chapelle-Vieille-Forêt.

Rue-de-Saint-Romain (La), h. c^ne de Sépaux.

Rue-des-Bordes (La), m. i. c^ne de Senan (Cassini) ; auj. détruite.

Rue-des-Cornes, h. c^ne de Venoy.

Rue-des-Merles (La), h. c^ne de Sommecaise.

Rue-des-Robins (La), h. c^ne de Rebourceaux.

Rue-du-Bois (La), fief, c^ne de Courson. — 1661 (ém. Coignet de la Tuilerie). — Lieu auj. détruit.

Rue-du-Bois (La), h. c^ne de Rebourceaux.

Rue-du-Cul-d'Oison, h. c^ne de Lindry.

Rue-Feuillée (La), h. c^ne d'Hauterive.

Rue-Feuillée (La), h. c^ne de Pontigny. — *La Rue-Feuillyé*, 1663 (abb. de Pontigny).

Avant 1790, il dép. de la c^ne de Ligny.

Rue-Froide (La), f^e, c^ne de Parly.

Rue-Génard, h. c^ne de Saint-Léger.

Ruelle (La), h. c^ne de Champigny.

Ruelle-du-Moulin (La), m. i. c^ne de Charny.

Ruelles (Les), h^ux, c^nes de Quarré-les-Tombes et de Saint-Léger.

Rue-Neuve (La), h^ux, c^nes d'Aillant, Lindry, Saint-Aubin-Château-Neuf et Sommecaise.

Rue-Pepin (La), h. c^ne d'Hauterive. — *Rue-Poupin*, 1787 (plan ém. Montmorency).

Rue-Perrin (La), h. c^ne de Chastellux, 1540 (Baron, notaire à Marigny).

Ruène, ch. et h. c^ne de Saint-Léger. — *Ruère*, 1569 (ém. Montmorency-Robeck). Le fief relev. de la terre de Chastellux.

Rues-Froides (Les), f°, c^ne de Diges.

Rue-Vincent (La), h. c^ne de Beauvoir.

Rugny, c^on de Cruzy. — *Ruiniacum*, 1135 (cart. gén. de l'Yonne, I, 305). — *Rinneum*, 1153 (*ibid.* 507). — *Rinneium*, 1159 (*ibid.* II, 98). — *Ruygneyum*, 1458 (cart. de Saint-Michel). — *Rugneyum*, 1536 (pouillé de Langres). — *Ruinni*, 1178 (cart. gén. de l'Yonne, II, 294). — *Ruiny*, 1329; *Ruigny*, 1341; *Ruyne*, 1343, fief relev. de Cruzy (cart. du comté de Tonnerre, arch. de la Côte-d'Or).

Rugny était, avant 1789, du dioc. de Langres, de la prov. de l'Île-de-France et du baill. de Cruzy.

Ruineaux (Les), h. c^ne de Tannerre; ch. fort, détruit.

Ruissotte (Le Grand-), h. c^ne de Saint-Germain-des-Champs. — *Rioscella*, 721 (cart. gén. de l'Yonne, II, 2). — *Roussotte*, 1486 (terrier d'Avallon, arch. de la Côte-d'Or). — *Rossotte*, 1591 (rôles d'impôts de la recette d'Avallon).

Ruissotte (Le Petit-), h. c^ne de Saint-Germain-des-Champs. — *Roussotte*, 1609 (Éphém. avall. bibl. d'Avallon).

Rumaru, h. c^ne de Toucy.

Rup-Couvert (Le), h. c^ne de Paron. — *Recorvrardum*, 1270 (cart. de l'archev. de Sens, I, f° 31 v°, Bibl. imp.). — *La Rue-Couverte*, 1474 (censier de Sens, chap. de cette ville, chanoines de Notre-Dame). — *Ru Couvert*, 1505 (*ibid.*). — *Rup-Couvert*, 1610, fief relev. de l'archev. de Sens (f. archev.).

Rups (Les), f°, c^ne de Villeneuve-les-Genêts.

Rus (Les), h. c^ne de Merry-la-Vallée.

Rux (Le), h. c^ne de Voisines. — *Les Ruis*, 1722; *les Ruys*, 1778 (reg. de l'état civil).

Ruzé, h. dép. des c^nes de Jouy et de Villegardin.

S

Sabbats (Les), h. c^ue de Piffonds.

Sables (Les), m. i. c^ne de Mézilles.

Sablière (La), m. i. c^ne de Bussy-le-Repos.

Sablon (Le), h. c^ue de Levis. — 1778, fief avec manoir ruiné, siége de justice (f. de la Tournelle, plan).

Sablon (Moulin du), c^ne de Sementron.

Sablonnière (La), f°, c^ne de Bléneau.

Sablonnière (La), f°, c^nn de Savigny; 1709 (reg. de l'état civil). — Auj. détruite.

Sablonnière (La), h. c^ne de Toucy.

Sablonnières (Les), h. c^ne de Saint-Fargeau.

Sablonnières (Les), c^ne de Saint-Martin-sur-Ouanne.

Sablons (Les), tuil. c^ne de Précy.

Sablons (Les), climat, c^ne de Sens. — *Bellomonte super Yquaunam*, 1157 (cart. gén. de l'Yonne, I, 87).

Sablons (Les), h. c^ue de Villebougis.

Sacy, c^on de Vermanton. — *Sassiacus ager*, viie siècle (Bibl. hist. de l'Yonne, I, 338). — *Saciagus*, vers 680 (cart. gén. de l'Yonne, I, 20). — *Saciacus*, 1143 (*ibid.* II, 65). — *Sassiacum*, 1390, seigneurie divisée entre l'évêque et le chapitre d'Auxerre et le commandeur de Saint-Jean de Jérusalem de la même ville (chap. d'Auxerre).

Sacy était, au viie siècle, du pagus et du dioc. d'Auxerre, et, avant 1789, de la prov. de l'Île-de-France, élection de Tonnerre, et siége de deux justices : l'une, appelée le *bailliage hors les croix*, qui dépendait de l'évêque et du chapitre d'Auxerre; l'autre, le *bailliage de la commanderie* : tous deux ressort. au baill. d'Auxerre.

Sainpuits, c^on de Saint-Sauveur. — *Sanus-Puteus*, 1172 (cart. gén. de l'Yonne, I, 237). — *Saint-Puys*, 1586 (chambre du clergé du dioc. d'Auxerre).

Sainpuits était, avant 1789, du dioc. et du baill. d'Auxerre, de la prov. de l'Orléanais et de l'élection de Clamecy.

Saint-Agnan, c^on de Pont-sur-Yonne. — *Sanctus-Anianus*, vers 1130 (cart. gén. de l'Yonne, I, 278). — *Saint-Aignan-en-Gastinois*, 1509 (abb. de Preuilly, bibl. de Sens). — *Saint-Agnain*, 1571 (arch. de Seine-et-Marne), baronnie de Bray; fief en relevant. — Outre la cure, il y avait à Saint-Aignan un prieuré simple de Saint-Aignan, ordre de Saint-Benoît, et un autre prieuré de Notre-Dame de Montbéon.

Saint-Agnan était, avant 1789, du dioc. de Sens et de la prov. de l'Île-de-France, élect. de Montereau, et siége d'une prévôté ressort. au baill. de Sens.

Saint-Aignan, c^ne de Tonnerre. — *Sancti Aniani fingium*, vers 1100 (cart. gén. de l'Yonne, I, 203).

Saint-Ambroise (Forêt de), c^ne de Châtel-Gérard, qui a reçu son nom de celui d'une chapelle qui y existait sous le vocable de ce saint, et qui était autref. un lieu de pèlerinage pour les enfants malades.

SAINT-ANDRÉ, c⁰ⁿ de Guillon. — *Saint-André-en-Terre-Plaine*, xiv° siècle (pouillé du dioc. d'Autun).

Saint-André était autrefois du dioc. d'Autun, de la prov. de Bourgogne et du baill. d'Avallon. Le fief relevait, au xiv° siècle, du duc de Bourgogne.

SAINT-ANGE, chapelle détruite, c⁰ de Bussy-en-Othe, auprès des étangs et du ruisseau de ce nom.

Cette chap. dép. de l'abb. Saint-Julien d'Auxerre. — 1558, prieuré (f. de l'abb. Saint-Julien).

SAINTE-ANNE, ch. c⁰ de Venoy.

SAINTE-ANNE, h. c⁰ de Villers-Vineux. — Il y avait en ce lieu une chapelle de Sainte-Anne qui fut détruite en 1792. — Le château de Sainte-Anne était une seigneurie appartenant à l'hôpital de Tonnerre.

SAINT-APLUS OU LES BOIS DE CHASTELLUX, h. c⁰ de Quarré-les-Tombes, 1686 (Dupont, notaire; arch. de l'Yonne); n'existe plus.

SAINT-AUBIN, c⁰ de Saint-Brancher, tire son nom d'une chapelle élevée sous le vocable de saint Aubin, évêque. Le fief relevait du château d'Avallon.

SAINT-AUBIN-CHÂTEAU-NEUF, c⁰ d'Aillant. — *Sanctus Albinus*, 1163 (cart. gén. de l'Yonne, II, 153).— *Sanctus Albinus Castri novi*, 1396 (chap. de Sens, compt.) — *Saint-Aulbin-Château-Neuf*, 1330, terre app. au chapitre de Sens (*ibid.*).

Saint-Aubin-Château-Neuf était autref. du dioc. de Sens et chef-lieu d'un baill. ressort. à celui de cette ville et dont dép. les prévôtés de Bâle, de la Racine et Bignon, des Fumerault, de Froville, du Chêne-Simart et de Vennoisse et Mamputeau (Tarbé, Détails hist. sur le baill. de Sens, 554).

SAINT-AUBIN-SUR-YONNE, c⁰ de Joigny. — *Sanctus Albinus*, 1195 (abb. Sainte-Colombe de Sens). — *Sanctus Albinus super Yonam*, 1453 (reg. des taxes, dioc. de Sens, bibl. de cette ville, archev.). — *Saint-Aubin-sur-Yonne*, 1598, fief relev. du comté de Joigny (ém. Doublet de Persan).

Saint-Aubin-sur-Yonne était, avant 1789, du dioc. de Sens, de la prov. de l'Île-de-France et de l'élection et du baill. de Joigny.

SAINT-AIEUL, c⁰ de Guillon, ermitage et chapelle, autrefois prieuré, dép. de l'abb. de Moûtier-Saint-Jean.

SAINT-BARTHÉLEMY, f°, c⁰ de Vézelay; anc. prieuré, puis maladrerie.

SAINT-BAUDÈLE, c⁰ de Pourrain, anc. chapelle, située près d'une fontaine salutaire à la guérison des enfants débiles.

SAINT-BAUDRY, f° et chap. isolée, c⁰ de Tissey, située près d'une fontaine, lieu de pèlerinage pour les enfants malades.

SAINTE-BÉATE, chapelle, c⁰ d'Avrolles. — xviii° s° (plan de la terre d'Avrolles, arch. de l'Yonne). — Auj. détruite.

SAINTE-BÉATE, chapelle, c⁰ de Sens, dép. de l'abb. Saint-Pierre-le-Vif, située près du chemin de Sens à Saligny et non loin du village détruit de *Sanceias* (voyez ce mot).— Au xviii° siècle, réduite en ermitage (bibl. de Sens, f. Saint-Pierre-le-Vif, chap.). — Auj. détruite.

SAINT-BENIN, f°, c⁰ de Cudot. — *Saint-Benigne*, xviii° s° (pap. de familles).

SAINT-BENOÎT, m⁰, c⁰ de Roffey.

SAINT-BERNARD, f°, c⁰ de Montréal, autrefois prieuré et hôpital dép. de la prévôté de Saint-Bernard-de-Mont-Jou, fondé au xii° siècle (prieuré de Saint-Bernard, arch. de l'Yonne).

SAINT-BLAISE, f°, c⁰ de Molay. — Ancienne comm⁰ de l'ordre de Malte, réduite en ermitage et chapelle en 1491 (inv. de la comm⁰ d'Auxerre, p. 56); auj. dénaturée et réduite à l'état de ferme.

SAINT-BOND, chapelle, c⁰ de Sens. — *Sanctus Baldus*, 1081 (cart. gén. de l'Yonne, I, 196). — *Sanctus Baudus*, 1150 (*ibid.* II, 69). — *Sanctus Baudus de Paronno*, xvi° siècle (pouillé du dioc. de Sens). — *Saint-Bon*, 1453 (reg. des taxes, etc. dioc. de Sens, bibl. de cette ville, archev.). — La chapelle avait autrefois titre de prieuré et dép. de l'abb. Saint-Remy de Sens. Il y avait un siège de prévôté, et on lui donnait le titre de seigneurie. Elle fut unie au grand séminaire de Sens au xviii° siècle.

SAINT-BONNET, monastère détruit, c⁰ de Fontenoy. — *Sancti Boniti ecclesia*, 1151 (cart. gén. de l'Yonne, I, 479). — *Sancti Boneti grangia*, 1188 (*ibid.* II, 387). — *Saint-Bonnet*, fief et seigneurie, c⁰ de Levis, contigu au monastère, app. à l'abb. Saint-Germain, 1773 (f. Saint-Germain).

SAINT-BRANCHER, c⁰ de Quarré-les-Tombes. — *Sancti Pancracii ecclesia*, 928 à 936 (cart. de Saint-Vincent de Mâcon).—*Saint-Branchier*, 1543 (rôles des feux du baill. d'Avallon, arch. de la Côte-d'Or). — *Saint-Branchez*, 1569 (ém. Montmorency-Robeck).

Saint-Brancher était, avant 1789, du dioc. d'Autun, de la prov. de Bourgogne et du baill. d'Avallon.

SAINT-BRIS, c⁰ d'Auxerre (est).—*Sanctus Priscus*, v° s° (Bolland. Vie de saint Germain). — *Sanctus Briccius, Brictius*, 1152 à 1167 (cart. gén. de l'Yonne, II, 72 et 124).—*Sanctus Britius*, 1198 (*ibid.* 295). — *Sanctus Bricius*, 1229 (abb. de Pontigny). — *Saint-Briz*, 1339 (reg. de l'Hôtel-Dieu d'Auxerre). — *Saint-Bris*, 1530 (terrier de Pontigny). — *Saint-Pris*, 1637 (év. d'Auxerre, reg. de la Régale). — *Bris-le-Vineux*, 1793.

Saint-Bris, baronnie importante, relev. du comté d'Auxerre; elle fut érigée en marquisat en février 1644, et comprenait Augy, Bailly et Gouaix (inv. des titres du marquisat, arch. de l'Yonne). — Il y avait à Saint-Bris une comm^rie des Templiers, au lieu dit le Temple.

Saint-Bris était, au ve siècle, du pagus d'Auxerre et, avant 1789, du dioc. du même nom et de la prov. de Bourgogne, élection d'Auxerre; siége d'un baill. particulier qui ressort. à celui d'Auxerre et chef-lieu d'un archiprêtré.

SAINTE-CATHERINE, chapelle, c^ne de Marchais-Beton; auj. détruite.

SAINT-CERISE, chapelle, c^ne de Fontaines. — Sancta Siriaca, 1635 (év. d'Auxerre); auj. détruite.

SAINT-CHARLES, ch. c^ne de Moulins-près-Noyers; auj. détruit.

SAINTE-CHRISTINE, chapelle, c^ne de Fontenay-près-Vézelay; auj. détruite.

SAINTE-CLAIRE, chapelle, c^ne de Fontaines; auj. détruite.

SAINT-CLÉMENT, c^on de Sens (nord). — Sanctus Clemens, 1143 (cart. gén. de l'Yonne, I, 378). — Saint-Climant, XIIIe s^e (abb. Sainte-Colombe de Sens).

Saint-Clément était, avant 1789, du dioc., de l'élection et du baill. de Sens.

SAINTE-COLOMBE, lieu détruit situé près de Saint-Vinnemer. — Sancta Columba in comitatu Tornodorensi, super fluvium Ermentionem, 1068 (cart. gén. de l'Yonne, I, 189).—Sanctæ Columbæ ecclesia, 1127 (cart. Saint-Michel, D, bibl. de Tonnerre).

SAINTE-COLOMBE-PRÈS-L'ISLE, c^on de l'Isle-sur-Serain. — Sancta Columba, 1148 (cart. gén. de l'Yonne, I, 445).

Sainte-Colombe-près-l'Isle était, avant 1789, du dioc. d'Autun, de la prov. de l'Île-de-France, élection de Vézelay, et du baill. de l'Isle-sur-Serain.

SAINTE-COLOMBE-PRÈS-SENS, c^ne de Saint-Denis; autrefois abbaye d'hommes, ordre de saint Benoît, fondée en 620 et qui a subsisté jusqu'en 1789. — Sanctæ Columbæ monasterium, 638 (cart. gén. de l'Yonne, I, 9). Une communauté de religieuses est établie depuis quelques années dans les anciens bâtiments réparés.

SAINTE-COLOMBE-SUR-LOING, c^on de Saint-Sauveur.— Sancta Columba, 1151 (cart. gén. de l'Yonne, I, 479). — Loing-la-Source, 1793.

Sainte-Colombe-sur-Loing était, avant 1789, du dioc. d'Auxerre et de la prov. de l'Orléanais, élection de Clamecy. Elle dép. du baill. d'Auxerre.

SAINT-CYDROINE, c^on de Joigny. — Calosenagus, IIIe s^e (Bolland. Vie de saint Cydroine au 11 juillet). — Sanctus Sidronius, IXe siècle (Liber sacram. ms

bibl. de Stockholm). — Sanctus Sindonius, 1453 (reg. des taxes, etc. dioc. de Sens, bibl. de cette ville, archev.). — Saint-Sidroine, 1782 (carte du duché de Bourgogne).

Saint-Cydroine était, au IXe siècle, du pagus et du dioc. de Sens et, avant 1789, de la prov. de l'Île-de-France, élection et baill. de Joigny.

SAINT-CYR-LES-COLONS, c^on de Chablis. — Deciniacense ad Sanctum Ciricum monasterium, VIe siècle (Bibl. hist. de l'Yonne, I, 329). — Disimiacus et Desimiacus, 864 (cart. gén. de l'Yonne, I, 88).—Sanctus Cyricus (ibid. II, 251). — Sanctus Cirus, 1196 (ibid. 472).—Saint-Cire, 1374 (cure de Saint-Cyr). — Saint-Cyre, 1603 (ém. Montmorency); fief rel. du roi à la chambre des comptes de Dijon. — Saint-Cire-lez-Coullons, 1684 (év. d'Auxerre).

Saint-Cyr-les-Colons était, au VIe siècle, du pagus et du dioc. d'Auxerre et, avant 1789, du comté d'Auxerre et de la prov. de Bourgogne et siége d'un baill. ressort. à celui d'Auxerre.

SAINT-DENIS, chapelle, c^ne de Villeneuve-Saint-Salve. — Saint-Denis, 1441 (abb. Saint-Julien d'Auxerre).

SAINT-DENIS-PRÈS-SENS, c^on de Sens (sud). — Sanctus Dyonisius, 1280 (abb. Sainte-Colombe de Sens). — Sanctus Dyonisius super Yonam, 1453 (reg. des taxes, etc. dioc. de Sens, bibl. de cette ville, archev.). — Franciade-sur-Yonne, 1793.

Saint-Denis-près-Sens était autrefois du dioc. de Sens, de la prov. de l'Île-de-France et du baill. de Sainte-Colombe.

SAINT-DENIS-SUR-OUANNE, c^on de Charny. — Sanctus Dionisius, IXe siècle (Liber sacram. ms bibl. de Stockholm). — Sanctus Dionisius super Ouanam, XVIe s^e (pouillé du dioc. de Sens).

Saint-Denis-sur-Ouanne était, au IXe siècle, du dioc. de Sens et, avant 1789, de la prov. de l'Île-de-France, élection de Joigny, et ressort. au présidial de Montargis.

SAINT-EBBON, ermitage, c^ne d'Arces, où saint Ebbon, archevêque de Sens, séjourna, suivant la tradition.

SAINT-ÉLOI, h. c^ne de Charny.

SAINT-ÉLOI, chapelle détruite, c^ne d'Avrolles, sur le bord de l'Armançon. — 1627 (abb. de Pontigny, plan de Vergigny).

SAINT-ÉMILIEN, chapelle isolée, c^ne de Tanlay.

SAINT-ÉTIENNE (FORÊT DE), c^nes de Cérilly et de Pailly; elle fait partie de la forêt de Ragense. — Sancti Stephani nemus, 1149 (cart. gén. de l'Yonne, I, 446).

SAINT-EUSOGE, h. c^ne de Rogny. — Sanctus Eusebius in Pusaya, XVIe siècle (pouillé du dioc. d'Auxerre, év. d'Auxerre). — Saint-Eusoge-en-Puisaye, XVIIe s^e (autre pouillé, *ibid.*). — Autref. paroisse du dioc. d'Auxerre, généralité d'Orléans, élection de Gien.

SAINT-FARGEAU, arrond. de Joigny.—*Sanctus Ferreolus*, vers 680 (cart. gén. de l'Yonne, I, 31). — *Ferrolæ*, *Ferrilæ*, 864 (*ibid.* 89 et 92). — *Saint-Fergeau*, 1472 (*Gallia christ.* XII, instr. du dioc. d'Auxerre, n° 138): — *Lepeletier*, 1793.

Saint-Fargeau était, au VII° siècle, du pagus d'Auxerre, au moyen âge, la capitale du pays de Puisaye, et avant 1789, du dioc. d'Auxerre et de la prov. de l'Orléanais; baronnie importante, érigée en comté en 1541 et en duché-pairie en 1575; siége d'un baill. ressort. au présidial de Montargis. Au XV° s°, la châtellenie relev. du roi au château de Montargis (arch. de l'Empire, section domaniale, 2° vol. des Hommages de France, P. 2, p. 228 et suiv.).

SAINT-FÉLIX, chapelle, c°° de Merry-la-Vallée, située au milieu des bois; lieu de pèlerinage. — *Sancti Felicis capella*, 1270 (chap. d'Auxerre, liasse 64).

SAINT-FIACRE, chapelle, c°° de Vénizy; auj. détruite.

SAINT-FLORENTIN, arrond. d'Auxerre. — *Sanctus Florentinus*, 899 (Bibl. hist. de l'Yonne, I, 203).— *Sanctus Florentinus* (*castrum*), 1035 (cart. gén. de l'Yonne, I, 196). — *Saint-Florentin*, 1306 (chap. de Sens). — *Mont-Armance*, 1793.

Saint-Florentin était, avant 1789, un doyenné du dioc. de Sens, renfermant un chap. collégial à Brienon, une abb. de Prémontrés à Dilo, 52 cures, 5 prieurés-cures et 11 prieurés simples. — Châtellenie du baill. de Troyes, où la justice s'exerçait par un bailli, lieutenant du bailli royal de Troyes; il en dépendait quatre châtellenies : Champlost, Maligny, Sormery et Coursant (Aube). Il y avait en outre une prévôté-mairie qui était le siége de justice pour la ville proprement dite (Legrand, État général du baill. de Troyes en 1553). Saint-Florentin porte pour armoiries les armes de Champagne et de Navarre acostées.

Saint-Florentin était, en 1789, le siége d'une élection s'étendant sur 41 paroisses. Il y avait autrefois un prieuré dép. de l'abb. Saint-Germain d'Auxerre : *Sancti Florentini prioratus seu monasterium*, 1140 (cart. gén. de l'Yonne, I, 349).

SAINT-FLORENTIN-LE-VIEUX, c°° de Saint-Florentin. — *Sanctus Florentinus vetus*, 1132 (cart. gén. de l'Yonne, I, 357).

SAINTE-GENEVIÈVE (CHAPELLE DE), c°° d'Auxerre; existait autref. près d'une source d'eau à l'ouest de la ville.

SAINT-GEORGES, c°° d'Auxerre (ouest). — *Bercuiacus in pago Autiss.* vers 880 (cart. gén. de l'Yonne, I, 18). — *Brecuy*, 1470 (abb. Saint-Marien). — *Sanctus Georgius*, XIII° siècle (cart. de Saint-Germain, f° 41).

Saint-Georges était, avant 1789, du dioc. et du baill. d'Auxerre par ressort de sa prévôté, et de la prov. de Bourgogne.

SAINT-GEORGES, ch. c°° de Bléneau. — Autrefois *les Trottards;* il a reçu son nom moderne de son possesseur, M. Marie de Saint-Georges, avocat, ancien ministre.

SAINT-GEORGES, autref. chapelle, c°° de Pacy (Cassini); auj. détruite.

SAINT-GEORGES, c°° de Quarré-les-Tombes. — 1679 (rôles des feux, etc. du baill. d'Avallon; arch. de la Côte-d'Or). — Lieu auj. détruit.

SAINT-GEORGES, h. c°° de Villebougis, autref. prieuré conventuel dép. de Sainte-Catherine-du-Val de Paris, ayant siége de prév. ressort. au baill. de Valery. — *Saint-Georges de Prescherie* ou *de Grange*, 1771 (Annuaire de l'Yonne, 1848).

SAINT-GEORGES, tuil. c°° de Villebougis.

SAINT-GERMAIN, église, c°° de la Chapelle-sur-Oreuse, située à un kilom. du village et autrefois la paroisse. — *Sancti Germani super Orosam et Sancti Germani ecclesia*, 1157 (cart. gén. de l'Yonne, II, 87, et carte de Cassini).

SAINT-GERMAIN (CHÂTEAU DE), à Auxerre, 1188 (cart. gén. de l'Yonne, II, 386). L'abbaye Saint-Germain d'Auxerre, fondée par la reine Clotilde au VI° s°, sur l'emplacement d'un ancien château élevé sur le mont Brenn, auj. mont Brun, était fortifiée au moyen âge.

SAINT-GERMAIN-DES-CHAMPS, c°° de Quarré-les-Tombes. — *Sanctus Germanus de Campis*, 1184 (cart. gén. de l'Yonne, I, 345).

Saint-Germain-des-Champs était, avant 1789, du dioc. d'Autun et de la prov. de Bourgogne, ressort. au baill. d'Avallon et dép. du comté de Chastellux.

SAINT-GERVAIS, anc. prieuré et faubourg d'Auxerre. — *Sanctus Gervasius*, 1146 (cart. gén. de l'Yonne, I, 415).—*Burgum*, 1217 (prieuré de Saint-Gervais). Siége d'une mairie dépendant du duché de Bourgogne.

SAINT-GERVAIS, chapelle, c°° de Dixmont; célèbre par une fontaine miraculeuse.

SAINT-GILLES-DU-BOIS, f°, c°° de Pont-sur-Yonne, autrefois prieuré simple dép. de l'abb. Saint-Jean-lez-Sens. — *Sancti Egidii de Nemore ecclesia*, 1163 (cart. gén. de l'Yonne, II, 153). La chapelle de Saint-Gilles-du-Bois existe encore : c'est l'église du hameau de Vaugouré.

SAINT-HUBERT, chapelle isolée, c°° de Tanlay.

SAINT-JACQUES, h. c°° de Prunoy.

SAINT-JACQUES, c°° de Vaudeurs (Cassini); lieu aujourd'hui détruit.

Saint-Jean, autref. fief à manoir, c^ne d'Égriselles-le-Bocage, avec siége de prévôté ressort. au baill. de Sens; auj. détruit.

Saint-Jean, m^in, c^ne de Thizy.

Saint-Jean (Forêt de), c^nes d'Anstrude, d'Étivey, d'Athie, etc. Voy. Granges-aux-Bateiz (Bois des).

Saint-Jean-des-Bons-Hommes, f^e, c^ne de Sauvigny-le-Bois, autref. prieuré dép. du prieuré de Vieupou (Chartreux), fondé en 1210. — Les Bons-Hommes de Notre-Dame-de-Plausse, 1432; Prieuré Saint-Jean des Bons-Hommes de Plausse, 1513; Prieuré Saint-Jean (f. Vieupou) — Les Bons-Hommes de Plauche, 1543; les Bons-Hommes, 1679, métairie (rôles des feux du baill. d'Avallon; arch. de la Côte-d'Or).

Saint-Jean-lez-Sens, auj. l'Hôtel-Dieu, autref. abbaye d'hommes, ordre de saint Augustin, à partir du xiie siècle.— Sancti Johannis ecclesia, 847 (cart. gén. de l'Yonne, I, 54).

Saint-Julien-du-Sault, arrond. de Joigny. — Sanctus Julianus, 1130 (abb. de Vauluisant).—Sanctus Julianus de Salice, 1170 (cart. gén. de l'Yonne, II, 226). — Sanctus Julianus de Saltu, 1156 (ibid. I, 538). — Sainct Julien du Sault, châtellenie, 1486 (arch. de Sens). — C'était une des principales terres de l'archevêché de Sens. L'archevêque Guy y fonda une église collégiale de Saint-Pierre au xiie siècle; elle fut supprimée en 1773 et son revenu uni à la cure.

Saint-Julien-du-Sault était, avant 1789, du dioc. de Sens et de la prov. de l'Île-de-France et chef-lieu d'un baill. dont dép. les prévôtés de Laumont, de Saint-Loup-d'Ordon et de Saint-Martin-d'Ordon; ce baill. ressort. au baill. royal de Sens (Tarbé, Détails hist. sur le baill. de Sens).

Sainte-Langueur (Chapelle Notre-Dame de), c^ne de Sormery; auj. détruite.

Saint-Laurent, tuil. c^ne de Bagneaux.

Saint-Laurent, m. i. c^ne de Prunoy.

Saint-Laurent, chapelle, c^ne de Saint-Bris, au levant, en dehors de la ville. — 1725 (plan, f. de l'abb. de Pontigny, dont elle dépendait). — Auj. détruite.

Saint-Lazare, chapelle, c^ne de Coulangeron; en ruines.

Saint-Léger, chapelle, c^ne de Domats.—1410, détruite depuis longtemps (pouillé de Sens, 1695, p. 173).

Saint-Léger-de-Foucheret, c^on de Quarré-les-Tombes. — Sanctus Leogarius de Morvenno, 1103 (cart. gén. de l'Yonne, II, 40).—Sanctus Leodegarius de Fochereto, 1200 (abb. de Reigny). — Saint-Légier-dou-Foucheroy, xive siècle (ibid.). — Saint-Legier-de-Foucheray, 1537 (ém. Montmorency-Robeck). — Saint-Léger-des-Fourgerets, 1627 (règlement des forêts de la maîtrise de Semur).

Saint-Léger-de-Foucheret était, avant 1789, du dioc. d'Autun, de la prov. de Bourgogne et du baill. d'Avallon.

Saint-Léonard, chapelle, c^ne de Béon, 1465 (pouillé de Sens, 1695, p. 173); auj. détruite.

Saint-Louis, ch. c^ne de Villeneuve-les-Genêts.

Saint-Loup, m. i. c^ne de Tonnerre.

Saint-Loup (Forêt de), c^ne de Brienon. — Sancti Lupi foresta, vers 1148 (cart. gén. de l'Yonne, II, 67).

Saint-Loup (Forêt de), c^ne de Vareilles, près du h. des Vallées. — Sancti Lupi nemus, 1146 à 1169 (cart. gén. de l'Yonne, I, 417).

Saint-Loup-d'Ordon, c^on de Saint-Julien-du-Sault. — Sanctus Lupus de Ordone, 1256 (abb. Saint-Jean de Sens, prieuré de Cudot, bibl. de Sens). — Saint-Loup-d'Ordon, 1495, seigneurie au chap. de Sens, qui l'aliéna en 1563 (f. du chap.).

Saint-Loup-d'Ordon était, avant 1789, du dioc. de Sens et de la prov. de l'Île-de-France, prévôté ressort. au baill. de Sens et fief relevant de l'archev. de cette ville.

Saint-Loup-le-Petit, c^ne de Saint-Denis-près-Sens. — Sanctus Lupus Parvus (parochia), 1296 (abb. Sainte-Colombe de Sens, L. de Saint-Denis). — Sanctus Lupus infra Sanctum Dyonisium, xvie siècle (pouillé du dioc. de Sens). — La ville de Saint-Loup-le-Petit-lez-Sens, 1399 (abb. Sainte-Colombe). — Au xviie et au xviiie siècle, climat de Saint-Loup-le-Petit, tenant au grand chemin (ibid.).

Saint-Lupien, chapelle, c^ne de Plessis-Saint-Jean, à 400^m au-dessus du h. de la Garenne; auj. détruite.

Sainte-Magnance, c^on de Quarré-les-Tombes. — Sanctæ Magnentiæ ecclesia, 1139 (cart. gén. de l'Yonne, I, 343).—Saint-Pierre-sous-Cordois était le nom primitif de Sainte-Magnance. Ce lieu reçut son nouveau nom depuis que le corps de sainte Magnance, dame romaine qui mourut en accompagnant le corps de saint Germain d'Auxerre, rapporté de Ravenne en 448, y fut inhumé. — Sancta Maignantia, xive siècle (pouillé du dioc. d'Autun). — Sainte-Maignance, 1472 (compte du chap. d'Avallon).

Sainte-Magnance était, avant 1789, du dioc. d'Autun, de la prov. de Bourgogne et du baill. d'Avallon.

Saint-Marc, chapelle, c^ne de Chastenay, dép. du h. des Granges; anc. maladrerie réunie à l'Hôtel-Dieu d'Auxerre.

Saint-Marc, chapelles, c^nes de Chéroy et de Moutiers; auj. détruites.

Saint-Marc, chapelle, c^ne de Leugny.

Saint-Marc, f^e, c^ne de Merry-sur-Yonne.—Saint-Marc, 1552 (chap. de Châtel-Censoir).

SAINT-MARC, f°, c^ne de Nuits, autrefois comm^rie de Templiers. — *Sanctus Medardlus*, 1186; *Saint-Maarz-delez-Nuits*, 1294 (comm^rie du Temple de Saint-Marc).

Saint-Marc était jadis un village compris au rôle des tailles de Nuits.

SAINT-MARC (RUISSEAU DE), prend sa source à Sépaux et se perd à Précy.

SAINT-MARCEL, h. c^ne de Lalande. — 1664 (reg. de l'état civil). —*Saint-Marceau*, 1700 (*ibid.*). Ancien nom de Lalande, dont l'église paroissiale était en ce lieu. Il y a à Saint-Marcel une fontaine renommée pour la guérison des enfants et sous le vocable de saint Marcel.

SAINTE-MARGUERITE-LEZ-AUXERRE, anc. léproserie; auj. détruite.—*Sainte-Marguerite-lez-Saint-Siméon*, 1440 (compte de la léproserie, arch. de l'Yonne). —Voy. SAINT-SIMÉON.

SAINTE-MARIE-DES-BAUCHETS, f°, c^ne de Saint-Privé.

SAINTE-MARIE-LÉONIE, m. b. et exploitation de mine de lignite, c^no de Dixmont; établie depuis dix ans.

SAINT-MARIEN, f°, c^no de Vincelles. — *Le Bouchat*, xve siècle (abb. Saint-Marien d'Auxerre). — Auj. détruite.

SAINTE-MARTHE, chapelle, c^ne de Vézelay; en ruines.

SAINT-MARTIN, faubourg d'Avallon. Il existait autref. un prieuré de ce nom de ce dép. de l'abb. Saint-Martin d'Autun, fondé au ixe siècle et très-important.

SAINT-MARTIN, m^in, c^ne de Brienon; autref. il existait une chapelle de même nom.

SAINT-MARTIN, h. c^ne de Druyes.

SAINT-MARTIN (RUISSEAU DE), prend sa source à la fontaine Saint-Martin, c^ne d'Asquins, et se jette dans la Cure sur le même territoire.

SAINT-MARTIN (RUISSEAU DE), prend sa source à Marmeaux et se jette dans le Serain à Montréal.

SAINT-MARTIN-DES-CHAMPS, c^on de Saint-Fargeau. — *Sanctus Martinus de Campis*, xve siècle (pouillé du dioc. d'Auxerre; Lebeuf, Histoire d'Auxerre, IV, n° 43).

Saint-Martin-des-Champs était, avant 1789, du dioc. d'Auxerre et de la prov. de l'Orléanais, élection de Gien.

SAINT-MARTIN-D'ORDON, c^on de Saint-Julien-du-Sault. — *Sanctus Martinus de Ordonne*, 1453 (reg. des taxes, etc. dioc. de Sens, bibl. de cette ville, archev.). — *Saint-Martin-d'Ordon*, 1443 (chap. de Sens).

Saint-Martin-d'Ordon était, avant 1789, du dioc. de Sens et de la prov. de l'Île-de-France, siége d'une prévôté ressort. au baill. de Sens et fief relev. de l'archevêché.

SAINT-MARTIN-DU-TERTRE, c^on de Sens (sud). — *Sanc-*tus Martinus, ixe siècle (*Liber sacram.* ms. bibl. de Stockholm). — *Sanctus Martinus de Colle*, 1258 (chap. de Sens). — *Sanctus Martinus super Yonam*, 1453 (reg. des taxes, etc. dioc. de Sens, bibl. de cette ville, archev.).—*Saint-Martin-du-Tartre*, 1503 (chap. de Sens).—*Saint-Martin-près-Sens*, xve siècle (titres particuliers).

Saint-Martin-du-Tertre était, au ixe siècle, du dioc. et du pagus de Sens et, avant 1789, de la prov. de l'Île-de-France, élection de Sens, et du baill. de Nailly.

SAINT-MARTIN-SUR-ARMANÇON, c^on de Cruzy. — *Sanctus Martinus*, 1178 (cart. gén. de l'Yonne, II, 294). — *Sanctus Martinus prope Tornodorum*, xive siècle (ms. bibl. d'Auxerre, *Miracula sancti Edmundi*). — *Saint-Martin-de-Molosme*, 1780.

Saint-Martin-sur-Armançon était, avant 1789, du dioc. de Langres et de la prov. de l'Île-de-France et le siége d'une prévôté ressortissant au baill. de Molosme.

SAINT-MARTIN-SUR-OCRE, c^on d'Aillant. — *Domnum Martinum*, ixe siècle (*Liber sacram.* ms. bibl. de Stockholm). — *Sanctus Martinus super Ocram*, 1294 (chap. d'Auxerre). — *Saint-Martin-sur-Ocre*, 1385 (Trésor des chartes, reg. 129, n° 128).

Saint-Martin-sur-Ocre était, avant 1789, du dioc. de Sens et de la prov. de l'Île-de-France.

SAINT-MARTIN-SUR-OREUSE, c^on de Sergines. — *Mons Sanctus Martinus*, ixe siècle (*Liber sacram.* ms. bibl. de Stockholm).—*Sanctus Martinus*, vers 1163 (cart. gén. de l'Yonne, II, 153). — *Sanctus Martinus super Horosam*, 1180 (*ibid.* 322). — *Saint-Martin-sur-Oreuse*, 1292 (abb. de la Pommeraie). — *Franc-Oreuse*, 1793.

Saint-Martin-sur-Oreuse était, avant 1789, du dioc. de Sens et de la prov. de l'Île-de-France, et siége d'une prévôté ressort. au baill. de Sens.

SAINT-MARTIN-SUR-OUANNE, c^on de Charny. — *Domnum Martinum*, ixe siècle (*Liber sacram.* ms. bibl. de Stockholm). — *Sanctus Martinus super Oannam*, xvie siècle (pouillé du dioc. de Sens).

Saint-Martin-sur-Ouanne était, avant 1789, du dioc. de Sens et de la prov. de l'Île-de-France, élection de Joigny, et ressort. au présidial de Montargis. Le fief en relev. du comté de Joigny.

SAINT-MAURICE, f°, c^ne de Saint-Fargeau.

SAINT-MAURICE-AUX-RICHES-HOMMES, c^on de Sergines.— *Sanctus Mauricius prope Villam Novam Divitum Hominum*, 1453 (reg. des taxes, etc. dioc. de Sens, bibl. de cette ville, archev.). — *Saint-Morice-aux-Riches-Hommes-et-Femmes*, xive siècle (cart. de l'archev. de Sens, III, 126 v°, Bibl. imp.). — *Maurice-les-Sans-Culottes*, 1793.

Saint-Maurice-aux-Riches-Hommes était, avant 1789, du dioc. de Sens, de la prov. de l'Île-de-France et de la prévôté de Villeneuve-aux-Riches-Hommes, ressortissant au baill. de Sens. C'était un fief relevant de l'archev. de Sens.

Saint-Maurice-le-Vieil, c᠎ᵒⁿ d'Aillant. — *Sanctus Mauricius Vetus*, 1172 (cart. gén. de l'Yonne, II, 243). — *Saint-Maurisse-le-Viel*, 1528 (chap. d'Auxerre).

Saint-Maurice-le-Vieil était, avant 1789, du dioc. de Sens, de la prov. de l'Île-de-France et du baill. de Saint-Maurice-Thizouaille, avec ressort à Troyes. En 1789, ce lieu était du baill. d'Auxerre (cahier des doléances des communautés, etc. Soc. des sciences de l'Yonne, t. XIV, 1ʳᵉ série).

Saint-Maurice-Thizouaille, c᠎ᵒⁿ d'Aillant. — *Sanctus Mauricius*, 1170 (cart. gén. de l'Yonne, II, 229). — *Sanctus Mauricius Tiroelha*, 1247 (cart. de Pontigny, fᵒ 153 rᵒ). — *Sanctus Mauricius Tyre-Oaille*, 1262 (prieuré de Vieupou). — *Saint-Maurice-Tire-ou-Aille*, 1281 (chap. d'Auxerre). — *Saint-Morise-Thiroaille*, 1579 (prieuré de Vieupou). — *Saint-Maurice-en-Thizouaille*, 1553 (Legrand, Coutume de Troyes, p. 643).

Saint-Maurice-Thizouaille était, avant 1789, du dioc. de Sens et de la prov. de l'Île-de-France, élection de Joigny, et chef-lieu d'une châtellenie ressort. au baill. de Troyes par arrêt de 1332 et comprenant Chassy, Poilly et Saint-Maurice-le-Vieil; réuni au baill. d'Auxerre en 1789. — Voy. Saint-Maurice-le-Vieil.

Saint-Mesme, fief sur Bassou, 1690 (chap. d'Auxerre).

Saint-Michel, h. c᠎ⁿᵉ d'Églény.

Saint-Michel, bois, c᠎ⁿᵉ de Pimelles, appart. autrefois à l'abb. Saint-Michel de Tonnerre.

Saint-Michel, anc. abb. de Bénédictins, c᠎ⁿᵉ de Tonnerre; fondée vers le vɪᵉ siècle sur le mont Volut, ou Nadé, ou Voutois. — *Sancti Michaelis Villa*, 1292 (cart. du comté de Tonnerre). — *Saint-Michiau*, 1335 (cart. de Saint-Michel, bibl. de Tonnerre).

Saint-Michel, chapelle, c᠎ⁿᵉ de Villiers-sur-Tholon, 1456 (pouillé de Sens de 1695, p. 173); auj. détruite.

Saint-Moré, c᠎ᵒⁿ de Vézelay. — *Cora*, en 350 (Amm. Marcellin, liv. XVI). — *Chora*, vers 400 (D. Bouquet, I, *Notitia prov. et civit. Galliæ*). — *Corevicus*, vɪᵉ siècle (Bibl. hist. de l'Yonne, I, 328). — *Choræ vicus*, vɪɪᵉ siècle (*ibid.* 344). — *Ville-Aucerre*, ruines d'un camp romain au-dessus de Saint-Moré, rive gauche de la Cure (Pasumot, Mém. géogr. 1ʳᵉ édit. p. 83). — *Sanctus Moderatus*, vers 1080 (cart. gén. de l'Yonne, II, 46)! — *Saint-Modéré*, 1554. — *Saint-Mauré*, 1659 (abb. de Vézelay).

Saint-Moré était jadis du pagus d'Auxerre et sur la limite de l'év. du même nom, de la prov. de l'Île-de-France et de l'élection de Tonnerre. En 1789, il dép. du baill. d'Auxerre.

Saint-Nicolas-lez-Villeneuve-le-Roi, autref. fief et paroisse distincts aux faubourgs de Villeneuve. — *Sanctus Nicolaus Villæ Novæ Regis*, 1453 (reg. des taxes, etc. dioc. de Sens, bibl. de cette ville, archev.). — *Saint-Nicolas-lez-Villeneufve-le-Roi*, 1492 (chap. de Sens); encore paroisse en 1735 (archev. de Sens).

Sainte-Nitasse, climat, c᠎ⁿᵉ d'Auxerre, à 2 kilom. du pont, à droite de la route de Lyon. — *Sancta Anastasia*, 1215 (prieuré de Saint-Gervais d'Auxerre); il y existait, au xɪɪᵉ siècle, un château fort appart. aux comtes d'Auxerre, avec chapelle sous le vocable de sainte Anastasie; lieu détruit.

Sainte-Pallaye, c᠎ᵒⁿ de Vermanton. — *Sancta Palladia*, ɪxᵉ siècle (Bolland. au 31 juillet, Vie de saint Germain). — *Saincte Palae*, 1319 (E. c᠎ⁿᵉ de Sainte-Pallaye, arch. de l'Yonne). — *Sainte-Palaie*, 1515, fief relev. du roi au comté d'Auxerre (cart. du comté, arch. de la Côte-d'Or); fief relev. de la terre de Saint-Bris en 1574 (inv. des titres de cette terre).

Sainte-Pallaye était, au ɪxᵉ siècle, du pagus et du dioc. d'Auxerre et, avant 1789, de la prov. de Bourgogne, du comté et du baill. d'Auxerre, par appel de son baill. particulier.

Saint-Paul, m᠎ⁱⁿ, c᠎ⁿᵉ de Sens; autref. abb. de Prémontrés. — *Sancti Pauli de Vanna ecclesia*, 1192 (cart. gén. de l'Yonne, II, 442).

Saint-Père, c᠎ᵒⁿ de Vézelay. — *Sancti Petri ecclesia juxta fluvium Choræ*, 1103 (cart. gén. de l'Yonne, 40). — *Sanctus Petrus inferior* (Chronique de Vézelay, xɪɪᵉ siècle). — *Saint-Père-soubz-Vézelay*, 1635 (reg. de l'état civil). — Au ɪxᵉ siècle, il existait en ce lieu une abbaye de femmes; les ruines du monastère et de l'église s'y voient encore.

Saint-Père était, avant 1789, du dioc. d'Autun, de la prov. de l'Île-de-France, élection de Vézelay, et du baill. d'Auxerre.

Saint-Père, fief sur la c᠎ⁿᵉ de Joux, dép. du prieuré de Joux (Courtépée, t. VI, 338).

Saint-Phal, fᵉ, c᠎ⁿᵉ de Villefranche. — Il existait autref. un château fort, auj. en ruines.

Saint-Philibert, m. i. c᠎ⁿᵉ de Theil; autref. prieuré. — *Sanctus Philibertus*, 1437 (chap. de Sens). — *Saint-Philibert*, 1463 (abb. de Dilo). — *Saint-Philbert* (Cassini).

Il y a dans ce lieu une fontaine dont l'eau était amenée à Sens par un aqueduc construit du temps des Romains. — *Sancti Philiberti fons*, 1154 (cart. gén. de l'Yonne, I, 521).

Saint-Pierre, h. c⁰ de Coulanges-les-Vineuses, avec chapelle, situé à 2 kil. au sud; auj. détruit.

Saint-Pierre, lieu ayant titre de fief, situé sur la cᵐ de Senan et relev. en fief du comté de Joigny. — 1581 (arch. du ch. de Senan). — (Cassini); auj. détruit.

Saint-Pierre, mⁱⁿ, cⁿᵉ de Sens.

Saint-Pierre (Forêt de), partie de la forêt d'Othe, cⁿᵉ de Vénizy. — Sancti Petri nemus, xiiiᵉ siècle (cart. de Pontigny, f° 5 v°).

Saint-Pierre-le-Vif, anc. abb. de Bénédictins, cⁿᵉ de Sens, dans le faubourg de ce nom. Ce monastère, fondé au viᵉ siècle, a subsisté jusqu'en 1789; la manse abbatiale fut réunie à la mission de Versailles en 1732 (bibl. de Sens, abb. Saint-Pierre).

Sainte-Porcaire, f°, cⁿᵉ de Pontigny. — Sancta Porcaria, 858 (Annales de Saint-Bertin, D. Bouquet, vii, 73, B). — Molendinum, 1114 (cart. gén. de l'Yonne, I, 229). — Ecclesia, 1119, village détruit alors et réduit en métairie (abb. de Pontigny, l. V). — Sainte-Porcaire, 1589, f°, à l'abb. de Pontigny.

Saint-Potencien, ermitage, cⁿᵉ de Saintes-Vertus (Cassini); auj. détruit.

Saint-Pourcin, mⁱⁿ, cᵗᵉ d'Aisy.

Saint-Prects, faubourg de la ville de Sens. — Sanctus Prejectus, 1216 (chap. de Sens).

Saint-Privé, cⁿ de Bléneau. — Leuga super fluvium Lupam, vers 680 (cart. gén. de l'Yonne, I, 21). — Sanctus Privatus, xvᵉ siècle (pouillé du dioc. d'Aux. Lebeuf, Histoire d'Auxerre, IV, n° 513).

Saint-Privé était, avant 1789, du dioc. d'Auxerre et de la prov. de l'Orléanais, élection de Gien.

Saint-Quentin, h. cⁿᵉ de Monéteau. — Saint-Quentin, 1523 (chap. d'Auxerre); divisé autrefois en grand et en petit, avec chapelle.

Saint-Quentin, lieu détruit, cⁿᵉ de Sacy. — Sanctus Quintinus subtus Saciacum, 1146 (cart. gén. de l'Yonne, II, 65).

Saint-Quentin (Chapelle Notre-Dame-de-), cⁿᵉ de Bazarne, xviiᵉ siècle (év. d'Auxerre); auj. détruite.

Sainte-Radegonde, f°, cⁿᵉ de Pontigny. — Sainte-Radegonde, 1550 (abb. de Pontigny); dép. autref. de la cⁿᵉ de Vergigny.

Sainte-Reine, chapelle votive, cⁿᵉ de Villiers-Saint-Benoît, auprès d'une fontaine où l'on va en pèlerinage.

Saint-Roch, m. b. cⁿᵉ de Ravières, avec chapelle.

Saint-Romain-le-Preux, mieux nommé Saint-Romain-lez-Preux, de son voisinage du lieu de Preux, auj. détruit. — Sanctus Romanus, 1453 (reg. des taxes, etc. dioc. de Sens, bibl. de cette ville, archev.).

Saint-Romain-le-Preux était, avant 1789, du dioc. de Sens, de la prov. de l'Île-de-France et de

la justice de Sépaux, avec ressort au baill. de la Coudre.

Saints, cⁿ de Saint-Sauveur. — Cotiacus ad Sanctos, viᵉ siècle (Bibl. hist. de l'Yonne, I, 66). — Cociacus, 853 (cart. gén. de l'Yonne, I, 66). — Sancti, 1125 (ibid. 256). — Sancti in Puisaya, xvᵉ siècle (pouillé du dioc. d'Auxerre; Lebeuf, Histoire d'Auxerre, IV, n° 413). — Sainz, 1686 (év. d'Auxerre).

Saints était, avant 1789, du dioc. et du baill. d'Auxerre et de la prov. de l'Orléanais, élection de Clamecy.

Saint-Sauveur, arrond. d'Auxerre. — Sanctus Salvator, 1145 (cart. gén. de l'Yonne, I, 396). — Sanctus Salvator de Puseio, 1161 (ibid. II, 129). — 1281, fief au comté de Nevers, relev. de l'év. d'Auxerre (Lebeuf, Histoire d'Auxerre, IV, pr. n° 228). — Montagne-sur-Loing, 1793. — Châtellenie érigée en marquisat en 1649, relev. de l'év. d'Auxerre (La Chesnaie des Bois, Dict. gén. de la Noblesse, t. VII, p. 135).

Saint-Sauveur était, avant 1789, du dioc. et du baill. d'Auxerre et de la prov. de l'Orléanais, élection de Clamecy.

Saint-Sauveur-des-Vignes, domaine, cⁿᵉ de Sens, autref. prieuré, dép. de l'abb. Saint-Jean, et où il n'existe plus qu'une chapelle en ruines. — Sanctus Salvator in Vineis, ixᵉ siècle (pouillé du dioc. de Sens de 1695). — Sanctus Salvator, 1127, église donnée à l'abb. Saint-Jean par le chap. de Sens (abb. Saint-Jean, bibl. de Sens). — Sanctus Salvator de Vineis prioratus, 1229 (ibid.). — Saint-Saulveur-les-Vignes, 1597 (ibid.). — Saint-Sauveur-lez-Sens, 1756, fief à l'abb. Saint-Jean (plan général sur lequel sont figurées la chapelle et des tombes dans le cimetière : f. Saint-Jean, arch. de l'Yonne).

Saint-Sérotin, cⁿ de Pont-sur-Yonne; érigée en 1861. Succursale de la paroisse de Nailly, bénie en 1555 (pouillé de Sens, 1692, p. 52).

Saint-Siméon, autref. chapelle, cⁿᵉ d'Auxerre, à 2 kil. à droite de la route de Paris. — Sanctus Simeonus, vers 680 (cart. gén. de l'Yonne, I, 18). — Léproserie au moyen âge. — Sancti Simeonis Leprosi, 1231 (cart. de la cⁿᵉ d'Auxerre, arch. de l'Empire, S. 5235).

Saint-Thibault, h. dép. des cⁿᵉˢ de Pourrain et de Chevannes, anc. chapelle sous le vocable de Saint-Thibaut-des-Bois, Sanctus Theobaldus de Nemoribus, ou Beaumont, prieuré, 1381 (Lebeuf, Histoire d'Auxerre, IV, pr. n° 328). — Saint-Thiebault-des-Bois, 1414 (abb. Saint-Germain).

Saint-Val, f°, cⁿᵉ de Grandchamp. — Saint-Val, chapelle en 1664 (pouillé du dioc. de Sens de 1695).

SAINT-VALÉRIEN, c⁰ⁿ de Chéroy. — *Sanctus Valerianus*, 1214 (Chantereau-Lefebvre, Traité des fiefs, pr. p. 50).

Saint-Valérien était autrefois du dioc. de Sens et de la prov. de l'Île-de-France, et chef-lieu d'un baill. ressort. à celui de Sens, à l'exception d'une partie des hameaux dép. de la prévôté de Coleuvrat (voy. ce nom) et fief relev. du château de Courtenay.

SAINTE-VAUBOURG, lieu détruit, c⁰ᵉ de Chablis (Cassini).

SAINTE-VAUBUÉ, lieu détruit, c⁰ᵉ de Chevannes (Cassini).

SAINT-VINNEMER, c⁰ⁿ de Cruzy. — *Sanctus Winnemarus*, 1144 (cart. gén. de l'Yonne, I, 387). — *Sanctus Winimerius*, 1186 (*ibid.* 489). — *Saint-Vinnemer*, 1404, fief relev. du ch. de Cruzy (inv. des arch. du comté de Tonnerre). — *Vinnemer-l'Armançon*, 1793.

Saint-Vinnemer était, avant 1789, du dioc. de Langres et de la prov. de l'Île-de-France, chef-lieu d'un doyenné rural et le siége d'une prévôté ressort. au baill. de Cruzy.

SAINT-VRAIN, ruiss. qui prend sa source dans la forêt de Merry-la-Vallée et se jette dans l'Yonne, rive gauche, à Césy. — Six petits étangs portent ce nom et alimentent le ruisseau.

SAINTES-VERTUS, c⁰ⁿ de Noyers. — *Silviniacus in pago Tornodorensi*, 856 (cart. gén. de l'Yonne, I, 68). — *Sanctæ Virtutes*, 1153 (*ibid.* I, 512). — *Sanctus Virtus*, 1536 (pouillé du dioc. de Langres).

Saintes-Vertus était, avant 1789, du dioc. de Langres et de la prov. de l'Île-de-France et siége d'une prévôté ressort. au baill. de Tonnerre.

SAISONS (LES), h. c⁰ᵉ de Lalande. — *Sezons*, 1700 (reg. de l'état civil).

SAISY, fⁱ, c⁰ᵉ de Saint-Privé, 1573 (f. Courtenay, arch. de l'Yonne).

SALAUDRIE (LA), h. c⁰ᵉ de Moutiers. — *La Salleborderie*, 1673 (reg. de l'état civil).

SALECY, climat, c⁰ᵉ de Gron. — *Chaleci*, 1197 (cart. gén. de l'Yonne, II, 483). — *Salcy*, 1740 (abb. Saint-Pierre-le-Vif). C'était autrefois un port sur l'Yonne).

SALFIN, c⁰ⁿ de Toucy; lieu détruit avant 1780.

SALIGNY, c⁰ⁿ de Sens (nord). — *Saliniacus in pago Senonico*, vers 519 (cart. gén. de l'Yonne, I, 3). — *Saligni*, 1193 (*ibid.* II, 455). — *Saleigni*, 1188 (Hôtel-Dieu de Sens, le Popelin). — *Sailligny*, 1532; *Salligny*, 1549 (abb. Saint-Pierre-le-Vif).

SALIGNY, paroisse du dioc. de Sens, prov. de l'Île-de-France, dép. pour la justice, du baill. de Saint-Pierre-le-Vif.

SALINS (LES), h. c⁰ᵉ de Tannerre.

SALINS (LES BAS et LES HAUTS), h⁰ᵘˣ, c⁰ᵉ de Rogny.

SALINS (MOULINS DES BAS-), c⁰ᵉ de Rogny.

SALLE (LA), h. c⁰ᵉ de Fontenouilles. — On y voit les restes d'un ancien château au milieu des bois.

SALLES, fⁱ. c⁰ᵉ de Bléneau. — Autref. fief rel. de la terre de Saint-Fargeau (B⁰ⁱⁿ de la Soc. des sciences de l'Yonne, 1858).

SALLES (LES), fief, c⁰ᵉ de Domats, relev. de Courtenay (ém. de Saxe, inv.).

SALLES (LES), fⁱ, c⁰ᵉ de Nailly. — 1669 (arch. de Sens). — Auj. détruite.

SALLES (LES), ch. c⁰ᵉ de Rousson; auj. détruit.

SALLES (LES), anc. château royal à Villeneuve-le-Roi.

SALMONS (LES), ch. c⁰ᵉ de Fontaines.

SALZARDS (LES), h. c⁰ᵉ de Saint-Martin-des-Champs.

SAMBOURG, c⁰ⁿ d'Ancy-le-Franc. — *Sambuccus*, vers 1100 (cart. gén. de l'Yonne, I, 203). — *Sambourg*, 1326 (cart. de l'hôpital de Tonnerre). — *Sanbouc*, 1335; *Sancbouc*, 1343 (cart. du comté de Tonnerre, arch. de la Côte-d'Or). — *Samboucq*, 1531, fief rel. de Tonnerre (inv. des titres du comté).

Sambourg était, avant 1789, du dioc. de Langres et de la prov. de l'Île-de-France, et le siége d'une prévôté dép. du baill. d'Argenteuil jusqu'en 1782 et depuis lors de celui d'Ancy-le-Franc.

SANCEIAS, lieu détruit, c⁰ᵉ de Sens, où s'éleva, au moyen âge, la chapelle Sainte-Béate. — *Sanceias*, 980 (cart. gén. de l'Yonne, I, 149); 1124 (*ibid.* II, 216).

SANGES (LES), fⁱ, c⁰ᵉ de Jouy.

SANTIGNY, c⁰ⁿ de Guillon. — *Santiniacum*, 1234 (arch. de Vausse). — *Santoigny*, 1439 (prieuré de Vieupou). — *Santigny*, 1593 (arch. de Montréal).

Santigny était, avant 1789, du dioc. de Langres, de la prov. de Bourgogne, et du baill. d'Avallon ou de Semur, au choix.

SANVIGNE, h. c⁰ᵉ d'Étivey. — *Sanvinneis* (*De*), 1146 (cart. gén. de l'Yonne, I, 417). — *Sine Vineis*, 1180 (arch. de Vausse).

SAPINS (LES), h. c⁰ᵉ de Fontaines.

SAPINS (LES), m. i. c⁰ᵉ de Saint-Sauveur.

SARAUDERIE (LA), h. c⁰ᵉ de Tannerre.

SARMASIA *super fluvium Sedono, in pago Senonico*, au 877 (cart. gén. de l'Yonne, I, 102); lieu détruit, c⁰ᵉ de Pontigny, sur le bord du Serain.

SARRAUX (LES), h. c⁰ᵉ de Champcevrais. — *Les Sarots*, 1772 (reg. de l'état civil).

SARRÉE (LA), fⁱ, c⁰ᵉ de Voutenay. — 1447 (abb. de Crisenon); lieu détruit.

SARRIGNY, h. c⁰ᵉ de Poilly. — *Sarrigniacum*, 1396 (chap. de Sens, compte). — *Saregni*, 1311 (*ibid.* Vicaires). — *Sarregny*, 1453 (*ibid.*). — *Sarrigny*, 1506 (prieuré de Vieupou). — Terre au chap. de

Sens, aliénée en 1599 aux Chartreux de Val-Profonde.

SARRIGNY (LE PETIT-), h. c^ne de Poilly-près-Aillant.

SARROIS (LES), f^e, c^ne des Bordes.

SARRONNERIE (LA), h. c^ne de Champignelles.

SARRY, c^on de Noyers. — *Suriacus*, 1153 (cart. gén. de l'Yonne, I, 507).—*Sarreyum*, XIIIe siècle (abb. de Pontigny). — *Sarriacum*, 1290 (*ibid.*). — *Sarrey*, XIVe siècle (arch. de Vausse).

Sarry était, avant 1789, du dioc. de Langres, de la prov. de Bourgogne, de la subdélégation de Noyers et du baill. d'Avallon.

SARTOISE, h. dép. des c^nes de Villegardin et de Montacher.

SATILLATS (LES), f^e, c^ne de Saint-Fargeau.

SAUCIS (RUISSEAU DE), c^ne de Chailley, se jette dans le ruisseau du Rué à Vénizy.

SAUDURAND, h. c^ne de Turny.—*Sauldurant*, 1699 (reg. de l'état civil).

SAUGES (LES), f^e, c^ne de Jouy.

SAUILLY, h. c^ne de Diges. — *Sidiliacus*, 863 (cart. gén. de l'Yonne, I, 76). — *Sediacus*, 864 (*ibid.* 92). — *Solium*, IXe siècle (Bibl. hist. de l'Yonne, I, 370). — *Soolliacum*, 1271 (cart. de l'abb. Saint-Germain, f° 60 v°).—*Soolli*, 1213 (chap. d'Auxerre). — *Saully*, 1511 (abb. Saint-Germain d'Auxerre), fief relev. du baron de Toucy.

SAUILLY (LE PETIT-), f^e, c^ne de Moulins-sur-Ouanne.— *Le Petit-Sailly*, 1671, terrier de Diges (abb. Saint-Germain).

SAULCE (LE), f^e, c^ne de Champcevrais. — *Le Sosse*, 1657; *le Saulce*, 1684, qualifié seigneurie, 1723 (reg. de l'état civil).

SAULCE (LE), ch. et m^in, c^ne d'Escolives.—*Salix*, 1296 (arch. de l'Empire, cart. de la comm^rie du Temple d'Auxerre, f^o I r^o, S. 5240. — Commanderie de l'ordre des Templiers, fondée au XIIIe siècle et réunie à l'ordre de Saint-Jean-de-Jérusalem au XIVe siècle.

SAULCE (LE), f^e, c^ne d'Island, autref. domaine et comm^rie de Templiers réunie à la comm^rie de Pontaubert. — *Salice Iolent*, 1192 (cart. gén. de l'Yonne, II, 444). — *Salix Ylenei*, 1246 (arch. d'Avallon, f. de la Maladrerie). — *Le Saulçoy-d'Illain*, 1486 (terrier d'Avallon, arch. de la Côte-d'Or). — *Le Saulce*, 1749, plan (comm^rie de Pontaubert); la chapelle du Saulce existe encore.

SAULCIER (LE), f^e, c^ne de Bellechaume.

SAULCY (LE), tuil. c^ne du Mont-Saint-Sulpice.

SAULCY-DES-GRANGES, f^e, c^ne de Perrigny-lez-Auxerre, 1554 (terr. de Perrigny, abb. Saint-Germain); auj. détruite.

SAULÉE (LA), fermes, c^nes de Lavau et de Saint-Privé.

SAULE-POUSSIN (LE), m. i. c^ne de Villevallier.

SAULES (LES), f^e, c^ne de Champignelles.

SAULES (LES), f^e, c^ne de Perreux.

SAULETS (LES), h. c^ne de Cudot.

SAULNIÈRE (LA), h. c^ne de Béon, siége d'une prévôté du nom de Chef-Profonde, fief ressort. au baill. de la Ferté, anc. manoir de la Coudre; auj. détruit.

SAULNIERS (LES), f^e, c^ne de Champcevrais. — *Les Sonniers*, 1627; *les Sauniers*, 1772 (reg. de l'état civil).

SAULTOUR, château fort détruit, c^ne de Neuvy-Saultour. — *Sutor*, 1202 (abb. de Pontigny). — *Soutor*, 1245 (cart. de Pontigny, f° 40 r°, Bibl. imp. n° 153).—*Soutour*, 1276 (abb. de Pontigny). — *Soubetoy*, 1393 (arch. de l'Empire, P. 9, baill. de Troyes). — *Soustour*, 1556 (ém. Wall).

Terre érigée en châtellenie, en 1556, par le vicomte de Saint-Florentin: en dépendaient Neuvy, Courcelles, Chainq et les autres hameaux de Neuvy, Beugnon, Lasson et les hameaux de ces paroisses. Le fief relevait de Saint-Florentin (arch. de l'Empire, P. 9).

SAULVOT, masure, c^ne de Leugny. — 1481 (abb. Saint-Marien d'Auxerre). — Auj. détruite.

SAUMUREAUX (LES), h. c^ne de Marchais-Beton.

SAUNIÈRE (LA), h. c^ne de Vergigny, gare et station de Saint-Florentin.

SAUQUEUX, h. c^ne de Saint-Julien-du-Sault.

SAUSSOIE (LA), h. dép. des c^nes de Villebougis et de Fouchères. — *La Saulsoye*, 1669 (Hôtel-Dieu de Sens, reg. des actes des orphelines).

SAUSSOIS (LE), h. c^ne de Mézilles. — *Chaussois*, XVIIe s^e (reg. de l'état civil).

SAUSSOIS (LE), h. c^ne de Merry-sur-Yonne. — *Le Saulçois*, 1597 (rech. des feux du comté d'Auxerre).— *Le Saussoy*, 1771 (reg. de l'état civil).

SAUSSOIS (LE), h. c^ne de Saint-Sauveur.

SAUSSOIS (ROCHES DU), c^ne de Merry-sur-Yonne; rochers remarquables par leur aspect pittoresque.

SAUSSOY (LE), h. c^ne de Cerisiers, autrement *le Marchais-Ralu*.

SAUT-PINARD, h. c^ne de Malicorne.

SAUVAGEAUX (LES), f^e, c^ne de Sept-Fonds.

SAUVAGEOT, h. c^ne de Marmeaux.

SAUVAGÈRES (LES), f^e, c^ne de la Villotte (Cassini); auj. détruite.

SAUVE-GENOU, h. c^ne de Vincelles. — *Sauvegenouil*, 1663 (terrier de Vincelottes, Lazaristes).—*Sauvegenoulx*, 1665 (év. d'Auxerre).

SAUVERIE, f^e, c^ne de Béon; auj. détruite.

SAUVIGNY-LE-BEURÉAL, c^on de Guillon. — *Sauvoigny-lou-Berouart*, 1304 (chap. d'Avallon).—*Sauvoigny-*

le-Buruart, 1486 (ém. Clugny). — *Saulvoigny-le-Buriau,* 1543 (rôles des feux du baill. d'Avallon, arch. de la Côte-d'Or). — *Sauvoigny-le-Boriard,* 1551; *Buriard,* 1552 (recette d'Avallon).

Sauvigny-le-Beuréal était, avant 1789, du dioc. d'Autun, de la prov. de Bourgogne, du baill. et de la subdélégation d'Avallon.

SAUVIGNY-LE-BOIS, c^{on} d'Avallon. — *Salvigniacum,* 1217 (prieuré de Vieupou). — *Sauviniacum,* 1333 (com-m^{rie} de Pontaubert). — *Sauvoigniacum in Bosco,* 1283 (prieuré de Vieupou). — *Sauvoigny-sur-Soche,* 1366 (ville d'Avallon, terrier de la Maladrerie). — *Sauvoigny-le-Bois,* 1472 (chap. d'Avallon, compte). — Fief relev. du roi à la chambre des comptes de Dijon.

Sauvigny-le-Bois était, avant 1789, du dioc. d'Autun, de la prov. de Bourgogne et du baill. d'Avallon.

SAUVIN (LA), h. c^{ne} d'Étais. — *La Saulvin,* 1505; fief noble relev. de la terre de Bazarne (protocole d'Armant, notaire à Auxerre, portef. IX, arch. de l'Yonne).

SAVEROTS (LES), lieu détruit, c^{ne} de Toucy.

SAVERY, mⁱⁿ, c^{ne} de Venouse, 1543 (abb. de Pontigny). — Il tire son nom d'un curé de Lignoreilles, qui le fit construire sur le Serain.

SAVIERS (LES), h. c^{ne} de Pourrain. — *Les Scaviers,* 1773 (chap. d'Auxerre). — *Les Xaviers,* 1788 (reg. de l'état civil).

SAVIGNY, c^{on} de Chéroy. — *Savigniacum,* 1396 (chap. de Sens, compte). — *Savigny,* 1453 (reg. des taxes, etc. dioc. de Sens, bibl. de cette ville, archev.). — *Savigny-Lenlais,* 1755 (reg. de l'état civil).

Savigny était, avant 1789, du dioc. de Sens, de la prov. de l'Île-de-France, élection de Nemours, et immédiatement du baill. de Courtenay.

SAVIGNY-EN-TERRE-PLAINE, c^{on} de Guillon. — *Saviniacum,* vers 1148 (cart. gén. de l'Yonne, I, 445). — *Savigny,* xve siècle (pouillé du dioc. d'Autun).

Savigny-en-Terre-Plaine était, avant 1789, du dioc. d'Autun, de la prov. de Bourgogne, du baill. et de la subdélégation d'Avallon.

SAVINS (LES), f^s, c^{ne} de Champignelles.

SAVINS (LES), h. c^{ne} de Villiers-Saint-Benoît.

SBILLATS (LES), h. c^{ne} de la Ferté-Loupière.

SCEAUX, c^{on} de Guillon. — *Selliacum,* 1184 (cart. gén. de l'Yonne, II, 345). — *Sauz,* 1215 (Templiers d'Island). — *Saulx,* 1415 (chap. de Montréal). — *Saus,* xve siècle (pouillé du dioc. d'Autun).

Sceaux était, avant 1789, du dioc. d'Autun, de la prov. de Bourgogne et du baill. d'Avallon.

SCIERIE (LA), mⁱⁿ, c^{ne} de Sens.

SCIERIE (LA), usine, c^{ne} de Tonnerre.

SCIES (LES), h. c^{ve} de Mélisey.

SEBILLE, f^e, c^{ne} de Tanlay. — *Loière,* 1270 (abb. de Molesme, charte pour Jean Ier de Tanlay, arch. de la Côte-d'Or). — *Sebille,* vers 1594 (ch. de Tanlay, baux).

SÉDILOTTE, mⁱⁿ, c^{ne} de Talcy.

SÈCHE-BOUTEILLE (LA), f^e, c^{ne} d'Étivey. — *Champ-Briffaut* et *Champ-Bœuf,* 1490 (abb. de Moûtiers-Saint-Jean).

SÉCHERIE (LA), h. c^{ne} de Saint-Sérotin.

SEGRIN (RUISSEAU DES ÉTANGS DE), c^{ne} de Cussy-les-Forges, qui se jette dans le Serain à Sauvigny-le-Beuréal.

SÉGUINS (LES), h. c^{ne} de Lavau.

SÉGUINS (LES), h. c^{ne} de Lindry; auj. détruit.

SÉGUINS (LES), h. c^{ne} de Villeneuve-la-Guyard. — *La Cour des Séguins,* 1765 (reg. de l'état civil).

SEIGLAN, mⁱⁿ, c^{ne} de Foissy-lez-Vézelay. — *Saillant,* 1544 (abb. de Vézelay).

SEIGNELAY, arrond. d'Auxerre. — *Sigliniacus,* 864 (cart. gén. de l'Yonne, I, 88). — *Selleniacum,* vers 1125 (*ibid.* 258). — *Seleneium,* 1190 (abb. des Escharlis). — *Seilleneyum,* xive s^e (*Gesta pontif. Autiss.*). — *Siligniacum,* xiiie siècle (*ibid.*). — *Sellenayum,* 1331 (chapel. de Seignelay). — *Seleigneium,* 1333 (chap. de Sens). — *Saillegniacum,* 1361 (Trésor des chartes, reg. 89, n° 613). — *Senelayum* et *Saillenaium,* xve s^e (pouillé du dioc. d'Auxerre). — *Seigneleyum,* xvie s^e (pouillé du dioc. de Sens). — *Synelayum,* 1637 (chap. d'Auxerre, reg. de la Régale). — *Sallenai,* vers 1170 (cart. gén. de l'Yonne, II, 213). — *Seillenay,* 1256 (cart. de Pontigny, f° 21 v°, Bibl. imp.). — *Seillegnay,* xiiie siècle (sceau de Simon de Seignelay). — *Saillenay,* xve siècle (sceau de Jean de Seignelay, arch. de l'Yonne). — *Sallenay,* vers 1550 (év. d'Auxerre). — *Sinelay,* 1641; *Signellay,* 1650 (reg. de l'état civil).

Seignelay était du dioc. et du comté d'Auxerre et de la prov. de Bourgogne; baronnie relev. en fief du comté d'Auxerre, érigée en marquisat-pairie, en 1668, en faveur de Colbert; avant 1668, châtellenie ressort. au baill. de Villeneuve-le-Roi, et depuis lors ressort. directement au parlement de Paris, à l'exception des cas royaux : en dépend. les prévôtés de Bonnard, Bouilly, Cheny, Chichy, Hauterive, Héry, le Mont-Saint-Sulpice, Ormoy et Villeneuve-Saint-Salve.

SEIGNELAY (chapelle Saint-Jean), située sur le Tureau, à gauche de la route de Brienon; auj. détruite.

SEMENTRON, c^{on} de Courson. — *Sumenterum* et *Soumentero,* 1179 (cart. de Crisenon, Bibl. imp.). — *Sementero,* 1219 (*ibid.* f° 13 r°). — *Sementeron,* 1482; — *Soubzmenteron,* 1498; — *Sementron,* 1667 (ém.

de Montcorps); fief relevant de la châtellenie de Druyes (*ibid.*).

Sementron était, en 1789, du dioc. et du baill. d'Auxerre, de la prov. de l'Orléanois et de l'élection de Clamecy.

SEMILLY, h. c^ne d'Escamps. — *Similiacum*, 1175 (cart. gén. de l'Yonne, II, 267). — *Semely*, 1501 (abb. Saint-Germain d'Auxerre).

SENAN, c^on d'Aillant. — *Senomum*, ixe siècle (*Liber sacram.* ms bibl. de Stockholm). — *Senune*, 1080 (cart. gén. de l'Yonne, II, 44). — *Senans*, xvie s^e (pouillé du dioc. de Sens). — *Senem*, vers 1120 (cart. gén. de l'Yonne, I, 241). — *Senam*, 1213 (cart. de Molesme, II, 127 r°, arch. de la Côte-d'Or). — *Senan*, 1451 (inscription de la chapelle de la Vierge, église de Senan).

Senan était, au ixe siècle, du pagus et du dioc. de Sens; en 1789, de la prov. de l'Île-de-France, de l'élection et du baill. de Joigny, et siège d'une prévôté. Le fief de Senan relevait du comté de Joigny (arch. du ch. de Senan).

SENARDIÈRE (LA GRANDE et LA PETITE), h. c^ne de Savigny. — *Chénardière*, 1707 (reg. de l'état civil).

SÉNÉ, f°, c^ne de Merry-Sec.

SENEVIÈRE, m^in, c^ne de Brienon. — *Saneveriæ*, 1224 (abb. de Dilo).

SENNEDOTS (LES), h. c^ne de Saint-Martin-sur-Ouanne.

SENNEPY, m. i. c^ne de Saint-Clément.

SENNEVOY-LE-BAS, c^on de Cruzy. — *Sineveium*, 1080 (cart. gén. de l'Yonne, II, 23). — *Senevoy*, 1315; fief relevant du comté de Tonnerre (cart. du comté, arch. de la Côte-d'Or).

Sennevoy-le-Bas était, avant 1789, du dioc. de Langres et de la prov. de l'Île-de-France et le siège d'une prévôté ressort. au baill. de Cruzy.

SENNEVOY-LE-HAUT, c^on de Cruzy; avant 1789, s'appelait *la Chapelle-Sennevoy*. — *La Chapelle-lez-Sennevoy*, 1335 et 1527; fief relevant du comté de Tonnerre (inv. des arch. du comté, xviiie siècle); autref. siége d'une prévôté ressort. au baill. de Tonnerre.

SENONES (LES SÉNONAIS), peuple de la Gaule celtique dont le territoire forma, au ve siècle, la ive Lyonnaise; — *Senones* (César, Commentaires, livre V, 54). — *Senones* (Inscription rom. Gruter, p. 371, n° 8, Bibl. hist. de l'Yonne, I, 32).

SENOY, ch. fort, c^ne de Saint-Bris, au milieu des bois. — *Senoy*, fief relevant du comté d'Auxerre, 1317 (ch. des comptes de Dijon). — *La Maison-de-Scenay*, en ruines, 1406 (arch. de l'Empire, section domaniale, reg. des dénombr. des baill. de Sens et d'Auxerre, P. 132). — *Senay* ou *Senoy*, 1515 (cart. du comté d'Auxerre, arch. de la Côte-d'Or).

Ce château, d'une étendue considérable, a conservé deux tours et quelques pans de murailles.

SENS, chef-lieu d'arrond. — *Agendicum* (Comm. de César, livre VII, chap. x). — *Aged* (légende d'une monnaie gauloise. Bibl. hist. de l'Yonne, I, 40). — *Agedicon* (Ptolémée, liv. II). — *Agied* (inscription rom. Bibl. hist. de l'Yonne, I, 36). — *Agetincum*, iiie siècle (carte de Peutinger et Itinér. d'Antonin). — *Senones*, vers 350 (Amm. Marcellin, liv. XV). — *Senonum civitas*, 519 (cart. gén. de l'Yonne, I, 2). — *Sennensis archiepiscopus*, 864 (*ibid.* 90). — *Senonse*, xie siècle (Revue numismat. 1854, p. 19).

Sens fut jadis la capitale d'un peuple gaulois, puis une cité romaine; à partir du iiie siècle, le siége d'un archevêché; au viiie siècle, chef-lieu d'un comté réuni à la couronne en 1055. Philippe Auguste y établit le siége d'un grand baill. dont le ressort s'étendait alors sur le Sénonais, l'Auxerrois, le Barrois, le Langrois et le Bassigny. Avant 1789, Sens était de la prov. de l'Île-de-France, siége d'un baill. présidial, d'une élection pour les finances et d'une subdélégation administrative.

Il y avait à Sens, en 1789, 1 chapitre cathédral, 14 cures, 5 abbayes et 4 couvents d'hommes, une abbaye et 3 couvents de femmes, 1 collége, 1 grand séminaire et 4 maisons de charité.

Sens a pour armoiries : *d'azur, à la tour d'argent, semé de six fleurs de lys, 3, 2 et 1;* et pour devise : *Urbs antiqua Senonum.*

SENS (ARCHEVÊCHÉ DE), fondé au iiie siècle, avait pour suffragants les évêchés de Chartres, Auxerre, Meaux, Paris, Orléans, Nevers et Troyes, dont les sept initiales formaient le mot CAMPONT, placé en devise sur ses armoiries. — Il perdit les quatre diocèses de Paris, Chartres, Orléans et Meaux, en 1622, par l'érection de l'évêché de Paris en archevêché (D. Mathou, *Catal. archiep. Senon.* p. 196).

SENS (PAGUS DE). — *Senonensis pagus*, vi^e siècle (cart. gén. de l'Yonne, I, 3). — Ce pays avait pour limites celles de l'archidiaconé de Sens (*ibid.* II, introd. p. XL).

SENTE DES BOURGUIGNONS (LA), ancien grand chemin qui partait de Saint-Sauveur et se dirigeait vers Courtenay par Sept-Fonds, Villeneuve-les-Genêts, Champignelles, Charny et Dicy.

SÉPAUX ou SÉPEAUX, c^on de Saint-Julien-du-Sault. — *Septempili*, ixe s^e (*Liber sacram.* ms bibl. de Stockholm). — *Septempirus*, 869 (cart. gén. de l'Yonne, I, 97). — *Seppols*, vers 1120 (*ibid.* I, 237). — *Setpax* et *Sepous*, 1210 (abb. des Escharlis). — *Sepeaulx*, 1539; fief relev. de la châtellenie de la Ferté (hôpital de Joigny).

Sépaux était autrefois du dioc. de Sens et de la prov. de l'Île-de-France et prévôté ressort. au baill. de la Ferté-Loupière.

SEPT-ÉCLUSES (LES), h. cⁿᵉ de Rogny.

SEPT-FONDS, cⁿ de Saint-Fargeau. — *Septem-Fontes*, xvᵉ siècle (pouillé du dioc. d'Auxerre; Lebeuf, Hist. d'Auxerre, IV, pr. n° 413). — Châtellenie dép. du comté de Saint-Fargeau. Auprès du village est une motte, sorte de mamelon qu'on regarde comme un tumulus.

Sept-Fonds était, avant 1789, du dioc. d'Auxerre et de la prov. de l'Orléanais, élection de Gien.

SERAIN, riv. affluent de l'Yonne, rive droite, prend sa source à Saint-Martin-de-la-Mer (Côte-d'Or), arrose une partie des arrond. d'Avallon, de Tonnerre et d'Auxerre et se jette dans l'Yonne à Bonnard. — *Sedena*, 867 (cart. gén. de l'Yonne, I, 96). — *Sinode*, 1110 (cart. de Saint-Michel de Tonnerre). — *Saina*, 1114 (cart. gén. de l'Yonne, I, 229). — *Senicio*, 1119 (abb. de Pontigny, l. V). — *Seneim*, 1145 (cart. gén. de l'Yonne, I, 402). — *Senain*, 1157 (*ibid.* II, 82). — *Seduna*, 1164 (*ibid.* 172). — *Senein*, 1188 (*ibid.* 388). — *Señeen*, xiiiᵉ siècle (Bibl. hist. de l'Yonne, I, 437). — *Senana*, 1263 (abb. de Pontigny). — *Senayn*, 1277 (abb. Saint-Marien d'Auxerre). — *Cenin*, 1485 (abb. de Reigny). — *Senyn*, 1587 (abb. Saint-Marien).

SERBOIS, h. cⁿᵉ d'Égriselles-le-Bocage. — Autref. fief avec siège de prévôté ressort. au baill. de Sens.

SERBOIS, fᵉ, cⁿᵉ de Subligny.

SERBONNES, cⁿ de Sergines. — *Silbona*, ixᵉ sᵉ (*Liber sacram.* ms bibl. de Stockholm). — *Serbona*, 1160 (cart. gén. de l'Yonne, II, 125). — *Serbonne*, 1317 (cart. de la Cour-Notre-Dame). — Fief relev. de la terre de Bray, 1483 (arch. de Seine-et-Marne, baronnie de Bray).

Serbonnes était, avant 1789, du dioc. de Sens et de la prov. de l'Île-de-France, élection de Nogent.

SÉRÉVILLE, ch. cⁿᵉ de la Belliole.

SERGINES, arrond. de Sens. — *Serginia in comitatu Senonico*, viiiᵉ siècle (Mabill. *Sæc. Bened.* III, 469). — *Sirgengia*, ixᵉ siècle (*Liber sacram.* ms bibl. de Stockholm). — *Serginiæ*, 1219 (abb. de la Pommeraie). — *Sergine*, 1269 (cart. arch. de Sens, I, 24 r°, Bibl. imp.). — *Sergines*, 1237 (cart. de la Cour-Notre-Dame).

Sergines était, au ixᵉ siècle, du pagus et du dioc. de Sens et, avant 1789, de la province de l'Île-de-France, siège d'une prévôté ressort. au baill. de Sens, et baronnie relev. de l'archev. de Sens.

SÉRILLY, h. cⁿᵉ d'Étigny. — *Serilly*, 1483; *Cerilly*, 1628; *Silliery*, 1662 (abb. de Vauluisant). —

Autref. fief relevant de Courtenay (Tarbé, Détails hist. sur le baill. de Sens, cout. de Sens, 547).

SERIN, h. cⁿᵉ de Chevannes. — *Corineum*, ixᵉ siècle (Bibl. hist. de l'Yonne, I, 365). — *Cerin*, 1507; *Serin*, 1514 (f. d'Espence, arch. de l'Yonne). — *Cerain*, 1543 (tabell. d'Auxerre, portef. IV).

SERMIZELLES, cⁿ d'Avallon. — *Sarmisoliæ*, 1199 (Bulliot, Essai sur l'histoire de Saint-Martin d'Autun, II, 54). — *Sarmisola*, xiiᵉ siècle (chron. de Vézelay). — *Sermizaille*, 1543 (rôles des feux du baill. d'Avallon, arch. de la Côte-d'Or). — *Sermizelles*, 1550 (ville d'Avallon, maladrerie).

Sermizelles était, avant 1789, du dioc. d'Autun, de la prov. de Bourgogne et du baill. d'Avallon.

SERMOISE, h. cⁿᵉ de Fleury. — *Sermoise*, 1490. — Autref. châtellenie relev. du comté de Joigny et réunie à la seigneurie de Fleury au xviiᵉ siècle (titres de Fleury analysés par Joux, notes hist. bibl. d'Aux.). — *Sermoise*, autrement dit *Beauvoir*, 1609. — Fief relev. alors de l'évêché d'Auxerre (inv. des titres de l'évêché).

SENNES, h. cⁿᵉ de Domecy-sur-Cure. — *Sera*, 1462 (abb. de Chore). — Lieu auj. détruit.

SENNES (LES DEUX), ruiss. cⁿᵉ de Charbuy, qui se jette à Guerchy dans le Ravillon.

SERRIGNY, cⁿ de Tonnerre. — *Sarrigniacum*, 1116 (cart. gén. de l'Yonne, I, 232). — *Serrenayacum*, 1231 (cart. du comté de Tonnerre, arch. de la Côte-d'Or). — *Sarreni*, 1208 (abb. de Quincy). — *Sarrigny*, 1324 (cart. de l'hôpital de Tonnerre).

Serrigny était, avant 1789, du dioc. de Langres, de la prov. de Bourgogne et du baill. de Noyers.

SERRURERIE (LA), h. cⁿᵉ de Chaumont.

SERVAN, h. cⁿᵉ de Chevannes. — *Cervennum super Belcam*, xᵉ siècle (Bibl. hist. de l'Yonne, I, 371). — *Servan*, 1601 (Rousse, not. arch. de l'Yonne, protocole, f° 94 v°).

SERVANTIÈRES (LES), h. dépend. des cⁿᵉˢ de Vallery, de Chéroy et de Dollot.

SERVINS, h. cⁿᵉ de Pailly. — *Cervins*, 1160; seigneurie, à l'abb. de Vauluisant, 1628 (état gén. des biens de l'abb.). — Autref. siège d'une prévôté ressort. au baill. de Vauluisant.

SERY, cⁿ de Vermanton. — *Seziacum et Seriacum*, 1395. — *Ceriacum*, 1406 (chap. de Châtel-Censoir). — *Sezy*, 1319 (E. charte de Sainte-Pallaye, arch. de l'Yonne). — *Serys*, 1486 (terrier d'Avallon, arch. de la Côte-d'Or). — *Serey*, 1679 (rôles des feux du baill. d'Avallon, *ibid.*).

Sery était, avant 1789, du diocèse et du comté d'Auxerre, de la prov. de Bourgogne, et le siège d'un baill. ressort. à celui d'Auxerre.

SÈVES (LES), m. de garde, c^{re} de Saint-Julien-du-Sault.

SÈVRES (LES), h. c^{ne} de Bussy-le-Repos.

SEVRY, c^{ne} d'Héry, partie est du bourg.

SEVY, h. c^{ne} de Vénizy. — *Severe*, 1146 (cart. gén. de l'Yonne, I, 412). — *Sevei*, 1150 (*ibid.* 462). — *Seveia*, 1155 (*ibid.* 527). — *Sevia* (*ibid.* II, 352). — *Seveies*, 1204 (abb. de Vauluisant). — *Sevio*, métairie appartenant à l'abb. de Pontigny, 1223 (abb. de Pontigny). — *Sevys*, 1562 ; *Cevis*, 1678 (*ibid.*).

SICHAMPS, mⁱⁿ, c^{ne} de Chastenay, appelé aussi *Chichon* ; auj. détruit.

SIÉGES (LES), c^{on} de Villeneuve-l'Archevêque. — *Staticus*, vers 833 (cart. gén. de l'Yonne, I, 41). — *Scabiœ*, 1059 (*ibid.* II, 12). — *Eschegiœ*, vers 1140 (*ibid.* I, 347). — *Eschièges*, 1203 (abb. de Pontigny). — *Les Chèges*, 1396 ; — *Les Chièges*, 1481 (abb. Saint-Remy de Sens).

Les Siéges étaient, avant 1789, du dioc. de Sens, de la prov. de l'Île-de-France, et siége d'une prévôté ressort. au baill. de Sens.

SIGUNES (LES), f^e, c^{ne} de Tannerre. — *Les Figueurs*, h. en 1715 (plan de la seigneurie de Tannerre).

SIMÉONS (LES), maisons isolées, c^{nes} de Charny et de Chevillon.

SIMÉONS (LES), h. c^{ne} de la Ferté-Loupière.

SIMONNEAUX, h. dép. des c^{nes} de Saint-Maurice-le-Vieil et d'Églény.

SIMONNERIE (LA), f^e, c^{ne} de Louesme.

SIMONNETS (LES), h^{aux}, c^{nes} de Diges et de Saints.

SIMONS (LES), h^{aux}, c^{nes} de Dicy et de Sougères.

SINGERIE (LA), f^e, c^{ne} de Courgenay.

SINGES (LES), h. c^{ne} de Druyes.

SINGE-VENT (LE), h. c^{ne} de Grandchamp.

SINOTTE, ruiss. c^{ne} de Venoy, qui se jette dans l'Yonne, c^{ne} de Gurgy. — *Serynottes*, 1542 (abb. Saint-Père d'Auxerre).

SINSSES (LES), f^e, c^{ne} de Saint-Privé.

SIREVILLE (CHÂTEAU DE), c^{ne} de la Belliole.

SIROPS (LES), h. c^{ne} de Lavau — *Les Siros*, 1680 ; c'était alors deux fermes (reg. de l'état civil).

SIXTE, h. c^{ne} de Michery; anc. prieuré dép. de l'abb. de Pothières. — *Sexta in pago Senonico*, 863 (cart. gén. de l'Yonne, I, 81). — *Sista*, 1205 (abb. de la Pommeraie (bibl. de Sens). — *Sixta*, xvie siècle (pouillé du dioc. de Sens). — *Siste*, xvie siècle (cart. du prieuré de la Cour-Notre-Dame). — *Xitres*, 1739 (grand séminaire de Sens).

Sixte était, au ixe siècle, du pagus et du dioc. de Sens, et, avant 1789, siége d'une prévôté ressort. au baill. de Sens.

SŒUVRE, h. c^{ne} de Fontenay-près-Vézelay. — *Sœuvre*,

1515 (abb. de Chore). — *Sœuvre*, 1645 (abb. de Vézelay).

SOGNE (LA), h. c^{ne} de Percey. — *Cecunias, in pago Tornodrinsi*, 721 (cart. gén. de l'Yonne, II, 2). — *Ciconias*, 879 (*ibid.* p. 8).

SOGNES, c^{on} de Sergines. — *Ciennia in pago Senonico*, 519 (cart. gén. de l'Yonne, I, 3). — *Ciconia*, 1063 (*ibid.* 184). — *Seoignes*, 1362 (cart. de l'archev. de Sens, III, 128). — *Songnes*, 1453 (reg. des taxes, etc. dioc. de Sens, bibl. de cette ville, archev.). — *Soignes*, 1486 (arch. de Sens, reg. des collations); fief rel. de l'archevêché.

Sognes, du dioc. de Sens, ne formait avant 1789 qu'une paroisse avec le Plessis-Gâtebled, auj. du département de l'Aube. C'était une prévôté ressort. au baill. de Sens.

SOILLAUX (MOULIN DE), c^{ne} de Saint-Cyr-les-Colons.

SOLAS (LES), h. c^{ne} de Villeneuve-sur-Yonne.

SOLEIL-LEVANT (LE), h. c^{ne} de Venoy (reg. de l'état civil, xviiie siècle); auj. détruit.

SOLEINE (LE HAUT et LE BAS) et SOLEINE-LE-MILIEU, 3 h. c^{ne} de Venoy, sans distinction. — *Sollènes*, 1244 (cart. de l'abb. Saint-Germain d'Auxerre). — *Sullenes*, 1376 ; *Solennes*, 1558 (abb. Saint-Germain). — *Solaines*, 1560, seigneurie (tabell. d'Auxerre, portef. IV). — *Soulaynes*, 1542 ; *Solainnes*, 1627 ; *Souleyne*, 1652 (abb. Saint-Père d'Auxerre). — Terre relev. en fief du s^r de Beaulches, à cause de la terre de Ponceaux (Armant, notaire, an 1584).

SOLEINE (LE PETIT-), h. c^{ne} de Venoy. — *Soloynes-le-Petit*, 1586 (abb. Saint-Germain).

SOLINASSE (LA), f^e, c^{ne} de Lavau.

SOLMET, h. c^{ne} de Fontenoy. — *Solennat*, 841 (Nithard ; D. Bouquet, t. VII). — *Solné*, 1604 ; *Solemez*, 1619 ; *Soullemé*, 1657 (ém. de Montcorps). — Théâtre principal de la bataille de Fontenoy, en 841.

SOMMECAISE, c^{on} d'Aillant. — *Senquasia*, ixe siècle (*Liber sacram.* ms bibl. de Stockholm). — *Suncasium*, entre 1142 et 1168 (cart. gén. de l'Yonne, I, 363). — *Sanctus Casius*, 1152 (*ibid.* 501). — *Summacasa*, 1160 (cart. de l'abb. Saint-Germain d'Auxerre, f° 86 r°). — *Saint-Kaise*, 1295 (f. Tepinier, arch. de l'Yonne). — *Saint-Caise*, 1328 (cart. de Saint-Germain, f° 149 r°). — *Sommecasse*, 1453 (reg. des taxes, etc. dioc. de Sens, bibl. de cette ville, archev.). — *Somqueze*, 1499 (chap. de Sens). — *Sonquaise*, 1684 ; *Somquaize*, 1739 (reg. de l'état civil).

Sommecaise était, avant 1789, du dioc. de Sens et de la prov. de l'Île-de-France et ressort. au baill. de Villeneuve-le-Roi, à l'exception de la prévôté de

Bontin et de Beauregard, qui ressort. au baill. de Joigny.

SOMMEVILLE, h. c^ne de Monéteau. — *Summavilla*, 1263 (chap. d'Auxerre). — *Someville*, 1391 (*ibid.*).

SONDERIE (LA), h. c^ne de Treigny.

SORLON, h. c^on de Pailly. — *Sourlum* ou *la Picardie* (Cassini); lieu auj. détruit.

SORMERY, c^on de Flogny. — *Sormereium*, 1161 (cart. gén. de l'Yonne, II, 135). — *Sormeriacum*, xvie s^e (pouillé du dioc. de Sens). — *Summeri*, 1153 (cart. gén. de l'Yonne, I, 515). — *Solmere*, 1143 (abb. de Pontigny). — *Sormerie*, xiie siècle (cart. de Pontigny, f° 4 r°, Bibl. imp.). — *Sormery*, 1553, châtellenie dép. du baill. de Troyes, au ressort de Saint-Florentin (cout. de Troyes, p. 657).

Sormery était, avant 1789, du dioc. de Sens et de la prov. de l'Île-de-France, élection de Saint-Florentin. Le fief en relev. de la seigneurie de Saint-Florentin.

SOUBINS (LES), bois couvert de ruines, c^ne de Savigny. — 1721, fief rel. de la terre de Courtenay (ém. de Saxe, inv. de Chaumot).

SOUCHAITS (LES), m. i. c^ne de Fontaines.

SOUCHES (LES), f°, c^ne de Lavau, 1680 (reg. de l'état civil); auj. détruite.

SOUCHES (LES), h. c^ne de Mézilles. — *Chouches*, *Chousses*, xviie siècle (reg. de l'état civil).

SOUCHES (LES), f°, c^ne de Prunoy. — 1768 (plan de la terre, arch. du ch.); auj. détruite.

SOUCHETS (LES), h. c^ne de Piffonds.

SOUCHON, h. c^ne de Tannerre.

SOUCY, c^on de Sens (nord). — *Sauciaca*, ixe siècle (*Liber sacram.* ms bibl. de Stockholm). — *Sauciacus*, 519 (cart. gén. de l'Yonne, I, 3). — *Soceyum*, 1108 (*ibid.* 216). — *Suceius*, 1154 (*ibid.* 318). — *Sociacum*, vers 1163 (*ibid.* II, 153). — *Souciacum*, 1217 (chap. de Sens). — *Soci*, 1159 (cart. gén. de l'Yonne, II, 104). — *Succi*, 1339; *Socci*, 1406; *Soussy*, 1487 (chap. de Sens).

Soucy était, au vi^e s^e, du pagus et du dioc. de Sens et, avant 1789, de la prov. de l'Île-de-France, et siége d'une prévôté ressort. au baill. de Sens.

SOUCY (LE), f°, c^ne de Dixmont; auj. détruite.

SOUGÈRES, c^on de Saint-Sauveur. — *Sueriæ*, 1130 (cart. gén. de l'Yonne, I, 227). — *Soeriæ*, 1163 (*ibid.* II, 152). — *Soyere*, 1550 (abb. de Reigny).

Sougères était, avant 1789, du dioc. et du baill. d'Auxerre, de la prov. de l'Orléanais et de l'élection de Gien.

SOUGÈRES, h. c^ne de Gurgy. — *Soeriæ* (*capella*), 1188; Chapelle de Sougères (cart. gén. de l'Yonne, II, 386). — *Sohières*, 1405; *Soyeres*, 1440; *Soyères*,

1465 (abb. Saint-Germain d'Auxerre); terre dépendant de ce monastère.

SOUILLARD, f°, c^ne de Saligny.

SOUILLAS, h. c^ne d'Anstrude. — *La Grange-des-Sollats*, 1591 (rôles d'impôts, recette d'Avallon). — *Les Souillatz*, 1665 (reg. pour le règlement des forêts, maîtrise de Semur). — *Souillard*, 1781 (reg. de l'état civil).

SOUILLATS, fief, c^ne de Bernouil, autref. siége d'une prévôté ressort. au baill. de Tonnerre (Tarbé, Détails hist. sur le baill. de Sens, p. 574, cout. de Sens). — Lieu auj. détruit.

SOUILLE (LA), h. et m^in, c^ne de Charentenay.

SOUILLE-DES-RACINES, bois, c^ne de Mailly-la-Ville.

SOUILLY, h. c^ne de Montigny. — *Soduliacum* (abb. de Pontigny). — *Sulliacum*, 1156 (cart. gén. de l'Yonne, I, 542). — *Sooliacum*, 1238 (cart. de Pontigny, f° 40 r°, Bibl. imp.). — *Soeli*, 1210; *Sovilly*, 1392; *Solly*, 1528; *Soilly*, 1558; *Sou[l]ly*, 1648 (abb. de Pontigny).

SOULANGY, h. c^ne de Sarry. — *Solemniacus*, 580 (cart. gén. de l'Yonne, I, 19). — *Soulangeium*, 1241; *Solangeium*, 1305 (ch. de Vausse). — *Solengei*, vers 1146 (cart. gén. de l'Yonne, I, 417). — *Solenge*, 1255 (abb. de Fontenay). — *Solangy*, 1501 (recette d'Avallon).

Soulangy était, au vi^e s^e, du pagus de Tonnerre.

SOULANGY, h. c^ne de Tonnerre. — *Solengy*, 1514 (petit cart. Saint-Michel, arch. de l'Yonne); autref. siége d'une prévôté ressort. au baill. de Molosme, et paroisse supprimée en 1745.

SOULARDIÈNE (LA), f°, c^ne de Champcevrais; détruite.

SOULS (LES), h. c^ne de Marchais-Beton.

SOUMAINTRAIN, c^ne de Flogny. — *Summentriacum*, 1147 (cart. gén. de l'Yonne, I, 423). — *Soubzmestreyum*, 1487 (arch. de Sens, reg. des ordinations). — *Sonibus Mantrei*, 1453 (reg. des taxes, etc. dioc. de Sens, bibl. de cette ville, archevêché). — *Sommentreyum*, xvie siècle (pouillé de Sens). — *Soumentrien*, 1233 (abb. de Pontigny). — *Somentroein*, 1423 (arch. de Sens, compte). — *Soubmeintrain*, 1513 (*ibid.*). — *Soubzmestrain*, 1515; *Souzmaintrain*, 1618; *Semaintrain*, 1697 (abb. de Pontigny).

Soumaintrain était, avant 1789, du dioc. de Sens et de la prov. de l'Île-de-France, élection de Saint-Florentin, et siége d'une prévôté ressort. au baill. de Saint-Florentin.

SOUPIRONS (LES), h. c^ne de Mézilles.

SOUS-GUETTE-SOLEIL, f°, c^ne de Villeneuve-Saint-Salve.

SOUS-MURS, m^ins, c^ne d'Auxerre. — *Somur*, 1469 (chap. d'Auxerre). Ces moulins, auj. détruits, étaient situés rive gauche de l'Yonne, sous les murs de la cité romaine.

Stigny, c^{on} d'Ancy-le-Franc. — *Sistiniacum*, 1080 (cart. gén. de l'Yonne, II, 22). — *Sestiniacum*, 1201; *Saligniacum*, 1212 (cart. de Molesme, II, arch. de la Côte-d'Or). — *Seitigny*, 1315 (cart. du comté de Tonnerre (*ibid.*). — *Seteigny*, 1459 (prieuré de Jully).

Stigny était, avant 1789, du dioc. de Langres et de la prov. de l'Île-de-France, et siége d'une prévôté ressort. au baill. de la Chapelle-Vieille-Forêt.

Stigny, f^e, c^{ne} d'Aisy.

Subligny, c^{on} de Chéroy. — *Silviacus*, vers 833 (cart. gén. de l'Yonne, I, 41). — *Sulligniacum*, 1261 (abb. de Vauluisant). — *Subligny*, 1453 (reg. des taxes, etc. dioc. de Sens, bibl. de cette ville, archevêché). — *Suligny*, 1159 (cart. gén. de l'Yonne, II, 104). — *Sulegny*, 1265 (cart. de l'archev. de Sens, I, 92 r°). — *Subligny-le-Bois*, 1511 (abb. Saint-Remy de Sens). — Seigneurie aliénée par l'abb. Saint-Remy en 1577 (bibl. de Sens, f. Saint-Remy).

Subligny était, au ixe siècle, du pagus et du dioc. de Sens et, avant 1789, de la prov. de l'Île-de-France, et siége d'une prévôté ress. au baill. de Sens.

Suchois (Le), h. c^{ne} de Fontenailles. — *Suchoir*, 1654 (év. d'Auxerre). — *Le Suchet*, 1661; fief rel. de Courson (ém. Coignet de la Tuilerie).

Suchot, bois, dép. des c^{nes} de Villiers-les-Hauts et de Fulvy.

Sucré, chapelle et h. c^{ne} de Dixmont. — *Sucreux*, 1453 (reg. des taxes, etc. dioc. de Sens, bibl. de cette ville, archev.). — *Sucré*, chapelle Sainte-Véronique de *Sucresio*, de très-ancienne fondation, 1695 (pouillé de Sens, p. 135, bibl. d'Auxerre); lieu auj. détruit.

Sully, h. c^{ne} de Beauvilliers. — *Soilly*, ch. xvie siècle.

Sully, h. c^{ne} de Saint-Brancher. — *Soilly*, 1486 (terrier d'Avallon, arch. de la Côte-d'Or).

Surmonts (Les), h. c^{ne} de Saint-Loup-d'Ordon.

Sur-Ocre, h. c^{ne} de Saint-Aubin-Château-Neuf. — *Super Ocram*, 1294; *Sur-Ocre*, xve siècle (chap. d'Auxerre).

Symbault, f^e, c^{ne} de Mézilles, autref. chât. dont il n'existe plus qu'une tour, et fief rel. de la terre de Mézilles. — *Cimbeau*, xviie siècle; *Saimbault*, même siècle (reg. de l'état civil).

T

Tabouraux (Les), ch. et h. c^{ne} de la Ferté-Loupière. — Autref. fief relev. du comté de Joigny.

Tâchons (Les), h. c^{ne} de Vernoy.

Taffinaux (Les), f^e, c^{ne} de Toucy.

Taffoureaux (Les), h. c^{ne} de Chaumot.

Taffourneaux (La Motte-), c^{ne} d'Appoigny. — Fief relev. de l'év. d'Auxerre, en 1500 (inv. des arch. de l'év. d'Auxerre, Bibl. imp. f. Saint-Germain, n° 1595).

Taingy, c^{on} de Courson. — *Tangiacum*, 1163 (cart. gén. de l'Yonne, II, 145). — *Tengiacum*, 1176 (abb. Saint-Marien d'Auxerre). — *Tingiacum*, xve s^e (pouillé du.dioc. d'Auxerre; Lebeuf, Hist. d'Auxerre, IV). — *Tangi*, 1162 (cart. gén. de l'Yonne, II, 137). — *Tangy-en-Puisoye*, 1468 (abb. Saint-Marien). — *Tingi*, 1482 (chap. de Toucy). — *Tingy*, 1561 (procès-verbal de la cout. d'Auxerre, f° 44 r°).

Taingy était, avant 1789, du dioc. et du baill. d'Auxerre, de la prov. de l'Orléanais et de l'élection de Clamecy. Le fief de Taingy relev. de la châtellenie de Druyes.

Talbruns (Les), h. c^{ne} de Levis.

Talcy, c^{on} de l'Isle-sur-Serain. — *Talaceium*, 1212 (abb. de Reigny). — *Taleceium*, 1313 (chap. de Montréal). — *Thalaceium*, 1536 (pouillé de Langres). — *Taleci*, 1210 (cart. du comté de Tonnerre.

arch. de la Côte-d'Or). — *Tallecy*, 1558, seigneurie appart. au chapitre de Notre-Dame d'Autun (terrier de Talcy, arch. de l'Yonne). — *Talcy*, 1690 (recette d'Avallon).

Talcy était, avant 1789, du dioc. de Langres, de la prov. de Bourgogne, de la subdélégation et du baill. d'Avallon.

Talent, ch. c^{ne} de Joux-la-Ville; auj. détruit.

Talifadière (La), h. c^{ne} de Mézilles.

Talin, h. c^{ne} de Pourrain. — *Talin*, 1303 (E. c^{ne} de Pourrain, arch. de l'Yonne). — *Tallin*, ch. 1716 (chap. d'Auxerre); ce château a été détruit en grande partie.

Talon (Le), h. c^{ne} de Saint-Fargeau. — *Talo*, viie siècle (Bibl. hist. de l'Yonne, I, 338).

Talouan (Le), h. c^{ne} de Villeneuve-sur-Yonne. — *Taloen*, 1151 (cart. gén. de l'Yonne, I, 484). — *Thaloan*, 1160 (*ibid.* II, 143). — *Tallam*, 1254 (abb. Saint-Marien d'Auxerre). — *Tallouan*, 1581 (chap. de Sens). — *Talouan*, 1673 (abb. des Escharlis).

Le Talouan a été une paroisse du dioc. de Sens au xiie et au xiiie siècle.

Talvats (Les), h. c^{ne} de Cerisiers.

Tameron, h. c^{ne} de Montillot.

Tanlay, c^{on} de Cruzy. — *Tanlaium*, 1178 (cart. gén.

de l'Yonne, II, 294). — *Tanletum*, 1222 (cart. de Saint-Michel). — *Tanlae*, 1198 (cart. gén. de l'Yonne, II, 489). — *Tanlai*, 1222 (cart. de Crisenon, f° 96 r°, Bibl. imp.). — *Tanlay-Hémery*, 1640, ainsi nommée en vertu des lettres patentes accordées à M. d'Hémery, propriétaire de la terre (arch. de la Côte-d'Or); érigée en marquisat en 1671.

Tanlay était, avant 1789, du dioc. de Langres et de la prov. de Bourgogne, enclave de l'Île-de-France, de l'élection d'Avallon et du baill. de Noyers.

TANNERRE, c^ne de Bléneau. — *Tanotra*, IXe siècle (*Liber sacram.* ms bibl. de Stockholm). — *Tannadorum*, 1233 (abb. de Fontaine-Jean). — *Tannera*, 1276 (Histoire gén. de la maison de Courtenay, p. 63). — *Tempnerra*, XVIe siècle (pouillé du dioc. de Sens). — *Tanere*, 1501 (bibl. de Sens, Cures).

Tannerre était, au IXe siècle, du pagus et du dioc. de Sens et de la prov. de l'Île-de-France, élection de Joigny, et avait le titre de baronnie relev. du comté de Saint-Fargeau.

TANQUOIN (RUISSEAU DU), prend sa source à Champlois, c^ne de Quarré-les-Tombes, et se jette dans la Cure sur la même commune.

TAPIS-VERT (LE), h. c^ne des Ormes.

TARTARINS (LES), hameaux des c^nes de Lalande et de Piffonds.

TARTE-MAILLER ou RUE-NEUVE, h. c^ne de Tonnerre.

TASSES (LES), h. c^ne de Saint-Loup-d'Ordon.

TAUPE (LA), m. i. c^ne de Bléneau. — *La Taulpe*, 1573 (f. Courtenay, arch. de l'Yonne).

TAUPINS (LES), f°, c^ne de Perrigny.

TAUPINS (LES), h. dép. des c^nes de Tannerre et de Louesme.

TAUPINS (LES), h. c^ne de Saint-Julien-du-Sault. — 1265 (chap. de Saint-Julien). — Auj. détruit.

TAUREAU (LE), h. c^ne de Lavau. — *Taurot*, 1679 (reg. de l'état civil).

TAVERNIERS (LES), h. c^ne de Lavau.

TEIGNIÈRE (RUISSEAU DE), prend sa source c^ne de Poinchy et se jette dans le Serain, même territoire.

TÉLÉGRAPHE (LE) ou DESSUS-VAUCOUPEAUX, m. i. c^ne de Tonnerre.

TEMPLE (LE), h. c^ne de la Ferté-Loupière.

TEMPLE (LE GRAND et LE PETIT), h^aux, c^ne des Ormes.

TENARDS (LES GRANDS et LES PETITS), h^aux, c^ne de Domats.

TENIKS (LES), h^aux, c^nes de Lavau et de Saint-Fargeau.

TENOTS (LES), h. c^ne de Villeneuve-sur-Yonne.

TERNANT, lieu détruit, c^ne de Michery. — *Ternante*, vers 833 (cart. gén. de l'Yonne, I, 41).—*Ternantes*, 1267 (cart. de la Cour-Notre-Dame, f° 66). — Il

y avait encore des habitants au XIVe siècle (abb. Sainte-Colombe de Sens).

TERRE-AU-POT (LA), h. c^ne des Bordes.

TERRE-DE-SAINT-ANTOINE, c^ne de Jouy; seigneurie appartenant autref. à l'Hôtel-Dieu de Sens et provenant du prieuré Saint-Antoine, 1590 (Hôtel-Dieu de Sens).

TERRE-DIEU, c^ne de Vermanton. — Censive, appartenant autref. à la cure de Vermanton et tenue en franc-alleu; il y avait un maire ou juge, avec droits de justice (Courtépée, t. VII, 64).

TERRE-LONGUE, f°, c^ne de Pontigny, dép. de Ligny avant 1790.

TERRES-FORTES (LES), h. c^ne de Villefranche.

TERRES-NOIRES (LES), h. c^ne de Villefranche.

TERRIERS (LES), h. c^ne de Saint-Sérotin.

TERTRE (LE), h. c^ne de Pourrain.

TERVES, h. c^ne d'Escamps. — *Tarva*, 1220 (cart. de Saint-Germain, f° 58 v°). — *Talvæ*, 1234 (év. d'Auxerre). — *Turves*, 1491 (prieuré Saint-Eusèbe d'Auxerre). — Autrefois seigneurie indivise entre l'évêque et le prieur de Saint-Eusèbe d'Auxerre, avec bailliage.

TESSONS (LES), c^ne de Beauvoir.

TEST-MILON, h. dép. des c^nes de Lain et de Sementron. — *Taiz-Millon*, 1519 (tabell. d'Auxerre, portef. IV). — *Estaiz-Millon*, 1561 (Procès-verbal de la cout. d'Auxerre, f° 44 v°). — *Temillon*, 1693 (év. d'Auxerre).

TÊTE-NOIRE (LA), f°, c^ne de Perrigny.

TEURAIS, h. c^ne de Saint-Léger.

THABOR (LE), ch. c^ne de Fontaines.

THAROISEAU, c^ne de Vézelay. — *Tharoiseaul*, 1357 (E. c^ne de Tharoiseau). — *Thalouseaul, Tharouseaul*, 1471 (chap. d'Avallon).—*Thoroiseau*, 1486 (terrier d'Avallon, arch. de la Côte-d'Or).—*Thairoseaul*, 1578; *Thoroyseaul*, 1601 (comptes du chap. d'Avallon). — *Taroyzeaux*, 1685 (recette d'Avallon). — *Tarouseau*, 1667 (abb. de Vézelay). — Fief relev. du roi.

Tharoiseau était, avant 1789, du dioc. d'Autun, de la prov. de Bourgogne, de l'élection et du baill. d'Avallon.

THAROT, c^ne d'Avallon. — *Tharetum*, 1402 (chap. d'Avallon). — *Thorellus, Torellus*, XVe siècle (pouillé du dioc. d'Autun). — *Tarrel*, 1184 (cart. gén. de l'Yonne, II, 346). — *Tharot-lez-Girolles*, 1436; *Thourot*, 1502 (chap. d'Avallon). — *Thoirot*, 1486 (terrier d'Avallon). — *Thoirel*, 1543 (rôles des feux du baill. d'Avallon).—*Thairot*, 1559 (chap. d'Avallon). Le fief rel. de la chambre des comptes de Dijon.

Tharot était, avant 1789, du dioc. d'Autun, de l'élection et du baill. d'Avallon.

THEIL, c^{on} de Villeneuve-l'Archevêque. — *Tilius*, 884 (cart. gén. de l'Yonne, I, 111). — *Tillidum*, 1015 (Chron. de Clarius, d'Achery, II, 338). — *Thilia*, 1151 (cart. gén. de l'Yonne, I, 484). — *Tellium*, 1172 (*ibid.* II, 288). — *Tiliacum*, xvi° siècle (pouillé du dioc. de Sens). — *Thoil*, 1400 (ém. d'Étigny, censier de Malay). — *Teil*, 1453 (reg. des taxes, etc. dioc. de Sens, bibl. de cette ville). — *Thiel*, 1606; châtellenie relev. du comté de Joigny depuis 1320 (f. Megret d'Étigny).

Theil était, avant 1789, du dioc. de Sens et de la prov. de l'Île-de-France et le siège d'un baill. seigneurial ressort. à celui de Sens. — Suivant une charte de 1318, les huit prévôtés suivantes ressort. à ce baill. : Malay-le-Roi, Maurepas, Noé, Palteau, Pont-sur-Vanne, la Potence, Vaumort et Villiers-Louis (Tarbé, Détails hist. sur le baill. de Sens, p. 555-556).

THÈMES, h. c^{ne} de Cézy. — *Themma*, 1293; *Theme*, 1459 (abb. Saint-Père d'Auxerre). — *Thesme*, 1513 (arch. de Sens). — *Thesme et le Péage-Dessous*, 1553, prévôté ressort. au baill. de Cézy (cout. de Troyes). — Fief relev. du comté de Joigny, 1547 (ém. Doublet de Persan).

THÉNARDS (LES GRANDS et LES PETITS), h^{aux}, c^{ne} de Domats. — *Les Ténards*, 1738 (reg. de l'état civil).

THEUREAU (LE), h. c^{ne} de Fontenoy.

THIARRIS (LES), h. c^{ne} de Dixmont.

THIZY, c^{on} de Guillon. — *Tisiacum*, 1139 (cart. gén. de l'Yonne, I, 343). — *Thiseium*, xii° siècle (arch. de Vausse). — *Tisiacum*, 1366 (*ibid.*). — *Thisey*, (chap. de Montréal). — *Tisy*, 1666 (hospice d'A-vallon). — *Tissy*, 1679 (rôles des feux du baill. d'Avallon.

Thizy était, au xii° siècle, paroisse du dioc. d'Au-tun, avec titre de prieuré au xiv°, et, avant 1789, de la prov. de Bourgogne et ressort. au bailliage d'Avallon. Le château, autrefois considérable, est en ruines aujourd'hui.

THOLON, ruiss. qui prend sa source à Parly et se jette dans l'Yonne, rive gauche, à Joigny, après un par-cours de 27 kilomètres. — *Tullonis fluvium*, 836 (cart. gén. de l'Yonne, I, 50). — *Tolonum*, 886 (*ibid.* 114). — *Tollum*, 1241 (prieuré de Vicupou). — *Tolon*, 1463; *Tollon*, 1694; *Toullon*, 1709 (*ibid.*).

THOMAS (LES), h. c^{ne} de Sainte-Colombe-sur-Loing.

THORETS (LES), h. c^{ne} de Cerisiers.

THOREY, c^{on} de Cruzy. — *Toiri*, 1178 (cart. gén. de l'Yonne, II, 294). — *Toire et Thoire*, 1343 (cart. du comté de Tonnerre, arch. de la Côte-d'Or). — *Thorey*, 1527; fief relev. de Cruzy (inv. des titres du comté de Tonnerre, xvii° siècle).

Thorey était, avant 1789, du dioc. de Langres et de la prov. de l'Île-de-France, prévôté dép. du baill. de Cruzy et s'étendait sur la moitié du village où est l'église; l'autre moitié de Thorey était régie par un maire ou prévôt et ressort. au baill. de Chaource.

THORIGNY, c^{on} de Villeneuve-l'Archevêque. — *Thorin-gia*, ix° siècle (*Liber sacram.* ms bibl. de Stockholm). — *Toreneius*, avant 1150 (cart. gén. de l'Yonne, I, 458). — *Toriniacum* (*ibid.* II, 1143 à 1158, 1159). — *Torniacum*, 1160 (*ibid.* 107). — *Thoriniacum*, 1202 (chap. de Sens). — *Thorigny*, 1357 (Hôtel-Dieu de Sens, léproserie du Popelin). — *Torigny*, 1642; fief relev. de la terre de Villemanoche (ém. Planelli).

Thorigny était, avant 1789, du dioc. de Sens et de la prov. de l'Île-de-France et siége d'une prévôté ressort. au baill. de Sens, et qui s'étendait sur le village de la Postolle.

THORIGNY, h. c^{ne} de Bligny-le-Carreau. — *Thorigny-les-Auccrre*, 1376 (abb. Saint-Germain d'Auxerre). — *Torigny*, 1668, seigneurie (tabell. d'Auxerre, portef. IV). — *Thourigny*, 1677 (f. Leclerc de Thorigny, arch. de l'Yonne).

THORINS (LES), h. c^{ne} de Lavau.

THORY, h. c^{ne} de Lucy-le-Bois. — *Thoreyum*, 1291 (abb. de Pontigny). — *Thoriacum*, 1360 (chap. d'Avallon). — *Thoiry*, 1346 (arch. du château de Sauvigny-le-Bois). — *Thori*, 1543 (rôles des feux du baill. d'Avallon, arch. de la Côte-d'Or). — *Thoury*, 1579 (arch. de la ville d'Avallon, ch. xxx, n° 1).

Thory était, avant 1789, du dioc. d'Autun, pa-roisse de Lucy-le-Bois, de la prov. de Bourgogne et du baill. d'Avallon.

THOURAILLER, h. c^{ne} de Moutiers. — *Tourailler*, 1692; *Tourayer*, 1713 (reg. de l'état civil).

THUILLERIE (LA), fief, c^{ne} de Courson, 1687 (ém. Coi-gnet de la Thuillerie).

THUREAU (LE), f°, c^{ne} de Saint-Sauveur.

THUREAU-DU-BAR, forêt, c^{ne} de Monéteau. — *Thul*, 1145 (cart. gén. de l'Yonne, I, 396). — *Tul*, 1161 (cart. de l'abb. Saint-Germain, f° 55 v°). — *Thol*, 1170 (cart. gén. de l'Yonne, II, 218).

THUREAU-DU-BAR, montagne, c^{ne} d'Auxerre, élevée de 206 mètres au-dessus du niveau de la mer.

THUREAU-JEAN (LE), h. c^{ne} de Champigny.

THURY, c^{on} de Saint-Sauveur. — *Tauriacus*, vi° siècle (Bibl. hist. de l'Yonne, I, 329). — *Tauriacensis vicaria*, 901 (*ibid.* 132). — *Thoriacum*, 1267 (cart. de Crisenon, f° 63 r°, Bibl. imp.). — *Turiacum*, xv° siècle (pouillé du dioc. d'Auxerre; Lebeuf, His-toire d'Auxerre, IV). — *Thori*, 1164 (cart. gén. de l'Yonne, II, 173). — *Thore*, 1168 (*ibid.* 203). — *Tury-en-Puysoye*, 1528 (abb. de Reigny). — *Thury*, 1667; fief relev. de la châtellenie de Druyes (ém. de Montcorps).

Thury était, au vi^e siècle, du pagus et du diocèse d'Auxerre et, au ixe siècle, chef-lieu d'une vicairie; en 1789, de la prov. de l'Orléanais et de l'élection de Gien, et ressort. au baill. d'Auxerre.

Thury, f^e, c^{ne} de Brienon. — *Feodum de Thori*, 1139 (cart. gén. de l'Yonne, I, 340). — *Toriacum territorium*, 1147 (*ibid.* 431). — *Thoriacum*, xiie siècle (abb. de Dilo). — *Thury*, mⁱⁿ, 1537 (arch. de Sens). — Métairie auj. détruite.

Ticisnaum in comitatu Autissiodorensi, 937 (cart. gén. de l'Yonne, II, 9). — Lieu inconnu.

Tignys (Les), f^e, c^{ne} de Perreux.

Timons (Les), h. c^{ne} de Chevillon.

Tirandière (La), m. i. c^{ne} de Chêne-Arnoult.

Tiremont (Ruisseau de), prend sa source à Rigny (Aube) et se jette dans la Vanne, c^{ne} de Flacy.

Tissey, c^{on} de Tonnerre. — *Tissiacum*, 1116 (cart. gén. de l'Yonne, I, 232). — *Tissé*, 1485 (cart. de l'hôpital de Tonnerre).

Tissey était, avant 1789, du dioc. de Langres et de la prov. de l'Île-de-France et siége d'une prévôté ressort. au baill. de Tonnerre. Le fief relevait de la baronnie de Cruzy.

Tonneau (Le), ch. c^{ne} de Mailly-la-Ville. — Château fort où était établi, au xvie siècle, le prêche des calvinistes; auj. détruit.

Tonnerre (Pagus et Comté de). — *Ternodrensis pagus*, 721 (cart. gén. de l'Yonne, II, 2). — *Ternotensis pagus*, 859 (*ibid.* I, 69). — *Tornetrinsis comitatus*, 814 (*ibid.* 27).

Le pagus de Tonnerre était du dioc. de Langres; le comté de Tonnerre relev., au moyen âge, de l'évêque de Langres pour une grande partie, et les baronnies de Cruzy et de Griselles et leurs dépendances relev. du duc de Bourgogne; tout l'est du comté, étranger auj. au département de l'Yonne, relevait de l'évêque de Châlons-sur-Marne.

Tonnerre, chef-lieu d'arrond. — *Ternodorense castrum*, vi^e siècle (saint Grégoire de Tours, in libro *de Gloria confessorum*, liv. XI). — *Tornotrinse castrum*, 814 (cart. gén. de l'Yonne, I, 27). — *Tornodorum*, vers 888 (*ibid.* 119). — *Tornedrisus*, 853; *Tornetrinse castrum*, 997; *Tornedurum*, 1184 (cart. de l'abb. Saint-Michel, bibl. de Tonnerre). — *Tornuerre*, 1270 (abb. de Pontigny). — *Tournoirre*, 1285 (cart. de Crisenon, f° 10 v°). — *Tonneure*, 1295 (cart. Saint-Michel, G. 37). — *Tourneure*, 1293; *Torneure*, 1305 (cart. de l'hôpital de Tonnerre).

Tornerre, 1294 (comm^{io} de Saint-Marc). — *Tournerre*, 1295 (cart. du comté de Tonnerre).

Tonnerre était, au viie siècle, le chef-lieu d'un pagus, puis d'un comté, chef-lieu d'un archidiaconé du dioc. de Langres, et, avant 1789, de la prov. de l'Île-de-France, chef-lieu d'une élection et d'un baill. auquel ressortissaient vingt-six prévôtés, avec appel au baill. royal de Sens.

Il existait à Tonnerre, en 1789, une abbaye de Bénédictins, dite de Saint-Michel, deux couvents de Minimes et d'Ursulines, une collégiale dite de Saint-Pierre, un prieuré et deux cures.

Tonnerre porte pour armoiries : *d'azur à la bande d'or*.

Topinambourg (La), f^e, c^{ne} de Grandchamp.

Toppau, lieu détruit, c^{ne} de Villiers-sur-Tholon (Cassini).

Tormancy, h. et mⁱⁿ, c^{ne} de Massangis. — *Tormentiacum*, 1147 (cart. gén. de l'Yonne, I, 436). — *Tramenciacum*, 1180 (abb. de Reigny). — *Tromanci*, 1170 (cart. gén. de l'Yonne, II, 225). — *Tourmancy*, 1484, fief relev. de la terre de l'Isle (terrier de l'Isle, ém. Bertier).

Toubeaux (Les), h. c^{ne} de Louesme.

Touchards (Les), h. dép. des c^{nes} de la Ferté-Loupière et des Ormes.

Touche (La), f^e, c^{ne} de Prunoy.

Touche-Bœuf, f^e, c^{ne} d'Escolives.

Touche-Bœuf, f^e, c^{ne} de Lailly. — *Tuchebovis grangia*, 1163 (cart. gén. de l'Yonne, II, 156). — *Tochebeuf*, 1518 (abb. de Vauluisant).

Touche-Bœuf, h. c^{ne} de Sainte-Magnance. — *Tuichebuef grangia*, 1302 (chap. d'Avallon).

Touche-Bœuf, f^e, c^{ne} de Vaux.

Toucy, arrond. d'Auxerre. — *Tociacus*, viie siècle (Bibl. hist. de l'Yonne, I, 345). — *Toceium castrum*, vers 1100 (cart. gén. de l'Yonne, I, 202). — *Tusciacum*, 1127 (*ibid.* II, 50). — *Tocciacum*, 1144 (abb. Saint-Marien). — *Thociacum*, 1217 (abb. Saint-Julien d'Auxerre). — *Toci*, 1191 (cart. de Crisenon, f° 14 v°, Bibl. imp.). — *Tocy*, 1339 (reg. de l'Hôtel-Dieu d'Auxerre). — *Touci*, 1293 (prieuré de Vicoupou). — *Thocy*, 1387 (chap. de Toucy). — *Thocy*, 1552 (év. d'Auxerre). — *Thoucy*, 1561 (Procès-verbal de la coutume d'Auxerre, f° 50 r°). — *Toussy*, 1622 (chap. de Toucy).

Toucy était, au viie siècle, du pagus et du dioc. d'Auxerre; au moyen âge, chef-lieu d'une baronnie relev. de l'évêque d'Auxerre, puis d'un marquisat érigé en 1622; et, avant 1789, de la prov. de l'Orléanais, élection de Gien, et siége de deux baill. ressort. à celui d'Auxerre. La châtellenie de la ville de Toucy appartenait en commun à l'évêque d'Auxerre et au baron de Toucy, qui y avaient leurs officiers respectifs.

Touille-Rouge, fᵉ, cⁿᵉ de Tannerre, 1715 (plan de la seignʳⁱᵉ de Tannerre, arch. de l'Yonne); auj. détruite.

Tour (La), fᵉ, cⁿᵉ de Merry-sur-Yonne, autref. ch. fort; auj. en ruines.

Tour (La), mⁱⁿ, cⁿᵉ de Thury.

ouraines (Les), h. cᵗᵉ de Fontenoy.

Tour-au-Crible (La), h. cⁿᵉ d'Avallon.

Tournenay, cⁿᵉ d'Escolives. C'était, au xɪɪᵉ siècle, une commanderie de Templiers dép. de celle du Saulce. Il existe encore un bois de ce nom. — *Torbenai*, 1170 (cart. gén. de l'Yonne, II, 213). — *Trebenay*, 1561 (Procès-verbal de la coutume d'Auxerre, fᵉ 42 r⁰). — Lieu auj. détruit.

Tour-Coulon (La), h. cⁿᵉ d'Auxerre.

Tour-de-Gui-de-Butteaux, fief, cⁿᵉ de Joigny, consistant en une grande tour, relev. du comté de Joigny; auj. détruite (Davier, Mémoires sur Joigny, t. II).

Tour-de-Pré (La), h. cⁿᵉ de Provency. — *Praiæ*, vers 1150 (cart. gén. de l'Yonne, II, 70). — *Praiz*, 1177; *Prait*, xɪɪᵉ siècle (abb. de Reigny). — *Préy*, 1346 (arch. du ch. de Sauvigny). — *La Tour-de-Prés*, 1591 (recette d'Avallon). — Il y avait autref. en ce lieu un ch. fort, auj. détruit.

Tour-Jollie, fief, cⁿᵉ de Coulanges-sur-Yonne, 1513, relev. du roi au comté d'Auxerre.

Tourlette (La), h. cⁿᵉ de Chevillon.

Tourmeline (La), fᵉ, cⁿᵉ de Chambeugle.

Tourneboule (Le), h. cⁿᵉ de Chaumot.

Tournebride (La), h. cⁿᵉ de Chaumot.

Tournelle (La), m. i. cⁿᵉ d'Avallon, faubourg de Cousin-le-Pont. — 1564 (hospice d'Avallon).

Tournelle (La Haute et la Basse), hᵉᵘˣ, cⁿᵉ de Saints.

Tournerie (La), fᵉ, cⁿᵉ de Lailly; autrefois château ayant titre de fief, rel. de l'abb. de Vauluisant, qui l'avait fondée. — *La Tournerie*, 1642 (abb. de Vauluisant).

Tournerie (La), fᵉ, cⁿᵉ de Lavau.

Tourneux (Les), fᵉ, cⁿᵉ de Moulins-sur-Ouanne. — *Les Tourneurs*, 1779 (reg. de l'état civil).

Toussac, h. et mⁱⁿ, cⁿᵉ de Champs. — *Tosac*, 1280 (abb. Saint-Julien d'Auxerre). — *Toussac*, 1547 (*ibid.*).

Tout-y-Faut, h. cⁿᵉ de Passy. — *Les Bordes la Tuilerie de Totifaux*, 1781 (reg. de l'état civil).

Tracon, fᵉ, cⁿᵉ d'Ouanne.

Train-d'Éronce (Le), h. cⁿᵉ de Lavau.

Tranchants (Les), fᵉ, cⁿᵉ de Saint-Privé.

Trancherie (La), fᵉ, cⁿᵉ de Saint-Fargeau. — *Tronchets*, xvɪɪɪᵉ siècle (plan de la seigneurie, arch. de l'Yonne).

Tranchet (Ruisseau du) ou de Goblot, prend sa source à Menades et se jette dans la Cure à Pierre-Pertuis.

Travaille-Coquin ou Coquin, h. dép. des cⁿᵉˢ de Lixy et de Villethierry.

Tréfontaine, ch. cⁿᵉ de Villefargeau.

Treigny, cᵒⁿ de Saint-Sauveur. — *Trigniacum*, xvᵉ sᵉ (Lebeuf, Histoire d'Auxerre, IV, pr. nᵒ 413). — *Trigny*, 1463 (chap. de Saint-Fargeau).

Treigny était, avant 1789, du dioc. d'Auxerre et de la prov. de l'Orléanais, élection de Gien, et le siége d'une prévôté ressort. au baill. d'Auxerre.

Tremblas (Les), fᵉ, cⁿᵉ de Châtel-Censoir.

Tremblas (Les), h. cⁿᵉ de Merry-la-Vallée.

Tremblay (Le), h. cⁿᵉ d'Étais.

Tremblay (Le), h. et ch. cⁿᵉ de Fontenoy. — *Le Tremblet*, 1520, fief (ém. de Montcorps). — *Le Tremblay*, ch. 1652 (év. d'Auxerre).

Tremblay (Le), h. cⁿᵉ de Lindry.

Tremblay (Le), fᵉˢ, cⁿᵉˢ de Prunoy et de Rogny.

Tremblés (Les), h. cⁿᵉ de Saint-Martin-sur-Ouanne.

Trémellerie (La), cⁿᵉ de Saint-Privé; autref. fief relev. de Saint-Fargeau, avec château fortifié auj. détruit et devenu simple maison bourgeoise.

Tremets (Les), h. cⁿᵉ de Pourrain. — *Les Tramets*, 1570 (reg. de l'état civil).

Tremilly, h. cⁿᵉ de Chevannes.

Trémont, cⁿᵉ de Pont-sur-Vanne. — *Tresmons*, 519 (cart. gén. de l'Yonne, I, 3). — *Trémont*, 1371, fief (cart. de l'archev. de Sens, III, 143 r⁰, Bibl. imp.). — Ce lieu, auj. détruit, était jadis du pagus de Sens, et, au moyen âge, un fief rel. de l'archev. de Sens et siége d'une prévôté.

Tresogensis ager, in pago Autissiodorensi, lieu inconnu, 580 (cart. gén. de l'Yonne, I, 19).

Trévilly, cᵒⁿ de Guillon. — *Trevilliacum*, 1216; *Trevilli*, 1216 (abb. de Reigny). — *Trevily*, xɪvᵉ sᵉ (pouillé du dioc. d'Autun). — *Truilli*, xvᵉ siècle (*ibid.*).

Trévilly était, avant 1789, du dioc. d'Autun, de la prov. de Bourgogne et du baill. d'Avallon.

Tréviselot, h. cⁿᵉ de Trévilly. — *Trévizelot*, 1543 (rôles des feux du baill. d'Avallon).

Trichey, cᵒⁿ de Cruzy. — *Treicheium*, xɪᵉ siècle (cart. gén. de l'Yonne, II, 29). — *Strichiacum*, 1101 (*ibid.* I, 206). — *Tricheium*, 1332 (abb. de Reigny). — *Triché*, 1340 (cart. du comté de Tonnerre, arch. de la Côte-d'Or).

Trichey était, avant 1789, du dioc. de Langres, de la prov. de l'Île-de-France, élection de Saint-Florentin, et du baill. d'Ervy.

Tricotets (Les), h. cⁿᵉ de Villiers-Saint-Benoît.

Tniés (Les), h. c^ne de Vézelay. — *Les Étrilliers*, 1789 (C. 105, arch. de l'Yonne).

Trillons (Les), h. c^ne de Champcevrais. — *Les Trions*, 1777 (reg. de l'état civil).

Trinquelin, h. c^ne de Saint-Léger. — *Triclin*, 1186 (cart. gén. de l'Yonne, II, 370). — *Treclaim*, xiiie siècle; *Traclin*, 1494 (abb. de Reigny). — *Tréelun*, 1569 (ém. Montmorency-Robeck). — *Trinclain*, 1705 (minutes de notaires).

Trinquelin, ruiss. qui sert de déversoir à trois étangs de la c^ne de Saint-Léger-de-Foucheret et se jette dans le Cousin, c^ne de Cussy-les-Forges.

Trion, h. c^ne de Coulanges-sur-Yonne.

Trois-Moulins (Les), m^in, c^ne de Druyes.

Trois-Quartiers (Les), h. c^ne de Ronchères.

Trois-Rois (Les), f^e, c^ne de Fontaines.

Tronchoy, c^on de Flogny. — *Troncheium*, 1108 (cart. gén. de l'Yonne, I, 217). — *Truncheium*, 1159 (*ibid.* II, 98). — *Le Trenchoy*, 1315, fief rel. du comté de Tonnerre (cart. du comté, arch. de la Côte-d'Or). — *Lou Tronchoy* (cart. de l'hôpital de Tonnerre).

Tronchoy était, avant 1789, du dioc. de Langres et de la prov. de l'Île-de-France, et siège d'une prévôté ressort. au baill. de Tonnerre. — Il y avait autrefois une maison de sœurs de la Charité.

Tronçois, h. c^ne de Cisery. — *La Tronsoys*, 1543 (rôles des feux du baill. d'Avallon, arch. de la Côte-d'Or).

Tnos, h. c^ne de Villethierry.

Tnot (Le), h. c^ne de Marsangy.

Trotards (Les), f^e, c^ne de Bléneau. — *Les Trottards*, 1573 (f. Courtenay). — Voy. Saint-Georges.

Trou-aux-Renards (Le), f^e, c^ne de Foissy.

Trouins (Les), h. c^ne de la Belliole.

Troupeau (Le), f^e, c^ne de Charny.

Trous (Les), h. c^ne de Grandchamp.

Troussands (Les), h. dép. des c^nes de Prunoy et de Villefranche.

Trousseaux (Les), f^e, c^ne de Saint-Forgeau.

Trouvées (Les), h^aux, c^nes de Marchais-Beton et de Sépaux.

Truchien (Le Grand et le Petit), f^es, c^ne de Fontenailles.

Truchon, manœuv. c^ne de Mézilles.

Trucy-sur-Yonne, c^on de Coulanges-sur-Yonne. — *Truciacus in pago Autissiodorensi*, 634 (cart. gén. de l'Yonne). — *Truciacum super Yonam*, 1270 (cart. de Crisenon, f° 108 v°, Bibl. imp.). — *Trucy-sur-Yonne*, xive siècle (abb. de Crisenon).

Trucy-sur-Yonne était, au viie siècle, du pagus d'Auxerre et, avant 1789, du dioc. du même nom, de la prov. de l'Île-de-France, élection de Tonnerre, et le siège d'une prévôté ressortissant au baill. d'Auxerre.

Tubie, f^e, c^ne de Saint-Bris.

Tue-Chien, f^es, dép. des c^nes de Ronchères et de Saint-Sauveur.

Tuilerie (La), hameaux, c^nes de Champignelles, Champigny, Cudot, Dixmont, Jaulges, Pontigny, Saint-Julien-du-Sault, Sormery.

Tuilerie (La), f^es, c^nes de Druyes, Vertilly, Voisines.

Tuilerie (La), ch. et h. c^ne de Jaulges.

Tuilerie (La), m. i. c^ne de Marchais-Beton.

Tuilerie (La), h. c^ne de Vénizy, 1739; auj. détruit.

Tuilerie (La), tuileries des c^nes d'Annay-sur-Serain; Auxerre; Bâle, à Parly; Bazarne, Bléneau; Bonne-Racine, à Héry; du Bourbon, à Dixmont; de Buisson, à Migé; de la Haute-Cave, à Charny; Champvallon; Charbonnière, à Magny; Chevannes; des Cordiers, à Migé; Courboissy, à Charny; Cravan; Creuza, à Chitry; Égriselles-le-Bocage, Escamps; Gabuel, à Migé; Gerand, au Mont-Saint-Sulpice; Grange-le-Bocage, Hauterive, l'Isle-sur-Serain, Jaulges, Jully, Merry-la-Vallée, Perrigny; de la Proste, au Mont-Saint-Sulpice; des Prud'hommes, à Brannay; Prunoy; de la Quillonnerie et de la Rigole, à Bléneau; Rome, à Chigy; Saint-Aubin-sur-Yonne, Seint-Martin-sur-Oreuse, Saligny, Soucy; Vauchery, à Seignelay; Vaudevanne, à Chailley; Vernoy, Vertron, à Montacher; Villefargeau, Villiers-sur-Tholon.

Turny, c^on de Brienon. — *Turniacum*, 1150 (cart. gén. de l'Yonne, I, 474). — *Turne*, 1151; *Turny*, 1153 (abb. de Dilo). — *Turnei*, xiie siècle (abb. de Vauluisant); fief relev. de la terre de Vénizy, 1602 (arch. de la c^ne).

Turny était, avant 1789, du dioc. de Sens et de prov. de l'Île-de-France, élection de Joigny, et prévôté dépendant du baill. de Vénizy et ressort. à Sens.

Turny-le-Bas, h. c^ne de Turny.

Turquois (Les), h. c^ne de Précy.

Tutellerie (La), f^e, c^ne de Domats.

U

Univers (L'), tuil. c^ne de Paron.

Uné, lieu près de Fontaine-la-Gaillarde (Cassini); auj. détruit.

Ursulines (Les), f^e, c^ne de Lixy.

Usages (Les), h. c^ne de Chaumont, appelée autrefois les Fourneaux, à cause des fours à chaux qui y étaient établis.

Usages (Les Petits-), h. c^ne de Villiers-Saint-Benoît.

Usine-du-Brochet (L'), usine, c^ne de Saint-Martin-sur-Ouanne.

Usselot, h. c^ne d'Ouanne. — Uisselot, 1180 (cart. gén. de l'Yonne, II, 308). — Usselot, 1210; Huissele, 1299; Huysselot, 1482 (abb. Saint-Marien d'Aux.).

Uzy, h. c^ne de Domecy-sur-Cure. — Ultisiacus, in pago Avalensi, 867 (cart. gén. de l'Yonne, II, 96). —Uzy-en-Bourgogne, fief rel. de Chastellux, 1518 (abb. de Chore).

V

Vacheresse, fief, c^ue de Tannerre, en relevant, et sur lequel s'est élevé le hameau des Cottels (B^in de la Soc. des sciences de l'Yonne, 1858).

Vacherie (La Grande-), h. c^ne de Saint-Denis-sur-Ouanne.

Vacherie (La Petite-), f^e, c^ne de Saint-Denis-sur-Ouanne.

Vachers (Les), c^ne de Saint-Denis-sur-Ouanne.

Vachers (Les), poterie, c^ne de Saint-Sauveur; détruite.

Vachy, h. c^ue de Champlost. — Succursale de Champlost. La chapelle actuelle y fut construite en 1681 (fabrique de Vachy).

Vaire (La), h. c^ne d'Étaules-le-Bas. — Varres, 1184 (cart. gén. de l'Yonne, II, 345). — Varia, 1210 (charte appartenant à M. Poulin de Pontaubert).— La Vèze, 1346 (arch. du château de Sauvigny). — La Vere, 1486 (terrier d'Avallon, arch. de la Côte-d'Or). — La Vaire, 1543 (rôles des feux du baill. d'Avallon, arch. de la Côte-d'Or).

Vaissy ou Vessy, f^e et m^in, c^ne de Mézilles. — xviie s^e; autref. seigneurie avec haute justice (reg. de l'état civil).

Val-Dampierre, m. i. c^ne de Saint-Julien-du-Sault.

Val-de-Mercy, c^on de Coulanges-les-Vineuses. — De Valle Marci, 1291 (abb. Saint-Julien d'Auxerre).— Vaul-de-Marcy, 1303 (E. charte c^nle d'affranchissement, arch. de l'Yonne). — Val-de-Marci, 1311 (Lebeuf, Histoire d'Auxerre, IV, pr. n° 257). — Vaul-de-Mercy, 1515, fief rel. du roi au comté d'Auxerre (cart. du comté, arch. de la Côte-d'Or). Val-de-Mercy était autref. du dioc. du comté et du baill. d'Auxerre et de la prov. de Bourgogne.

Val-de-Poirier, m^in, c^re de Saint-Père.

Val-de-Quenouil, h. c^ne de Saint-Martin-sur-Armançon. — Autref. Val de Cano, Val de Quenou (Annuaire de l'Yonne, 1857, 134). — Vauquane, 1344 (cart. de Saint-Michel).

Val-des-Champs, f^e, c^ne de Coulanges-les-Vineuses, 1675 (tabell. d'Auxerre, portef. VIII, et Cassini); auj. détruite.

Val-des-Fourches (Le), f^e, c^ne d'Argenteuil.

Val-des-Œillots (Le), f^e, c^ne de Noyers, 1679 (rôles des feux du baill. d'Avallon, arch. de la Côte-d'Or). — Val-des-Œilliaux, 1725; Val-des-Œillets, 1747 (reg. de l'état civil).

Val-du-Puits, h. c^ne de Sacy. — Vallis Putei, 1220 (abb. de Reigny). — Paluault ou Vaul-du-Puys, 1566 (terrier, arch. de l'Yonne). — Vau du Puis Mery et Palluault, 1663 (titres c^aux E. Yonne).

Val-du-Puits, h. c^ne de Vermanton. — Val du Puis, 1683 (reg. de l'état civil), 1708; fief relevant du roi au comté d'Auxerre (chambre des comptes de Dijon).

Val-Maubout, bois, c^ue de Baon.

Val-Péronne, h. c^ne de Véron. — Vauperonne, 1508 (chap. de Sens, censier de Véron).

Val-Rouge (Le), f^e, c^ne d'Ancy-le-Serveux.

Val-Saint-Étienne, h. c^ne de Véron. — Vau-Saint-Étienne, 1491 (chap. de Sens, compte).

Val-Saint-Martin, h. c^ne de Vermanton. — Val-Saint-Martin, 1683 (év. d'Auxerre).

Val-Saint-Quentin, h. c^re de Monéteau, 1524 (chap. d'Auxerre). — Voy. Saint-Quentin.

Val-Thibault, h. c^ne de Véron. — Le Vau-Tibault, 1509 (censier de Véron, chap. de Sens).

Val-Tiercelin (Le), m. i. c^ne de Tonnerre.

VALANAISE, bois, c^ne d'Étivey.

VALÉNIENS (LES), h. c^ne de Chevillon. — *Valariæ*, 864 (cart. gén. de l'Yonne, I, 89).

VALLAN, c^on d'Auxerre (ouest). — *Valens*, ixe siècle (cart. gén. de l'Yonne, I, 52). — *Valenz*, 1188 (*ibid.* II, 387). — *Valentium*, xiiie siècle (Bibl. hist. de l'Yonne, I, 439). — *Valan*, 1196 (*ibid.* 472). —*Valen*, 1280 (abb. Saint-Julien d'Auxerre). — *Vallan-le-Grand* et *Vallan-le-Petit*, 1283 (E. 324, arch. de l'Yonne). — On trouve des vestiges d'habitations dans un territoire un peu éloigné du Vallan actuel.

Vallan était, au ixe siècle, du pagus d'Auxerre et, avant 1689, du dioc. du même nom et de la prov. de l'Île-de-France, élection de Tonnerre, et siége d'un baill. ressort. à celui d'Auxerre.

VALLAN, ruisseau, c^ne de Vallan, qui se jette dans l'Yonne à Auxerre, et dont la source, en partie dérivée, alimente la ville d'Auxerre.

VALLÉE (LA), h^aux, c^nes de Montacher et de Neuvy-Sautour.

VALLÉE (LA GRANDE-), h. c^ne de Dixmont.

VALLÉE (LA PETITE-), h. dép. des c^nes de Sormery et de Bœurs; la partie de Sormery est détruite.

VALLÉE-AU-TURC (LA), m. i. c^ne de Charny.

VALLÉE-DE-LISLE (LA), bois c^il de Bois-d'Arcy.

VALLÉE-DE-PONT-SUR-VANNE, marais régnant sur les bords de la Vanne, et situé c^nes de Flacy, Bagneaux, Villeneuve-l'Archevêque, Molinons, Foissy, Chigy, Pont-sur-Vanne, Theil, Noé et Malay.

VALLÉE-DES-GERBES-D'ORGE (LA), h. c^ne de Tonnerre.

VALLÉE-DES-RONCES (LA), h^eaux, c^nes de Fouchères et de Saint-Sérotin.

VALLÉE-DES-VEAUX (LA), h. c^ne de Bœurs.

VALLÉES (LES), fief avec manoir, c^ne de Domats, relev. de la terre de Courtenay, 1495 (ém. de Saxe, inventaire).

VALLÉES (LES), h^aux, c^nes de Cérilly, de Champcevrais et de Vernoy.

VALLÉES (LES), h. c^ne de Vareilles. — *Valliculæ*, vers 833 (cart. gén. de l'Yonne, I, 40). — *Vallifiæ*, 635 (*ibid.* 48). — *Valleyæ*, 1059 (*ibid.* II, 12). (*Vallis*, 1147 (*ibid.* I, 432). — Ce lieu fut l'asile du monastère de Saint-Remy de Sens, qui y fut transféré au ixe siècle.

VALLÉES-BASSES (LES), h. c^ne de Mézilles.

VALLERY, c^on de Chéroy. — *Valeriacum*, 1218 (Chantereau-Lefèvre, Traité des fiefs, pr. p. 100). — *Valleri*, 1453 (reg. des taxes, etc. dioc. de Sens, bibl. de cette ville, archev.).

Vallery était, avant 1789, du dioc. de Sens et prieuré-cure dép. de l'abb. Saint-Jean de Sens, au

pays de Gâtinais, de la prov. de l'Île-de-France, et siége d'un baill. ressort. à celui de Sens. Le fief en rel. du roi, à cause de la grosse tour de Sens, avec ses dépendances, les fiefs des Bergeries, de Bernagoux, grands et petits, et de Marolles (arch. de la chambre des comptes de Paris, 1774).

VALLIÈNES, h. c^ne de Fleurigny. — *Valleriæ*, 1160 (cart. gén. de l'Yonne, II, 107). —*Valeires*, 1207 (abb. de Vauluisant). — Ce lieu dépendait autref. de la prévôté de Fleurigny.

VALLIS DE CRAENIIS, h. de la c^ne de Saint-Julien, distrait en 1265 pour former la paroisse de Verlin (chap. de Saint-Julien-du-Sault, l. I); lieu détruit.

VALLIS DE VETERIIS, h. de la c^ne de Saint-Julien, distrait en 1265 pour former la paroisse de Verlin (chap. de Saint-Julien-du-Sault, l. I); lieu détruit.

VALLOUX, h. c^ne du Vault-de-Lugny. — *Valoux*, 1382 (chap. d'Avallon). — *Valloux*, 1659 (hospice d'Avallon).

VALNAY, vill. c^ne de Sainte-Magnance (Courtépée, Description de la Bourgogne, VI, 42); auj. détruit.

VALPROFONDE, f^e, c^ne de Béon; ancienne maison de Chartreux, fondée vers 1301 par Isabelle de Mello, comtesse de Joigny. — *Vallisprofonda*, 1303 (*Gallia christ.* XII, pr. n° 104, dioc. de Sens). — *Valprofonde-lez-Béon*, xve siècle (Chartreux, *ibid.*).

VALPROFONDE, h. c^ne de Villeneuve-sur-Yonne. — *Vallis Profonda*, 1160 (cart. gén. de l'Yonne, II, 113). — *Vaul-Parfonde*, 1315 (abb. Saint-Marien d'Auxerre); autref. monastère de Prémontrés.

VALTATS (LES), h. c^ne de Quarré-les-Tombes.

VANNE, rivière qui prend sa source à Fontvanne (Aube) et se jette dans l'Yonne à Sens, après un parcours de 42,075 mètres dans l'arrondissement de Sens.— *Venna*, 1147 (abb. de Pontigny). — *Vana*, 1169 (cart. gén. de l'Yonne, II, 213). — *Vanna*, 1171 (*ibid.* 233).

VANNE (DOYENNÉ DE LA RIVIÈRE DE), dioc. de Sens, juridiction ecclésiastique qui s'étendait dans la vallée de la Vanne et comprenait une abbaye d'hommes, celle de Vauluisant, 22 cures, 4 prieurés-cures et 4 prieurés simples.

VANNE-VIEILLE (RUISSEAU DE), prend sa source à Flacy et s'y jette dans la Vanne.

VANNEAU, m^in, c^ne de Saints.

VANNOISE, fontaine, c^ne d'Escolives.

VANOISE-ET-MONTPATEIN, h. c^ne de Saint-Aubin-Château-Neuf, 1553; prévôté ressort. au baill. de la Coudre (Legrand, État gén. du baill. de Troyes). — Auj. détruit.

VAREILLES, c^on de Villeneuve-l'Archevêque.— *Varellæ*, 1145 (cart. gén. de l'Yonne, I, 401). — *Varelia*, vers 1150 (*ibid.* 456). — *Vareiœ*, vers 1166 (*ibid.* II, 135). — *Varoillia*, 1354; *Varoilles*, 1443 (Célestins de Sens). — *Vareilles*, 1368 (Trésor des chartes, reg. 89, n° 595). — *Varrilles*, xvi° siècle (pouillé du dioc. de Sens).

Vareilles était, avant 1789, du dioc. de Sens et de la prov. de l'Île-de-France, et siège d'une prévôté ressort. au baill. de Sens.

VARENNE (LA), m. i. c^ne de Mézilles.

VARENNE (LA HAUTE et LA BASSE), h^aux, c^ne de Sept-Fonds. — *La Varaine*, 1779, avec titre de fief (ém. Rogres).

VARENNES, c^on de Ligny-le-Châtel. — *Varenna in comitatu Tornodori*, 992 (cart. gén. de l'Yonne, I, 155). — *Varenne*, 1285; *Varainnes*, 1288 (cart. du comté de Tonnerre, arch. de la Côte-d'Or). — *Varannes*, 1332 (cart. de l'hôpital de Tonnerre).

Varennes était, avant 1789, du dioc. de Langres et de la prov. de l'Île-de-France, et siège d'une prévôté ressort. au baill. de Ligny. Le fief en relev. du comté de Tonnerre.

VARENNES, vill. détruit au xvi° siècle, c^ne de Cisery, à 2 kil. de cette commune (Courtépée, Description de la Bourgogne, VI, p. 53). C'était autrefois le chef-lieu de la paroisse, avec titre de prieuré. L'église, en ruines, a été vendue en 1792. Une autre église avait été construite à Cisery en 1776. — *Varaine*, 1574 (arch. de Montréal).

VARENNES, h. c^ne de Diges. — *Varènes*, 1511; *Varaine*, 1608 (abb. Saint-Germain).

VARENNES (LES), h. c^ne de Charbuy. — 1668 (reg. de l'état civil).

VARENNES (LES), h. c^ne de Fontaines.

VARENNES (LES), chât. et usine, c^ne de Turny. Le fief relev., en 1602, de la terre de Vénizy (dénombr. arch. de Turny).

VARGINIACUM (VILLA), lieu situé près de Vézelay, 1103 (cart. gén. de l'Yonne, II, 40). — *Parginiacum et Virginiacum*, 1137 (*ibid.* I, 316, 317); détruit.

VASSY, c^on de Guillon. — *Vasseium*, xvi° siècle (*Hist. Romaensis*). — *Vaixi-lez-Pisy*, 1486 (chap. de Montréal).

Vassy était autref. du dioc. de Langres, de la prov. de Bourgogne et du baill. d'Avallon, et relev. en fief du ch. de Montréal.

VASSY, h. c^ne d'Étaules. — *Vasseium*, 1210 (abb. de Vézelay). — *Vaixy*, 1447; *Vaissy*, 1463 (chap. d'Avallon). — *Vassey*, 1486 (terrier d'Avallon, arch. de la Côte-d'Or). — *Vessy-lez-Avallon*, 1543 (rôles des feux du baill. d'Avallon, *ibid.*).

VASSY, h. c^ne de Taingy. — *Vaciacum*, 1247 (chap. d'Auxerre). — *Vacy*, 1219; *Varcy*, 1556 (chap. de

Toucy). — *Varcy*, 1554 (terrier de Richebourg). — *Vascy*, 1755 (reg. de l'état civil). — *Vassy*, 1786 (terrier au chap. de Toucy, seigneur de Vassy).

VAU (LE), f^e, c^ne de Paron, 1623 (Hôtel-Dieu de Sens).

VAU (LE), h^aux, c^nes de Beauvoir, Champigny, Dracy, Nailly, Pourrain.

VAU (LE GRAND et LE PETIT), h^aux, c^ne de Villeneuve-sur-Yonne.

VAUBAN, m^in, c^ne de Fleury.

VAUBUCHOT, bois, c^ne de Préhy.

VAUCHARME, bois, c^ne de Préhy. Il appartenait autref. aux chap. d'Auxerre et de Chablis.

VAUCHARME (LE BAS et LE HAUT), f^es, c^ne de Noyers. — *Vallis-Calmei*, vers 1150 (cart. gén. de l'Yonne, I, 416). — *Vallis-Calmi*, 1153 (*ibid.* 512). — *Valcherme*, 1292 (abb. de Pontigny). — *Vaulcharles*, 1537 (terrier de Chablis, prévôté de Saint-Martin de Tours). — *Vaucharme-les-Quatre-Métairies*, 1679 (rôles des feux du baill. d'Avallon, arch. de la Côte-d'Or).

VAUCHARMES, f^e, c^ne de Chichée.

VAUCHARMES (LES), h. c^ne de Chemilly-sur-Serain.

VAUCHAUSSÉE, ruiss. c^ne de Fulvy, où il se jette dans l'Armançon.

VAUCHEVILLE, bois, c^ne de Fyé.

VAUCOUPEAU, h. c^ne de Merry-sur-Yonne. — 1693 (év. d'Auxerre); auj. détruit. C'était une ferme en 1686.

VAUCRÉCHOT, h. c^ne de Dixmont. — *Vaux-Crochot*, 1698 (reg. de l'état civil).

VAU-DE-BOUCHE, f^e, c^ne de Lucy-le-Bois; détruite depuis cinquante ans. — *Le Vaul-de-Bouche*, 1484 (terrier de l'Isle, ém. de Berthier).

VAU-DE-BOUCHE, ruiss. qui prend sa source c^ne d'Athie et se jette dans la Cure à Voutenay.

VAU-DE-LA-VACUE, bois, c^ne de Mailly-la-Ville.

VAUDELEVÉE, m. i. c^ne de Molosme.

VAU-DE-MÂLON (LE), h. c^ne de Joux-la-Ville. — *Vallis de Maalone*, 1277; *Vaux-de-Malon*, métairie construite vers 1480 (abb. de Reigny). — *Vaul-de-Clément-Malon*, 1528 (*ibid.*).

VAUDEURS, c^on de Cerisiers. — *Aurea-Vallis*, 1145 (cart. gén. de l'Yonne, I, 405). — *Vallis-Edere*, 1146 (*ibid.* 412). — *Vauderia*, 1168 (*ibid.* II, 205). — *Vallodorum*, 1187; *de Valledori*, 1230 (abb. de Dilo). — *Valledoirre*, 1189 (cart. gén. de l'Yonne, II, 408). — *Orval* (*Grangia de*), 1195 (abb. de Dilo). — *Vaudurre*, 1223 (arch. de Sens). — *Vaudorre*, 1233 (abb. de Dilo). — *Vaudeurre*, 1453 (reg. des taxes, etc. dioc. de Sens, bibl. de cette ville). — *Vauderre*, 1480 (abb. Saint-Remy de Sens).

Vaudeurs était, avant 1789, du dioc. de Sens et de la prov. de l'Île-de-France et siège d'une prévôté ressort. au baill. de Sens. La seigneurie en appartenait à l'abb. Saint-Remy de Sens, qui en aliéna la moitié en 1569.

VAUDEURS (LE PETIT-), h. cne de Vaudeurs. — 1628 (terrier de Sens, abb. Saint-Remy de Sens).

VAUDEVANNES, h. cne de Chailley. — Les Vaux-de-Vanes, 1619 (abb. de Pontigny). Il dép. autrefois de la prévôté de Chailley.

VAU-DONJON (LE), h. cne de Montillot. — Il dép. autref. de la paroisse d'Asquins pour le spirituel.

VAUDOTS (LES), h. cne de Sépaux.

VAUDOUARD, fs, cne de Villeneuve-sur-Yonne. — En 1735, il existait le Grand et le Petit Vaudouard, deux hameaux séparés par le chemin du Buisson-Soif, cne de Dixmont (plan, chap. de Sens).

VAUDRAN, fs, cne de Lucy-le-Bois. — Balderias in pago Avalensi, 606 (cart. gén. de l'Yonne, II, 2). — Vauldran, 1346 (arch. du ch. de Sauvigny-le-Bois). — Vaulderain, 1543 (rôles des feux du baill. d'Avallon, arch. de la Côte-d'Or).

VAUDRICOURT, min, cne de la Ferté-Loupière.

VAUDUPUIS, h. cne de Champlost.

VAUFLEUR, cne d'Ouanne. — Valflo, 1270; Vauflo, 1325 (abb. Saint-Marien d'Auxerre). — Lieu auj. détruit.

VAUFOIN, h. cne de Villeneuve-sur-Yonne.

VAUFRONT, fs, cne de Saint-Père.

VAUGENAY, h. cne de Béon.

VAUGINES, h. cne d'Épineau-les-Voves. — Vaugignes, 1295 (abb. de Vauluisant). — Vaulgines, 1522 (hôpital de Joigny). — Lieu auj. détruit.

VAUGOURET, h. cne de Pont-sur-Yonne. — Vaulgorre, 1225; Vaugourré, 1494; Vaugourey, 1669 (Hôtel-Dieu de Sens, prieuré Saint-Antoine). — Cette seigneurie se composait de 400 arpents en terres, bois, etc.

VAUGUILAIN, h. dép. des cnes de Cézy et de Saint-Julien-du-Sault. — Vallis Guilleins, 1213 (cart. archev. de Sens, III, 73 ro). — Vaulguillyn, 1490 (censier de Saint-Julien, arch. de Sens). — Vauguillain, 1547; fief relevant du comté de Joigny (ém. Doublet de Persan).

La chapelle de Vauguilain, située sur une montagne qui domine Saint-Julien-du-Sault, existe encore; mais le château est détruit.

VAULABELLE (LE BAS et LE HAUT), fes, cne de Châtel-Censoir.

VAU-LAVRÉ, fs, cne de Molosme.

VAULEVRIER, h. cne de Dixmont. — Voluvrier, 1699; Volvrier, 1729 (reg. de l'état civil).

VAULICHÈRES, h. cne de Tonnerre. — Vellichières, 1493 (cart. du comté de Tonnerre). — Val-Lichères et Vaulichères, 1496 (cart. de Saint-Michel, bibl. de Tonnerre).

Avant 1790, Vaulichères était de la commune d'Épineuil.

VAULINEUSE, bois, cne de Pimelles.

VAULT-DE-LANNAI (LE GRAND et LE PETIT), heux, cne de Joux-la-Ville. — Vaux-de-Lasnet (Grand et Petit), 1679 (rôles des feux du baill. d'Avallon).

VAULT-DE-LUGNY (LE), con d'Avallon. — Oloniacus, 864 (cart. gén. de l'Yonne, I, 92). — Vallis Oliniaci, 1184 (ibid. II, 346). — Oligniacum, 1236 (prieuré de Charbonnière). — Valle Olignum, 1253 (commrie de Pontaubert). — Vallis Oloignei, 1272 (maladrerie d'Avallon, arch. de la ville). — Vallis, 1379 (chap. d'Avallon). — Oloniacum, xve siècle (pouillé d'Autun). — Olègne, 1204 (abb. de Vézelay). — Vaul-de-Oligne, 1287 (commlle de Pontaubert). — Le Vaul-de-Ouligny, 1319 (E. charte de Prégilbert, arch. de l'Yonne). — Vaul-d'Ouvigny, 1322 (abb. de Reigny). — Vaul-de-Loigny, 1410 (chap. d'Avallon). — Le Vaul-de-Lugny, 1486 (terrier d'Avallon, arch. de la Côte-d'Or). — Vault-Jaucourt, xviiie siècle, du nom d'une famille de seigneurs du Vault (Éphém. avall. bibl. d'Avallon).

Le Vault-de-Lugny était, avant 1789, du dioc. d'Autun, de la prov. de Bourgogne, du baill. et de la subdélégation d'Avallon.

VAULT-FONTAINE, fs, cne de Saint-Denis-sur-Ouanne.

VAULUISANT, fs et min, cne de Courgenay. — Ancienne abbaye de Notre-Dame, de l'ordre de Cîteaux (hommes), fondée en 1127. — Vallis-Lucens monasterium, 1127 (cart. gén. de l'Yonne, I, 267). — Vallis-Lucida, 1129 (ibid. II, 51). — Valluysant, 1628 (état gén. des biens de l'abbaye). — Le monastère est détruit presque entièrement.

Vauluisant était autrefois le siège d'un baill. auquel ressort. les prévôtés de Cerilly, de Courgenay, de Fournaudin, de Lailly, des Loges, de Nozeaux et de Servins (Tarbé, Détails hist. sur le baill. de Sens, 556).

VAULUISANT, h. cne de Chevannes. — Tire son nom de l'abb. de Vauluisant, qui possédait ce lieu autrefois.

VAULUISANT (FORÊT DE), divisée aujourd'hui en huit forêts, qui sont celles de Bagneaux, Fauconnois, les Roches, Sauvageon, cne de Courgenay; Grand-Fays, la Thiélatte, Touchebœuf, cne de Lailly, et Lancy, cne de Saint-Maurice-aux-Riches-Hommes. — Cette forêt appartenait, avant 1789, à l'abbaye de Vauluisant.

VAUMARAUX, tuil. cne de Saligny.

Vaumarin, h. c^ne de Saint-Léger-de-Foucheret.

Vaumarloup, h. et m^in, c^ne d'Escamps.

Vaumorillons (Les), f^e, c^ne de Parly.

Vaumorin, h. c^ne de Vaumort.

Vaumorin (Le Vieux-), c^ne de Vaumort. — *Vallis Morini*, 1131 (cart. gén. de l'Yonne, I, 286). —Lieu auj. détruit.

Vaumort, c^on de Sens (nord). — *Vallis-Maurus*, 1129 (cart. gén. de l'Yonne, II, 177). — *Vallis-Mauricius*, 1139 (*ibid.* I, 336). — *Vaulmour*, 1400 (censier de Malay, f. Megret d'Étigny). — *Vaumort*, 1453 (reg. des taxes, etc. dioc. de Sens, bibl. de cette ville, archev.).

Vaumort était, avant 1789, du dioc. de Sens et de la prov. de l'Île-de-France et siége d'une prévôté ressort. au baill. de Theil. Le fief de Vaumort relev. de la châtellenie de Malay-le-Roi.

Vaupion (Moulin de), c^ne de Saint-Cyr-les-Colons.

Vaupitre, h. c^ne de Saint-Germain-des-Champs. — *Vaulpitre*, 1366 (maladrerie d'Avallon, arch. de la ville).

Vauplaine, f^e, c^ne de Tonnerre.

Vau-Ragon, f^e, c^ne de Milly; auj. détruite.

Vauremy, f^e, c^ne de Molinons. — Autref. fief à manoir avec titre de prévôté ressort. au baill. de Sens.

Vaurenard, m. i. c^ne d'Églény.

Vaureta, *domus et nemus*, auj. climat de Vallée-Ruellat, c^ne de Sougères. — 1164 (cart. gén. de l'Yonne, II, 108).

Vaurimbert (Le), h. c^ne de Lainsecq.

Vau-Robert (Le), h. dép. des communes de Dollot et de Chéroy. — *Vau-Robert*, 1550; c'est déjà un hameau (bibl. de Sens, terrier de Dollot).

Vaurobert, h. c^ne de Levis. — *Vorobert*, 1782, alors siége de justice (greffe du tribunal civil d'Auxerre). — 1585, fief relev. de la baronnie de Toucy.

Vaussauge, h. c^ne de la Celle-Saint-Cyr.

Vausse, h. et ch. c^ne de Châtel-Gérard. — *Vaucia*, 1234 (abb. de Pontigny). — *Vaulcia*, 1225; *Vaulciæ*, 1227; *Vaux*, 1450; *Vaulze*, 1530; *Vaulxe*, 1700 (arch. du ch. de Vausse). — *Vauxe*, 1669 (chap. de Montréal).

Vausse était autrefois un prieuré du Val-des-Choux, sous le vocable de Saint-Denis ou de Notre-Dame, et fondé en 1200.

Vausse, forêt, c^ne de Châtel-Gérard. — *Vaulxe*, 1576 (E. c^ne de Montréal).

Vauthion, h. c^ne de Leuguy. — *Vauthion*, 1693 (év. d'Auxerre).

Vautours (Les), h. c^ne de Pont-sur-Vanne. — *Vaultour*, 1543. Fief dép. de l'archev. de Sens (f. archev.); auj. détruit.

Vauverlin, f^e, c^ne de Villiers-Saint-Benoît.

Vauvent, h. c^ne de Lixy.

Vauvillon, h. c^ne de Grandchamp; autref. fief relev. de la baronnie de Toucy.

Vauvrillons (Les), h. c^ne de Fournaudin.

Vaux, c^on d'Auxerre (ouest). — *Vallis in pago Autissiodorensi*, 634 (cart. gén. de l'Yonne, I, 8). — *Valles*, 1164 (*ibid.* II, 172). — *Vallibus-Magnis*, 1283 (év. d'Auxerre, liasse de Gy). — *Vaus*, 1280; *Vaulx*, 1547 (abb. Saint-Julien d'Auxerre).

Vaux était, avant 1789, du dioc. d'Auxerre et de la prov. de l'Île-de-France et siége d'un baill. qui s'étendait sur Champs et ressort. au baill. d'Auxerre.

Vaux, ch. et h. c^ne de Merry-la-Vallée. — *Valles*, 1317; *Vaulx-Tannerre* ou *Enrain*, seigneurie appartenant au chapitre cathédral d'Auxerre (f. du chap.). — Le château était autrefois assez considérable et relevait en fief du sieur de Toucy (1587); il est démoli depuis 1846.

Vaux (Le Petit-), h. c^ne de Champs.

Vaux-Germains (Les), h. c^ne de Saint-Cyr-les-Colons. — *Vaireau*, *alias le Vaul-Germain*, 1520; *Vau Germain*, 1551; *Vaulx-Germains*, 1589 (abb. Saint-Germain d'Auxerre, qui en était seigneur).

Vaux-Goumards, bois, c^ne de Sougères.

Vaux-Robert, h. c^ne de Levis.

Veau (Le), hameau dépendant des c^nes de Beauvoir et de Pourrain. — *Le Vaul*, métairie, 1423 (chap. d'Auxerre).

Veaux (Les), h. c^ne de Bœurs.

Veaux (Les), h. c^ne de Moutiers.

Velars-le-Comte, h. c^ne de Quarré-les-Tombes. — *Veliars-le-Compte*, 1551; *Veillard*, 1591 (recette d'Avallon). — *Villiard-le-Compte*, 1569 (ém. Montmorency-Robeck). — *Viliers-le-Compte*, 1677; *Villard-le-Compte*, 1690; *Veillard-le-Compte*, 1761 (reg. de l'état civil). — Il y avait à Velars une villa romaine.

Velleris (Les) et la Petite-Velleris, h^aux, c^ne de Champignelles. — *Les Veslories*, xviiie siècle (ém. Rogres, atlas du Parc-Vieil).

Vellerot, h. c^ne de Sceaux. — *Villertus*, 1184 (cart. gén. de l'Yonne, II, 345). —*Vileretum*, 1255; *Villeroit*, 1227; *Villerot*, 1399 (chap. d'Avallon). — *Valerot* (terrier d'Avallon, arch. de la Côte-d'Or). — *Vellerot*, 1574 (arch. de Montréal).

Vellery, h. c^ne d'Étais. — *Valeriacum*, 1247; *Valleriacum*, 1267 (chap. d'Auxerre).

Venaux, f^e, c^ne de Saint-Sauveur.

Vénizy, c^on de Brienon. — *Vinisei*, ixe siècle (*Liber sacram.* ms bibl. de Stockholm). — *Venesiacum*, 1146 (cart. gén. de l'Yonne, II, 64). — *Venesia*, 1203 (abb. de Pontigny). — *Venesi*, 1145 (cart. gén. de l'Yonne, I, 401). — *Venisy*, 1270 (cart. de Pontigny, f° 31 v°, n° 153, Bibl. imp.). — Fief relev. de la baronnie de Marigny.

Autrefois baronnie, avec titre de bailliage et châtellenie, dont ressort. six prévôtés, savoir : Boulay-Fontaine, Bourget, Courchamps, Gravan, Greslier et Turny, et ressort. lui-même au baill. royal de Sens (Tarbé, Cout. de Sens, 557). — Vénizy était, avant 1789, du dioc. de Sens et de la prov. de l'Île-de-France, élection de Saint-Florentin.

VENOUSE, c°⁰ de Ligny. — *Vendosa*, vi° siècle (Bibl. hist. de l'Yonne, I, 328). — *Vendonsa*, 864 (cart. gén. de l'Yonne, I, 89). — *Vendossa*, 886 (*ibid.* II, 116). — *Venussia*, 1127 (*ibid.* 271). — *Venosa*, 1174 (*ibid.* 248). — *Venos*, 1150 (abb. de Vauluisant). — *Venuxia*, 1215 (abb. de Pontigny). — *Venusse*, 1310 (chap. d'Auxerre). — *Venousse*, 1344 ; *Venosse*, 1563 (abb. de Pontigny).

Venouse était, au vi° siècle, du pagus et du dioc. d'Auxerre, et, en 1789, de la prov. de l'Île-de-France. C'était une prévôté dép. du baill. de Saint-Florentin, et dont le fief relev. de l'archev. de Sens.

VENOY, c°⁰ d'Auxerre (est). — *Vendilus*, 864 (cart. gén. de l'Yonne, I, 88). — *Vennetum*, 1151 (*ibid.* 478). — *Vannetum*, 1188 (*ibid.* II, 386). — Terre appart. à l'abb. Saint-Germain d'Auxerre.

Venoy était, au ix° siècle, du pagus et du dioc. d'Auxerre, et, avant 1789, de la prov. de Bourgogne et du baill. d'Auxerre.

VENTES (Les), f°, c°⁰ de Varennes (Cassini) ; auj. détruite.

VENTES (Les), h. c°⁰ de Villeneuve-les-Genêts.

VÉRAT, m°⁰, c°⁰ d'Avallon.

VERBUISSON, c°⁰ de Vernoy. — Fief relev. de la terre de Courtenay, 1713 (ém. de Saxe, invent.).

VERDIERS (Les), h. c°⁰ de Cornant.

VERGEAU (Le), h. c°⁰ de Pourrain. — *Vergeaul*, 1303 (E. c°⁰ de Pourrain, arch. de l'Yonne). — *Vergeot*, 1773 (chap. d'Auxerre).

VERGER (Le), fermes, c°⁰° de Chevannes et de Perrigny-près-Auxerre.

VERGENS (Les), f°, c°⁰ de Toucy.

VERGETTENON (Le), f°, c°⁰ de Turny.

VERGIGNY, c°⁰ de Saint-Florentin. — *Varginiacum*, 1138 (cart. gén. de l'Yonne, I, 331). — *Vargineyum*, 1290 (abb. de Pontigny). — *Verginiacum*, 1292 (cart. de Saint-Michel ; bibl. de Tonnerre). — *Vargini*, 1303 ; *Vergigny*, xv° siècle (abb. de Pontigny). — *Vargigny*, 1453 (reg. des taxes, etc. dioc. de Sens, bibl. de cette ville, archev.). — *Varginey*, 1343 (cart. du comté de Tonnerre).

Vergigny était, avant 1789, du dioc. de Sens et

de la prov. de l'Île-de-France, élection de Joigny, et le siége d'une prévôté ressort. au baill. de la Chapelle-Vieille-Forêt, et de là à Sens. Le fief en relev. du comté de Tonnerre.

VERLIN, c°⁰ de Saint-Julien-du-Sault. — *Vellanum*, 1265 (chap. de Saint-Julien-du-Sault). — *Vellain*, 1453 (reg. des taxes, etc. dioc. de Sens, bibl. de cette ville, archev.). — Paroisse formée en 1265 des hameaux de Lomons, Vallis de Craeriis, Vallis de Veteriis, Taupins, Mons-Frioins (chap. de Saint-Julien-du-Sault, L. I.).

Verlin était, avant 1789, du dioc. de Sens et de la prov. de l'Île-de-France, élection de Joigny, et dép. directement du baill. de Saint-Julien-du-Sault pour la justice.

VERMANTON, arrond. d'Auxerre. — *Vermentonnus*, 901 (cart. gén. de l'Yonne, I, 132). — *Vermento*, 1274 (cart. de Crisenon, f° 38 v°). — *Vermenton* (cart. gén. de l'Yonne, vers 1080, II, 20). — *Vermentum*, 1226 (Hist. gén. de la Maison de Courtenay, p. 30, pr.) ; fief rel. du roi au comté d'Auxerre, 1512 (ch. des comptes de Dijon).

Vermanton était, au ix° siècle, du pagus et du dioc. d'Auxerre ; avant 1789, de la prov. de Bourgogne et du comté d'Auxerre, siége de plusieurs justices, savoir : d'une prévôté royale et des bailliages de Bazarne, de Courtenay et de l'Hopitau, tous dits *en Vermanton*. L'abbaye de Reigny y avait aussi le siége du son bailliage général.

VERMIREAUX (Les), h. c°⁰ de Quarré-les-Tombes.

VERMOIRON, h. c°⁰ du Vault-de-Lugny. — *Vermoron*, 1457 (maladrerie d'Avallon). — *Vermoiron*, 1487 (chap. d'Avallon).

VERMONT, fief, c°⁰ de la Postolle, relev. de Thorigny, 1544 (ém. Planelli). — Le ch. fort qui y existait est détruit et a donné son nom à un bois.

VERNADE (LA), f°, c°⁰° des Bordes. — *La Grenade*, 1784 (reg. de l'état civil).

VERNADE (LA), fief situé à Sens, et relev. de l'archev. fin du xvi° siècle (f. archev.).

VERNADE (LA), h. c°⁰ de Villeneuve-sur-Yonne.

VERNASSIER (LE), m°⁰, c°⁰° de Beaumont.

VERNEAUX (Les), m°⁰, c°⁰° de Tannerre.

VERNELLE, h. c°⁰ de Malicorne.

VERNES, h°⁰ˣ, c°⁰° de Fleury, Pourrain, Toucy.

VERNES, m. i. c°⁰ de Parly.

VERNET, ruiss. c°⁰ de Santigny, qui se jette dans le ruisseau de Saint-Martin à Marmeaux.

VERNOY, c°⁰ de Chéroy. — *Vernetum*, ix° siècle (*Liber sacram*. ms bibl. de Stockholm). — *Verneiacum*, 1198 ; *Verneium*, 1229 (arch. de Sens, les chanoines de Saint-Laurent). — *Vernoi*, 1208 (*ibid.*).

— *Vernoy*, 1453 (reg. des taxes, etc. dioc. de Sens, bibl. de cette ville, archev.). — *Vilnoy*, 1674; *Velnoy*, 1690 (reg. de l'état civil).

Vernoy était, avant 1789, du dioc. de Sens et de la prov. de l'Île-de-France et ressort. au baill. de Courtenay.

VERNOY, h°ᵘˣ, cⁿᵉ de Chastellux et de Saint-Brancher.

VERNOY (LE), h. cⁿᵉ de Toucy. — *Li Vernoy*, 1290 (Lebeuf, Histoire d'Auxerre, IV, pr. n° 238). — *Le Varnoy*, 1504 (év. d'Auxerre, compte de la châtellenie de Toucy).

VÉRON, cᵒⁿ de Sens (nord). — *Veron, in pago Senonico*, vers 863 (cart. gén. de l'Yonne, I, 81). — *Varon*, 1158 (*ibid.* II, 91). — *Vero*, vers 1160 (*ibid.* 111). — *Verun*, 1163 (*ibid.* 153). — *Veiron* (Mairie de), 1334 (chap. de Sens). — *Voiron-les-Sens*, 1334 (cart. de l'archev. de Sens, III, 145 r°, Bibl. imp.). — *Verron*, 1391 (Ordonn. des rois, VII, 448). — *Veron*, 1453 (reg. des taxes, etc. dioc. de Sens, bibl. de cette ville, archev.). — *Vezon*, 1503 (chap. de Sens, compte).

Véron était, avant 1789, du dioc. de Sens et de la prov. de l'Île-de-France et le siége d'une prévôté ressort. au baill. de Sens. C'était une des principales terres du chap. de cette ville.

VÉRON, fontaine pétrifiante, cⁿᵉ de Véron.

VÉRON (RUISSEAU DU) prend sa source à la fontaine de Véron, cⁿᵉ de Vénizy, et se jette dans le ruiss. de Cuchot, même commune.

VÉRONS (LES), h. cⁿᵉ de Moutiers.

VERPYS (LES), h. cⁿᵉ de la Ferté-Loupière.

VERRE (MOULIN DE), cⁿᵉ de Flogny.

VERRERIE (LA), h. cⁿᵉ d'Arces.

VERRERIE (LA), f°, cⁿᵉ de Fleurigny; auj. détruite.

VERRERIE (LA), f°, cⁿᵉ de Pontigny, 1580 (abb. de Pontigny); auj. détruite.

VERRERIE (LA HAUTE et LA BASSE), h°ˣ, cⁿᵉ de Diges.

VERRERIES (LES), f°, cⁿᵉ de Champignelles.

VERRIÉ-DE-VAULT (LA), cⁿᵉ de Diges, 1671 (terrier de Diges, abb. Saint-Germain).

VERRIÈRES, h. cⁿᵉ de Sainpuits. — *Verreriæ*, 1172 (cart. gén. de l'Yonne, II, 237).

VERRIGNY, h. cⁿᵉ de Toucy. — *Varrigny*, 1504 (év. d'Auxerre, compte de Toucy). — *Verrigny-Soupeault*, xvIIIᵉ siècle (*ibid.*).

VERRON, ch. cⁿᵉ de Vénizy, au hameau de Cuchot.

VERSAUCE, fief, cⁿᵉ de Vézelay.

VERT (RUISSEAU DE), cⁿᵉ de Villefargeau, se jette dans celui de Beaulche à Charbey.

VERT-BUISSON, ch. cⁿᵉ de Vernoy, auj. détruit, et dont il reste de vastes fossés.

VERTILLY, cᵒⁿ de Sergines. — *Vertilliacum*, 1160 (cart. gén. de l'Yonne, II, 125). — *Vertilli*, 1160 (abb. de Vauluisant). — *Vertili*, 1567 (Mém. de Claude Haton, t. I, 489, Documents inédits).

Vertilly était autref. du dioc. de Sens et de la prov. de l'Île-de-France, et le siége d'une prévôté ressort. au baill. de Sens et relev. en fief de la terre de Pailly.

VERTRON, ch. et mⁱⁿ, cⁿᵉ de Montacher. — *Vertronnum*, 1695 (pouillé de Sens). Il y avait alors une chapelle. — Autref. fief et manoir avec siége de prévôté ressort. au baill. de Sens.

VESSY, f° et mⁱⁿ, cⁿᵉ de Mézilles. — Il y avait autref. un château auj. détruit, dont le fief relev. de la seignⁿʳⁱᵉ de Mézilles.

VEUGNIS (LES), h. cⁿᵉ de Leugny.

VÈVRE (LA), f° et m. i. cⁿᵉ de Gigny. — *Vevra Gennei*, 1193 (cart. gén. de l'Yonne, II, 451). — *Wevra*, 1214; *Vavra*, 1226 (commʳⁱᵉ de Saint-Marc). — *La Vesvre*, 1523 (*ibid.*). — Autref. commʳⁱᵉ de Templiers dép. de celle de Saint-Marc-près-Nuits.

VÈVRE (BOIS DE), cⁿᵉ de Villefranche. — *Wevra nemus*, 1152 (cart. gén. de l'Yonne, I, 499).

VEZANNES, cᵒⁿ de Tonnerre. — *Vezannæ*, 1116 (cart. gén. de l'Yonne, I, 232). — *Vezannes*, 1317 (cart. de l'hôpital de Tonnerre). — *Visanes*, 1322 (cart. du comté de Tonnerre).

Vezannes était, avant 1789, du dioc. de Langres et de la prov. de l'Île-de-France, élection de Tonnerre, le siége d'une prévôté ressort. au baill. de Tonnerre et fief relev. du comté de même nom.

VEZEAU (BOIS DU), cⁿᵉ de Cravan. — *Vairau*, 1196 (cart. de l'abb. Saint-Germain d'Auxerre, f° 73 v°). — Ce bois tire son nom d'une ferme auj. détruite, et qui a été un fief relev. de la baronnie de Courgis, 1679 (év. d'Auxerre).

VÉZELAY, arrond. d'Avallon. — *Vidiliacus in pago Avalensi*, IXᵉ siècle (Bibl. hist. de l'Yonne, I, 332). — *Viziliacense monasterium*, abb. d'hommes fondée au IXᵉ siècle (cart. gén. de l'Yonne, I, 79). — *Vergiliacum*, 1078 (*ibid.* II, 17). — *Verzelayum*, 1190 (*ibid.* 426). — *Vizeliacum*, xIIᵉ siècle (chron. de Vézelay). — *Vertelaim*, 1191 (cart. de Crisenon, f° 14 r°, Bibl. imp.). — *Vezelai*, 1393 (chap. de Montréal). — *Virzelay*, 1305 (hôpital de Tonnerre). — *Vézelai-la-Montagne*, 1793. — La pôté de Vézelay se composait des terres de Vézelay, Saint-Père et Asquins, où l'abbé exerçait tous droits de justice.

Vézelay était, avant 1789, du dioc. d'Autun et de la prov. de l'Île-de-France, siége d'une élection, et son baill. ressort. à celui d'Auxerre. Il y avait dans ce lieu, en 1789, outre l'abbaye, deux communautés de Cordeliers et d'Ursulines. Vézelay portait pour armoiries : *de gueules à trois fleurs de lys d'or, au chef d'azur semé de fleurs de lys et chargé d'une châsse romane d'argent maçonnée de sable.*

VEZINNES, c^{on} de Tonnerre. — *Visigniæ*, 1101 (cart. de Saint-Michel de Tonnerre). — *Vézinnes, Visines,* 1299; *Visignes, Vesines,* 1317; *Vesignes,* 1333 (cart. de l'hôpital de Tonnerre). — *Vesines,* 1710 (ém. de Boucher). — *H. et ch. de Vesines,* XVIIIe siècle (carte de Cassini).

Vezinnes était, en 1789, du dioc. de Langres et de la prov. de l'Île-de-France, élection de Tonnerre, et siége d'une prévôté ressort. au baill. de Tonnerre: le fief de Vezinnes relev. du comté du même nom.

VIÉ-MIGNOTS (LES), h. c^{ue} de Bœurs.

VIÉS (LES), h. c^{ue} de Saint-Martin-sur-Ouanne.

VIEUPOU, ch. et f^e, c^{ues} de Poilly et de Saint-Maurice-Thizouaille; autref. prieuré de l'ordre de Grand-Mont, fondé vers 1170. — *Vetus Pediculus,* 1258 (cart. de Crisenon, f° 14 v°, Bibl. imp.). — *De Veteri-Puteo,* 1241 (prieuré de Vieupou). — *Vielpoil,* vers 1172 (cart. gén. de l'Yonne, II, 263). — *Veau-Pou-lez-Seint-Morise,* 1307; *Veaupo,* 1456; *Veau-poul,* 1507; *Vielpol,* 1629; *Vielpou,* 1634; *Vieux-Poux,* 1680 (prieuré de Vieupou).

VIEUX-CHAMPS, h. c^{ne} de Charbuy. — *Vielz-Champs,* 1561 (cout. d'Auxerre, f° 47 r°). — *Vieil-Champs,* 1670 (reg. de l'état civil); autref. siége d'un baill. ressort. à celui d'Auxerre. Le fief relev. du baron de Toucy.

VIEUX-CHAMPS, h. c^{ne} de Germigny. — *Vieil-Champs,* 1749 (minutes de la Prévôté, arch. du greffe du tribunal d'Auxerre). — Terre relev. en fief du Vau-Saint-Maurice.

VIEUX-CHÂTEAU (LE), ch. c^{ne} de Chevillon, situé au milieu des bois; auj. détruit.

VIEUX-VERGER (LE), h. c^{ne} de Cérilly. — *Viel-Vergé,* 1669 (abb. de Vauluisant).

VIEZ (LES), h. c^{ne} de Saint-Sauveur.

VIGAT, f^e, c^{ne} de Percey, 1785 (cadastre); auj. détruite.

VIGNEAUX (LES), f^e, c^{ne} de Soucy, fief sur Jouancy, dépendant du Popelin de Sens, 1672 (arch. du Popelin, hospice de Sens). — *Les Bas-Vigneaux,* 1749 (ibid.); il se compose alors de bâtiments de ferme.

VIGNERONS (LES), m. i. c^{ne} de Bussy-le-Repos.

VIGNES, c^{on} de Guillon. — *Vineæ,* 1126 (cart. gén. de l'Yonne, 263).

Vignes était, avant 1789, du dioc. de Langres et de la prov. de Bourgogne et ressort. pour la justice au baill. d'Avallon.

VIGNES (LES), m. i. c^{ne} de Fontenouilles.

VIGNOT, h. c^{ne} de Treigny. — *Le Vigneau,* 1770 (reg. de l'état civil).

VIGNY, h. c^{ne} de Vénizy. — *La Mothe-de-Vigny,* château

fort, 1602; fief relev. de la baronnie de Marigny (arch. de Vénizy, dénombrement). — *Vigny,* chapelle Notre-Dame, 1695 (pouillé du dioc. de Sens).

VIGREUX (LES), f^e, c^{ne} de Champignelles.

VILLAGES-LA-RIVIÈRE (LES), seigneurie dont le centre était à Molay, et qui se composait des villages de Molay, Annay-sur-Serain, Arton et Perrigny-sur-Serain, le Montot et l'Aubépine. — *Ecclesia de Riparia,* 1116 (cart. gén. de l'Yonne, I, 232). — *Les Villages-la-Rivière-soubs-Noyers,* XVIe siècle (abb. Saint-Germain d'Auxerre). — Cette qualification est encore usitée aujourd'hui.

VILLAINE, h. c^{ne} de Saint-Germain-des-Champs. — *Villenes-près-les-Presles,* 1591 (rôles d'impôts, recette d'Avallon, arch. de l'Yonne).

VILLANON, h. c^{ne} de Fontaines.

VILLARNOULT, h. c^{ne} de Bussières. — *Villa-Arnulphi,* 1230 (abb. de Reigny). — *Villarnoul,* 1537 (ém. Montmorency-Robeck). — *Villernoul,* XVIe siècle (ibid.). — Villarnoult était autref. une seigneurie considérable, au château de laquelle retrayaient les habitants de Bussières, Saint-Brancher, Saint-Andheux, Rouvray, Sainte-Magnance, Beauvilliers, Saint-Aubin et de nombreux hameaux dép. de ces communes (E. 68, arch. de l'Yonne, reg. de justice de 1559).

VILLARS, h. c^{ne} de Domecy-sur-Cure. — *Villers,* 1311; *Villars,* 1551; *Villiers,* 1578 (abb. de Chore).

VILLARS (LE GRAND-), f^e, c^{ne} de Champignelles. — *Villard,* 1628 (f. Quinquet). — *Villars,* 1658; fief relev. de Champignelles (ém. Rogres); ancien château ruiné.

VILLARS (LE PETIT-), f^e, c^{ne} de Champignelles.

VILLARS-LA-GRAVELLE, m. i. c^{ne} de Vernoy; autref. hameau détruit. — *Villars-les-Cleris,* 1713 (ém. de Saxe, invent. de Chaumot). — *Villars-la-Gravelle,* 1755 (reg. de l'état civil). — *Villars,* 1780 (ibid.). — Le fief de Villars-la-Gravelle relev. de la terre de Courtenay.

VILLARS-LA-MOTHE, h. c^{ne} de Vernoy. — Il y avait autref. en ce lieu, au milieu du bois, un château fort qui est détruit.

VILLASALUM IN PAGO OTISIODERENSI, 843 (cart. gén. de l'Yonne, II, 2). — Lieu inconnu.

VILLE-AUCERRE, nom donné au plateau du camp de Chora, c^{ne} de Saint-Moré, XVIIIe siècle (Pasumot, Mém. géogr. 1re édit. 67).

VILLEBLEVIN, c^{on} de Pont-sur-Yonne. — *Villapoplina,* IXe siècle (Liber sacram. ms bibl. de Stockholm). — *Villa-Boglena,* vers 1130 (cart. gén. de l'Yonne, I, 278). — *Villablovein,* vers 1130 (ibid. 280). — *Villablovein,* 1244 (abb. de la Pommeraie). —

Villablovana, 1487 (arch. de Sens, collations). — *Villeblouvain*, 1293 (prieuré de Vicupou). — *Villebloain*, 1406 (arch. de Sens, censier). — *Villeblevyn*, 1563; baronnie de Bray (arch. de Seine-et-Marne).

Villeblevin était, avant 1789, du dioc. de Sens et de la prov. de l'Île-de-France, élection de Sens, et siège d'une prévôté ressort. au baill. de Sens; le fief relev. de la baronnie de Bray au xvi° siècle.

VILLEBLEVIN (LE PETIT-), h. c^ne de Villeblevin.

VILLEBOUGIS, c^on de Chéroy. — *Villabogis*, 1375 (cart. de l'archev. de Sens, III, 38 v°, Bibl. imp.). — *Villebogies*, 1483; *Villebogys*, 1574 (arch. de Sens). — *Villabougys*, xvi° siècle (pouillé de Sens).

Villebougis était, avant 1789, du dioc. de Sens, de la prov. de l'Île-de-France et du bailliage de Nailly, avec appel à Sens. La terre relevait de la baronnie de Nailly.

VILLEBRAS, f°, c^ne de Villeroy. — *Vilebroix*, 1202 (abb. Saint-Jean de Sens). — *Villebrois*, 1265 (cart. de l'archev. de Sens, I, 58 v°).

VILLECHAT (LA TOUR DE), c^ne de Saint-Maurice-aux-Riches-Hommes. — *Villacatus in pago Senonico*, vers 519 (cart. gén. de l'Yonne, I, 3). — *Villacata*, ix° siècle (*Liber sacram*. ms bibl. de Stockholm); c'est alors une paroisse. — *La Tour de Villechat*, bois, 1560; fief relevant de l'archev. de Sens (f. archev.). — Le château de Villechat est auj. ruiné.

VILLECHUAVAN, h. c^ne de Villebougis. — *Villachavan*, 1207 (Hôtel-Dieu de Sens). — Autrefois prieuré simple dép. de l'abb. du Gard, sous le vocable de saint Léger, O. S. A. (pouillé de Sens, 1695, p. 107). Ce lieu avait titre de fief en 1520 (chap. de Sens, liasse Fouchères), et il fut réuni, pour l'exercice de la justice, au baill. de Saint-Valérien.

VILLECHÉTIVE, c^on de Cerisiers. — *Villa Nova Captiva*, 1453 (reg. des taxes, etc. dioc. de Sens, bibl. de cette ville, archev.). — *Villa Captiva*, xvi° siècle (pouillé de Sens). — *Villechestive*, 1606; fief relev. de Malay-le-Roi (f. Mégret d'Étigny).

Villechétive était, avant 1789, du dioc. de Sens et de la prov. de l'Île-de-France, élection de Sens, et la prévôté ressort. au baill. de cette ville.

VILLECIEN, c^on de Joigny. — *Villa Canis*, xii° siècle (abb. de Vauluisant). — *Villacianum*, 1360 (arch. de Sens, compte du doyen de Saint-Florentin). — *Villaciana*, xvi° siècle (pouillé de Sens). — *Villecyen*, xiii° siècle (abb. Saint-Pierre-le-Vif de Sens). — *Villecien*, 1453 (reg. des taxes, etc. diocèse de Sens, bibl. de cette ville, archev.). — *Villechien*, 1513 (Fauchot, notaire à Auxerre).

Villecien était, avant 1789, du dioc. de Sens et de la prov. de l'Île-de-France, élection de Joigny, et sa prévôté ressort. au baill. de cette dernière ville. La seigneurie en appartenait, avant le xvii° siècle, aux comtes de Joigny.

VILLECOMTESSE, f°, c^ne de Villeneuve-Saint-Salve.

VILLECUL (LE GRAND et LE PETIT), h^aux, c^ne de Collemiers. — *Villecu*, 1685 (terrier de Collemiers, abb. Saint-Remy de Sens).

VILLEFARGEAU, c^on d'Auxerre (ouest). — *Villaferreolus*, xi° siècle (obit. Saint-Étienne, 30 octobre; Lebeuf, Histoire d'Auxerre, IV, pr.). — *Villefergiau*, 1299 (abb. Saint-Marien d'Auxerre). — *Villefergeau*, 1386 (Trésor des chartes, reg. 89, n° 14).

Villefargeau était, avant 1789, du diocèse, du comté et du baill. d'Auxerre et de la prov. de Bourgogne, et le siège d'une prévôté.

VILLE-FOLLE, autrefois paroisse formant un des faubourgs de Villeneuve-le-Roi, auquel elle fut réunie en 1777. — *Capella Domini Senonensis super Ionam*, 1251 (abb. Sainte-Colombe de Sens). — *Capella Domini Archiepiscopi*, communément *Villafatua*, 1272 (arch. de Sens). — *Capella Domini Archiepiscopi, alias Villafactua*, 1453 (reg. des taxes, etc. dioc. de Sens, bibl. de cette ville, archev.). — *Villafatua*, xvi° siècle (pouillé de Sens). — *La Ville-Fole*, 1315 (abb. Saint-Marien d'Auxerre). — Église collégiale de Saint-Laurent, fondée en 1210 et supprimée au xviii° siècle.

Bailliage ressort. à celui de Sens. La seigneurie de Ville-Folle appart. autrefois à l'archev. de Sens et avait le titre de châtellenie comprenant Bussy et Rousson (f. archev. de Sens).

VILLEFRANCHE, c^on de Charny. — *Villafranca*, 1139 (cart. gén. de l'Yonne, I, 243). — *Franca Villa*, 1163 (*ibid*. II, 157). — *Ville-Franche*, 1453 (reg. des taxes, etc. dioc. de Sens, bibl. de cette ville, archev.).

Villefranche était, avant 1789, du dioc. de Sens et de la prov. de l'Île-de-France, élection de Joigny, et le siège d'une prévôté ressort. au baill. de Villeneuve-le-Roi.

VILLEFROIDE, h^aux, c^nes de Coulours et des Bordes.

VILLEGARDIN, c^on de Chéroy. — *Villagardana*, 1261 (arch. de Sens, bibl. de cette ville). — *Villa Guardiana*, xiv° siècle (cart. archev. de Sens, I, 16 r°, Bibl. imp.). — *Villegardain*, 1406 (arch. de Sens, censier).

Villegardin était, avant 1789, du dioc. de Sens et de la prov. de l'Île-de-France, et le siège d'une prévôté ressort. au baill. de Sens. La seigneurie en appart. à l'archev. de Sens et fut aliénée au xvi° siècle; elle relev. en fief de l'abb. de Ferrières.

VILLE-GUILLON, f°, cⁿᵉ de Lailly; autref. fief au sieur de la Tournerie. — *Ville-Lescuillon*, 1507; *Ville-Lesguillon*, 1544 (abb. de Vauluisant).

VILLEMANOCHE, cᵒⁿ de Pont-sur-Yonne. — *Villamanisca*, IXᵉ siècle (*Liber sacram.* ms bibl. de Stockholm). — *Villamanisca*, vers 833 (cart. gén. de l'Yonne, I, 41). — *Villamesnesche*, 1248 (cart. du prieuré de la Court-Notre-Dame). — *Villemanauche*, 1367 (cart. archev. de Sens, I, 52 r°, Bibl. imp.).

Villemanoche était, au IXᵉ siècle, du pagus et du dioc. de Sens et, avant 1789, de la prov. de l'Île-de-France, et le siége d'une prévôté ressort. au baill. de Sens. Le fief relev. de l'abb. Saint-Remy de Sens.

VILLEMER, cᵒⁿ d'Aillant. — *Villamaris*, 869 (cart. gén. de l'Yonne, I, 97). — *Villamer*, 1188 (*ibid.* II, 386). — *Villemer*, 1453 (reg. des taxes, etc. dioc. de Sens, bibl. de cette ville, archev.). — *Villemay*, XVIIIᵉ siècle (chap. d'Auxerre).

Villemer était, avant 1789, du dioc. de Sens et de la prov. de l'Île-de-France, élection de Joigny. La justice était divisée entre trois seigneurs : l'abbé de Saint-Pierre-le-Vif de Sens, qui y avait une prévôté dite *de Saint-Père*, et qui l'aliéna en 1577, à condition de ressortir au baill. de Saint-Pierre-le-Vif de Sens; le chapitre et les religieux de Saint-Germain d'Auxerre, pour deux autres parties de la seigneurie, lesquelles ressortissaient au baill. d'Auxerre.

VILLEMORIN (LE BAS et LE HAUT), f° et m. i. cⁿᵉ de Dracy. — 1587, fief relev. du bᵒⁿ de Toucy (dénombrement de la seigneurie).

VILLENAVOTTE, cᵒⁿ de Pont-sur-Yonne. — *Villanovella*, 1196 (cart. gén. de l'Yonne, II, 484). — *Villanoveta*, 1225 (abb. Sainte-Colombe de Sens). — *Villenovaute*, 1370 (arch. de Sens, compte de la baronnie de Nailly).

Villenavotte était, avant 1789, du dioc. de Sens et de la prov. de l'Île-de-France et dép. du baill. de Nailly.

VILLENEAUX (LES), h. cⁿᵉ d'Étais. — *Vilenellum*, 1296; *Villegnos*, 1235; *Villeniaul*, 1262 (chap. d'Auxerre); autref. seigneurie relev. d'Étais.

VILLENEUVE (LA), h. dép. des cⁿᵉˢ de Lainsecq et de Sainpuits.

VILLENEUVE (LA), manœuv. cⁿᵉ de Levis.

VILLENEUVE-L'ARCHEVÊQUE, arrond. de Sens. — *Villanova*, 1163 (cart. gén. de l'Yonne, II, 155). — *Nova Villa super Vennam*, 1172 (*ibid.* 238). — *Villa-Nova super Vennam*, 1194 (abb. de Vauluisant). — *Villa Nova Domini Archiepiscopi super Vennam*, 1247 (cart. de Pontigny, f° 154 v°). — *Villa Nova Archiepiscopi*, 1453 (reg. des taxes, etc. dioc. de Sens, bibl. de cette ville). — *Noeve-Ville*, 1172

(cart. gén. de l'Yonne, II, 24). — *Villeneuve-l'Arcevesque*, 1285 (abb. de Vauluisant).

Villeneuve-l'Archevêque était, avant 1789, de la prov. de l'Île-de-France, élection de Sens, et siége d'un baill. seigneurial ressort. à celui de cette ville.

VILLENEUVE-LA-DONDAGRE, cᵒⁿ de Chéroy. — *Villanova la Dondagre*, 1453 (reg. des taxes, etc., dioc. de Sens, bibl. de cette ville, archev.). — *Villeneuve-la-Dondagre*, 1479, fief appart. au chapitre de Sens et relev. de Courtenay (f. du chapitre).

Villeneuve-la-Dondagre était, avant 1789, du dioc. de Sens et de la prov. de l'Île-de-France, élection de Nemours, et ressort. au baill. de Sens.

VILLENEUVE-LA-GUYARD, cᵒⁿ de Pont-sur-Yonne. — *Villanova*, IXᵉ siècle (*Liber sacram.* ms bibl. de Stockholm). — *Villanova Guiardi*, 1453 (reg. des taxes, etc. dioc. de Sens, bibl. de cette ville, archev.). — *Villeneuve-la-Guiart*, 1383 (Trésor des chartes, reg. 124, n° 29). — *Villeneufve-la-Guyart*, 1582, fief relev. de la terre de Bray (arch. de Sens, reg. des fiefs).

Villeneuve-la-Guyard était, avant 1789, du dioc. de Sens et de la prov. de l'Île-de-France, élection de Sens, et prévôté ressort. au baill. de Moret, et de la coutume de Melun. Il avait le titre de ville, et avait été fortifié en 1546.

VILLENEUVE-LES-GENÊTS, cᵒⁿ de Bléneau. — *Villanova Genestarum*, 1453 (reg. des taxes, etc. dioc. de Sens, bibl. de cette ville). — Ce lieu a dépendu de Champignelles jusqu'en 1217, époque à laquelle R. de Courtenay le fit ériger en paroisse (Bⁱⁿ de la Soc. des sciences hist. de l'Yonne, 1858). Le fief de Villeneuve-les-Genêts relev. de Villeneuve-le-Roi en 1388 (Arch. de l'Empire, P. 132), et plus tard de Saint-Fargeau.

Villeneuve-les-Genêts était, avant 1789, du dioc. de Sens et de la prov. de l'Île-de-France, élection de Joigny, et du baill. de Montargis.

VILLENEUVE-LES-PRESLES, h. cⁿᵉ de Sainte-Magnance, autref. fief dép. de la châtellenie de Marrault. Chapelle Saint-Grégoire, renommée pour la guérison des bestiaux et auprès de laquelle il existe une fontaine sous le vocable de ce saint.

VILLENEUVE-MAUGIS, vill. cⁿᵉ de Flogny. — *Villanova*, 1224 (abb. Saint-Germain). — *Villa Nova Maugerii*, 1229 (cart. du comté de Tonnerre, arch. de la Côte-d'Or). — *La Motte de la Villeneufve-Maugis*, 1513 (abb. Saint-Germain). — Auj. détruit.

VILLENEUVE-SAINT-SALVE, cᵒⁿ de Ligny. — *Sanctus Salvius*, 1162 (cart. gén. de l'Yonne, II, 137). — *Villanova*, 1171 (*ibid.* 230). — *Villa Nova Sancti Salvii*, 1295 (chap. d'Auxerre). — *Villenove*, 1188 (cart. gén. de l'Yonne, II, 386). — *Villeneuve-sur-*

Saint-Salle, 1315, fief relev. du comté d'Auxerre (cart. du comté, arch. de la Côte-d'Or).

Villeneuve-Saint-Salve était, avant 1789, du dioc. et du comté d'Auxerre, de la prov. de Bourgogne et du baill. de Seignelay. Il tire son origine d'une chapelle bâtie sous le vocable de saint Salve dans le bois de Tul, d'où il a été appelé *Villa Nova in bosco de Tul.*

VILLENEUVE-SOUS-BUCHIN, h. c^ne de Venouse; auj. détruit. — *La Vilencuve-sur-Boucheyn*, 1285; *Villeneuve-sus-Buchien*, 1310 (abb. de Pontigny). — *Villeneuve*, 1517 (abb. Saint-Germain). — Seigneurie appartenant à M. Bellanger, 1686 (reg. de l'état civil).

VILLENEUVE-SUR-YONNE, arrond. de Joigny. — *Villa-Longa*, avant le xiie s^e. — *Villa Franca Regia*, 1163 (cart. gén. de l'Yonne, II, 160). — *Villa Nova super Yonam*, 1163 (*ibid.* 144). — *Villa Nova super Equanam*, 1183 (*ibid.* 343). — *Villa Nova Regis*, 1186 (*ibid.* 366). — *La Villeneuve-lou-Roy*, 1285 (abb. de Pontigny). — *Villeneuve-le-Roi*, xviiie siècle. — *Villeneuve-sur-Yonne*, 1793.

Cette ville, fondée en 1163 par Louis le Jeune, était le siége d'une prévôté royale avec siége particulier du baill. de Sens, auquel ressort. en 1789 21 villages ou paroisses; avant 1563, les prévôtés et baill. du Tonnerrois, et avant 1668, le marquisat de Seignelay; elle était de la prov. de l'Île-de-France et du dioc. de Sens. En 1789, on a réuni, pour en former le territoire, les quatre paroisses de Notre-Dame, de Ville-Folle, de Saint-Savinien-lez-Égriselles et de Saint-Nicolas. Villeneuve-sur-Yonne porte pour armoiries : *d'azur à trois tours surmontées d'autant de fleurs de lys, le tout d'or; et chaque tour percée d'une porte.*

VILLEPERDUE, h. c^ne de Leugny. — *Villaperdita*, 1284. — *Villeperduo*, 1481, masure appart. à l'abb. Saint-Marien (f. Saint-Marien d'Auxerre).

VILLEPERROT, c^on de Pont-sur-Yonne. — *Villapatricia*, ixe s^e (*Liber sacram.* ms bibl. de Stockholm). — *Villa Patricii*, 836 (cart. gén. de l'Yonne, I, 50). — *Piredus-Villa*, 875 (*ibid.* 101). — *Villa-Perretum*, xvie s^e (pouillé de Sens). — *Villaparred*, 1174 (cart. gén. de l'Yonne, II, 258). — *Villaperrot*, 1453 (reg. des taxes, etc. dioc. de Sens, bibl. de cette ville, archev.).

Villeperrot était, au ixe siècle, du pagus et du dioc. de Sens et, en 1789, de la prov. de l'Île-de-France, et le siége d'une prévôté ressort. au baill. de Sainte-Colombe.

VILLEPIED, h. c^ne de Bussy-en-Othe. — *Vilempeus*, 1139 (cart. gén. de l'Yonne, I, 340). — *Villapedis*, 1147 (*ibid.* 431). — *Villapeus*, 1155 (*ibid.* 529). — *Villepie et Villapie*, 1228 (abb. de Dilo). — *Villepied-lez-Bussy-en-Othe*, où les chanoines de Dilo avaient un monastère au milieu du xiiie siècle (*ibid.*).

VILLEPOT, h. c^ne de Courson. — *Villepot*, 1570, fief rel. du roi (ém. Coignet de la Tuilerie).

Villepot, était avant 1789, du dioc. d'Auxerre et de la prov. de l'Orléanais.

VILLEPRENOY, h. c^ne d'Andries. — *Villeprenais*, 1710 (reg. de l'état civil).

VILLEROT, h. c^ne de Sainte-Colombe-sur-Loing.

VILLEROY, c^on de Chéroy. — *Villerium*, vers 1130 (cart. gén. de l'Yonne, I, 279). — *Villerario (Ecclesia de)*, vers 1163 (*ibid.* II, 153). — *Villereyum*, 1484 (arch. de Sens, collat. de bénéfices). — *Vilaret*, 1236 (abb. Saint-Remy de Sens). — *Villeroy*, 1453 (reg. des taxes, etc. dioc. de Sens, bibl. de cette ville, archev.). — *Villemare*, 1793.

Villeroy était, avant 1789, du dioc. de Sens et de la prov. de l'Île-de-France, et le siége d'une prévôté ressort. au baill. de Sens.

VILLERS, nom du territoire où fut transférée l'abb. des Escharlis, vers 1120. — *Villaris*, 1151 (cart. gén. de l'Yonne, I, 483).

VILLESABOT, h. c^ne de Coulours.

VILLESAVOIE, h. c^ne d'Andries.

VILLETHIERRY, c^on de Chéroy. — *Villa Theodorici*, ixe s^e (*Liber sacram.* ms bibl. de Stockholm). — *Villaterricus*, 1158 (cart. gén. de l'Yonne, II, 93). — *Villa Thierrici*, xive siècle (cart. archev. de Sens, I, 27 v°).

Villethierry était, au ixe siècle, du dioc. de Sens et, avant 1789, de la prov. de l'Île-de-France, et siége d'une prévôté ressort. au baill. de Sens.

VILLETTES (LES), h. c^ne de la Ferté-Loupière.

VILLEVALLIER, c^on de Joigny. — *Villa Valery*, 1277 (cart. de l'archev. de Sens, II, f° 75 v°, Bibl. imp.). — *Villavalerii*, 1360 (arch. de Sens, compte du doyenné de Saint-Florentin). — *Villa Vallier*, 1453 (reg. des taxes, etc. dioc. de Sens, bibl. de cette ville, archev.).

Villevallier était, avant 1789, du dioc. de Sens et de la prov. de l'Île-de-France, élection de Joigny; sa prévôté ressort. au baill. de la même ville.

VILLIENS, h. c^ne de Soumaintrain.

VILLIERS (LES), f^e, c^ne de Mouffy. — *Villare*, xe siècle (Bibl. hist. de l'Yonne, I, 370). — *Villiers*, 1597 (Rech. des feux du comté d'Auxerre, arch. de la Côte-d'Or). — *Fontaine-Villiers*, 1783 (État gén. des villes, bourgs, etc. de la Bourgogne).

VILLIERS (LES HAUTS et LES PETITS), h^aux, c^de de Villiers-Louis.

VILLIERS-BONNEUX, c^on de Sergines. — *Villare*, ixe s^e (*Liber sacram.* ms bibl. de Stockholm). — *Villabursa, Villaburosa*, 1058 (cart. gén. de l'Yonne, II, 11). — *Villare Bonosum*, 1256 (chap. de Sens).

— *Villebonous*, 1191 (cart. gén. de l'Yonne, II, 436). — *Villari Boneus*, 1203 (abb. de la Pommeraie). — *Villers Bonex*, 1293 (abb. de Vauluisant). — *Villiers-Bonneux*, 1453 (reg. des taxes, etc. dioc. de Sens, bibl. de cette ville, archev.). — *Ville-Bonneux*, 1492 (chap. de Sens, compte). — *Villers-le-Bonneuf*, 1576 (Mém. de Claude Haton, II, 844). — Fief relevant en partie du château du Plessis-Saint-Jean et pour le reste de Soligny-les-Étangs (affiches de Sens, 1789, n° 19).

Villiers-Bonneux était, avant 1789, du dioc. de Sens et de la prov. de l'Île-de-France, et le siége d'une prévôté ressort. au baill. de Sens.

VILLIERS-D'AMON, fief relev. de la terre de Malicorne depuis 1661, et de Charny auparavant (f. Texier de Hautefeuille).

VILLIERS-LA-GRANGE, h. c^no de Grimault. — *Villariæ*, 1144 (cart. gén. de l'Yonne, I, 386). — *Villerus*, 1145 (ibid. 402). — *Villiers*, 1146 (ibid. 416). — *Vilers (Grangia)*, 1156 (ibid. 549).

VILLIERS-LE-BOIS, h. c^ne de Trichey. — *Villare in Bosco*, 1257 (abb. de Reigny); jadis paroisse succurs. de Trichey.

VILLIERS-LES-HAUTS, c^on d'Ancy-le-Franc. — *Vilerium*, 1186 (comm^rie de Saint-Marc). — *Villare in Altis*, 1281; *Villers-les-Aux*, 1369 (chap. d'Auxerre). — *Villers-les-Haus*, 1321 (cart. du comté de Tonnerre). — *Villers-les-Haulx*, 1480; fief relev. du château de Noyors (ém. de Clugny).

Villiers-les-Hauts était, avant 1789, du dioc. de Langres et de la prov. de Bourgogne. Il y avait plusieurs justices locales qui ressort. au baill. de Semur ou à celui d'Avallon. Le châtelain royal de Châtel-Gérard venait à Villiers exercer la justice commune (Garraut, Descr. de la Bourgogne, 662-664).

VILLIERS-LES-PAUTOTS, h. c^ne de Quarré-les-Tombes. — *Villers-les-Potots*, 1700 (recette d'Avallon).

VILLIERS-LE-TOURNOIS, m^in, c^ne de Civry; autrefois village important. — *Villa de Torneis* (arch. de Vausse). — *Villiers-Tournois*, métairie et moulin, 1702 (abb. Saint-Germain, plan).

VILLIERS-LOUIS, c^on de Villeneuve-l'Archevêque. — *Villare in pago Senonico*, 519 (cart. gén. de l'Yonne, I, 3). — *De Villaribus Loie*, 1317 (Hôtel-Dieu de Sens, le Popelin). — *Vilerloie*, 1309 (chap. de Sens). — *Viller-Loye*, 1314 (abb. Saint-Pierre-le-Vif). — *Villiers-Loye*, 1395 (E. c^ne de Malay). — *Villiers-Libre*, 1793.

Villiers-Louis était, avant 1789, du dioc. et de l'élection de Sens et de la prov. de l'Île-de-France, et chef-lieu d'une prévôté ressort. au baill. de Sens par celui de Theil; fief relev. de Malay-le-Roi.

VILLIERS-NONAINS, h. c^ne de Saint-Brancher. — *Villiers-Nonains*, 1548 (compte du chap. d'Avallon).

VILLIERS-SAINT-BENOIT, c^on d'Aillant. — *Villaris*, 975 (Gallia Christ. VIII, pr. dioc. d'Orléans, col. 485). — *Villare*, xiie siècle. — *Villares*, 1294 (cart. de l'abb. de Saint-Benoît (Loiret). — *Sancti Benedicti Villa*, 1170 (cart. gén. de l'Yonne, II, 213). — *Villes Sancti Benedicti*, 1453 (reg. des taxes, etc. dioc. de Sens, bibl. de cette ville). — *Villare Sancti Benedicti*, 1486 (arch. de Sens, reg. de collations). — *Villiers-sur-Ouanne*, 1793.

Villiers-Saint-Benoît était, avant 1789, du dioc. de Sens, de la prov. de l'Île-de-France, de l'élection et du baill. de Joigny en appel.

VILLIERS-SUR-TUOLON, c^on d'Aillant. — *Villare*, 864 (cart. gén. de l'Yonne, I, 88). — *Villaris super Tolonum*, 886 (ibid. 114). — *Villaris*, 1080 (ibid. II, 14). — *Vilers*, vers 1120 (ibid. I, 239). — *Viler sor Tolun*, 1188 (ibid. II, 387). — *Villiers-sur-Toulon*, 1453 (reg. des taxes, etc. dioc. de Sens, bibl. de cette ville).

Villiers-sur-Tholon était, au ixe siècle, du pagus et du dioc. de Sens et, avant 1789, de la prov. de l'Île-de-France, élection de Joigny. Il y avait à Villiers deux siéges de justice, celle du baill. de la Ferté, au manoir de la Coudre, et celle de l'abb. Saint-Germain d'Auxerre, qui n'avait que le titre de mairie (Cout. de Troyes, 640).

VILLIERS-SUR-YONNE, 1394, lieu détruit, c^ne de Saint-Aubin-sur-Yonne (Hôpital de Tous-les-Saints de Joigny). — *Villiers-sur-Yonne*, 1588, fief dépend. du comté de Joigny en la terre de Saint-Aubin-sur-Yonne (ém. Doublet de Persan).

VILLIERS-VINEUX, c^on de Flogny. — *Willare Vinosum*, 1035 (cart. gén. de l'Yonne, I, 170). — *Villare*, vers 1148 (ibid. 439). — *Villare Vignosum*, 1284; seigneurie appart. à l'abb. Saint-Germain en partie (f. Saint-Germain d'Auxerre). — *Villæ Vinosæ*; *Villers Vignes*, xiiie siècle (cart. de Saint-Michel de Tonnerre). — *Villers*, 1219; *Villers-Vigneux*, 1392 (abb. de Pontigny).

Villiers-Vineux était, avant 1789, du dioc. de Langres et de la prov. de l'Île-de-France, élection de Tonnerre, et le siége d'une prévôté ressort. au baill. de la Chapelle-Vieille-Forêt, et de là à Sens.

VILLON, c^on de Cruzy. — *Videbelom in pago Ternodrensi*, 721 (cart. gén. de l'Yonne, II, 2). — *De Villaeione*, vers 1080 (ibid. 29). — *Villon, Vullom*, 1288 (cart. de l'hôpital de Tonnerre). — *Vulleium*, 1101; *Vuiliacus*, 1244 (cart. de Saint-Michel de Tonnerre). — *Vilon*, 1531; fief relevant du comté de Tonnerre (inv. des archives du comté).

Villon était, avant 1789, du dioc. de Langres et de la prov. de l'Île-de-France, élection de Tonnerre, et ressort. au baill. de Cruzy.

VILLOTTE, f°, cᵐ de Villiers-Saint-Benoît; autref. fief relev. du bᵒⁿ de Toucy.

VILLOTTE (LA), cᵒⁿ d'Aillant. — *Villena*, ixᵉ siècle (*Liber sacram*. ms. bibl. de Stockholm). — *La Vilete*, vers 1170 (cart. gén. de l'Yonne, II, 213). — *La Villecte*, 1517 (chap. d'Auxerre). — *La Villette*, 1523; fief relev. en arrière-fief de l'év. d'Auxerre.

La Villotte était, avant 1789, du dioc. de Sens et de la prov. de l'Île-de-France, élection de Joigny.

VILLOTTE (LA), h. dép. des cⁿᵉˢ de Chevannes et de Ville-fargeau. — *La Villete*, 1299 (abb. Saint-Marien d'Auxerre). — *La Vilotte*, 1561 (Cout. d'Auxerre, f° 49 v°).

Avant 1789, la Villotte était une communauté distincte, dépendant de la prov. de Bourgogne et du comté et du baill. d'Auxerre.

VILLURBAIN, h. cⁿᵉ de Domecy-sur-Cure. — *Villa Urbain*, 1453 (abb. de Chore). — *Villeurbain*, 1468 (ville d'Avallon). — *Villurbain et Narbois*, 1679 (rôles des feux du baill. d'Avallon, arch. de la Côte-d'Or). — Auj. détruit.

VILLY, cᵒⁿ de Ligny. — *Villiacum*, 1167 (cart. gén. de l'Yonne, II, 190). — *Villi*, 1148 (*ibid.* I, 440).

Villy était, avant 1789, du dioc. de Langres et de la prov. de l'Île-de-France, élect. de Saint-Florentin, et siége d'une prévôté ressort. au baill. de Maligny.

VINCELLES, cᵒⁿ de Coulanges-les-Vineuses. — *Vincella finis super Ycaunam*, 634 (cart. gén. de l'Yonne, I, 8). — *Wincellæ*, 1176 (*ibid.* II, 278). — *Vinceles*, 1162 (*ibid.* II, 137). — *Vinceiles*, xiiiᵉ siècle; *Vincelles*, 1308 (abb. Saint-Marien); fief relev. du roi au comté d'Auxerre, 1317 (ch. des comptes de Dijon).

Vincelles était, au viiᵉ siècle, du pagus et du dioc. d'Auxerre et, avant 1789, de la prov. de Bourgogne, et le siége d'un baill. et d'une châtellenie ressort. au baill. d'Auxerre.

VINCELOTTES, cᵒⁿ de Coulanges-les-Vineuses. — *Vincel-letæ*, 1250 (abb. de Reigny). — *Vincellotæ*, 1303 (Lebeuf, Histoire d'Auxerre, IV, pr. n° 254). — *Vinceleites*, 1264 (abb. de Reigny). — *Vincelotte*, 1315; fief relev. du roi au comté d'Auxerre (cart. du comté, arch. de la Côte-d'Or). — *Vincelotes*, 1496 (abb. Saint-Marien).

Vincelottes était, avant 1789, du dioc. d'Auxerre et de la prov. de l'Île-de-France, élection de Tonnerre. La justice y était rendue par un bailli dont les appels ressort. au baill. royal d'Auxerre.

VINCENDERIE (LA), h. cⁿᵉ de Perreux.

VINCENTS (LES), hameaux, cⁿᵉˢ de Champignelles, Charny, Piffonds.

VINÉES (LES), h. cⁿᵉ de Chaumot.

VINNEUF, cᵒⁿ de Sergines. — *Vinnovum*, ixᵉ siècle (*Liber sacram*. ms bibl. de Stockholm). — *Vicus Novus*, 1133 (cart. gén. de l'Yonne, I, 295). — *Vineuf*, 1382 (Trésor des chartes, reg. 122, n° 117). — *Vyneuf*, 1406 (arch. de Sens, censier). — *Vineuf*, 1453 (reg. des taxes, etc. du dioc. de Sens, bibl. de cette ville, archev.). — *Vinneuf*, 1582; fief relev. de la terre de Bray (arch. de Sens, reg. des fiefs).

Vinneuf était, avant 1789, du dioc. et de l'élection de Sens et de la prov. de l'Île-de-France.

VINOTS, h. cⁿᵉ de Saint-Privé.

VIOLOT, h. cⁿᵉ de Cerisiers.

VIREAUX, cᵒⁿ d'Ancy-le-Franc. — *Viros*, 1179 (cart. gén. de l'Yonne, II, 305). — *Virez*, 1187 (cart. de Saint-Michel de Tonnerre, G. 7). — *Viriaus*, 1329 fief relev. du comté de Tonnerre (cart. du comté).

Vireaux était, avant 1789, du dioc. de Langres et de la prov. de l'Île-de-France, élection de Tonnerre, et prévôté ressort. jusqu'en 1782 au baill. d'Argenteuil, et depuis à celui d'Ancy-le-Franc.

VIREY (LE GRAND-), h. cⁿᵉ de Molosme. — *Vire*, 1271 (cart. de Saint-Michel de Tonnerre, D.).

VIREY (LE PETIT-), f°, cⁿᵉ de Molosme.

VIVIER (LE), h. cⁿᵉ de Diges, fondé en 1796. — Ce hameau tire son nom de sa situation.

VIVIER (LE), h. cⁿᵉ de Saint-Denis-sur-Ouanne.

VIVIERS, cᵒⁿ de Tonnerre. — *Vivariensis Ecclesia*, 1127 (cart. gén. de l'Yonne, II, 49).

Viviers était, avant 1789, du dioc. de Langres et de la prov. de l'Île-de-France et siége d'une prévôté ressort. au baill. de Tonnerre. Le fief de Viviers relev. de la seigneurie de Pacy, en arrière-fief du comté de Tonnerre.

VIZOUTERIE (LA), manœuv. cⁿᵉ de Villegardin.

VOIE (LA), h. et mᵗⁿ, dép. des cⁿᵉˢ de Dollot et de Vallery. — *La Voie*, moulin, cⁿᵉ de Dollot, 1548; seigneurie de Dollot (bibl. de Sens).

VOIE-AUX-VACHES (LA), tuil. cⁿᵉ de Nailly.

VOIE-BLANCHE, f°, cⁿᵉ de Dixmont, 1698 (reg. de l'état civil). — Auj. détruite.

VOIE-BLANCHE (LA), h. cⁿᵉ de Sépaux; nouvellement fondé.

VOIE-CREUSE (LA), h. cⁿᵉ de Sépaux.

VOIES ROMAINES. Voy. l'INTRODUCTION, p. VII.

VOILES (LES), h. cⁿᵉ de Treigny.

VOISINES, cᵒⁿ de Villeneuve-l'Archevêque. — *Viciniæ in pago Senonico*, vers 519 (cart. gén. de l'Yonne, I, 3). — *Visiniæ*, 1167 (*ibid.* 438). — *Veisinæ*, 1178

(Hôtel-Dieu de Sens, le Popelin). — *Vicinæ*, 1453 (reg. des taxes, etc. dioc. de Sens, bibl. de cette ville, archev.). — *Voisinæ*, 1207 (cart. *Campaniæ*, n° 5992, f° 47 v°, Bibl. imp.). — *Vesines*, 1233 (sceau d'Anseau de Trainel, f. Pontigny).

Voisines était, avant 1789, du dioc. de Sens et prieuré-cure dép. de l'abb. Saint-Jean de Sens, de la prov. de l'Île-de-France et chef-lieu d'une prévôté ressort. au baill. de Sens.

VOIX-SOUNDE (LA), h. c^ne d'Égriselles-le-Bocage. — *La Vausourde*, 1705 (reg. de l'état civil).

VOLBERT, m. i. c^on de Molosme.

VOLGNÉ, c^on d'Aillant. — *Vogradus*, vers 519 (cart. gén. de l'Yonne, I, 3). — *Vogré*, XIII° siècle (abb. Saint-Pierre-le-Vif de Sens). — *Vougré*, 1491 (terrier de Senan, arch. du château). — *Voulgray, Voulgré*, 1647, qualifié hameau dépend. de Senan (*ibid.*).

Volgré était, avant 1789, du dioc. de Sens, de la prov. de l'Île-de-France, élection de Joigny, et du présidial de Montargis.

VOLLÉES (LES BASSES-), h. c^ne de Mézilles.

VOLVANT, h. c^ne de Diges. — *Volvan*, 1511 (abb. Saint-Germain d'Auxerre). — *Vaulvay*, 1671 (terrier de Diges, *ibid.*).

VOLVANT, f^r, c^ne de Grandchamp.

VONME, f^r, c^ne de Nitry.

VONNAULTS (LES), bois, c^ne d'Argenteuil.

VONTOND, h. c^ne de Joigny. — *Vaulxretor*, 1634 (hôpital de Joigny).

VONVIGNY, h. dép. des c^nes de Bussy-en-Othe et d'Esnon. — *Vallis Revennai grangia*, 1167 (cart. gén.

de l'Yonne, II, 188). — *Vaurevigny*, 1640 (E. 317 arch. de l'Yonne).

VOUTENAY, c^on de Vézelay. — *Vuldonacum*, 721 (cart. gén. de l'Yonne, II, 2). — *Vultumniacus*, 864 (*ibid.* I, 88). — *Vulliniacum*, 1151 (*ibid.* 479). — *Wlteniacum*, 1188 (*ibid.* II, 386). — *Ultenacum*, 1196 (*ibid.* 472). — *Votenetum*, 2101 (cart. de Saint-Germain d'Auxerre). — *Voutenayum* (pouillé d'Autun, XIV° siècle). — *Votenay*, 1426 (abb. Saint-Martin d'Autun, compte de la terre de Girolles). — *Voultenay*, XVI° siècle (abb. de Vézelay). — *Voustenay*, 1668 (*ibid.*)

Voutenay était, avant 1789, du dioc. d'Autun et de la prov. de l'Île-de-France, subdélégation de l'Isle et élection de Vézelay, et ressort. au baill. et à la coutume d'Auxerre.

VOUTOIS (LE MONT), c^ne de Tonnerre; lieu où s'élevait jadis l'abb. Saint-Michel. — *Mons Volutus*, vers 992 (cart. gén. de l'Yonne, I, 153).

VOVES (LES), h. c^ne d'Épineau; auj. chef-lieu de la commune.— *Vova*, 1154 (cart. gén. de l'Yonne, I, 518). — *Vovæ*, 1189 (*ibid.* II, 399). — *Les Voves*, 1241 (abb. de Dilo).

VRILLE (RUISSEAU DE LA), prend sa source à Treigny et se jette dans la Loire à Neuvy.

VRILLY, h. c^ne d'Ouanne. — *Viriliacus, in pago Autissiodorensi*, VIII° siècle (Bibl. hist. de l'Yonne, I, 348). — *Vezilly*, 1519 (tabell. d'Aux. port. IV). — — Fief relev. du b^on de Toucy (dénomb. de 1585).

VRILLY, h. c^ne de Treigny. — *Verilly*, 1504 (chap. de Saint-Fargeau).

VRINES (LES), f^r, c^ne de Saint-Sauveur.

Y

YGOTS (LES), m^in, c^ne de Mouffy. — *Ygaux*, 1670 (reg. de l'état civil).

YONNE, riv. affluent de la Seine, rive gauche, qui prend sa source aux étangs de Belle-Perche, près de Glux-en-Glenne (Nièvre), arrose le départ. de l'Yonne et se jette dans la Seine à Montereau. — *Deæ Icauni*, II° siècle (inscription, Bibl. hist. de l'Yonne, I, 27). — *Imgauna*, vers 519 (cart. gén. de l'Yonne, I, 3). — *Icauna*, IX° siècle (poëme d'Héric). — *Hiunnia*, 1184 (abb. de Vauluisant). — *Iuna*, 1213 (cart. arch. de Sens, II, f° 103 v°, Bibl. imp.). — *Yona*, 1217 (chap. d'Auxerre). — *Yconiæ* (cart. de Crisenon, XIII° s°, Bibl. imp. f° 38 r°).

Au moyen âge, la propriété de l'Yonne était morcelée entre un grand nombre de seigneurs. Le comte

de Nevers possédait la partie qui s'étend depuis Vincelles jusqu'à la ferme de Preuilly, près d'Auxerre. L'évêque, le chapitre cathédral et l'abb. Saint-Germain de cette ville se partageaient la rivière depuis Auxerre jusqu'à Bassou. Le comte de Joigny, l'archevêque, le chapitre cathédral et l'abb. Sainte-Colombe de Sens jouissaient également de certaines parties.

YBOUÈRE, c^on de Tonnerre. — *Yratorium*, 1500 (chap. d'Avallon). — *Yroir (Ecclesia de)*, 1116 (cart. gén. de l'Yonne, I, 232). — *Yrour*, 1328 (cart. de Saint-Germain d'Auxerre, f° 148 v°). — *Yreor*, XIV° siècle (*Miracula Sancti Edmundi*, ms. bibl. d'Auxerre). — *Iroier*, 1329; *Irour*, 1402 (cart. du comté de Tonnerre). — *Iroer*, 1376 (abb. de Pontigny). — *Irahour*, 1310 (cart. de Saint-Michel de Tonnerre,

G. 40). — *Yreour, Yrohour,* 1315; *Yrrouerre* (cart. de Saint-Michel). — *Irrouer,* 1485 (hôpit. de Tonnerre). — *Iroir,* 1679 (rôles des feux du baill. d'Avallon, arch. de la Côte-d'Or).

Yrouère était, avant 1789, du dioc. de Langres et de la prov. de Bourgogne, élection d'Avallon, et ressort, au baill. de Noyers.

Yzigots (Les), bois, c^{ne} d'Annay-la-Côte.

Z

Zonderie (La), f^e, c^{ne} de Villeneuve-les-Genêts.

TABLE DES FORMES ANCIENNES.

A

Aballo; Aballone. *Avallon.*

Aberts (Les). *Haberts (Les).*

Abundiacus. *Annay-la-Côte.*

Accolatus; Acolacum; Acolaïum; Acolay; Ascolay. *Accolay.*

Accoliva. *Escolives.*

Acermons. *Aigremont* (cⁿᵉ de Saint-Aignan).

Acermons; Acrimonte; Agermons. *Aigremont.*

Acliniacus; Aglini; Agliniacus; Aigleny. *Églény.*

Aduna-Capa. *Chappe.*

Æcclesiola. *Égriselles-le-Bocage.*

Aged; Agedicon; Agendicum; Agetincum; Agied. *Sens.*

Agneolum; Annaot; Anncolum; Anniot. *Annéot.*

Aiglant; Alientus. *Aillant.*

Aigna. *Annay-la-Côte.*

Aingey; Angey. *Angy.*

Airiacus. *Héry.*

Aisé; Aisei; Aissé; Asiacus; Ayseyum. *Aisy-sous-Rougemont.*

Ala-Cella. *Celle-Saint-Cyr* (La).

Albonna.

Albus-Cippus; Aucep; Aucept; Auceptum; Auxet. *Aucep.*

Alchiodrensis. *Auxerre.*

Alensec. *Lainsecq.*

Algiacus. *Augy.*

Alliers. *Lalliers.*

Alnetæ. *Mothe-aux-Aulnais* (La).

Alta-Ripa. *Hauterive.*

Altissidorum. *Auxerre.*

Anceium; Anceius; Ancey-lou-Franc; Anci-le-Franc; Anciacum; Anciacus. *Ancy-le-Franc.*

Anceium-Silvosum; Anceyum-lo-Servor; Anceyum-Servosum; Anciacum; Ancy-le-Silveulx. *Ancy-le-Serveux.*

Andria. *Andries.*

Aneriæ; Asinariæ; Asnyères. *Asnières.*

Angeliacum; Angeliers; Anglias. *Angely.*

Annaium; Annay-la-Rivière; Annayum super Rippariam. *Annay-sur-Serain.*

Annau. *Asnus.*

Annay; Annay-la-Coste; Anneiacum; Annetum. *Annay-la-Côte.*

Anno; Annol; Annot; Annotum; Annoul; Annoult. *Annoux.*

Ansiacum Servile. *Ancy-le-Serveux.*

Anthian; Anthyen; Antuen. *Anquin.*

Anthouennet; Antonem. *Anthonnay.*

Apogniacum; Apoignis; Apoini; Apoigny; Aponi; Appenniacum; Appogny; Appougny; Apugniacum. *Appoigny.*

Appenars (Les). *Épenards (Les).*

Aquiniolum. *Avigneau.*

Arablay. *Arblay* (cⁿᵉ de Neuilly).

Aran; Aran-sous-la-Geneste. *Aran* (Le Grand-).

Arblet; Arbloy; Arebletus. *Arblay* (cⁿᵉ de Cudot).

Arboigny. *Orbigny.*

Arbricum. *Bries (Les).*

Arcæ; Arciz; Arcys. *Arcis (Les).*

Arceia; Arcere; Archea; Arcia; Arciæ. *Arces.*

Archambault. *Chambault.*

Archans (Les). *Archons (Les).*

Arci; Arciacum. *Arcy.*

Arciacum. *Arcy-sur-Cure.*

Arcis (Les). *Champ* (Le Grand-).

Ardillos. *Ardilliers (Les).*

Argenteolum; Argenteul; Argentolium; Argentuil. *Argenteuil.*

Argentiniacus; Argentonnay; Argentuuacum. *Argentenay.*

Armanceon. *Armançon* (L') (rivière).

Aroanna. *Orvanne* (L') (ruisseau).

Arseium; Arsi; Arsiacum; Arsy. *Arcy-sur-Cure.*

Artadum; Arteium. *Arthé.*

Arthe. *Artre.*

Artonnaium; Artunnacum; Artunniacum. *Arthonnay.*

Arvaulx; Arviail; Arvyau. *Hervaux* (forêt).

Ascoing; Asconium; Asquin; Aquin. *Asquins.*

Ascolayum. *Accolay.*

Asiacum. *Aisy-lez-Avallon.*

Asmantia. *Armance* (L') (rivière).

Asnon. *Esnon.*

Astez; Ateias. *Athée.*

Ateæ; Artheæ; Artheis; Athies; Atie; Atyes. *Athie.*

Aubus (L'). *Eaux-Bues (Les).*

Aucerre; Auceurre; Aucoure; Aucuerre; Aussurre; Autessioduro; Autissiodero; Autissiodorum; Autixiodero; Autiziodero, Autosidorum. *Auxerre.*

19.

Auduniaca. *Annay-la-Côte.*

Augiacum. *Augy.*

Aulbigny. *Aubigny.*

Aulnois (Les) ; Aunois (los). *Mothe-aux-Aulnais (La).*

Aumonce. *Armance (L')* (rivière).

Aurea-Vallis. *Vaudeurs.*

Aurosia. *Oreuse (L')* (ruisseau).

Auson ; Ausson. *Auxon.*

Ausum. *Aussenot (L')* (ruisseau).

Autessiodurum. *Voy.* Auceure.

Autricus. *Auxerre.*

Avalensis pagus. *Pays d'Avallon.*

Avalo ; Avalum. *Avallon.*

Avaranda.

Avoneria. *Avenières.*

Avignellum ; Avigneaul ; Avineau ; Aviniel. *Avigneau.*

Avirola ; Avrolæ ; Avrole ; Ayveroles. *Avrolles.*

Ayglini. *Églény.*

B

Baale ; Bale ; Basle. *Bâle.*

Baassiacum. *Bachy.*

Baccola ; Batiola.

Bacerna ; Baiserna. *Bazarne.*

Bagnent ; Baignaulx ; Baigniaux ; Baignox ; Bainos ; Balncolæ ; Balneolium. *Bagneaux.*

Bailliacum. *Bailly* (cᵘⁿ de Bussy-en-Othe).

Baina ; Bainia ; Bania ; Banna. *Beine.*

Baion ; Baisne ; Baium ; Beiacum ; Beom ; Beone. *Béon.*

Baisse ; Baizes ; Beyses ; Beysia. *Bèze.*

Baisseium ; Baissy ; Basseyus ; Bessey. *Bachy.*

Baissi ; Baisseium ; Bassiacum ; Becy. *Bessy.*

Bajouère (La). *Bajoire (La Grande-).*

Balderias. *Vaudran.*

Balece ; Baleci ; Balecy ; Balleci. *Balcoy.*

Balinerie (La). *Bolinerie (La).*

Ban. *Baon.*

Bandricus ; Bandritum.

Bannis ; Banys. *Banny.*

Bapaulme. *Bapaume.*

Bar ; Barrus. *Bar* (forêt).

Baranderie (La). *Balanderie (La).*

Barillières (Les). *Barillers (Les).*

Barnault. *Barnaud.*

Barneolæ. *Bagneaux.*

Baronnière. *Bazonnière (La).*

Basau ; Bassau ; Bassaus ; Basso ; Bassodum ; Bassoldum. *Bassou.*

Bas-Courti. *Bascencourtil.*

Baserne ; Basernia ; Basgerna. *Bazarne.*

Basilica-Domni-Valoriani. *Chitry.*

Bas-Luchy. *Auvergne (Bas d').*

Baudiliacus. *Bouilly.*

Baugis. *Corvizard.*

Bauvoix. *Beauvais.*

Beaucerra ; Bauciere. *Beauciard.*

Beaugis. *Flandre.*

Beaulmont. *Beaumont.*

Beaumont-sur-Yonne. *Beaumont* (cⁿᵉ de Champigny).

Beaupouillier. *Perreuse (La).*

Beaurain. *Beaurin.*

Beauregard. *Mocque-Souris.*

Beauvoir. *Beauvais* (cⁿᵉ de Jully).

Beauvoir. *Beauvais* (cⁿᵉ de Noyers).

Beaux-Bois (Les). *Beaurois (Les).*

Belami ; Belamy (le) ; Belle-Amie (la). *Bélémy.*

Belca ; Belcha ; Belchia. *Beaulches.*

Belcba ; Belchio. *Beaulche* (ruisseau).

Bellacalma ; Bellachauma. *Bellechaume.*

Bella-Aura ; Bellyolle (la). *Belliole (La).*

Belchierrum ; Bellacera ; Bellus-Cirrus. *Beauciard.*

Belleombre. *Bel-Ombre.*

Bellomonte super Yquaunam. *Sablons.*

Bello-Videre. *Beauvoir.*

Bello-Videre (Grangia de). *Grange-Sèche.*

Bello-Visu. *Beauvoir.*

Bellum-Pratum. *Beaupré.*

Bellus-Mons. *Beaumont.*

Bellus-Redditus. *Beauretour.*

Bena ; Bene ; Benne ; Bennes ; Besnes ; Beynes. *Beine.*

Benastière (La). *Benoitière (La).*

Beona. *Voy.* Baion.

Bercuiacus ; Brecuy. *Saint-Georges.*

Bergetterie (La). *Berjaterie (La).*

Beriacum ; Berriacum. *Anstrude.*

Bernacus ; Bernaicus. *Berniers (Les).*

Bernagones (Les). *Bernagone (La).*

Bertauche (La). *Plessis-du-Mez.*

Bertonneries (Les). *Bertonneries (Les).*

Bertonnière (La). *Bredonnière (La).*

Bertry ; Betriacum ; Bitriacum. *Bétry.*

Bertryot ; Betriot. *Berthereau.*

Bessi ; Bessiacum. *Bessy.*

Bessiacum. *Bachy* (cⁿᵉ de Serbonnes).

Beurs. *Bœurs.*

Biarderie (La). *Billarderie (La).*

Biauche. *Beaulche* (ruisseau).

Biaumont. *Beaumont.*

Biauviler. *Beauvilliers.*

Biauvoer. *Beauvoir.*

Biauvooir. *Beauregard.*

Bien-Assis. *Malassise.*

Bierry-les-Belles-Fontaines ; Biarry-lez-Avallon ; Birreium. *Anstrude.*

Blannniacus ; Bladiniacum , Blaonniacum ; Blagniacum ; Blania ; Bleigny ; Bleniacum. *Bleigny-le-Carreau.*

Blacey ; Blaciacus ; Blacium ; Blascy. *Blacy.*

Blagneius ; Blaigniacum ; Blangei ; Blanniacus. *Bligny-en-Othe.*

Blaigny. *Blégny* (cⁿᵉ de Coulangeron).

Blaisy ; Blezy. *Blizy.*

Blandi. *Blandy.*

Blanellus ; Blanoilus. *Bléneau.*

Blannellum ; Blanniacum. *Blannay.*

Blariacus ; Bleriacum ; Bleury ; Bleusy. *Bleury.*

Blavacus.

Blegniacum ; Blegny-en-Othe ; Bleigny ; Bleniacum. *Bligny-en-Othe.*

Blenellum. *Bléneau.*

Bligniacum. *Bligny-en-Othe.*

Blondellerie (La). *Blondeaux (Les).*

Blot. *Bloc (Le).*

Bodhillei ; Bodoliacus ; Bœleium ; Boi ; Boille ; Bolle. *Bouilly.*

Bofaut. *Boufaut.*

Boicherace (La) ; Bocheracia ; Boschirasse (la). *Boucherasse (La).*

Boischetum ; Bosculum ; Bouchat (le). *Bouchet (Le).*

Bois-de-Laray. *Bois de la Raye (Le).*

Bois-Réault. *Barrault.*

Bois-Taché. *Château de Fontenilles.*

Boises-Blanches (Les). *Fourchotte (La).*

Boissiacum ; Boissie-Repost. *Bussy-le-Repos.*

Bolliacum ; Bolly ; Booliacum ; Bovilli. *Bouilly.*

Bolots (Les). *Boulots (Les).*

Boloy. *Boulay.*

Bonnart ; Bonnort ; Bon-Ort ; Bonortus. *Bonnard.*

Bonnaults. *Bonnauts (Les).*

Bonne-Eau (La). *Bonneau (La).*

Bonon. *Bouhon.*

Bon-Raisin. *Puits-de-Bon.*

Bons-Hommes de Notre-Dame de Plausse (Les) ; Bons-Hommes de Plauche (les) ; Bons-Hommes (les). *Saint-Jean-des-Bons-Hommes.*

Boquin (Le). *Bauquins.*

Borda super Belcam ; Borde-de-Serain (la). *Borde (La).*

Bordæ ; Borde-aux-Quens (La). *Borde (La)* (cⁿᵉ d'Auxerre).

Bordæ de Dimone. *Bordes (Les).*

Bordes (Les). *Tout-y-Faut.*

Bornois et Bornesei.

Borson. *Bourson.*

Boschen. *Buchin.*

Boscum-Arciaci. *Bois-d'Arcy.*

Boscum-Raaudi. *Barrault.*

Bosson; Busson. *Bousson-le-Haut.*

Boticen. *Boutissaint.*

Bouchardière (La); Brocardière (la). *Doucardière-d'en-Bas (La).*

Bouchat (Le). *Saint-Marien.*

Boucherault. *Boucherot.*

Boudergnault; Boudranault; Bour-de-Regnault. *Bourdernaud.*

Bouhy; Bouix; Boux; Boy; Boyaeum; Boyci. *Bouy-Vieux.*

Boulins (Les). *Bouleaux (Les).*

Boully. *Bouilly.*

Bourdereaux. *Bordereaux (Les).*

Bourdes (Les). *Bordes (Les)* (c^{ne} de Montigny).

Bourg-Bisson. *Bourg-Buisson.*

Bourgeot. *Barjot.*

Bourneville. *Bournanville.*

Boy. *Bouilly.*

Boys-Bourdin. *Bois-Bourdin.*

Bracciacus. *Bracy.*

Braceyum; Braci; Brecey. *Brécy.*

Branaicum; Bradenas; Brahanai; Branai. *Brannay.*

Branchiæ; Brenchæ. *Branches.*

Brassouer. *Petit-Brassoir (Le).*

Braviande. *Bréviande.*

Brécholt; Brechotum. *Brichou.*

Breson. *Beurson.*

Bressy. *Brécy.*

Bretaignellæ. *Bretignelles.*

Bretesche (La). *Brotèche (La).*

Breu. *Béru.*

Breuille (La); Breuile (la). *Breille (La).*

Bréviande. *Bréandes (Le Grand-).*

Briamonium; Bridon; Brienna; Briennium; Briennom; Briennon; Brinon; Brynon. *Brienon.*

Bricetterie (La). *Brissotterie (La).*

Brici; Briciacum. *Brécy.*

Briennicum. *Brienne.*

Brières. *Bruyères (Les)* (c^{ne} de Dollot).

Bringa. *Branches.*

Brins (Les). *Bruns (Les).*

Brio; Briun; Bryon. *Brion.*

Brions-les-Bois. *Brions (Les).*

Britaniola. *Bretignelles.*

Britoneria.

Brittas. *Briottes.*

Brocaria. *Boucherasse (La).*

Broce (La). *Brosse (La).*

Broces; Broches; Brocia; Broucia; *Brosses.*

Brociers (Les). *Brossiers (Les).*

Brolium; Breul; Bruy. *Breuil.*

Brouillarderie (Le). *Brosse (La).*

Bru; Bruc. *Béru.*

Bruère (La). *Bruyère (La).*

Brueria. *Bruyère (La)* (bois).

Brulis (Les). *Brûleries (Les).*

Brunellerie (La). *Brenellerie (La).*

Bruslerye (La). *Brûlerie (La).*

Bruyle (La). *Breille (La).*

Bucheins; Buchein; Buchem. *Buchin (Le)* (ruisseau).

Buchy-en-Othe; Buci; Buciacum; Buissiacum. *Bussy-en-Othe.*

Bucoterie (La). *Bocoterie (La).*

Buetel; Buetellum; Buteau; Butieria. *Butteaux.*

Bugne; Bugnon. *Beugnon.*

Buigno; Bugnon; Bunio. *Beugnon (Le).*

Buisson (Le). *Buisson-la-Gâtine (Le).*

Bunort. *Bonnard.*

Bunum. *Bounon.*

Burgelaum. *Bourgelier.*

Burgus-Beraldi. *Bour-Berault.*

Burs; Burs-Antiquus. *Bœurs.*

Burson. *Beurson.*

Busciacus.

Bussiacum; Bussy-le-Repost; Buxis (de). *Bussy-le-Repos.*

Bussiacum; Buxi; Buxido; Buyssy. *Bussy-en-Othe.*

Butiacum. *Buisson (Le)* (c^{ne} d'Angely).

Buutellum. *Butteaux.*

Buzars (Les). *Bezards (Les).*

C

Caarnetum. *Charny.*

Cableiacum; Cableia. *Chablis.*

Cableiæ-Veteres. *Vieux-Chablis (Le).*

Caceia; Caciacus; Chaci; Chaciacus; Chassi. *Chassy.*

Cachiniacum. *Chichée.*

Caducum; Cadugius; Chaducum. *Chéu.*

Cadugius. *Laduz.*

Calniacus; Caniacus; Caniniacus; Chanei; Chaniacum; Cheni. *Cheny.*

Calosa; Chaillosa; Chalosa. *Chailleuse.*

Calosenagus. *Saint-Cydroine.*

Calvus-Mons; Chaulmont. *Chaumont.*

Cambloscum; Canlost; Canloustus. *Champlost.*

Campaniacum; Champigni; Champigniacum; Champigny-sur-Yonne. *Champigny.*

Campi; Chans. *Champs.*

Campignolles; Campigol; Campinol; Champignoliæ. *Champignelles.*

Campiniacus; Champigny. *Dumonts (Les).*

Campobubali (De); Campobulleya. *Chambeugle.*

Campoleviæ; Canlive. *Champlive.*

Campo-Pagani (De); Champæn; Champaien; Champain; Champoyen; Champyen. *Champion.*

Campus-Inventus. *Champ-Trouvé.*

Campus-Laïcus. *Champlay.*

Campus-Rotondus. *Champrond.*

Campus-Silvestris; Champsevrais; Champsevroy. *Champcevrais.*

Caniacus. *Cheny.*

Capella. *Chapelle (La)* (c^{ne} de Venoy).

Capella; Capella Viduarum; Chapelle-aux-Veuves (la). *Chapelotte (La).*

Capella Beatæ Mariæ de Loreta. *Notre-Dame-de-Lorette.*

Capella Defuncti Pagani; Chapelle-Feu-Païen (la). *Chapelle (La)* (c^{ne} de Champigny).

Capella Domini Archiepiscopi; Capella Domini Senonensis super Ionam; Capella Domini Archiepiscopi, *alias* Villafatua. *Villefolle.*

Capella-Sancti-Martini. *Chichy.*

Capella-super-Orozam. *Chapelle-sur-Oreuse (La).*

Capella de Vallepeletana; Capella juxta Ponchiacum; Capella juxta Melligniacum; Chapelle-dessus-Maligny (la); Chapelle-de-Vaulpeiletaine (la); Chapelle-Vaupeletaigne (la). *Chapelle-Vaupeltaigne (La).*

Capetas; Capetum. *Chapeau (Le).*

Capilliacum. *Chaillot.*

Capitinarius. *Chevigny.*

Capleia; Caplegiæ. *Chablis.*

Capotenus. *Chapelotte (La).*

Cappa. *Chappe (La).*

Caprenciæ. *Champrond.*

Carbaugiacus. *Charbuy.*

Carbonneriæ; Charbonceriæ. *Charbonnière.*

Cardeuse (La). *Bâtisse (La).*

Cardonaratæ. *Chartonnerie (La).*

Cariceyum; Carizey; Carrisceyum; Carrisiacum. *Carisey.*

Carmedus; Carmeium; Charmeium; Charmetum; Charmoi; Charmoyum. *Charmoy.*

Carreacus; Carrée; Carreia. *Quarré-les-Tombes.*

Casnetus. *Chêne-Arnoult.*

Cassaniola; Chacigni; Chassigney. *Chassigny.*

Casseacus. *Cussy-les-Forges.*

Castanetum. *Chastenay-le-Bas.*

Casteluz; Castrum-Lucium; Castrum-Lucum. *Chastellux.*

Castriacus. *Chitry.*

Castrum-Censorium; Castrum-Censurium. *Châtel-Censoir.*

Castrum-Giraldi; Chastel-Girart; Château-Girard. *Châtel-Gérard.*

Castrum-Hutto. *Château-Huton.*

Catellœ. *Chastenay-le-Bas.*

Cauliaca; Choly. *Chouilly.*

Cavaninœ; Cavannœ. *Chevannes.*

Cavannœ; Chavanes; Chevasne. *Chevannes (c^ne de Saint-André et de Savigny-en-Terre-Plaine).*

Cavanniacum. *Chevigny.*

Cavaria; Cheveroya; Chevray. *Chevroy.*

Cocunias; Ciconias. *Sognes.*

Cella; Cella Sancti Cyrici; Colle-Sainct-Cyr (la). *Colle-Saint-Cyr (La).*

Collœ; Vieilles-Celles (les). *Colles (Les).*

Cenin. *Serain (Le) (rivière).*

Cerain; Cerin; Cerincum. *Serin.*

Cerasariœ; Cercisers; Ceriserium; Cerisers; Cerseriœ. *Cerisiers.*

Ceriacum. *Sory.*

Cerili; Cerilli; Chirilliacum; Ciriliacum; Cirillei; Cirilleius. *Cérilly.*

Cerilly. *Sérilly.*

Cersiacus. *Cuy.*

Cervennum super Belcam. *Servau.*

Cervins. *Servins.*

Cesi; Cesiacum; Cezy. *Césy.*

Ceuillys. *Cueillis (Les).*

Chableiœ; Chablies. *Chablis.*

Chailly; Chailli; Challeium; Challetum; Challey; Challiacum. *Chailley.*

Chaineium. *Cheney.*

Chaissencles. *Chassignelles.*

Chalandise (La). *Chalandrie (La).*

Chalandry. *Champ-Landry (Le).*

Chaleci. *Saleci.*

Chambeuille; Chambugle; Champbugles. *Chambeugle.*

Chamlai; Chanlei; Chanle; Chanleia; Chanleiolus. *Champlay.*

Chamlo; Chanlost; Chanlot; Chanloth; Chanlotum. *Champlost.*

Chammorlien; Chamollain. *Champ-Morlain.*

Chamo; Chamon. *Chamoux.*

Champ-au-Gras. *Champ-Gras.*

Champ-Briffaut; Champ-Bœuf. *Sèche-Bouteille (La).*

Champelois; Champeloix. *Champlois.*

Champorno. *Champreneau.*

Champou; Chanpol. *Champoux.*

Chanoy (Le). *Chesnoy (Le).*

Chanserin; Chaserin. *Champ-Serein.*

Chapeliers (Les). *Chapiers (Les).*

Chapelle-les-Floigne (La). *Chapelle-Vieille-Forêt (La).*

Chapelle-lez-Sennevoy (La). *Sennevoy-le-Haut.*

Chapoulaine. *Chapoline (La).*

Charbui; Charbuin; Charbuiacum; Charbuyacum. *Charbuy.*

Charentenai; Charentenetum; Charentiniacum. *Charentenay.*

Chargniacum; Charnai; Charni; Charniacum. *Charny.*

Charmei. *Charmoy.*

Charmoiz. *Charmoy.*

Charmolin. *Champ-Morlain.*

Charrault. *Chair-au-Diable.*

Chasneveron; Chesneveron. *Cheneviron.*

Chassegne (La). *Chasseigne.*

Chassigneles; Chassignole; Chassineles. *Chassignelles.*

Chasteau-Censoi; Chasteaux-Sansoy; Châtel-Censoy; Châtiau-Censor. *Châtel-Censoir.*

Chasteliers (Les). *Châtelliers (Les).*

Chasteluz; Chateluz. *Chastellux.*

Chastenay-le-Vieil; Chastenetum; Chastenoy. *Chastenay-le-Bas.*

Château-Jubin. *Jubin.*

Château-Sainte-Anne. *Château-d'en-Haut.*

Chau. *Chéu.*

Chaucepie; Cochepie. *Cochepis.*

Chaulmot; Chaumoth; Chaumotum. *Chaumot.*

Chaume-des-Lapins. *Barraques.*

Chaumeis. *Chaumes (Les).*

Chaumes (Les). *Bel-Air.*

Chaumetout. *Chemeteau.*

Chaussois. *Saussois (La).*

Chuzelles. *Chezelles.*

Chechiœ. *Chichée.*

Cheges; Chieges (les). *Sièges (Les).*

Chemelliacum. *Chemilly-sur-Serain.*

Chemelliacum; Chinili; Chimiliacus. *Chemilly-près-Seignelay.*

Cheminetum. *Cheminot.*

Chenardière. *Senardière (La).*

Cheneaux; Chesneaux. *Chaîneaux (Les).*

Chênées (Les). *Chaînée (La).*

Cheneium; Chenetum; Cheny. *Cheney.*

Chenets (Les). *Chesnez (Les).*

Cherbuy. *Charbuy.*

Chereyum; Cheseium; Chesiacus. *Chéroy.*

Cheriacum. *Chéry.*

Cherisey; Chérisy. *Chérisy.*

Cherriers (Les). *Charriers (Les).*

Chervyz. *Chervis.*

Chesnault (La); Chesneaux (la). *Chaineaux (La).*

Chesne (Le). *Chêne-des-Quatre-Justices.*

Chesnó. *Chenoy.*

Chesnearnol. *Chêne-Arnoult.*

Chevannœ. *Chevannes.*

Chevillon; Chevillon super Feritatem. *Chevillon.*

Chiceri; Chicheri; Chichiriacum. *Chichery.*

Chicheyum; Chichiœ; Chichiviacus. *Chichée.*

Chichiacum; Chichi. *Chichy.*

Chichon. *Sichamps.*

Chigiacum. *Chigy.*

Chigny; Chiniacum. *Cheny.*

Chistri; Chistry; Chitriacum. *Chitry.*

Chocarts (Les). *Chocats (Les).*

Choilly; Choily; Cholle; Cholly. *Chouilly.*

Chora; Chorœvicus. *Saint-Moré.*

Chora; Chore; Choure. *Cure.*

Chora; Chores; Cora. *Cure (La) (riv.).*

Chornans. *Cornant.*

Chotière. *Choutière (La).*

Chouches; Chousses. *Souches.*

Choulé. *Chollet.*

Chriniacus. *Cheny.*

Chudo. *Cudot.*

Churcum. *Courson.*

Chure. *Cure.*

Ciconiœ; Cienniœ. *Sognes.*

Cimbeau. *Symbault.*

Ciserey; Cisory-les-Grands-Ormes. *Cisery.*

Clairimois; Clarimeum; Clarumeium. *Chérimois (Les).*

Claviseium. *Clavisy.*

Cleris (Les). *Clérisses (Les).*

Clos-Bry (Le). *Clos-Aubry (Le).*

Cociacus. *Saints-en-Puisaye.*

Codreium; Couldretum; Couldroy (le). *Coudray (Le).*

Cognés (Les); Coniers (les). *Cosniers (Les).*

Colan; Colannum. *Collan.*

Colanges-sur-Yonne; Colengiœ super Ycanam; Collanges; Coloinge; Coloniœ; Colungiœ super Yonam. *Coulanges-sur-Yonne.*

Colaorium; Colatorium; Collatoriœ;

Collours; Coloirs; Colooirs; Coloors; Colors; Coulors. *Coulours.*

Coleingiæ; Colenges-les-Vineuses; Collonges-les-Vineuses; Coloinges; Coloniæ-Vinosæ; Colungia; Coulonges. *Coulanges-les-Vineuses.*

Colengeictes; Collengestes. *Collangette.*

Collemeriæ; Columbariæ; Columbarius; Columberum. *Collemiers.*

Collengeron; Coullangeron. *Coulangeron.*

Colleum; Collon; Colloon; Coolon; Coorlon; Corlaon; Corléon; Corlon; Corloonis; Corloun. *Courlon.*

Collevrat. *Coleuvrat.*

Colonicitæ. *Collemiers.*

Colons; Coullons. *Coulon.*

Comaingne (La); Commoigne (la). *Cumoigne (La).*

Comisiacus; Commisciacensis; Commissy. *Commissey.*

Compasciagus. *Commecy.*

Compegni; Compeigny; Compenniacum; Compigniacum. *Compigny.*

Cona. *Quenne.*

Conche (La). *Brosse (La).*

Coquin. *Travaille-Coquin.*

Cora. *Cure (La) (rivière).*

Cora; Corevicus. *Saint-Moré.*

Corceaux; Correcel; Correcellum; Corrocellum; Corrocol; Courceaulx; Courciaux. *Courceaux.*

Corcelles; Courcelles. *Courcelle (La).*

Corchum; Corcio; Corcon; Corconnum; Corcum. *Courson.*

Corcolon; Crout-Collon (le). *Corcolong.*

Cordail. *Cordeil.*

Cordoys; Cordubensis. *Cordois.*

Corgenay; Corgenayum; Corgenetum. *Courgenay.*

Corgi; Corgiacum; Courgiacum; Courgy. *Courgis.*

Cormera. *Cormerats (Les).*

Cormotum. *Courmont.*

Cornacum; Cornans. *Cornant.*

Corpus. *Cours.*

Corru. *Corus.*

Cortesium; Courtesium; Courtoys. *Courtois.*

Corthemeaul; Courtemel. *Courtemeau.*

Cortroles. *Courterolles.*

Cosa; Cosain; Cosin. *Cousin (Le) (riv.).*

Cosa-Rupis; Cosain-la-Roche. *Cousin-la-Roche.*

Cosin-le-Pont. *Cousin-le-Pont.*

Coslumnus. *Coulons.*

Côte-de-Saint-Père. *Pinagot.*

Coternol; Coutarnoul. *Coutarnoux.*

Cotiacus-ad-Sanctos. *Saints-en-Puisaye.*

Cottez. *Cottets (Les).*

Coulleon; Courloun. *Courlon.*

Coulomiers. *Collemiers.*

Coulonges. *Coulanges-les-Vineuses.*

Cour-Buisson. *Buisson.*

Cour-des-Pagerets (La). *Pagerets (Les).*

Cour-des-Séguins (La). *Séguins (Les).*

Coure. *Cure.*

Courguin. *Court-Gain.*

Courly. *Curly.*

Courmarien; Curtis-Morini. *Cormarin.*

Cour-Notre-Dame (La); Court-Notre-Dame-lez-Ponts-sur-Yonne (la); Curia Beatæ Mariæ. *Cour (La).*

Cours-Franches-d'Estrées (Les). *Meix (Les).*

Court-Alexandre (La). *Cour-Alexandre (La).*

Court-Barré. *Cour-Barrée (La).*

Courtroin. *Courtoin.*

Courvignot. *Corvignot.*

Craia (De). *Cray.*

Cranium; Cranum; Cren; Crenum. *Crain.*

Cravant; Cravent. *Cravan.*

Creausaus; Criaus. *Creusets (Les).*

Creausus. *Grillots (Les).*

Crebannum. *Cravan.*

Creceium; Creciacum; Cresci; Cressy. *Crécy.*

Creptum. *Crouteaux (Les).*

Cresignon; Crisanno; Crisennum; Criseno; Crisinnium; Crisinon. *Crisonon.*

Cresseant. *Creussant (Le) (ruisseau).*

Crevennus; Crevent; Crévenez. *Cravan.*

Crey; Criacus; Crieyum. *Cry.*

Crientum. *Créanton.*

Crin; Crinsensis. *Crain.*

Croisés (Les); Croisey (le). *Croisé (Le).*

Croitellerie; Croliaterie. *Creusiaterie (La).*

Croix-Brossière (La). *Croix (La).*

Croix-Pillatre. *Croix-Pilate (La).*

Crosle-le-Bas. *Crosle (Le).*

Crosley-le-Grand; Croslay-le-Petit. *Crosley.*

Crozilles. *Crouzille.*

Cruisey; Cruisy; Cruseium; Crusey; Crusiacum. *Crusy.*

Cuceyum; Cuci; Cuciacum. *Cussy-les-Forges.*

Cuciacus; Cuisiacum; Cusei; Cusiacum; Cuisy. *Cuy.*

Cudotum. *Cudot.*

Cuichetum. *Cuchot.*

Cuise; Cuisy; Cuseus; Cuseyum; Cussi. *Cusy.*

Culetres; Cullestre. *Culétre (Le).*

Cuileium. *Chouilly.*

Cully; Curliacum. *Curly.*

Curcedonus; Curchinum; Curcio. *Courson.*

Curcellæ. *Courceaux.*

Curco; Curtis. *Cours.*

Curgeneium; Curgenetum. *Courgenay.*

Curloun; Curteleonis. *Courlon.*

Curtesium. *Courtois.*

Curtis-Arnulphi. *Coutarnoux.*

Curtisgencium. *Courgenay.*

Curtuinum. *Courtoin.*

Curz. *Cours.*

Cussi; Cussy; Cutiacus. *Cussy-lez-Courgis.*

Cutiacum. *Cuissy.*

Cyrilleius; Cyrilleus. *Cérilly.*

Cysery. *Cisery.*

D

Dainmons. *Dixmont.*

Damnemonia; Dampnemoine; Denemoine; Denemone. *Dannemoine.*

Dampmaz. *Domats.*

Daubigny (Les). *Aubigny (Les).*

Dazons (Les). *Dazonnerie (La).*

Decimiacense ad Sanctum Ciricum (Monasterium); Desimiacus; Disiniacus. *Saint-Cyr-les-Colons.*

Decimiacus. *Domecy-sur-le-Vault.*

Degantiacum. *Dissangis.*

Deilocus; Dylo. *Dilo.*

Denemonium; Denimonia. *Dannemoine.*

Détorbe; Détourbe. *Détrouble (La).*

Diacum; Dié. *Dyé.*

Dianna. *Divonne (fontaine).*

Diciacum. *Dicy.*

Digia. *Diges.*

Digneaux (Les). *Deniots (Les).*

Digonne; Dygoine. *Digoigne.*

Dimo; Dimon; Dimont. *Dixmont.*

Disangeyum; Disangi; Disengiacum; Disangy; Dizangy. *Dissangis.*

Dissy. *Dicy.*

Dochiacum. *Duchy.*

Dodolatus; Docletum; Doletum; Dolot. *Dollot.*

Domacum; Domatz; Domaz. *Domats.*

Domeciacum; Domecy; Domecy-sur-Chore. *Domecy-sur-Cure.*

Domeciacus; Dommece; Domecy-sur-le-Vaul. *Domecy-sur-le-Vault.*

Domnum-Martinum. *Saint-Martin-sur-Ocre.*

Domnum-Martinum. *Saint-Martin-sur-Ouanne.*

Domus-Dei; Domus Dei juxta Vilcretum. *Maison-Dieu (La).*

Domus-Rubrea. *Maison-Rouge (La).*

Doreux (Les); Dorrues. *Dourus (Les).*

Dornées (Les). *Dornets (Les).*

Doux-Temps (Les). *Doutans (Les).*

Dracci; Draci; Draciacum. *Dracy.*

Dreu; Dreue; Drogia; Droia; Druia; Druya. *Druyes.*

Duayne; Duenne; Dueyne. *Duenne.*

Duchei; Ducheium; Duchi. *Duchy.*

Dulliacus. *Doilly ou Dailly.*

Dyætum; Dycium. *Dyé.*

Dycy. *Dicy.*

Dyensy. *Diancy.*

Dymons. *Dixmont.*

E

Ebloi. *Arblay.*

Ebrola; Ebrolla; Eburobriga. *Avrolles.*

Ecclesiola. *Égrisolles.*

Echemiliacum; Eschemilly. *Chemilly-sur-Serain.*

Éclou (L'). *Écluse (L') (moulin).*

Ecolai. *Accolay.*

Egligniacum; Eglini; Eglinniacum. *Églény.*

Eglisiola; Eglisiolæ; Egriselles; Egrisolæ. *Égriselles (cᵉ de Villeneuve-sur-Yonne).*

Eglisiola in Boscagio. *Égriselles-le-Bocage.*

Eglizelle; Egriseiles; Egrisoliæ. *Égriselles (cᵉ de Venoy).*

Egremont. *Aigremont.*

Eiry; Eriacus; Ery. *Héry.*

Eisars. *Essert.*

Eleveau; Elvot. *Elveau.*

Engiacum. *Angy.*

Engins (Les). *Angins (Les).*

Eno; Enon. *Esnon.*

Enrain. *Vaux (cᵉ de Merry-la-Vallée).*

Epenart; Epenarz; Epenars; Espenards. *Épenards (Les).*

Epinel. *Épineau-les-Voves.*

Epinolium. *Épineuil.*

Eppignellum. *Épineau-les-Voves.*

Epponiacus. *Appoigny.*

Erablay; Erbloi. *Arblay.*

Ermeau; Ermolium. *Armeau.*

Ermencia; Esmentia. *Armance (L') (rivière).*

Ermençon; Ermançum; Ermenzun. *Armançon (L') (rivière).*

Ervial; Erviaul; Erviel. *Hervaux (forêt).*

Esbria. *Bries (Les).*

Escallitas; Eschalciæ. *Escharlis.*

Escan; Escan-Saint-Germain; Escannum Sancti Germani. *Escamps.*

Eschaleis; Eschallyes. *Escharlis (Les).*

Eschannum. *Escamps.*

Eschegiæ; Eschieges. *Siéges (Les).*

Escolay; Escolayum. *Accolay.*

Escolivæ; Escolviæ. *Escolives.*

Esconium. *Asquins.*

Esgleigniacum; Esgligny; Esgliny. *Églény.*

Espaillardus. *Espaillard.*

Espigneul; Espineul; Espineux; Espingneul; Espinolius. *Épineuil.*

Espigniau; Espineau; Espineaul; Épinel; Espinellum; Espinetum; Espiniau; Espinolium. *Épineau-les-Voves.*

Espinette; Espinote (l'). *Épinette (L').*

Espiriacum. *Épizy-la-Santé.*

Espoigny; Espougny. *Appoigny.*

Esquannum. *Escamps.*

Essars; Essartæ; Essarz. *Essert.*

Estables; Estoule; Estaules. *Étaules.*

Estais; Estaiz; Estet. *Étais-la-Sauvain.*

Estaiz-Millon. *Test-Milon.*

Estigny; Estiniacus; Etbigniacum. *Étigny.*

Estival; Estiveium; Estivetum; Estiveum. *Étivey.*

Estrey. *Estrée.*

Estrisy. *Étrizy.*

Esvroles. *Avrolles.*

Esvry; Every-sur-Yonne; Evri; Evriacum; Evrium. *Évry.*

Étrilliers (Les). *Triés (Les).*

Eursot. *Heurseau.*

Evrolla; Evrole. *Avrolles.*

F

Fagetum. *Fays (Le) (cᵉ de Cerisiers).*

Faicum; Fay; Fayacum. *Fay (Le).*

Fargiæ. *Farges.*

Fausse-Chauge. *Fausse-Sauge (La).*

Fay; Fay-des-Mars. *Faix.*

Faye. *Fays (Le) (cᵉ de Turny).*

Febé (Au); Febés (Les). *Phébés (Les).*

Feritas; Feritas Lupatorum. *Ferté-Loupière (La).*

Forrariæ. *Ferrières (cᵉ d'Andries).*

Ferrarins. *Ferrières (cᵉ des Siéges).*

Ferrière-Étrisy. *Bergeries (Les).*

Ferrolæ; Ferrula. *Saint-Fargeau.*

Festinacus. *Festigny.*

Feulvy. *Fulvy.*

Fiacum; Fiacus; Ficum. *Fyé.*

Figueurs (Les). *Figures.*

Firmitas. *Ferté (La Vieille-).*

Firmitas; Firmitas Loperia. *Ferté-Loupière (La).*

Flaccius; Flaciacum; Flascium. *Flacy.*

Flaciacus. *Flacis (Les).*

Flai; Flaiacum; Flay prope Chablis. *Fley.*

Flauniacus. *Flogny.*

Fleurigniacum. *Fleurigny.*

Floennium; Floigny; Floinniacum; Flooniacum. *Flogny.*

Florengei; Floriney; Florigniacum; Florigny. *Fleurigny.*

Flori; Floriacus; Floury. *Fleury.*

Floriacum. *Fleurys (Les).*

Flouegny; Flougny. *Flogny.*

Flury. *Fleury.*

Fochères; Folcheriæ. *Fouchères (cᵉ de Montigny).*

Foelin; Folain; Follin. *Faulin.*

Foessy; Fossay; Fosseium; Fossez; Fossiacum. *Foissy.*

Foix (Les). *Fouets (Les).*

Folcheriæ; Foucheriæ; Fouchières. *Fouchères.*

Follitière (La). *Foutière (La).*

Follon (Le). *Foulon (Le).*

Fons-Humidus; Fontemays; Fontemois; Fontismum. *Fontemois.*

Fons-Lepidus; Fontanæ; Fontaines; Fonteines. *Fontaine-la-Gaillarde.*

Fons-Regius (monasterium). *Druyes (Monastère de).*

Fons-Renardi. *Renard (Le).*

Fons-Rotondus. *Fouronnes.*

Fontaine-Villiers. *Villiers (Les).*

Fontanæ.

Fontanæ; Fontanetum; Fontiniacum. *Fontenay-près-Vézelay.*

Fontanæ, Fontanetum; Fontenoy. *Fontenay-près-Chablis.*

Fontanetum; Fontanetense; Fontenetum. *Fontenoy.*

Fontoctes. *Fontettes.*

Fonteigne-Gerin; Fonteine-Gery. *Fontaine-Géry (La).*

Fontenaliæ; Fontenelles. *Fontenailles.*

Fontenay. *Montérian.*

Fontenellæ. *Fontenilles (Les).*

Fontenelles-lez-Charny. *Fontenouilles.*

Fontenctum prope Mallicastrum. *Fontenay-sous-Fouronnes.*
Fontenoy. *Preuilly.*
Fontes; Fonteynes. *Fontaines.*
Fontes; Fontes prope Saliniacum. *Fontaine-la-Gaillarde.*
Fontes-Mauri. *Fossemore.*
Forest-aux-Chanoynes; Fourest. *Forêt (La).*
Forest-Berreau; Forest-Bruau. *Forêt-Bréault ou Bérault.*
Forestœ; Forestz (les). *Forêts (Les).*
Forêt-Ferouil. *Forêt-Férou.*
Foroone. *Fouronnes.*
Fort-d'Assigny (Le). *Fort (Le).*
Fort-sur-Blot (Le). *Fort-Sublot (Le).*
Forvy. *Fulvy.*
Fossa-Gelet; Fosse-Gilet. *Fougilet.*
Fossa-Mora; Foussemore. *Fossemore.*
Fosse-Cimant. *Fosse-Simon.*
Fouessi. *Foissy.*
Fouessy. *Foissy-lez-Vézelay.*
Foulain. *Faulin.*
Foulquière (La). *Foulière (La).*
Four-Nauldin. *Fournaudin.*
Fourneaux (Les). *Frémeaux (Les).*
Fraginœ; Fraigium. *Fresnes.*
Franca-Villa. *Villefranche.*
Franchevaux. *Franchevault.*
Franciade-sur-Yonne. *Saint-Denis.*
Franc-Lieu. *Franlieu.*
Franc-Oreuse. *Saint-Martin-sur-Oreuse.*
Franquel. *Franccœur.*
Fraxinum. *Fresnes.*
Fréminière (La). *Frémillère (La).*
Fretai; Freteium; Fretoium. *Frétoy (forêt).*
Fricambault. *Frécambault* (cne de Charny).
Fricambault; Friquembaut; Friquenbaut. *Frécambault* (cne d'Avrolles).
Frigida-Villa.
Frigidus-Mantellus. *Franchevault.*
Fucheriœ; Focheres; Fulcheriœ; Fulgeriœ. *Fouchères.*
Fulchiœ. *Fourches.*
Fullonis fluvium. *Tholon (Le)* (ruisseau).
Fulviacum; Furviacum. *Fulvy.*
Fusciacus; Fusscium; Fussiacum. *Foissy.*

G

Gadoule (La). *Gadouille (La).*
Gaiacus. *Gy-l'Évêque.*
Galchy; Garchiacus; Garchy. *Guerchy.*
Galhetas; Galtas. *Galetas.*

Gallebaut. *Galbaut.*
Gallibaut. *Galbaux (Les).*
Ganniacum. *Gigny.*
Garenne-Noir-Épinoy (La). *Garenne (La).*
Garillœ. *Girolles.*
Gaudinet. *Godinet.*
Gaugiacus. *Gouaix.*
Gaulgains. *Regaillarderie.*
Geaulges. *Jaulges.*
Gegne; Geigny. *Gigny.*
Geloingny; Gelougny; Genoilly. *Genouilly.*
Gemeaux (Les). *Jumeaux (Les).*
Gemoy. *Gimoy.*
Geneste (La). *Genête (La).*
Genneium. *Gigny.*
Genuli; Genulli. *Genouilly.*
Gergus. *Gerjus.*
Germini; Germiniacus. *Germigny.*
Geroliœ; Girollœ; Girolles-les-Forges. *Girolles.*
Gevrey; Gevriacum; Gevry. *Givry.*
Giacum; Gia-Episcopi; Gie. *Gy-l'Évêque.*
Gibarli; Gyverlay. *Giverlay.*
Gibertière (La); Gilbardière (la). *Gibardière (La).*
Gibriacum. *Givry.*
Gigney; Gigny-les-Fossés; Ginguey. *Gigny.*
Ginand (La). *Guinand (La).*
Girards (Les). *Gisards (Les).*
Gisei; Gisi; Gisiacum; Gisiacum super Orosam; Gisy-sur-Oreuse. *Gisy-les-Nobles.*
Gian; Glans; Glanz. *Gland.*
Gliselles. *Égriselles* (cne de Villeneuve-sur-Yonne).
Goblot (De). *Tranchet.*
Godeau. *Buisson-Goudeau.*
Goellum; Goetum; Goëz; Gois-lez-Saint-Bris; Goix. *Gouaix.*
Goguiers (Les). *Godiers (Les).*
Goilis. *Guillon.*
Gondeau. *Buisson-Goudeau.*
Gonneaux (Les). *Gogniaux (Les).*
Gorge-Forestière (La) ou Foultière. *Gorgo (La).*
Gougettes (Les). *Gogette (La).*
Goys. *Gouaix.*
Graciacus. *Grisy.*
Granche-Bertagne. *Grange-Bertin.*
Grancheta super Mauvetam; Granchettœ. *Granchettes.*
Granchiœ; Granches; Grange-lez-Sens; Grangiœ. *Grange-le-Bocage.*
Grandis-Campus. *Grandchamp.*

Grangeetes; Grangettes; Greingetes. *Grangette.*
Grange-des-Soldats (La). *Souillas.*
Grange-du-Bois (La). *Marcilly.*
Grange-Hartuis. *Grange-Arthuis (La).*
Grange-lez-Avallon. *Granges-de-Vesvres (Les).*
Grange-Melouc. *Grange-Melois.*
Grange-pour-Un; Grange-Pourin. *Grange-Pourrain.*
Grangia. *Grange-Sèche.*
Graniolus; Grennalius. *Grandnains.*
Grankias. *Grange-le-Bocage.*
Gratte-Poule. *Grapoule.*
Greignon. *Grenon (Le Petit-).*
Greinge-Soiche. *Grange-Sèche.*
Grenade (La). *Vernade (La).*
Grenouilloire (La). *Grenouillère (La).*
Gresla (Le). *Grélats (Les).*
Greslier. *Grayer (Le).*
Grigni. *Gremys (Les).*
Grimonnière (La). *Glimonières (Les).*
Griselles. *Égriselles* (cne de Venoy).
Griselles-sur-Yonne. *Égriselles.*
Grisenno. *Crisenon.*
Griseus; Griseyum. *Grisey.*
Grisiacum. *Grisy* (cne de Saint-Bris).
Grogniers; Grongnée; Grosgnets (les). *Groniers (Les).*
Gromenvilla; Gronnum. *Gron.*
Gros-Sauls. *Grossots (Les).*
Grossilier (Le Petit-). *Groseilles (Les).*
Grossus-Boscus. *Grosbois.*
Gruaudes (Les). *Gréaudes (Les).*
Grum; Grunium, Grunnum. *Gron.*
Guarchiacus; Guarchy. *Guerchy.*
Gubillo. *Guillon.*
Gurgi; Gurgiacus. *Gurgy.*
Gyc-l'Évêque. *Gy-l'Évêque.*
Gyrolœ. *Girolles.*

H

Hamenes (Les). *Amaus (Les).*
Hanins (Les). *Annins (Les).*
Hannes-la-Couste. *Annay-la-Côte.*
Harcy. *Arcy* (cne de Taingy).
Hardilliers. *Ardillers (Les).*
Haulard. *Hollard.*
Haulte-Rive. *Hauterive.*
Haussoit (La). *Houssaye (La).*
Hazardz; Hazas. *Maison-Hérard (La).*
Hé (Le). *Hay (Le).*
Hebrola. *Avrolles.*
Heez. *Hets (Les).*
Helan. *Island.*
Herbeium. *Arblay.*
Héri; Heriacum. *Héry.*

20

Hormanzo; Hermençon; Hermenezuns; Hermensio; Hermentaria; Hermentio. *Armançon* (*L'*) (rivière).

Hermeau. *Armeau.*

Hermence. *Armance* (*L'*) (rivière).

Horrant. *Arant.*

Herviou. *Hervaux* (forêt).

Heulins (Les). *Hulins* (*Les*).

Hiunnia. *Yonne* (*L'*) (rivière).

Hota. *Othe* (forêt).

Houseis. *Houssaye* (*La*).

Huysselot. *Usselot.*

I

Icauna; Icauni; Ingauna; Iunia. *Yonne* (*L'*) (rivière).

Iege; Iegye; Ioge. *Lalain* (*Le*) (ruiss.).

Ielent; Icelend; Ilan; Illant; Islan. *Island.*

Igaux. *Ygots* (*Les*).

Iglisiola. *Égriselles.*

Iliniacensis; Insula. *Isle-sur-Serain* (*L'*).

Infalcatura. *Enfourchure* (*L'*).

Insulæ. *Îles* (*Les*).

Iranciacum; Irenci; Irinciacus. *Irancy.*

Irahour. *Yrouère.*

Iroer; Iroier; Irois; Irrouer. *Yrouère.*

Irrely. *Irly.*

Isangy. *Dissangis.*

J

Jacquectez (Les). *Jacquetats* (*Les*).

Jafort. *Jaffort.*

Jalgæ; Jauge; Jauges; Jaugiæ. *Jaulges.*

Jandrons (Les). *Gendrons* (*Les*).

Janiacum. *Gigny.*

Jarriciæ. *Jarrys* (*Les*).

Jarriel (Le). *Jarrier* (*Le*).

Jauniacus; Jauviacus; Jauviniacus. *Joigny.*

Jemyocte. *Genotte* (*La*) (ruisseau).

Jesses (Les). *Jesches* (*Les*).

Joegni; Jogny; Joigniacum, Joingni; Joogniacum; Jooigny; Jougny. *Joigny.*

Joenzi; Jovenciacum. *Jouancy.*

Joinches. *Jonches.*

Jou; Joulx; Jous; Joux. *Joux-la-Ville.*

Jouenci; Jouvency. *Jouancy* (cⁿᵉ de Soucy).

Jousse. *Joux* (*Les*) ou *Ormes-Joussiers.*

Jouy-la-Villotte. *Patouillats* (*Les*).

Joviniacum. *Joigny.*

Joyacum. *Jouy.*

Jubinerie (La). *Jubin.*

Jugæ; Jugum. *Joux-la-Ville.*

Juilleyus; Juilly; Julliacum. *Jouilly* (cⁿᵉ de Taingy).

Juilli-les-Nonains; Juilly; Juliacum; Julleyum; Jully-les-Forges. *Jully.*

Juilly-au-Buisson-Saint-Vezin; Julliacum; Jully. *Jouilly.*

Juissy; Jussiacum. *Jussy.*

Juminy. *Gemigny.*

Junai; Junayum; Juniacum, *Junay.*

Junchæ. *Jonches.*

Juncheriæ. *Joncheroie* (*La*).

Juspis. *Juchepis.*

K

Kainei. *Cheny.*

Kalungium. *Chalonge.*

Kriciaco. *Césy.*

Kuere. *Cure.*

L

Laagni. *Ligny-le-Châtel.*

Laçon; Lapson. *Lasson.*

Laçon; Lasson. *Laxon.*

Ladoue; Ladu; Laducum. *Laduz.*

Lageniacum; Lagniacum. *Ligny-le Châtel.*

Laileium; Laleium; Lalleium; Lailli; Lalliacum. *Lailly.*

Laindry. *Lindry.*

Laingny-la-Ville; Laingny-le-Chastiaul; Lanniacum. *Ligny-le-Châtel.*

Lain-Seic; Leinsec; Lenset; Linsec. *Lainsecq.*

Lanceia. *Lancy* (forêt).

Lande-Saint-Marceau (La); Landa. *Lalande.*

Lanum; Lin. *Lain.*

Lanum-Siccum; Lanus-Sicus. *Lainsecq.*

Laoderus; Latrée. *Latré.*

Lappereaux (Les). *Bréandes* (*Le Grand-*).

La Sauvin. *Lac-Sauvin.*

Latiniacum – Castellum; Latiniacum - Villa. *Ligny-le-Châtel.*

Latio. *Laxon.*

Laugromus. *Loren.*

Laulnay ou Laulnoy. *Aulnois* (*L'*).

Laultre-Ville. *Lautreville.*

Launoy. *Launay.*

Launtum. *Loing* (*Le*) (rivière).

Laure; Lausa. *Looze.*

Laurea. *Laurent.*

Locheriæ; Leschères; Leschières. *Léchères.*

Lege. *Lalain* (*Le*) (ruisseau).

Le Gros. *Lieu-du-Gros.*

Leigny-lou-Chastel; Leigni-lou-Chas-

teau; Longniacum; Loniacum-Villa; Ligny-la-Ville. *Ligny-le-Châtel.*

Londri. *Lindry.*

Lepeletier. *Saint-Fargeau.*

Lescheriæ. *Lichères-près-Aigremont.*

Lescheriæ; Lichères-la-Vaucelle; Lichers-la-Grange; Lichières; Lischères. *Lichères-près-Vézelay.*

Lesignes; Lesigniæ; Lesiniæ. *Lezinnes.*

Lesigniæ. *Charité* (*La*) (abbaye).

Lesigny; Lisigni; Lesiniacum. *Lesigny.*

Leuchy. *Luchy.*

Leuga super fluvium Lupam. *Saint-Privé.*

Levaticus; Leveys; Leviacum. *Levis.*

Leveau; Louot. *Elveau.*

Licaiacus; Liccadiacus; Lichiers. *Lichères-près-Aigremont.*

Licy; Lissi; Lissy-sur-Queuze; Lixi; Lixiacum. *Lucy-sur-Cure.*

Ligneraillæ; Lignereilles; Lignereules; Ligneroiles. *Lignorelles.*

Ligniacum-Castrum; Ligniacum; Ligny-le-Chasteaul. *Ligny-le-Châtel.*

Limousin (Le). *Limosin* (*Le*).

Linderiacus; Lindri; Lindriacum. *Lindry.*

Linereiles; Lineriliæ; Lineroles; Linerolæ; Linoroliæ. *Lignorelles.*

Lingo. *Lingoult.*

Lisle. *Île-sous-Tronchoy* (*L'*).

Lisle; Lisle subtus montem Regalem. *Isle-sur-Serain* (*L'*).

Lissiacum; Lixi; Lixiacum. *Lixy.*

Livannia. *Livanne.*

Lochiacum. *Luchy.*

Loconnacus; Logniacum. *Leugny.*

Loesma; Loesme; Loima. *Louesme.*

Loge-Croslot (La). *Loge* (*La*).

Logiæ. *Loges* (*Les*).

Logromus. *Loren.*

Loiere. *Sébille.*

Loige-aux-Convers. *Loge* (*La*) (cⁿᵉ de Jully).

Loing-la-Source. *Sainte-Colombe-sur-Loing.*

Longus-Pirus.

Lorez (Les); Lorres. *Lorets* (*Les*).

Loronium. *Loren.*

Losa; Lose; Loze. *Looze.*

Louchi. *Luchy.*

Louèvre. *Loivre.*

Louèvre (Le). *Loivres* (*Les*).

Louveterie; Louvetière. *Louptière* (*La*).

Lucent. *Lussin.*

Luceyum-Boscum; Luciacus; Luci-le-Bois. *Lucy-le-Bois.*

Lucheiacus; Lucheius. *Luchy.*

Luci; Lucy; Lucy-sur-Quehure; Lussiacum. *Lucy-sur-Cure.*

Luegniacum; Lugniacum; Lugny; Luugniacum. *Leugny.*

Lupa. *Loing (Le)* (rivière).

Lupinus. *Alpin.*

Luvannia. *Livanne.*

Luxi-sur-Yonne. *Lucy-sur-Yonne.*

Lynant. *Linant.*

M

Maalay-le-Vicomte. *Malay-le-Vicomte.*

Manloy; Maleium-Regis; Maslay-le-Roy; Masleium. *Malay-le-Roi ou le Petit.*

Macerias. *Michery.*

Madriacum. *Merry* (c^ne de Sacy).

Madriacus; Maire; Mairi-le-Serveux; Mairiacum. *Méré.*

Magniacus; Maigniacus; Maisni; Maniacum; Meniacum. *Magny.*

Magniacus; Magny-sur-Yonne; Maigny. *Magny* (c^ne de Merry-sur-Yonne).

Magnus-Campus. *Grandchamp.*

Maiacensis (Ager); Mailli; Mailly-le-Vineux; Malliacum-Castrum; Malliacus; Mailli-Castrum. *Mailly-le-Château.*

Maigne (La); Menne (la); Moyenne (la). *Maine (La).*

Mailleux; Maillot; Maliyot. *Maillot* (c^ne de Chevannes).

Mailli-Villa; Malliacus-Villa. *Mailly-la-Ville.*

Mairiacum; Marres; Marriacum; Merri. *Merry* (c^ne de Montigny).

Mairiacus; Mariacus. *Merry-Sec.*

Maison-des-Biques. *Bel-Air.*

Maison-Dieu-du-Bloc; Maison-Dieu-du-Villerot; Maison-Dieu-lez-Montréal (la). *Maison-Dieu (La).*

Maison-du-Petit-Reigny. *Reigny (Le Petit-).*

Malaium-Vicecomitis; Mallay-le-Vicomte; Mallet; Malleyum; Malliacus. *Malay-le-Vicomte.*

Malassis ou Bien-Assis. *Malassise.*

Malay-le-Républicain. *Malay-le-Roi.*

Malchais. *Malchères (Les).*

Maleyum Sancti-Petri; Maliotrum; Malleotum Sancti-Petri; Malyot; Masleotum. *Maillot.*

Malheurtis. *Malhortie.*

Malicorna; Malicornium; Mallicorne. *Malicorne.*

Mallemaison (La). *Malmaison (La).*

Malligny; Marleigni. *Maligny.*

Malpas; Malum-Passum; Maupas. *Maupas.*

Malpertuys; Malum-Pertuisum. *Montpertuis.*

Malum-Nidum; Maulny. *Maulny.*

Malum-Repastum; Maurepas; Maurepast. *Maurepas.*

Malus-Repastus (Grangia). *Maurepas.*

Malvetum; Mauvetes. *Mauvotte (La)* (ruisseau).

Mamarciacus. *Montmercy.*

Mansolacus; Mussolacum. *Malay-le-Roi.*

Mansus. *Moulin-Dumay (Le).*

Maoujot. *Mahoujaux.*

Marchais-Bethon; Marchet-Beton. *Marchais-Beton.*

Marchesoy. *Marchesoif.*

Marcilley; Marsille. *Marcilly.*

Marcilliacum. *Marcilly* (c^ne de Monéteau).

Marciniacum; Marneium. *Marnay.*

Marcomania. *Marmeaux.*

Mareul; Marolium. *Mareuil.*

Maricorne; Maricornia. *Malicorne.*

Marmaïcus; Marmeau; Marmeaul; Marmeaus; Marmellæ; Marmiaulx. *Marmeaux.*

Marraulx; Marraux. *Marrault.*

Marre; Marriacus; Merriacum. *Merry (c^e de Sacy).*

Marri; Marry-sur-Yonne. *Merry-sur-Yonne.*

Marsangy; Marsengy. *Massangis.*

Marsengi; Marsengiacum; Massengi; Massengiacum. *Marsangy.*

Mars-sur-Ionne. *Mars-sur-Yonne.*

Maslay; Masliacus-Major; Masliacus-Subterior. *Malay-le-Vicomte.*

Massangy; Massengi; Massengiacus; Massingeyum; Massigny. *Massangis.*

Masure-Bois-Rond (La). *Bois-Rond (Le).*

Matiriacensis ager. *Méré.*

Matriacus. *Merry-la-Vallée.*

Matriacus. *Merry-Sec.*

Maulna; Maune. *Maulne.*

Mauni; Manny-le-Repos. *Maulny.*

Maupertuis. *Montpertuis.*

Maurace; Mouraches. *Morâches (Les).*

Maurice-les-Sans-Culottes. *Saint-Maurice-aux-Riches-Hommes.*

Mauriés (Les). *Moriers (Les).*

Maurizet. *Morizet.*

Maximacus; Maximiacus. *Marsangy.*

Mazure-Tardive (La). *Maison-Tardive (La).*

Media-Aqua (De). *Mi-l'Eau.*

Méc (Le); Mécs (les); Mez. *Metz (Le).*

Meigny. *Magny.*

Meilli. *Mailly-le-Château.*

Meix (Le). *Meix (Les).*

Meleretense (Monasterium); Melerense. *Moutiers (abbaye).*

Melers; Melliers (le). *Meillier.*

Meligniacum; Melligniacum; Melligny; Mellini; Melliniacum. *Maligny.*

Melisé; Melisi; Melisy; Melizey; Melizeyum; Milisiacum. *Mélizey.*

Mellereau; Merlerot. *Cantins (Les).*

Meluision; Menuision. *Meluzien.*

Menemain; Menemoys. *Ménemois-Dessous.*

Mercium-Servosum; Mercy-le-Serveux; Meriacum-Silvosum ou Servosum. *Méré.*

Mereul. *Marcuil.*

Merilles. *Mézilles.*

Merlenneum-Castrum; Merliniacum; Merlinni. *Maligny.*

Merri; Merriacum; Merriacum in Valle; Merry-lez-Égleny. *Merry-la-Vallée.*

Merriacum; Merriacum-Siccum; Merrissicum; Merri-Sec; Mesri-Sec. *Merry-Sec.*

Merriacum super Yonam. *Merry-sur-Yonne.*

Mersiacus; Morsi; Messei; Messiacum. *Mercy.*

Mery. *Val-du-Puits.*

Mes (Le). *Meix (Le).*

Métairie-des-Bois. *Beauregard.*

Métairie-Genestre (La). *Genête.*

Métairie-Rouge (La). *Charmelieu.*

Metsonus; Metsorius. *Michery.*

Metz-l'Abbesse (Le). *Robineaux (Les).*

Mevrora. *Avrolles.*

Mezançon. *Berthelots (Les).*

Miciclæ; Miciglæ. *Mézilles.*

Miganna; Migannia; Migenne; Migennia. *Migennes.*

Migeium; Miget; Migetum; Migetium; Migey; Migi; Migié. *Migé.*

Migrana. *Migraine.*

Milaizons. *Millaisons.*

Miliacus; Milliacum. *Milly.*

Milleries; Millerys (les). *Milleries (Les).*

Mineroy. *Minero (Le).*

Misceriacus; Misseri; Misseriacus; Missery. *Michery.*

Misciacus; Misoriacum; Missery; Mizery. *Misery.*

Mitgana; Mitiganna. *Migennes.*

Mocquesery. *Mocque-Souris.*

Modelagius; Modolaius; Mollai. *Molay.*

Moñacum; Mofly. *Moufly.*
Moireaux (Les). *Bourg-Moreau.*
Moiriacus; *Moriacus.*
Molain; Molains; Molanum; Molins. *Moulins-près-Noyers.*
Molendinæ; Molinæ; Molini; Molins; Mollains; Moulins-Pont-Marquis. *Moulins-sur-Ouanne.*
Molendinum-Leons. *Molinons.*
Molendinum-Mali; Moulin-du-May. *Moulin-Dumay (Le).*
Molesme; Molimæ. *Molesme.*
Molière (La). *Mouillère (La).*
Molinars. *Moulinards (Les).*
Molinondæ; Molinons; Molinundæ; Molinuns. *Molinons.*
Moloimes; Moloisme; Molommes; Molomum; Molosme-la-Fosse. *Molosme.*
Monastallum; Monasteriolum; Monestal; Monestallum; Monestaul; Monnéteau. *Monéteau.*
Monasteriæ; Mostiers; Moustiers. *Moutiers.*
Monasterium-Luperii. *Monthléu.*
Monbulon; Monbolum. *Montboulon.*
Monbustel; Monbutois; Montbustos; Montebuthosium. *Montputois.*
Monceau; Monceaul; Montceaulx. *Montceaux.*
Moncelium-Gonfredi. *Monceau-Confroy.*
Moncerins; Monssereins; Montserain. *Monts-Serins (Les).*
Mondauga; Mondaugas; Mondogast. *Mondogat.*
Mône; Mosne. *Maulne.*
Moneteau (Le Grand-). *Monéteau.*
Monéteau-le-Petit. *Létau.*
Mongeris. *Maugeries (Les).*
Mongrin. *Mongerin.*
Monréaul; Mons-Regalis; Mons-Regius; Montréaul; Mont-Royal. *Montréal.*
Mons; Mons-Sancti-Sulpicii. *Mont-Saint-Sulpice.*
Mons-Acherus. *Montacher.*
Mons-Beo. *Mont-Béon.*
Monscorbonis.
Monseau. *Monceau-de-Villiers.*
Monsgaret. *Montgaret.*
Mons-Marcium. *Montmercy.*
Mons-Matogene.
Mons-Pulset. *Moulin-Poulet (Le).*
Mons-Sanctus-Martinus. *Saint-Martin-sur-Oreuse.*
Mons-Volutus. *Mont-Voutois (Le).*
Mont. *Mont-les-Champlois.*
Montacherium; Montachey; Montachier. *Montacher.*

Montard. *Monthard.*
Montarien. *Monterian.*
Mont-Armance. *Saint-Florentin.*
Montaul. *Montot.*
Montcrif. *Moncry.*
Montegalein; Mongelon; Monjaloing; Monte-Jelen; Montjalaing. *Montjalin.*
Montegniacum; Monteigni; Monteniacum; Montigni; Montigniacum; Montigny-la-Loi; Montigny-le-Roi; Montiniacum. *Montigny.*
Monteliot; Montcluot; Monthéliot. *Montillot.*
Montenot; Montenouc. *Montenault.*
Montet. *Montot (Le).*
Montgarny (La). *Maugarnie.*
Mont-Gaudier; Montgauguier; Montgaulcher; Montgaulguier. *Montgaudier-Dessus.*
Monthelon; Monthollon. *Montelon.*
Monthodoare. *Montaudouart.*
Monticellus.
Montier-Lieu; Monticleux. *Montlhéu.*
Montis-Alo. *Montelon.*
Mont-Layn; Montlayn. *Moulins-près-Noyers.*
Montmarzelin; Montmerdelin. *Montmardelin.*
Montonnerye (La). *Fournaudin.*
Montréparé. *Maureparé.*
Montrus (Les). *Maurus (Les).*
Mont-Serain. *Montréal.*
Morellerie. *Morillons (Les).*
Moricornia. *Malicorne.*
Moslay. *Molay.*
Mota. *Mothe (La) (cte de Chevannes).*
Mote-Juilly (La). *Jouilly.*
Motespot. *Montépot.*
Mothe-Baujard (La). *Baujard.*
Mothe-Saint-Phal. *Mothe-Royer (La).*
Motombles. *Moutomble.*
Motte-de-la-Villeneufve-Maugis (La). *Villeneuve-Maugis.*
Motte-de-Nesvoy (La). *Fort (Le).*
Motte-du-Cierre. *Motte-du-Ciar.*
Moulin-Vautier. *Moulin-d'Enfer.*
Moullier. *Mouillère (La).*
Mounerie (La). *Mouennerie (La).*
Movotte. *Mauvotte (La) (ruisseau).*
Murzenum.
Mysere. *Misery.*
Mytards (Les). *Mittards (Les).*

N

Naaliacum; Naaylliacum; Nadiliacum; Nadiliacus; Nahillei. *Nailly.*
Nailleium. *Nailly (cne de Saint-Moré).*

Nainigiæ; Nanges; Nenges. *Nanges.*
Naingy; Naingy-soubz-Voye; Nangy-sur-Voye. *Nangis.*
Naintreium; Naintry; Nantriacus; Nanturiacus. *Nitry.*
Naiseles; Neseles. *Natiaux.*
Nancapra; Nanchièvre. *Nanchèvre.*
Nancradus. *Nancré.*
Nanteynes. *Nantenne.*
Nantilla. *Nantelle.*
Nanto; Nanto (Le Grand-). *Nantoux.*
Narbona; Nerbonne. *Narbonne.*
Neintri; Nentri. *Nitry.*
Neiron; Nicrien; Nero; Nezon; Nigrontus. *Néron.*
Nemais; Nemoys. *Ménemois-Dessous.*
Neriniacus.
Neuviz. *Neuvy-Saultour.*
Ninoreilles. *Lignoreilles.*
Nintriacum. *Nitry.*
Nivoye (La). *Mi-Voie (La).*
Nocumentum. *Nuisement (cne de Brienon).*
Nocumentum. *Nuisement (cne de Tonnerre).*
Noèes; Noem; Noemum; Noes; Noex; Noez. *Noé.*
Noelles; Nouel. *Noël.*
Noclon; Nollon; Noolo; Noolon; Noolum. *Nolon.*
Noerollæ super Ichaunam.
Nœuvraines. *Neuvreinnes.*
Noeve-Ville. *Villeneuve-l'Archevêque.*
Nohers; Noeriæ; Noeriæ-Castrum; Noeriæ-Villa; Noers; Noertæ; Noyeriæ. *Noyers.*
Noiron. *Néron.*
Nombenard; Noe-Benart; Nobenard. *Aubenard (L').*
Notre-Dame-des-Ormes. *Ormes (Les).*
Noué; Nouers; Nouez. *Noé.*
Nova-Villa super Vennam. *Villeneuve-l'Archevêque.*
Novi; Noviacum. *Neuvy-Saultour.*
Noyrs. *Noirs (Les).*
Nozcaulx. *Nozées (Les).*
Nucerium; Nugerium. *Noyers.*
Nuid; Nucyum; Nuit; Nuiz; Nuys. *Nuits.*
Nuilli; Nuylly. *Neuilly.*
Nuysement. *Brignot (moulin).*

O

Oana; Oane; Oanna; Oanne; Oayne; Odona; Odonense; Oona. *Ouanne.*
Odunum; Odun. *Oudun.*
Ogère. *Augère.*

Oigny. *Ogny.*
Oisellum; Oissclot. *Oiselet.*
Olegno; Oligniacum; Oloniacus. *Vault-de-Lugny (Le).*
Olmedum; Olmetus. *Ormoy.*
Omons; Osmont. *Omont.*
Orbanus. *Ouèvre (L') (ruisseau).*
Orbigni; Orbiniacum. *Orbigny.*
Ordo. *Ordon.*
Orgelena. *Isles (Les).*
Orgiacus; Ourgi; Ourgy. *Orgy.*
Origny. *Igny.*
Ormencio. *Armançon (L') (rivière).*
Orosa. *Oreuse (L') (ruisseau).*
Orval. *Vaudeurs.*
Orvillonne. *Revillonnes (Les).*
Oscellus. *Oiselet.*
Osches (Les). *Houches (Les).*
Osson. *Auxon.*
Ota; Otha; Otta. *Othe (forêt).*
Ouaine; Ouane; Ouenne. *Ouanne.*
Ouanne. *Ouanne (L') (rivière).*
Oustats (Les). *Housselats (Les).*
Outremont (L'). *Autremont (L').*
Oyselet. *Oiselet.*

P

Paage. *Péage (Le).*
Paceium; Paci; Paciacum; Passiacum. *Pacy-sur-Armançon.*
Paciacum; Pacy-les-Véron; Passiacum. *Passy.*
Pailli; Pailliacum. *Pailly.*
Pain-Court. *Bil-Cul.*
Paisilleyum; Puissilleyum. *Pasilly.*
Paisson; Peisson. *Paisson.*
Pajotterie (La). *Pailloterie (La).*
Paleium; Paleya; Pailliacum; Pallei; Pally. *Pailly.*
Palestel; Palleteau. *Palteau (Le Grand-).*
Palete. *Palotte.*
Paligotterie. *Parlicoterie (La).*
Palliacum; Pally; Parli; Parliacum. *Parly-les-Robins.*
Palliniacus. *Pouligny.*
Palluault; Paluault. *Palluau.*
Pance-Follie; Ponse-Follye. *Ponse-Folie.*
Panfo. *Panfol.*
Parado. *Paron.*
Parc; Parco. *Parc-Vieil (Le).*
Parece; Pareciacum; Parroceyum; Parreci; Perriciacum. *Percey.*
Paredus; Paretum; Paretus; Pareyum; Paroy. *Paroy-en-Othe.*
Pareniacus; Parrigny; Parriniacus. *Perrigny.*

Paretum; Paries; Parsi; Paroy. *Paroy-sur-Tholon.*
Parouseau; Perrouzeau. *Perrusseau (Le).*
Parrigniacum. *Perrigny-sur-Armançon.*
Parrigny. *Perrigny.*
Parson. *Paisson.*
Pasceriniacum. *Perrigny (c^ne de Guillon).*
Passelariæ; Passelerez; Paxilleriæ. *Pesselières.*
Passilly. *Pasilly.*
Patriniacus. *Perrigny.*
Paul-Chevrey. *Poil-Chevré.*
Pauliniacus. *Pouligny.*
Paumats (Les). *Panas.*
Pautenote (La). *Poutenote.*
Péage; Péaige. *Péage (Le).*
Pechoeres; Peschoere. *Péchoir (Le).*
Pellauderie (La). *Plauderie (La).*
Pensy. *Pancy.*
Pequions (Les). *Petions (Les).*
Peraud. *Perrault-des-Bois.*
Perreuse (La Grande-). *Perreuse (La).*
Perreux; Petrosum. *Perreux-les-Bois.*
Perriés (Les); Perix (les). *Perriers (Les).*
Perronum. *Paron.*
Perta. *Perte (La).*
Perte. *Perthes (Les).*
Pesteaul. *Pesteau.*
Petit-Lézard. *Poste-aux-Alouettes (La).*
Petons (Les). *Betons.*
Petra-Ficta. *Pierre-Fite-le-Haut.*
Petra-Foraminis; Petra-Pertuis; Petra-Pertusa. *Pierre-Pertuis.*
Petra-Ursana. *Pierre-Couverte (La).*
Petrosa; Petrosium. *Perreuse.*
Phelipots. *Philippeaux.*
Philippière. *Philippières (Les).*
Pian. *Pien (Le Grand-).*
Picardie (La). *Picarderie (La).*
Pichotterie (La). *Pichots (Les).*
Piciacum. *Pizy.*
Pied-au-Passe; Pied-Passe; Puis-aux-Passes. *Pieds-aux-Pâtres (Les).*
Pied-Cormier. *Cormier.*
Pied-d'Allé. *Pied-d'Allay (Le).*
Piffons; Piphons. *Piffonds.*
Pigez (Les). *Pigées (Les).*
Pimales; Pimella. *Pimelles.*
Pinagault. *Pinagot.*
Piredus-Villa. *Villeperrot.*
Piscasiolum; Pistasiolum. *Pesteau.*
Piscatoria. *Péchoir (Le).*
Pise; Piseium; Pisey; Pisiacum. *Pizy.*
Plain-Marchis. *Plain-Marchais.*
Plaisance. *Ports-sur-Yonne (Les).*

Plaissie-du-Mes; Plasseium; Plasse-tum; Plesse-du-Mez; Plessey-du-Maez; Plessie-du-Mez. *Plessis-du-Mée.*
Plaissie-Monseigneur; Plessey-Messire-Guillaume; Plessey-Saint-Jean; Plessis-Praslin. *Plessis-Saint-Jean.*
Planca (ruisseau).
Planchiæ. *Planches.*
Plause; Plauxe. *Plausse (Bois de).*
Pociacus. *Poiry.*
Poelleyum; Poilley; Poilleyum. *Poilly-sur-Serain.*
Poil-Chevray; Polchevré. *Poil-Chevré.*
Poilei; Poili; Poilliacum; Poliacum. *Poilly-sur-Tholon.*
Poillis (Les). *Polis (Les).*
Poincheium; Poncheium; Ponchi; Ponchiacum; Pontiacum. *Poinchy.*
Poiscia; Posoye. *Puisaye (La).*
Polingny. *Pouligny.*
Polrenus. *Pourrain.*
Poly. *Poilly-sur-Serain.*
Pomeredum; Pomeretum; Pomeria; Pomerium. *Pommeraie (La).*
Ponceaulx; Ponciacus. *Ponceau (Le Grand-).*
Pons-Arberti; Pons-Auberti; Pons-Aubertus. *Pontaubert.*
Pons-Maxentus; Pont-Nascencius; Pons-Nascens; Pont-Nessent. *Ponnessant.*
Pons-Nacellarum. *Natiaux (Pont des).*
Pons super Icaunam; Pons super Yonam. *Pont-sur-Yonne.*
Pons-sur-Vanne; Pontes super Vannam. *Pont-sur-Vanne.*
Ponteigni; Pontiniacum. *Pontigny.*
Ponteriau. *Pontareu.*
Pontes; Pontum; Pontus super Yonam; Pontus Syriacus. *Pont-sur-Yonne.*
Pont-sur-Cure. *Chastellux.*
Popelinum; Populcium. *Popelin (Le).*
Porchin. *Porchamp.*
Porliacum; Porly. *Pourly.*
Porrein; Porrenum; Porverenum. *Pourrain.*
Port-de-la-Roche. *Roche (La).*
Posticiolum. *Poisse (La Grande-).*
Poulletz (Les). *Poulets (Les).*
Poussifs (Les). *Grand-Boulin (Le).*
Poyle-le-Chien. *Poilchien.*
Poyouterie. *Pollioterie (La).* ✱
Pozi; Poziacus. *Poiry.*
Pradilis; Praiacum; Praio; Praith; Praiz; Pratigi; Pratilis; Prayz. *Préhy.*

Praeles; Praelles; Prelles. *Presles.*
Praeslæ. *Praesles.*
Praiæ; Praiz; Prait; Prey. *Tour-de-Pré (La).*
Pratis (Molendinum de). *Bâtardeau (Le) (moulin).*
Pratum-Gileberti; Prégilebert. *Prégilbert.*
Préaulx; Préaux. *Préau (Le).*
Préaux. *Bréaux.*
Préhiz; Préiz; Préy; Preyacum. *Préhy.*
Préjouhan. *Préjouan.*
Premereaul; Prenereaux. *Prenereau.*
Prenelle. *Prunelles.*
Presciacum; Pressi; Prisciacum; Prissiacum. *Précy-sur-Vrin.*
Prés-Remy-Montenoux (Les). *Montenault.*
Pressereau. *Pressureau.*
Pressy-le-Mol; Pressy-les-Pierrepertuis; Prisseium. *Précy-le-Mou.*
Preta. *Pretain.*
Prie; Prye. *Prix.*
Prisseium; Prissiacum; Prissiacum-Siccum. *Précy-le-Sec.*
Proanceium; Proency; Prohenci; Provence; Provhanciacum. *Provency.*
Prunay; Prunetum. *Prunoy.*
Prunel.. *Prunelles.*
Puits-Manson; Puits-Masson. *Pimançon.*
Pulcher-Visus. *Grange-Sèche.*
Pulverenus. *Pourrain.*
Puniacus.
Puseya; Puysoie. *Puysaie.*
Putcolum. *Putot.*
Puteum de Huimus. *Puits-d'Esme (Le).*
Puteum-Fontis. *Piffonds.*
Puy-Pellaut. *Peuplot (Le).*
Pymailes; Pymelles. *Pimelles.*

Q

Quadrisiacum; Quarresi; Quarrisy. *Carisey.*
Quaizans (Les). *Quinze-Ans (Les).*
Quarrées; Quarreia. *Quarré-les-Tombes.*
Quehure; Quere; Queure. *Cure (La) (rivière).*
Queine; Quena; Quesna; Quesne; Queyne. *Quenne.*
Quercus. *Chéne (Le).*
Quercus-Arnulfi. *Chéne-Arnoult.*
Queux. *Queue (La).*
Quicharmes. *Guicharmes (Les).*
Quidot. *Cudot.*

Quignolerie (La). *Quillonnerie (La).*
Quinciacensis; Quinceyum. *Quincy.*
Quissy. *Cuy.*
Quoopertorium. *Chevreaux (Les).*

R

Rabiosa; Raiosa. *Rajeuse (forêt).*
Rachaud. *Barrault.*
Racine. *Racinet (Le).*
Racineuzes (Les). *Racineux (Les).*
Racyne (La). *Racine (La).*
Raigny; Raugny. *Ragny.*
Rally. *Railly.*
Rameau. *Rameaux (Les).*
Ramée-de-Foresta. *Ramée (La).*
Rastel; Rastellum. *Rateau.*
Ratille. *Ratilly.*
Raveres; Raveriæ. *Rivières.*
Reau. *Riot (cⁿᵉ de Charbuy).*
Reau; Reaul; Rivus. *Riot (cⁿᵉ de Diges).*
Reborseau; Reborsellum; Reborsiaul; Reborsieau; Rebourseau; Reboursiaul. *Rebourceaux.*
Recognitum. *Arquenœuf.*
Recovrardum. *Rup-Couvert (Le).*
Regenna; Regius-Amnis. *Régennes (Les).*
Regniacensis abbatia; Regniacum; Reniacum. *Raigny.*
Relle (La); Resle (la) et la Turlée. *Resle (La).*
Reposer; Repouseur. *Reposeur.*
Requeugneu; Requeugneux; Requeuneul. *Arquenœuf.*
Revillone (Le). *Revillonnes (Les).*
Revisi; Revisiacus. *Révisy.*
Rhubourgeon; Ribourgeon. *Ru-Bourgeot.*
Ribarias. *Rivières.*
Ricasseau. *Ricassiots (Les).*
Richeborc; Richebourg (le Petit-). *Richebourg.*
Richebourc. *Richebourg (moulin).*
Riconorus. *Arquenœuf.*
Rigana. *Régennes.*
Rinncium; Rinnum. *Rugny.*
Rioscella. *Ruissotte (Le Grand-).*
Ripa; Rippa; Rispe (la). *Rippe (La).*
Riparia; Rivière (la). *Villages-la-Rivière (Les).*
Riveta. *Rivottes.*
Rivus. *Riot.*
Robigneaux (Les). *Robinaux (Les).*
Roboretus. *Rouvray.*
Roboris fons. *Rouvre (Fontaine du).*
Rochonorus. *Arquenœuf.*

Roffy; Rouffé; Rouffey; Rouffi; Royfeyum. *Roffey.*
Roiche (La). *Roche (La).*
Roigny. *Rogny.*
Roncennacum; Roncennaium; Roncenet; Roncenniachus; Ronconiacus. *Roncenay.*
Roncheriæ. *Ronchères.*
Roncia. *Ronce (La).*
Roncière (La). *Ronsière (La).*
Rosayum; Rosoy-sur-Yonne; Rousay; Rousoy. *Rozoy.*
Rossardière. *Ronsardière (La).*
Rossem; Rossom; Rossum; Rossenz. *Rousson.*
Rossotte; Roussotte. *Ruissotte (Le Grand-).*
Rougny. *Rogny.*
Roussemellus. *Roussemeau.*
Roussotte. *Ruissotte (Le Petit-).*
Rouvretum (cⁿᵉ de Véron).
Roverai, Rovray; Rovretum; Rouvroy; Rovroyum; Rouvretum. *Rouvray.*
Rozières. *Rosières.*
Ru-Couvert; Rue-Couverte (la); Rup-Couvert. *Rup-Couvert (Le).*
Rue-de-Chêne. *Rue-Chèvre (La).*
Ruel (Le); Ruey (le). *Rué.*
Rue-Poupin. *Rue-Pepin (La).*
Ruffé. *Roffey.*
Rugneyum; Ruigny; Ruiniacum; Ruinni; Ruygneyum; Ruyne. *Rugny.*
Ruis (Les); Ruys. *Ruy (Le).*
Ruot. *Riot (cⁿᵉ de Charbuy).*
Ruverai. *Rouvray.*

S

Saciacus; Saciagus; Sassiacum. *Sacy.*
Saillant. *Seiglan.*
Saillegniacum; Saillenei; Saillenayum. *Seignelay.*
Sailligny; Saleigni; Saliniacus; Saligni. *Saligny.*
Saimbault; Symbault.
Saina. *Serain (Le) (rivière).*
Saint-Agnain; Saint-Agnan-en-Gastinois; Sanctus-Anianus. *Saint-Agnan.*
Saint-André-en-Terre-Plaine. *Saint-André.*
Saint-Bénigne. *Saint-Benin.*
Saint-Branchey; Saint-Branchier. *Saint-Brancher.*
Saint-Cayse; Sanctus-Casius; Saint-Kaise. *Sommecaise.*
Saint-Cyrotin. *Saint-Sérotin.*
Saint-Esoge-en-Puysaie. *Saint-Eusoge.*

Saint-Fergeau; Sanctus-Ferreolus. *Saint-Fargeau.*

Saint-Jehan-du-Plesse; Saint-Jean-du-Plessis-Praslin. *Plessis-Saint-Jean.*

Saint-Léger-des-Fourgeretz; Saint-Ligier-de-Foucheray; Saint-Ligier-dou-Foucheroy. *Saint-Léger-de-Foucheret.*

Saint-Maartz-de-lez-Nuiz. *Saint-Marc.*

Saint-Marceau. *Saint-Marcel.*

Sainte-Marguerite-lez-Saint-Siméon. *Saint-Siméon.*

Saint-Marien (Le Grand-). *Bouchet (Le).*

Saint-Martin-de-Molosme; Sanctus-Martinus; Sanctus-Martinus prope Tornodorum. *Saint-Martin-sur-Armançon.*

Saint-Martin-du-Tartre; Sanctus-Martinus; Sanctus-Martinus de Colle; Sanctus-Martinus super Yonam. *Saint-Martin-du-Tertre.*

Saint-Mauré; Saint-Modéré. *Saint-Moré.*

Saint-Maurice-en-Thizouaille; Saint-Maurice-Tire-ou-Aille. *Saint-Maurice-Thizouaille.*

Saint-Nicolas-les-Villeneufve-le-Roy; Sanctus-Nicolas-Villæ-Novæ-Regis. *Saint-Nicolas-lez-Villeneuve-le-Roi.*

Saincte-Palae. *Sainte-Pallaye.*

Saint-Pierre-de-Chérisy. *Chérisy.*

Saint-Pierre-sous-Cordois. *Sainte-Magnance.*

Saint-Pris. *Saint-Bris.*

Sainte-Procaire; Sancta-Porcaria. *Sainte-Porcaire.*

Saint-Sauveur-du-Loing. *Saint-Sauveur.*

Saint-Sauveur-lez-Sens. *Saint-Sauveur-des-Vignes.*

Saint-Savinien-lez-Égriselles. *Égriselles.*

Saint-Syrotin. *Saint-Sérotin.*

Sainz; Sancti; Sancti in Puysaya. *Saints.*

Saisyacum; Saizy; Seizy. *Césy.*

Salcy. *Salecy.*

Salice-Iolent; Salix-Ylenci; Saulce (le); Saulçoy-d'Illain (le). *Saulce (Le)* (c^ne d'Island).

Salix. *Saulce (Le)* (c^ne d'Escolives).

Salvigniacum. *Sauvigny-le-Bois.*

Samboucq; Sambuccus; Sanbouc; Sambouc. *Sambourg.*

Sanceias. *Sainte-Béate.*

Sanceium; Sancy. *Censy.*

Sanctus-Albinus-Castri-Novi; Saint-Aulbin-Chasteau-Neuf. *Saint-Aubin-Château-Neuf.*

Sanctus-Albinus; Sanctus-Albinus super Yonam. *Saint-Aubin-sur-Yonne.*

Sancta-Anastasia. *Sainte-Nitasse.*

Sanctus-Anianus. *Saint-Aignan* (c^ne de Tonnerre).

Sanctus-Baldus; Sanctus-Baudus; Sanctus-Baudus de Paronno; Saint-Bon. *Saint-Bond.*

Sancti-Benedicti (Villa). *Villiers-Saint-Benoît.*

Sancti-Boneti (Grangia); Sancti-Boneti (Ecclesia). *Saint-Bonnet* (monastère).

Sanctus-Briccius et Brictius; Sanctus-Bricius; Sanctus-Britius; Sainct-Briz. *Saint-Bris.*

Sanctus-Cirus; Sainct-Cyre; Sanctus-Cyricus; Saint-Cire-lez-Couïlons. *Saint-Cyr-les-Colons.*

Sanctus-Clemens; Saint-Climant. *Saint-Clément.*

Sancta-Columba. *Sainte-Colombe-près-l'Isle.*

Sancta-Columba. *Sainte-Colombe-près-Sens* (monastère).

Sancta-Columba. *Sainte-Colombe-sur-Loing.*

Sancta-Columba in comitatu Tornodorensi; Sanctæ-Columbæ ecclesia. *Sainte-Colombe.*

Sanctus-Dionisius; Sanctus-Dyonisius super Ouanam. *Saint-Denis-sur-Ouanne.*

Sancti-Egidii de Nemore (Ecclesia). *Saint-Gilles.*

Sanctus-Eusebius. *Saint-Eusoge.*

Sanctus-Felix. *Saint-Félix.*

Sanctus-Filbertus. *Saint-Philbert.*

Sanctus-Florentinus. *Saint-Florentin.*

Sanctus-Florentinus Vetus. *Saint-Florentin-le-Vieux.*

Sanctus-Georgius. *Saint-Georges.*

Sanctus-Germanus de Campis. *Saint-Germain-des-Champs.*

Sanctus-Germanus super Orosam. *Saint-Germain* (c^ne de la Chapelle-sur-Oreuse).

Sanctus-Gervasius. *Saint-Gervais.*

Sancti-Johannis (Ecclesia). *Saint-Jean-lez-Sens* (abbaye).

Sanctus-Julianus; Sanctus Julianus de Salice; Sanctus-Julianus de Saltu. *Saint-Julien-du-Sault.*

Sancti-Laurencii (Ecclesia). *Chapelle-sur-Oreuse (La).*

Sanctus-Leodegarius de Morvenno; Sanctus-Leodegarius de Focherolo. *Saint-Léger-de-Foucheret.*

Sancti-Lupi (Foresta). *Saint-Loup* (forêt) (c^ne de Brienon).

Sancti-Lupi (Nemus). *Saint-Loup* (forêt) (c^ne de Vareilles).

Sanctus-Lupus de Ordone. *Saint-Loup-d'Ordon.*

Sanctus-Lupus infra Sanctum-Dyonisium; Sanctus-Lupus Parvus. *Saint-Loup-le-Petit.*

Sancta-Magnentia; Sancta-Maignancia; Saincte-Maignance. *Sainte-Magnance.*

Sanctus-Martinus de Campis. *Saint-Martin-des-Champs.*

Sanctus-Martinus de Ordone. *Saint-Martin-d'Ordon.*

Sanctus-Martinus super Horosam; Sanctus-Martinus. *Saint-Martin-sur-Oreuse.*

Sanctus-Martinus super Oannam. *Saint-Martin-sur-Ouanne.*

Sanctus-Martinus super Ocram. *Saint-Martin-sur-Ocre.*

Sanctus-Mauricius; Sanctus-Mauricius-Tyreroelha; Sanctus-Mauricius-Tiroaille; Saint-Morise-Thiroaille. *Saint-Maurice-Thizouaille.*

Sanctus-Mauricius prope Villam-Novam-Divitum-Hominum; Saint-Maurice-aux-Riches-Hommes et Femines. *Saint-Maurice-aux-Riches-Hommes.*

Sanctus-Mauricius Vetus; Saint-Maurice-le-Viel. *Saint-Maurice-le-Vieil.*

Sanctus-Medardus. *Saint-Marc.*

Sancti-Michaelis Villa; Saint-Michiau. *Saint-Michel.*

Sanctus-Moderatus. *Saint-Moré.*

Sancta-Palladia. *Sainte-Pallaye.*

Sancti-Pancracii (Ecclesia). *Saint-Brancher.*

Sancti-Pauli de Vanna (Ecclesia). *Saint-Paul* (abbaye).

Sancti-Petri ecclesia juxta fluvium Choram; Sanctus-Petrus Inferior. *Saint-Père-sous-Vézelay.*

Sancti-Petri (Nemus). *Saint-Pierre* (forêt).

Sanctus-Philbertus; Saint-Philebert. *Saint-Philbert.*

Sanctus-Projectus. *Saint-Pregts.*

Sanctus-Privatus. *Saint-Privé.*

Sancta-Procaria. *Sainte-Porcaire.*

Sanctus-Quintinus subtus Saciacum. *Saint-Quentin.*

Sanctus-Romanus. *Saint-Romain-le-Preux.*

Sanctus-Salvator; Sanctus-Salvator de Puscio. *Saint-Sauveur.*

Sanctus-Salvator; Sanctus-Salvator de Vincis; Sanctus-Salvator in Vincis. *Saint-Sauveur-des-Vignes.*

Sanctus - Sidronius; Sanctus-Sindonius. *Saint-Cydroine.*

Sanctus-Simeonus; Sancti-Symeonis (Léprosi). *Saint-Siméon* (chapelle).

Sancta-Sirica. *Sainte-Cerise.*

Sancti-Stephani (Nemus). *Saint-Étienne* (forêt de).

Sanctus-Theobaldus de Nemoribus ou Beaumont; Saint - Thiebault - des - Bois. *Saint-Thibault.*

Sanctus-Valerianus. *Saint-Valérien.*

Sanctus-Virtus ;   Sanctæ-Virtutes. *Saintes-Vertus.*

Sanctus-Winemarius; Sanctus-Winimerius. *Saint-Vinnemer.*

Saneveriæ. *Senevière.*

Santiniacum; Santoigny. *Santigny.*

Sanvinneis (De); Sine Vineis. *Sanvigne.*

Sarce. *Pont-de-Cerce* (Le).

Saregni; Sarregny; Sarrigniacum. *Sarrigny.*

Sarmazia.

Sarmisolæ; Sarmisoliæ; Sermiselles; Sermizaille. *Sermizelles.*

Sarots (Les). *Sarraux* (Les).

Sarreni; Sarrigniacum; Sarrigny; Serrenayacum. *Serrigny.*

Sarrey; Sarreyum; Sarriacum. *Sarry.*

Satigniacum. *Stigny.*

Sauciacus. *Soucy.*

Saulce (Le); Sosse (le). *Saulce* (Le) (c^ne de Champcevrais).

Saulçois (Le); Saussois (le). *Saussois* (Le).

Sauldurand. *Saudurand.*

Saully. *Sauilly* (Le Petit-).

Saulsoye (La). *Saussoie* (La).

Saultour. *Saultour.*

Sauvoigny-le-Buriau; Sauvoigny-le-Boriard; Sauvoigny-le-Buruart; Sauvoigny-lou-Berouart. *Sauvigny-le-Beuréal.*

Saulx; Saus; Sauz. *Sceaux.*

Sauniers (Les); Sonniers (les). *Saulniers* (Les).

Sauvegenouil; Sauvegenoulx. *Sauve-Genou.*

Sauviniacum; Sauvoigniacum in Bosco; Sauvoigny-le-Bois; Sauvoignysur-Soche. *Sauvigny-le-Bois.*

Savigniacum; Savigny-Lenlais. *Savigny.*

Savigny; Saviniacum. *Savigny-en-Terre-Plaine.*

Scabiæ. *Siéges* (Les).

Scarlciæ. *Escharlis* (Les).

Sçaviers (Les). *Saviers* (Les).

Scelliers (Les). *Beaurepaire.*

Scenay; Scnay; Senoy. *Senoy.*

Sceu; Scout (bois). *Contest.*

Scoliva; Scolivæ. *Escolives.*

Scbille. *Sebille.*

Sedena; Seduna. *Serain* (Le) (rivière).

Sedincus. *Sauilly.*

Seignalcium; Seillegnai; Seillenay; Seilleneyum; Seleigneium; Selencium; Sellenayum; Selleniacum; Senelayum. *Seignelay.*

Seitigny; Sestiniacum; Seteigny; Sistiniacum. *Stigny.*

Selles. *Celles* (Les).

Selliacum. *Sceaux.*

Semaintrain. *Soumaintrain.*

Semely; Similiacum. *Semilly.*

Sementero; Sementeron. *Sementron.*

Senaen; Senana; Senayn; Senecn; Seneim; Senein; Senicio; Senyn. *Serain* (Le) (rivière).

Senaim; Senons; Senem; Senomum; Senune. *Senan.*

Senevoy; Sineveium. *Sennevoy-le-Bas.*

Sennensis; Senones; Senonum (Civitas); Senonse. *Sens.*

Senonensis (pagus). *Sens (Pagus de).*

Senones. *Sénonais* (Les).

Senquensia. *Sommecaise.*

Seoignes. *Sognes.*

Sepeaulx; Sepoux; Seppols; Septempili; Septempirus. *Sépaux.*

Septem-Fontes. *Sept-Fonds.*

Seræ. *Serres.*

Seraseriæ. *Cerisiers.*

Serbona; Serbonne. *Serbonnes.*

Sercy; Seriacum; Serys. *Sery.*

Serginia; Serginiæ, Sirgengia. *Sergines.*

Serilli; Silliery. *Sérilly.*

Serin. *Serin.*

Sertaines. *Certaines.*

Serynottes. *Sinotte* (La) (ruisseau).

Sessiacus. *Sacy.*

Setpax. *Sépaux.*

Seuvre. *Sœuvre.*

Sevei; Seveiæ; Seveies; Severe; Sevia; Sevys. *Sevy.*

Sexta; Sista; Siste. *Sixte.*

Seziacum; Sezy. *Sery.*

Sezons. *Saisons* (Les).

Siduliacus. *Sauilly.*

Sigiacum. *Chigy.*

Sigliniacus, Sigliniacum; Signelay; Sinelay. *Seignelay.*

Silbona. *Serbonnes.*

Silviacus. *Subligny.*

Silviniacus. *Saintes-Vertus.*

Sine Vincis. *Sanvigne.*

Sinode. *Serain* (Le) (rivière).

Sinxeium. *Censy.*

Siros (Les). *Sirops* (Les).

Sivriacum; Sivry. *Civry.*

Socceyum; Soci; Socci; Sociacum. *Soucy.*

Soduliacum; Soeli; Soilly; Solly. *Souilly.*

Soenci. *Censy.*

Socriæ; Sohières; Soyères. *Sougères* (c^ne de Gurgy).

Socriæ; Soyere. *Sougères.*

Soignes; Songnes. *Sognes.*

Soilly. *Sully.*

Solaines; Solainnes; Solennes; Sollènes; Soulaynes; Souleyne. *Soleine-le-Haut.*

Solangeium; Solangy; Solemniacus; Solenge; Solengei; Soulangeium. *Soulangy* (c^ne de Sarry).

Solemez; Solennat; Solmé; Soullemé. *Solmet.*

Solengy. *Soulangy.*

Solium; Soolli; Soolliacum. *Sauilly.*

Solmere; Sormercium; Sormeri; Sormeriacum. *Sormery.*

Solly (Le Petit-). *Souilly* (Le Petit-).

Soloynes-le-Petit. *Soleine* (Le Petit-).

Somentrain; Somentreyum; Sonibus Mantrei; Soubmeintrain; Soubzmestrain; Soubzmestreyum; Soumentrien; Souzmaintrain. *Soumaintrain.*

Someville. *Sommeville.*

Sommecasse; Somquoize; Somqueze; Sonquaise. *Sommecaise.*

Sooilly; Sooliacum. *Souilly.*

Soaciacum; Soussy. *Soucy.*

Souillard; Souillatz (Les). *Souillas.*

Soulet. *Chollet.*

Soully. *Souilly.*

Soumentero; Soubzmenteron. *Sementron.*

Soustour; Soutor; Soutour. *Saultour.*

Soutardière (La). *Choutardière* (La).

Soutier. *Choutière* (La).

Spinectum; Spinicolum; Spinoli; Spinolium. *Épineau-les-Voves.*

Stabulæ. *Étables.*

Stabulæ; Staubles. *Étaules.*

Stanacus. *Étigny.*

Staticus. *Siéges* (Les).

Strichiacum. *Trichey.*

Subligny-le-Bois; Sulegny; Suligni; Sulligniacum. *Subligny.*

Succi; Succius. *Soucy.*
Suchel (Le); Suchoir. *Suchois (Le).*
Sucreux. *Sucré.*
Suenceium. *Censy.*
Sueriæ. *Sougères.*
Suliacum. *Couilly.*
Sullenes. *Soleine-le-Haut.*
Sulliacum. *Souilly.*
Sumenterum. *Semenbron.*
Summacasa; Suncasium. *Sommecaise.*
Summa-Villa. *Sommeville.*
Summentiriacum. *Soumaintrain.*
Summeri. *Sormery.*
Super-Ocram. *Sur-Ocre.*
Suriacus.-*Sarry.*
Sutor. *Saultour.*
Synelayum. *Seignelay.*
Syvry. *Civry.*

T

Taiz-Millon; Temilon. *Test-Milon.*
Talaceium; Taleceium; Taleci; Tallecy. *Talcy.*
Tallam; Tallouan; Taloen; Talouan. *Talouan (Le).*
Tallemandrie. *Montgommery.*
Tallin. *Talin.*
Talo. *Talon (Le).*
Talvæ. *Torves.*
Tanere; Tannera; Tannodorum; Tanotra. *Tannerre.*
Tangi; Tangiacum; Tengiacum; Tangy. *Taingy.*
Tanlæ; Tanlai; Tanlaium; Tanlay-Hémery; Tanletum. *Tanlay.*
Tarouseau; Taroyzeaux. *Tharoiseau.*
Tarrel; Thairot; Tharetum; Tharot-lez-Girolles; Thoirel; Thoirot; Thoreilus. *Tharot.*
Tarva; Tarves. *Torves.*
Tauriacensis (Vicaria); Tauriacus. *Thury.*
Taurot. *Taureau (Le).*
Teil; Tellium. *Theil.*
Tempnera. *Tannerre.*
Tenards (Les). *Thenards (Les Grands et les Petits).*
Ternante; Ternantes. *Ternant.*
Ternodorum; Ternodrensis; Ternotensis. *Tonnerre.*
Testæ. *Étais.*
Thairoseaul; Thalouseaul; Tharoiseaul; Tharouseaul. *Tharoiseau.*
Thalaceium. *Talcy.*
Thaloan. *Taloan.*
Theme; Themna; Thesme. *Thèmes.*
Thiel; Thilia; Thoil. *Theil.*

Thiseium; Thisey; Tisiacum; Tisy; Tissy. *Thizy.*
Thociacum; Thocy; Thoucy. *Toucy.*
Thoire; Thorey; Toire; Toiri. *Thorey.*
Thoiry; Thoreyum; Thori; Thoriacum; Thoury. *Thory.*
Thol. *Thureau-du-Bar* (forêt).
Thori; Thoriacum; Toriacum. *Thury* (cne de Brienon).
Thori; Thoriacus. *Thury.*
Thorigny-lez-Aucerre; Torcgny; Tourigny. *Thorigny.*
Thoringia; Thoriniacum; Toreneius; Toriniacum; Torniacum; Torigny. *Thorigny.*
Thoroiseau; Thoroyseaul. *Tharoiseau.*
Thul. *Thureau du Bar* (forêt).
Thuriacum-Arnulphi. *Coutarnoux.*
Ticisnaum.
Tiliacum; Tilius; Tillidum. *Theil.*
Tingi; Tingiacum. *Taingy.*
Tissé; Tissiacum. *Tissey.*
Toceiacum; Toceium; Toci; Tociacus; Tocy; Touci. *Toucy.*
Tochebœuf; Tuchebovis. *Touche-Bœuf.*
Tollon; Tollum; Tolonum; Tolon. *Tholon.*
Tonneure. *Tonnerre.*
Torbenai; Trebenay. *Tourbenay.*
Toro. *Thury.*
Tormentiacum; Tourmancy. *Tormancy.*
Tornedrisus; Tornedurum; Tornerre; Tornetrinse; Torneure; Tornodorum; Tornotrinse; Tornuerre; Tournerre; Tourneure; Tournoirre. *Tonnerre.*
Tornetrensis Comitatus. *Tonnerre (Comté de).*
Tosac. *Toussac.*
Totifaux. *Tout-y-Faut.*
Toullon. *Tholon.*
Tourailler; Tourayer. *Thourailler.*
Tour-de-Prés (La). *Tour-de-Pré (La).*
Toutevoyes. *Nangis.*
Traclin; Treclaim; Tréclun. *Trinquelin.*
Tramenciacum. *Tormancy.*
Tramets (Les). *Tremets (Les).*
Treicheium; Triché; Tricheium. *Trichey.*
Tremblay (Le); Tremblet (le). *Tremblay (Le).*
Trenchoy (Le). *Tronchoy* (cne de Flogny).
Tresmont. *Trémont.*
Tresogensis Ager.
Trevilli; Trevilliacum; Trevily; Truilli. *Trévilly.*
Triclin; Trinclain. *Trinquelin.*

Trigniacum; Trigny. *Treigny.*
Trions (Les). *Trillons (Les).*
Tromanci. *Tormancy.*
Troncheium; Lou-Tronchoy. *Tronchoy.*
Tronchets. *Trancherie (La).*
Tronsoys (La). *Tronçois.*
Trottars. *Trotards (Les).*
Truciacum; Truciacus. *Trucy-sur-Yonne.*
Truncheium. *Tronchoy.*
Tuichebuef. *Touche-Bœuf.*
Tul. *Thureau-du-Bar* (forêt).
Turiacum; Tury-en-Puysoys. *Thury.*
Turne; Turnei; Turniacum. *Turny.*
Tusciacum. *Toucy.*
Tuseaux. *Étiffiaux.*

U

Uldunus. *Oudun.*
Ulmedum; Ulmeta; Ulmetus; Ulmeyum; Ulmoy. *Ormoy.*
Ultenacum. *Voutenay.*
Ultissiacus; Uzy-en-Bourgogne. *Uzy.*
Urbanus. *Ouèvre (L')* (ruisseau).
Urbigny. *Orbigny.*
Usages (Les). *Beaurepaire.*
Uspeaux (Les). *Huspeaux (Les).*
Utta. *Othe.*

V

Vaciacum; Vacy; Varcy; Vascy. *Vassy.*
Vairau. *Vezeau (Bois du).*
Vaire (La); Varia; Varres; Vere (la). *Vaire (La).*
Vaireau. *Vaux-Germains (Les).*
Vaissy; Vaixy; Vessey-lez-Avallon. *Vassy.*
Vaixi; Vasseium. *Vassy* (cne de Guillon).
Valan; Valantum; Valen; Valens; Valenz. *Vallan.*
Valariæ. *Valériens (Les).*
Val de Cano; Val de Quaneo; Val de Queneou. *Val-de-Quenouil.*
Val-de-Marci; Valle-de-Marcy; Vaul-de-Marcy; Vaul-de-Mercy. *Val-de-Mercy.*
Val-des-Nonains. *Couchenoire.*
Val-des-OEilliaux; Val-des-OEillets. *Val-des-OEillots (Le).*
Valeires; Valleriæ. *Vallières.*
Valeriacum; Valleri. *Vallery.*
Valerot. *Vellerot.*
Valflo; Vauflo. *Vaufleur.*
Valle-Doirre; Valledori (de); Vollis-Ederi; Vallodorum. *Vaudeurs.*

le-Olignum; Vallis-Oliniaci; Vallis-Dloignei; Vallis. *Vault-de-Lugny (Le)*.

-le-Roi. *Chaumes (Les)*.

les; Vaulx-Tannerre. *Vaux*.

leyæ; Valliculæ; Velliliæ; Vallis. *Vallées (Les)*.

-Lichères; Vaulichères; Velli-chières. *Vaulichères*.

lis; Valles; Vallibus; Vaulx; Vaus. *Vaux*.

lis-Calmi; Vallis-Chalmei. *Vaucharme (Le Bas et le Haut)*.

lis de Craeriis.

lis de Veteriis.

lis de Maalone; Vaul-de-Clément-Malon; Vaux-de-Malon. *Vau-de-Mâlon (Le)*.

lis-Guilleins; Vauguillain; Vaul-guillyn. *Vauguilain*.

lis-Lucens; Vallis-Lucida; Valluy-sant. *Vauluisant*.

lis-Mauricius; Vallis-Maurus. *Vaumort*.

lismorini. *Vaumorin*.

lis-Pentana. *Moutiers*.

lisprofonda; Valprofonde-lez-Béon. *Valprofonde (c^ne de Béon)*.

lis-Profonda; Vaul-Profonde. *Valprofonde (c^ne de Villeneuve-sur-Yonne)*.

lis-Putei; Vau-du-Puits. *Val-du-Puits*.

lis-Revennia. *Vorvigny*,

loux. *Vallonx*.

na; Vanna. *Vanne (La) (rivière)*.

na (Ecclesia). *Saint-Paul (abbaye)*.

nctum. *Venoy*.

raine. *Varaines (c^ne de Cisery)*.

raine; Varenes. *Varennes (c^ne de Diges)*.

raine (La). *Varenne (La Haute-)*.

rainnes; Varannes; Varenna; Varenne. *Varennes*.

reiæ; Varoliæ; Varellæ; Vareilles; Varoilliæ; Varilles. *Vareilles*.

rginey; Vargigny; Vargineyum; Vargini; Varginiacum. *Vergigny*.

rginiacum (Villa).

rnoy (Le); Vernoy (Le).

ron. *Véron*.

rrigny. *Verrigny*.

sseium; Vassey. *Vassy*.

ucia; Vaulcia; Vaulciæ; Vaulxe. *Vausse*.

uderia; Vauderre; Vaudeurre; Vaudorre; Vaudurre. *Vaudours*.

ugignes; Vaulgines. *Vaugines*.

ugourré; Vaulgorré. *Vaugourot*.

Vaul (Le). *Veau (Le)*.

Vaulcharles; Vaucharme-les-Quatre-Métairies. *Vaucharme (Le Bas et le Haut)*.

Vaul-de-Oligne; Vaul-de-Ouligny (le); Vaul-de-Loigny; Vaul-de-Lugny (le); Vaul-d'Ourigny; Vault-Jaucourt. *Vault-de-Lugny (Le)*.

Vaulderain; Vauldran. *Vaudran*.

Vaul-Germain. *Vaux-Germains (Les)*.

Vaulmour. *Vaumort*.

Vaulpitre. *Vaupitre*.

Vaultour. *Vautours (Les)*.

Vaulvay. *Volvant*.

Vaulxe. *Vausse (forêt)*.

Vaulxretor. *Vortord*.

Vauperrone. *Val-Péronne*.

Vauquion. *Vaulhion*.

Vaureta.

Vauretor. *Vortord*.

Vaurevigny. *Vorvigny*.

Vausourde (La). *Voix-Sourde (La)*.

Vau-Tibault (Le). *Val-Thibault*.

Vaux-Crochot. *Vaucréchot*.

Vaux-de-Lasnet. *Vault-de-Lannai*.

Vaux-de-Vanes (Les). *Vaudevannes*.

Veau-Poou-les-Saint-Morise; Veaupo; Veaupoul. *Vieupou*.

Veillard; Veilliard-le-Comte; Veliard-le-Compte. *Velars-le-Comte*.

Veiron; Vero; Verron; Verun. *Véron*.

Veisinæ; Vesines. *Voisines*.

Vellain; Vellanum; Vellein. *Verlin*.

Velleriacum. *Vallery*.

Velnoy. *Vernoy*.

Vendilus. *Venoy*.

Vendosa; Vendossa; Vendonsa; Venos; Venosa; Venosso; Venousse; Venusse; Venuxia. *Venouse*.

Venesia; Venesy; Venisiacum. *Vénizy*.

Venna. *Vanne (La) (rivière)*.

Vennetum. *Venoy*.

Vergeaul; Vergeot. *Vergeau (Le)*.

Vergiliacum; Vertelaium; Verzelai; Verzelacum. *Vézelay*.

Verginiacum; Verginy. *Vergigny*.

Verilly. *Vrilly*.

Vermento; Vermenton; Vermentonnus; Vermentum. *Vermanton*.

Vermoron. *Vermoiron*.

Verneiacum; Verneium; Vernetum; Vernoi. *Vernoy*.

Verreriæ. *Verrières*.

Vertili; Vertilli; Vertilliacum. *Vertilly*.

Vertronnum. *Vertron (Le)*.

Vesannes; Vezannæ. *Vezannes*.

Vesignes; Vesines; Vezines. *Vezinnes*.

Veslories (Les). *Velleries (Les)*.

Vetera-Prata. *Chapelle (La) (c^ne de Venoy)*.

Veteres-Escharleiæ; Vetus-Scarleia. *Vieux-Escharlis (Les)*.

Veteri-Puteo (De); Vetus-Pediculus. *Vieupou*.

Veuvre (Grange de la). *Grange-de-Vesvre (La)*.

Veze (la). *Vaize (La)*.

Vezelai. *Vézelay*.

Vezilly. *Vrilly*.

Vezon. *Véron*.

Vicinæ; Viciniæ. *Voisines*.

Vicus-Novus. *Vinneuf*.

Videbelom. *Villon*.

Vidiliacus. *Vézelay*.

Vicil-Champs. *Vieux-Champs (c^na de Germigny)*.

Vicil-Champs; Vielz-Champs. *Vieux-Champs (c^na de Charbuy)*.

Vieille-Forêt (La). *Chapelle-Vieille-Forêt (La)*.

Vieilpoil; Vieilpol. *Vieupou*.

Vieil-Vergé. *Vieux-Verger (Le)*.

Vieux-Pou. *Vieupou*.

Vigneau (Le). *Vigrot (Le)*.

Vilaret. *Villeroy*.

Vilebroix; Villebrois. *Villebras*.

Vilempeus; Villapedis; Villapeus; Villapie; Villepié; Villepied-lez-Bussy-en-Othe. *Villepied*.

Vileneuve-sous-Boucheyn (La); Villeneuve-sus-Buchien; Villeneuve. *Villeneuve-sous-Buchin*.

Vileretum; Villeroit; Villerot; Villertus. *Vellerot*.

Vierloie. *Villiers-Louis*.

Vilers; Villariæ; Villerus; Villiers. *Villiers-la-Grange*.

Vilers; Viler-sor-Tolun; Villare; Villaris; Villers-sur-Tholon. *Villiers-sur-Tholon*.

Vilete (La); Villena; Villecte (la); Villette (la); Vilotte (la). *Villotte (La)*.

Viliers-le-Comte; Villiard-le-Compte. *Velars-le-Comte*.

Villa-Arnulphi; Villarnoul; Villernoul. *Villarnoult*.

Villablovana; Villablovein; Villabloveni; Villa-Boglena; Villeblooin; Villeblouvain. *Villeblevin*.

Villabogis; Villabougys; Villebogies; Villebogys. *Villebougis*.

Villaburrosa; Villabursa. *Villiers-Bonnoux*.

Villa-Canis; Villaciana; Villacianum; Villecyen. *Villecien*.

Villa-Captiva; Villa-Nova-Captiva; Villechestive. *Villechétive.*

Villacata; Villacatus. *Villechat.*

Villachavan. *Villechavan.*

Villa de Torneis; Villiers-Tournois. *Villiers-le-Tournois.*

Villæione; Vilon. *Villon.*

Villæ-Vinosæ. *Villiers-Vineux.*

Villafatua; Vilefole (la). *Ville-Folle.*

Villaferreolus; Villefergiau. *Villefargeau.*

Villafranca; Ville-Franche. *Villefranche.*

Villa-Franca-Regia. *Villeneuve-sur-Yonne.*

Villagardana; Villa-Guardiana. *Villegardin.*

Villages-la-Rivière-soubs-Noyers (Les). *Villages-la-Rivière (Les).*

Villa-Longa. *Villeneuve-sur-Yonne.*

Villamanesca; Villomanisca; Villamenesche; Villemannauche. *Villemanoche.*

Villamaris; Villamer; Villemay. *Villemer.*

Villamorina. *Cormarin.*

Villa-Nova; Villa-Nova Archiepiscopi; Villa-Nova Domini Archiepiscopi super Vennam; Villa-Nova super Vennam; Villeneuve-l'Arcevesque. *Villeneuve-l'Archevêque.*

Villanova; Villanova-Guiardi; Villeneufve-la-Guyart; Villeneuve-la-Guiart. *Villeneuve-la-Guyard.*

Villanova; Villanova-Maugerii. *Villeneuve-Maugis.*

Villanova; Villanova-Sancti-Salvii; Villeneuve-sur-Sainte-Salle; Villenove. *Villeneuve-Saint-Salve.*

Villanova-Genestarum. *Villeneuve-les-Genêts.*

Villanova-la-Dondagre. *Villeneuve-la-Dondagre.*

Villa-Nova-Regis; Villa-Nova super Equanam; Villa-Nova super Yonam; Villeneuve-lou-Roy (la). *Villeneuve-sur-Yonne.*

Villanovella; Villa-Noveta; Villenovaute. *Villenavotte.*

Villapatricia; Villapatricius. *Villeperrot.*

Villaperdita. *Villeperdue.*

Villapered; Villaperretum; Villaperrot. *Villeperrot.*

Villapoplina. *Villeblevin.*

Villard; Villars. *Villars (Le Grand-).*

Villare. *Villiers.*

Villare; Villare-Bonosum; Villari-Boneus; Ville-Bonneux; Villobonous; Villers-Bonex; Villers-le-Bonnœuf. *Villiers-Bonneux.*

Villare; Villares; Villare-Sancti-Benedicti; Villaris; Villes-Sancti-Benedicti. *Villiers-Saint-Benoît.*

Villare; Villare-Vignosum; Villers; Villers-Vigneux. *Villiers-Vineux.*

Villare in Altis. *Villiers-les-Hauts.*

Villare in Bosco. *Villiers-le-Bois.*

Villare in pago Senonico; Villaribus-Loic. *Villiers-Louis.*

Villaris.

Villars; Villers; Villiers. *Villars.*

Villars-la-Gravelle; Villars; Villars-les-Cleris. *Villars-la-Gravelle.*

Villasolum.

Villa-Sicca. *Grange-Sèche.*

Villaterricus; Villa-Theodorici; Villa-Thierrici. *Villethierry.*

Villa-Urbain; Villeurbain. *Villurbain.*

Ville-Aucerre. *Saint-Moré.*

Villechien. *Villecien.*

Villecu. *Villecul (Le Grand et le Petit).*

Villegnos; Villeneau; Villenelium; Villeniaul. *Villeneaux.*

Ville-Lesguillon. *Ville-Guillon.*

Villenes-près-les-Presles. *Villaine.*

Villeneuve. Voy. les *Villanova.*

Villeneuve-le-Roi. *Villeneuve-sur-Yonne.*

Villeprenais. *Villeprenoy.*

Villerario; Villerctum; Villereum. *Villeroy.*

Villers-les-Aux; Villers-les-Haus; Villers-les-Haulx. *Villiers-les-Hauts.*

Villers-les-Potots. *Villiers-les-Pautots.*

Villers-Loya; Villiers-Loye; Villiers-Libre. *Villiers-Louis.*

Villers-Nonains. *Villiers-Nonains.*

Villers-Vignes. *Villiers-Vineux.*

Villete (La). *Villotte (La) (c*ⁿᵉ *de Chevannes).*

Villi; Villiacum. *Villy.*

Villiers-Libre. *Villiers-Louis.*

Vilnoy. *Vernoy.*

Vinceiles; Vinceles; Vincella. *Vincelles.*

Vinceleites; Vincelletæ; Vincellotæ; Vincelotes; Vincelotte. *Vincelottes.*

Vineæ. *Vignes.*

Vineuf; Vinnovum. *Vinneuf.*

Vinisei. *Vénizy.*

Virez. *Vireaux.*

Viriaus; Viros. *Vireaux.*

Viriliacus. *Vrilly.*

Virzelay; Virzeliacum. *Vézelay.*

Visanis. *Vezannes.*

Visigniæ; Visignes; Visines. *Vezinnes.*

Visiniæ. *Voisines.*

Vogradus; Vogré; Vougré; Voulgray; Voulgré. *Volgré.*

Voiron-lez-Sens. *Véron.*

Voisinæ. *Voisines.*

Voluvrier; Volvrier. *Vauluvrier.*

Votenay; Votenctum; Voultenay; Voultenayum; Voustenay. *Voutenay.*

Vova; Vovæ. *Voves (Les).*

Vulliacus; Vulleium; Vulon. *Villon.*

Vuldonacum; Vultiniacum; Vultumniacus. *Voutenay.*

Vyneuf. *Vinneuf.*

W

Warchiacus. *Guerchy.*

Wevra. *Vèvre (Bois de).*

Willare-Vinosum. *Villiers-Vineux.*

Wincellæ. *Vincelles.*

Witeniacum. *Voutenay.*

X

Xaviers (Les). *Saviers (Les).*

Xistres. *Sixte.*

Y

Yconiæ; Yona. *Yonne (L') (rivière).*

Yelan. *Island.*

Ylan-le-Grand. *Island.*

Yranci. *Irancy.*

Yratorium; Yreor; Yroir; Yrour; Yreour; Yrohour; Yrronerre. *Yrouère.*

CHANGEMENTS ET ADDITIONS.

P.   5. Art. Athée (L'), f°, c^ne de Tonnerre, ajoutez : *Atheiæ*, 1108 ; *Atateæ*, 1222 ; *Athées*, 1496 ; *Astée*, 1498 (Cart. de Saint-Michel de Tonnerre).

P.   6. Art. Autremont (L'), f° : *Capella de Ultra-Monte*, 1101 (*ibid.*).

Art. Auxerre : *Antessiodurum*, forme usitée par l'évêque J. Amyot et répandue dans les manuscrits et les livres au xvie et au xviie siècle.

P.   7. Art. Baon : *Baum*, 1245 (Cart. de Saint-Michel de Tonnerre).

P. 12. Art. Bernouil : *Berno*, *Bernol*, xvie siècle (*ibid.*).

Art. Beslant (Mont) : *Château-Belin*, montagne sur laquelle s'élevait l'ancien château de Tonnerre (*ibid.*).

P. 14. Art. Bleigny (La Motte de), 1491, fief entouré de fossés ; situé sur la justice de Seignelay, dont il relevait (Masle, notaire ; arch. de l'Yonne).

P. 21. Art. Bruyère (La), c^ne de la Ferté-Loupière, ajoutez : autref. seigneurie en dépendant, 1537 (Armand, notaire à Auxerre).

P. 22. Art. Buisson-Goudeau, ajoutez *Godeau*, 1604, fief relev. de Saint-Maurice-Thizouaille. Le château a été détruit, ainsi que la ferme qui l'avait remplacé.

P. 23. Art. Caille (La), c^ne de Poilly-sur-Tholon, 1766 ; fief censuel relev. du château de la Ferté-Loupière (Arch. de l'Yonne, série E, f. Drias).

P. 29. Art. Chapelle-Vieille-Forêt (La) : *Capella de Floigniaco*, 1190 (Cart. de Saint-Michel de Tonnerre, n° D 1). — *La Forest* (*ibid.*).

Art. Chappe (La), f°, c^ne de Tonnerre : *Capella de Capa*, 1159 (*ibid.*).

P. 33. Art. Chavant, f°, dans la garenne de Tonnerre : *Chavannes*, 1257 (*ibid.*).

P. 34. Art. Chénon, f°, c^ne de Tonnerre : *Charum*, 1035 ; *Charon*, 1078 (Cart. de Saint-Michel de Tonnerre, G, f° 9).

P. 35. Art. Chesne (Le), château existant autrefois sur la paroisse de Saint-Eusoge, auj. détruit (Annuaire de l'Yonne, 1862 ; notice sur la Puisaye, par B. Duranton, p. 116).

P. 37. Art. Coing (Le) : *Con*, 1159 ; *Conz*, 1179 ; *Coiz*, 1190 (Cart. de Saint-Michel de Tonnerre).

Art. Collan : *Colen*, 1129 (*ibid.*).

P. 40. Art. Courcelles, h. c^ne de Neuvy-Sautour : *Curcellæ*, *Corcelles*, xiiie siècle (*ibid.*).

P. 46. Art. Drigny ou le Carreau-Tannerre, c^ne de Poilly-sur-Tholon, 1704 ; maison et fief relev. de la Ferté-Loupière (Arch. de l'Yonne, f. Drias, série E).

P. 49. Art. Épineuil : *Spinolium*, 850 ; *Espinul*, 1080 (Cart. de Saint-Michel de Tonnerre).

P. 52. Art. Fley : *Flaciacum*, *Fleyacum*, *Flée*, *Fleix* (*ibid.*).

P. 53. Art. Flogny : *Floengneium*, 1129 ; *Flogniacus*, 1159 ; *Flogneyum*, 1275 ; *Flouigniacum*, *Floigniacus*, *Floniensis* (ager), *Floniniacus*, *Florigniacus*, *Flosny* (*ibid.*).

P. 53. Art. Fontaine-Géry (La) : *Fons-Gelidus* (Cart. de Saint-Michel de Tonnerre).

P. 55. Art. Forêt-Ferou : *Forest-Ferouille*, appelée aussi *les Graveries*, 1277. Voy. Graveries (Les) (*ibid.*).

     Art. Forterre (La) : nom d'une contrée des cantons de Courson et de Saint-Sauveur, composée de hauts plateaux. Elle est ainsi appelée par opposition avec la Puisaye, dont le sol est d'une composition géologique toute différente. — *La Forterre*, 1592 (Capitulation de la ville d'Auxerre, Bibl. imp. coll. Béthune, ms 9540, f° 64).

P. 56. Art. Fougilet : *Fousse-Gillet*, 1581 (Armant, notaire à Auxerre).

P. 57. Art. Fresnes : *Fragninum, Fragium, Fraignium, Fraisnes, Fraine, Fresgne* (Cart. de Saint-Michel de Tonnerre).

P. 58. Art. Fulvy : *Furvy* (*ibid.*).

P. 60. Art. Gigny : *Genniacus, Ginniacus, Jeigniacus, Jaigny* (*ibid.*).

P. 63. Art. Grisey : *Gresy, Grisy* (*ibid.*).

P. 67. Art. Île-sous-Tronchoy (L') : *Insula Sancti Michaelis apud Carriacum, Insula du Tronchoy, l'Isle-Saint-Michel, l'Isle-sur-Charrey* (*ibid.*).

P. 68. Art. Jarry, fief sur Paisson, c^ne de Cruzy : *La Jerrie, le Jerryes, la Jarry*, 1514; *les Jarries*, 1516 (*ibid.* vol. D).

P. 71. Art. Lasson : *Laqueolum*, 1339 (Cart. de Saint-Michel de Tonnerre).

P. 72. Art. Lignoreilles : *Ligneraliæ, Lignerellæ, Lineriæ, Linoreliæ, Ligneroille, Lignoroilles, Lineroylles* (*ibid.*).

P. 73. Art. Ligny-le-Châtel : *Laigniacum, Leigniacum, Laegny, Legny* (*ibid.*).

P. 78. Art. Marchesoif : *Marcasolium, Marchesulum, Marcheroif*, 1213; *Marcheroy*, 1481 (*ibid.*).

P. 79. Art. Marnay, f°, c^ne de Cry : *Marniacum, Marnaium* (*ibid.*).

P. 80. Art. Maulne, ch. détruit. Lisez : l'ancien ch. détruit a été remplacé par un édifice construit au xvii° siècle.

P. 81. Art. Mélisey : *Melissy, Melysez*, 1490 (Cart. de Saint-Michel de Tonnerre, vol. D).

     Art. Méné : *Mereium Sylvosum, Maireium Servosum* (Cart. de Saint-Michel de Tonnerre).

P. 82. Art. Miaux (La Terre des), c^ne de Villon, fief au xiv° siècle (Annuaire de l'Yonne, 1860).

P. 83. Art. Millois, h. c^ne de Bernouil : *Coasture-Millois*, 1500 (Cart. de Saint-Michel de Tonnerre).

P. 84. Art. Molosme : *Melugnensiæ* (1225), *Melundæ, Melondunum, Melundunum, Molonium in fosse, Molomyum* (*ibid.*).

P. 85. Art. Mons Matogène, au lieu de : *du côté de Mézilles*, lisez : situé c^ne de Perreuse, d'où l'on voyait la voie romaine d'Entrains à Auxerre.

P. 97. Art. Percey : *Parresse*, 1086; *Parraceyum*, 1213; *Parisciacum, Parriciacum, Perrecey, Perrecy* (Cart. de Saint-Michel de Tonnerre).

     Art. Perrigny-sur-Armançon : *Parriciacum, Patriciacum* (*ibid.*).

P. 99. Art. Pinagot : *Celle-Saint-Pierre, Malassise*, métairie en 1568; tire son nom de Claude Pinagot, fermier en 1568 (*ibid.*).

P. 100. Art. Poilly-sur-Serain : *Poelly, Poleium* (*ibid.*).

P. 103. Art. Pré (Château du), paroisse de Saint-Eusoge, c^ne de Rogny, sur le bord du Loing, détruit au xvii° siècle (Annuaire de l'Yonne, 1862; notice sur la Puisaye).

P. 111. Art. Rugny : *Renniacum, Ruygnayum, la Motte-Rugny* (Cart. de Saint-Michel de Tonnerre).

P. 112. Art. Saint-Baudry, f°, c^ne de Tissey : *Sanctus Valdericus* (*ibid.*).

P. 113. Art. Saint-Eusoge, hameaux détruits au xvi° siècle : *la Buissonnière, la Chapelle-Saint-Jean, les Cornabœufs, la Cour-des-Denis, les Maisons-Brûlées* (Annuaire de l'Yonne, 1862, p. 148; notice sur la Puisaye).

P. 119. Art. Saint-Vinnemer : *Sanctus Vinimarus, Sanctus Vinimerus, Sanctus Vulmarus, Sanctus Vinemeyus*, 1506; *Sanctus Quimarus, Sanctus Vulmarus, Sanctus Wonemarus, Sanctus Vynemer*, 1505 (Cart. de Saint-Michel de Tonnerre).

P. 119. Art. SAMBOURG : *Sambuc*, 1080; *Samborg*, *Sambor*, *Sambog*, 1481 (Cart. de Saint-Michel de Tonnerre, vol. F).

P. 120. Art. SARRY : *Sasiriacum*, *Sayrium* (*ibid.*).

P. 122. Art. SENNEVOY : *Senevotum*, *Senvoiseium* (*ibid.*).

P. 123. Art. SERRIGNY, c^{on} de Tonnerre : *Serigny* (*ibid.*).

P. 126. Art. STIGNY : *Septiniacum*, *Sextiniacum*, 1101 ; *Septigny* (*ibid.*).

P. 128. Art. THOREY : *Touré*, 1490 ; *Thoré*, 1501 (*ibid.* vol. D).

P. 136. Art. VAUPLAINE, f^e, c^{ne} de Tonnerre : *Vallisplana*, 1097 (*ibid.* vol. F) ; *Vallisplana* (*Justicia de*), 1190 (*ibid.* vol. D, p. 1).

www.ingramcontent.com/pod-product-compliance
Lightning Source LLC
Chambersburg PA
CBHW070410090426
42733CB00009B/1605